Mathematische Leitfäden

Herausgegeben von Prof. Dr. Dr. h. c. mult. G. Köthe,
Prof. Dr. K.-D. Bierstedt, Universität-Gesamthochschule Paderborn
und Prof. Dr. G. Trautmann, Universität Kaiserslautern

Lineare Operatoren in Hilberträumen

Teil 1 Grundlagen

Von Prof. Dr. rer. nat. Joachim Weidmann
Universität Frankfurt am Main

B. G. Teubner Stuttgart · Leipzig · Wiesbaden

Die Deutsche Bibliothek – CIP-Einheitsaufnahme
Ein Titeldatensatz für diese Publikation ist bei
Der Deutschen Bibliothek erhältlich

1. Auflage Dezember 2000

Alle Rechte vorbehalten
© B. G. Teubner GmbH, Stuttgart/Leipzig/Wiesbaden, 2000

Der Verlag Teubner ist ein Unternehmen der Fachverlagsgruppe BertelsmannSpringer.

Das Werk einschließlich aller seiner Teile ist urheberrechtlich geschützt. Jede Verwertung außerhalb der engen Grenzen des Urheberrechtsgesetzes ist ohne Zustimmung des Verlages unzulässig und strafbar. Das gilt insbesondere für Vervielfältigungen, Übersetzungen, Mikroverfilmungen und die Einspeicherung und Verarbeitung in elektronischen Systemen.

www.teubner.de

Umschlaggestaltung: Peter Pfitz, Stuttgart

ISBN-13: 978-3-519-02236-7   e-ISBN-13: 978-3-322-80094-7
DOI: 10.1007/ 978-3-322-80094-7

Für Manuela und Lukas

Vorwort

Seit Erscheinen meines Buches „Lineare Operatoren in Hilberträumen" [38] im Jahre 1976 und dessen englischer Übersetzung [39] im Jahre 1980 haben mich viele freundliche Stellungnahmen erreicht. Häufig wurde aber auch bedauert, daß die Anwendungen auf Differentialoperatoren der Quantenmechanik und auf die Streutheorie aus Gründen des Umfangs nur sehr unbefriedigend behandelt werden konnten. Dieser Mangel soll jetzt behoben werden. Dazu ist allerdings die Verteilung des Stoffes auf zwei Bände nötig geworden. Ich bin Herrn Dr. P. Spuhler vom Teubner-Verlag sehr dankbar dafür, daß er diesen Plan von Anfang an unterstützte.

Der vorliegende erste Teil soll die Grundlagen der Theorie darstellen; Anwendungen treten hier nur in Form von illustrativen Beispielen auf. Dabei hat es sich als nützlich erwiesen, sich nicht von Anfang an auf Hilberträume zu beschränken, sondern, soweit dies die Darstellung nicht zu sehr belastet, auch allgemeinere normierte oder Banachräume zu betrachten. Dieser erste Band sollte deshalb eine für Mathematiker und Physiker nützliche Einführung in die Grundlagen der Funktionalanalysis und der Hilbertraumtheorie bieten, die auch zum Selbststudium geeignet ist. Als Voraussetzung zur Lektüre sollte dabei der Stoff der üblichen Anfängervorlesungen für Mathematiker oder Physiker und einige Kenntnisse aus der Funktionentheorie und der Theorie der gewöhnlichen Differentialgleichungen genügen. Eine für diese Zwecke geeignete vollständige Einführung in die Lebesguesche Integration wird in Anhang A gegeben.

Der geplante zweite Teil wird dann Anwendungen auf die gewöhnlichen und partiellen Differentialoperatoren der Quantenmechanik einschließlich einer Einführung in die Streutheorie enthalten. Insbesondere soll — wie von vielen Freunden längst angemahnt — die Spektraltheorie der Sturm-Liouville-Operatoren (und verwandter Operatoren) vollständig dargestellt werden.

Im Zentrum dieses ersten Teils steht der Spektralsatz und der Spektraldarstellungssatz für (im allgemeinen unbeschränkte) selbstadjungierte Operatoren und der zugehörige Funktionalkalkül (Kapitel 8). Zuvor werden in Kapitel 1 normierte Räume, Banachräume, Prähilberträume und Hilberträume eingeführt und ihre grundlegenden topologischen und geometrischen Eigenschaften untersucht. In Kapitel 2 werden beschränkte und unbeschränkte lineare Funktionale und Operatoren in diesen Räumen studiert; der Satz von der gleichmäßigen Beschränktheit steht hier im Zentrum; neben dem konjugierten bzw. adjungierten Operator sind die starke und schwache Konvergenz zentrale und für die weiteren Untersuchungen wesentliche Begriffe. Eine eingehende Behandlung kompakter Operatoren schließt sich in Kapitel 3 an. Abgeschlossene Operatoren und die allgemeine Spektraltheorie dieser Operatoren finden sich in Kapitel 4 und 5. Neben den zahlreichen Beispielen im Text und in den Übungsaufgaben werden in Kapitel 6 einige zentrale Klassen linearer Operatoren ausführlich beschrieben, während in Kapitel 7 die Verbindung zur Quantenmechanik hergestellt wird; hier wird insbesondere deutlich, warum im folgenden selbstadjungierte Operatoren eine so wichtige Rolle spielen.

Die zentralen Teile des Buches sind die Kapitel 8 bis 10, in denen die Spektraltheorie selbstadjungierter Operatoren, die Störungstheorie selbstadjungierter Operatoren und die von Neumannsche Fortsetzungstheorie symmetrischer Operatoren ausführlich behandelt werden. Schließlich findet sich in Kapitel 10 eine breite Darstellung der Theorie der Fouriertransformation und der partiellen Differentialoperatoren in $L^2(\mathbb{R}^m)$ mit konstanten Koeffizienten.

Ich danke all denen, die zum Gelingen dieses Buches beigetragen haben: Zunächst den Hörern meiner Vorlesungen zu diesen Themen, die mich zum Teil durch hartnäckiges Nachfragen dazu gezwungen haben, Beweisschritte noch klarer herauszuarbeiten und durch Beispiele zu motivieren. Frau J. Habash hat mit bewundernswerter Geduld nicht nur ein schwer lesbares Manuskript, sondern auch meine nicht endenden Korrekturen in den Computer übertragen. Die Herren S. Schanbacher und D. Lenz haben den gesamten Text gründlich gelesen und durch Ihre Korrekturen und Nachfragen zu vielen Verbesserungen beigetragen. Schließlich danke ich Herrn Dr. P. Spuhler für die Ermutigung zu diesem Buch und die Geduld, mit der er die Fertigstellung abgewartet hat.

Frankfurt am Main, im September 2000   Joachim Weidmann

Inhalt

1	**Metrische Räume, normierte Räume und Hilberträume**	**11**
1.1	Metrische und normierte Räume	11
1.2	Vektorräume mit Skalarprodukt (Prähilberträume)	17
1.3	Konvergenz und Vollständigkeit	26
1.4	L^p-Räume	38
1.5	Orthogonalität	47
1.6	Tensorprodukte von Hilberträumen	59
1.7	Übungen	63
2	**Lineare Operatoren und Funktionale**	**68**
2.1	Beschränkte Operatoren	69
2.2	Stetige lineare Funktionale	74
2.3	Satz von der gleichmäßigen Beschränktheit, starke und schwache Konvergenz	84
2.4	Der adjungierte Operator	93
2.5	Orthogonale Projektionen, isometrische und unitäre Operatoren	109
2.6	Anhang zu Kapitel 2	119
2.6.1	Der Interpolationssatz von Riesz–Thorin	119
2.6.2	Selbstadjungierte Fortsetzungen hermitescher Operatoren	122
2.7	Übungen	125

Inhalt

3	**Kompakte Operatoren**	**130**
3.1	Definition und grundlegende Eigenschaften	130
3.2	Entwicklungssätze	137
3.3	Hilbert–Schmidt–Operatoren	144
3.4	Die Schattenklassen kompakter Operatoren	148
3.5	Übungen	156
4	**Abgeschlossene Operatoren**	**159**
4.1	Satz vom abgeschlossenen Graphen	159
4.2	Halbbeschränkte Operatoren und Formen	170
4.3	Normale Operatoren	176
4.4	Komplexifizierung und Konjugation	178
4.5	Übungen	183
5	**Spektraltheorie abgeschlossener Operatoren**	**187**
5.1	Grundbegriffe der Spektraltheorie	187
5.2	Das Spektrum selbstadjungierter, symmetrischer und normaler Operatoren	197
5.3	Operatoren mit reinem Punktspektrum	202
5.4	Spektraltheorie allgemeiner kompakter Operatoren	206
5.5	Übungen	212
6	**Klassen linearer Operatoren**	**214**
6.1	Multiplikationsoperatoren	214
6.2	Matrixoperatoren	217
6.3	Integraloperatoren	225
6.4	Hilbert–Schmidt– und Carlemanoperatoren	231
6.5	Differentialoperatoren in $L^2(a,b)$	243
6.6	Übungen	254

7 Quantenmechanik und Hilbertraumtheorie — 256

7.1 Formalismus der Quantenmechanik 256

7.2 Die Evolutionsgruppe und die Selbstadjungiertheit des Schrödingeroperators 264

7.3 Übungen 273

8 Spektraltheorie selbstadjungierter Operatoren — 276

8.1 Integrale bezüglich einer Spektralschar 276

8.2 Operatoren als Integrale über Spektralscharen 284

8.3 Der Spektralsatz für selbstadjungierte Operatoren 292

8.4 Funktionen selbstadjungierter Operatoren 301

8.5 Spektrum und Spektralschar 305

8.6 Halbordnung selbstadjungierter Operatoren 313

8.7 Übungen 318

9 Störungstheorie selbstadjungierter Operatoren — 323

9.1 Störungen selbstadjungierter Operatoren 324

9.2 Stabilität des wesentlichen Spektrums 333

9.3 Norm– und starke Resolventenkonvergenz 341

9.4 Übungen 353

10 Selbstadjungierte Fortsetzungen symmetrischer Operatoren — 357

10.1 Defektzahlen und Cayleytransformierte 358

10.2 Konstruktion selbstadjungierter Fortsetzungen 366

10.3 Kriterien für die Gleichheit der Defektzahlen 369

10.4 Spektren selbstadjungierter Fortsetzungen symmetrischer Operatoren 373

10.5 Übungen 377

Inhalt

11	Fouriertransformation und Differentialoperatoren	380
11.1	Fouriertransformation auf $L^1(\mathbb{R}^m)$ und $\mathcal{S}(\mathbb{R}^m)$	380
11.2	Fouriertransformation in $L^2(\mathbb{R}^m)$	389
11.3	Differentialoperatoren mit konstanten Koeffizienten	396
11.4	Elliptische Differentialoperatoren und Sobolev-Räume	400
11.5	Der Operator $-\Delta$ in $L^2(\mathbb{R}^m)$	409
11.6	Übungen	415
A	Einführung in die Lebesguesche Integrationstheorie	419
A.1	Prämaße und Nullmengen	419
A.2	Das Integral für Elementarfunktionen	421
A.3	Integrierbare Funktionen	426
A.4	Grenzwertsätze	428
A.5	Meßbare Mengen und Funktionen, Maße	430
A.6	Produktmaße; der Satz von Fubini-Tonelli	435
A.7	Der Satz von Radon-Nikodym	438
A.8	Absolut stetige Funktionen und partielle Integration	441
A.9	Komplexe Maße	442
A.10	Übungen	446
B	Die Stieltjessche Umkehrformel und ein Satz von G. Herglotz	451
C	Der Satz von Stone–Weierstraß	458

Literatur   462

Namen- und Sachverzeichnis   466

Symbolverzeichnis

$\mathbb{A}^2$	64	$L^p(X,\mu)$	38	$\beta(S,z)$	359
$A_n(a,b)$	246	$L^2_s(\mathbb{R}^m)$	402	$\gamma_\pm = \gamma_\pm(S)$	361
$b(\Omega)$	12	$\mathcal{L}^\infty(X,\mu)$	38	$\Gamma(S)$	358
$B(X,Y), B(X)$	70	$\mathcal{L}^p(X,\mu)$	39	$\varrho(T)$	188
$C(K), C_b(\Omega)$	12	$\mathcal{L}_0(X,\mu)$	44	$\varrho_x(\cdot), \varrho_x^E(\cdot)$	279
$C^k[a,b]$	65	$M_{p,t}, M_t$	215	$\sigma(T)$	188
$C_\infty(\mathbb{R}^m)$	382	$\mathcal{N}(X,\mu)$	38	$\sigma_d(T)$	305
$C_p(X,Y)$	148	$N(T)$	75	$\sigma_e(T)$	305
$(C(K),\|\cdot\|_\infty)$	28	ONB, ONS	51		
dim	67	P_Y	109	$\overline{\cdot}$	16, 160
$d(\cdot,\cdot)$	11	$R(T)$	68	$(\cdot)^*$	95, 189
$d_p(\cdot,\cdot)$	12	$R(T,z)$	188	$*$, Faltung	391
$D(T)$	68	s-lim	85	$(\cdot)'$	93
D^α	382	$\mathrm{sp}(\cdot)$	153	$\perp$	47
$E(\cdot)$	276	$\mathcal{S}(\mathbb{R}^m)$	380	$\dotplus$	50
$F_1, \tilde{F}_1$	380	$\mathcal{T}$	16	$\oplus$	50, 115
$F, \tilde{F}$	389	T_k	235	$\ominus$	50
F_0	383	$T_{k,0}$	246	$\otimes$	60
$G(T)$	102	$T_{k,00}$	247	$\hat{\otimes}$	62
$\mathbb{H}^2$	64	$T_K, T_{K,0}$	242	$\langle\!\langle$	147
H_x, H_x^E	280	$T_{n,0}, T_n$	247	$\ll$	438
$\mathbb{K}$	12	$T_{2n,F}$	252	$\|\cdot\|$ für Operatoren	304
$K_d(x,\varepsilon), K(x,\varepsilon)$	15	U_E	285	für Multiindices	382
$\overline{K}_d(x,\varepsilon), \overline{K}(x,\varepsilon)$	16	$\mathcal{U}_x$	15	$\|\cdot\|$	13
$K(X,Y), K(X)$	131	w-lim	88	$\|\|\cdot\|\|$	73
$K^+(\cdot,\cdot)$	243	$W_{2,n}(a,b)$	65	$\langle\cdot,\cdot\rangle$	17
l.i.m.	390	$W_{2,s}(\mathbb{R}^m)$	402	$\langle\cdot,\cdot\rangle_{(s)}, \langle\cdot,\cdot\rangle_s$	402
l^2	20	$\widetilde{W}_r(\Omega)$	406	$\xrightarrow{w}$	88
l^2_0	89	(X,d)	12	$\xrightarrow{s}$	85
$l^2(A,\mu)$	65	$(X,\|\cdot\|)$	14	$\xrightarrow{nr}, \xrightarrow{sr}$	341
$l^p = l^p(\mathbb{N}), l^p(\mathbb{Z}),$		$(X,\mathcal{T})$	16	$\xrightarrow{vnr}, \xrightarrow{vsr}$	351
$\quad l^p(A)$	38	$(X,\langle\cdot,\cdot\rangle)$	18		

1 Metrische Räume, normierte Räume und Hilberträume

Erklärtes Ziel dieses Bandes ist die Darstellung der Theorie linearer Operatoren in Hilberträumen. Einerseits werden dabei insbesondere die selbstadjungierten Operatoren mit ihrer besonders übersichtlichen Struktur eine zentrale Rolle spielen. Andererseits sollen, soweit dies keine großen zusätzlichen Schwierigkeiten bereitet, auch Operatoren in normierten Räumen oder Banachräumen betrachtet werden; dies macht gleichzeitig deutlich, wo die Besonderheiten der Hilbertraumtheorie liegen.

Ausgehend von metrischen Räumen werden deshalb normierte Räume und Banachräume mit ihrer Normtopologie eingeführt. Im Spezialfall, wenn die Norm durch ein Skalarprodukt definiert ist, kommt man dann zu Prähilberträumen (Vektorräume mit Skalarprodukt) bzw. Hilberträumen. Als wichtigste Beispiele werden die L^p-Funktionenräume eingeführt; die erforderlichen Grundlagen der Integrationstheorie sind in Anhang A dargestellt. Im Fall $p = 2$ erhält man mit den L^2-Räumen die für die Anwendung besonders wichtigen Hilberträume. Die l^p-Räume ergeben sich als Spezialfälle (sind aber wesentlich leichter direkt zu untersuchen); sie dienen hier hierhäufig zur Konstruktion bequemer Beispiele oder Gegenbeispiele.

Besondere Aufmerksamkeit wird schließlich dem Begriff der Orthogonalität im Hilbertraum gewidmet. Der darauf basierende Projektionssatz und die Existenz von Orthonormalbasen sind die herausragenden Eigenschaften, die Hilberträume gegenüber Banachräumen auszeichnen. Ein nützlicher, aber doch sehr viel schwächerer, Ersatz für den Projektionssatz in Banachräumen ist das Rieszsche Lemma.

1.1 Metrische und normierte Räume

Sei X eine Menge (später werden dies meist Vektorräume von Folgen oder Funktionen sein). Eine Abbildung $d : X \times X \mapsto [0, \infty)$ heißt eine *Metrik* auf X, wenn gilt:

(M1) $d(x,y) = 0$ genau dann, wenn $x = y$ (*Positivität*),

(M2) $d(x,y) = d(y,x)$ für alle $x, y \in X$ (*Symmetrie*),

(M3) $d(x,y) \leq d(x,z) + d(z,y)$ für alle $x,y,z \in X$ (*Dreiecksungleichung*).

(X,d), d. h. X ausgestattet mit der Metrik d, heißt ein *metrischer Raum*. Gelten nur die Eigenschaften (M2) und (M3), so heißt d eine *Halbmetrik*.

Beispiel 1.1 Auf einer beliebigen Menge ist die *diskrete Metrik* definiert durch

$$d(x,y) := \begin{cases} 0 & \text{für } x = y, \\ 1 & \text{für } x \neq y. \end{cases}$$

Die Eigenschaften (M1)–(M3) sind in diesem Fall offensichtlich. □

Beispiel 1.2 Auf $\mathbb{K}^m$ (mit $\mathbb{K} = \mathbb{R}$ oder $\mathbb{C}$) sind Metriken definiert durch

$$d_1(x,y) := \sum_{j=1}^{m} |\xi_j - \eta_j|,$$

$$d_2(x,y) := \left\{ \sum_{j=1}^{m} |\xi_j - \eta_j|^2 \right\}^{1/2} \quad (\textit{euklidischer Abstand}),$$

$$d_\infty(x,y) := \max \left\{ |\xi_j - \eta_j| : j = 1, \ldots, m \right\}$$

für $x = (\xi_1, \ldots, \xi_m)$ und $y = (\eta_1, \ldots, \eta_m)$ aus $\mathbb{K}^m$. In den Fällen d_1 und d_∞ ist dies leicht zu sehen; im Fall d_2 dürfte dies aus der Analysis bekannt sein, ergibt sich aber später allgemeiner aus Satz 1.8. □

Beispiel 1.3 Sei

$$C(K) = \left\{ f : K \to \mathbb{K} : \text{stetig} \right\} \text{ für } K \subset \mathbb{R}^m \text{ kompakt,}$$

$$C_b(\Omega) = \left\{ f : \Omega \to \mathbb{K} : \text{stetig und beschränkt} \right\} \text{ für } \Omega \subset \mathbb{R}^m,$$

$$b(\Omega) = \left\{ f : \Omega \to \mathbb{K} : \text{beschränkt} \right\} \text{ für eine beliebige Menge } \Omega.$$

In allen Fällen ist durch $d_\infty(f,g) := \sup \left\{ |f(x) - g(x)| : x \in \Omega \right\}$ eine Metrik definiert. □

1.1 Metrische und normierte Räume

Satz 1.4 a) *Ist d eine Metrik auf X und ist $f : [0, \infty) \to [0, \infty)$ stetig und auf $(0, \infty)$ zweimal stetig differenzierbar mit*

$$f(0) = 0, \quad f'(s) > 0 \quad und \quad f''(s) < 0 \quad für\ alle\ s > 0,$$

so ist auch $e(x, y) := f(d(x, y))$ eine Metrik auf X.

b) *Speziell gilt: Ist d eine Metrik auf X, so ist auch $e := \dfrac{d}{1+d}$ eine Metrik; sie hat die Eigenschaft $e(x, y) < 1$ für alle $x, y \in X$.*

c) *Sind d_j für $j = 1, \ldots, n$ bzw. $j \in \mathbb{N}$ Metriken auf X, so sind auch*

$$d := \sum_{j=1}^{n} d_j \quad bzw. \quad d := \sum_{j=1}^{\infty} 2^{-j} \frac{d_j}{1 + d_j}$$

Metriken auf X.

Beweis. Nur in Teil a ist wirklich etwas zu beweisen. Die Eigenschaften (M1) und (M2) sind offensichtlich. Auf Grund der Voraussetzungen über f gilt

$$\begin{aligned}
e(x, y) = f(d(x, y)) &\leq f(d(x, z) + d(z, y)) \qquad \text{(wegen } f' > 0\text{)} \\
&= f(d(x, z)) + \int_{d(x,z)}^{d(x,z)+d(z,y)} f'(s)\, ds \\
&\leq f(d(x, z)) + \int_{0}^{d(z,y)} f'(s)\, ds \qquad \text{(wegen } f'' < 0\text{)} \\
&= f(d(x, z)) + f(d(z, y)) = e(x, z) + e(z, y),
\end{aligned}$$

also die Dreiecksungleichung. ∎

Auf Vektorräumen (über dem Körper $\mathbb{K} = \mathbb{R}$ oder $\mathbb{C}$) werden Metriken häufig durch Normen (bzw. Halbmetriken durch Halbnormen) erzeugt. Eine Abbildung $\|\cdot\| : X \to [0, \infty)$ heißt eine *Norm* auf dem Vektorraum X, wenn gilt:

(N1) $\|x\| = 0$ genau dann, wenn $x = 0$ gilt (*Positivität*),

(N2) $\|\lambda x\| = |\lambda| \|x\|$ für alle $x \in X$, $\lambda \in \mathbb{K}$ (*Positive Homogenität*),

(N3) $\|x+y\| \leq \|x\| + \|y\|$ für alle $x, y \in X$ (*Dreiecksungleichung*).

$(X, \|\cdot\|)$, d. h. X ausgestattet mit der Norm $\|\cdot\|$, heißt ein *normierter Raum*. Gelten nur die Eigenschaften (N2) und (N3), so heißt $\|\cdot\|$ eine *Halbnorm*; Halbnormen werden meist mit p oder q bezeichnet.

Ersetzt man in der Dreiecksungleichung (N3) x durch $x - y$ bzw. y durch $y - x$, so erhält man $\|x\| - \|y\| \leq \|x - y\|$ bzw. $\|y\| - \|x\| \leq \|y - x\|$, insgesamt also die (zu (N3) äquivalente) Ungleichung

(N3') $\big|\|x\| - \|y\|\big| \leq \|x - y\|$ für alle $x, y \in X$.

Satz 1.5 *Ist $\|\cdot\|$ eine Norm (bzw. p eine Halbnorm), so ist $d(x,y) := \|x - y\|$ eine Metrik (bzw. $d(x,y) := p(x - y)$ eine Halbmetrik).*

Ein ausführlicher *Beweis* erübrigt sich; (Mj) ergibt sich sofort aus (Nj).

Beispiel 1.6 Auf $\mathbb{K}^m$ sind Normen definiert durch

$$\|x\|_1 := \sum_{j=1}^{m} |\xi_j|,$$

$$\|x\|_2 := \left\{ \sum_{j=1}^{m} |\xi_j|^2 \right\}^{1/2} \text{ (euklidische Norm)},$$

$$\|x\|_\infty := \max\left\{ |\xi_j| : j = 1, \ldots, m \right\}.$$

Diese Normen erzeugen die oben angegebenen entsprechend indizierten Metriken. □

Beispiel 1.7 Für eine beliebige Teilmenge Ω von $\mathbb{R}^m$ wird auf $C_b(\Omega)$ und $b(\Omega)$ durch

$$\|f\|_\infty := \sup\left\{ |f(x)| : x \in \Omega \right\}$$

eine Norm definiert. Ist K eine kompakte Teilmenge von $\mathbb{R}^m$, so werden auf $C(K)$ Normen definiert durch

$$\|f\|_1 := \int_K |f(x)|\,dx \quad \text{bzw.} \quad \|f\|_2 := \left\{ \int_K |f(x)|^2\,dx \right\}^{1/2}.$$

1.1 Metrische und normierte Räume

Nur im Fall $\|\cdot\|_2$ ist die Dreiecksungleichung nicht ganz trivial; sie ergibt sich später einfach aus der Tatsache, daß diese Norm durch ein Skalarprodukt erzeugt wird. — Entsprechende Normen können für beliebige (z. B.) offene Teilmengen Ω von $\mathbb{R}^m$ auf $C_1(\Omega)$ bzw. $C_2(\Omega)$ definiert werden, wobei dies die Räume der stetigen Funktionen auf Ω sind, für die $|f|$ bzw. $|f|^2$ uneigentlich Lebesgue–integrierbar sind. □

Der obige Satz 1.5 hat zur Folge, daß jeder normierte Raum $(X, \|\cdot\|)$ auch als metrischer Raum (X, d) mit $d(x,y) = \|x-y\|$ aufgefaßt werden kann, was wir in Zukunft stets tun werden. In jedem metrischen Raum (X, d) können wir, wie wir das aus $\mathbb{R}$ oder $\mathbb{R}^m$ gewohnt sind, Umgebungen eines Punktes definieren, mit deren Hilfe insbesondere Konvergenz und Stetigkeit definiert werden können.

Sei also (X, d) ein metrischer Raum, $x \in X$. Eine Menge $U \subset X$ heißt eine *Umgebung* von x (bezüglich der Metrik d), wenn ein $\varepsilon > 0$ existiert mit

$$U \supset K(x, \varepsilon) = K_d(x, \varepsilon) := \{y \in X : d(x, y) < \varepsilon\}.$$

Die Familie $\mathcal{U}_x$ der Umgebungen eines Punktes x hat die Eigenschaften:

(U1) $x \in U$ für alle $U \in \mathcal{U}_x$,

(U2) für $U, V \in \mathcal{U}_x$ ist auch $U \cap V \in \mathcal{U}_x$,

(U3) für $U \in \mathcal{U}_x$ und $U \subset V$ ist auch $V \in \mathcal{U}_x$,

(U4) zu jedem $U \in \mathcal{U}_x$ existiert ein $V \in \mathcal{U}_x$ mit $U \in \mathcal{U}_y$ für alle $y \in V$.

Die Eigenschaften (U1), (U2) und (U3) sind sehr einfach. Wir beweisen (U4): Da $U \in \mathcal{U}_x$ ist, gibt es ein $r > 0$ mit $K(x, r) \subset U$. Für $\varrho := r/2$ gilt dann $K(y, \varrho) \subset K(x, r) \subset U$ für alle $y \in V := K(x, \varrho)$, also ist U eine Umgebung von y für alle $y \in V$.

Wir können jetzt in einem metrischen Raum auch offene Mengen definieren: Eine Menge O in (X, d) heißt *offen*, wenn sie mit jedem Punkt eine ganze Umgebung dieses Punktes enthält (im metrischen Raum also speziell, wenn sie mit jedem Punkt eine Kugel mit positivem Radius um diesen Punkt enthält). Auf Grund der Dreiecksungleichung ist leicht zu sehen, daß die oben definierte Kugel $K(x, r)$ eine offene Teilmenge von (X, d) ist; man nennt sie deshalb die *offene Kugel* um x mit Radius r.

Die Familie $\mathcal{T}$ der offenen Mengen hat die folgenden Eigenschaften:

(T1) Die leere Menge ∅ und der ganze Raum X gehören zu $\mathcal{T}$,

(T2) der Durchschnitt endlich vieler Mengen aus $\mathcal{T}$ gehört zu $\mathcal{T}$,

(T3) die Vereinigung beliebig vieler Mengen aus $\mathcal{T}$ gehört zu $\mathcal{T}$.

Eine Familie $\mathcal{T}$ von Teilmengen von X mit diesen Eigenschaften heißt eine *Topologie* auf X, die Mengen aus $\mathcal{T}$ die offenen Mengen bezüglich dieser Topologie. $(X, \mathcal{T})$, d.h. X ausgestattet mit der Topologie $\mathcal{T}$, heißt ein topologischer Raum.

Umgekehrt kann man bei vorgegebener Topologie $\mathcal{T}$ definieren: Eine Teilmenge U von X ist eine *Umgebung* eines Punktes $x \in X$, wenn eine Menge $O \in \mathcal{T}$ existiert mit $x \in O \subset U$. Dann ist $\mathcal{T}$ die Familie der zu diesem Umgebungssystem gehörenden offenen Mengen.

Die durch eine Metrik erzeugte Topologie hat noch eine wesentliche Eigenschaft, sie ist *separiert* (ein T2-Raum), d.h. zu zwei verschiedenen Punkten $x, y \in X$ gibt es Umgebungen U_x von x und U_y von y mit $U_x \cap U_y = \emptyset$; der Durchschnitt aller Umgebungen eines Punktes x ist also $\{x\}$.

Eine Teilmenge $A \subset X$ heißt *abgeschlossen*, wenn ihr Komplement $X \setminus A$ offen ist. Insbesondere sind also die leere Menge ∅ und der ganze Raum X abgeschlossen (und offen). Außerdem ist

$$\overline{K}(x, \varepsilon) = \overline{K}_d(x\varepsilon) := \{y \in X : d(x,y) \leq \varepsilon\}$$

abgeschlossen.

Komplementär zu obiger Eigenschaft der offenen Mengen gilt: Die Vereinigung endlich vieler und der Durschnitt beliebig vieler abgeschlossener Mengen ist wieder abgeschlossen.

Der *Abschluß* $\overline{A}$ einer Menge A ist die kleinste abgeschlossene Teilmenge, die A enthält; anders ausgedrückt, der Durchschnitt aller abgeschlossenen Mengen, die A enthalten. Das *Innere* $\overset{\circ}{A}$ von A ist die größte offene Menge, die in A enthalten ist; anders ausgedrückt, die Vereinigung aller offenen Mengen, die in A enthalten sind. Offenbar ist $\overline{A}$ abgeschlossen und $\overset{\circ}{A}$ offen, und es gilt

$$\overline{A} = X \setminus (X \setminus A)^\circ, \qquad \overset{\circ}{A} = X \setminus \overline{(X \setminus A)}.$$

1.2 Vektorräume mit Skalarprodukt (Prähilberträume)

Sind $(X, \mathcal{T}_X)$ und $(Y, \mathcal{T}_Y)$ topologische Räume, so heißt eine Abbildung $f : X \to Y$ *stetig in x_0*, wenn zu jeder $\mathcal{T}_Y$-Umgebung V von $f(x_0)$ eine $\mathcal{T}_X$-Umgebung U von x_0 existiert mit $f(U) := \{f(x) : x \in U\} \subset V$; sie heißt *stetig*, wenn sie in jedem Punkt von X stetig ist. — Für metrische Räume (X, d) und (Y, e) ist also f stetig in x_0, wenn zu jedem $\varepsilon > 0$ ein $\delta > 0$ existiert mit $f(K(x_0, \delta)) \subset K(f(x_0), \varepsilon)$; dies wiederum gilt genau dann, wenn aus $d(x_n, x_0) \to 0$ folgt $e(f(x_n), f(x_0)) \to 0$.

Offenbar ist $d : X \times X \to \mathbb{R}$, $(x, y) \mapsto d(x, y)$ stetig in beiden Variablen, denn es gilt

$$d(x, y) - d(x', y') \leq d(x, x') + d(x', y') + d(y', y) - d(x', y')$$
$$= d(x, x') + d(y, y'),$$

und entsprechend $d(x', y') - d(x, y) \leq d(x, x') + d(y, y')$, also

$$\big| d(x', y') - d(x, y) \big| \leq d(x, x') + d(y, y').$$

Entsprechend ist $\|\cdot\| : X \to \mathbb{R}$ stetig, denn nach (N3′) gilt $\big| \|x\| - \|y\| \big| \leq \|x - y\|$. Insbesondere gilt $d(x_n, y_n) \to d(x, y)$ bzw. $\|x_n\| \to \|x\|$, falls $\|x_n - x\| \to 0$ und $y_n - y\| \to 0$ gilt.

Sind $\mathbb{K} \times X$ und $X \times X$ mit der Produkttopologie ausgestattet, z. B. mit den Normen $\|(\lambda, x)\| = |\lambda| + \|x\|$ bzw. $\|(x, y)\| = \|x\| + \|y\|$, so sind die Abbildungen $\mathbb{K} \times X \to X$, $(\lambda, x) \mapsto \lambda x$ bzw. $X \times X \to X$, $(x, y) \mapsto x + y$ offenbar stetig. Man sagt dafür, die Topologie auf X sei *mit der linearen Struktur verträglich*; auf diese Weise ordnen sich die normierten Räume in die allgemeinen Klasse der *topologischen Vektorräume* ein, die durch diese Eigenschaft definiert sind.

1.2 Vektorräume mit Skalarprodukt (Prähilberträume)

Besonders interessant wird die Struktur eines normierten Raumes, wenn die Norm durch ein Skalarprodukt erzeugt wird, z. B. $\|x\| = \left\{ \sum_{n=1}^m |\xi_n|^2 \right\}^{1/2}$ in $\mathbb{K}^m$, oder $\|f\| := \left\{ \int_a^b |f(x)|^2 \, dx \right\}^{1/2}$ in $C[a, b]$.

Sei X ein $\mathbb{K}$-Vektorraum. Eine Abbildung $\langle \cdot, \cdot \rangle : X \times X \to \mathbb{K}$ heißt ein *Skalarprodukt* (oder *inneres Produkt*) auf X, wenn gilt:

(S1) $\langle x, x \rangle \geq 0$ für alle $x \in X$; $\langle x, x \rangle = 0$ genau dann, wenn $x = 0$ gilt,

(S2) $\langle x, y \rangle = \overline{\langle y, x \rangle}$ für alle $x, y \in X$,

(S3) $\langle x, \lambda y \rangle = \lambda \langle x, y \rangle$ für alle $x, y \in X$ und $\lambda \in \mathbb{K}$,

(S4) $\langle x, y + z \rangle = \langle x, y \rangle + \langle x, z \rangle$ für alle $x, y, z \in X$.

Gilt statt (S1) nur

(S1′) $\langle x, x \rangle \geq 0$ für alle $x \in X$,

so heißt $\langle \cdot, \cdot \rangle$ ein *Semiskalarprodukt*.

Aus (S2) und (S3) folgt offenbar

(S3′) $\langle \lambda x, y \rangle = \overline{\langle y, \lambda x \rangle} = \overline{\lambda \langle y, x \rangle} = \overline{\lambda} \langle x, y \rangle$.

Ebenso folgt aus (S2) und (S4)

(S4′) $\langle x + y, z \rangle = \overline{\langle z, x + y \rangle} = \overline{\langle z, x \rangle} + \overline{\langle z, y \rangle} = \langle x, z \rangle + \langle y, z \rangle$.

$(X, \langle \cdot, \cdot \rangle)$, der Vektorraum X ausgestattet mit dem Skalarprodukt $\langle \cdot, \cdot \rangle$, heißt ein *Vektorraum mit Skalarprodukt* oder ein *Prähilbertraum*.

Satz 1.8 *Ist $\langle \cdot, \cdot \rangle$ ein Skalarprodukt auf dem Vektorraum X, so ist durch $\|x\| := \langle x, x \rangle^{1/2}$ eine Norm auf X erklärt. Ist $\langle \cdot, \cdot \rangle$ ein Semiskalarprodukt, so ist $\|\cdot\|$ eine Halbnorm.*

Beweis. (N1) und (N2) sind offensichtlich. Zum Beweis der Dreiecksungleichung (N3) benötigen wir noch die im folgenden Satz bewiesene Schwarzsche Ungleichung (benannt nach H. A. Schwarz; eine abstrakte Version der Cauchyschen Ungleichung in $\mathbb{K}^m$). ∎/2

Satz 1.9 (Schwarzsche Ungleichung) *Ist $\langle \cdot, \cdot \rangle$ ein Skalarprodukt auf X und $\|\cdot\|$ die zugehörige Norm[1], so gilt*

$$|\langle x, y \rangle| \leq \|x\| \|y\|, \quad \text{für alle } x, y \in X, \quad \text{Schwarzsche Ungleichung.}$$

---

[1] Wir benutzen hier die Bezeichnung „Norm", obwohl wir noch nicht wissen, daß es eine Norm ist; im Beweis wird allerdings lediglich die Identität $\|x\| = \langle x, x \rangle^{1/2}$ benutzt.

1.2 Vektorräume mit Skalarprodukt (Prähilberträume)

In dieser Ungleichung gilt genau dann das Gleichheitszeichen, wenn x und y linear abhängig sind; es gilt $\langle x, y \rangle = \|x\|\|y\|$ genau dann, wenn $x = ay$ oder $y = ax$ mit einem $a \geq 0$ gilt.

Für den Fall des Semiskalarprodukts gilt die Schwarzsche Ungleichung entsprechend; für die zweite Aussage vergleiche man Aufgabe 1.3

Beweis. Der erste Teil des Beweises gilt für Skalarprodukte und Semiskalarprodukte in gleicher Weise: O. E. sei $x, y \neq 0$. Für alle $t \in \mathbb{R}$ ist

$$0 \leq \|x + ty\|^2 = \langle x + ty, x + ty \rangle = \|x\|^2 + 2t \operatorname{Re} \langle x, y \rangle + t^2 \|y\|^2.$$

Dieses quadratische Polynom ist also auf ganz $\mathbb{R}$ nichtnegativ, d. h. es hat keine oder eine doppelte Nullstelle. Da die Nullstellen gegeben sind durch

$$t = \frac{1}{\|x\|^2} \left\{ - \operatorname{Re} \langle x, y \rangle \pm \sqrt{(\operatorname{Re} \langle x, y \rangle)^2 - \|x\|^2 \|y\|^2} \right\},$$

gilt $(\operatorname{Re} \langle x, y \rangle)^2 \leq \|x\|^2 \|y\|^2$, also $|\operatorname{Re} \langle x, y \rangle| \leq \|x\|\|y\|$ für alle $x, y \in X$. Wählt man $c \in \mathbb{C}$ mit $|c| = 1$ so, daß $|\langle x, y \rangle| = c \langle x, y \rangle$ gilt, so folgt

$$|\langle x, y \rangle| = \operatorname{Re}(c \langle x, y \rangle) = \operatorname{Re} \langle x, cy \rangle \leq \|x\|\|cy\| = \|x\|\|y\|,$$

das ist die Schwarzsche Ungleichung.

Sind x und y linear abhängig, so gilt in der Schwarzschen Ungleichung offenbar die Gleichheit; gilt $x = ay$ oder $y = ax$ mit $a \geq 0$, so gilt die Gleichheit ohne Betragsstriche.

Sei nun $\langle \cdot, \cdot \rangle$ ein Skalarprodukt, und es gelte $\langle x, y \rangle = \|x\|\|y\|$. Ist $y = 0$, so $y = 0x$ und somit gilt die Behauptung. Sei also $y \neq 0$. Wegen $(\operatorname{Re} \langle x, y \rangle)^2 - \|x\|^2 \|y\|^2 = 0$ hat das oben betrachtete quadratische Polynom eine doppelte Nullstelle t_0. Es gilt also $\|x + t_0 y\| = 0$, d. h. $x = -t_0 y$, wobei wegen $-t_0 \langle y, y \rangle = \langle -t_0 y, y \rangle = \langle x, y \rangle \geq 0$ folgt $x = ay$ mit $a := -t_0 \geq 0$.

Sei nun $|\langle x, y \rangle| = \|x\|\|y\|$. Wählt man c mit $|c| = 1$ wie oben, so folgt $\langle \bar{c}x, y \rangle = \|\bar{c}x\|\|y\|$. Nach dem eben Bewiesenen gilt also $y = 0$ oder es gibt ein $a \geq 0$ mit $\bar{c}x = ay$, also $x = cay$. In beiden Fällen sind also x und y linear abhängig. ∎

Beweis von Satz 1.8, Fortsetzung. Es ist noch Eigenschaft (N3) zu beweisen: Aus der Schwarzschen Ungleichung folgt

$$\|x+y\|^2 = \|x\|^2 + 2\operatorname{Re}\langle x,y\rangle + \|y\|^2$$
$$\leq \|x\|^2 + 2\|x\|\|y\| + \|y\|^2 = (\|x\| + \|y\|)^2,$$

und durch Wurzelziehen die Behauptung. ∎

Mit Hilfe von $|\langle x,y\rangle - \langle x',y'\rangle| \leq |\langle x, y-y'\rangle| + |\langle x-x', y'\rangle|$ und der Schwarzschen Ungleichung folgt die Stetigkeit des Skalarpeodukts (in beiden Variablen) bezüglich der erzeugten Norm.

Einfache Beispiele für Vektorräume mit Skalarprodukt sind:

Beispiel 1.10 $\mathbb{K}^m$ mit dem Skalarprodukt $\langle x,y\rangle = \sum_{j=1}^{m} \overline{\xi_j}\eta_j$ für $x = (\xi_1,\ldots,\xi_m)$, $y = (\eta_1,\ldots,\eta_m)$ aus $\mathbb{K}^m$. □

Beispiel 1.11 l^2, der Raum der quadratsummierbaren (i. allg. komplexen) Folgen mit dem Skalarprodukt $\langle x,y\rangle = \sum_{j=1}^{\infty} \overline{\xi_j}\eta_j$ für $x = (\xi_1,\xi_2,\ldots)$, $y = (\eta_1,\eta_2,\ldots)$ aus l_2. □

Beispiel 1.12 $C[a,b]$ mit dem Skalarprodukt $\langle f,g\rangle = \int_a^b \overline{f(x)}g(x)\,dx$. □

Im folgenden wollen wir weitere Eigenschaften des Skalarprodukts untersuchen. Dies kann ohne zusätzlich Schwierigkeiten für allgemeinere sogenannte Sesquilinearformen geschehen; wir werden später gelegentlich auf diese allgemeineren Resultate zurückgreifen.

Eine Abbildung $s : X \times X \to \mathbb{K}$ heißt eine *Sesquilinearform* auf X, wenn für $x,y,z \in X$ und $a,b \in \mathbb{K}$ gilt:

(SF1) $s(x, ay+bz) = a\,s(x,y) + b\,s(x,z)$,

(SF2) $s(ax+by, z) = \overline{a}\,s(x,z) + \overline{b}\,s(y,z)$.

Ist s eine Sesquilinearform auf X, so heißt die Abbildung $q : X \to \mathbb{K}$, $q(x) := s(x,x)$ die zugehörige (genauer: die durch s erzeugte) *quadratische Form*. Offenbar gilt für $x \in X$ und $a \in \mathbb{K}$:

$$q(ax) = |a|^2 q(x), \quad \text{insbesondere } q(ax) = q(x) \text{ für } |a| = 1.$$

Der folgende Satz zeigt, daß im komplexen Fall die quadratische Form q die Sesquilinearform eindeutig bestimmt:

1.2 Vektorräume mit Skalarprodukt (Prähilberträume)

Satz 1.13 (Polarisierungsidentität) *Sei X ein komplexer Vektorraum, s eine Sesquilinearform auf X, q die zugehörige quadratische Form. Dann gilt für alle $x, y \in X$ die Polarisierungsidentität*

$$s(x, y) = \frac{1}{4}\Big\{q(x+y) - q(x-y) + iq(x - iy) - iq(x + iy)\Big\}.$$

Der *Beweis* ergibt sich durch Ausrechnen der rechten Seite.

Beispiel 1.14 Im reellen Fall ist eine Sesquilinearform i. allg. durch ihre quadratische Form nicht eindeutig bestimmt. Zum Beispiel ist in $\mathbb{R}^2$ für $s(x,y) = \xi_1 \eta_2 - \xi_2 \eta_1$ offenbar $q(x) = 0$ für alle $x \in \mathbb{R}^2$, obwohl s nicht identisch verschwindet. □

Satz 1.15 (Parallelogrammidentität) *Ist s eine Sequilinearform auf dem (reellen oder komplexen) Vektorraum X, so gilt für alle $x, y \in X$*

$$q(x+y) + q(x-y) = 2\Big\{q(x) + q(y)\Big\} \quad \text{Parallelogrammidentität.}$$

Der *Beweis* ergibt sich durch Ausrechnen der linken Seite. Als Spezialfall erhalten wir:

Bemerkung 1.16 Ist s ein Skalarprodukt und $\|\cdot\|$ die zugehörige Norm, so besagt die Parallelogrammidentität

$$\|x+y\|^2 + \|x-y\|^2 = 2\Big\{\|x\|^2 + \|y\|^2\Big\},$$

d. h. die Summe der Quadrate der Längen der Diagonalen eines Parallelogramms ist gleich der Summe der Quadrate aller Seiten; daher kommt der Name dieser Identität.

Eine Sesquilinearform s auf X heißt *hermitesch*, wenn für alle $x, y \in X$ gilt $s(x, y) = \overline{s(y, x)}$. Eine hermitesche Sesquilinearform auf einem reellen Vektorraum heißt auch *symmetrisch*; es gilt dann $s(x, y) = s(y, x)$.

Satz 1.17 *Ist s eine Sesquilinearform auf einem komplexen Vektorraum X und q die zugehörige quadratische Form, so sind die folgenden Aussagen äquivalent:*

(i) *s ist hermitesch,*

(ii) *q ist reell (d. h. $q(x) \in \mathbb{R}$ für alle $x \in X$),*

(iii) $\operatorname{Re} s(x,y) = \frac{1}{4}\{q(x+y) - q(x-y)\}$ *für alle $x, y \in X$,*

(iv) $\operatorname{Im} s(x,y) = \frac{1}{4}\{q(x-iy) - q(x+iy)\}$ *für alle $x, y \in X$.*

Beweis. (i)$\Rightarrow$(ii): $\overline{q(x)} = \overline{s(x,x)} = s(x,x) = q(x)$.

(ii)$\Rightarrow$(iii): Wegen $q(x) \in \mathbb{R}$ für alle $x \in X$ folgt aus der Polarisierungsidentität

$$\operatorname{Re} s(x,y) = \operatorname{Re} \frac{1}{4}\{q(x+y) - q(x-y) + iq(x-iy) - iq(x+iy)\}$$
$$= \frac{1}{4}\{q(x+y) - q(x-y)\}.$$

(iii)$\Rightarrow$(iv): Aus der Formel für $\operatorname{Re} s(x,y)$ folgt

$$\operatorname{Im} s(x,y) = -\operatorname{Re}\{is(x,y)\} = \operatorname{Re} s(x,-iy)$$
$$= \frac{1}{4}\{q(x-iy) - q(x+iy)\}.$$

(iv)$\Rightarrow$(i): Aus der Formel für $\operatorname{Im} s(x,y)$ folgt

$$\overline{s(x,y)} = \operatorname{Re} s(x,y) - i \operatorname{Im} s(x,y) = \operatorname{Im} s(x,iy) - i \operatorname{Im} s(x,y)$$
$$= \frac{1}{4}\{q(x+y) - q(x-y) - iq(x-iy) + iq(x+iy)\}$$
$$= \frac{1}{4}\{q(x+y) - q(x-y) + iq(y-ix) - iq(y+ix)\}$$
$$= \ldots = s(y,x),$$

d. h. s ist hermitesch. ∎

Völlig analog zeigt man

Satz 1.18 *Sei s eine Sesquilinearform auf dem reellen Vektorraum X, q die zugehörige quadratische Form. Dann sind die folgenden Aussagen äquivalent:*

1.2 Vektorräume mit Skalarprodukt (Prähilberträume)

(i) s *ist symmetrisch,*

(ii) $s(x,y) = \dfrac{1}{4}\Big\{q(x+y) - q(x-y)\Big\}$ *für alle* $x, y \in X$.

Eine hermitesche Sesquilinearform auf X heißt *positiv*, wenn $s(x,x) \geq 0$ für alle $x \in X$ gilt; sie heißt *strikt positiv*, wenn $s(x,x) > 0$ für alle $x \in X \setminus \{0\}$ gilt (vgl. Aufgabe 1.1). Auch die zugehörigen quadratischen Formen heißen dann positiv bzw. strikt positiv.

Eine strikt positive (positive) Sesquilinearform ist offenbar ein Skalarprodukt (Semiskalarprodukt), die Wurzel aus der zugehörigen quadratischen form eine Norm (Halbnorm). Es gilt also insbesondere die *Schwarzsche Ungleichung*

$$|s(x,y)| \leq \Big(q(x)q(y)\Big)^{1/2}.$$

Wir haben gesehen, daß Normen, die durch Skalarprodukte erzeugt werden, die Parallelogrammidentität erfüllen. Tatsächlich werden diese Normen durch die Gültigkeit der Parallelogrammidentität charakterisiert:

Satz 1.19 (Jordan und von Neumann) *Eine Norm $\|\cdot\|$ auf einem Vektorraum X wird genau dann durch ein Skalarprodukt $\langle \cdot, \cdot \rangle$ erzeugt, wenn die Parallelogrammidentität gilt. Das Skalarprodukt ist dann gegeben durch*

$$\langle x, y \rangle = \begin{cases} \dfrac{1}{4}\Big\{\|x+y\|^2 - \|x-y\|^2 + i\|x-iy\|^2 - i\|x+iy\|^2\Big\}, & \mathbb{K} = \mathbb{C}, \\ \dfrac{1}{4}\Big\{\|x+y\|^2 - \|x-y\|^2\Big\}, & \mathbb{K} = \mathbb{R}. \end{cases}$$

(Die entsprechende Aussage gilt für Halbnormen bzw. Semiskalarprodukte.)

Beweis. Ist die Norm $\|\cdot\|$ durch ein Skalarprodukt erzeugt, so gilt die Parallelogrammidentität (Satz 1.15), und das Skalarprodukt kann durch die obigen Formeln zurückgewonnen werden (Satz 1.13 und Satz 1.18). Es bleibt zu zeigen: Erfüllt $\|\cdot\|$ die Parallelogrammidentität, so wird durch die im Satz angegebenen Formeln ein Skalarprodukt definiert, das diese Norm erzeugt. Wir beschränken uns auf den komplexen Fall; der reelle Fall ist analog, allerdings etwas einfacher.

(S1), Positivität: Für alle $x \in X$ gilt nach Definition von $\langle \cdot, \cdot \rangle$

$$\langle x, x \rangle = \frac{1}{4}\left\{\|x+x\|^2 - \|0\|^2 + i\|x-ix\|^2 - i\|x+ix\|^2\right\}$$
$$= \frac{1}{4}\left\{4\|x\|^2 - 0 + 2i\|x\|^2 - 2i\|x\|^2\right\} = \|x\|^2,$$

woraus sich (S1) auf Grund der Eigenschaften der Norm ergibt.

(S2), Hermitizität: Für alle $x, y \in X$ gilt

$$\overline{\langle y, x \rangle} = \frac{1}{4}\left\{\overline{\|y+x\|^2} - \overline{\|y-x\|^2} + \overline{i\|y-ix\|^2} - \overline{i\|y+ix\|^2}\right\}$$
$$= \frac{1}{4}\left\{\|x+y\|^2 - \|x-y\|^2 - i\|x+iy\|^2 + i\|x-iy\|^2\right\}$$
$$= \langle x, y \rangle.$$

(S4), Additivität: Für alle $x, y, z \in X$ gilt nach Definition von $\langle \cdot, \cdot \rangle$ und der Parallelogrammidentität

$$\langle x, y \rangle + \langle x, z \rangle = \frac{1}{4}\Big\{\|x+y\|^2 - \|x-y\|^2 + i\|x-iy\|^2 - i\|x+iy\|^2$$
$$+ \|x+z\|^2 - \|x-z\|^2 + i\|x-iz\|^2 - i\|x+iz\|^2\Big\}$$

$$= \frac{1}{4}\Bigg\{\left\|\left(x+\frac{y+z}{2}\right)+\frac{y-z}{2}\right\|^2 + \left\|\left(x+\frac{y+z}{2}\right)-\frac{y-z}{2}\right\|^2$$
$$- \left\|\left(x-\frac{y+z}{2}\right)+\frac{y-z}{2}\right\|^2 - \left\|\left(x-\frac{y+z}{2}\right)-\frac{y-z}{2}\right\|^2$$
$$+ i\left\|\left(x-i\frac{y+z}{2}\right)+i\frac{y-z}{2}\right\|^2 + i\left\|\left(x-i\frac{y+z}{2}\right)-i\frac{y-z}{2}\right\|^2$$
$$- i\left\|\left(x+i\frac{y+z}{2}\right)+i\frac{y-z}{2}\right\|^2 - i\left\|\left(x+i\frac{y+z}{2}\right)-i\frac{y-z}{2}\right\|^2\Bigg\}$$

$$= \frac{1}{2}\Bigg\{\left\|x+\frac{y+z}{2}\right\|^2 + \left\|\frac{y-z}{2}\right\|^2 - \left\|x-\frac{y+z}{2}\right\|^2 - \left\|\frac{y-z}{2}\right\|^2$$
$$+ i\left\|x-i\frac{y+z}{2}\right\|^2 + i\left\|\frac{y-z}{2}\right\|^2 - i\left\|x+i\frac{y+z}{2}\right\|^2 - i\left\|\frac{y-z}{2}\right\|^2\Bigg\}$$

$$= 2\left\langle x, \frac{y+z}{2}\right\rangle.$$

1.2 Vektorräume mit Skalarprodukt (Prähilberträume)

Mit $z = 0$ folgt für alle $x, y \in X$

$$2\left\langle x, \frac{1}{2}y\right\rangle = \langle x, y\rangle, \qquad (*)$$

also insgesamt

$$\langle x, y\rangle + \langle x, z\rangle = 2\left\langle x, \frac{y+z}{2}\right\rangle = \langle x, y+z\rangle.$$

(S3), Homogenität: Aus $(*)$ und (S4) folgt durch Induktion

$$m2^{-n}\langle x, y\rangle = \langle x, m2^{-n}y\rangle \quad \text{für alle } n, m \in \mathbb{N}_0.$$

Für jedes $a \geq 0$ existieren Zahlen $a_k = m(k)2^{-n(k)}$ mit $m(k), n(k) \in \mathbb{N}_0$ und $a_k \to a$ für $k \to \infty$. Da auf Grund der Dreiecksungleichung gilt

$$\Big|\|x \pm a_k y\| - \|x \pm ay\|\Big| \leq |a_k - a|\|y\|,$$
$$\Big|\|x \pm ia_k y\| - \|x \pm iay\|\Big| \leq |a_k - a|\|y\|,$$

folgt aus der Darstellung von $\langle \cdot, \cdot \rangle$

$$\langle x, a_k y\rangle \to \langle x, ay\rangle \quad \text{für } k \to \infty.$$

Also gilt insgesamt

$$a\langle x, y\rangle = \lim_{k \to \infty} a_k \langle x, y\rangle = \lim_{k \to \infty} \langle x, a_k y\rangle = \langle x, ay\rangle.$$

Außerdem gilt

$$\langle x, -y\rangle = \frac{1}{4}\Big\{\|x-y\|^2 - \|x+y\|^2 + i\|x+iy\|^2 - i\|x-iy\|^2\Big\} = -\langle x, y\rangle,$$

und somit $\langle x, ay\rangle = a\langle x, y\rangle$ für alle $a \in \mathbb{R}$. Da außerdem gilt

$$\langle x, iy\rangle = \frac{1}{4}\Big\{\|x+iy\|^2 - \|x-iy\|^2 + i\|x+y\|^2 - i\|x-y\|^2\Big\} = i\langle x, y\rangle,$$

folgt also $\langle x, ay\rangle = a\langle x, y\rangle$ für alle $a \in \mathbb{C}$. ∎

1.3 Konvergenz und Vollständigkeit

Wie das aus der Analysis nicht anders zu erwarten ist, definieren wir: Eine Folge (x_n) in einem metrischen Raum (X, d) heißt *konvergent gegen ein* $x \in X$, wenn gilt

$$d(x_n, x) \to 0 \text{ für } n \to \infty$$

(im normierten Raum $(X, \|\cdot\|)$ ist dies gleichbedeutend mit $\|x_n - x\| \to 0$), oder – was in beliebigen Topologien Sinn macht – wenn zu jeder Umgebung U von x ein $n_0 \in \mathbb{N}$ existiert so, daß für alle $n \geq n_0$ gilt $x_n \in U$.

Satz 1.20 *Eine Teilmenge A eines metrischen Raumes X ist genau dann abgeschlossen, wenn der Grenzwert jeder konvergenten Folge aus A in A liegt.*

Beweis. $\Rightarrow$: Da $X \setminus A$ offen ist, gibt es zu jedem $x \in X \setminus A$ eine ganze Kugel um x, die in $X \setminus A$ liegt. Es kann also keine Folge aus A gegen x konvergieren.
$\Leftarrow$: Wäre A nicht abgeschlossen, also $X \setminus A$ nicht offen, so gäbe es ein $x \in X \setminus A$, für das jede Kugel $K(x, 1/n)$ ein $x_n \in A$ enthalten würde. Die Folge (x_n) wäre also gegen x konvergent, im Widerspruch zur Voraussetzung. ∎

Eine Folge (x_n) in (X, d) heißt eine *Cauchyfolge*, wenn $d(x_n, x_m) \to 0$ für $n, m \to \infty$ gilt (genauer: zu jedem $\varepsilon > 0$ existiert ein $n_0 \in \mathbb{N}$ so, daß $d(x_n, x_m) < \varepsilon$ für $n, m \geq n_0$ gilt. Jede konvergente Folge ist offenbar eine Cauchfolge, aber i. allg. ist nicht jede Cauchyfolge konvergent:

Beispiel 1.21 In $(C[0,1], \|\cdot\|_p)$ sei die Folge f_n definiert durch

$$f_n(x) := \begin{cases} 0 & \text{für } x \leq \frac{1}{2}, \\ n\left(x - \frac{1}{2}\right) & \text{für } \frac{1}{2} \leq x \leq \frac{1}{2} + \frac{1}{n}, \\ 1 & \text{für } x \geq \frac{1}{2} + \frac{1}{n}. \end{cases}$$

1.3 Konvergenz und Vollständigkeit

Dann gilt für $n < m$

$$\int \bigl|f_n(x) - f_m(x)\bigr|^p \, \mathrm{d}x \leq \int_{1/2}^{1/2+1/n} 1 \, \mathrm{d}x = \frac{1}{n} \to 0,$$

d. h. (f_n) ist eine $\|\cdot\|_p$-Cauchyfolge für alle $p \in [1,\infty)$ (nur für $p=1$ und $p=2$ wissen wir bereits nach Beispiel 1.7 und 1.12, daß $\|\cdot\|_p$ eine Norm ist; für $p \neq 1, 2$ vgl. Abschnitt 1.4). Die Annahme, daß ein stetiges f existiert mit $\|f - f_n\|_p \to 0$ liefert $f(x) = 0$ für $x < \frac{1}{2}$ und $f(x) = 1$ für $x > \frac{1}{2}$, ein Widerspruch zur Stetigkeit. □

Ein metrischer Raum, in dem jede Cauchyfolge konvergiert, heißt *vollständig*. Ein vollständiger normierter Raum heißt ein *Banachraum*; ein vollständiger Prähilbertraum heißt ein *Hilbertraum*.

Satz 1.22 *Sei X ein Banachraum, Y ein abgeschlossener Teilraum und N ein endlichdimensionaler Teilraum. Dann ist auch $Y+N$ ein abgeschlossener Teilraum.*

Beweis. Es genügt offenbar den Fall zu betrachen, wo N eindimensional ist, $N = \{az : a \in \mathbb{K}\}$ (mit Hilfe von Korollar 1.30 kann der Beweis auch in einem Schritt geführt werden). Sei $(x_n) = (y_n + a_n z)$ eine in X konvergente Folge aus $Y + N$. Wir unterscheiden zwei Fälle:

(α) (a_n) ist beschränkt: Dann existiert eine konvergente Teilfolge (a_{n_k}), d. h. $(a_{n_k} z)$ ist konvergent. Da (x_{n_k}) konvergiert, ist auch (y_{n_k}) konvergent und somit ist $\lim x_n = \lim x_{n_k} = \lim(y_{n_k} + a_{n_k} z)$ in $Y + N$.

(β) (a_n) ist unbeschränkt: Dann existiert eine Teilfolge (a_{n_k}) mit $|a_{n_k}| \to \infty$, also $a_{n_k}^{-1} x_{n_k} \to 0$ und $a_{n_k}^{-1}(a_{n_k} z) = z$, d. h. es gilt $a_{n_k}^{-1} y_{n_k} \to -z$. Somit ist $N \subset Y$ und $Y + N = Y$ abgeschlossen. ∎

Um die Vollständigkeit eines metrischen Raumes (insbesondere also eines normierten Raumes oder eines Prähilbertraumes) zu beweisen, verfährt man im wesentlichen immer nach dem gleichen Schema: Ausgehend von einer Cauchyfolge

(i) findet man zunächst ein Element, von dem man erwartet, daß es der Limes dieser Cauchyfolge ist,

(ii) zeigt, daß dieses Element in dem betrachteten Raum liegt, und

(iii) zeigt schließlich, daß die Cauchyfolge gegen dieses Element konvergiert.

Häufig werden dabei die Schritte (ii) und (iii) gleichzeitig erledigt. Wir führen das Verfahren an zwei klassischen Beispielen vor. Den Vollständigkeitsbeweis für die in diesem Buch besonders wichtigen L^p-Räume (insbesondere $p = 2$) geben wir im folgenden Abschnitt.

Satz 1.23 *Sei K eine kompakte Teilmenge von $\mathbb{R}^m$. Der Vektorraum $(C(K), \|\cdot\|_\infty)$ der stetigen Funktionen auf K mit Maximumnorm, ist vollständig. (Völlig analog gilt dies für $C(K)$ wenn K ein beliebiger kompakter metrischer Raum ist, oder für $C_b(\Omega)$, wobei dies der Raum der stetigen beschränkten Funktionen auf Ω ist.)*

Beweis. (i) Sei (f_n) eine $\|\cdot\|_\infty$-Cauchyfolge in $C(K)$, d.h. zu jedem $\varepsilon > 0$ existiert ein $N = N(\varepsilon) \in \mathbb{N}$ mit $\|f_n - f_m\|_\infty < \varepsilon$ für $n, m > N$. Für jedes $x \in K$ ist also $|f_n(x) - f_m(x)| < \varepsilon$ für $n, m > N$, d.h. es gibt ein $f(x)$ mit $f_n(x) \to f(x)$.

(ii) und (iii) *Für alle $x \in K$ gilt*

$$|f_n(x) - f(x)| = \lim_{m \to \infty} |f_n(x) - f_m(x)| < \varepsilon \quad \text{für} \quad n \geq N.$$

f ist stetig, da es gleichmäßiger Limes stetiger Funktionen ist (also $f \in C(K)$), und es gilt $\|f_n - f\|_\infty \to 0$, $f_n \to f$. ∎

Satz 1.24 *Für alle p mit $1 \leq p \leq \infty$ ist l^p vollständig. (Dies gilt ebenso für $l^p(\mathbb{Z})$ oder $l^p(A)$ mit einer beliebigen Menge A; l^2 kennen wir aus Beispiel 1.11, für l^p sei auf Abschnitt 1.4 verwiesen.))*

Beweis. Sei (x_n) eine Cauchyfolge in l^p, $x_n = (\xi_{j,n})_j$

a) Sei zunächst $p < \infty$: (i) Wegen

$$|\xi_{j,n} - \xi_{j.m}| \leq \|x_n - x_m\|_p < \varepsilon \quad \text{für } n, m \geq N \text{ und alle } j$$

1.3 Konvergenz und Vollständigkeit

sind die Folgen $(\xi_{j,n})_n$ Cauchyfolgen in $\mathbb{C}$, also $\xi_{j,n} \to \xi_j$. Sei $x := (\xi_j)_j$.

(ii) Für jedes $n \geq N$ und jedes $k \in \mathbb{N}$ ist

$$\sum_{j=1}^{k} |\xi_{j,n} - \xi_j|^p = \lim_{m \to \infty} \sum_{j=1}^{k} |\xi_{j,n} - \xi_{j,m}|^p \leq \limsup_{m \to \infty} \|x_n - x_m\|_p^p \leq \varepsilon^p.$$

Also ist $x_n - x \in l^p$ und somit (wegen $x_n \in l^p$) auch $x \in l^p$.

(iii) Die letzte Ungleichung liefert auch $\|x_n - x\| \leq \varepsilon$ für $n \geq N$ und somit $x_n \to x$.

b) Sei jetzt $p = \infty$: (i) Dies geht wie in a).

(ii) Für $n \geq N$ und $k \in \mathbb{N}$ ist

$$\max\left\{|\xi_{j,n} - \xi_j| : j \leq k\right\} = \lim_{m \to \infty} \max\left\{|\xi_{j,n} - \xi_{j,m}| : j \leq k\right\}$$
$$\leq \limsup_{m \to \infty} \|x_n - x_m\|_\infty \leq \varepsilon.$$

Also ist $x_n - x \in l^\infty$ und somit $x \in l^\infty$.

(iii) Die letzte Ungleichung liefert wieder $\|x_n - x\|_\infty \leq \varepsilon$ für $n \geq N$, also $x_n \to x$. ∎

Ein auch für die Anwendungen wichtiges Resultat über vollständige metrische Räume (also insbesondere Banach- und Hilberträume) ist der folgende Fixpunktsatz von BANACH. Sei (X, d) ein metrischer Raum; eine Abbildung $f : X \to X$ heißt eine *Kontraktion*, wenn ein $\gamma < 1$ existiert mit

$$d\big(f(x), f(y)\big) \leq \gamma\, d(x, y) \quad \text{für alle } x, y \in X.$$

Satz 1.25 (Banachscher Fixpunktsatz) *Jede Kontraktion in einem vollständigen metrischen Raum hat genau einen Fixpunkt.*

Beweis. Eindeutigkeit (d. h. es gibt höchstens einen Fixpunkt): Wären $x \neq y$ Fixpunkte, d. h. $f(x) = x$ und $f(y) = y$, so würde folgen

$$d(x, y) = d(f(x), f(y)) \leq \gamma\, d(x, y) < d(x, y),$$

ein offensichtlicher Widerspruch.

Existenz (d. h. es gibt mindestens einen Fixpunkt): Sei $x_0 \in X$ beliebig, $x_n := f(x_{n-1})$ für $n \in \mathbb{N}$. Dann gilt

$$d(x_n, x_{n+1}) = d(f(x_{n-1}), f(x_n)) \leq \gamma d(x_{n-1}, x_n) \leq \ldots \leq \gamma^n d(x_0, x_1).$$

Für $n < m$ folgt daraus

$$d(x_n, x_m) \leq d(x_0, x_1) \sum_{j=n}^{m-1} \gamma^j \leq d(x_0, x_1) \sum_{j=n}^{\infty} \gamma^j,$$

d. h. (x_n) ist eine Cauchyfolge, es gibt also ein $x \in X$ mit $x_n \to x$.

Wegen $d(f(x_n), f(x)) \leq \gamma d(x_n, x) \to 0$ gilt auch $f(x_n) \to f(x)$. Da andererseits $f(x_n) = x_{n+1} \to x$ gilt, folgt $f(x) = x$. ∎

Bemerkung 1.26 Der Banachsche Fixpunktsatz ist in zweierlei Hinsicht optimal:

a) (X, d) muß vollständig sein: Betrachtet man z. B. $X = (0, 1)$ mit $d(x, y) = |x - y|$ und $f(x) = \gamma x$ mit $0 < \gamma < 1$, so ist f offensichtlich eine Kontraktion, hat aber keinen Fixpunkt.

b) Es genügt nicht $d(f(x), f(y)) < d(x, y)$ vorauszusetzen: Ist $X = \mathbb{R}$ mit $d(x, y) = |x - y|$ und $f(x) = x - \arctan x + \pi/2$, so ist $0 < f'(x) = 1 - (1 + x^2)^{-1} < 1$ für alle $x \neq 0$, $f'(0) = 0$, also $0 < |f(x) - f(y)| < |x - y|$ für alle $x \neq y$ (f ist sogar bijektiv), hat aber keinen Fixpunkt: Wäre x_0 Fixpunkt, so wäre $x_0 = x_0 - \arctan x_0 - \pi/2$, also $\arctan x_0 = \pi/2$, ein Widerspruch.

Der folgende Satz wird insbesondere bei der Untersuchung linearer Operatoren zwischen Banachräumen eine wichtige Rolle spielen.

Satz 1.27 (Satz von Baire) *Sei (X, d) ein vollständiger metrischer Raum, A_j eine Folge von abgeschlossenen Teilmengen von X mit $X = \bigcup_{j=1}^{\infty} A_j$. Dann enthält mindestens ein (A_j) eine (offene) Kugel $K(x, \delta)$ mit $\delta > 0$. (Man sagt auch, daß ein Raum mit dieser Eigenschaft — also insbesondere jeder vollständige metrische Raum — von zweiter Kategorie ist, weshalb dieser Satz als Bairescher Kategoriensatz bezeichnet wird.)*

1.3 Konvergenz und Vollständigkeit

Beweis. Wir nehmen an, daß kein A_j eine Kugel enthält. Dann ist insbesondere $X \setminus A_1$ offen und nicht leer. Also existieren

$$r_1 < \frac{1}{2} \quad \text{und} \quad x_1 \in X \setminus A_1 \quad \text{mit} \quad K(x_1, r_1) \subset X \setminus A_1.$$

Auf Grund unserer Annahme ist $K(x_1, r_1/2) \not\subset A_2$, d.h.

$$K(x_1, r_1/2) \cap (X \setminus A_2) \quad \text{ist offen und nicht leer.}$$

Also existieren

$$r_2 < 2^{-2} \quad \text{und} \quad x_2 \quad \text{mit} \quad K(x_2, r_2) \subset K(x_1, r_1/2) \cap (X \setminus A_2).$$

Wiederum auf Grund der Annahme ist $K(x_2, r_2/2) \not\subset A_3$, d.h.

$$K(x_2, r_2/2) \cap (X \setminus A_3) \quad \text{ist offen und nicht leer.}$$

Also existieren

$$r_3 < 2^{-3} \quad \text{und} \quad x_3 \quad \text{mit} \quad K(x_3, r_3) \subset K(x_2, r_2/2) \cap (X \setminus A_3),$$

usw.... Dies liefert Folgen (x_n) aus X und (r_n) aus $(0, \infty)$ mit

$$r_n < 2^{-n} \quad \text{und} \quad K(x_n, r_n) \subset K(x_{n-1}, r_{n-1}/2) \cap (X \setminus A_n).$$

Für jedes $N \in \mathbb{N}$ gilt also $x_n \in K(x_N, r_N)$ für alle $n \geq N$, d.h. (x_n) ist eine Cauchyfolge. Da X vollständig ist, existiert ein $x \in X$ mit $x_n \to x$. Es gilt für alle $n \in \mathbb{N}$

$$x \in \overline{K}(x_{n+1}, r_{n+1}) \subset \overline{K}(x_n, r_n/2) \subset K(x_n, r_n),$$

also $x \in X \setminus A_n$ für alle $n \in \mathbb{N}$, im Widerspruch zu $X = \cup A_n$. ■

Eine Familie $\mathcal{U}$ von offenen Mengen in X heißt eine *offene Überdeckung* der Teilmenge A, wenn alle $U \in \mathcal{U}$ offen sind und $A \subset \cup_{U \in \mathcal{U}} U$ gilt. Ein metrischer Raum X heißt *kompakt*, wenn jede offene Überdeckung eine endliche Überdeckung enthält (d.h. endlich viele Mengen aus $\mathcal{U}$, die X überdecken); er heißt *folgenkompakt*, wenn jede Folge aus X eine konvergente Teilfolge enthält; er heißt *total beschränkt*, wenn zu jedem $\varepsilon > 0$ endlich viele Kugeln mit Radius ε existieren, die X überdecken. Eine Teilmenge von X heißt kompakt bzw. folgenkompakt bzw. total beschränkt, wenn sie als metrischer Raum mit der von X induzierten Metrik diese Eigenschaft hat.

Satz 1.28 a) *Jeder kompakte metrische Raum ist total beschränkt (vgl. auch Aufgabe 1.16).*

b) *Ein metrischer Raum ist genau dann kompakt, wenn er folgenkompakt ist.*

Beweis. a) Ist (X,d) kompakt, so ist es auch total beschränkt, da es natürlich von den Kugeln $K(x,\varepsilon)$ $(x \in X)$ überdeckt wird, wovon wegen der Kompaktheit endlich viele für eine Überdeckung ausreichen.

b) $\Rightarrow$: Sei (x_n) eine Folge in X. Wenn (x_n) keine konvergente Teilfolge enthält, dann existiert zu jedem $x \in K$ ein $\varrho_x > 0$ so, daß nur endlich viele $n \in \mathbb{N}$ existieren mit $x_n \in K(x, \varrho_x)$. Da endlich viele $K(x, \varrho_x)$ genügen um X zu überdecken, ergibt dies einen Widerspruch.

$\Leftarrow$: Wir zeigen zuerst, daß X total beschränkt ist. Dazu nehmen wir an, daß dies nicht der Fall ist, d.h. es gibt ein $\varepsilon > 0$, für das X nicht mit endlich vielen Kugeln mit Radius ε überdeckt werden kann. Dann kann man induktiv eine Folge (x_n) aus X konstruieren mit $d(x_j, x_{n+1}) > \varepsilon$ für $j = 1,\ldots,n$. Im Widerspruch zur Folgenkompaktheit würde diese Folge keine konvergente Teilfolge enthalten.

Sei $\mathcal{U}$ eine offene Überdeckung von X. Wir zeigen zunächst: Es gibt ein $\varepsilon > 0$ so, daß für jedes $x \in X$ ein $U_x \in \mathcal{U}$ existiert mit $K(x,\varepsilon) \subset U_x$. Dazu nehmen wir an, daß kein solches ε existiert. Dann gibt es zu jedem $n \in \mathbb{N}$ ein $x_n \in X$ mit

$$K(x_n, 1/n) \not\subset U \text{ für alle } U \in \mathcal{U}.$$

Da K folgenkompakt ist, existiert eine Teilfolge (x_{n_k}) mit $x_{n_k} \to x \in X$. Also existiert ein $U \in \mathcal{U}$ mit $x \in U$ und somit ein $\varepsilon > 0$ mit $K(x,\varepsilon) \subset U$. Wegen $x_{n_k} \to x$ ist $x_{n_k} \in K(x,\varepsilon/2)$ für $k \geq k_1$ und somit $K(x_{n_k}, 1/n_k) \subset U$ für $k \geq k_2$, im Widerspruch zur Annahme.

Wählen wir nun ε gemäß der eben bewiesenen Aussage. Da X total beschränkt ist, gibt es endlich viele $x_1, x_2, \ldots, x_n$ so, daß die Kugeln $K(x_j, \varepsilon)$ $(j=1,\ldots,n)$ ganz X überdecken. Zu jedem dieser x_j gibt es dann ein $U_j \in \mathcal{U}$ mit $K(x_j,\varepsilon) \subset U_j$, also

$$K = \bigcup_{j=1}^{n} K(x_j, \varepsilon) \subset \bigcup_{j=1}^{n} U_j,$$

1.3 Konvergenz und Vollständigkeit

d. h. $\mathcal{U}$ enthält eine endliche Überdeckung. ∎

Gelegentlich ist es nützlich, zwei Normen (entsprechendes gilt für Metriken) miteinander zu vergleichen. Seien $\|\cdot\|_1$ und $\|\cdot\|_2$ Normen auf einem Vektorraum X. Wir sagen, $\|\cdot\|_1$ ist *stärker* als $\|\cdot\|_2$ (oder $\|\cdot\|_2$ ist *schwächer* als $\|\cdot\|_1$), wenn ein $C > 0$ existiert mit $\|x\|_1 \geq C\|x\|_2$ für alle $x \in X$. $\|\cdot\|_1$ und $\|\cdot\|_2$ heißen *äquivalent*, wenn sowohl $\|\cdot\|_1$ stärker als $\|\cdot\|_2$ als auch $\|\cdot\|_2$ stärker als $\|\cdot\|_1$ gilt.

Die folgenden Feststellungen sind offensichtlich:
1. Ist $\|\cdot\|_1$ stärker als $\|\cdot\|_2$, so gilt: Aus $x_n \to x$ im Sinne von $\|\cdot\|_1$ folgt $x_n \to x$ im Sinne von $\|\cdot\|_2$. Ist (x_n) eine $\|\cdot\|_1$-Cauchyfolge, so ist es auch eine $\|\cdot\|_2$-Cauchyfolge.
2. Sind $\|\cdot\|_1$ und $\|\cdot\|_2$ äquivalente Normen auf X, so ist X genau dann vollständig bezüglich $\|\cdot\|_1$, wenn es bezüglich $\|\cdot\|_2$ vollständig ist. Entsprechendes gilt für Abgeschlossenheit und Offenheit von Teilmengen von X.
3. Auf $\mathbb{K}^m$ sind alle oben angegebenen p-Normen ($1 \leq p \leq \infty$) äquivalent, also insbesondere äquivalent zur euklidischen Norm $\|\cdot\|_2$: Es ist nicht schwer zu sehen, daß für alle p gilt $\|\cdot\|_\infty \leq \|\cdot\|_p \leq \|\cdot\|_1 \leq m\|\cdot\|_\infty$. Tatsächlich sind alle Normen auf einem endlichdimensionalen Vektorraum äquivalent, wie der folgende Satz zeigt:

Satz 1.29 *Zwei beliebige Normen $\|\cdot\|_1$ und $\|\cdot\|_2$ auf einem endlichdimensionalen Vektorraum X sind äquivalent.*

Beweis. Ist $U : X \to \mathbb{K}^m$ eine bijektive lineare Abbildung von X auf $\mathbb{K}^m$, so wird für jede Norm $\|\cdot\|$ auf X durch $\|x\|_0 := \|U^{-1}x\|$ eine Norm auf $\mathbb{K}^m$ definiert. Wir können also ohne Einschränkung $X = \mathbb{K}^m$ voraussetzen. Es genügt somit zu zeigen, daß jede Norm $\|\cdot\|$ auf $\mathbb{K}^m$ äquivalent zur euklidischen Norm $\|x\|_2 := \left\{ \sum_{j=1}^m |\xi_j|^2 \right\}^{1/2}$ ist.

a) $\|\cdot\| \leq C\|\cdot\|_2$: Seien $e_1, e_2, \ldots, e_m$ die kanonischen Einheitsvektoren in $\mathbb{K}^m$ (also insbesondere $\|e_j\|_2 = 1$), $x = \sum_{j=1}^m \xi_j e_j$. Dann gilt

$$\|x\| = \left\| \sum_{j=1}^m \xi_j e_j \right\| \leq \sum_{j=1}^m |\xi_j|\|e_j\| \leq \left\{ \sum_{j=1}^m |\xi_j|^2 \sum_{j=1}^m \|e_j\|^2 \right\}^{1/2}$$
$$= C\|x\|_2 \quad \text{mit} \quad C := \left\{ \sum_{j=1}^m \|e_j\|^2 \right\}^{1/2}.$$

b) Nach Teil a ist die Norm $\|\cdot\|$ stetig bezüglich $\|\cdot\|_2$. Sie nimmt also auf der (kompakten) 1-Sphäre S bezüglich $\|\cdot\|_2$ ihr Minimum $M > 0$ an, d. h. für alle $x \in S$ gilt $M\|x\|_2 = M \leq \|x\|$. Mit $C = M^{-1}$ gilt also die Behauptung. ∎

Korollar 1.30 *Eine Teilmenge eines endlichdimensionalen normierten Raumes ist genau dann kompakt, wenn sie beschränkt und abgeschlossen ist.*

Eine Teilmenge M eines metrischen Raumes (X, d) heißt *dicht* in X, wenn jeder Punkt von X Limes einer Folge aus M ist (oder in anderen Worten: wenn $X = \overline{M}$ gilt; diese Definition ist auch in allgemeineren topologischen Räumen sinnvoll). Ein metrischer Raum heißt *separabel*, wenn es eine abzählbare dichte Teilmenge A in X gibt. Entsprechend definiert man für eine Teilmenge Y von X, indem man sie als metrischen Raum (Y, d) mit der von X induzierten Metrik auffaßt; M ist also dicht in Y, wenn $\overline{M} \supset Y$ gilt. Offenbar gilt: Ist M dicht in Y und Y dicht in Z, so ist M dicht in Z, da $\overline{M} = \overline{\overline{M}} \supset \overline{Y} \supset Z$ gilt.

Satz 1.31 *Jede Teilmenge Y eines separablen metrischen Raumes X ist separabel.*

Beweis. Die einzige Schwierigkeit des Beweises liegt darin, daß die im metrischen Raum X dichte abzählbare Teilmenge nicht notwendig in A enthalten ist. Sei $A = \{x_n : n \in \mathbb{N}\}$ eine abzählbare in X dichte Teilmenge. J sei die Menge der Paare $(n, m) \in \mathbb{N} \times \mathbb{N}$, für die ein $y \in Y$ existiert mit $d(x_n, y) \leq 1/m$. Für jedes $(n, m) \in J$ wählen wir ein $y_{n,m} \in Y$ mit $d(x_n, y_{n,m}) \leq 1/m$. Die Menge $B = \{y_{n,m} : (n, m) \in J\}$ ist abzählbar. Wir zeigen, daß $\overline{B} \supset Y$ gilt: Sei $x \in Y$. Da $\{x_n : n \in \mathbb{N}\}$ dicht in X ist, existiert eine Folge (n_k) aus $\mathbb{N}$ mit $d(x_{n_k}, x) \leq 1/k$; insbesondere ist also $(n_k, k) \in J$ für jedes $k \in \mathbb{N}$ und es gilt

$$d(y_{n_k,k}, x) \leq d(y_{n_k,k}, x_{n_k}) + d(x_k, x) \leq \frac{2}{k} \to 0,$$

d. h. jeder Punkt von Y liegt im Abschluß von B. ∎

Eine Teilmenge B eines normierten Raumes X heißt *total*, wenn ihre lineare Hülle (die Menge der endlichen Linearkombinationen von Elementen aus B, oder der kleinste Teilraum von X, der B enthält) dicht ist.

1.3 Konvergenz und Vollständigkeit

Satz 1.32 *Ein normierter Raum $(X, \|\cdot\|)$ ist genau dann separabel, wenn er eine abzählbare totale Teilmenge enthält.*

Beweis. Ist X separabel, so gibt es eine abzählbare dichte Teilmenge in X; diese ist natürlich auch total. Sei A eine abzählbare totale Teilmenge. Dann bilden die endlichen Linearkombinationen aus A mit rationalen Koeffizienten (falls $\mathbb{K} = \mathbb{C}$ ist, sind Koeffizienten mit rationalen Real- und Imaginärteilen gemeint) eine abzählbare Menge, die in der linearen Hülle von A dicht ist, also auch dicht in X. ∎

Beispiel 1.33 Für $1 \leq p < \infty$ ist l^p separabel. Das folgt sofort aus der Tatsache, daß die (abzählbare) Menge der Einheitsvektoren $e_j = (\delta_{j,n})_n$ total ist. □

Beispiel 1.34 l^∞ ist nicht separabel. Die Dualbruchentwicklung der Zahlen aus $[0,1]$ zeigt uns, daß es so viele 0-1-Folgen gibt wie Zahlen in $[0,1]$. Eine abzählbare dichte Teilmenge müßte zu jeder 0-1-Folge mindestens ein Element enthalten, das einem Abstand kleiner als $1/2$ hat. Da aber zwei verschiedene 0-1-Folgen den $\|\cdot\|_\infty$-Abstand 1 haben, wären dazu überabzählbar viele Elemente nötig. □

Beispiel 1.35 $C[a,b]$ ist separabel, da zum Beispiel die Monome $x \mapsto x^n$ ($n \in \mathbb{N}_0$) total sind (Weierstraßscher Approximationssatz, Satz C.1). □

Beispiel 1.36 $C_b(\mathbb{R})$, der Raum der stetigen beschränkten Funktionen auf $\mathbb{R}$ mit der Norm $\|\cdot\|_\infty$ ist nicht separabel. Das zeigt man völlig analog wie für l^∞ (Beispiel 1.34); man vgl. Aufgabe 11.1. □

Die vorausgehenden Sätze, wie auch viele der folgenden Resultate zeigen, daß vollständige metrische Räume, Banachräume und Hilberträume besonders gute Eigenschaften haben. Tatsächlich treten aber gelegentlich auch metrische Räume, normierte Räume und Räume mit Skalarpodukt (Prähilberträume) auf, die nicht vollständig sind. In diesen Fällen ist es nützlich zu wissen, daß diese stets als dichte Teilräume eines entsprechenden vollständigen Raumes aufgefaßt werden können.

Satz 1.37 (Vervollständigung) *Sei (X, d) ein metrischer Raum bzw. $(X, \|\cdot\|)$ ein normierter Raum bzw. $(X, \langle \cdot, \cdot \rangle)$ ein Prähilbertraum. Dann existiert ein bis auf Isomorphie eindeutig bestimmter vollständiger metrischer Raum $(\widetilde{X}, \tilde{d})$ bzw. Banachraum $(\widetilde{X}, \|\|\cdot\|\|)$ bzw. Hilbertraum $(\widetilde{X}, \langle\!\langle \cdot, \cdot \rangle\!\rangle)$ so, daß X zu einem dichten Teilraum von $\widetilde{X}$ isomorph ist; $\widetilde{X}$ heißt eine Vervollständigung von X. (Als Isomorphie wird hier eine bijektive Abbildung bezeichnet, die im Fall des metrischen Raumes die Abstände erhält, im Fall des normierten Raumes bzw. des Prähilbertraumes linear ist und die Norm bzw. das Skalarprodukt erhält.)*

Beweis. Konstruktion von $\widetilde{X}$: Sei zunächst $\widehat{X}$ die Menge der Cauchyfolgen in X. Zwei Cauchyfolgen (x_n) und (y_n) heißen *äquivalent*, wenn $d(x_n, y_n) \to 0$ bzw. $\|x_n - y_n\| \to 0$ gilt. Mit $[(x_n)]$ bezeichnen wir die Äquivalenzklasse, die die Cauchyfolge (x_n) enthält. $\widetilde{X}$ sei die Menge der Äquivalenzklassen in $\widehat{X}$. Im Fall des normierten bzw. Prähilbertraumes X sind die Vektoroperationen auf $\widetilde{X}$ definiert durch

$$[(x_n)] + [(y_n)] = [(x_n + y_n)], \quad a[(x_n)] = [(ax_n)].$$

Schließlich definieren wir

$$\tilde{d}([(x_n)], [(y_n)]) := \lim_{n \to \infty} d(x_n, y_n) \quad \text{bzw.}$$
$$\|\|[(x_n)]\|\| := \lim_{n \to \infty} \|x_n\| \quad \text{bzw.}$$
$$\langle\!\langle [(x_n)], [(y_n)] \rangle\!\rangle := \lim_{n \to \infty} \langle x_n, y_n \rangle.$$

Es ist leicht zu sehen, daß die Grenzwerte existieren (auf der rechten Seite stehen jeweils Cauchyfolgen: $|d(x_n, y_n) - d(x_m, y_m)| \leq d(x_n, x_m) + d(y_n, y_m)$, $\big|\|x_n\| - \|x_m\|\big| \leq \|x_n - x_m\|$, $|\langle x_n, y_n \rangle - \langle x_m, y_m \rangle| \leq |\langle x_n, y_n - y_m \rangle| + |\langle x_n - x_m, y_m \rangle|$), daß diese Definitionen nicht von der Wahl der Repräsentanten abhängig sind, und daß hierdurch eine Metrik bzw. eine Norm bzw. ein Skalarprodukt definiert wird.

Wir betten X in $\widetilde{X}$ ein durch

$$E : X \to \widetilde{X}, \quad x \mapsto [x],$$

wobei $[x]$ die Äquivalenzklasse der gegen x konvergenten Folgen ist. Offenbar gilt

$$\tilde{d}(Ex, Ey) = d(x, y) \quad \text{bzw.} \quad \|\|Ex\|\| = \|x\| \quad \text{bzw.} \quad \langle\!\langle Ex, Ey \rangle\!\rangle = \langle x, y \rangle.$$

1.3 Konvergenz und Vollständigkeit

$E(X)$ *ist dicht in* $\widetilde{X}$: Sei $\tilde{x} = [(x_n)] \in \widetilde{X}$. Dann gilt $[x_m] \to \tilde{x}$ für $m \to \infty$, denn

$$\tilde{d}([x_m], \tilde{x}) = \tilde{d}([x_m], [(x_n)]) = \lim_{n\to\infty} d(x_m, x_n) \to 0, \text{ für } x \to \infty, \text{ bzw.}$$

$$|||[x_m] - \tilde{x}||| = \lim_{n\to\infty} \|x_m - x_n\| \to 0 \text{ für } m \to \infty.$$

$\widetilde{X}$ *ist vollständig*: Sei $(\tilde{x}_k)$ eine Cauchyfolge in $\widetilde{X}$. Da $E(X)$ dicht ist, existiert zu jedem k ein $x_k \in X$ mit $|||\tilde{x}_k - [x_k]||| \leq 1/k$ (wir betrachten von jetzt ab nur noch den Fall des normierten Raumes X; für metrische Räume geht es entsprechend). Wegen

$$\|x_k - x_l\| = |||[x_k] - [x_l]|||$$
$$\leq |||[x_k] - \tilde{x}_k||| + |||\tilde{x}_k - \tilde{x}_l||| + |||\tilde{x}_l - [x_l]||| \leq \frac{1}{k} + |||\tilde{x}_k - \tilde{x}_l||| + \frac{1}{l}$$

ist (x_k) eine Cauchyfolge in X, also $[(x_k)] \in \widetilde{X}$, und es gilt

$$|||[(x_n)] - \tilde{x}_k||| \leq |||[(x_n)] - [x_k]||| + |||[x_k] - \tilde{x}_k|||$$
$$\leq \lim_{n\to\infty} \|x_n - x_k\| + \frac{1}{k} \to 0 \text{ für } k \to \infty,$$

d. h. $\tilde{x}_k \to [(x_n)]$ für $k \to \infty$.

Es bleibt noch zu zeigen, daß zwei beliebige Vervollständigungen $\widehat{X}$ und $\widetilde{X}$ *isomorph* sind: Seien $\widehat{E}$ und $\widetilde{E}$ die entsprechenden Einbettungen, d. h. $\widehat{E}(X)$ ist dicht in $\widehat{X}$, $\widetilde{E}(X)$ ist dicht in $\widetilde{X}$. Dann ist $\widehat{E}\widetilde{E}^{-1}$ eine Isomorphie von $\widetilde{E}(X)$ auf $\widehat{E}(X)$. Wir zeigen, daß $\widehat{E}\widetilde{E}^{-1}$ zu einer Isomorphie von $\widetilde{X}$ auf $\widehat{X}$ fortgesetzt werden kann. Sei $\tilde{x} \in \widetilde{X}$. Dann existiert eine Folge (x_n) aus X mit $\widetilde{E}(x_n) \to \tilde{x}$; also ist $\widehat{E}\widetilde{E}^{-1}(\widetilde{E}(x_n)) = \widehat{E}(x_n)$ eine Cauchyfolge in $\widehat{X}$, d. h. es existiert ein $\hat{x}$ mit

$$\widehat{E}\widetilde{E}^{-1}(\widetilde{E}(x_n)) \to \hat{x} \text{ und } |||\hat{x}||| = |||\tilde{x}|||.$$

Wir definieren $V : \widetilde{X} \to \widehat{X}$ durch $V(\tilde{x}) = \hat{x}$; offenbar ist V im Vektorraumfall linear und erhält die Norm (entsprechendes gilt für die Metrik bzw. das Skalarprodukt).

$V(\widetilde{X})$ ist *vollständig*, da es ein isometrisches Bild eines vollständigen Raumes ist (Beweis!). Wegen $\widehat{E}(X) \subset V(\widetilde{X})$ ist $V(\widetilde{X})$ dicht in $\widehat{X}$, also – da $V(\widetilde{X})$ vollständig ist – notwendig gleich $\widehat{X}$. Also ist V eine Isomorphie von $\widetilde{X}$ auf $\widehat{X}$. ∎

1.4 L^p-Räume

Im folgenden sei (X, μ) ein beliebiger Maßraum (in konkreten Fällen handelt es sich dabei meist um Teilmengen von $\mathbb{R}^m$ mit dem Lebesguemaß oder um Hyperflächen in $\mathbb{R}^m$ mit dem entsprechenden Oberflächenmaß). Die benötigten Resultate über Integrations- und Maßtheorie sind im Anhang A zusammengestellt. – Soweit keine besonderen Voraussetzungen über das Maß μ gemacht werden, gelten die für $L^p(X, \mu)$ bewiesenen Resultate automatisch auch für $l^p = l^p(\mathbb{N}) = L^p(\mathbb{N}, \nu)$, wobei ν das Zählmaß auf $\mathbb{N}$ ist; entsprechend für $l^p(\mathbb{Z})$ oder $l^p(A)$ mit einer beliebigen Menge A.

Wir definieren zuerst $\boldsymbol{L^\infty(X, \mu)}$: Dazu sei zunächst

$$\mathcal{L}^\infty(X, \mu) := \Big\{ f : X \mapsto \mathbb{K}\ \mu\text{-meßbar und es gibt ein } C_f$$
$$\text{mit } |f(x)| \leq C_f \text{ für } \mu\text{-f.a. } x \in X \Big\}.$$

Für jedes $f \in \mathcal{L}^\infty(X, \mu)$ gibt es also eine μ-Nullmenge N_f mit $|f(x)| \leq C_f$ für alle $x \in X \setminus N_f$; solche Funktionen heißen *wesentlich beschränkt*. Offensichtlich ist $\mathcal{L}^\infty(X, \mu)$ ein $\mathbb{K}$-Vektorraum,

$$\|f\|_\infty := \mu\text{-wes-sup } |f(x)| \qquad \textit{wesentliches Supremum}$$
$$= \inf \big\{ C : |f(x)| \leq C\ \mu\text{-f.ü.} \big\}$$

ist eine Halbnorm auf $\mathcal{L}^\infty(X, \mu)$; denn es gilt offensichtlich $\|f\|_\infty \geq 0$ und $\|\lambda f\|_\infty = |\lambda|\, \|f\|_\infty$ für alle $f \in \mathcal{L}^\infty(X, \mu)$ und $\lambda \in \mathbb{K}$; die Dreiecksungleichung folgt aus

$$\big|f(x) + g(x)\big| \leq |f(x)| + |g(x)| \leq \|f\|_\infty + \|g\|_\infty \quad \text{für } \mu\text{-f.a. } x \in X.$$

I. allg. ist $\|\cdot\|_\infty$ keine Norm auf $\mathcal{L}^\infty(X, \mu)$, denn aus $\|f\|_\infty = 0$ folgt nur $f(x) = 0$ μ-f.ü., also i. allg. nicht $f = 0$.

Sei deshalb

$$\mathcal{N}(X, \mu) := \big\{ f : X \mapsto \mathbb{K}, f(x) = 0\ \mu\text{-f.ü.} \big\} = \big\{ f \in \mathcal{L}^\infty(X, \mu) : \|f\|_\infty = 0 \big\}.$$

$\mathcal{N}(X, \mu)$ ist ein Teilraum von $\mathcal{L}^\infty(X, \mu)$, und $\|\cdot\|_\infty$ erzeugt eine Norm auf dem Quotientenraum $L^\infty(X, \mu) := \mathcal{L}^\infty(X, \mu) / \mathcal{N}(X, \mu)$.

1.4 L^p-Räume

Man beachte, daß $L^\infty(X,\mu)$ streng genommen kein Funktionenraum ist, sondern ein Raum von Äquivalenzklassen von Funktionen. Alle Operationen, und z. B. auch die Norm, in $L^\infty(X,\mu)$ sind mit Hilfe von Repräsentanten definiert; es muß deshalb stets darauf geachtet werden, daß die Definition nicht von der Wahl des Repräsentaten abhängt (worauf wir allerdings nicht immer hinweisen werden).

Satz 1.38 *$L^\infty(X,\mu)$ ist vollständig; jede Cauchyfolge (f_n) ist bis auf eine μ-Nullmenge gleichmäßig konvergent gegen ein $f \in L^\infty(X,\mu)$.*

Beweis. Sei (f_n) eine $\|\cdot\|_\infty$-Cauchyfolge inf $L^\infty(X,\mu)$ (wir schreiben f_n für die Funktionen f_n und für die dadurch erzeugte Äquvalenzklasse). Für jedes $k \in \mathbb{N}$ gibt es also ein $N(k) \in \mathbb{N}$ so, daß für alle $n, m \geq N(k)$ eine μ-Nullmenge $N_{n,m,k}$ existiert mit

$$|f_n(x) - f_m(x)| < \frac{1}{k} \quad \text{für } x \in X \setminus N_{n,m,k}.$$

Die Folge (f_n) ist also außerhalb der μ-Nullmenge

$$N := \bigcup_{\substack{k \in \mathbb{N} \\ n,m \geq N(k)}} N_{n,m,k}$$

gleichmäßig konvergent gegen eine μ-meßbare Funktion $\tilde{f} : X \setminus N \to \mathbb{K}$. Setzen wir

$$f(x) := \begin{cases} \tilde{f}(x) & \text{für } x \in X \setminus N, \\ 0 & \text{für } x \in N, \end{cases}$$

so ist f offenbar μ-meßbar, wesentlich beschränkt, und es gilt $\|f_n - f\|_\infty \to 0$ für $n \to \infty$. ∎

Definieren wir nun $L^p(X,\mu)$ für $1 \leq p < \infty$: Dazu sei zunächst

$$\mathcal{L}^p(X,\mu) := \left\{ f : X \mapsto \mathbb{K} \ \mu\text{-meßbar und } |f|^p \ \mu\text{-integrierbar} \right\}$$

$$\|f\|_p := \left\{ \int |f(x)|^p \, d\mu(x) \right\}^{1/p}.$$

Wegen $|f(x)+g(x)|^p \leq 2^p\{|f(x)|^p+|g(x)|^p\}$ ist offenbar $\mathcal{L}^p(X,\mu)$ ein $\mathbb{K}$-Vektorraum. Offenbar ist $\|\cdot\|_1$ eine Halbnorm; um dies für $\|\cdot\|_p$ mit $1 < p < \infty$ zu zeigen, benötigen wir etwas Vorbereitung:

Satz 1.39 (Höldersche Ungleichung) a) *Seien $p,q \in [1,\infty]$ mit $\frac{1}{p}+\frac{1}{q}=1$ (einschließlich der Fälle $p=1$, $q=\infty$ und $p=\infty$, $q=1$). Für $f \in \mathcal{L}^p(X,\mu)$ und $g \in \mathcal{L}^q(X,\mu)$ ist $fg \in \mathcal{L}^1(X,\mu)$ und es gilt die*

Höldersche Ungleichung $\quad \|fg\|_1 \leq \|f\|_p \|g\|_q.$

b) *Die Höldersche Ungleichung ist optimal: Zu jedem $f \in \mathcal{L}^p(X,\mu)$ gibt es*
- *für $1 \leq p < \infty$ ein $g \in \mathcal{L}^q(X,\mu)$ mit $\|g\|_q = 1$ und $\int fg\,d\mu = \|f\|_p$,*
- *für $p = \infty$ eine Folge (g_n) aus $\mathcal{L}^1(X,\mu)$ mit $\|g_n\|_1 = 1$ und $\int fg_n\,d\mu \to \|f\|_\infty$*

c) *Seien $p,q,r \geq 1$ mit $\frac{1}{r} = \frac{1}{p} + \frac{1}{q}$. Für $f \in \mathcal{L}^p(X,\mu)$ und $g \in \mathcal{L}^q(X,\mu)$ ist $fg \in \mathcal{L}^r(X,\mu)$, und es gilt die*

verallgemeinerte Höldersche Ungleichung $\quad \|fg\|_r \leq \|f\|_q \|g\|_q.$

Zum Beweis benötigen wir das folgende elementare

Lemma 1.40 *Seien $p,q \in (1,\infty)$ mit $\frac{1}{p}+\frac{1}{q}=1$. Dann gilt für $a \geq 0$ und $b \geq 0$*

$$ab \leq \frac{1}{p}a^p + \frac{1}{q}b^q \quad.$$

Beweis. Wir zeigen zunächst für $0 < \alpha < 1$, $c \geq 0$, $d \geq 0$ die Ungleichung

$$c^\alpha d^{1-\alpha} \leq \alpha c + (1-\alpha)d.$$

Ohne Einschränkung können wir $c \leq d$ annehmen; für $c = 0$ und $c = d$ ist die Ungleichung trivial. Sei also $0 < c < d$. Aus dem Mittelwertsatz der Differentialrechnung folgt mit einem $\xi \in (c,d)$

$$d^{1-\alpha} - c^{1-\alpha} = (1-\alpha)(d-c)\xi^{-\alpha} \leq (1-\alpha)(d-c)c^{-\alpha}.$$

Multiplikation mit c^α ergibt

$$c^\alpha d^{1-\alpha} \leq c + (1-\alpha)(d-c) = \alpha c + (1-\alpha)d.$$

1.4 L^p-Räume
41

Wenden wir die hiermit gewonnene Ungleichung auf $\alpha = 1/p$, $1 - \alpha = 1/q$, $c = a^p$, $d = b^q$ an, so folgt die Behauptung des Lemmas. ∎

Beweis von Satz 1.39. a) Die Fälle $p = 1$, $q = \infty$ und $p = \infty$, $q = 1$ sind offensichtlich. Sei also $1 < p, q < \infty$. Ist $f = 0$ oder $g = 0$, so ist die Ungleichung (in diesem Fall eine Gleichung) trivial. Sei also ohne Einschränkung $f \neq 0$ und $g \neq 0$. Die Anwendung von Lemma 1.40 auf $a = \|f\|_p^{-1}|f(x)|$ und $b = \|g\|_q^{-1}|g(x)|$ ergibt

$$\left(\|f\|_p \|g\|_q\right)^{-1} |f(x)g(x)| \leq \frac{1}{p} \|f\|_p^{-p} |f(x)|^p + \frac{1}{q} \|g\|_q^{-q} |g(x)|^q.$$

Durch Integration folgt

$$\int \left|f(x)g(x)\right| d\mu(x) = \|f\|_p \|g\|_q \int \frac{1}{\|f\|_p \|g\|_q} \left|f(x)g(x)\right| d\mu(x)$$

$$\leq \|f\|_p \|g\|_q \int \left(\frac{1}{p} \|f\|_p^{-p} |f(x)|^p + \frac{1}{q} \|g\|_q^{-q} |g(x)|^q\right) d\mu(x)$$

$$= \|f\|_p \|g\|_q \left(\frac{1}{p} \|f\|_p^{-p} \|f\|_p^p + \frac{1}{q} \|g\|_q^{-q} \|g\|_q^q\right) = \|f\|_p \|g\|_q.$$

Damit ist die Höldersche Ungleichung bewiesen. (Für einen anderen Beweis vergleiche man Bemerkung 2.64.)

b) Es genügt offenbar den Fall $f \neq 0$ zu betrachten. Für $\alpha \in \mathbb{C}$ sei $\operatorname{sgn} \alpha = \alpha/|\alpha|$.

$p = 1$: Mit

$$g(x) := \begin{cases} \dfrac{1}{\operatorname{sgn} f(x)} & \text{für } x \in X \text{ mit } f(x) \neq 0, \\ 0 & \text{sonst} \end{cases}$$

gilt $\|g\|_\infty = 1$ und $\int_X fg \, d\mu = \int_X |f| \, d\mu = \|f\|_1$.

$1 < p < \infty$: Mit

$$g(x) := \begin{cases} \|f\|_p^{1-p} \dfrac{|f(x)|^{p/q}}{\operatorname{sgn} f(x)} & \text{für } x \in X \text{ mit } f(x) \neq 0, \\ 0 & \text{sonst} \end{cases}$$

gilt $\|g\|_q = \|f\|_p^{1-p}\|f\|_p^{p/q} = 1$ und

$$\int_X fg\,d\mu = \|f\|_p^{1-p} \int_X |f(x)|^{1+p/q}\,d\mu(x) = \|f\|_p^{1-p}\|f\|_p^p = \|f\|_p.$$

$p = \infty$: Für jedes $\varepsilon > 0$ hat die Menge $X_\varepsilon := \{x \in X : |f(x)| \geq \|f\|_\infty - \varepsilon\}$ positives Maß. Wählen wir $g \in L^1(X, \mu)$ mit

$$\|g\|_1 = 1 \text{ und } \operatorname{sgn} g(x) = \begin{cases} 0 & \text{für } x \in X \setminus X_\varepsilon, \\ \dfrac{1}{\operatorname{sgn} f(x)} & \text{für } x \in X_\varepsilon, \end{cases}$$

so gilt $\int_X fg\,d\mu \geq (\|f\|_\infty - \varepsilon)$.

c) Der Beweis ergibt sich sofort durch Anwendung von Teil a mit p/r und q/r statt p und q, und $|f|^r$ und $|g|^r$ statt $|f|$ und $|g|$.. ∎

Wir können jetzt auch für $1 < p < \infty$ zeigen, daß $\|\cdot\|_p$ eine Halbnorm auf $\mathcal{L}^p(X, \mu)$ ist; dazu ist nur noch die Dreiecksungleichung zu beweisen: Für $f, g \in \mathcal{L}^p(X, \mu)$ folgt aus der Hölderschen Ungleichung

$$\|f + g\|_p^p = \int |f + g|^p\,d\mu \leq \int \left\{|f||f + g|^{p-1} + |g||f + g|^{p-1}\right\}$$

$$\leq \left\{\int |f|^p\,d\mu\right\}^{1/p} \left\{\int |f + g|^{(p-1)q}\,d\mu\right\}^{1/q}$$

$$+ \left\{\int |g|^p\,d\mu\right\}^{1/p} \left\{\int |f + g|^{(p-1)q}\,d\mu\right\}^{1/q}$$

$$= \left(\|f\|_p + \|g\|_p\right)\|f + g\|_p^{p/q} \quad \text{(wegen } (p-1)q = p\text{)},$$

also

$$\|f + g\|_p = \|f + g\|_p^{p-p/q} \leq \|f\|_p + \|g\|_p.$$

Wie im Fall $p = \infty$ erzeugt also $\|\cdot\|_p$ auf dem Quotientenraum

$$L^p(X, \mu) := \mathcal{L}^p(X, \mu)/\mathcal{N}(X, \mu)$$

eine Norm; auch dieser Raum ist also ein Vektorraum von Äquivalenzklassen von Funktionen (vgl. die entsprechende Anmerkung bei $L^\infty(X, \mu)$ auf S. 39).

1.4 L^p-Räume

Satz 1.41 *Sei $1 \leq p < \infty$. Dann ist $L^p(X, \mu)$ vollständig. Jede Cauchyfolge in $L^p(X, \mu)$ enthält eine μ-f.ü. konvergente Teilfolge (die Folge selbst ist i. allg. nicht μ-f.ü. konvergent, vgl. Aufgabe 1.5).*

Beweis. Sei (f_n) eine Cauchyfolge in $L^p(X,\mu)$ (auch hier bezeichnen wir mit f_n sowohl Funktionen wie zugehörige Äquvalenzklassen). Für jedes $j \in \mathbb{N}$ existiert ein $n_j \in \mathbb{N}$ mit

$$\|f_n - f_m\|_p \leq \frac{1}{2^j} \quad \text{für } n, m \geq n_j,$$

also insbesondere

$$\|f_{n_{j+1}} - f_{n_j}\|_p \leq \frac{1}{2^j} \quad \text{für alle } j.$$

Sei

$$g_k(x) := \sum_{j=1}^{k} \left| f_{n_{j+1}}(x) - f_{n_j}(x) \right|.$$

Dann ist die Folge $(g_k(\cdot)^p)$ nicht-fallend, und aus der Dreiecksungleichung für $\|\cdot\|_p$ folgt

$$\int g_k(x)^p \, d\mu(x) = \|g_k\|_p^p \leq \left\{ \sum_{j=1}^{k} \frac{1}{2^j} \right\}^p < 1.$$

Nach dem Satz von B. Levi (Satz A.10) ist also die Folge $(g_k(\cdot)^p)$ – und somit auch die Folge $(g_k(\cdot))$ – μ-f.ü. konvergent. Dann ist aber auch

$$f_{n_k}(x) = f_{n_1}(x) + \sum_{j=1}^{k-1} \left(f_{n_{j+1}}(x) - f_{n_j}(x) \right)$$

μ-f.ü. konvergent gegen eine μ-meßbare Funktion f.

Es bleibt zu zeigen, daß $f \in \mathcal{L}^p(X, \mu)$ und $\|f_n - f\|_p \to 0$ gilt: Für jedes $\varepsilon > 0$ seien $n(\varepsilon)$ und $j(\varepsilon)$ so gewählt, daß gilt

$$\int \left| f_{n_j}(x) - f_n(x) \right|^p d\mu(x) = \left\| f_{n_j} - f_n \right\|_p^p < \varepsilon \quad \text{für } j > j(\varepsilon),\ n > n(\varepsilon).$$

Die Folge $\left(|f_{n_j}(x) - f_n(x)|\right)_j$ ist also nicht-negativ mit beschränkter Integralfolge, und es gilt für $j \to \infty$

$$\left|f_{n_j}(x) - f_n(x)\right|^p \to \left|f(x) - f_n(x)\right|^p \quad \text{für } \mu\text{-f. a. } x \in X.$$

Somit ergibt das Lemma von Fatou (Satz A.13)

$$|f - f_n|^p \text{ ist } \mu\text{-integrierbar}, \quad \int |f - f_n|^p \, d\mu \leq \varepsilon \text{ für } n \geq n(\varepsilon).$$

Insbesondere ist $f \in \mathcal{L}^p(X, \mu)$ und $\|f - f_n\|_p^p \leq \varepsilon$ für $n \geq n(\varepsilon)$. Mit dem durch f repräsentierten Element aus $L^p(X, \mu)$ gilt also $f_n \to f$, d. h. $L^p(X, \mu)$ ist vollständig. ∎

Häufig ist es wichtig, dichte Teilräume von $L^p(X, \mu)$ zu kennen, die aus besonders einfachen Funktionen bestehen.

Satz 1.42 *Sei (X, μ) ein Maßraum, $\mathcal{R}$ ein Mengenring aus μ-meßbaren Teilmengen von X mit $\mu(A) < \infty$ für alle $A \in \mathcal{R}$ so, daß das durch Einschränkung von μ auf $\mathcal{R}$ entstehende Prämaß das Maß μ erzeugt (vgl. Anhang 1). Dann ist der Raum $E(X, \mu)$ der Elementarfunktionen dicht in $L^p(X, \mu)$ für $1 \leq p < \infty$. ($\mathcal{R}$ kann z. B. die Familie der Mengen mit endlichem Maß aus der zu μ gehörigen σ-Algebra sein, oder der Mengenring, von dem die Konstruktion in Anhang 1 ausgeht. Das Resultat gilt i. allg. nicht für $L^\infty(X, \mu)$, wie man sofort an $L^\infty(\mathbb{R})$ erkennt.)*

Beweis. Für $p = 1$ entspricht die Aussage gerade der Definition einer μ-integrierbaren Funktion in Anhang 1. Für den allgemeinen Fall gehen wir in zwei Schritten vor:

a) Mit $\mathcal{L}_0(X, \mu)$ bezeichnen wir den Raum der (μ-wesentlich) beschränkten Funktionen auf X, die außerhalb einer μ-meßbaren Menge mit endlichem μ-Maß verschwinden,

$$\mathcal{L}_0(X, \mu) := \Big\{ f : X \to \mathbb{C} \; \mu\text{-meßbar und wesentlich beschränkt},$$
$$\mu\{x \in X : f(x) \neq 0\} < \infty \Big\}.$$

1.4 L^p-Räume

Wir zeigen, daß $\mathcal{L}_0(X,\mu)$ in $L^p(X,\mu)$ dicht ist: Dazu definieren wir für $f \in L^p(X,\mu)$

$$f_n(x) := \begin{cases} f(x), & \text{falls } n^{-1} \leq |f(x)| \leq n, \\ 0, & \text{sonst.} \end{cases}$$

Wegen $|f(x)| \leq n$ und

$$\mu\big(\{x \in X : f_n(x) \neq 0\}\big) \leq \mu\Big(\big\{x \in X : |f(x)| \geq \frac{1}{n}\big\}\Big) < \infty$$

ist $f_n \in \mathcal{L}_0(X,\mu)$. Aus

$$|f_n(x) - f(x)|^p \leq |f(x)|^p \quad \text{und} \quad |f_n(x) - f(x)|^p \to 0 \ \mu\text{-f.ü.}$$

folgt mit dem Satz von Lebesgue $\|f_n - f\|_p \to 0$.

b) $E(X,\mu)$ ist $\|\cdot\|_p$-dicht in $\mathcal{L}_0(X,\mu)$: Sei $f \in \mathcal{L}_0(X,\mu)$. Dann ist $f \in \mathcal{L}^1(X,\mu)$ und es gibt (nach Definition) eine Folge (f_n) aus $E(X,\mu)$ mit $\|f_n - f\|_1 \to 0$. Offenbar kann man o. E. annehmen, daß

$$|f_n(x)| \leq C := \text{wes-sup}\,|f|,$$

gilt, und somit

$$\|f_n - f\|_p^p = \int |f_n - f|^p \, d\mu \leq (2C)^{p-1} \int |f_n - f| \, d\mu,$$

d. h. f ist $\|\cdot\|_p$-Limes einer Folge aus $E(X,\mu)$. ∎

Satz 1.43 *Sei $1 \leq p < \infty$, $X \subset \mathbb{R}^m$ Lebesgue-meßbar.*

a) *$L^p(X) = L^p(X,\lambda)$ ist separabel ($\lambda =$ Lebesgue-Maß).*

b) *Ist X offen in $\mathbb{R}^m$, so ist $C_0^\infty(X)$, der Raum der beliebig oft differenzierbaren Funktionen mit kompaktem Träger in X, dicht in $L^p(X,\mu)$.*

Beweis. a) $L^p(X)$ kann als Teilraum von $L^p(\mathbb{R}^m)$ aufgefaßt werde (indem man sich $f \in L^p(X)$ außerhalb von X durch 0 fortgesetzt denkt). Es genügt deshalb zu zeigen, daß $L^p(\mathbb{R}^m)$ separabel ist. Dies folgt aus der Tatsache, daß die abzählbare Menge der charakteristischen Funktionen von Quadern mit rationalen Eckpunkten in dem dichten Teilraum der Treppenfunktionen $E(X, \mathcal{R})$ total ist ($\mathcal{R} = $ Familie der Figuren; vgl. Anhang A).

b) Es genügt zu zeigen, daß jede charakteristische Funktion eines abgeschlossenen Quaders in X durch Funktionen aus $C_0^\infty(X)$ approximiert werden kann. Sei

$$\tilde{\delta}_\varepsilon(x) := \begin{cases} \exp\left(\frac{1}{x^2 - \varepsilon^2}\right) & \text{für } |x| < \varepsilon, \\ 0 & \text{für } |x| \geq \varepsilon, \end{cases} \qquad \delta_\varepsilon(x) := \frac{\tilde{\delta}_\varepsilon(x)}{\int \tilde{\delta}_\varepsilon(y)\, dy}.$$

also $\delta_\varepsilon \in C_0^\infty(\mathbb{R}^m)$, $\delta_\varepsilon(x) = 0$ für $|x| \geq \varepsilon$ und $\int \delta_\varepsilon(x)\, dx = 1$. Für

$$f_\varepsilon(x) := \int_Q \delta_\varepsilon(x - y)\, dy = \begin{cases} 1 & \text{für } d(x, X \setminus Q) \geq \varepsilon, \\ 0 & \text{für } d(x, Q) \geq \varepsilon, \end{cases}, \quad 0 \leq f_\varepsilon(x) \leq 1$$

gilt also $f_\varepsilon \in C_0^\infty(X)$ für hinreichen kleine $\varepsilon > 0$ und $\|f_\varepsilon - \chi_Q\|_p \to 0$ für $\varepsilon \to 0$. ∎

Lemma 1.44 *Sei (X, μ) ein Maßraum, $1 \leq p \leq \infty$, $\frac{1}{p} + \frac{1}{q} = 1$ (einschließlich $p = 1$, $q = \infty$ und $p = \infty$, $q = 1$), $\mathcal{L}_0(X, \mu)$ sei wie im Beweis von Satz 1.42 definiert. Ist $f : X \to \mathbb{C}$ μ-meßbar und gilt*

$$fg \in L^1(X, \mu) \quad \text{und} \quad \left|\int fg\, d\mu\right| \leq C\|g\|_q \quad \text{für alle } g \in \mathcal{L}_0(X, \mu),$$

so ist $f \in L^p(X, \mu)$ mit $\|f\|_p \leq C$. (Vgl. auch Aufgabe 4.12.)

Beweis. Man beachte, daß die Bedingung $|\int fg\, d\mu| \leq C\|g\|_q$ für alle $g \in \mathcal{L}_0(X, \mu)$ gleichbedeutend ist mit $\int |fg|\, d\mu \leq C\|g\|_q$ für alle $g \in \mathcal{L}(X, \mu)$.
$1 \leq p < \infty$: Ist (f_n) eine Folge aus $\mathcal{L}_0(X, \mu)$ mit $f_n \nearrow |f|$, so ist $f_n \in L^p(X, \mu)$ und es gilt für alle $g \in \mathcal{L}_0(X, \mu)$

$$\left|\int f_n g\, d\mu\right| \leq \int |fg|\, d\mu \leq C\|g\|_q.$$

Mit dem Satz von B. Levi (Satz A.10) folgt diese Ungleichung für alle $g \in L^q(X,\mu)$. Nach Satze 1.39 b ist also $\|f_n\|_p \leq C$ für alle $n \in \mathbb{N}$, und somit ist nach dem Satz von B. Levi auch

$$f \in L^p(X,\mu) \text{ und } \|f\|_p \leq C.$$

$p = \infty$: Wäre $f \notin L^\infty(X,\mu)$ oder $\|f\|_\infty > C$, so hätte die Menge

$$X_+ := \left\{x \in X : |f(x)| > C\right\} \text{ positives Maß.}$$

Für geeignetes $g \in L^1(X,\mu)$ mit $\|g\|_1 = 1$ würde dann folgen $\int fg\,d\mu > C\|g\|_1$, ein Widerspruch zur Voraussetzung. ∎

1.5 Orthogonalität

Vektorräume mit Skalarprodukt $\bigl(X, \langle \cdot, \cdot \rangle\bigr)$ haben eine wichtige zusätzliche Struktur: Zwei Elemente x, y aus X heißen *orthogonal*, kurz $x \perp y$, wenn $\langle x, y \rangle = 0$ gilt (es sei daran erinnert, daß in $\mathbb{R}^2$ oder $\mathbb{R}^3$ zwei Vektoren genau dann den Winkel 90° bilden, wenn ihr euklidisches Skalarprodukt verschwindet). Offensichtlich gilt der „Satz von Pythagoras": *Aus $x \perp y$ folgt $\|x+y\|^2 = \|x\|^2 + \|y\|^2$.*

Für ein Element $x \in X$ und Teilmengen $A, B \subset X$ definiert man weiter:
- x ist *orthogonal zu A*, $x \perp A$, wenn $x \perp y$ für alle $y \in A$ gilt,
- A ist *orthogonal zu B*, $A \perp B$, wenn $x \perp y$ für alle $x \in A$ und $y \in B$ gilt,
- der *Orthogonalraum zu A*, $A^\perp := \left\{x \in X : x \perp y \text{ für alle } y \in A\right\}$; dies ist ein abgeschlossener Teilraum von X (Beweis!).

Offenbar gilt, wie ganz leicht nachgerechnet werden kann:
- $\{0\}^\perp = X$ und $X^\perp = \{0\}$, d.h. 0 ist das einzige Element, das zu allen anderen Elementen von X orthogonal ist;
- aus $A \subset B$ folgt $B^\perp \subset A^\perp$;
- $A^\perp = \overline{A}^\perp$ und $A^\perp = L\{A\}^\perp = \overline{L\{A\}}^\perp$.

Der folgende Satz entspricht ganz der geometrischen Intuition, die wir aus $\mathbb{R}^2$ oder $\mathbb{R}^3$ mit der euklidischen Norm haben:

Satz 1.45 (Approximationssatz) *Sei X ein Hilbertraum, A eine abgeschlossene konvexe Teilmenge von X. Dann gibt es zu jedem $x \in X$ genau eine beste Approximation in A, d.h. es gibt genau ein $y \in A$ mit*

$$\|x - y\| = d(x, A) := \inf\{\|x - z\| : z \in A\}.$$

(Dieser Satz ist in Prähilberträumen und in allgemeinen Banachräumen i. allg. falsch, vgl. Aufgabe 1.12.)

Beweis. Nach Definition von $d(x, A)$ gibt es eine Folge (y_n) aus A mit $\|x - y_n\| \to d(x, A)$. Ersetzt man in der Parallelogrammidentität x durch $x - y_n$ und y durch $x - y_m$, so folgt (wegen $\frac{1}{2}(y_n + y_m) \in A$)

$$\|y_n - y_m\|^2 = 2\{\|x - y_n\|^2 + \|x - y_m\|^2\} - \|2x - (y_n + y_m)\|^2$$
$$= 2\{\|x - y_n\|^2 + \|x - y_m\|^2\} - 4\|x - \tfrac{1}{2}(y_n + y_m)\|^2$$
$$\leq 2\{\|x - y_n\|^2 + \|x - y_m\|^2\} - 4d(x, A)^2 \to 0$$

für $n, m \to \infty$, d.h. (y_n) ist eine Cauchyfolge. Es gibt also ein $y \in A$ mit $y_n \to y$ und $\|x - y\| = \lim \|x - y_n\| = d$.

Es bleibt noch die *Eindeutigkeit* zu beweisen: Sind y, z Elemente aus A mit $\|x - y\| = \|x - z\| = d(x, A)$, so zeigt der erste Teil des Beweises, daß $(y, z, y, z, \ldots)$ eine Cauchyfolge ist, also $y = z$. ∎

Damit kann nun ein für die Struktur der Hilberträume grundlegender Satz bewiesen werden:

Satz 1.46 (Projektionssatz) *Sei X ein Hilbertraum, M ein abgeschlossener Teilraum. Dann gilt:*

a) *Jedes $x \in X$ läßt sich eindeutig in der Form $x = y + z$ schreiben mit $y \in M$ und $z \in M^\perp$; y heißt die orthogonale Projektion von x auf M.*

b) $M^{\perp\perp} = M$.

1.5 Orthogonalität

Beweis. a) *Existenz*: Wir wählen für y die beste Approximation von x in M und definieren $z := x - y$. Es bleibt $z \in M^\perp$ zu beweisen, d. h. $\langle w, z \rangle = 0$ für alle $w \in M$. Für $w = 0$ ist das offensichtlich. Sei also im folgenden $w \neq 0$. Für alle $a \in \mathbb{K}$ ist $y + aw \in M$, also

$$d^2 := d(x, M)^2 \leq \|x - (y + aw)\|^2 = \|z - aw\|^2$$
$$= \|z\|^2 - 2\operatorname{Re}(a\langle z, w\rangle) + |a|^2\|w\|^2$$
$$= d^2 - 2\operatorname{Re}(a\langle z, w\rangle) + |a|^2\|w\|^2.$$

Mit $a = \|w\|^{-2}\langle w, z\rangle$ folgt daraus

$$0 \leq -2\frac{|\langle z, w\rangle|^2}{\|w\|^2} + \frac{|\langle z, w\rangle|^2}{\|w\|^2} = -\frac{|\langle z, w\rangle|^2}{\|w\|^2},$$

also $\langle z, w \rangle = 0$.

Eindeutigkeit: Gilt auch $x = y' + z'$ mit $y' \in M$ und $z' \in M^\perp$, so gilt $y - y' \in M$, $z - z' \in M^\perp$, und somit wegen $y + z = y' + z'$

$$y - y' = z' - z \in M \cap M^\perp = \{0\},$$

d. h. $y = y'$ und $z = z'$.

b) $M \subset M^{\perp\perp}$ ist offensichtlich.

$M^{\perp\perp} \subset Y$: Sei $x \in M^{\perp\perp}$. Nach Teil a gilt $x = y + z$ mit $y \in M \subset M^{\perp\perp}$, $z \in M^\perp$, also $z = x - y \in M^\perp \cap M^{\perp\perp} = \{0\}$, d. h. $x = y \in M$. ∎

Korollar 1.47 *Sei X ein Hilbertraum, $A \subset X$.*

a) $A^{\perp\perp} = \overline{L(A)}$ *ist der kleinste abgeschlossene Teilraum, der A enthält.*

b) *Es gilt $A^\perp = \{0\}$ genau dann, wenn $\overline{L(A)} = X$ gilt, d. h. wenn A total ist.*

Beweis. a) Aus $A^\perp = \overline{L(A)}^\perp$ und Satz 1.46 b folgt $\overline{L(A)} = \overline{L(A)}^{\perp\perp} = A^{\perp\perp}$.
b) Aus $A^\perp = \{0\}$ und Teil a folgt $\overline{L(A)} = A^{\perp\perp} = \{0\}^\perp = X$. Aus $\overline{L(A)} = X$ und Teil a folgt $A^{\perp\perp} = X$, also $A^\perp = A^{\perp\perp\perp} = X^\perp = \{0\}$. ∎

Sind M_1 und M_2 Teilräume von X mit $M_1 \cap M_2 = \{0\}$, so ist $M_1 + M_2 = \{y_1 + y_2 : y_1 \in M, y_2 \in M_2\}$ eine *direkte Summe*, $M\dot{+}M_2$ (d.h. jedes Element aus $M_1 + M_2$ hat genau eine Darstellung der Form $y_1 + y_2$ mit $y_j \in M_j$). Sind M_1 und M_2 orthogonal, $M_1 \perp M_2$, so gilt offenbar $M_1 \cap M_2 = \{0\}$. In diesem Falle schreibt man $M_1 \oplus M_2$ statt $M_1\dot{+}M_2$ und nennt dies eine *orthogonale Summe*. Ist $M = M_1 \oplus M_2$, so schreiben wir auch $M_1 = M \ominus M_2$, d. h. M_1 ist das *orthogonale Komplement* von M_2 bezüglich M; für einen abgeschlossenen Teilraum Y von X ist also $Y^\perp = X \ominus Y$ das orthogonale Komplement von Y (bezüglich X).

Satz 1.48 *Sei X ein Hilbertraum.*

a) *Sind M_1 und M_2 orthogonale Teilräume so ist $M_1 \oplus M_2$ genau dann abgeschlossen, wenn M_1 und M_2 abgeschlossen sind.*

b) *Sind M_1 und M abgeschlossene Teilräume mit $M_1 \subset M$, so existiert genau ein abgeschlossener Teilraum $M_2 \subset M$ mit $M = M_1 \oplus M_2$.*

Beweis. a) Dies folgt aus der Tatsache (Beweis), daß $(y_{1,n} + y_{2,n})$ mit $y_{j,n} \in M_j$ genau dann eine Cauchyfolge ist, wenn $(y_{j,n})$ Cauchyfolgen sind.
b) Es genügt, den Fall $M = X$ zu betrachten. Offenbar hat $M_2 := M_1^\perp$ die gewünschte Eigenschaft. ∎

Beispiel 1.49 Ist $X = L^2(a, b)$ mit $a < c < b$, so gilt $L^2(a, b) = L^2(a, c) \oplus L^2(c, b)$, wenn man $L^2(a, c)$ und $L^2(c, b)$ in natürlicher Weise als Teilräume von $L^2(a, b)$ auffaßt (vgl. Beweis von Satz 1.43 a). □

Beispiel 1.50 In $X = L^2(-a, a)$ seien

$$L^2_g(-a, a) = \left\{ f \in L^2(-a, a) : f(x) = f(-x) \text{ f.ü.} \right\},$$
$$L^2_u(-a, a) = \left\{ f \in L^2(-a, a) : f(x) = -f(-x) \text{ f.ü.} \right\}$$

1.5 Orthogonalität

die Teilräume der *geraden* bzw. *ungeraden* Funktionen. Dann gilt $L^2(-a,a) = L^2_g(-a,a) \oplus L^2_u(-a,a)$: Offensichtlich sind die beiden Teilräume orthogonal und für jedes $f \in L^2(-a,a)$ gilt $f = f_g + f_u$ mit

$$f_g(x) := \frac{1}{2}\{f(x) + f(-x)\}, \quad f_u(x) := \frac{1}{2}\{f(x) - f(-x)\},$$

wobei offenbar $f_g \in L^2_g(-a,a)$ und $f_u \in L^2_u(-a,a)$ gilt. □

Eine Familie $M = \{e_\alpha : \alpha \in A\}$ in einem (Prä-)Hilbertraum X heißt ein *Orthonormalsystem* (ONS), wenn gilt $\langle e_\alpha, e_\beta \rangle = \delta_{\alpha\beta}$. Ein totales Orthonormalsystem heißt eine *Orthonormalbasis* (ONB). Es gilt

Satz 1.51 a) *Jedes Orthonormalsystem ist linear unabhängig.*

b) *Jede Orthonormalbasis ist ein maximales Orthonormalsystem.*

c) *Im Hilbertraum ist jedes maximale Orthonormalsystem eine Orthonormalbasis.*

Beweis. a) Aus $\sum_{j=1}^n c_j e_{\alpha_j} = 0$ folgt $0 = \left\|\sum_{j=1}^n c_j e_{\alpha_j}\right\|^2 = \sum_{j=1}^n |c_j|^2$, also $c_j = 0$ für alle j.

b) Ist $M = \{e_\alpha : \alpha \in A\}$ nicht maximal, so gibt es ein $e \in M^\perp = \overline{L(M)}^\perp$ mit $\|e\| = 1$, d.h. M ist nicht total und somit keine Orthonormalbasis.

c) Ist $M = \{e_\alpha : \alpha \in A\}$ nicht total, also $\overline{L(M)} \neq X$, so ist $M^\perp \neq \{0\}$ (da nach dem Projektionssatz X durch $\overline{L(M)}$ und $M^\perp$ aufgespannt wird), es gibt also ein e mit $\|e\| = 1$ und $e \perp e_\alpha$ für alle $\alpha \in A$, d.h. M ist nicht maximal. ∎

Beispiel 1.52 In $l^2(\mathbb{N})$, $l^2(\mathbb{Z})$ bzw. $l^2(A)$ mit einer beliebigen Indexmenge A bilden die *Einheitsvektoren* (1 an einer Stelle, 0 an allen anderen) eine Orthonormalbasis. □

Beispiel 1.53 In $L^2(0,1)$ bildet das Funktionensystem

$$M := \{e_n : n \in \mathbb{Z}\} \text{ mit } e_n(x) := \exp(2\pi i n x)$$

eine Orthonormalbasis: Nach dem Weierstraßschen Approximationssatz für periodische Funktionen (Korollar C.4) sind diese Funktionen bezüglich $\|\cdot\|_\infty$ total im Raum der stetigen Funktionen mit $f(0) = f(1)$, und damit total in $C[0,1]$ bezüglich $\|\cdot\|_2$. Eine einfache Rechnung zeigt $\langle e_n, e_m \rangle = \delta_{nm}$ für alle $n, m \in \mathbb{Z}$. Die Funktionensysteme

$$M_c := \{c_n : n \in \mathbb{N}_0\} \text{ mit } c_n(x) := \sqrt{2}\cos(2\pi nx) \text{ für } n \in \mathbb{N}_0,$$
$$M_s := \{s_n : n \in \mathbb{N}\} \text{ für } s_n(x) := \sqrt{2}\sin(2\pi nx) \text{ für } n \in \mathbb{N}$$

bilden Orthonormalsysteme und $M_c \cup M_s$ ist eine Orthonormalbasis. □

Die folgenden beiden Sätze machen deutlich, daß das Wort „Basis" eine gewisse Berechtigung hat.

Satz 1.54 *Sei X ein Prähilbertraum, $\{e_\alpha : \alpha \in A\}$ ein Orthonormalsystem in X.*

a) *Ist (α_n) eine Folge paarweise verschiedener Elemente aus A und (c_n) eine Folge aus $\mathbb{K}$, so gilt*

(i) *Ist $\sum_n c_n e_{\alpha_n}$ konvergent bzw. $\left(\sum_{n=1}^m c_n e_{\alpha_n}\right)$ eine Cauchyfolge, so ist $(c_n) \in l^2$.*

(ii) *Ist $(c_n) \in l^2$, so ist $\left(\sum_{n=1}^m c_n e_{\alpha_n}\right)$ eine Cauchyfolge (d. h. $\sum_n c_n e_{\alpha_n}$ ist konvergent, falls X ein Hilbertraum ist).*

b) *Ist $y = \sum_n c_n e_{\alpha_n}$, so gilt $c_n = \langle e_{\alpha_n}, y \rangle$ und*

$$\|y\|^2 = \sum_n |c_n|^2, \quad \langle y, x \rangle = \sum_n \langle y, e_{\alpha_n} \rangle \langle e_{\alpha_n}, x \rangle \text{ für } x \in X.$$

Beweis. a) Die Folge $(x_m) = \left(\sum_{n=1}^m c_n e_{\alpha_n}\right)_{m \in \mathbb{N}}$ ist genau dann eine Cauchyfolge, wenn gilt

$$\sum_{n=m+1}^k |c_n|^2 = \left\|\sum_{n=m+1}^k c_n e_{\alpha_n}\right\|^2 = \|x_k - x_m\|^2 \to 0$$

für $m, k \to \infty$. Das gilt genau dann, wenn (c_n) in l^2 ist.

1.5 Orthogonalität

b) Offenbar gilt

$$c_n = \langle e_{\alpha_n}, c_n e_{\alpha_n}\rangle = \lim_{m\to\infty}\Big\langle e_{\alpha_n}, \sum_{j=1}^{m} c_j e_{\alpha_j}\Big\rangle = \langle e_{\alpha_n}, y\rangle,$$

$$\|y\|^2 = \lim_{m\to\infty}\Big\|\sum_{n=1}^{m} c_n e_{\alpha_n}\Big\|^2 = \lim_{m\to\infty}\sum_{n=1}^{m}|c_n|^2 = \sum_{n=1}^{\infty}|c_n|^2,$$

und

$$\langle y, x\rangle = \lim_{m\to\infty}\Big\langle \sum_{n=1}^{m} c_n e_{\alpha_n}, x\Big\rangle = \lim_{m\to\infty}\sum_{n=1}^{m}\langle y, e_{\alpha_n}\rangle\langle e_{\alpha_n}, x\rangle,$$

$$= \sum_{n=1}^{\infty}\langle y, e_{\alpha_n}\rangle\langle e_{\alpha_n}, x\rangle$$

für alle $x \in X$. ∎

Satz 1.55 (Entwicklungssatz) a) *Ist $\{e_\alpha : \alpha \in A\}$ ein Orthonormalsystem im Prähilbertraum X, so gilt für alle $x \in X$*

$$\sum_{\alpha\in A}\big|\langle e_\alpha, x\rangle\big|^2 \leq \|x\|^2 \quad \text{(BESSELsche Ungleichung)},$$

wobei in der Summe höchstens abzählbar viele Terme $\neq 0$ sind.

b) *Ein Orthonormalsystem $\{e_\alpha : \alpha \in A\}$ im (Prä-)Hilbertraum X ist genau dann eine Orthonormalbasis, wenn für jedes $x \in X$ gilt*

$$\sum_{\alpha\in A}\big|\langle e_\alpha, x\rangle\big|^2 = \|x\|^2 \quad \text{(PARSEVALsche Gleichung)}.$$

Es ist dann $x = \sum_{\alpha\in A}\langle e_\alpha, x\rangle e_\alpha$ (wobei das so zu verstehen ist: da nur abzählbar viele Terme $\langle e_\alpha, x\rangle$ von Null verschieden sind, ist die Summe für jedes x abzählbar).

c) *Ist $\{e_\alpha : \alpha \in A\}$ ein Orthonormalsystem im Hilbertraum X, so ist $\sum_{\alpha\in A}\langle e_\alpha, x\rangle e_\alpha$ die orthogonale Projektion von x auf den abgeschlossenen Teilraum $\overline{L\{e_\alpha : \alpha \in A\}}$.*

Beweis. a) Ist $y = \sum_{n=1}^{m} c_n e_{\alpha_n} \in L\{e_\alpha : \alpha \in A\}$, so gilt

$$\|x - y\|^2 = \|x\|^2 - 2\,\mathrm{Re} \sum_{n=1}^{m} c_n \langle x, e_{\alpha_n}\rangle + \sum_{n=1}^{m} |c_n|^2$$

$$= \|x\|^2 - \sum_{n=1}^{m} |\langle e_{\alpha_n}, x\rangle|^2 + \sum_{n=1}^{m} |c_n - \langle e_{\alpha_n}, x\rangle|^2 \qquad (*)$$

$$\geq \|x\|^2 - \sum_{n=1}^{m} |\langle e_{\alpha_n}, x\rangle|^2.$$

Bei festen $\alpha_1, \ldots, \alpha_m$ ist also $\|x - y\|$ genau dann am kleinsten, wenn $c_n = \langle e_{\alpha_n}, x\rangle$ ist. Dann gilt

$$\|x - y\|^2 = \|x\|^2 - \sum_{n=1}^{m} |\langle e_{\alpha_n}, x\rangle|^2$$

und

$$\sum_{n=1}^{m} |\langle e_{\alpha_n}, x\rangle|^2 = \|x\|^2 - \|x - y\|^2 \leq \|x\|^2.$$

Da dies für alle endlichen Familien $\{\alpha_1, \ldots, \alpha_m\}$ aus A gilt, folgt die Behauptung.

b) Ist $\{e_\alpha : \alpha \in A\}$ eine ONB, also $\overline{L\{e_\alpha : \alpha \in A\}} = X$, so gibt es zu jedem $\varepsilon > 0$ eine endliche Teilmenge $\{\alpha_1, \ldots, \alpha_m\}$ von A und Zahlen $c_1, \ldots, c_n$ mit

$$\|x - y\| \leq \varepsilon \quad \text{für} \quad y = \sum_{n=1}^{m} c_n e_{\alpha_n}.$$

Mit $(*)$ folgt daraus daraus

$$\|x\|^2 - \sum_{n=1}^{m} |\langle e_{\alpha_n}, x\rangle|^2 \leq \|x - y\|^2 \leq \varepsilon^2, \text{ bzw.}$$

$$\sum_{n=1}^{m} |\langle e_{\alpha_n}, x\rangle|^2 \geq \|x\|^2 - \varepsilon^2.$$

1.5 Orthogonalität	55

Da andererseits die Besselsche Ungleichung gilt, folgt die Parsevalsche Gleichung. Ist $\{\alpha_1, \alpha_2, \ldots\}$ die Menge der $\alpha \in A$ mit $\langle e_\alpha, x\rangle \neq 0$, und ist $y_m = \sum_{n=1}^m \langle e_{\alpha_n}, x\rangle e_{\alpha_n}$, so folgt aus (*) und der Parsevalschen Gleichung

$$\|x - y_m\|^2 = \|x\|^2 - \sum_{n=1}^m |\langle e_{\alpha_n}, x\rangle|^2 \to 0 \quad \text{für } m \to \infty,$$

d. h. es gilt

$$x = \lim_{m \to \infty} y_m = \sum_{n=1}^\infty \langle e_{\alpha_n}, x\rangle e_{\alpha_n},$$

wofür wir auch $\sum_{\alpha \in A} \langle e_\alpha, x\rangle e_\alpha$ schreiben, da für alle anderen α der Term $\langle e_\alpha, x\rangle$ verschwindet.

c) Sei $y := \sum_{\alpha \in A} \langle e_\alpha, x\rangle e_\alpha = \sum_{n=1}^\infty \langle e_{\alpha_n}, x\rangle e_{\alpha_n}$, wobei α_n die $\alpha \in A$ sind mit $\langle e_{\alpha_n}, x\rangle \neq 0$. Mit (*) folgt für beliebige $c_1, \ldots, c_m \in \mathbb{K}$

$$\|x - y\|^2 = \|x\|^2 - \sum_{\alpha \in A} |\langle e_\alpha, x\rangle|^2 \leq \|x\|^2 - \sum_{n=1}^m |\langle e_{\alpha_n}, x\rangle|^2$$

$$\leq \|x - \sum_{n=1}^m c_n e_{\alpha_n}\|^2,$$

$$\|x - y\| = \inf \{\|x - z\| : z \in L\{e_\alpha\}\} = \inf \{\|x - z\| : z \in \overline{L\{e_\alpha\}}\}.$$

d. h. y ist die Projektion von x auf $\overline{L\{e_\alpha\}}$. ∎

Der folgende Satz liefert eine Methode zur Konstruktion von Orthonormalsystemen oder Orthonormalbasen.

Satz 1.56 (Gram-Schmidtsche Orthonormalisierung) *Sei X ein Prähilbertraum, $F = \{x_n : n \in \mathbb{N}\}$ oder $F = \{x_n : n \in \{1, \ldots, m\}\}$ eine abzählbar unendliche bzw. endliche Menge in X. Dann existiert ein Orthonormalsystem $M = \{e_n\}$ mit $L(F) = L(M)$. Ist F linear unabhängig, so kann M so gewählt werden, daß*

$$L\{x_1, \ldots, x_n\} = L\{e_1, \ldots, e_n\} \quad \text{für alle } n$$

gilt. In diesem Fall lassen sich die e_n in der Form $e_n = \sum_{j=1}^n c_{n,j} x_j$ schreiben; durch die zusätzliche Forderung $c_{n,n} > 0$ werden sie eindeutig festgelegt.

Beweis. Offenbar genügt es, die Behauptung für linear unabhängiges F zu beweisen: Ist $P_n x$ die Projektion von x auf $L\{e_1, \ldots, e_n\}$, die nach Satz 1.55 c durch $\sum_{i=1}^{n} \langle e_i, x \rangle e_i$ gegeben ist, so muß bis auf Faktoren vom Betrag 1 gelten

$$e_1 := \|x_1\|^{-1} x_1,$$
$$e_{n+1} := \|x_{n+1} - P_n x_{n+1}\|^{-1}(x_{n+1} - P_n x_{n+1}) \text{ für } n \in \mathbb{N} \text{ bzw. } n < m$$

(man beachte, daß die Normen, durch die dividiert wird wegen der linearen Unabhängigkeit der x_n nicht verschwinden, und daß sich x_{n+1} durch $e_1, \ldots, e_{n+1}$ darstellen läßt). Die hier angegebenen Formeln liefern die eindeutig bestimmten e_n mit $c_{n,n} > 0$. ∎

Im separablen Fall kann das Gram–Schmidtsche Verfahren zum Beweis der Existenz und zur expliziten Konstruktion von Orthonormalbasen benutzt werden.

Satz 1.57 (Existenz von Orthonormalbasen) a) *Jeder separable Prähilbertraum besitzt eine endliche oder abzählbar unendliche Orthonormalbasis. (Diese Aussage, wie auch Korollar 1.58 gilt i. allg. nicht in nichtseparablen Prähilberträumen; vgl. N. BOURBAKI [3], Ch. 5,§ 2,Ex 2.)*

b) *Jeder Hilbertraum besitzt eine Orthonormalbasis.*

Beweis. a) Da X separabel ist, gibt es eine (höchstens) abzählbare totale Menge $\{x_n\}$ in X, die wir o. E. als linear unabhängig annehmen dürfen. Anwendung des Gram–Schmidtschen Verfahrens (Satz 1.56) liefert eine ONB mit der gleichen Mächtigkeit.

b) In diesem Fall ist der Beweis nicht konstruktiv, er benutzt das Auswahlaxiom bzw. das ZORNsche Lemma[2]: Sei $\mathcal{M}$ die Menge aller Orthonormalsysteme in X. $\mathcal{M}$ ist bezüglich Inklusion „⊂" halbgeordnet. Ist $\mathcal{N}$ eine total

---

[2] Eine Menge M heißt *halbgeordnet* bezüglich einer *Ordnungsrelation* ≺, wenn gilt: $a \prec a$ für alle $a \in M$; aus $a \prec b \prec c$ folgt $a \prec c$; aus $a \prec b$ und $b \prec a$ folgt $a = b$. (Man beachte, daß *nicht* für jedes Paar $a, b \in M$ eine der Beziehungen $a \prec b$ oder $b \prec a$ gilt. Eine typische Halbordnung ist die Mengeninklusion „⊂" auf der Familie der Teilmengen einer Menge.) Eine Teilmenge N von M heißt *(total) geordnet*, wenn für jedes Paar $a, b \in N$ eine der Beziehungen $a \prec b$ oder $b \prec a$ gilt. Ein Element $s \in M$ heißt eine *obere Schranke* einer Teilmenge R von M, wenn für jedes $r \in R$ gilt $r \prec s$. Ein Element $m \in M$ heißt

1.5 Orthogonalität 57

geordnete Teilmenge von $\mathcal{M}$, so hat $\mathcal{N}$ eine obere Schranke $M \in \mathcal{M}$. Man kann für M z.B. die Vereinigung aller $N \in \mathcal{N}$ wählen; M ist offenbar wieder ein ONS, denn für $e_1, e_2 \in M$ existieren $N_1, N_2 \in \mathcal{N}$ mit $e_1 \in N_1$ und $e_2 \in N_2$; wegen $N_1 \subset N_2$ oder $N_2 \subset N_1$ gilt $e_1, e_2 \in N_2$ oder $e_1, e_2 \in N_1$ und somit $e_1 \perp e_2$.

Nach dem Lemma von Zorn existiert also ein maximales Element $M_{\max} \in \mathcal{M}$; dieses ist eine ONB: Wäre $\overline{L(M_{\max})} \neq X$, so gäbe es ein $e \in L(M_{\max})^\perp$ mit $\|e\| = 1$, d.h. $M_{\max} \cup \{e\}$ wäre ein ONS im Widerspruch zur Maximalität von $M_{\max}$. ∎

Korollar 1.58 a) *Im separablen Prähilbertraum kann jedes endliche Orthonormalsystem zu einer Orthonormalbasis ergänzt werden.*

b) *Im Hilbertraum kann jedes Orthonormalsystem zu einer Orthonormalbasis ergänzt werden.*

Beweis. a) Zu dem endlichen ONS nimmt man eine abzählbar dichte Teilmenge dazu, streicht evtl. linear abhängige Elemente heraus und wendet das Gram–Schmidtsche Verfahren (Satz 1.56) an. Dabei bleiben die ersten orthonormalen Elemente erhalten.

b) Sei M_1 das gegebene ONS, M_2 eine ONB von $M_1^\perp$. Dann ist $M = M_1 \cup M_2$ eine ONB von X. (Der Leser mache sich klar, daß diese Schlußweise im Prähilbertraum in der Regel nicht möglich ist.) ∎

Satz 1.59 *Alle Orthonormalbasen in einem Prähilbertraum haben die gleiche Mächtigkeit. Dieser Satz erlaubt es, die* Hilbertraumdimension *zu definieren: Sie ist gleich der Mächtigkeit einer Orthonormalbasis.*

Beweis. Seien M_1 und M_2 Orthonormalbasen von X. Ist $|M_1| = m < \infty$, so ist X m-dimensional, also auch $|M_2| = m$.

---

maximales Element in M, wenn aus $m \prec a$ für ein $a \in M$ folgt $m = a$ (d.h., wenn es in M kein „echt größeres" Element gibt). Das *Lemma von Zorn* (vgl. z. B. E. KAMKE,[20]) besagt nun: *Besitzt in einer halbgeordneten Menge jede geordnete Teilmenge eine obere Schranke, so existiert (mindestens) ein maximales Element.*

Sei also $|M_1| \geq |\mathbb{N}|$: Für jedes $e \in M_1$ sei

$$K(e) := \big\{\varepsilon \in M_2 : \langle e,\varepsilon\rangle \neq 0\big\}, \quad \text{also } |K(e)| \leq |\mathbb{N}|.$$

Es gilt $M_2 = \cup_{e \in M_1} K(e)$ (denn: wäre $\varepsilon \in M_2 \setminus \cup K(e)$, so wäre $\varepsilon \perp M_1$ im Widerspruch zur Totalität von M_1). Also ist

$$|M_2| \leq \sum_{e \in M_1} |K(e)| \leq |M_1||\mathbb{N}| \leq |M_1|.$$

Andererseits ist jedenfalls $|M_2| \geq |\mathbb{N}|$ (da sonst X endlichdimensional wäre). Deshalb erhält man auf dem gleichen Weg $|M_1| \leq |M_2|$. ∎

Bemerkung 1.60 Es gibt Hilberträume beliebiger Hilbertraumdimension: Ist A eine Menge mit vorgegebener Mächstigkeit, so hat $l^2(A)$ die Hilbertraumdimension $|A|$.

Für den Vergleich der Dimensionen zweier Teilräume eines Hilbertraumes ist der folgende Satz nützlich.

Satz 1.61 *Seien Y,Z abgeschlossene Teilräume eines Hilbertraumes X. Aus $Y \cap Z^\perp = \{0\}$ folgt $\dim Y \leq \dim Z$. Aus $Y \cap Z^\perp = Y^\perp \cap Z = \{0\}$ folgt also $\dim Y = \dim Z$.*

Beweis. Wir unterscheiden zwei Fälle:

(i) $\dim Z = k < \infty$, $\{e_1,\ldots,e_k\}$ ONB von Z: Wäre $\dim Y > k$ so gäbe es ein ONS $\{f_1,\ldots,f_{k+1}\}$ in Y, und das homogene Gleichungssystem (k Gleichungen für $k+1$ Unbekannte)

$$\sum_{j=1}^{k+1} c_j \langle e_m, f_j\rangle = 0 \quad (m=1,\ldots,k)$$

hätte eine nichttriviale Lösung $\{c_1,\ldots,c_{k+1}\} \neq \{0,\ldots,0\}$, d.h. es gäbe ein von 0 verschiedenes Element $f = \sum_{j=1}^{k+1} c_j f_j \in Y \cap Z^\perp$; das ist im Widerspruch zu $Y \cap Z^\perp = \{0\}$.

(ii) dim $Z \geq |\mathbb{N}|$: Seien M_1 und M_2 Orthonormalbasen von Y bzw. Z. Für jedes $\varepsilon \in M_2$ sei $K(\varepsilon) = \{e \in M_1 : \langle \varepsilon, e \rangle \neq 0\}$. Dann gilt $\cup_{\varepsilon \in M_2} K(\varepsilon) = M_1$, denn für ein $e \in M_1 \setminus \cup_{\varepsilon \in M_2} K(\varepsilon)$ würde gelten $e \in Y \cap Z^\perp$, im Widerspruch zur Voraussetzung. Da für jedes ε die Menge $K(\varepsilon)$ höchstens abzählbar ist, folgt (da $|M_2| \geq |\mathbb{N}|$ ist) dim $Y = |M_1| \leq |\mathbb{N}||M_2| = |M_2| =$ dim Z. ∎

Der folgende Satz dient in normierten Räumen häufig als Ersatz für die fehlende Orthogonalität; in (Prä–)Hilberträumen ist die Aussage trivial.

Satz 1.62 (Rieszsches Lemma) *Sei X ein normierter Raum, M ein abgeschlossener echter Teilraum von X. Dann existiert zu jedem $\varepsilon > 0$ ein $x \in X$ mit $\|x\| = 1$ und $\mathrm{d}(x, M) > 1-\varepsilon$. (Im Hilbertraum gilt dies sogar mit $\varepsilon = 0$ für jedes $x \in M^\perp$ mit $\|x\| = 1$; im Prähilbertraum kann man Approximierende für dieses x - das im allgemeinen nur in der Vervollständigung liegt - wählen.)*

Beweis. Sei $y \in X \setminus M$, also $\alpha := \mathrm{d}(y, M) > 0$. Dann existiert zu jedem $\varepsilon \in (0, 1)$ ein $w_\varepsilon \in M$ mit

$$\alpha < \|y - w_\varepsilon\| < \frac{\alpha}{1-\varepsilon}.$$

Das Element $x_\varepsilon := \|y - w_\varepsilon\|^{-1}(y - w_\varepsilon)$ hat die Norm 1 und es gilt für alle $w \in M$

$$\|x_\varepsilon - w\| = \frac{1}{\|y - w_\varepsilon\|} \big\|y - w_\varepsilon - \|y - w_\varepsilon\| w\big\| \geq \frac{1}{\|y - w_\varepsilon\|} \alpha > 1 - \varepsilon,$$

d. h. es gilt $\mathrm{d}(x_\varepsilon, M) \geq 1 - \varepsilon$. ∎

1.6 Tensorprodukte von Hilberträumen

Zunächst eine Vorüberlegung zur Motivation: Sind (Ω_1, μ_1) und (Ω_2, μ_2) Maßräume, so kann man offenbar $(L^2(\Omega_1 \times \Omega_2, \mu_1 \times \mu_2), \langle \cdot, \cdot \rangle)$ aus den Räumen $(L^2(\Omega_j, \mu_j), \langle \cdot, \cdot \rangle)$ ($j = 1, 2$) erzeugen: Für $f \in L^2(\Omega_1, \mu_1)$ und $g \in L^2(\Omega_2, \mu_2)$ ist $(f \otimes g)(x, y) := f(x) g(y) \in L^2(\Omega_1 \times \Omega_2, \mu_1 \times \mu_2)$, und die lineare Hülle $L^2(\Omega_1,\mu_1) \otimes L^2(\Omega_2,\mu_2)$ dieser Produkte ist dicht in $L^2(\Omega_1 \times \Omega_2, \mu_1 \times \mu_2)$, d. h. $L^2(\Omega_1 \times \Omega_2, \mu_1 \times \mu_2)$ ist die Vervollständigung von $L^2(\Omega_1,\mu_1) \otimes L^2(\Omega_2,\mu_2)$ bezüglich der durch $L^2(\Omega_1 \times \Omega_2, \mu_1 \times \mu_2)$ auf $L^2(\Omega_1,\mu_1) \otimes L^2(\Omega_2,\mu_2)$ induzierten Norm.

Um diesen Sachverhalt abstrakt fassen zu können, stellen wir fest, daß offenbar gilt

$$\sum_{j=1}^m \sum_{k=1}^n a_j b_k (f_j \otimes g_k)(x,y) - \Big(\sum_{j=1}^m a_j f_j\Big) \otimes \Big(\sum_{k=1}^n b_k g_k\Big)(x,y) = 0,$$

und mit dem Skalarprodukt $\langle \cdot, \cdot \rangle$ auf $L^2(\Omega_1 \times \Omega_2, \mu_1 \times \mu_2)$

$$\Big\langle \sum_{j=1}^m c_j f_j \otimes g_j, \sum_{k=1}^n c'_k f'_k \otimes g'_k \Big\rangle = \sum_{j=1}^m \sum_{k=1}^n \overline{c_j} c'_k \langle f_j, f'_k \rangle_1 \langle g_j, g'_k \rangle_2.$$

Dies veranlaßt uns allgemein für Vektorräume X_1 und X_2 über $\mathbb{K}$ zunächst den Raum $F(X_1, X_2)$ der formalen Linearkombinationen von Paaren $(f,g) \in X_1 \times X_2$ zu definieren:

$$F(X_1, X_2) = \Big\{ \sum_{j=1}^m c_j (x_j, y_j) : c_j \in \mathbb{K},\ x_j \in X_1,\ y_j \in X_2 \Big\}.$$

$N(X_1, X_2)$ sei der Teilraum von $F(X_1, X_2)$, der von Elementen der Form

$$\sum_{j=1}^m \sum_{k=1}^n a_j b_k (x_j, y_k) - \Big(\sum_{j=1}^m a_j x_j, \sum_{k=1}^n b_k y_k\Big)$$

(das sind Ausdrücke der Form, für die wir in obiger Situation festgestellt hatten, daß sie $= 0$ sind). Den Quotientenraum

$$X_1 \otimes X_2 := F(X_1, X_2)/N(X_1, X_2)$$

bezeichnet man als das *algebraische Tensorprodukt* von X_1 und X_2. Die durch ein Paar $(x,y) \in X_1 \times X_2$ erzeugte Äquivalenzklasse in $X_1 \otimes X_2$ wird mit $x \otimes y$ bezeichnet; diese Elemente heißen *einfache Tensoren*. Jedes Element von $X_1 \otimes X_2$ ist endliche Linearkombination einfacher Tensoren.

1.6 Tensorprodukte von Hilberträumen

Eine solche Linearkombination ist genau dann gleich 0, wenn sie endliche Linearkombination von Ausdrücken der Form

$$\sum_{j=1}^{m}\sum_{k=1}^{n} a_j b_k\, x_j \otimes y_k - \Big(\sum_{j=1}^{m} a_j x_j\Big) \otimes \Big(\sum_{k=1}^{n} b_k y_k\Big)$$

ist, insbesondere gilt also die Rechenregel

$$\Big(\sum_{j=1}^{m} a_j x_j\Big) \otimes \Big(\sum_{k=1}^{n} b_k y_k\Big) = \sum_{j=1}^{m}\sum_{k=1}^{n} a_j b_k\, x_j \otimes y_k.$$

Sind $(X_1, \langle \cdot,\cdot \rangle_1)$ und $(X_2, \langle \cdot,\cdot \rangle_2)$ Hilberträume über $\mathbb{K}$, so wird durch

$$s\Big(\sum_{j=1}^{m} c_j(x_j,y_j), \sum_{k=1}^{n} c'_k(x'_k,y'_k)\Big) := \sum_{j=1}^{m}\sum_{k=1}^{n} \overline{c_j} c'_k \langle x_j, x'_k \rangle_1 \langle y_j, y'_k \rangle_2$$

eine hermitesche Sesquilinearform auf $F(X_1, X_2)$ definiert. Man rechnet leicht nach, daß für $u \in N(X_1, X_2)$ und beliebiges $v \in F(X_1, X_2)$ gilt $s(u,v) = s(v,u) = 0$. Deshalb wird durch

$$\Big\langle \sum_{j=1}^{m} c_j x_j \otimes y_j, \sum_{k=1}^{n} c'_k x_k \otimes y_k \Big\rangle := s\Big(\sum_{j=1}^{m} c_j(x_j,y_j), \sum_{k=1}^{n} c'_k(x'_k,y'_k)\Big)$$

eine hermitesche Sesquilinearform auf $X_1 \otimes X_2$ definiert.

$\langle \cdot,\cdot \rangle$ ist sogar ein Skalarprodukt auf $X_1 \otimes X_2$: Dazu ist nur noch zu zeigen, daß $\langle u,u \rangle > 0$ für alle $u \in X_1 \times X_2 \setminus \{0\}$ gilt. Ist $u = \sum_{j=1}^{m} c_j x_j \otimes y_j \neq 0$, und sind $\{e_k\}$ und $\{e'_l\}$ Orthonormalbasen von $L\{x_1, \cdots, x_n\}$ bzw. $L\{y_1, \cdots, y_n\}$, so gilt

$$u = \sum_{k,l} c_{kl} e_k \otimes e'_l \quad \text{mit } c_{kl} = \sum_j c_j \langle e_k, x_j \rangle \langle e'_l, y_j \rangle,$$

und somit

$$\langle u,u \rangle = \sum_{k,l} |c_{kl}|^2 > 0 \quad (\text{wegen } u \neq 0).$$

Also ist $\left(X_1 \otimes X_2, \langle \cdot, \cdot \rangle\right)$ ein Prähilbertraum (allerdings i. allg. nicht vollständig, wie man an obigem Beispiel der L^2-Räume sieht). Die Vervollständigung von $\left(X_1 \otimes X_2, \langle \cdot, \cdot \rangle\right)$ wird mit $X_1 \widehat{\otimes} X_2$ bezeichnet und heißt das (*vollständige*) *Tensorprodukt* der Hilberträume X_1 und X_2.

Zurückkehrend zum Beispiel der L^2-Räume können wir jetzt feststellen, daß $L^2(\Omega_2 \times \Omega_2, \mu_1 \times \mu_2)$ isomorph (meistens wird man sagen „gleich") ist dem vollständigen Tensorprodukt

$$L^2(\Omega_1, \mu_1) \widehat{\otimes} L^2(\Omega_2, \mu_2).$$

Satz 1.63 *Seien X_1 und X_2 Hilberträume.*

a) *Sind M_1 und M_2 totale Teilmengen von X_1 bzw. X_2, so ist die Menge der einfachen Tensoren $\left\{x \otimes y : x \in M_1, y \in M_2\right\}$ total in $X_1 \widehat{\otimes} X_2$.*

b) *Sind $\left\{e_\alpha : \alpha \in A\right\}$ und $\left\{e'_\beta : \beta \in B\right\}$ Orthonormalbasen von X_1 bzw. X_2, so ist $\left\{e_\alpha \otimes e'_\beta : \alpha \in A, \beta \in B\right\}$ eine Orthonormalbasis von $X_1 \widehat{\otimes} X_2$.*

Beweis. a) Es genügt zu zeigen, daß zu jedem einfachen Tensor $x \otimes y \in X_1 \otimes X_2$ und jedem $\varepsilon > 0$ Elemente $x_\varepsilon \in L(M_1)$ und $y_\varepsilon \in L(M_2)$ existieren mit $\|x \otimes y - x_\varepsilon \otimes y_\varepsilon\| < \varepsilon$. Da M_j in X_j dicht ist, existieren $x_\varepsilon \in L(M_1)$ mit $\|x - x_\varepsilon\|_1 \|y\|_2 < \varepsilon/2$ und $y_\varepsilon \in L(M_2)$ mit $\|y - y_\varepsilon\|_2 \|x_\varepsilon\|_1 < \varepsilon/2$, also

$$\|x \otimes y - x_\varepsilon \otimes y_\varepsilon\| = \|(x - x_\varepsilon) \otimes y + x_\varepsilon \otimes (y - y_\varepsilon)\|$$
$$\leq \|x - x_\varepsilon\|_1 \|y\|_2 + \|x_\varepsilon\|_1 \|y - y_\varepsilon\|_2 \leq \varepsilon.$$

b) Wegen $\left\langle e_\alpha \otimes e'_\beta, e_{\alpha'} \otimes e'_{\beta'} \right\rangle = \langle e_\alpha, e_{\alpha'}\rangle_1 \langle e'_\beta, e'_{\beta'}\rangle_2 = \delta_{\alpha\alpha'} \delta_{\beta\beta'}$ für alle $\alpha, \alpha' \in A$, $\beta, \beta' \in B$, ist $\left\{e_\alpha e'_\beta : \alpha \in A, \beta \in B\right\}$ ein Orthonormalsystem. Nach Teil a ist dieses total in $X_1 \widehat{\otimes} X_2$, also eine Orthonormalbasis. ∎

1.7 Übungen

1.1 Auf $\mathbb{R}^2$ sei s die durch $s(x,y) := \xi_1\eta_1 + \xi_2\eta_2 + a\xi_1\eta_2$ definierte Sesquilinearform.

a) Für $|a| < 2$ bzw. $|a| \leq 2$ ist $s(x,x) > 0$ für $x \in \mathbb{R}^2 \setminus \{0\}$ bzw. $s(x,x) \geq 0$ für alle $x \in \mathbb{R}^2$

b) Für alle $a \neq 0$ ist s nicht symmetrisch. ($s(\cdot,\cdot)$ ist alsoauch für $|a| < 2$ kein Skalarprodukt.)

1.2 Man beweise die *Cauchysche Ungleichung*

$$\Big|\sum_{j=1}^m \overline{\xi_j}\eta_j\Big|^2 \leq \sum_{j=1}^m |\xi_j|^2 \sum_{j=1}^m |\eta_j|^2$$

mit Hilfe von Beispiel 1.10 und der Schwarzschen Ungleichung.

1.3 Sei s ein Semiskalarprodukt auf X, q die durch s erzeugte quadratische Form, $N = \{x \in X : q(x) = 0\}$.

a) N ist ein Teilraum von X.

b) Für $x \in N$ und $y \in X$ gilt $s(x,y) = 0$ und $q(x+y) = q(y)$.

c) In der Schwarzschen Ungleichung für s gilt genau dann das Gleichheitszeichen, wenn x und y modulo N linear abhängig sind, d. h., wenn $a, b \in \mathbb{K}$ existieren mit $(a,b) \neq (0,0)$ und $ax + by \in N$.

d) Es gilt $s(x,y) = [q(x)q(y)]^{1/2}$ genau dann, wenn ein $c \geq 0$ existiert mit $x - cy \in N$ oder $y - cx \in N$.

1.4 a) Ist $\langle\cdot,\cdot\rangle$ ein Skalarprodukt auf X und $\|\cdot\|$ die dadurch erzeugte Norm, so gilt $\|x+y\| = \|x\| + \|y\|$ genau dann, wenn ein $c \geq 0$ existiert mit $x = cy$ oder $y = cx$.

b) Teil a gilt i. allg. nicht für Normen, die nicht von Skalarprodukten erzeugt werden (Beispiel!).

1.5 a) Sei $1 \leq p < \infty$. Für $f_n \in L^p(X,\mu)$ und $\|f_n\|_p \to 0$ gilt i. allg. *nicht* $f_n(x) \to 0$ μ-f. ü. Anleitung: In $L^p(0,1)$ sei $f_{2^n+k}(x) = \chi_{[(k-1)2^{-n}, k2^{-n})}(x)$ für $n \in \mathbb{N}_0$ und $k \in \{1,\ldots,2^n\}$.

b) Für $f_n \in L^p(X, \mu)$ mit $\|f_n\| \leq C$ und $f_n(x) \to 0$ μ-f.ü. gilt i. allg. nicht $\|f_n\|_p \to 0$. *Anleitung:* In $L^p(0,1)$ sei $f_n(x) = n^{1/p}\chi_{[0,1/n]}(x)$.

c) Falls $\mu(X) = \infty$ ist, genügt es in Teil b auch nicht, zusätzlich $|f_n(x)| \leq C$ vorauszusetzen. *Anleitung:* In $L^p(0, \infty)$ sei $f_n(x) = \chi_{[n,n+1]}(x)$.

1.6 Es werden hier zwei Hilberträume vorgestellt, die aus auf der offenen Einheitskreisscheibe $\mathbb{C}_1 := \{z \in \mathbb{C} : |z| < 1\}$ holomorphen Funktionen bestehen:

a) Sei $\mathbf{A}^2$ die Menge der auf $\mathbb{C}_1$ holomorphen und über $\mathbb{C}_1$ quadratintegrierbaren Funktionen (das Integral kann als uneigentliches Riemannintegral oder als Lebesgueintegral verstanden werden). $\mathbf{A}^2$ ist ein Vektorraum; durch

$$\langle f, g \rangle_1 = \int_{\mathbb{C}_1} \overline{f(x+iy)} g(x+iy)\, dx\, dy, \quad \|f\|_1 = \langle f, f \rangle_1^{1/2}$$

werden ein Skalarprodukt und die zugehörige Norm definiert.

b) Sei $\mathbf{H}^2$ die Menge der auf $\mathbb{C}_1$ holomorphen Funktionen f, für die $\|f\|_2^2 := \lim_{r \nearrow 1} \int_0^{2\pi} |f(re^{it})|^2\, dt$ existiert. $\mathbf{H}^2$ ist ein Vektorraum (*Hardy-Klasse*). $\|\cdot\|_2$ ist eine Norm, die durch das Skalarprodukt

$$\langle f, g \rangle_2 = \lim_{r \nearrow \infty} \int_0^{2\pi} \overline{f(re^{it})} g(re^{it})\, dt$$

erzeugt wird.

c) Sind $f(z) = \sum_{n=0}^{\infty} f_n z^n$ und $g(z) = \sum_{n=0}^{\infty} g_n z^n$ die Taylorreihen von f und g zum Entwicklungspunkt 0, so gilt,

$$\langle f, g \rangle_1 = \sum_{n=0}^{\infty} \frac{1}{n+1} \overline{f_n} g_n, \quad \langle f, g \rangle_2 = 2\pi \sum_{n=0}^{\infty} \overline{f_n} g_n.$$

d) $\mathbf{H}^2$ ist ein Teilraum von $\mathbf{A}^2$, und es gilt $\|f\|_1^2 \leq \frac{1}{2}\|f\|_2^2$ für alle $f \in \mathbf{H}^2$.

e) Für alle $f \in \mathbf{H}^2$ gilt $\|f\|_2^2 = \sup\left\{\int_0^{2\pi} |f(re^{it})|^2\, dt : 0 \leq r < 1\right\}$.

f) $\mathbf{A}^2$ und $\mathbf{H}^2$ sind separable Hilberträume. *Anleitung:* Man kann die Vollständigkeit mit Hilfe von Teil c oder mit Hilfe der Mittelwerteigenschaft holomorpher Funktionen beweisen.

1.7 Übungen

1.7 Sei A eine beliebige Menge, $\mu : A \to (0, \infty)$, $l^2(A; \mu)$ die Menge der Funktionen $f : A \to \mathbb{C}$, (die in höchstens abzählbar vielen Punkten von A nicht verschwinden, und) für die gilt $\sum_{\alpha \in A} \mu(\alpha)|f(\alpha)|^2 < \infty$. $l^2(A; \mu)$ ist ein Vektorraum, und durch $\langle f, g \rangle = \sum_{\alpha \in A} \mu(\alpha) \overline{f(\alpha)} g(\alpha)$ ist ein Skalarprodukt auf $l^2(A; \mu)$ erklärt. $l^2(A; \mu)$ ist vollständig.

1.8 a) Sei A eine beliebige Menge, und für jedes $\alpha \in A$ sei $(X_\alpha, \langle \cdot, \cdot \rangle_\alpha)$ ein (Prä-)Hilbertraum. Dann ist

$$X = \Big\{ x = (x_\alpha)_{\alpha \in A} \in \prod_{\alpha \in A} X_\alpha : x_\alpha \neq 0 \text{ für höchstens abzählbar}$$
$$\text{viele } \alpha \in A, \sum_{\alpha \in A} \|x_\alpha\|_\alpha^2 < \infty \Big\}$$

ein Vektorraum (mit komponentenweiser Addition und Multiplikation). Durch $\langle (x_\alpha), (y_\alpha) \rangle := \sum_{\alpha \in A} \langle x_\alpha, y_\alpha \rangle_\alpha$ ist ein Skalarprodukt auf X erklärt.

b) Die X_α können als paarweise orthogonale Teilräume von X aufgefaßt werden. X wird als *orthogonale Summe* der X_α bezeichnet, $X = \oplus_{\alpha \in A} X_\alpha$.

c) Sind alle X_α vollständig, so ist X ein Hilbertraum.

1.9 Sei (x_n) eine Folge in einem normierten Raum X mit $\sum_n \|x_n\| < \infty$. Dann gilt $x_n \to 0$ und die Folge $(\sum_{j=1}^n x_j)_n$ ist eine Cauchyfolge. Ist X vollständig, so ist $(\sum_{j=1}^n x_j)_n$ konvergent; für den Grenzwert dieser Folge schreibt man $\sum_{j=1}^\infty x_j$.

1.10 Sei $-\infty < a < b < \infty$.

a) Sei $C^k[a, b]$ der Raum der k mal stetig differenzierbaren (komplex- oder reellwertigen) Funktionen auf $[a, b]$. Durch $\langle f, g \rangle_k := \sum_{j=0}^k \int_a^b \overline{f^{(j)}(x)} g^{(j)}(x) \, dx$ wird auf $C^k[a, b]$ ein Skalarprodukt definiert. $(C^k[a, b], \langle \cdot, \cdot \rangle_k)$ ist nicht vollständig. (Vgl. Abschnitt 6.5, wo sich übrigens zeigt, daß in der Summe auf die Terme $j = 1, \cdots, k - 1$ verzichtet werden kann.)

b) Sei $W_{2,k}(a, b)$ der Raum der Funktionen f auf $[a, b]$, die $k - 1$ mal stetig differenzierbar sind, und deren $(k - 1)$-te Ableitung absolut stetig ist mit einer „Ableitung" aus $L^2(a, b)$ (der „k-ten Ableitung" von f). Durch den gleichen Ausdruck wie in Teil a wird ein Skalarprodukt auf $W_{2,k}(a, b)$ definiert; $(W_{2,k}(a, b), \langle \cdot, \cdot \rangle_k)$ ist ein Hilbertraum.

c) $C^k[a, b]$ ist ein dichter Teilraum von $W_{2,k}(a, b)$.

1.11 a) Eine Teilmenge A eines normierten Raumes X ist genau dann nicht separabel, wenn es ein $a > 0$ und eine überabzählbare Teilmenge B on A gibt so, daß für $x, y \in B$ mit $x \neq y$ gilt $\|x - y\| \geq a$. *Anleitung:* Gilt diese Eigenschaft nicht, so gibt es (Lemma von Zorn) zu jedem $a > 0$ eine maximale (abzählbare) Menge $B_\varepsilon \subset A$ mit $\|x-y\| \geq a$ für $x, y \in B_\varepsilon$, $x \neq y$.

b) Ist ein Teilraum Y nicht separabel, so gibt es für jedes $a > 0$ eine solche Menge B.

c) Der Raum $l^2(A; \mu)$ aus Aufgabe 1.7 ist genau dann separabel, wenn A abzählbar ist.

1.12 a) Die Eindeutigkeitsaussage des Approximationssatzes (Satz 1.45) gilt nicht in $\mathbb{R}^m$ mit den Normen $\|\cdot\|_1$ oder $\|\cdot\|_\infty$.

b) Die Existenzaussage des Approximationssatzes (Satz 1.45) gilt im Prähilbertraum nicht. *Anleitung:* $X = C[-1, 1]$ mit $\langle f, g \rangle = \int_{-1}^{1} \overline{f(x)} g(x) \, dx$, A der Teilraum der Funktionen g mit $g(x) = 0$ für $x \leq 0$. Dann gibt es in A keine beste Approximation für die Funktion $f(x) \equiv 1$.

1.13 In dem Prähilbertraum $C[-1, 1]$ mit dem Skalarprodukt $\langle f, g \rangle = \int_{-1}^{1} \overline{f(x)} g(x) \, dx$ sind $M_- := \{f \in C[-1, 1] : f(x) = 0 \text{ für } x \geq 0\}$ und $M_+ := \{f \in C[-1, 1] : f(x) = 0 \text{ für } x \leq 0\}$ abgeschlossene orthogonale Teilräume, deren Summe nicht abgeschlossen ist.

1.14 Sei X ein Prähilbertraum, D ein dichter Teilraum von X, N ein endlichdimensionaler Teilraum von X. Dann ist $D \cap N^\perp$ dicht in $N^\perp$. *Anleitung:* Es genügt den Fall $\dim N = 1$, $N = L\{y\}$, zu betrachten. Wähle $z \in D$ mit $\langle y, z \rangle = 1$. Zu $x \in N^\perp$ gibt es $x_n \in D$ mit $x_n \to x$. Wähle $x'_n = x_n - \langle y, x_n \rangle z \in D \cap N^\perp$ und zeige $x'_n \to x$.

1.15 In einem normierten Raum X sind genau dann alle abgeschlossenen beschränkten Mengen kompakt, wenn X endlichdimensional ist.

1.16 Ein metrischer Raum ist genau dann kompakt, wenn er total beschraenkt und vollständig ist. *Anleitung:* Vgl. Satz 1.28.

1.17 Die Summe zweier abgeschlossener (unendlichdimensionaler) Teilräume ist i. allg. nicht abgeschlossen (vgl. Satz 1.22)

1.7 Übungen

1.18 Eine Teilmenge B eines Vektorraumes X heißt eine *algebraische Basis* (auch *Hamelbasis*), wenn B linear unabhängig ist (d. h. jede endliche Teilmenge ist linear unabhängig) und $L(B) = X$ gilt

a) Jedes maximale linear unabhängige System in X ist eine algebraische Basis.

b) Mit Hilfe des Zorn'schen Lemmas (vgl. Fußnote auf Seite 56) beweise man, daß jeder Vektorraum eine algebraische Basis besitzt.

c) Zwei algebraische Basen eines Vektorraumes haben die gleiche Mächtigkeit; diese nennt man die *algebraische Dimension*.

d) Eine algebraische Basis eines Banachraumes X ist endlich (falls X endlichdimensional) oder überabzählbar. *Anleitung:* Die Existenz einer abzählbaren Basis und der Satz von Baire liefern $\dim X < \infty$. (Eine algebraische Basis eines unendlichdimensionalen Hilbertraumes hat mindestens die Mächtigkeit des Kontinuums; vgl. N. BOURBAKI [3], Ch. 5, §2, Ex. 1.)

e) Es gibt normierte Räume mit abzählbarer algebraischer Dimension.

1.19 Zwei von Null verschiedene einfache Tensoren $x_1 \otimes y_1$ und $x_2 \otimes y_2$ sind genau dann gleich, wenn ein $c \in \mathbb{K} \setminus \{0\}$ existiert mit $x_2 = cx_1$ und $y_2 = c^{-1}y_1$.

1.20 Seien $(X_1, \langle \cdot, \cdot \rangle_1)$ und $(X_1, \langle \cdot, \cdot \rangle_2)$ Hilberträume.

a) Es gilt $\dim X_1 \widehat{\otimes} X_2 = (\dim X_1) \cdot (\dim X_2)$ im Sinne der Hilbertraumdimension.

b) Sind X_1 und X_2 von $\{0\}$ verschieden, so ist $X_1 \widehat{\otimes} X_2$ genau dann separabel, wenn X_1 *und* X_2 separabel sind.

c) $(X_1 \otimes X_2, \langle \cdot, \cdot \rangle)$ — ohne „$\widehat{}$" — ist genau dann vollständig, wenn X_1 oder X_2 endlichdimensional ist.

2 Lineare Operatoren und Funktionale

Ein *linearer Operator* T von einem normierten Raum X (oder Prähilbertraum, ggf. auch einem allgemeinen Vektorraum mit oder ohne Topologie) in einem anderen normierten Raum Y (oder...) ist eine lineare Abbildung von einem Teilraum (Untervektorraum) $D(T)$ von X in den Raum Y, d.h. für $x, y \in D(T)$ und $\alpha, \beta \in \mathbb{K}$ gilt

$$T(\alpha x + \beta y) = \alpha T x + \beta T y.$$

Man sagt auch, T ist ein *(linearer) Operator* von X nach Y. Ist $Y = \mathbb{K}$, so spricht man von einem *linearen Funktional*.

$D(T)$ heißt der *Definitionsbereich* von T. Speziell sei $I = I_X$ mit $D(I) = X$, $Ix = x$ für $x \in X$ der *Einheitsoperator* (oder die *Identität*) in X und $0 = 0_{X,Y}$ mit $D(0) = X$, $0x = 0$ für $x \in X$ der *Nulloperator* von X nach Y. Es sei schon hier deutlich gemacht, daß zur Beschreibung eines linearen Operators stets die Angabe des Definitionsbereiches *und* der Abbildungsvorschrift erforderlich ist.

Der *Wertebereich* eines linearen Operators T wird mit $R(T)$ bezeichnet (vom engl. Wort „range"). Der *Nullraum (Kern)* von T ist $N(T) = \{x \in D(T) : Tx = 0\}$. Offensichtlich sind $N(T)$ und $R(T)$ Teilräume von X bzw. Y.

Bei nicht notwendig auf dem ganzen Raum definierten Operatoren ist dies bei der Zusammensetzung von Operatoren entsprechend zu beachten. So ist z. B.
- für einen Operator T von X nach Y und $a \in \mathbb{K}$

$$D(aT) := D(T), \quad (aT)x := a(Tx),$$

- für zwei Operatoren S und T von X nach Y

$$D(S+T) := D(S) \cap D(T), \quad (S+T)x := Sx + Tx,$$

– für einen Operator T von X nach Y und einen Operator S von Y nach Z

$$D(ST) := \Big\{x \in D(T) : Tx \in D(S)\Big\}, \quad (ST)x := S(Tx).$$

In diesem Kapitel werden, ausgehend von beschränkten Operatoren, die wichtigsten Resultate über lineare Operatoren und Funktionale bewiesen, insbesondere der Fortsetzungssatz von Hahn–Banach und der Satz von der gleichmäßigen Beschränktheit; in diesem Zusammenhang werden auch die starke und schwache Konvergenz untersucht. Schließlich wird der adjungierte bzw. duale Operator definiert, und als besonders wichtige Beispiele werden orthogonale Projektionen und unitäre Operatoren vorgestellt.

Der im Anhang dargestellte Interpolationssatz wird erst viel später (insbes. in Abschnitt 11.2) benutzt werden. Der ebenfalls dort bewiesene Satz über selbstadjungierte Fortsetzungen hermitescher Operatoren hat für die Theorie wohl kaum Bedeutung, sondern wird hier eher aus ästhetischen Gründen bewiesen.

2.1 Beschränkte Operatoren

Ein Operator T von X nach Y heißt *beschränkt*, wenn es ein $C \geq 0$ gibt mit $\|Tx\| \leq C\|x\|$ für alle $x \in D(T)$. (Man beachte, daß T nicht notwendig auf ganz X definiert ist und nicht in dem Sinn beschränkt ist, wie dies bei Funktionen benutzt wird: Es gilt nicht $\|Tx\| \leq C$ für alle $x \in D(T)$, sondern nur $\|Tx\| \leq C$ für alle $x \in D(T)$ mit $\|x\| \leq 1$.)

Satz 2.1 *Seien X und Y normierte Räume. Für einen linearen Operator T von X nach Y sind die folgenden Aussagen äquivalent:*

(i) *T ist stetig (d. h. stetig in jedem Punkt von $D(T)$),*

(ii) *T ist stetig im Nullpunkt,*

(iii) *T ist beschränkt.*

Beweis.

(i)$\Rightarrow$(ii): Das ist offensichtlich.

(ii)⇒(iii): Wäre T unbeschränkt, so gäbe es für jedes $n \in \mathbb{N}$ ein $x_n \in D(T)$ mit $\|Tx_n\| > n\|x_n\|$ (insbesondere ist $x_n \neq 0$). Mit $y_n := (n\|x_n\|)^{-1}x_n$ gilt also $y_n \to 0$ und $\|Ty_n\| \geq 1 \not\to 0$, ein Widerspruch zur Stetigkeit in 0.

(iii)⇒(i): Sei $C > 0$ mit $\|Tx\| \leq C\|x\|$ für alle $x \in D(T)$, $x_0 \in D(T)$. Zu $\varepsilon > 0$ sei $\delta := \varepsilon/C$. Für $x \in D(T)$ mit $\|x - x_0\| < \delta$ gilt dann $\|Tx - Tx_0\| \leq C\|x - x_0\| \leq \varepsilon$, d.h. T ist in x_0 stetig. ∎

Die *Norm* eines Operators von X nach Y ist definiert durch

$$\|T\| := \inf\left\{C \geq 0 : \|Tx\| \leq C\|x\| \text{ für alle } x \in D(T)\right\}.$$

Offenbar gilt dann auch $\|Tx\| \leq \|T\|\|x\|$ und

$$\|T\| = \sup\left\{\frac{\|Tx\|}{\|x\|} : x \in D(T)\setminus\{0\}\right\} = \sup\left\{\|Tx\| : x \in D(T), \|x\| \leq 1\right\}.$$

Ist Y ein Prähilbertraum, so gilt offenbar weiter

$$\|T\| = \sup\left\{|\langle Tx, y\rangle| : x \in D(T), y \in Y, \|x\| \leq 1, \|y\| \leq 1\right\}$$

(für eine entsprechende Formel im Fall, daß Y ein normierter Raum ist, vgl. Korollar 2.18 c).

Um zu zeigen, daß die Norm eines Operators T gleich C ist, muß also gezeigt werden:

(i) $\|T\| \leq C$, d.h. $\|Tx\| \leq C\|x\|$ für alle $x \in D(T)$.

(ii) $\|T\| \geq C$, d.h. für jedes $\varepsilon > 0$ existiert ein $x \in D(T) \setminus \{0\}$ mit $\|Tx\| \geq (C-\varepsilon)\|x\|$, bzw. es gibt eine Folge (x_n) aus $D(T)$ mit $\|x_n\| \to 1$ und $\limsup_{n\to\infty} \|Tx_n\| \geq C$.

Mit $B(X, Y)$ bezeichnet man die Menge der beschränkten Operatoren T von X nach Y mit $D(T) = X$; dies ist offenbar ein Vektorraum. Ist $Y = X$, so schreibt man dafür auch $B(X)$. Es ist offensichtlich, daß $\|\cdot\|$ tatsächlich eine Norm auf $B(X, Y)$ ist. (N1) und (N2) sind klar, (N3) folgt aus

$$\|(T+S)x\| \leq \|Tx\| + \|Sx\| \leq (\|T\| + \|S\|)\|x\| \text{ für alle } x \in X.$$

Ist T aus $B(X, Y)$ und $S \in B(Y, Z)$, so ist $ST \in B(X, Z)$ mit $\|ST\| \leq \|S\|\|T\|$, insbesondere ist $B(X)$ eine *normierte Algebra* (mit $Eins = I_X$).

2.1 Beschränkte Operatoren

Beispiel 2.2 $X = \mathbb{K}^m, Y = \mathbb{K}^n, (a_{ij})$ eine $n \times m$–Matrix,

$$D(T) = X, \quad Tx = \left(\sum_{j=1}^{m} a_{1j}\xi_j, \ldots, \sum_{j=1}^{m} a_{nj}\xi_j\right) \text{ für } x = (\xi_1, \ldots, \xi_m).$$

Offenbar ist $T \in B(X,Y)$ z.B. mit $\|T\| \le \sum_{i,j} |a_{ij}|$ oder $\|T\| \le \left\{\sum_{i,j} |a_{ij}|^2\right\}^{1/2}$; andere Abschätzungen für die Norm von T werden wir später kennenlernen (z. B. das SCHUR–Kriterium, Satz 6.9). □

Beispiel 2.3 $X = Y = C[a,b]$ mit Norm $\|\cdot\|_\infty$, $t \in C[a,b]$, $D(T) = X$, $Tf = tf$ für $f \in X$. Auch hier ist $T \in B(X)$, und es gilt $\|T\| = \|t\|_\infty$. „$\le$" ist offensichtlich. „$\ge$" erhält man z.B. bei der Wahl von $f(x) \equiv 1$. □

Beispiel 2.4 Sei $(X, \langle \cdot, \cdot \rangle)$ ein Hilbertraum, M ein abgeschlossener Teilraum. Dann ist die orthogonale Projektion P_M auf M ein linearer Operator aus $B(X)$ mit $\|P_M\| \le 1$; genauer gilt $\|P_M\| = 0$ für $M = \{0\}$, $\|P_M\| = 1$ für $M \ne \{0\}$. □

Beispiel 2.5 $X = Y = C[a,b]$ mit der Norm $\|\cdot\|_\infty$, $D(T) = C^1[a,b]$ der Teilraum, der stetig differenzierbaren Funktionen auf $[a,b]$, $Tf = f'$ für $f \in D(T)$. T ist offenbar nicht beschränkt, wie man z. B. mit Hilfe der Folge $f_n(x) = \sin nx$ sieht. □

Beispiel 2.6 $X = C^1[a,b]$, der Raum der stetig differenzierbaren Funktionen auf $[a,b]$ mit der Norm $\|f\| := \|f\|_\infty + \|f'\|_\infty$, $Y = C[a,b]$ mit der Norm $\|\cdot\|_\infty$, $D(T) = X$, $Tf = f'$. T ist in $B(X,Y)$ mit $\|T\| \le 1$; wiederum sieht man z. B. mit der Folge $f_n(x) = \sin nx$, daß $\|T\| = 1$ gilt. □

Beispiel 2.7 $X = Y = l^2$, (λ_n) eine (beliebige) Folge aus $\mathbb{K}$,

$$D(T) = \left\{x = (\xi_n) \in l^2 : (\lambda_n\xi_n) \in l^2\right\}, \quad Tx = (\lambda_n\xi_n)_n.$$

T ist genau dann aus $B(X)$, wenn die Folge (λ_n) beschränkt ist. Es gilt dann $\|T\| = \sup\{|\lambda_n| : n \in \mathbb{N}\}$. „$\le$" ist offensichtlich; „$\ge$" erhält man, indem man $\|Te_{n_k}\|$ betrachtet, wobei e_m der m-te Einheitsvektor $e_m = (\delta_{nm})_{n \in \mathbb{N}}$ ist, und $|\lambda_{n_k}| \to \sup\{|\lambda_n| : n \in \mathbb{N}\}$ gilt. □

Beispiel 2.8 Verallgemeinerung des vorigen Beispiels: Sei $(X, \langle \cdot, \cdot \rangle)$ ein Hilbertraum, $\{e_n\}$ eine Orthonormalbasis, (λ_n) eine Folge aus $\mathbb{K}$,

$$D(T) = \left\{ x \in X : \left(\lambda_n \langle e_n, x \rangle\right) \in l^2 \right\}, \quad Tx = \sum_n \lambda_n \langle e_n, x \rangle e_n.$$

Es gelten die entsprechenden Aussagen wie in Beispiel 2.7. □

Beispiel 2.9 Sei $X = C[a,b]$ mit der Norm $\|\cdot\|_\infty$; für jeden *Kern* $k \in C([a,b] \times [a,b])$ sei der Integraloperator K definiert durch $D(K) = X$,

$$Kf(x) = \int_a^b k(x,y) f(y) dy; \qquad (*)$$

dies ist für jedes $f \in C[a,b]$ eine stetige Funktion, und es gilt

$$\left|Kf(x)\right| \le \|f\|_\infty \int_a^b |k(x,y)| dy \quad \text{für alle } x \in [a,b],$$

und somit

$$\|K\| \le \max_{x \in [a,b]} \int_a^b |k(x,y)| dy = \int_a^b |k(x_0, y)| dy$$

für ein geeignetes $x_0 \in [a,b]$. Tatsächlich gilt hier die Gleichheit. Falls $k(x_0, y) \ne 0$ für alle $y \in [a,b]$ gilt, kann $f(y) = |k(x_0,y)|/k(x_0,y)$ gewählt werden; es gilt dann $\|f\|_\infty = 1$ und $Kf(x_0) = \int_a^b |k(x_0,y)| dy$. Wir überlassen es dem Leser, den Fall, wo $k(x_0, \cdot)$ Nullstellen hat, genau auszuführen (die naheliegende Wahl $f(y)$ wie oben für $k(x_0,y) \ne 0$ und $f(y) = 0$ sonst, liefert kein f aus $C([a,b])$). □

Beispiel 2.10 Entsprechend wird für $k \in C([a,b] \times [a,b])$ in $L^2(a,b)$ durch $(*)$ ein Operator $K \in B(L^2(a,b))$ definiert, denn für jedes $f \in L^2(a,b)$ ist $Kf \in C([a,b]) \subset L^2(a,b)$ mit

$$\|Kf\|^2 = \int_a^b \left| \int_a^b k(x,y) f(y) \, dy \right|^2 dx \le \int_a^b \int_a^b |k(x,y)|^2 \, dy \|f\|^2 \, dx$$
$$= \int_{(a,b) \times (a,b)} |k(x,y)|^2 \, dx \, dy \|f\|^2,$$

d. h. es gilt $\|K\|^2 \le \int_{(a,b) \times (a,b)} |k(x,y)|^2 \, dx \, dy$. □

2.1 Beschränkte Operatoren

Allgemeinere Integraloperatoren, insbesondere in L^2-Räumen werden im folgenden Satz und in Abschnitt 6.3 untersucht.

Satz 2.11 (Hilbert–Schmidt–Integraloperatoren) *Es seien* (X, μ) *und* (Y, ν) *Maßräume. Ist* $k \in L^2(X \times Y, \mu \times \nu)$, *so wird durch*

$$Kf(x) := \int_Y k(x, y) f(y) \, d\nu(y) \quad \text{für } \mu\text{-f. a. } x \in X$$

ein Operator $K \in B\big(L^2(Y, \nu), L^2(X, \mu)\big)$ *erzeugt mit*

$$\|K\| \leq \|\|K\|\| := \left\{ \int_{X \times Y} |k(x, y)|^2 \, d(\mu \times \nu)(x, y) \right\}^{1/2} ;$$

$\|\|K\|\|$ *heißt die* Hilbert-Schmidt-Norm *von* K *(vgl. auch Abschnitt 3.3).*

Beweis. Nach dem Satz von Fubini A.21 ist das Integral $\int_Y |k(x, y)|^2 \, d\nu(y)$ für μ-f. a. $x \in X$ endlich und stellt eine μ-meßbare Funktion aus $L^1(X, \mu)$ dar; diese ist höchstens auf einer σ-endlichen Teilmenge von X von 0 verschieden (Beweis!), weshalb ohne Einschränkung angenommen werden kann, daß X σ-endlich ist, $X = \cup_n X_n$ mit $\mu(X_n) < \infty$.
Da $k(x, \cdot) \in L^2(Y, \nu)$ für μ-f. a. $x \in X$ gilt, können wir für alle $f \in L^2(Y, \nu)$ definieren

$$Kf(x) := \int_Y k(x, y) f(y) \, d\nu(y) \quad \text{für } \mu\text{-f. a. } x \in X.$$

Für jedes $g \in L^2(X, \mu)$ ist die Funktion $h(x, y) := k(x, y) f(y) g(x)$ über $X \times Y$ integrierbar. Nach dem Satz von Fubini A.21 ist dann

$$g(x)(Kf)(x) = g(x) \int_Y k(x, y) g(y) \, d\nu(y) = \int_Y h(x, y) \, d\nu(y)$$

eine meßbare Funktion auf X. Dies gilt insbesondere für $g = \chi_M$, falls M eine meßbare Teilmenge von X mit $\mu(M) < \infty$ ist; also ist Kf in jeder Menge M dieser Art, und somit insgesamt, meßbar. Wegen

$$|Kf(x)| \leq \|f\| \left\{ \int_Y |k(x, y)|^2 \, d\nu(y) \right\}^{1/2}$$

ist $Kf \in L^2(X, \mu)$ und $\|Kf\| \leq \|\|K\|\| \|f\|$. ∎

Satz 2.12 *Sei X ein normierter Raum, Y ein Banachraum. Dann ist $B(X,Y)$ mit der oben definierten Operatorennorm $\|\cdot\|$ ein Banachraum, d. h. $B(X)$ ist eine* Banachalgebra.

Beweis. Sei (T_n) eine Cauchyfolge in $B(X,Y)$. Dann gilt für alle $x \in X$

$$\|T_n x - T_m x\| \leq \|T_n - T_m\| \|x\| \to 0 \quad \text{für } n,m \to \infty,$$

d. h. $(T_n x)$ ist eine Cauchyfolge in Y und somit konvergent. Offensichtlich ist $x \mapsto Tx := \lim_{n \to \infty} T_n x$ ein linearer Operator von X nach Y mit $D(T) = X$. Wegen $\|Tx\| \leq \|x\| \lim_{n \to \infty} \|T_n\|$ ist $T \in B(X,Y)$. Bleibt zu zeigen, daß $\|T - T_n\|$ gegen 0 konvergiert: Zu jedem $\varepsilon > 0$ gibt es ein $n_0 = n_0(\varepsilon)$ mit $\|T_n - T_m\| \leq \varepsilon$ für $n,m \geq n_0$, also gilt

$$\|(T - T_n)x\| = \lim_{m \to \infty} \|(T_m - T_n)x\| \leq \varepsilon \|x\| \quad \text{für } n \geq n_0, x \in X,$$

und somit $T_n \to T$. ∎

2.2 Stetige lineare Funktionale

Ein linearer Operator von einem Vektorraum X in den zugehörigen Körper $\mathbb{K}$ heißt ein *lineares Funktional*. Ein solches Funktional auf einem normierten Raum X ist also nach Satz 2.1 genau dann stetig, wenn es beschränkt ist, d. h., wenn ein $C \geq 0$ existiert mit $|F(x)| \leq C\|x\|$ für alle x. Der Raum $B(X,\mathbb{K})$, der auf ganz X definierten stetigen (= beschränkten) Funktionale wird auch *(topologischer) Dualraum von X* genannt und mit X' bezeichnet; die Norm des Funktionals F ist die Operatornorm von F als Operator von X nach $\mathbb{K}$. Da $\mathbb{K}$ vollständig ist, ist X' stets ein Banachraum (vgl. Satz 2.12).

Beispiel 2.13 Auf $X = C[a,b]$ mit der Norm $\|\cdot\|_\infty$ sind durch

$$F_1(f) = f(c) \text{ mit einem } c \in [a,b],$$
$$F_2(f) = \sum_{j=1}^{n} \alpha_j f(x_j) \text{ mit } x_1, \ldots, x_n \in [a,b] \text{ und } \alpha_1, \ldots \alpha_n \in \mathbb{K},$$
$$F_3(f) = \int_a^b g(x) f(x) \, dx \text{ mit } g \in C[a,b]$$

2.2 Stetige lineare Funktionale

stetige Funktionale definiert, deren Normen durch

$$\|F_1\| = 1, \quad \|F_2\| = \sum_{j=1}^{n} |\alpha_j|, \quad \|F_3\| = \int_a^b |g(x)|dx$$

gegeben sind (Beweis!). □

Beispiel 2.14 $X = \mathbb{K}^m$, $y = (\eta_1, \ldots, \eta_m) \in \mathbb{K}^m$, $F_y(x) = \sum_{j=1}^{m} \eta_j \xi_j$ für $x = (\xi_1, \ldots, \xi_m)$. Offenbar ist F_y stetig bezüglich jeder Norm auf X, also beschränkt, wobei die Norm von F_y natürlich von der auf $X = \mathbb{K}^m$ gewählten Norm abhängt. Für die früher definierten p–Normen ergibt sie sich aus dem Rieszschen Darstellungssatz für L^p-Räume 2.16. □

Ist $(X, \langle \cdot, \cdot \rangle)$ ein Prähilbertraum, so wird für jedes $y \in X$ durch

$$F(x) = F_y(x) := \langle y, x \rangle \quad \text{für } x \in X$$

ein stetiges lineares Funktional mit der Norm $\|F_y\| = \|y\|$ erzeugt, denn es gilt $|F_y(x)| = |\langle y, x \rangle| \leq \|y\|\|x\|$ für alle $x \in X$ und $F_y(y) = \|y\|^2$. Der folgende Satz zeigt, daß dies im Fall des Hilbertraumes alle stetigen linearen Funktionen sind.

Satz 2.15 (Rieszscher Darstellungssatz) *Sei $(X, \langle \cdot, \cdot \rangle)$ ein Hilbertraum. Dann existiert zu jedem stetigen linearen Funktional F auf X genau ein $y \in X$ mit $F(x) = \langle y, x \rangle$ für alle $x \in X$. Die Zuordnung $F \mapsto y$ ist konjugiert linear* [1], *isometrisch und bijektiv.*

Beweis. Sei $N = N(F)$ der *Nullraum* (vgl. 68)von F, d. h. $N = \{x \in X : F(x) = 0\}$. Offenbar ist N ein abgeschlossener Teilraum von X, denn mit zwei Elementen ist wegen der Linearität von F auch jede Linearkombination in N, und mit einer konvergenten Folge ist wegen der Stetigkeit von F auch der Grenzwert in N.

Ist $N = X$, so ist $F = 0$; dieses Funktional wird durch $y = 0$ erzeugt, und es gilt $\|y\| = 0 = \|F\|$.

---
[1] Das bedeutet: Wenn F_j durch y_j erzeugt wird, dann wird $a_1F_1 + a_2F_2$ durch $\bar{a}_1y_1 + \bar{a}_2y_2$ erzeugt

Sei also $N \neq X$. Dann existiert ein $z \in N^\perp$ mit $\|z\| = 1$. Für jedes $x \in H$ gilt offenbar $F(x)z - F(z)x \in N$, d.h. $F(x)z - F(z)x \perp z$,

$$0 = \langle z, F(x)z - F(z)x \rangle = F(x) - F(z)\langle z, x \rangle.$$

Mit $y = \overline{F(z)}z$ gilt also

$$F(x) = F(z)\langle z, x \rangle = \langle y, x \rangle.$$

Das y ist *eindeutig* bestimmt: Wenn y_1 und y_2 das gleiche Funktional erzeugen, so ist $\langle y_1 - y_2, x \rangle = 0$ für alle $x \in X$, also $y_1 = y_2$.

Um die *konjugierte Linearität* zu beweisen, seien F_1, F_2 Funktionale, die durch y_1, y_2 erzeugt werden, $a_1, a_2 \in \mathbb{K}$. Aus

$$(a_1 F_1 + a_2 F_2)(x) = a_1 \langle y_1, x \rangle + a_2 \langle y_2, x \rangle = \langle \overline{a}_1 y_1 + \overline{a}_2 y_2, x \rangle$$

folgt, daß $a_1 F_1 + a_2 F_2$ durch $\overline{a}_1 y_1 + \overline{a}_2 y_2$ erzeugt wird.

Die *Surjektivität* und die *Isometrie* ergibt sich aus der Tatsache, daß jedes $y \in X$ ein stetiges Funktional F_y mit $\|F_y\| = \|y\|$ erzeugt. ∎

Spezielle Hilberträume sind die Räume $L^2(X, \mu)$ für beliebige Maßräume (X, μ). Alle linearen stetigen Funktionale F auf $L^2(X, \mu)$ haben also die Form

$$F(g) = \int_x f(x)g(x)d\mu(x) \text{ mit } f \in L^2(X, \mu).$$

Wie sehen die stetigen linearen Funktionale auf $L^p(X, \mu)$ aus ($1 \leq p \leq \infty$)? Auf Grund der Hölderschen Ungleichung (Satz 1.39) wird offenbar für jedes $f \in L^q(X, \mu)$ mit $\frac{1}{p} + \frac{1}{q} = 1$ ($q = \infty$ für $p = 1$ und $q = 1$ für $p = \infty$) durch $F(g) = \int_X f(x)g(x)d\mu(x)$ ein stetiges lineares Funktional auf $L^p(X, \mu)$ erzeugt mit $|F(g)| \leq \|f\|_q \|g\|_p$ für jedes $g \in L^p(X, \mu)$, d.h. es gilt $\|F\| \leq \|f\|_q$. Tatsächlich gilt nach Teil b des genannten Satzes $\|F\| = \|f\|_q$. Im Fall $p < \infty$ sind dies sogar alle stetigen Funktionale auf $L^p(X, \mu)$, wie der folgende Satz zeigt; für den Fall $p = \infty$ vgl. Aufgabe 2.21.

2.2 Stetige lineare Funktionale

Satz 2.16 (Rieszscher Darstellungssatz für L^p–Räume) a) *Ist $1 \leq p \leq \infty$ und $\frac{1}{p} + \frac{1}{q} = 1$ ($q = \infty$ für $p = 1$ und $q = 1$ für $p = \infty$), so erzeugt jedes $f \in L^q(X,\mu)$ durch $F_f(g) = \int f(x)g(x)\,d\mu(x)$ ein stetiges lineares Funktional auf $L^p(X,\mu)$. Die Zuordnung $f \mapsto F_f$ ist linear und isometrisch.*

b) *Für $1 \leq p < \infty$ ist die Zuordnung $L^q(X,\mu) \to L^p(X,\mu)', f \mapsto F_f$ surjektiv, d. h. jedes stetige lineare Funktional auf $L^p(X,\mu)$ wird durch ein $f \in L^q(X,\mu)$ erzeugt.*

Beweis. a) Dies ergibt sich, wie oben angemerkt, aus Satz 1.39.

b) Wir beschränken uns auf σ–endliches (X,μ) (für den allgemeinen Fall vgl. Aufgabe 2.3); X kann dann der Form $X = \cup_n X_n$ geschrieben werden mit $X_n \subset X_{n+1}$ und $\mu(X_n) < \infty$; diese Darstellung sei im folgenden festgehalten. Für jede μ–meßbare Teilmenge A von X_n ist $\chi_A \in L^p(X,\mu)$. Wir können also definieren:

$$\nu(A) := F(\chi_A) \quad \text{für } A \subset X_n \ \mu\text{-meßbar.}$$

ν *ist ein komplexes Maß auf X_n:* Ist $A \subset X_n$ μ–meßbar, $A = \cup_j A_j$ mit μ–meßbaren disjunkten Teilmengen A_j, so gilt [2]

$$\nu(A) = \nu\left(\bigcup_j A_j\right) = F(\chi_{\cup_j A_j}) = F\left(\sum_j \chi_{A_j}\right)$$

$$= F\left(\lim_{N\to\infty} \sum_{j=1}^N \chi_{A_j}\right) \quad \text{(mit } \lim = \|\cdot\|_p\text{-lim)}$$

$$= \lim_{N\to\infty} \sum_{j=1}^N F(\chi_{A_j}) = \sum_{j=1}^\infty \nu(A_j).$$

ν *ist μ–absolut stetig:* Ist $N \subset X_n$ eine μ–Nullmenge, so ist $\chi_N = 0$ im Sinne von $L_p(X,\mu)$ also $\nu(N) = F(\chi_N) = 0$.

Aus der komplexen Version des Satzes von Radon-Nikodym (Satz A.29) folgt also die Existenz eines $f_n \in L^1(X_n, \mu)$ mit

$$F(\chi_A) = \nu(A) = \int_A f_n(x)\,d\mu(x) = \int f_n(x)\chi_A(x)\,d\mu(x)$$

---

[2] Diese Überlegung gilt nicht für $p = \infty$; dann ist ν nicht σ-additiv, sondern nur endlich additiv; tatsächlich ist $L_\infty(X,\mu)'$ der Raum der endlich additiven Maße.

für jede μ-meßbare Teilmenge A von X_n. Damit folgt $F(g) = \int f_n g \, d\mu$ für jede *einfache Funktion* g auf X_n (damit sind Funktionen gemeint, die nur endlich viele Werte annehmen, also Linearkombinationen charakteristischer Funktionen μ-meßbarer Teilmengen von X_n). Da jedes $g \in L^\infty(X_n, \mu)$ gleichmäßiger Limes einfacher Funktionen auf X_n ist (und damit, wegen $\mu(X_n) < \infty$, auch $\|\cdot\|_p$-Limes), folgt

$$F(g) = \int f_n(x) g(x) \, d\mu(x) \text{ für alle } g \in L^\infty(X_n, \mu).$$

Für jedes $n \in \mathbb{N}$ gewinnt man so eine L^1-Funktion f_n auf X_n, und auf Grund der letzten Identität folgt

$$\text{für } n \leq m \text{ gilt } f_n(x) = f_m(x) \ \mu\text{-f. ü. in } X_n.$$

Also gibt es eine μ-meßbare Funktion $f : X \to \mathbb{C}$ mit $f(x) = f_n(x)$ μ-f. ü. in X_n für alle n.

Insbesondere gilt

$$\left| \int f(x) g(x) d\mu(x) \right| = |F(g)| \leq \|F\| \|g\|_p \text{ für alle } g \in L_0(X, \mu),$$

wobei $L_0(X, \mu)$ der Raum der beschränkten meßbaren Funktionen auf X ist, die außerhalb eines X_n verschwinden. Nach Satz 1.44 ist also $f \in L^q(X, \mu)$ mit $\|f\|_q \leq \|F\|$. Deshalb kann die obige Darstellung von F auf ganz $L^p(X, \mu)$ ausgedehnt werden. ∎

In normierten Räumen ist der folgende Fortsetzungssatz von Hahn–Banach von großer Bedeutung. Da es keinerlei zusätzliche Probleme verursacht, beweisen wir ihn in etwas allgemeinerer Form:

Satz 2.17 (Fortsetzungssatz von Hahn–Banach) *Sei X ein reeller oder komplexer Vektorraum, p eine Halbnorm auf X, Y ein Teilraum von X, F_0 ein lineares Funktional auf Y mit $|F_0(x)| \leq p(x)$ für alle $x \in Y$. Dann gibt es ein lineares Funktional F auf X mit $F(x) = F_0(x)$ für $x \in Y$ (d. h. F ist eine Fortsetzung von F_0) und $|F(x)| \leq p(x)$ für alle $x \in X$.*

2.2 Stetige lineare Funktionale

Beweis. A) Sei zunächst X ein *reeller* Vektorraum.

a) Wir zeigen zuerst: Jedes auf einem echten Teilraum Z von X definierte lineare Funktional f mit $|f(x)| \leq p(x)$ für $x \in Z$ besitzt eine Fortsetzung f_1 auf einen Teilraum Z_1 von X mit $Z \subsetneq Z_1$ und $|f_1(x)| \leq p(x)$ für $x \in Z_1$: Zum *Beweis* wählen wir ein beliebiges $x_1 \in X \backslash Z$, $Z_1 := L\{Z, x_1\}$. Eine Fortsetzung f_1 von f auf Z_1 hat dann zwangsläufig die Form

$$f_1(x + ax_1) = f(x) + a\lambda \text{ für } x \in Z, \ a \in \mathbb{R},$$

mit einem $\lambda \in \mathbb{R}$ (natürlich wird $\lambda = f_1(x_1)$ sein). Es stellt sich lediglich die Frage, ob λ so gewählt werden kann, daß für alle Elemente aus Z_1 die geforderte Ungleichung gilt.

Aus der Voraussetzung über f folgt für alle $y, z \in Z$:

$$f(z) - f(y) = f(z - y) \leq p(z - y) \leq p(z + x_1) + p(y + x_1),$$

also

$$-f(y) - p(y + x_1) \leq -f(z) + p(z + x_1),$$

und somit

$$\lambda_1 := \sup_{y \in Z} \left\{ -f(y) - p(y + x_1) \right\} \leq \inf_{z \in Z} \left\{ -f(z) + p(z + x_1) \right\} =: \lambda_2.$$

Wir zeigen nun, daß für jedes λ aus dem nicht-leeren Intervall $[\lambda_1, \lambda_2]$ die gewünschte Ungleichung gilt: Sei also $\lambda \in [\lambda_1, \lambda_2]$; dann gilt für

$$a > 0: \ a\lambda \leq a\lambda_2 \leq a\left\{ -f\left(\frac{1}{a}x\right) + p\left(\frac{1}{a}x + x_1\right) \right\} = -f(x) + p(x + ax_1),$$

$$a < 0: \ a\lambda \leq a\lambda_1 \leq a\left\{ -f\left(\frac{1}{a}x\right) - p\left(\frac{1}{a}x + x_1\right) \right\}$$

$$= -f(x) + |a|p\left(\frac{1}{a}x + x_1\right) = -f(x) + p(x + ax_1),$$

$$a = 0: \ a\lambda = 0 \leq -f(x) + p(x) = -f(x) + p(x + ax_1).$$

Also gilt für alle diese λ und alle $z = x + ax_1 \in Z_1$

$$f_1(z) = f(x) + a\lambda \leq p(z).$$

Wendet man dieses Resultat auf $-z$ an, so folgt

$$-f_1(z) = f_1(-z) \leq p(-z) = p(z),$$

insgesamt also

$$|f_1(z)| \leq p(z) \quad \text{für alle} \quad z \in Z_1.$$

b) Sei $\mathcal{F}$ die Menge aller Fortsetzungen f von F_0 mit $|f(x)| \leq p(x)$ für alle $x \in D(f)$ (dem Teilraum, auf dem f definiert ist). Offenbar ist $\mathcal{F}$ bezüglich der Ordnungsrelation

$$f_1 \prec f_2 \Leftrightarrow f_2 \text{ ist Fortsetzung von } f_1$$

halbgeordnet (vgl. Fußnote auf Seite 56). Ist $\mathcal{F}_0$ eine total geordnete Teilmenge von $\mathcal{F}$, so ist offensichtlich $\hat{f}$ mit

$$D(\hat{f}) = \bigcup_{f \in \mathcal{F}_0} D(f), \quad \hat{f}(x) = f(x) \text{ für } x \in D(f)$$

eine obere Schranke von $\mathcal{F}_0$. Nach dem Satz von Zorn (vgl. Fußnote auf Seite 56) existiert also in $\mathcal{F}$ ein maximales Element F. Dieses F ist auf ganz X definiert, denn sonst wäre es nach Teil a nicht maximal. Damit ist der Satz für reelle Vektorräume bewiesen.

B) Sei jetzt X ein komplexer Vektorraum. Wir fassen X als reellen Vektorraum auf (d. h. wir betrachten die gleiche Menge mit der gleichen Addition; es ist aber nur die Multiplikation mit reellen Zahlen erlaubt; die Elemente x und ix mit $x \in X \setminus \{0\}$ sind also linear unabhängig). In diesem Raum betrachten wir das reelle Funktional V_0 mit

$$D(V_0) = Y \text{ (als reeller Raum)}, \quad V_0(x) = \text{Re } F_0(x) \text{ für } x \in Y.$$

V_0 ist reell lineare[3], denn es gilt für alle $x, y \in Y$ und $a \in \mathbb{R}$

$$V_0(x+y) = \text{Re}\,(F_0(x) + F_0(y)) = V_0(x) + V_0(y),$$

$$V_0(ax) = \text{Re } F_0(ax) = \text{Re}\,(aF_0(x)) = a\,\text{Re } F_0(x) = aV_0(x).$$

---
[3]Dabei ist $V_0(ix) = \text{Re}\,(iF_0(x)) = -\text{Im } F_0(x)$, also $F_0(x) = V_0(x) - iV_0(ix)$.

2.2 Stetige lineare Funktionale

Außerdem gilt

$$|V_0(x)| \leq |F_0(x)| \leq p(x) \text{ für alle } x \in Y.$$

Nach Teil A existiert also eine reell lineare Fortsetzung V von V_0 auf ganz X mit $|V(x)| \leq p(x)$ für alle $x \in X$. Mit diesem V definieren wir nun, wobei wir uns durch obige Fußnote 3 leiten lassen,

$$F(x) := V(x) - iV(ix) \text{ für alle } x \in X$$

und zeigen, daß F alle gewünschten Eigenschaften hat.

F ist Fortsetzung von F_0: Für $x \in Y$ gilt (entsprechend der Rechnung in Fußnote 3)

$$F(x) = V(x) - iV(ix) = V_0(x) - iV_0(ix) = \text{Re } F_0(x) - i\,\text{Re } F_0(ix)$$
$$= \text{Re } F_0(x) - i\,\text{Re}\,(iF_0(x)) = \text{Re } F_0(x) + i\,\text{Im } F_0(x) = F_0(x).$$

F ist komplex linear: Für $x, y \in X$ und $z = a + ib \in \mathbb{C}$ gilt

$$F(x+y) = V(x+y) - iV(ix+iy) = V(x) + V(y) - iV(ix) - iV(iy),$$
$$= F(x) + F(y),$$
$$F(zx) = F(ax + ibx) = F(ax) + F(ibx),$$
$$= V(ax) - iV(iax) + V(ibx) - iV(-bx),$$
$$= a\Big(V(x) - iV(ix)\Big) + b\Big(V(ix) + iV(x)\Big),$$
$$= aF(x) + ibF(x) = zF(x).$$

Es gilt $|F(x)| \leq p(x)$ für alle $x \in X$: Zu jedem $x \in X$ existiert ein $\varphi \in \mathbb{R}$ mit

$$|F(x)| = e^{i\varphi}F(x) = F(e^{i\varphi}x) = \text{Re } F(e^{i\varphi}) = V(e^{i\varphi}x)$$
$$\leq p(e^{i\varphi}x) = p(x).$$

Damit ist der Satz auch im komplexen Fall bewiesen. ∎

Korollar 2.18 *Seien X und Y normierte Räume.*

a) *Ist F_0 ein stetiges lineares Funktional auf einem Teilraum Z, so kann F_0 zu einem stetigen linearen Funktional F auf ganz X fortgesetzt werden mit $\|F\| = \|F_0\|$.*

b) *Zu jedem $x \in X$ gibt es ein stetiges lineares Funktional F mit $\|F\| = 1$ und $F(x) = \|x\|$. Insbesondere ist $x = 0$, falls $F(x) = 0$ für alle $F \in X'$ gilt.*

c) *Ein linearer Operator T von X nach Y ist genau dann beschränkt, wenn das folgende Supremum endlich ist; es gilt dann*

$$\|T\| = \sup\left\{|F(Tx)| : x \in D(T), F \in Y', \|x\| \leq 1, \|F\| \leq 1\right\}.$$

Beweis. a) Nach Voraussetzung gilt $|F_0(x)| \leq \|F_0\|\|x\| =: p(x)$ für alle $x \in Z$. Nach dem Satz von Hahn–Banach gibt es eine Fortsetzung F auf ganz X mit $|F(x)| \leq \|F_0\|\|x\|$ für alle $x \in X$. Da F als Fortsetzung von F_0 sicher keine kleinere Norm als F_0 hat, folgt damit $\|F\| = \|F_0\|$.

b) Auf $Z := L\{x\}$ sei das Funktional F_0 definiert durch $F_0(\lambda x) = \lambda\|x\|$. Dann gilt $\|F_0\| = 1$ und $F_0(x) = \|x\|$. Ist F eine Fortsetzung von F_0 auf ganz X mit $\|F_0\| = \|F\|$, so gilt damit die Behauptung.

c) Zu jedem $\varepsilon > 0$ gibt es ein x mit $\|x\| = 1$ und $\|Tx\| \geq \|T\| - \varepsilon$. Zu diesem x gibt es nach Teil b ein $F \in Y'$ mit $\|F\| = 1$ und $|F(Tx)| = \|Tx\| \geq \|T\| - \varepsilon$; also ist das im Satz angegebene Supremum $\geq \|T\|$. Die umgekehrte Ungleichung ist offensichtlich. ∎

Ein dem Satz von Hahn–Banach entsprechender Satz für lineare Operatoren mit Werten in einem Banachraum gilt nicht. In diesem Fall kann i. allg. nur auf dem Abschluß des Definitionsbereiches fortgesetzt werden.

Satz 2.19 a) *Sei X ein normierter Raum, Y ein Banachraum, T_0 ein stetiger linearer Operator von einem Teilraum $D(T_0) \subset X$ nach Y. Dann gibt es eine eindeutig bestimmte stetige Fortsetzung T von T_0 mit $D(T) = \overline{D(T_0)}$. Es gilt $\|T\| = \|T_0\|$.*

b) *Ist X ein (Prä-) Hilbertraum, so kann T_0 auf ganz X fortgesetzt werden, ohne daß die Norm vergrößert wird.*

2.2 Stetige lineare Funktionale

Bemerkung 2.20 Ist X_0 ein abgeschlossener Teilraum eines normierten Raumes X, so kann genau dann *jeder* beschränkte Operator T von X_0 in einen Banachraum Y unter Erhaltung der Norm auf ganz X fortgesetzt werden, wenn es eine Projektion auf X_0 (also ein $P \in B(X)$ mit $R(P) = X_0$ und $P^2 = P$) mit der Norm 1 gibt (das erkennt man sofort, wenn man für T die Identität von X_0 auf den Banachraum $Y := X_0$ betrachtet; jede Fortsetzung auf X ist zwangsläufig eine Projektion auf X). Dies ist genau dann der Fall, wenn X ein Hilbertraum ist (vgl. S. KAKUTANI, Jap. J. Math. **16**, 93-97(1939)). Für hermitesche Operatoren vgl. Satz 2.66.

Beweis von Satz 2.19. a) Sei $x \in \overline{D(T_0)}, (x_n)$ eine Folge aus $D(T_0)$ mit $x_n \to x$. Dann ist wegen $\|T_0 x_n - T_0 x_m\| \leq \|T_0\| \|x_n - x_m\|$ offenbar $(T_0 x_n)$ eine Cauchyfolge in Y, also in Y konvergent, da Y vollständig ist. Der Limes hängt nicht von der Wahl der Folge (x_n) mit $x_n \to x$ ab: Sind (x_n) und (y_n) zwei solche Folgen, so gilt $x_n - y_n \to 0$ also auch $T_0 x_n - T_0 y_n \to 0$, d.h. $(T_0 x_n)$ und $(T_0 y_n)$ haben den gleichen Limes. Wir können also für $x \in \overline{D(T_0)}$ definieren

$$Tx := \lim_{n \to \infty} T_0 x_n \quad \text{für } (x_n) \text{ aus } D(T_0) \text{ mit } x_n \to x.$$

Offenbar ist die Abbildung $x \mapsto Tx$ linear, und es gilt für alle $x \in \overline{D(T_0)}$

$$\|Tx\| = \lim_{n \to \infty} \|T_0 x_n\| \leq \lim_{n \to \infty} \|T_0\| \|x_n\| = \|T_0\| \|x\|.$$

Da andererseits T eine Fortsetzung von T_0 ist, gilt $\|T\| \geq \|T_0\|$ und somit $\|T\| = \|T_0\|$.
T ist eindeutig bestimmt, da für jedes $x \in \overline{D(T_0)}$ und (x_n) aus $D(T_0)$ mit $x_n \to x$ auf Grund der Stetigkeit von T notwendig $Tx = \lim_{n \to \infty} T_0 x_n$ gilt.
b) Ist X ein Hilbertraum und P die orthogonale Projektion auf $\overline{D(T_0)}$, so hat $S := TP$ die gewünschte Eigenschaft. Ist X ein (nicht vollständiger) Prähilbertraum, so kann $D(T_0)$ als Teilraum einer Vervollständigung $\widehat{X}$ von X aufgefaßt werden. Es gibt also eine auf ganz $\widehat{X}$ definierte Fortsetzung $\widehat{T}$ mit $\|\widehat{T}\| = \|T\|$. Die Einschränkung $T = \widehat{T}|_X$ hat die gewünschten Eigenschaften. ■

Abschließend sei noch ein nützliches rein algebraisches Resultat über die Darstellung eines linearen Funktionals angegeben:

Lemma 2.21 *Sei X ein Vektorraum, $F, F_1, \ldots, F_n$ seien lineare Funktionale auf X mit*

$$\bigcap_{j=1}^n N(F_j) \subset N(F).$$

Dann ist F Linearkonbination der $F_1, \ldots, F_n$.

Beweis. Wir definieren zunächst die lineare Abbildung

$$\widetilde{F}: X \to \mathbb{K}^n, \ x \mapsto \widetilde{F}(x) = (F_1(x), \ldots, F_n(x)).$$

Auf dem Wertebereich $R(\widetilde{F}) \subset \mathbb{K}^n$ von $\widetilde{F}$ definieren wir weiter $g_0(\widetilde{F}(x)) := F(x)$ für alle $x \in X$ (dies ist möglich, weil nach Voraussetzung aus $\widetilde{F}(x_1) = \widetilde{F}(x_2)$ folgt $F(x_1) = F(x_2)$. Dieses g_0 setzen wir linear zu einem g auf ganz $\mathbb{K}^n$ fort; g hat dann die Form $g(y_1, \ldots, y_n) = \sum_{j=1}^n \alpha_j y_j$, und somit gilt $F(x) = g(\widetilde{F}(x)) = \sum_{j=1}^n \alpha_j F_j(x)$ für alle $x \in X$. ∎

2.3 Satz von der gleichmäßigen Beschränktheit, starke und schwache Konvergenz

Als eine erste wichtige Anwendung des Satzes von Baire (Satz 1.27) beweisen wir jetzt den folgenden grundlegenden Satz, der auch als Satz von BANACH-STEINHAUS oder als „uniform boundedness principle" bekannt ist.

Satz 2.22 (Satz von der gleichmäßigen Beschränktheit) *Sei X ein Banachraum, Y ein normierter Raum, $M \subset B(X,Y)$. Ist M punktweise beschränkt (d.h. für jedes $x \in X$ existiert ein $C_x \geq 0$ mit $\|Tx\| \leq C_x$ für alle $T \in M$), so ist M gleichmäßig beschränkt (d.h. es gibt ein $C > 0$ mit $\|T\| \leq C$ für alle $T \in M$). (Man beachte, daß in diesem Satz die Mächtigkeit von M keine Rolle spielt; außerdem ist es nicht erforderlich, daß Y vollständig ist.)*

2.3 Satz von der gleichmäßigen Beschränktheit

Beweis. a) Wir zeigen zuerst, daß es eine Kugel $K(x_0, \varrho_0)$ mit $\varrho_0 > 0$ in X gibt, auf der M gleichmäßig beschränkt ist, d.h. es gibt ein k_0 mit $\|Tx\| \leq k_0$ für alle $x \in K(x_0, \varrho_0)$: Zum Beweis sei

$$X_{T,k} := \{x \in X : \|Tx\| \leq k\} \text{ für } T \in M, \ k \in \mathbb{N},$$
$$X_k := \{x \in X : \|Tx\| \leq k \text{ für alle } T \in M\} = \bigcap_{T \in M} X_{T,k} \text{ für } k \in \mathbb{N}.$$

Offenbar ist jedes $X_{T,k}$ abgeschlossen, und somit auch der Durchschnitt X_k. Auf Grund der punktweisen Beschränktheit von M liegt jedes $x \in X$ in einem X_k (nämlich für jedes $k \geq C_x$), d.h. es gilt $X = \cup_{k \in \mathbb{N}} X_k$. Nach dem Satz von Baire (Satz 1.27) gibt es also ein $k_0 \in \mathbb{N}$ so, daß X_{k_0} eine Kugel $K(x_0, \varrho_0)$ mit $\varrho_0 > 0$ enthält.

b) Damit können wir nun leicht die Behauptung des Satzes beweisen: Nach Teil a gilt für alle $x \in K(0, \varrho_0)$ und alle $T \in M$

$$\|Tx\| = \|T(x + x_0) - Tx_0\| \leq \|T(x + x_0)\| + \|Tx_0\| \leq k_0 + C_{x_0}.$$

Daraus folgt für alle $x \in K(0, 1)$ und $T \in M$

$$\|Tx\| \leq \frac{1}{\varrho_0}(k_0 + C_{x_0}) =: C,$$

also $\|T\| \leq C$ für alle $T \in M$. ∎

Damit haben wir die Grundlage geschaffen, um im folgenden weitere Konvergenzbegriffe zu untersuchen.

Seien X und Y normierte Räume, T_n und T aus $B(X, Y)$. Die Folge (T_n) *konvergiert stark (punktweise)* gegen T, wenn gilt

$$T_n x \to Tx \quad (\text{d.h. } \|T_n x - Tx\| \to 0) \text{ für alle } x \in X.$$

Zur Abkürzung schreibt man auch $T_n \xrightarrow{s} T$ oder s-$\lim_{n \to \infty} T_n = T$. Die Folge (T_n) heißt eine *starke Cauchyfolge*, wenn $(T_n x)$ für jedes $x \in X$ eine Cauchyfolge in Y ist.

Satz 2.23 a) *Seien X, Y normierte Räume, T_n und T in $B(X, Y)$. Aus $T_n \xrightarrow{s} T$ folgt $\|T\| \leq \liminf_{n \to \infty} \|T_n\|$.*

b) *Seien X und Z normierte Räume, Y ein Banachraum, T_n und T in $B(X,Y)$, S_n und S in $B(Y,Z)$ mit $S_n \xrightarrow{s} S$ und $T_n \xrightarrow{s} T$. Dann gilt $S_n T_n \xrightarrow{s} ST$.*

c) *Sind X und Y Banachräume und $T_n \in B(X,Y)$, so sind folgende Aussagen äquivalent:*

(i) *Es gibt ein $T \in B(X,Y)$ mit $T_n \xrightarrow{s} T$.*

(ii) *(T_n) ist eine starke Cauchyfolge.*

(iii) *Es gibt ein $C \geq 0$ mit $\|T_n\| \leq C$ für alle n und eine in X dichte Teilmenge M so, daß $(T_n x)$ für jedes $x \in M$ eine Cauchyfolge ist.*

Beweis. a) Sei (T_{n_k}) eine Teilfolge von (T_n) mit $\liminf_{n \to \infty} \|T_n\| = \lim_{k \to \infty} \|T_{n_k}\|$. Dann gilt für alle $x \in X$

$$\|Tx\| = \lim_{k \to \infty} \|T_{n_k} x\| \leq \lim_{k \to \infty} \|T_{n_k}\| \|x\| = \liminf_{n \to \infty} \|T_n\| \|x\|.$$

b) Für jedes $y \in Y$ ist die Folge $(S_n y)$ beschränkt. Da Y ein Banachraum ist, ist existiert nach dem Satz von der gleichmäßigen Beschränktheit 2.22 ein $C \geq 0$ mit $\|S_n\| \leq C$ für alle n. Also gilt für alle $x \in X$

$$\|(S_n T_n - ST)x\| \leq \|S_n(T_n - T)x\| + \|(S_n - S)Tx\|$$
$$\leq C\|(T_n - T)x\| + \|(S_n - S)Tx\| \to 0 \quad \text{für} \quad n \to \infty.$$

c) (i)$\Rightarrow$(ii): ist offensichtlich.

(ii)$\Rightarrow$(iii): Nur die Existenz eines $C \geq 0$ mit $\|T_n\| \leq C$ für alle n ist zu beweisen. Dies folgt aus dem Satz von der gleichmäßigen Beschränktheit 2.22, da Y ein Banachraum ist (vgl. Teil b des Beweises).

(iii)$\Rightarrow$(i): Sei $x \in X$. Da M dicht ist, existiert zu jedem $\varepsilon > 0$ ein $y \in M$ mit $\|x - y\| < \varepsilon/3C$. Zu diesem y gibt es nach Voraussetzung ein $N \in \mathbb{N}$ mit $\|T_n y - T_m y\| \leq \varepsilon/3$ für $n, m \geq N$. Damit folgt

$$\|T_n x - T_m x\| \leq \|T_n(x - y)\| + \|(T_n - T_m)y\| + \|T_m(y - x)\|$$
$$\leq C\|x - y\| + \|T_n y - T_m y\| + C\|x - y\| \leq 3\frac{\varepsilon}{3} = \varepsilon \quad \text{für} \quad n, m \geq N,$$

d. h. $(T_n x)$ ist für jedes $x \in X$ eine Cauchyfolge in Y, also konvergent.

2.3 Satz von der gleichmäßigen Beschränktheit

Definieren wir $Tx := \lim_{n\to\infty} T_n x$ für $x \in X$, so ist offenbar T eine lineare Abbildung von X nach Y und es gilt

$$\|Tx\| = \lim_{n\to\infty} \|T_n x\| \leq C\|x\| \quad \text{für alle } x \in X,$$

d. h. es ist $T \in B(X,Y)$. Nach Konstruktion von T gilt $T_n \xrightarrow{s} T$. ∎

Der vorhergehende Satz ermöglicht eine einfache Konstruktion von Approximationen für L^p-Funktionen in $\mathbb{R}^m$ durch C^∞- bzw. C_0^∞-Funktionen. Dazu sei im folgenden für $x \in \mathbb{R}^m$ (vgl. Beweis von Satz 1.43)

$$\tilde{\delta}_\varepsilon(x) := \begin{cases} \exp\left(\dfrac{1}{x^2 - \varepsilon^2}\right) & \text{für } |x| < \varepsilon, \\ 0 & \text{für } |x| \geq \varepsilon, \end{cases} \qquad \delta_\varepsilon(x) := \frac{\tilde{\delta}_\varepsilon(x)}{\int \tilde{\delta}_\varepsilon(y)\, dy}.$$

Offenbar ist $\delta_\varepsilon \in C_0^\infty(\mathbb{R}^m)$ mit Träger in $K_\varepsilon(0)$ und $\int \delta(x)\, dx = 1$.
Für jede lokal integrierbare Funktion $f : \mathbb{R}^m \to \mathbb{C}$ (also insbesondere für $f \in L^p(\mathbb{R}^m)$ mit $p \geq 1$) ist

$$I_\varepsilon f(x) := \int \delta_\varepsilon(x - y) f(y)\, dy \quad \text{für } x \in \mathbb{R}^m \qquad (*)$$

eine beliebig oft stetig differenzierbare Funktion.

Satz 2.24 (Glättung in L^p) a) *Für $1 \leq p \leq \infty$ und jedes $\varepsilon > 0$ wird durch $(*)$ ein Operator $I_\varepsilon \in B(L^p(\mathbb{R}^m))$ erklärt mit $\|I_\varepsilon\| \leq 1$.*

b) *Für $1 \leq p < \infty$ gilt $I_\varepsilon \xrightarrow{s} I$ für $\varepsilon \to 0$.*

c) *Ist $\Omega \subset \mathbb{R}^m$ Lebesgue-meßbar, so definiert*

$$I_\varepsilon^{(\Omega)} f(x) := \chi_\Omega(x) \int_\Omega \delta_\varepsilon(x - y) f(y)\, dy \quad \text{für } x \in \Omega$$

Operatoren in $L^p(\Omega)$ mit $\|I_\varepsilon^{(\Omega)}\| \leq 1$ und für $p < \infty$ gilt $I_\varepsilon^{(\Omega)} \xrightarrow{s} I$ für $\varepsilon \to 0$.

d) *Ist $\Omega \subset \mathbb{R}^m$ offen und $\Omega_\varepsilon := \{x \in \Omega : |x| < 1/\varepsilon \text{ und } d(x, \mathbb{R}^m \setminus \Omega) \geq 2\varepsilon\}$, so definiert*

$$J_\varepsilon^{(\Omega)} f(x) := \int_{\Omega_\varepsilon} \delta_\varepsilon(x - y) f(y)\, dy \quad \text{für } x \in \Omega$$

Operatoren in $L^p(\Omega)$ mit $\|J_\varepsilon^{(\Omega)}\| \leq 1$ und für $p < \infty$ gilt $J_\varepsilon^{(\Omega)} \xrightarrow{s} I$ für $\varepsilon \to 0$. Insbesondere ist $C_0^\infty(\Omega)$ dicht in $L^2(\Omega)$.

Beweis. a) $1 < p < \infty$: Mit der Hölderschen Ungleichung folgt

$$\int \left| I_\varepsilon f(x) \right|^p dx = \int \left| \int \delta_\varepsilon(x-y) f(y) \, dy \right|^p dx$$

$$= \int \left| \int \delta_\varepsilon(x-y)^{1/q} \delta_\varepsilon(x-y)^{1/p} f(y) \, dy \right|^p dx$$

$$\leq \int \left\{ \int \delta_\varepsilon(x-y) \, dy \right\}^{p/q} \int \delta_\varepsilon(x-y) |f(y)|^p \, dy \, dx$$

$$= \int \int \delta_\varepsilon(x-y) |f(y)|^p \, dx \, dy = \|f\|_p^p.$$

$p = \infty$: Dies folgt aus

$$\left| I_\varepsilon f(x) \right| \leq \int \delta_\varepsilon(x-y) |f(y)| \, dy \leq \|f\|_\infty \int \delta_\varepsilon(x-y) \, dy = \|f\|_\infty.$$

$p = 1$: Schließlich gilt für $f \in L^1(\mathbb{R}^m)$

$$\int \left| I_\varepsilon f(x) \right| dx = \int \left| \int \delta_\varepsilon(x-y) f(y) \, dy \right| dx$$

$$\leq \int \int \delta_\varepsilon(x-y) |f(y)| \, dy \, dx = \int \int \ldots dx \, dy = \int |f(y)| \, dy = \|f\|_1.$$

b) Für C_0^∞-Funktionen f und $\varepsilon \to 0$ gilt $\|I_\varepsilon f - f\|_p \to 0$ (Beweis; man beachte $p < \infty$). Wegen $\|I_\varepsilon\| \leq 1$ folgt $I_\varepsilon \xrightarrow{s} I$ mit Hilfe von Satz 2.23 c.

Die Teile c und d folgen leicht aus Teil b; dabei ist in Teil d zu beachten, daß $J_\varepsilon^{(\Omega)} = I_\varepsilon^{(\Omega)} M_\varepsilon$ ist, wobei M_ε der Operator der Multiplikation mit $\chi_{\Omega_\varepsilon}$ ist, und $M_\varepsilon \xrightarrow{s} I$ für $\varepsilon \to 0$ gilt (vgl. Satz 2.23). ∎

Sei X ein normierter Raum. Eine Folge (x_n) *konvergiert schwach* gegen ein $x \in X$, wenn für jedes Funktional $F \in X'$ gilt $F(x_n) \to F(x)$; wir schreiben dafür auch $x_n \xrightarrow{w} x$ oder w-lim $x_n = x$. Der schwache Limes ist offenbar eindeutig, denn aus $x_n \xrightarrow{w} x$ und $x_n \xrightarrow{w} y$ folgt $F(x-y) = 0$ für alle $F \in X'$, also $x = y$ (Lemma 2.18). (x_n) heißt eine *schwache Cauchyfolge*, wenn $(F(x_n))$ für jedes $F \in X'$ eine Cauchyfolge in $\mathbb{K}$ ist. Ist X ein Hilbertraum, so ist dies offenbar äquivalent zu $\langle x_n, y \rangle \to \langle x, y \rangle$ für alle $y \in X$ bzw. dazu, daß $(\langle x_n, y \rangle)$ für jedes $y \in X$ eine Cauchyfolge ist.

2.3 Satz von der gleichmäßigen Beschränktheit

Beispiel 2.25 Jede orthonormale Folge (e_n) in einem Hilbertraum konvergiert schwach gegen 0 (dies gilt dann auch für jede beschränkte orthogonale Folge). Der Beweis folgt z. B. aus der Besselschen Ungleichung $\sum_n |\langle e_n, x \rangle|^2 \leq \|x\|^2$. Speziell sind die Einheitsvektoren $e_n = (\delta_{j,n})_j$ in l^2 schwach konvergent gegen 0. An diesem und dem folgenden Beispiel sieht man, daß eine schwach konvergente Folge i. allg. nicht normkonvergent ist. □

Beispiel 2.26 Ist (e_j) eine orthonormale Folge in einem Hilbertraum X, $x \in X$, $x_n := \sum_{j=1}^{\infty} \langle e_j, x \rangle e_{j+n}$, so gilt $x_n \xrightarrow{w} 0$, denn es gilt für alle $y \in X$

$$|\langle x_n, y \rangle| = \left| \sum_{j=1}^{\infty} \langle x, e_j \rangle \langle e_{j+n}, y \rangle \right| \leq \|x\| \left\{ \sum_{j=1}^{\infty} |\langle e_{j+n}, y \rangle|^2 \right\}^{1/2} \to 0$$

für $n \to \infty$. Aber es gilt natürlich $\|x_n\| = \|x\|$ und somit $x_n \not\to 0$. □

Beispiel 2.27 Im *Prä*hilbertraum l_0^2 (dem Raum der endlichen Folgen als Teilraum von l^2) gilt zwar $\langle n e_n, x \rangle \to 0$ für jedes $x \in l_0^2$, aber die Folge $(n e_n)$ ist nicht schwach konvergent (dafür müßte $\langle n e_n, x \rangle \to 0$ für jedes $x \in l^2 \cong (l_0^2)'$ gelten; vgl. auch Satz 2.28 c). □

Satz 2.28 a) *Ist (x_n) eine schwach konvergente Folge in einem normierten Raum, $x = \text{w-lim}_{n \to \infty} x_n$, so gilt $\|x\| \leq \liminf_{n \to \infty} \|x_n\|$.*

b) *Ist (x_n) eine beschränkte Folge in einem normierten Raum X und $(F(x_n))$ eine Cauchyfolge in $\mathbb{K}$ für alle F aus einer dichten Teilmenge M von X', so ist (x_n) eine schwache Cauchyfolge.*

c) *Jede schwache Cauchyfolge in einem normierten Raum ist beschränkt.*

d) *In einem Hilbertraum X ist jede schwache Cauchyfolge (x_n) schwach konvergent, d.h. es gibt ein $x \in X$ mit $x_n \xrightarrow{w} x$ (X ist schwach folgenvollständig; entsprechendes gilt, wenn X ein reflexiver Banachraum ist, $X \simeq X''$).*

e) *Ist X ein Hilbertraum und gilt $x_n \xrightarrow{w} x$ mit $\limsup_{n \to \infty} \|x_n\| \leq \|x\|$, so folgt $x_n \to x$.*

Beweis. Die Teile a, b und c können völlig analog zu den entsprechenden Teilen von Satz 2.23 bewiesen werden, folgen aber auch aus diesem, wenn man beachtet, daß die schwache Konvergenz in X gleichbedeutend ist mit der starken Konvergenz der entsprechenden Funktionale auf X' (= Operatoren von X' nach $\mathbb{K}$).

d) Durch $F(y) = \lim_{n\to\infty}\langle x_n, y\rangle$ ist ein stetiges lineares Funktional auf X definiert. Nach dem Rieszschen Darstellungssatz 2.15 gibt es also ein $x \in X$ mit $\langle x, y\rangle = F(y) = \lim_{n\to\infty}\langle x_n, y\rangle$, d. h. es gilt $x_n \xrightarrow{w} x$.

e) Auf Grund der Voraussetzung und Teil a dieses Satzes gilt $\|x_n\| \to \|x\|$. Damit folgt

$$\|x_n - x\|^2 = \|x_n\|^2 - 2\mathrm{Re}\langle x_n, x\rangle + \|x\|^2 \to 0.$$

also $x_n \to x$. ∎

Satz 2.29 *Jede beschränkte Folge in einem Hilbertraum X enthält eine schwach konvergente Teilfolge. Dies bedeutet: die abgeschlossene Einheitskugel ist schwach folgenkompakt.*

Beweis. Sei (x_n) eine beschränkte Folge; dann ist für jedes $y \in X$ auch $(\langle x_n, y\rangle)$ beschränkt. Man findet deshalb iterativ Teilfolgen $(x_n^{(k)})$ von $(x_n^{(k-1)})$ für $k \in \mathbb{N}$ mit $(x_n^{(0)}) = (x_n)$ so, daß $(\langle x_n^{(k)}, x_k\rangle)_n$ konvergiert. Für die Diagonalfolge $(x_n^{(n)})$ ist also die Folge $(\langle x_n^{(n)}, x_k\rangle)_n$ konvergent für jedes k und somit $(\langle x_n^{(n)}, x\rangle)$ konvergent für jedes $x \in L := L\{x_n : n \in \mathbb{N}\}$. Da die Folge $(x_n^{(n)})$ beschränkt ist, ist dann nach Satz 2.28 b $(\langle x_n^{(n)}, x\rangle)$ für jedes $x \in \overline{L}$ konvergent, und wegen $\langle x_n^{(n)}, x\rangle = 0$ für $x \in L^\perp$ ist $(\langle x_n^{(n)}, x\rangle)$ für alle $x \in X$ konvergent, d. h. $(x_n^{(n)})$ ist eine schwache Cauchyfolge, und somit nach Satz 2.28 d konvergent.

Ist $\|x_n\| \leq 1$ für alle n, so ist auch $\|\text{w-lim } x_n^{(n)}\| \leq 1$, d. h. jede Folge in der abgeschlossenen Einheitskugel $\overline{K}_1(0)$ enthält eine in $\overline{K}_1(0)$ konvergente Teilfolge. ∎

Mit Hilfe der schwachen Konvergenz im Hilbertraum können wir nun auch eine wichtige Charakterisierung der Stetigkeit eines Operators beweisen:

2.3 Satz von der gleichmäßigen Beschränktheit

Satz 2.30 *Seien X und Y Hilberträume, T ein Operator von X nach Y mit $D(T) = X$. Dann sind die folgenden Ausagen äquivalent:*

(i) $T \in B(X,Y)$, d.h. aus $x_n \to x$ folgt $Tx_n \to Tx$,

(ii) aus $x_n \xrightarrow{w} x$ folgt $Tx_n \xrightarrow{w} Tx$,

(iii) aus $x_n \to x$ folgt $Tx_n \xrightarrow{w} Tx$.

Beweis. (i)⇒(ii): Es gelte $x_n \xrightarrow{w} x$. Für jedes $y \in Y$ ist wegen der Stetigkeit von T durch $F_y : x \mapsto \langle y, Tx \rangle$ ein stetiges lineares Funktional auf X definiert. Aus $x_n \xrightarrow{w} x$ folgt also

$$\langle y, Tx_n \rangle = F_y(x_n) \to F_y(x) = \langle y, Tx \rangle,$$

also $Tx_n \xrightarrow{w} Tx$.

(ii)⇒(iii): Dies ist offensichtlich, da aus $x_n \to x$ folgt $x_n \xrightarrow{w} x$.

(iii)⇒(i): Wir nehmen an, daß T unbeschränkt ist, d.h. es gibt eine Folge (x_n) aus X mit $\|x_n\| \leq 1$ und $\|Tx_n\| \geq n^2$. Dann gilt $y_n := n^{-1} x_n \to 0$, und somit wegen (iii) $Ty_n \xrightarrow{w} 0$. Nach Satz 2.28 ist also die Folge (Ty_n) beschränkt; das ist ein Widerspruch zu $\|Ty_n\| = n^{-1}\|Tx_n\| \geq n$. ∎

Den folgenden Konvergenzbegriff für Operatoren betrachten wir hier nur in Hilberträumen. Seien X, Y Hilberträume; eine Folge $T_n \in B(X,Y)$ heißt *schwach konvergent* gegen ein $T \in B(X,Y)$, wenn für alle $x \in X$ und $y \in Y$ gilt $\langle T_n x, y \rangle \to \langle Tx, y \rangle$, d.h. wenn für alle $x \in X$ gilt $T_n x \xrightarrow{w} Tx$. Wir schreiben $T_n \xrightarrow{w} T$ oder $T = \text{w-lim}_{n \to \infty} T_n$. Eine Folge (T_n) aus $B(X,Y)$ heißt eine *schwache Cauchyfolge*, wenn $(T_n x)$ für jedes $x \in X$ eine schwache Cauchyfolge in Y ist. Offensichtlich gilt: Aus Normkonvergenz von Operatoren folgt starke Konvergenz, und aus starker Konvergenz folgt schwache Konvergenz; die Umkehrungen gelten nicht, wie die folgenden Beispiele zeigen.

Beispiel 2.31 Starke Konvergenz impliziert *nicht* Normkonvergenz: Ist in $B(l^2)$ die Folge (T_n) erklärt durch $T_n x = (\xi_1, \ldots, \xi_n, 0, 0, \ldots)$ für $x = (\xi_m)$, so gilt $T_n \xrightarrow{s} I$, aber $\|I - T_n\| = 1$ für alle n. □

Beispiel 2.32 Schwache Konvergenz impliziert *nicht* starke Konvergenz: In $B(l^2)$ sei (T_n) definiert durch $T_n x = (0, \ldots, 0, \xi_1, \xi_2, \ldots)$ für $x = (\xi_m)$ (mit n Nullen); dann gilt $T_n \xrightarrow{w} 0$, aber wegen $\|T_n x\| = \|x\|$ für alle $x \in X$ kann nicht $T_n \xrightarrow{s} 0$ gelten. □

Satz 2.33 *Seien X und Y Hilberträume.*

a) *Ist (T_n) eine schwach konvergente Folge in $B(X,Y)$, $T = $ w-lim T_n, so gilt $\|T\| \leq \liminf \|T_n\|$.*

b) *Ist (T_n) eine beschränkte Folge in $B(X,Y)$ und ist $(\langle T_n x, y \rangle)$ eine Cauchyfolge in $\mathbb{K}$ für jedes $x \in M_1$ und $y \in M_2$, wobei M_1 und M_2 dichte Teilmengen von X bzw. Y sind, so ist (T_n) eine schwache Cauchyfolge.*

c) *Jede schwache Cauchyfolge (T_n) in $B(X,Y)$ ist beschränkt und schwach konvergent, d. h. es gibt ein $T \in B(X,Y)$ mit $T_n \xrightarrow{w} T$ ($B(X,Y)$ ist schwach folgenvollständig).*

Beweis. a) Sei (T_{n_k}) eine Teilfolge von (T_n) mit $\|T_{n_k}\| \to \liminf_{n \to \infty} \|T_n\|$. Dann gilt für alle $x \in X$ und $y \in Y$

$$|\langle Tx, y \rangle| = \lim_{k \to \infty} |\langle T_{n_k} x, y \rangle| \leq \lim_{k \to \infty} \|T_{n_k}\| \|x\| \|y\|$$
$$= \liminf_{n \to \infty} \|T_n\| \|x\| \|y\|,$$

also $\|T\| \leq \liminf_{n \to \infty} \|T_n\|$.

b) Sei $x \in X$, $y \in Y$, $C := 1 + (1 + \|x\| + \|y\|) \sup\{\|T_n\| : n \in \mathbb{N}\}$. Zu beliebigem $\varepsilon > 0$ gibt es $x_0 \in M_1$ und $y_0 \in M_2$ mit

$$\|x - x_0\| \leq \frac{\varepsilon}{5C}, \quad \|y - y_0\| \leq \frac{\varepsilon}{5C}, \quad \|x_0\| \leq \|x\| + 1.$$

Wählen wir nun $n_0 \in \mathbb{N}$ so groß, daß $\left|\langle (T_n - T_m) x_0, y_0 \rangle\right| < \varepsilon/5$ für alle $n, m \geq n_0$ gilt, so folgt

$$\left|\langle (T_n - T_m) x, y \rangle\right| \leq \left|\langle T_n(x - x_0), y \rangle\right| + \left|\langle T_n x_0, y - y_0 \rangle\right|$$
$$+ \left|\langle (T_n - T_m) x_0, y_0 \rangle\right| + \left|\langle T_m x_0, y_0 - y \rangle\right| + \left|\langle T_m(x_0 - x), y \rangle\right| \leq \varepsilon$$

für $n, m \geq n_0$, d. h. (T_n) ist eine schwache Cauchyfolge.

2.4 Der adjungierte Operator   93

c) Für jedes $x \in X$ ist $(T_n x)$ eine schwache Cauchyfolge in Y, also nach Satz 2.28 c beschränkt. Mit dem Satz von der gleichmäßigen Beschränktheit (Satz 2.22) folgt daraus die Beschränktheit von (T_n). Da $(T_n x)$ für jedes $x \in X$ eine schwache Cauchyfolge ist, folgt nach Satz 2.28 die Existenz von $Tx := \text{w-}\lim_{n\to\infty} T_n x$. Die Abbildung $x \mapsto Tx$ ist offenbar linear und es gilt (mit $C := \sup\{\|T_n\| : n \in \mathbb{N}\}$)

$$|\langle Tx, y \rangle| = \lim_{n \to \infty} |\langle T_n x, y \rangle| \leq C \|x\| \|y\| \quad \text{für alle } x \in X, y \in Y,$$

d. h. $T \in B(X, Y)$. Nach Konstruktion von T gilt $T_n \xrightarrow{w} T$. ∎

Beispiel 2.34 Ein Analogon zu Satz 2.23 b für schwache Operatorkonvergenz gilt nicht, wie man an folgendem Beispiel erkennt: In $X = l^2$ seien S_n und T_n definiert durch

$$S_n x := (\xi_{n+1}, \xi_{n+2}, \ldots), \quad T_n x := (0, \ldots, 0, \xi_1, \xi_2, \ldots) \quad \text{mit } n \text{ Nullen}$$

für $x = (\xi_m)$. Es gilt dann $S_n \xrightarrow{s} 0$, $T_n \xrightarrow{w} 0$, aber $S_n T_n = I$, d. h. $S_n T_n$ konvergiert nicht schwach gegen 0. □

2.4 Der adjungierte Operator

Sind X und Y Banachräume und ist $T \in B(X, Y)$, so wird für jedes $G \in Y'$ durch

$$F = G \circ T : X \to \mathbb{K}, \quad x \mapsto G(Tx)$$

wegen $|G(Tx)| \leq \|G\| \|T\| \|x\|$ ein stetiges lineares Funktional $F \in X'$ erzeugt. Die Abbildung $Y' \to X'$, $G \mapsto F = G \circ T$ wird mit T' bezeichnet; T' heißt der zu T *duale* (auch *adjungierte*) *Operator*. Der Operator T' ist eindeutig bestimmt durch

$$(T'G)(x) = G(Tx) \quad \text{für alle } x \in X,\ G \in Y'.$$

Satz 2.35 *Die Zuordnung* $B(X, Y) \to B(Y', X')$, $T \mapsto T'$ *ist normerhaltend und linear, d. h. für* $T, T_1, T_2 \in B(X, Y)$ *und* $a, b \in \mathbb{K}$ *gilt* $\|T'\| = \|T\|$ *und* $(aT_1 + bT_2)' = aT_1' + bT_2'$.

Beweis. Wegen $\|y\| = \sup\{G(y)| : G \in Y', \|G\| \le 1\}$ für $y \in Y$ (vgl. Korollar 2.18) gilt

$$\|T'\| = \sup\{|(T'G)(x)| : x \in X, G \in Y', \|x\| \le 1, \|G\| \le 1\}$$
$$= \sup\{|G(Tx)| : x \in X, G \in Y', \|x\| \le 1, \|G\| \le 1\}$$
$$= \sup\{\|Tx\| : x \in X, \|x\| \le 1\} = \|T\|.$$

Aus

$$\Big((aT_1 + bT_2)'G\Big)(x) = G\Big((aT_1 + bT_2)x\Big) = aG(T_1x) + bG(T_2x)$$
$$= a(T_1'G)(x) + b(T_2'G)(x) = \Big((aT_1' + bT_2')G\Big)(x)$$

folgt die Linearität. ∎

Gerade diese Linearität geht verloren, wenn man im Hilbertraumfall den Dualraum in der üblichen Weise (vgl. Satz 2.15) mit dem ursprünglichen Raum identifiziert. Obwohl viele der folgenden Resultate auch für die dualen Operatoren im Sinne der Banachraumtheorie gelten, beschränken wir uns deshalb im folgenden auf Hilberträume, da wir die allgemeineren Resultate hier nicht benötigen.

Sind X und Y Hilberträume und ist $T \in B(X, Y)$, so wird offenbar für jedes $y \in Y$ durch (um Mißverständnisse zu vermeiden, versehen wir hier die Skalarprodukte mit Indizes, die wir aber bald wieder weglassen werden)

$$F = F_y \circ T : X \to \mathbb{K}, \quad x \mapsto \langle y, Tx \rangle_Y$$

wegen $|F(x)| \le \|T\|\|y\|\|x\|$ ein stetiges lineares Funktional $F \in X'$ definiert. Nach dem Rieszschen Darstellungssatz 2.15 gibt es zu jedem $y \in Y$ (bzw. $F_y \in Y'$) ein eindeutig bestimmtes $y^* \in X$ mit

$$\langle y^*, x \rangle_X = F(x) = \langle y, Tx \rangle_Y \quad \text{für alle } x \in X.$$

Die Abbildung $Y \to X$, $y \mapsto y^*$ ist die Zusammensetzung aus der konjugiert linearen Abbildung $Y \to Y'$, $y \mapsto F_y$, der linearen Abbildung T' und der konjugiert linearen Abbildung $X' \to X$, $T'F_y = y^*$, also linear (was man

2.4 Der adjungierte Operator

natürlich auch in obiger Gleichung leicht nachrechnen kann). Dieser „duale" Operator im Sinne der Hilbertraumtheorie wird als der zu T *adjungierte Operator* bezeichnet, kurz mit T^*. Offenbar ist T^* eindeutig bestimmt durch

$$\langle T^*y, x\rangle_X = \langle y, Tx\rangle_Y \quad \text{für alle } x \in X,\ y \in Y.$$

Entsprechend wie oben gilt der

Satz 2.36 *Die Zuordnung $B(X, Y) \to B(Y, X)$, $T \mapsto T^*$ ist normerhaltend und konjugiert linear, d. h. für $T, T_1, T_2 \in B(X, Y)$ und $a, b \in \mathbb{K}$ gilt $\|T^*\| = \|T\|$ und $(aT_1 + bT_2)^* = \overline{a}T_1^* + \overline{b}T_2^*$.*

Beweis. $\|T^*\| = \|T\|$ wurde bereits oben gezeigt. Aus

$$\left\langle (aT_1 + bT_2)^*y, x \right\rangle_X = \left\langle y, (aT_1 + bT_2)x \right\rangle_Y = a\langle y, T_1x\rangle_Y + b\langle y, T_2x\rangle_Y$$
$$= a\langle T_1^*y, x\rangle_X + b\langle T_2^*y, x\rangle_X = \left\langle (\overline{a}T_1^* + \overline{b}T_2^*)y, x\right\rangle_X$$

folgt die konjugierte Linearität. ∎

Beispiel 2.37 Ist $k \in L^2(X \times Y, \mu \times \nu)$ und K der durch

$$Kf(x) = \int_Y k(x, y)f(y)\,\mathrm{d}\nu(y) \quad \mu\text{-f. a. } x \in X$$

definierte beschränkte Operator von $L^2(Y, \nu)$ nach $L^2(X, \mu)$ (vgl. Satz 2.11), so gilt offenbar für alle $f \in L^2(Y, \nu)$ und $g \in L^2(X, \mu)$

$$\langle g, Kf\rangle = \int_X \overline{g(x)} \int_Y k(x, y)f(y)\,\mathrm{d}\nu(y)\,\mathrm{d}\mu(x)$$
$$= \int_Y f(y) \overline{\int_X \overline{k(x, y)}g(x)\,\mathrm{d}\mu(x)}\,\mathrm{d}\nu(y) = \langle Hg, f\rangle,$$

wobei H der durch den adjungierten Kern $k^* : Y \times X \to \mathbb{C}$, $k^*(y, x) = \overline{k(x, y)}$ erzeugte Operator von $L^2(X, \mu)$ nach $L^2(Y, \nu)$ ist. Also ist K^* der durch k^* erzeugte Operator. □

Bevor wir die Adjungierte eines unbeschränkten Operators definieren, wollen wir noch das Verhalten der früher erklärten Konvergenzbegriffe unter Adjungiertenbildung untersuchen:

Satz 2.38 *Seien X und Y Hilberträume, $T_n, T \in B(X,Y)$.*

a) $T_n \to T$ *ist äquivalent zu* $T_n^* \to T^*$.

b) $T_n \xrightarrow{w} T$ *ist äquivalent zu* $T_n^* \xrightarrow{w} T^*$.

c) *Gilt* $T_n \xrightarrow{w} T$ *und ist* (T_n^*) *eine starke Cauchyfolge, so gilt* $T_n^* \xrightarrow{s} T$.

Beweis. a) Dies ergibt sich unmittelbar aus $\|T^*\| = \|T\|$ und der konjugierten Linearität.

b) Dies folgt aus

$$\left\langle y, (T_n - T)x \right\rangle = \left\langle (T_n^* - T^*)y, x \right\rangle \quad \text{für alle } x \in X, y \in Y.$$

c) Nach Satz 2.23 existiert ein $A \in B(X,Y)$ mit $T_n^* \xrightarrow{s} A$. Daraus folgt $T_n^* \xrightarrow{w} A$. Da andererseits nach Teil b dieses Satzes $T_n^* \xrightarrow{w} T^*$ gilt, folgt $T^* = A$, also $T_n^* \xrightarrow{s} T^*$. ∎

Beispiel 2.39 Aus $T_n \xrightarrow{s} T$ folgt i. allg. nicht $T_n^* \xrightarrow{s} T$: Wählen wir in l^2 die Operatoren T_n mit $T_n = (\xi_{n+1}, \xi_{n+2}, \ldots)$ für $x = (\xi_m) \in l^2$, so gilt offenbar $T_n \xrightarrow{s} 0$. Die Adjungierte von T_n ist gegeben durch $T_n^* x = (0, \ldots, 0, \xi_1, \xi_2, \ldots)$ mit n Nullen; wegen $\|T_n^*\| = 1$ gilt nicht $T_n^* \xrightarrow{s} 0$. □

Für unbeschränkte Operatoren zwischen Hilberträumen ist es natürlich etwas schwieriger, den adjungierten Operator zu definieren. Ist T ein Operator von X nach Y und S ein Operator von Y nach X, so sagen wir T und S sind *formal adjungiert*, wenn gilt

$$\langle y, Tx \rangle_Y = \langle Sy, x \rangle_X \quad \text{für alle } x \in D(T), y \in D(S).$$

Ist $D(T)$ nicht dicht, so bleiben T und S formal adjungiert, wenn S um eine beliebige lineare Abbildung von $D(S)$ nach $D(T)^\perp$ verändert wird, d.h. T

2.4 Der adjungierte Operator

bestimmt S nicht eindeutig (entsprechendes gilt natürlich, wenn S nicht dicht definiert ist).

Ist T dicht definiert und sind S_1 und S_2 formal zu T adjungiert, so gilt für $y \in D(S_1) \cap D(S_2)$ jedenfalls $\langle S_1 y - S_2 y, x \rangle = 0$ für alle $x \in D(T)$ und somit ist $S_1 y = S_2 y$ für alle $y \in D(S_1) \cap D(S_2)$; durch $D(S) := D(S_1) + D(S_2)$ und $Sy = S(y_1 + y_2) := S_1 y_1 + S_2 y_2$ für $y = y_1 + y_2$ mit $y_1 \in D(S_1)$, $y_2 \in D(S_2)$ ist offenbar eine lineare Fortsetzung von S_1 und S_2 definiert, und diese ist ebenfalls zu T formal adjungiert.

Sei also jetzt T dicht definiert. Da jedenfalls der triviale Operator S_0 mit $D(S_0) = \{0\}$ formal zu T adjungiert ist, gibt es dann einen eindeutig bestimmten maximalen (d.h. mit maximalem Definitionsbereich) zu T formal adjungierten Operator; dieser wird mit T^* bezeichnet und heißt der zu T *adjungierte Operator*; im Fall eines Operators $T \in B(X,Y)$ stimmt diese Definition offenbar mit der obigen überein. Dieser adjungierte Operator läßt sich natürlich charakterisieren durch:

$D(T^*)$ *ist die Menge der* $y \in Y$, *für die ein* $y^* \in X$ *existiert mit* $\langle y^*, x \rangle_X = \langle y, Tx \rangle_Y$ *für alle* $x \in D(T)$; T^*y *ist gerade dieses Element* y^*.

Das ist wiederum gleichbedeutend mit:

$D(T^*)$ *ist die Menge der* $y \in Y$, *für die* $x \mapsto \langle y, Tx \rangle_Y$ *ein stetiges Funktional auf* $D(T)$ *(mit der Topologie von* X) *ist;* T^*y *ist das Element aus* X, *das dieses Funktional (bzw. dessen eindeutige Fortsetzung auf ganz* X) *erzeugt*.

Satz 2.40 *Sei T ein dicht definierter Operator von X nach Y.*

a) *Ist auch T^* dicht definiert, so ist T^{**} eine Fortsetzung von T.*

b) *Es gilt $N(T^*) = R(T)^\perp$, also $\overline{R(T)} = N(T^*)^\perp$.*

c) *T ist genau dann beschränkt, wenn $T^* \in B(Y,X)$ ist; in diesem Fall gilt $\|T^*\| = \|T\|$.*

d) *Ist T beschränkt, so ist T^{**} die eindeutig bestimmte stetige Fortsetzung von T auf ganz X (vgl. Satz 2.19).*

Beweis. a) Da T und T^* formal adjungiert sind, ist T eine Einschränkung des zu T^* adjungierten Operators T^{**}.

b) Es gilt $y \in N(T^*)$ genau dann, wenn $y \in D(T^*)$ ist und $T^*y = 0$ gilt; da $D(T)$ dicht ist, ist dies äquivalent zu

$$\langle Tx, y \rangle = \langle x, T^*y \rangle = 0 \quad \text{für alle } x \in D(T).$$

Dies ist aber äquivalent zu $y \in R(T)^\perp$.

c) Ist T beschränkt (nicht notwendig auf ganz X definiert), so gilt für alle $y \in Y$ und $x \in D(T)$

$$|\langle y, Tx \rangle| \leq \|y\| \|T\| \|x\|,$$

d. h. das Funktional $x \mapsto \langle y, Tx \rangle$ ist stetig auf $D(T)$ für alle $y \in Y$, also $D(T^*) = Y$. Weiter gilt, wie im Zusammenhang mit der Definition der Norm festgestellt wurde (vgl. S. 70),

$$\|T^*\| = \sup \left\{ |\langle T^*y, x \rangle| : x \in X, y \in Y, \|x\| = \|y\| = 1 \right\}$$
$$= \sup \left\{ |\langle T^*y, x \rangle| : x \in D(T), y \in Y, \|x\| = \|y\| = 1 \right\}$$
$$= \sup \left\{ |\langle y, Tx \rangle| : x \in D(T), y \in Y, \|x\| = \|y\| = 1 \right\} = \|T\|.$$

Ist $T^* \in B(Y, X)$, so ist $T^{**} \in B(X, Y)$, also ist auch die Einschränkung T beschränkt.

d) Nach Teil a ist $T \subset T^{**}$. Nach Teil c ist $T^{**} \in B(X, Y)$. Da T dicht definiert ist, folgt damit die Behauptung. ∎

Für einen beschränkten dicht definierten Operator ist der adjungierte Operator ebenfalls beschränkt und auf dem ganzen Raum definiert (vgl. Teil c des obigen Satzes). Für einen unbeschränkten Operator ist zunächst gar nicht klar, wie groß der Definitionsbereich ist. Das folgende Beispiel zeigt, daß es tatsächlich vorkommt, daß der adjungierte Operator nur auf der 0 definiert ist.

2.4 Der adjungierte Operator

Beispiel 2.41 Für jedes $k \in \mathbb{N}$ sei $(n_{k,l})_{l \in \mathbb{N}}$ eine Teilfolge der natürlichen Zahlen so, daß gilt

$$\{n_{k,l} : l \in \mathbb{N}\} \cap \{n_{j,l} : l \in \mathbb{N}\} = \emptyset \quad \text{für } j \neq k,$$

$$\bigcup_{k \in \mathbb{N}} \{n_{k,l} : l \in \mathbb{N}\} = \mathbb{N}.$$

Damit definieren wir einen Operator T in l^2 durch

$$D(T) = l_0^2, \quad Tx = \Big(\sum_{l=1}^{\infty} \xi_{n_{k,l}}\Big)_{k \in \mathbb{N}} = \Big(\sum_{l=1}^{\infty} \xi_{n_{1,l}}, \sum_{l=1}^{\infty} \xi_{n_{2,l}}, \ldots\Big)$$

für $x = (\xi_n)$. Man beachte, daß alle Summen endlich sind und Tx in l_0^2 liegt. Wir zeigen, daß aus $y \in D(T^*)$ folgt $y = 0$: Sei $y = (\eta_n)_{n \in \mathbb{N}} \in D(T^*)$ und $z = (\zeta_n) = T^* y$. Dann gilt für alle $x \in D(T) = l_0^2$

$$\sum_k \sum_l \overline{\eta_k} \xi_{n_{k,l}} = \langle y, Tx \rangle = \langle T^* y, x \rangle = \sum_n \overline{\zeta_n} \xi_n = \sum_k \sum_l \overline{\zeta_{n_{k,l}}} \xi_{n_{k,l}},$$

wobei auch hier alle Summen endlich sind. Wählt man speziell für x den Einheitsvektor $e_{n_{k,l}}$ (also $\xi_n = \delta_{n,n_{k,l}}$ für $n \in \mathbb{N}$), so folgt

$$\zeta_{n_{k,l}} = \eta_k \quad \text{für alle } l, k \in \mathbb{N}.$$

wegen $z \in l^2$ ist dies nur möglich, wenn alle η_k verschwinden, d. h., wenn $y = 0$ gilt. $\square$

Das folgende etwas modifizierte Beispiel zeigt sogar, daß für $D(T^*)$ und $D(T^*)^\perp$ alle denkbaren Dimensionen auftreten können.

Beispiel 2.42 Sei A eine Teilmenge von $\mathbb{N}$; für jedes $k \in A$ sei $(n_{k,l})_{l \in \mathbb{N}}$ eine Teilfolge der natürlichen Zahlen so, daß gilt

$$\{n_{k,l} : l \in \mathbb{N}\} \cap \{n_{j,l} : l \in \mathbb{N}\} = \emptyset \quad \text{für } j, k \in A,\ j \neq k,$$

$$\bigcup_{k \in A} \{n_{k,l} : l \in \mathbb{N}\} = \mathbb{N}.$$

Damit definieren wir einen Operator T in l^2 durch

$$D(T) = l_0^2, \quad Tx = (\eta_k)_{k \in \mathbb{N}} \quad \text{mit} \quad \eta_k = \begin{cases} \sum_{l=1}^{\infty} \xi_{n_{k,l}} & \text{für } k \in A, \\ 0 & \text{für } k \notin A \end{cases}.$$

Dabei ist darauf zu achten, daß offenbar alle Summen endlich sind und Tx in l_0^2 liegt.

Wir zeigen, daß aus $y = (\eta_n)_{n \in \mathbb{N}} \in D(T^*)$ folgt $\eta_k = 0$ für $k \in A$: Sei $y \in D(T^*)$ und $z = (\zeta_n)_{n \in \mathbb{N}} = T^*y$. Dann gilt für alle $x \in D(T)$

$$\sum_{k \in A} \sum_l \overline{\eta_k} \xi_{n_{k,l}} = \langle y, Tx \rangle = \langle T^*y, x \rangle = \sum_n \overline{\zeta_n} \xi_n = \sum_{k \in A} \sum_l \overline{\zeta_{n_{k,l}}} \xi_{n_{k,l}},$$

wobei auch hier alle Summen endlich sind. Wählt man speziell für x die Einheitsvektor $e_{n_{k,l}}$ mit $k \in A$, $l \in \mathbb{N}$ (also $\xi_n = \delta_{n,n_{k,l}}$ für $n \in \mathbb{N}$), so folgt

$$\zeta_{n_{k,l}} = \eta_k \quad \text{für alle } k \in A,\ l \in \mathbb{N}.$$

Wegen $z \in l^2$ ist dies nur möglich, wenn alle η_k mit $k \in A$ verschwinden. Die η_k mit $k \notin A$ sind offenbar beliebig (abgesehen davon, daß $y \in l^2$ sein muß).

Damit folgt $\dim D(T^*)^\perp = |A| =: \alpha$, $\dim \overline{D(T^*)} = |\mathbb{N} \setminus A| =: \beta$ (im Sinne der Hilbertraumdimension; $|\cdot|$ steht für die Mächtigkeit einer Menge). Dabei können für α und β alle Werte mit $\alpha + \beta = \infty$ gewählt werden. □

Für die Adjungierte zusammengesetzter Operatoren gelten die folgenden beiden Sätze:

Satz 2.43 *Seien X, Y Hilberträume, T_1 und T_2 dicht definierte Operatoren von Y nach Z bzw. von X nach Y.*

a) *Ist $T_1 T_2$ dicht definiert, so gilt $(T_1 T_2)^* \supset T_2^* T_1^*$.*

b) *Ist $T_1 \in B(Y, Z)$ (also $D(T_1 T_2) = D(T_2)$ dicht), so gilt $(T_1 T_2)^* = T_2^* T_1^*$.*

c) *Ist T_2 injektiv mit $T_2^{-1} \in B(Y, X)$, so ist $T_1 T_2$ dicht definiert und es gilt $(T_1 T_2)^* = T_2^* T_1^*$.*

Bemerkung 2.44 a) In Teil a des obigen Satzes gilt i. allg. nicht die Gleichheit, auch dann nicht, wenn $T_2 \in B(Y, X)$ ist: Dazu sei in $X = Y = Z = l^2$

$$D(T_1) := \left\{ (\xi_n) \in l^2 : (n\xi_n) \in l^2 \right\}, \quad T_1 x := (n\xi_n)$$

und $T_2 := T_1^{-1} \in B(l^2)$. Dann gilt $T_1^* = T_1$, $T_2^* = T_2$ und

$$(T_1 T_2)^* = I^* = I \neq I|_{D(T_1)} = T_2 T_1 = T_2^* T_1^*.$$

2.4 Der adjungierte Operator   101

b) Für $T_1 := aI$ mit $a \in \mathbb{K}$ und dicht definiertes $T_2 := T$ liefert Teil b des obigen Satzes

$$(aT)^* = \begin{cases} 0 & \text{für } a = 0, \\ \overline{a}T^* & \text{für } a \neq 0. \end{cases}$$

Beweis von Satz 2.43. a) Es ist lediglich zu zeigen, daß T_1T_2 und $T_2^*T_1^*$ formal adjungiert sind. Tatsächlich gilt für $x \in D(T_1T_2)$ (d.h. $x \in D(T_2)$ und $T_2x \in D(T_1)$) und $z \in D(T_2^*T_1^*)$ (d.h. $z \in D(T_1^*)$ und $T_1^*z \in D(T_2^*)$)

$$\langle T_2^*T_1^*z, x\rangle = \langle T_1^*z, T_2x\rangle = \langle z, T_1T_2x\rangle.$$

b) Wegen Teil a ist nur noch $D((T_1T_2)^*) \subset D(T_2^*T_1^*)$ zu beweisen: Sei $z \in D((T_1T_2)^*)$. Da $T_1^* \in B(Z,Y)$ ist, gilt für alle $x \in D(T_1T_2) = D(T_2)$

$$\langle (T_1T_2)^*z, x\rangle = \langle z, T_1T_2x\rangle = \langle T_1^*z, T_2x\rangle,$$

d.h. es gilt $T_1^*z \in D(T_2^*)$, also $z \in D(T_2^*T_1^*)$.

c) Zunächst ist zu zeigen, daß T_1T_2 dicht definiert ist: Dies folgt aus $D(T_1T_2) = T_2^{-1}D(T_1)$, da $T_2^{-1} \in B(Y,X)$ gilt und $R(T_2^{-1}) = D(T_2)$ dicht ist. Wegen Teil a ist jetzt nur noch $D((T_1T_2)^*) \subset D(T_2^*T_1^*)$ zu beweisen: Für $x \in D((T_1T_2)^*)$ und alle $y \in D(T_1T_2) = T_2^{-1}D(T_1)$ (bzw. alle $T_2y \in D(T_1)$) gilt

$$\left\langle x, T_1(T_2y)\right\rangle = \left\langle x, (T_1T_2)T_2^{-1}T_2y\right\rangle = \left\langle (T_2^{-1})^*(T_1T_2)^*x, T_2y\right\rangle;$$

also ist $x \in D(T_1^*)$ und

$$T_1^*x = (T_2^{-1})^*(T_1T_2)^*x = (T_2^*)^{-1}(T_1T_2)^*x \in D(T_2^*),$$

d.h. $x \in D(T_2^*T_1^*)$. ∎

Satz 2.45 *Seien T_1 und T_2 Operatoren von X nach Y.*

a) *Ist $T_1 + T_2$ dicht definiert, so gilt $(T_1 + T_2)^* \supset T_1^* + T_2^*$.*

b) *Ist $T_2 \in B(X,Y)$ und T_1 dicht definiert, so gilt $(T_1 + T_2)^* = T_1^* + T_2^*$.*

Bemerkung 2.46 In Teil a des vorhergehenden Satzes gilt i. allg. nicht die Gleichheit: Ist T_1 ein dicht definierter unbeschränkter Operator und $T_2 := -T_1$, so gilt

$$(T_1 + T_2)^* = (0|_{D(T_1)})^* = 0 \neq 0|_{D(T_1^*)} = T_1^* - T_1^* = T_1^* + T_2^*.$$

Beweis von Satz 2.45. a) Es ist lediglich zu zeigen, daß $T_1 + T_2$ und $T_1^* + T_2^*$ formal adjungiert sind. Tatsächlich gilt für $x \in D(T_1 + T_2) = D(T_1) \cap D(T_2)$ und $y \in D(T_1^* + T_2^*) = D(T_1^*) \cap D(T_2^*)$

$$\langle (T_1 + T_2)x, y \rangle = \langle T_1 x, y \rangle + \langle T_2 x, y \rangle = \langle x, T_1^* y \rangle + \langle x, T_2^* y \rangle$$
$$= \langle x, (T_1^* + T_2^*) y \rangle.$$

b) Wegen Teil a ist nur noch $D((T_1 + T_2)^*) \subset D(T_1^*) \cap D(T_2^*) = D(T_1^*)$ zu zeigen: Sei $x \in D((T_1 + T_2)^*)$. Dann gilt für alle $y \in D(T_1 + T_2) = D(T_1)$

$$\langle x, T_1 y \rangle = \langle x, (T_1 + T_2) y \rangle - \langle x, T_2 y \rangle = \langle [(T_1 + T_2)^* - T_2^*] x, y \rangle,$$

woraus $x \in D(T_1^*)$ folgt. ∎

Ein im folgenden äußerst nützlicher Begriff ist der des Graphen eines linearen Operators. Für einen linearen Operator T von X nach Y ist der *Graph* $G(T)$ definiert durch

$$G(T) := \left\{ (x, Tx) \in X \times Y : x \in D(T) \right\}.$$

Lemma 2.47 *Eine Teilmenge G von $X \times Y$ ist genau dann der Graph eines linearen Operators T von X nach Y, wenn G ein Teilraum von $X \times Y$ ist mit der Eigenschaft: Ist $(0, y) \in G$, so gilt $y = 0$. Jeder Teilraum eines Graphen ist ein Graph.*

Beweis. Es ist offensichtlich, daß jeder Graph ein linearer Teilraum von $X \times Y$ mit dieser Eigenschaft ist. Sei nun G ein solcher Teilraum. Auf Grund der Voraussetzung gibt es zu jedem $x \in X$ höchstens ein $y \in Y$ mit $(x, y) \in G$. Also ist durch

$$D(T) := \left\{ x \in X : \exists y \in Y \text{ mit } (x, y) \in G \right\}, \quad Tx = y$$

2.4 Der adjungierte Operator

eindeutig eine Abbildung von $D(T)$ nach Y definiert. Es ist leicht nachzurechnen, daß T eine lineare Abbildung ist mit dem Graphen $G(T) = G$. Schließlich ist klar, daß auch jeder Teilraum eines Graphen diese Eigenschaft besitzt. ∎

Sind X und Y normierte Räume, so werden auf $X \times Y$ durch

$$\|(x,y)\| := \sqrt{\|x\|_X^2 + \|y\|_Y^2} \quad \text{bzw.} \quad \|x\|_X + \|y\|_Y$$

Normen definiert; diese sind offensichtlich äquivalent (natürlich könnte man z. B. auch definieren $\|(x,y)\| := |(\|x\|_X, \|y\|_Y)|$, wobei $|\cdot|$ eine beliebige Norm auf $\mathbb{R}^2$ ist; auch diese Normen wären äquivalent zu den obigen, die wir ausschließlich benutzen werden). $X \times Y$ mit einer dieser Normen ist genau dann vollständig, wenn X *und* Y vollständig sind.

Sind X und Y Prähilberträume, so wird auf $X \times Y$ durch

$$\left\langle (x,y), (x',y') \right\rangle_{X \times Y} := \langle x, x' \rangle_X + \langle y, y' \rangle_Y$$

ein Skalarprodukt erzeugt; die erste der oben definierten Normen wird durch dieses Skalarprodukt erzeugt. $X \times Y$ ist mit diesem Skalarporudkt genau dann ein Hilbertraum, wenn X *und* Y Hilberträume sind. Da die Teilräume $X \cong X \times \{0\}$ und $Y \cong \{0\} \times Y$ bezüglich dieses Skalarprodukts orthogonal sind und zusammen $X \times Y$ aufspannen, schreibt man in diesem Fall auch $X \oplus Y$ für $X \times Y$ (vgl. auch Seite 50.

Die Abbildungen

$$U : X \times Y \to Y \times X, \quad U(x,y) = (y, -x),$$
$$V : X \times Y \to Y \times X, \quad V(x,y) = (y, x)$$

sind offensichtlich isometrische Isomorphismen mit den Inversen

$$U^{-1}(y,x) = (-x, y), \quad V^{-1}(y,x) = (x, y).$$

Mit Hilfe dieser Abbildungen läßt sich der Adjungierte Operator (bzw. dessen Graph) sehr elegant beschreiben:

Satz 2.48 *Seien T und S dicht definierte Operatoren von X nach Y.*

a) *Der adjungierte Operator T^* ist beschrieben durch*

$$G(T^*) = U(G(T)^\perp) = (UG(T))^\perp,$$

wobei das Zeichen $\perp$ im Sinne von $X \oplus Y$ bzw. $Y \oplus X$ zu vertstehen ist.

b) *Aus $S \subset T$ folgt $T^* \subset S^*$.*

Beweis. a) Nach Definition von T^* ist

$$\begin{aligned}G(T^*) &= \left\{(y,z) \in Y \times X : \langle y, Tx\rangle_Y = \langle z, x\rangle_X \text{ für alle } x \in D(T)\right\} \\ &= \left\{(y,z) \in Y \times X : \left\langle (y,z), (Tx, -x)\right\rangle_{Y \times X} = 0 \text{ für alle } x \in D(T)\right\} \\ &= \left\{(y,z) \in Y \times X : \left\langle (y,z), U(v,w)\right\rangle_{Y \times X} = 0 \text{ für alle } (v,w) \in G(T)\right\} \\ &= (UG(T))^\perp = U(G(T)^\perp).\end{aligned}$$

Von der Gültigkeit der letzten Gleichung kann sich der Leser leicht selbst überzeugen.

b) Dies folgt sofort aus Teil a, läßt sich aber auch leicht direkt aus der Definition des adjungierten Operators ableiten. ∎

Satz 2.49 *Sei T ein dicht definierter injektiver Operator von X nach Y.*

a) *Es gilt $G(T^{-1}) = VG(T)$.*

b) *Ist $R(T)$ dicht, so ist auch T^* injektiv und es gilt $T^{*-1} = T^{-1*}$ (ausführlicher geschrieben $(T^*)^{-1} = (T^{-1})^*$).*

Beweis. Teil a) ist offensichtlich.

b) Da $R(T)$ dicht ist, ist nach Satz 2.40 $N(T^*) = R(T)^\perp = \{0\}$, d.h. T^* ist injektiv. Wegen $G(T^{-1}) = VG(T)$ folgt

$$\begin{aligned}G(T^{-1*}) &= U^{-1}(G(T^{-1})^\perp) = U^{-1}V(G(T)^\perp) \\ &= V^{-1}U(G(T)^\perp) = V^{-1}G(T^*) = G(T^{*-1}),\end{aligned}$$

also $T^{-1*} = T^{*-1}$. ∎

2.4 Der adjungierte Operator

Ein Operator T im (Prä–) Hilbertraum X heißt *hermitesch*, wenn er zu sich selbst formal adjungiert ist, d.h., wenn gilt

$$\langle Tx, y\rangle = \langle x, Ty\rangle \quad \text{für alle } x, y \in D(T).$$

Ein Operator T heißt *symmetrisch*, wenn er hermitesch und dicht definiert ist. Da dann der adjungierte Operator existiert, gilt also: *Ein Operator T ist genau dann symmetrisch, wenn er dicht definiert ist und $T \subset T^*$ gilt.* Ein Operator T heißt *selbstadjungiert*, wenn er dicht definiert ist und $T = T^*$ gilt. Schließlich heißt T *wesentlich selbstadjungiert*, wenn T dicht definiert ist, und T^* selbstadjungiert ist; wegen $T \subset T^{**} = T^*$ ist T insbesondere symmetrisch. Für Operatoren aus $B(X)$ sind die Begriffe *hermitesch*, *symmetrisch*, *wesentlich selbstadjungiert* und *selbstadjungiert* äquivalent (auf den Begriff der wesentlichen Selbstadjungiertheit werden wir erst später zurückkommen, z.B. in Satz 4.10 und Satz 5.14).

Satz 2.50 a) *Ein Operator T in einem komplexen Hilbertraum X ist genau dann hermitesch, wenn die durch $q_T(x) := \langle x, Tx\rangle$ auf $D(T)$ definierte quadratische Form reell ist; Nach Satz 1.17 ist dies gleichbedeutend damit, daß die Sesquilinearform $s_T(x, y) := \langle x, Ty\rangle$ hermitesch ist.*

b) *Ist T hermitesch und injektiv, so ist auch T^{-1} hermitesch.*

Beweis. a) $\Rightarrow$: Ist T hermitesch, so gilt

$$\overline{q_T(x)} = \overline{\langle x, Tx\rangle} = \langle Tx, x\rangle = \langle x, Tx\rangle = q_T(x).$$

$\Leftarrow$: Ist q_T reellwertig, so ist nach Satz 1.17 die Sesquilinearform s_T hermitesch, d.h. es gilt für alle $x, y \in D(T)$

$$\langle x, Ty\rangle = s_T(x, y) = \overline{s_T(y, x)} = \overline{\langle y, Tx\rangle} = \langle Tx, y\rangle$$

d.h. T ist hermitesch.

b) Für $x \in D(T^{-1}) = R(T)$ gilt, da T hermitsch ist

$$\langle x, T^{-1}x\rangle = \langle TT^{-1}x, T^{-1}x\rangle = \langle T^{-1}x, TT^{-1}x\rangle = \langle T^{-1}x, x\rangle,$$

d.h. T^{-1} ist hermitsch. ∎

Wir hatten in Abschnitt 2.1 gesehen, daß die Norm eines Operators T im Hilbertraum X gegeben ist durch

$$\|T\| = \sup\left\{|\langle Tx, y\rangle| : x \in D(T),\ y \in X,\ \|x\| \leq 1,\ \|y\| \leq 1\right\};$$

ist $D(T)$ dicht, so kann hier X durch $D(T)$ ersetzt werden. – Definieren wir für eine Sesquilinearform s auf einem normierten Raum Z die Norm durch

$$\|s\| := \sup\left\{|s(x,y)| : x, y \in Z, \|x\| \leq 1, \|y\| \leq 1\right\},$$

so ist also im Hilbertraum $\|T\| = \|s_T\|$.

Im komplexen Hilbertraum, bzw. für hermitesche Operatoren in einem beliebigen Hilbertraum kann die Norm sogar durch die quadratische Form q_T abgeschätzt werden:

Satz 2.51 a) *Sei X ein Hilbertraum (oder Prähilbertraum), T ein dicht definierter Operator in X. Ist*
(α) T beliebig und X komplex, oder
(β) T hermitesch und X beliebig (reell oder komplex),
so ist T genau dann beschränkt, wenn gilt

$$C := \sup\left\{|\langle x, Tx\rangle| : x \in D(T),\ \|x\| \leq 1\right\} < \infty.$$

Ist T beschränkt, so gilt

im Fall (α) $C \leq \|T\| \leq 2C$, *im Fall* (β) $\|T\| = C$.

b) *Sind X und Y Hilberträume, und ist $T \in B(X, Y)$, so gilt $\|T^*T\| = \|T\|^2$.*

Die Aussage (β) im Teil a dieses Satzes gilt auch für normale Operatoren im komplexen Hilbertraum (vgl. Satz 5.16); i. allg. gilt aber der Satz nicht für nicht–symmetrische (auch nicht für normale) Operatoren im reellen Hilbertraum (vgl. Aufgaben 2.4 und 2.5).

Beweis von Satz 2.51. a) Ist T beschränkt, so gilt $C \leq \|T\| < \infty$. Setzen wir $\|T\| = \infty$ für unbeschränkte T, so ist also nur noch die Ungleichung $\|T\| \leq 2C$ im Fall (α), bzw. $\|T\| \leq C$ im Fall (β) zu beweisen.

2.4 Der adjungierte Operator

(α) Für $x, y \in D(T)$ mit $\|x\| \leq 1$, $\|y\| \leq 1$ folgt aus der Parallelogrammidentität für $\|\cdot\|$ und der Polarisierungsidentität für die Sesquilinearform $s(x,y) = \langle x, Ty \rangle$

$$\begin{aligned}
2C &\geq \frac{1}{4} C\big\{ 4\|x\|^2 + 4\|y\|^2 \big\} \\
&= \frac{1}{4} C\big\{ 2\big(\|x\|^2 + \|y\|^2\big) + 2\big(\|x\|^2 + \|iy\|^2\big) \big\} \\
&= \frac{1}{4} C\big\{ \|x+y\|^2 + \|x-y\|^2 + \|x+iy\|^2 + \|x-iy\|^2 \big\} \\
&\geq \frac{1}{4} \big\{ \big|\langle x+y, T(x+y)\rangle\big| + \big|\langle x-y, T(x-y)\rangle\big| \\
&\qquad + \big|\langle x+iy, T(x+iy)\rangle\big| + \big|\langle x-iy, T(x-iy)\rangle\big| \big\} \\
&\geq \frac{1}{4} \big|\langle x+y, T(x+y)\rangle - \langle x-y, T(x-y)\rangle \\
&\qquad -i\langle x+iy, T(x+iy)\rangle + i\langle x-iy, T(x-iy)\rangle\big| \\
&= |\langle x, Ty\rangle|.
\end{aligned}$$

Da dies für alle x mit $\|x\| \leq 1$ aus dem dichten Teilraum $D(T)$ gilt, folgt $\|Ty\| \leq 2C$ für alle $y \in D(T)$ mit $\|y\| \leq 1$ und damit $\|T\| \leq 2C$.

(β) Sei jetzt T hermitesch. Für $x, y \in D(T)$ mit $\|x\| \leq 1$ und $\|y\| \leq 1$ gilt

$$\begin{aligned}
C &\geq \frac{1}{2} C\big\{\|x\|^2 + \|y\|^2\big\} = \frac{1}{4} C\big\{\|x+y\|^2 + \|x-y\|^2\big\} \\
&\geq \frac{1}{4} \big|\langle x+y, T(x+y)\rangle - \langle x-y, T(x-y)\rangle\big| \\
&= \frac{1}{2} \big|\langle x, Ty\rangle + \langle y, Tx\rangle\big| = \frac{1}{2} \big|\langle x, Ty\rangle + \langle Ty, x\rangle\big| = |\operatorname{Re}\langle x, Ty\rangle|.
\end{aligned}$$

(i) Falls H ein reeller Raum ist, ist dies gleich $|\langle x, Ty\rangle|$, also

$$|\langle x, Ty\rangle| \leq C \quad \text{für alle } x, y \in D(T) \text{ mit } \|x\| \leq 1, \|y\| \leq 1;$$

somit gilt $\|T\| \leq C$.

(ii) Sei nun H ein komplexer Raum. Wählt man $a \in \mathbb{C}$ so, daß $|a| = 1$ und $a\langle x, Ty\rangle = |\langle x, Ty\rangle|$ gilt, so folgt aus $|\operatorname{Re}\langle x, Ty\rangle| \leq C$, mit $z = \bar{a}x$ statt x,

$$\begin{aligned}
|\langle x, Ty\rangle| &= a\langle x, Ty\rangle = \langle z, Ty\rangle = |\operatorname{Re}\langle z, Ty\rangle| \\
&\leq C \quad \text{für alle } x, y \in D(T) \text{ mit } \|x\| \leq 1, \|y\| \leq 1,
\end{aligned}$$

und somit wieder $\|T\| \leq C$.

b) Da T^*T symmetrisch ist, folgt aus (β)

$$\|T^*T\| = \sup\left\{|\langle x, T^*Tx\rangle| : x \in X, \|x\| \leq 1\right\}$$
$$= \sup\left\{\|Tx\|^2 : x \in X, \|x\| \leq 1\right\} = \|T\|^2;$$

das ist die gewünschte Identität. ∎

Der schwache Limes (und somit natürlich auch der starke und der Norm-Limes) T einer Folge (T_n) symmetrischer Operatoren aus $B(X)$ ist offensichtlich wieder symmetrisch, $\langle x, Ty\rangle = \lim\langle x, T_n y\rangle = \lim\langle T_n x, y\rangle = \langle Tx, y\rangle$. Überraschend ist aber das folgende für beschränkte symmetrische Operatoren gültige Analogon zum Monotonieprinzip für reelle Zahlen. Dazu definieren wir eine *Halbordnung* wie folgt: Sind S und T aus $B(X)$ symmetrisch, so schreiben wir $S \leq T$, wenn $\langle x, Sx\rangle \leq \langle x, Tx\rangle$ für alle $x \in X$ gilt. Eine Folge (T_n) symmetrischer Operatoren aus $B(X)$ nennen wir *monoton wachsend* bzw. *fallend*, wenn für alle $n \in \mathbb{N}$ gilt $T_n \leq T_{n+1}$ bzw. $T_n \geq T_{n+1}$.

Satz 2.52 (Monotonieprinzip) *Ist (T_n) eine beschränkte monotone Folge symmetrischer Operatoren im Hilbertraum X, so existiert ein symmetrischer Operator $T \in B(X)$ mit $T_n \xrightarrow{s} T$. (Nach obigem Satz 2.51 kann die Beschränktheit in äquivalenter Weise durch $\|T_n\| \leq C$ oder $|\langle x, T_n x\rangle| \leq C$ beschrieben werden.)*

Beweis. O. E. sei (T_n) monoton wachsend. Wegen $\|T_n - T_m\| \leq 2C$ folgt mit Hilfe der Schwarzschen Ungleichung für die Sesquilinearform $s(x, y) := \langle x, (T_n - T_m)y\rangle$ für $m \leq n$

$$\|(T_n - T_m)x\|^2 = \langle (T_n - T_m)x, (T_n - T_m)x\rangle = s\big((T_n - T_m)x, x\big)$$
$$\leq s\big((T_n - T_m)x, (T_n - T_m)x\big)^{1/2} s(x, x)^{1/2}$$
$$= \langle (T_n - T_m)x, (T_n - T_m)^2 x\rangle^{1/2} \langle x, (T_n - T_m)x\rangle^{1/2}$$
$$\leq \|(T_n - T_m)x\|^{1/2} \|(T_n - T_m)^2 x\|^{1/2} \langle x, (T_n - T_m)x\rangle^{1/2}$$
$$\leq (2C)^{3/2} \|x\| \langle x, (T_n - T_m)x\rangle^{1/2}.$$

2.5 Orthogonale Projektionen, isometrische und unitäre Operatoren

Da $(\langle x, T_n x \rangle)$ für jedes $x \in X$ eine Cauchyfolge in $\mathbb{C}$ ist, folgt daraus, daß $(T_n x)$ eine Cauchyfolge in X ist, d. h. (T_n) ist stark konvergent gegen einen symmetrischen Operator $T \in B(X)$. ∎

Hier kann nun noch ein einfaches Kriterium für die Selbstadjungiertheit eines Operators bewiesen werde:

Satz 2.53 *Sei T ein dicht definierter Operator im Hilbertraum X.*

a) T ist genau dann selbstadjungiert, wenn $G(T)^\perp = UG(T)$ gilt, d. h. $G(T) \perp UG(T)$ und $G(T) + UG(T) = X \oplus X$.

b) Ist T symmetrisch mit $N(T - \lambda) + R(T - \lambda) = X$ für ein $\lambda \in \mathbb{R}$, so ist T selbstadjungiert. Speziell: *Gilt $R(T - \lambda) = X$ für ein $\lambda \in \mathbb{R}$, so ist T selbstadjungiert.*

Beweis. a) Dies ergibt sich aus der Identität $G(T^*) = UG(T)^\perp$ (vgl. Satz 2.48).
b) Wegen $N(T-\lambda) \subset N(T^*-\lambda) = R(T-\lambda)^\perp$ gilt $N(T-\lambda) \perp R(T-\lambda)$; also gilt $N(T-\lambda) \oplus R(T-\lambda) = X$, $N(T-\lambda)$ und $R(T-\lambda)$ sind abgeschlossen, und es gilt $N(T - \lambda) = N(T^* - \lambda)$ und $R(T - \lambda) = R(T^* - \lambda)$. $T^* - \lambda$ ist also eine Fortsetzung von $T - \lambda$ mit gleichem Nullraum und gleichem Wertebereich; daraus folgt $T - \lambda = T^* - \lambda$ und somit $T = T^*$. ∎

2.5 Orthogonale Projektionen, isometrische und unitäre Operatoren

Ist Y ein abgeschlossener Teilraum eines Hilbertraumes X, so liefert der Projektionssatz (Satz 1.46) für jedes $x \in X$ eine eindeutige Zerlegung $x = y + z$ mit $y \in Y$ und $z \in Y^\perp$. Die *orthogonale Projektion* P_Y von X auf den Teilraum Y ist die Abbildung $x \mapsto y$; sie ist offenbar linear, und es gilt $D(P_Y) = X$, $R(P_Y) = Y$, $N(P_Y) = Y^\perp$ und $\|P_Y\| \leq 1$ (genauer gilt nach Bemerkung 2.4: $\|P_Y\| = 1$, falls $Y \neq \{0\}$ und $\|P_Y\| = 0$, falls $Y = \{0\}$ gilt); insbesondere ist $P_Y \in B(X)$.

Ein Operator T heißt *idempotent*, wenn $T^2 = T$ gilt. Offenbar ist jede (orthogonale) Projektion idempotent.

Satz 2.54 *Für einen Operator $P \in B(X)$ sind die folgenden Aussagen äquivalent:*

(i) *P ist orthogonale Projektion (auf $R(P)$),*

(ii) *$I - P$ ist orthogonale Projektion (auf $R(P)^\perp$),*

(iii) *P ist idempotent und $R(P) = N(P)^\perp$,*

(iv) *P ist idempotent und selbstadjungiert.*

Es gilt dann $R(P) = N(I - P)$ und $N(P) = R(I - P)$.

Beweis. Die Äquivalenz **(i)**$\Leftrightarrow$**(ii)** ergibt sich unmittelbar aus der Definition der orthogonalen Projektion: P ist genau dann die orthogonale Projektion auf einen Teilraum Y, wenn $I - P$ die orthogonale Projektion auf $Y^\perp$ ist. Daraus folgt insbesondere $R(P) = Y = Y^{\perp\perp} = N(I - P)$ und $N(P) = Y^\perp = R(I - P)$.

(i)$\Rightarrow$**(iii)**: Dies wurde bereits oben gezeigt.

(iii)$\Rightarrow$**(i)**: Wegen $R(P) = N(P)^\perp$ ist $R(P)$ abgeschlossen. Für alle $y \in R(P)$ gilt, da P idempotent ist, $Py = y$. Schreiben wir $x \in X$ in der Form $x = y+z$ mit $y \in R(P)$ und $z \in R(P)^\perp = N(P)$, so gilt $Px = Py + Pz = y$, d. h. P ist die orthogonale Projektion auf $R(P)$.

(i)$\Rightarrow$**(iv)**: P ist idempotent, und für alle $x_i = y_i+z_i$ ($i = 1, 2$) mit $y_i \in R(P)$, $z_i \in R(P)^\perp$ gilt

$$\langle Px_1, x_2\rangle = \langle y_1, y_2 + z_2\rangle = \langle y_1, y_2\rangle = \langle y_1 + z_1, y_2\rangle = \langle x_1, Px_2\rangle,$$

d. h. P ist selbstadjungiert.

(iv)$\Rightarrow$**(i)**: Es ist $R(P) = N(P)^\perp$ zu beweisen. Ist $x \in R(P)$, so gilt $(I - P)x = x - Px = x - x = 0$, also $x \in N(I - P)$. Ist $x \in N(I - P)$, so gilt $x - Px = 0$, also $x \in R(P)$. Insgesamt gilt also $R(P) = N(I - P)$, d. h. $R(P)$ ist abgeschlossen. Daraus folgt $R(P) = R(P)^{\perp\perp} = N(P^*)^\perp = N(P)^\perp$. ∎

Satz 2.55 *Seien Y und Z abgeschlossene Teilräume des Hilbertraumes X, P_Y und P_Z die orthogonalen Projektionen auf Y bzw. Z.*

a) $P := P_Y P_Z$ ist genau dann eine orthogonale Projektion, wenn $P_Y P_Z = P_Z P_Y$ gilt; dann ist $P = P_{Y \cap Z}$. Es ist $Y \perp Z$ genau dann, wenn $P_Y P_Z = 0$ (oder $P_Z P_Y = 0$) gilt; vgl. Aufgabe 2.25 und Aufgabe 2.22.

b) $Q := P_Y + P_Z$ ist genau dann eine orthogonale Projektion, wenn $Y \perp Z$ gilt; dann ist $Q = P_{Y \oplus Z}$.

c) $R := P_Y - P_Z$ ist genau dann eine orthogonale Projektion, wenn $Z \subset Y$ ist; dann gilt $R = P_{Y \ominus Z}$.

Beweis. a) Ist $P = P_Y P_Z$ eine orthogonale Projektion, so ist P selbstadjungiert, also $P_Y P_Z = P = P^* = (P_Y P_Z)^* = P_Z^* P_Y^* = P_Z P_Y$. Gilt umgekehrt $P_Y P_Z = P_Z P_Y$, so folgt $P^2 = (P_Y P_Z)^2 = P_Y P_Z P_Y P_Z = P_Y^2 P_Z^2 = P_Y P_Z = P$ und $P^* = (P_Y P_Z)^* = (P_Z P_Y)^* = P_Y^* P_Z^* = P_Y P_Z = P$; also ist P nach Satz 2.54 eine orthogonale Projektion. — Wegen $P = P_Y P_Z = P_Z P_Y$ ist $R(P) \subset R(P_Y) \cap R(P_Z) = Y \cap Z$. Ist $x \in Y \cap Z$, so gilt $Px = P_Y P_Z x = P_Y x = x$, also ist $Y \cap Z \subset R(P)$ und somit $Y \cap Z = R(P)$. — Offenbar gilt $P_Y P_Z = 0$ genau dann, wenn $y \in R(P_Y)^\perp = Y^\perp$ gilt für alle $y \in R(P_Z) = Z$, d.h., wenn $Y \perp Z$ gilt; entsprechend folgt die andere Aussage.

b) Ist $Q = P_Y + P_Z$ eine orthogonale Projektion, so ist $\|x\|^2 \geq \|Qx\|^2 = \langle x, Qx \rangle = \langle x, P_Y x \rangle + \langle x, P_Z x \rangle = \|P_Y x\|^2 + \|P_Z x\|^2$; für $x = P_Y y$ folgt also $\|P_Y y\|^2 \geq \|P_Y y\|^2 + \|P_Z P_Y y\|^2$, also $P_Z P_Y y = 0$ für alle $y \in X$, d.h. $P_Z P_Y = 0$. Nach Teil a gilt also $Y \perp Z$. Die Inklusion $R(Q) \subset R(P_Y) + R(P_Z) = Y \oplus Z$ ist offensichtlich; ist andererseits $x = y + z \in R(P_Y) + R(P_Z)$ mit $y \in Y$ und $z \in Z$, so gilt $Qx = Qy + Qz = P_Y y + P_Z z = x + y = x$, also insgesamt $R(Q) = Y \oplus Z$.

Ist $Y \perp Z$, so gilt nach Teil a $P_Y P_Z = P_Z P_Y = 0$, also $Q^2 = (P_Y + P_Z)^2 = P_Y^2 + P_Z^2 = P_Y + P_Z = Q$. Da die Operatoren P_Y und P_Z selbstadjungiert sind, ist auch Q selbstadjungiert, also eine orthogonale Projektion.

c) Ist $R = P_Y - P_Z$ die orthogonale Projektion auf den Teilraum W, so gilt wegen $P_Y = P_W + P_Z$ nach Teil b $W \perp Z$ und $Y = W \oplus Z \supset Z$, also $W = Y \ominus Z$, d.h. R ist die orthogonale Projektion auf $Y \ominus Z$. — Ist $Z \subset Y$ und $W = Y \ominus Z$, so gilt nach Teil b $P_Y = P_W + P_Z$, also ist $R = P_Y - P_Z = P_W$ eine orthogonale Projektion. ∎

Im Zusammenhang mit der *Halbordnung* für symmetrische Operatoren aus $B(X)$ (vgl. S. 108), d.h. $S \leq T \Leftrightarrow \langle x, Sx \rangle \leq \langle x, Tx \rangle$ für alle $x \in X$, gilt für orthogonale Projektionen.

Satz 2.56 *Seien Y und Z abgeschlossene Teilräume des Hilbertraumes X, P_Y und P_Z die orthogonalen Projektionen auf Y bzw. Z.*

a) *Es gilt stets $0 \leq P_Y \leq I$.*

b) *Die folgenden Aussagen sind äquivalent:*

(i) $P_Y \leq P_Z$, (ii) $Y \subset Z$, (iii) $P_Z P_Y = P_Y$, (iv) $P_Y P_Z = P_Y$.

Beweis. a) Für jedes $x \in X$ gilt $\langle 0x, x \rangle = 0 \leq \|P_Y x\|^2 = \langle P_Y x, x \rangle \leq \|x\|^2 = \langle Ix, x \rangle$.

b) (i)$\Rightarrow$(ii): Ist $P_Y \leq P_Z$, so gilt $\|P_Y x\|^2 = \langle P_Y x, x \rangle \leq \langle P_Z x, x \rangle = \|P_Z x\|^2$ für alle $x \in X$, also $N(P_Z) \subset N(P_Y)$ und somit $Y = R(P_Y) = N(P_Y)^\perp \subset N(P_Z)^\perp = R(P_Z) = Z$.

(ii)$\Rightarrow$(iii): Mit $W = Z \ominus Y$ gilt nach Satz 2.55 a und b $P_Z P_Y = (P_Y + P_W) P_Y = P_Y^2 = P_Y$.

(iii)$\Rightarrow$(iv): Da $P_Z P_Y$ eine Projektion ist (nämlich P_Y), gilt nach Satz 2.55 a $P_Y P_Z = P_Z P_Y = P_Y$.

(iv)$\Rightarrow$(i): Wegen $P_Y P_Z = P_Y$ gilt $\langle P_Y x, x \rangle = \|P_Y x\|^2 = \|P_Y P_Z x\|^2 \leq \|P_Z x\|^2 = \langle P_Z x, x \rangle$ für alle $x \in X$. ∎

Wir wissen, daß eine beschränkte monotone Folge symmetrischer Operatoren stark konvergiert (Satz 2.52). Speziell für orthogonale Projektionen gilt:

Satz 2.57 *Sei (P_n) eine monotone Folge orthogonaler Projektionen im Hilbertraum X. Dann existiert eine orthogonale Projektion P in X mit $P_n \xrightarrow{s} P$, und es gilt*

(α) *falls (P_n) wachsend ist: $R(P) = \overline{\bigcup_{n \in \mathbb{N}} R(P_n)}$,*

(β) *falls (P_n) fallend ist: $R(P) = \bigcap_{n \in \mathbb{N}} R(P_n)$.*

Beweis. Nach Satz 2.52 gibt es einen selbstadjungierten Operator $P \in B(X)$ mit $P_n \xrightarrow{s} P$ für $n \to \infty$. Wegen $P^2 = \text{s-lim } P_n^2 = \text{s-lim } P_n = P$ ist P idempotent, also eine orthogonale Projektion (Satz 2.54).

(α) Ist $x \perp \overline{\bigcup_{n \in \mathbb{N}} R(P_n)}$, so gilt $P_n x = 0$ für alle $n \in \mathbb{N}$, also $Px = \lim P_n x = 0$. Ist $x \in \bigcup_{n \in \mathbb{N}} R(P_n)$, so gilt $x \in R(P_{n_0})$ für ein $n_0 \in \mathbb{N}$.

2.5 Orthogonale Projektionen, isometrische und unitäre Operatoren

Wegen $R(P_{n_0}) \subset R(P_n)$ für alle $n \geq n_0$ gilt also $P_n x = P_{n_0} x = x$ für alle $n \geq n_o$, d.h. $\cup_{n \in \mathbb{N}} R(P_n) \subset R(P)$. Da $R(P)$ abgeschlossen ist, folgt $\overline{\cup_{n \in \mathbb{N}} R(P_n)} = R(P)$.

(β) Die Folge (Q_n) mit $Q_n = I - P_n$ ist wachsend, $Q := \text{s-lim}\, Q_n$ ist also die orthogonale Projektion auf $\overline{\cup_{n \in \mathbb{N}} R(Q_n)} = \overline{\cup_{n \in \mathbb{N}} N(P_n)}$. Dann ist aber $P = I - Q$ die orthogonale Projektion auf $\overline{\cup_{n \in \mathbb{N}} N(P_n)}^\perp = \cap_{n \in \mathbb{N}} N(P_n)^\perp = \cap_{n \in \mathbb{N}} R(P_n)$. ∎

Für konkrete Anwendungen sind die folgenden beiden Sätze häufig nützlich:

Satz 2.58 *Seien P_1 und P_2 orthogonale Projektionen im Hilbertraum X.*

a) *Ist $\|P_1 - P_2\| < 1$, so gilt $\dim R(P_1) = \dim R(P_2)$ und $\dim R(I - P_1) = \dim R(I - P_2)$ im Sinne der Hilbertraumdimension.*

b) *Es gilt $\|P_1 - P_2\| = \max\{\varrho_{12}, \varrho_{21}\}$ mit*

$$\varrho_{j,k} = \sup\left\{\|P_j x\| : x \in R(P_k)^\perp, \|x\| \leq 1\right\}.$$

Beweis. a) Es ist $R(P_1) \cap R(P_2)^\perp = \{0\}$, denn für jedes x aus diesem Schnitt ist $(P_1 - P_2)x = P_1 x = x$, was der Voraussetzung $\|P_1 - P_2\| < 1$ widerspricht. Damit folgt $\dim R(P_1) \leq \dim R(P_2)$ aus Satz 1.61. Ebenso folgt $\dim R(P_1) \geq \dim R(P_2)$ und die entsprechenden Ungleichungen für $R(I - P_j)$.

b) $\|P_1 - P_2\| \geq \max\{\varrho_{12}, \varrho_{21}\}$: Nach Definition der Norm eines Operators und wegen $R(P_k)^\perp = N(P_k)$ gilt

$$\|P_1 - P_2\| = \sup\left\{\|(P_1 - P_2)x\| : x \in X, \|x\| \leq 1\right\}$$
$$\geq \sup\left\{\|(P_1 - P_2)x\| : x \in R(P_1)^\perp, \|x\| \leq 1\right\}$$
$$= \sup\left\{\|P_2 x\| : x \in R(P_1)^\perp, \|x\| \leq 1\right\} = \varrho_{21}$$

Entsprechend folgt $\|P_1 - P_2\| \geq \varrho_{12}$.

$\|P_1 - P_2\| \leq \max\{\varrho_{12}, \varrho_{21}\}$: Es gilt $P_1 - P_2 = P_1(I - P_2) - (I - P_1)P_2$. Wegen $(I - P_2)x \in R(P_2)^\perp$ gilt für alle $x \in X$

$$\|P_1(I - P_2)x\| \leq \varrho_{12} \|(I - P_2)x\|,$$

und wegen $(I - P_1)P_2x \in R(P_1)^\perp$ gilt

$$\begin{aligned}\|(I - P_1)P_2x\|^2 &= \langle(I - P_1)P_2x, (I - P_1)P_2x\rangle \\ &= \langle P_2(I - P_1)P_2x, P_2x\rangle \leq \|P_2(I - P_1)P_2x\|\|P_2x\| \\ &\leq \varrho_{21}\|(I - P_1)P_2x\|\|P_2x\|,\end{aligned}$$
$$\|(I - P_1)P_2x\| \leq \varrho_{21}\|P_2x\|.$$

Insgesamt folgt also für alle $x \in X$

$$\begin{aligned}\|(P_1 - P_2)x\|^2 &= \|P_1(I - P_2)x - (I - P_1)P_2x\|^2 \\ &= \|P_1(I - P_2)x\|^2 + \|(I - P_1)P_2x\|^2 \\ &\leq \varrho_{12}^2\|(I - P_2)x\|^2 + \varrho_{21}^2\|P_2x\|^2 \\ &\leq \max\{\varrho_{12}^2, \varrho_{21}^2\}\bigl(\|(I - P_2)x\|^2 + \|P_2x\|^2\bigr) \\ &= \max\{\varrho_{12}^2, \varrho_{21}^2\}\|x\|^2,\end{aligned}$$

und somit $\|P_1 - P_2\| \leq \max\{\varrho_{12}, \varrho_{21}\}$. ∎

Satz 2.59 *Sind P_n ($n \in \mathbb{N}$) und P orthogonale Projektionen mit $P_n \xrightarrow{s} P$ und $\dim P_n \leq \dim P < \infty$, so gilt $\dim P_n = \dim P$ für große n und $\|P_n - P\| \to 0$ für $n \to \infty$ (hierbei ist $\dim T = \dim R(T)$).*

Beweis. Ist $\{e_1, \ldots, e_k\}$ eine Orthonormalbasis von $R(P)$, so sind (wegen $P_n e_j \to P e_j = e_j$ für $n \to \infty$) die Vektoren $\{P_n e_1, \ldots, P_n e_k\}$ in $R(P_n)$ linear unabhängig für große n, also $\dim R(P_n) \geq k = \dim R(P)$, und somit $\dim R(P_n) = \dim R(P)$ für große n.

Sind $\{e_1^{(n)}, \ldots, e_k^{(n)}\}$ die durch Orthonormalisierung aus $\{P_n e_1, \ldots, P_n e_k\}$ entstandenen Vektoren, so gilt (wie sich unmittelbar aus der Formel der Orthonormalisierung, vgl. Satz 1.56, ergibt) $e_j^{(n)} \to e_j$, und somit $\|Q_{n,j} - Q_j\| \to 0$ für $n \to \infty$, wobei $Q_{n,j}x = \langle e_j^{(n)}, x\rangle e_j^{(n)}$ und $Q_j x = \langle e_j, x\rangle e_j$ sind (die orthogonalen Projektionen auf $L\{e_j^{(n)}\}$ bzw. $L\{e_j\}$). Daraus folgt $\|P_n - P\| = \|\sum_{j=1}^k (Q_{n,j} - Q_j)\| \to 0$ für $n \to \infty$. ∎

2.5 Orthogonale Projektionen, isometrische und unitäre Operatoren

Sind X und Y Hilberträume, $X = X_1 \oplus X_2$, $Y = Y_1 \oplus Y_2$ und sind T_j ($j = 1, 2$) lineare Operatoren von X_j nach Y_j, so definiert man die orthogonale Summe $T := T_1 \oplus T_2$ von X nach Y durch

$$D(T) = D(T_1) \oplus D(T_2), \quad T(x_1 + x_2) = T_1 x_1 + T_2 x_2 \text{ für } x_j \in D(T_j).$$

T bildet $D(T) \cap X_j$ in Y_j ab, und T ist genau dann beschränkt (bzw. aus $B(X, Y)$), wenn beide T_j beschränkt (bzw. aus $B(X_j, Y_j)$) sind. Der Fall $X = Y$ und $X_j = Y_j$ wird im folgenden genauer betrachtet:

Sei T ein Operator im Hilbertraum X. Ein abgeschlossener Teilraum Y von X heißt *invariant unter* T, wenn gilt $T(Y \cap D(T)) \subset Y$. Sind Y und $Y^\perp$ invariant unter T, und gilt $D(T) = (Y \cap D(T)) + (Y^\perp \cap D(T))$, so heißt Y ein *reduzierender Teilraum* von T. Mit Y ist also offensichtlich auch $Y^\perp$ ein reduzierender Teilraum von T, und T ist die orthogonale Summe von $T|_Y$ und $T|_{Y^\perp}$,

$$D(T) = D(T|_Y) \oplus D(T|_{Y^\perp}), \quad T(y + y^\perp) = T|_Y y + T|_{Y^\perp} y^\perp.$$

Satz 2.60 *Sei T ein Operator im Hilbertraum X, Y ein abgeschlossener Teilraum von X.*

a) *Y ist genau dann ein reduzierender Teilraum von T, wenn für die orthogonale Projektion P auf Y gilt $TP \supset PT$.*

b) *Ist T dicht definiert und Y reduzierender Teilraum von T, so ist Y auch reduzierender Teilraum von T^*, und es gilt $(T|_Y)^* = T^*|_Y$ und $(T|_{Y^\perp})^* = T^*|_{Y^\perp}$.*

c) *Ist T dicht definiert und abgeschlossen, $T = (T^*)^*$, so ist Y genau dann reduzierender Teilraum von T, wenn es reduzierender Teilraum von T^* ist.*

Beweis. a) Ist Y reduzierender Teilraum von T, so gilt

$$D(PT) = D(T) = (Y \cap D(T)) + (Y^\perp \cap D(T)) \subset (Y \cap D(T)) + Y^\perp$$
$$= D(TP).$$

Jedes $y \in D(T)$ hat eine eindeutige Darstellung der Form $x = y + y^\perp$ mit $y \in Y \cap D(T)$ und $y^\perp \in Y^\perp \cap D(T)$, d. h. es gilt für alle $x \in D(T)$

$$TPx = TP(y + y^\perp) = TPy = Ty = PTy = P(Ty + Ty^\perp) = PTx.$$

Also ist TP eine Fortsetzung von PT.

Gilt andererseits $PT \subset TP$, so folgt $PD(T) \subset D(T)$ und $(I - P)D(T) \subset D(T)$, d.h. jedes $x \in D(T)$ hat die Form

$$x = Px + (I - P)x \quad \text{mit } Px \in Y \cap D(T) \text{ und } (I - P)x \in Y^\perp \cap D(T);$$

also gilt $D(T) = (Y \cap D(T)) + (Y^\perp \cap D(T))$. Außerdem gilt $Tx = TPx = PTx \in Y$ für jedes $x \in Y \cap D(T)$, und entsprechend $Tx = T(I - P)x = (I - P)Tx \in Y^\perp$ für $x \in Y^\perp \cap D(T)$.

b) Ist $y \in D(T^*)$, so gilt für alle $x \in D(T)$

$$\langle Tx, Py \rangle = \langle PTx, y \rangle = \langle TPx, y \rangle = \langle x, PT^*y \rangle,$$

d.h. $Py \in D(T^*)$ und $T^*Py = PT^*y \in Y$; also ist auch $(I - P)y \in D(T^*)$, $T^*(I - P)y = (I - P)T^*y \in Y^\perp$ und $(Y \cap D(T^*)) + (Y^\perp \cap D(T^*)) = D(T^*)$. $T|_Y$ und $T^*|_Y$ sind offenbar formal adjungiert, d.h. $T^*|_Y \subset (T|_Y)^*$; ist ein $y \in D((T|_Y)^*)$, so ist es offenbar aus $D(T^*) \cap Y = D(T^*|_Y)$. Entsprechend folgt $(T|_{Y^\perp})^* = T^*|_{Y^\perp}$.

c) Dies folgt durch Anwendung von Teil b auf T und T^*. ∎

Seien X und Y Hilberträume. Ein Operator U von X nach Y mit $D(U) = X$ heißt eine *Isometrie*, wenn $\|Ux\| = \|x\|$ für alle $x \in X$ gilt. Ist U eine Isometrie mit $R(U) = Y$, d.h. U ist ein isometrischer Isomorphismus von X auf Y, so heißt U ein *unitärer Operator*. Ein Operator U von X nach Y mit $D(U) = X$ heißt eine *partielle Isometrie*, wenn ein abgeschlossener Teilraum M von X existiert mit

$$\|Ux\| = \|x\| \text{ für } x \in M, \quad Ux = 0 \text{ für } x \in M^\perp.$$

$N := R(U) = U(M)$ ist abgeschlossen: Ist (Ux_n) eine Folge aus $R(U)$ mit $Ux_n \to y$, so ist wegen $Ux_n = UP_Mx_n$ auch (P_Mx_n) eine Cauchyfolge in M, $z_n := P_Mx_n \to z \in M$, also $y = \lim Ux_n = \lim Uz_n = Uz \in R(U)$. Die abgeschlossenen Teilräume M und N heißen *Anfangs-* bzw. *Endmenge* der partiellen Isometrie U.

Satz 2.61 *Seien X und Y Hilberträume, U ein Operator von X nach Y mit $D(U) = X$.*

2.5 Orthogonale Projektionen, isometrische und unitäre Operatoren

a) *Die folgenden Aussagen sind äquivalent:*

(i) *U ist partielle Isometrie mit Anfangsmenge M und Endmenge N,*

(ii) *$R(U) = N$ und $\langle Ux, Uy \rangle = \langle P_M x, y \rangle$ für alle $x, y \in X$,*

(iii) *$U^*U = P_M$ und $UU^* = P_N$,*

(iv) *U^* ist partielle Isometrie mit Anfangsmenge N und Endmenge M.*

b) *Die folgenden Aussagen sind äquivalent:*

(i) *U ist unitär,*

(ii) *$R(U) = Y$ und $\langle Ux, Uy \rangle = \langle x, y \rangle$ für alle $x, y \in X$,*

(iii) *$U^*U = I_X$ und $UU^* = I_Y$, d. h. $U^* = U^{-1}$,*

(iv) *U^* ist unitär.*

Beweis. a) Die Äquivalenz (i)$\Longleftrightarrow$(ii) folgt mit Satz 1.13 im komplexen Fall, bzw. mit Satz 1.18 im reellen Fall.

(i)$\Rightarrow$(iv): Es gilt $N(U^*) = R(U)^\perp = N^\perp$ und, da mit (i) auch (ii) gilt, $\|U^*Ux\| = \|P_M x\| = \|Ux\|$ für alle $x \in X$, also $\|U^*y\| = \|y\|$ für alle $y \in R(U) = N$. U^* ist also eine partielle Isometrie mit Anfangsmenge N. Wendet man diese Argumentation auf U^* statt U an, so folgt, daß die Endmenge von U^* gleich der Anfangsmenge von $U^{**} = U$ ist, also gleich M.

(iv)$\Rightarrow$(i): Dies ist gleichbedeutend mit (i)$\Rightarrow$(iv).

(i)$\Rightarrow$(iii): Da mit (i) auch (ii) gilt, folgt $U^*U = P_M$; da mit (i) auch (iv) gilt, folgt entsprechend $UU^* = P_N$.

(iii)$\Rightarrow$(ii): Es gilt $R(U) \supset R(UU^*) = R(P_N) = N$. Wegen $\|U^*x\|^2 = \langle UU^*x, x \rangle = \|P_N x\|^2$ ist $N(U^*) = N^\perp$ und somit $R(U) \subset N(U^*)^\perp = N$. Insgesamt folgt $R(U) = N$. Außerdem gilt $\langle Ux, Uy \rangle = \langle U^*Ux, y \rangle = \langle P_M x, y \rangle$ für alle $x, y \in X$.

b) ist ein Spezialfall von a). ∎

Wir nennen zwei Hilberträume X und Y *isometrisch isomorph*, wenn es eine unitäre Abbildung von X auf Y gibt; diese Abbildung erhält also nicht nur die algebraische Struktur, sondern auch die Norm und das Skalarprodukt. Sind X und Y isometrisch isomorph und sind T und S lineare Operatoren in X bzw. Y, so heißen T und S *unitär äquivalent*, wenn eine unitäre Abbildung U von X auf Y existiert mit $S = UTU^*$ bzw. $T = U^*SU$. Wir werden im folgenden immer wieder sehen, daß unitär äquivalente Operatoren bezüglich ihrer mathematischen Struktur nicht unterscheidbar sind.

Satz 2.62 a) *Zwei Hilberträume X und Y sind genau dann isometrisch isomorph, wenn sie die gleiche Hilbertraumdimension haben.*

b) *Ist T ein linearer Operator in X, S ein linearer Operator in Y, U eine unitäre Abbildung von X auf Y, $S = UTU^*$ bzw. $T = U^*SU$, so gilt:*

(i) *T ist genau dann beschränkt, wenn S beschränkt ist, $\|S\| = \|T\|$,*

(ii) *T ist genau dann dicht definiert, wenn S dicht definiert ist, $D(S) = UD(T)$, $D(T) = U^*D(S)$,*

(iii) *T ist genau dann injektiv, wenn S injektiv ist, $T^{-1} = U^*S^{-1}U$, $S^{-1} = UT^{-1}U^*$, $N(T) = U^*N(S)$, $N(S) = UN(T)$,*

(iv) *$R(S) = UR(T)$, $R(T) = U^*R(S)$.*

(v) *$S^* = UT^*U^*$; insbesondere ist S genau dann selbstadjungiert, wenn T selbstadjungiert ist.*

Beweis. a) $\Rightarrow$: Sei U eine unitäre Abbildung von X auf Y. Ist $\{e_\alpha : \alpha \in A\}$ eine ONB von X, so ist $\{Ue_\alpha : \alpha \in A\}$ ein totales ONS in Y, also eine ONB. Folglich haben X und Y die gleiche Hilbertraumdimension.

$\Leftarrow$: Da X und Y die gleiche Hilbertraumdimension haben, gibt es Orthonormalbasen $\{e_\alpha : \alpha \in A\}$ von X und $\{f_\alpha : \alpha \in A\}$ von Y mit gleicher Indexmenge A. Also ist $U \sum c_\alpha e_\alpha := \sum c_\alpha f_\alpha$ eine unitäre Abbildung von X auf Y.

b) (i) folgt aus $S = UTU^*$ und $T = U^*SU$.
(ii) folgt aus den angegebenen Formeln für $D(S)$ und $D(T)$, und der Unitarität von U.
(iii) und (iv) sind offensichtlich.
(v) folgt aus Satz 2.43. ∎

2.6 Anhang zu Kapitel 2

2.6.1 Der Interpolationssatz von Riesz–Thorin

Das folgende rein funktionentheoretische Hilfsmittel benötigen wir zum Beweis des Interpolationssatzes von Riesz–Thorin. Der Vollständigkeit halber geben wir den Beweis an.

Satz 2.63 (Hadamards Drei–Linien–Theorem) *Sei S der offene Streifen $\{z \in \mathbb{C} : 0 < \operatorname{Re} z < 1\}$ und $F : \overline{S} \to \mathbb{C}$ beschränkt und stetig auf $\overline{S}$, holomorph in S. Außerdem gelte*

$$|F(z)| \leq \begin{cases} M_0 & \text{für } \operatorname{Re} z = 0, \\ M_1 & \text{für } \operatorname{Re} z = 1. \end{cases}$$

Dann folgt

$$|F(z)| \leq M_0^{1-\operatorname{Re} z} M_1^{\operatorname{Re} z} \quad \text{für alle } z \in \overline{S}.$$

Beweis. Wir nehmen im folgenden an, daß $M_0 = M_1 = 1$ gilt und beweisen $|F(z)| \leq 1$ für alle $z \in \overline{S}$. Im allgemeinen Fall erfüllt $\widetilde{F}(z) := M_0^{z-1} M_1^{-z} F(z)$ diese Voraussetzung; aus $|\widetilde{F}(z)| \leq 1$ für alle $z \in \overline{S}$ folgt die Behauptung.

Gilt $F(z) \to 0$ für $|z| \to \infty$ in $\overline{S}$, so folgt die Behauptung aus dem Maximumprinzip für holomorphe Funktionen. Im allgemeinen Fall betrachten wir für $n \in \mathbb{N}$

$$F_n(z) := \exp\left(\frac{z^2 - 1}{n}\right) F(z).$$

Wegen $\operatorname{Re}(z^2 - 1)/n \leq -(\operatorname{Im} z)^2/n \leq 0$ für $z \in \overline{S}$ gilt

$$|F_n(z)| \leq 1 \quad \text{für } \operatorname{Re} z = 0 \text{ und für } \operatorname{Re} z = 1.$$

Da F beschränkt ist und $\operatorname{Re}(z^2 - 1)/n \leq -(\operatorname{Im} z)^2/n$ gilt, folgt für jedes $n \in \mathbb{N}$

$$F_n(z) \to 0 \quad \text{für } |z| \to \infty \text{ in } \overline{S}.$$

Nach dem Maximumprinzip gilt also für jedes $n \in \mathbb{N}$

$$|F_n(z)| \leq 1 \quad \text{für alle } z \in \overline{S}.$$

Wegen $\exp\left((z^2-1)/n\right) \to 1$ für $n \to \infty$ und alle z, folgt hieraus $|F(z)| \leq 1$ für alle $z \in \overline{S}$. ∎

Bemerkung 2.64 Als einfache Folgerung ergibt sich hieraus ein zweiter Beweis der Hölderschen Ungleichung (vgl. Satz 1.39 a) für $1 < p, q < \infty$: Es genügt, die Behauptung für nichtnegative *einfache Funktionen* f, g auf X zu beweisen (das sind Funktionen, die nur auf einer Menge von endlichem Maß von Null verschieden sind und nur endlich viele verschiedene Werte annehmen). Dazu betrachten wir die in S holomorphe und auf $\overline{S}$ stetige beschränkte Funktion

$$F(z) := \int f(x)^{(1-z)p} g(x)^{zq}\, d\mu(x).$$

Wegen

$$|F(z)| \leq \int \left| f(x)^{(1-z)p} g(x)^{zq} \right| d\mu(x) \leq \begin{cases} \|f\|_p^p & \text{für Re } z = 0, \\ \|g\|_q^q & \text{für Re } z = 1 \end{cases}$$

folgt aus dem Drei-Linien-Theorem

$$|F(t)| \leq \|f\|_p^{(1-t)p} \|g\|_q^{tq} \quad \text{für } 0 \leq t \leq 1.$$

Mit $t = 1/q$ ergibt sich die Höldersche Ungleichung.

Der folgende Satz ist eines der einfachsten *Interpolationsresultate*; für wesentlich allgemeinere bzw. abstraktere Versionen vergleiche man z. B. E. M. STEIN-G. WEISS [33] oder M. REED-B. SIMON [26] IX.4.

2.6 Anhang zu Kapitel 2

Satz 2.65 (Riesz–Thorin) *Seien (X,μ) und (Y,ν) Maßräume, $1 \leq p_0, p_1, q_0, q_1 \leq \infty$ und T eine lineare Abbildung*

$$T: L^{p_0}(X,\mu) \cap L^{p_1}(X,\mu) \to L^{q_0}(Y,\nu) \cap L^{q_1}(Y,\nu)$$

mit

$$\left.\begin{array}{l} \|Tf\|_{q_0} \leq M_0 \|f\|_{p_0} \\ \|Tf\|_{q_1} \leq M_1 \|f\|_{p_1} \end{array}\right\} \; \text{für } f \in L^{p_0}(X,\mu) \cap L^{p_1}(X,\mu).$$

Dann läßt sich T für jedes $t \in [0,1]$ zu einem stetigen Operator

$$T_t : L^{p_t}(X,\mu) \to L^{q_t}(Y,\nu), \quad \frac{1}{p_t} = \frac{1-t}{p_0} + \frac{t}{p_1}, \; \frac{1}{q_t} = \frac{1-t}{q_0} + \frac{t}{q_1}$$

fortsetzen mit $\|T_t\| = \|T_t\|_{p_t, q_t} \leq M_0^{1-t} M_1^t$.

Beweis. Sei zunächst $\min\{p_0, p_1\} < \infty$. Dann ist für jedes $t \in (0,1)$ auch $p_t < \infty$ und somit der Raum der einfachen Funktionen auf (X,μ) dicht in $L^{p_t}(X,\mu)$. Andererseits gilt für jedes $h \in L^{q_t}(Y,\nu)$ und q_t' mit $\frac{1}{q_t} + \frac{1}{q_t'} = 1$

$$\|h\|_{q_t} = \sup\left\{ \left|\int h g \, d\nu\right| : g \text{ einfache Funktionen auf } (Y,\nu) \text{ mit } \|g\|_{q_t'} = 1 \right\}.$$

Also genügt es zu zeigen, daß für alle einfachen Funktionen f auf (X,μ) bzw. g auf (Y,ν) mit $\|f\|_{p_t} = \|g\|_{q_t'} = 1$ gilt

$$\left| \int Tf(y) g(y) \, d\nu(y) \right| \leq M_0^{1-t} M_1^t.$$

Um dies zu zeigen, nutzen wir aus, daß sich jede einfache Funktion k mit $\|k\|_r = 1$ schreiben läßt in der Form $k = k_1^{1/r} k_\infty$ mit einfachen Funktionen k_1 und k_∞, $k_1 \geq 0$, $\|k_1\|_1 = \|k_\infty\|_\infty = 1$. Nach Korollar 2.18 c genügt es also zu zeigen, daß für alle einfachen Funktionen

$$f_1, f_\infty \;\text{auf}\; (X,\mu) \;\text{mit}\; f_1 \geq 0, \; \|f_1\|_1 = \|f_\infty\|_\infty = 1,$$
$$g_1, g_\infty \;\text{auf}\; (Y,\nu) \;\text{mit}\; g_1 \geq 0, \; \|g_1\|_1 = \|g_\infty\|_\infty = 1$$

gilt (man beachte $\frac{1}{p_t} = \frac{1-t}{p_0} + \frac{t}{p_1}$ und $\frac{1}{q'_t} = 1 - \frac{1}{q_t} = 1 - \frac{1-t}{q_0} - \frac{t}{q_1}$)

$$\int T(f_1^{\frac{1-t}{p_0}+\frac{t}{p_1}} f_\infty)(y) g_1(y)^{1-\frac{1-t}{q_0}-\frac{t}{q_1}} g_\infty(y) \, \mathrm{d}\nu(y) \leq M_0^{1-t} M_1^t.$$

Dies erhält man durch Anwendung des Drei-Linien-Theorems auf die Funktion

$$F(z) = \int T(f_1^{\frac{1-z}{p_0}+\frac{z}{p_1}} f_\infty)(y) g_1(y)^{1-\frac{1-z}{q_0}-\frac{z}{q_0}} g_\infty(y) \, \mathrm{d}\nu(y).$$

Ist $p_0 = p_1 = \infty$, so ist (falls $\mu(X) = \infty$ gilt) der Raum der einfachen Funktionen nicht dicht in $L^{p_t}(X, \mu) = L^\infty(X, \mu)$. In diesem Fall können in den Überlegungen von Teil a die Funktionen $f_1 \equiv 1$ und $f_\infty \in L^\infty(X, \mu)$ (im allg. nicht einfach, aber) endlich-wertig gewählt werden. ∎

2.6.2 Selbstadjungierte Fortsetzungen hermitescher Operatoren

Es ist bemerkenswert, daß sich jeder beschränkte hermitesche Operator unter Erhaltung der Norm zu einem selbstadjungierten Operator fortsetzen läßt (für unbeschränkte Operatoren vgl. Abschnitt 10):

Satz 2.66 *Ist S ein beschränkter (nicht notwendig dicht definierter) hermitescher Operator im Hilbertraum X, so existiert (mindestens) eine selbstadjungierte Fortsetzung T mit $\|T\| = \|S\|$. Ist $R(S)$ dicht, so ist jede selbstadjungierte Fortsetzung injektiv.*

Beweis. Mit $R(S)$ ist auch $R(T)$ dicht, also $N(T) = R(T)^\perp = \{0\}$. Es bleibt also nur die Existenz einer selbstadjungierten Fortsetzung T mit $\|T\| = \|S\|$ zu beweisen.

Nach Satz 2.19 können wir ohne Einschränkung annehmen, daß $D(S)$ abgeschlossen ist und $\|S\| = 1$ gilt. Ist P die orthogonale Projektion auf $D(S)$, so können wir S schreiben in der Form

$$S = S_1 + S_2 \quad \text{mit} \quad S_1 = PS \quad \text{und} \quad S_2 = (I - P)S.$$

2.6 Anhang zu Kapitel 2

Wir setzen nun S_1 und S_2 getrennt auf ganz X fort.
Für $T_1 := (SP)^*$ gilt offenbar $\|T_1\| \leq 1$, und wegen

$$\langle y, T_1 x \rangle = \langle SPy, x \rangle = \langle y, PSx \rangle = \langle y, S_1 x \rangle$$

für alle $x \in D(S)$ und $y \in X$ ist T_1 eine Fortsetzung von S_1 auf ganz X mit $R(T_1) \subset N(SP)^\perp \subset D(S)$.
Wegen $\|T_1 x\| \leq \|x\|$ werden durch

$$\langle\!\langle x, y \rangle\!\rangle := \langle x, y \rangle - \langle T_1 x_1 T_1 y \rangle, \quad \text{und} \quad |||x||| := \langle\!\langle x, x \rangle\!\rangle^{1/2}$$

ein Semiskalarprodukt und eine Halbnorm auf X definiert, und

$$N := \{x \in X : |||x||| = 0\}$$

ist ein abgeschlossener Teilraum von X. Sei $X_0 := N^\perp$, P_0 die orthogonale Projektion auf X_0. $(X_0, \langle\!\langle \cdot, \cdot \rangle\!\rangle)$ ist dann ein Prähilbertraum.
Für $x \in D(S) \cap N$ gilt

$$\|S_2 x\|^2 = \|(I-P)Sx\|^2 = \|Sx\|^2 - \|S_1 x\|^2 \leq \|x\|^2 - \|T_1 x\|^2 = 0.$$

Deshalb wird durch

$$D(\widetilde{S}_2) = P_0 D(S), \quad \widetilde{S}_2 x = S_2 y \quad \text{für } x = P_0 y \in D(\widetilde{S}_2)$$

ein linearer Operator von X_0 nach $D(S)^\perp$ definiert, und es gilt

$$\|\widetilde{S}_2 x\|^2 = \|S_2 y\|^2 = \|Sy\|^2 - \|S_1 y\|^2 \leq |||y|||^2 = |||x|||^2;$$

dabei folgt die letzte Gleichung aus

$$||| P_0 x |||^2 = |||x - (I-P_0)x|||^2$$
$$= |||x|||^2 - 2 \operatorname{Re} \langle\!\langle x, (I-P_0)x \rangle\!\rangle + |||(I-P_0)x|||^2 = |||x|||^2.$$

$\widetilde{S}_2$ läßt sich nach Satz 2.19 zu einem auf dem ganzen Prähilbertraum $(X_0, \langle\!\langle \cdot, \cdot \rangle\!\rangle)$ definierten Operator $\widehat{S}_2$ von X_0 nach $D(S)^\perp$ fortsetzen mit $\|\widehat{S}_2 x\| \leq |||x|||$ für alle $x \in X_0$. Mit

$$T_2 := \widehat{S}_2 P_0$$

gilt dann für alle $x \in D(S)$

$$T_2 x = \widehat{S}_2 P_0 x = \widetilde{S}_2 P_0 x = S_2 x,$$

d. h. T_2 ist eine Fortsetzung von S_2 auf ganz X mit

$$\|T_2 x\| = \|\widehat{S}_2 P_0 x\| \leq \|\!|P_0 x|\!\| = \|\!|x|\!\|.$$

Also ist

$$\widetilde{T} := T_1 + T_2$$

eine auf ganz X definierte Fortsetzung von $S = S_1 + S_2$ mit

$$\|\widetilde{T} x\|^2 = \|T_1 x\|^2 + \|T_2 x\|^2 \leq \|x\|^2 \quad \text{für alle } x \in X.$$

Da für $x \in D(S)$ und alle $y \in X$ gilt

$$\langle \widetilde{T}^* x, y \rangle = \langle x, (T_1 + T_2) y \rangle = \langle x, T_1 y \rangle = \langle SPx, y \rangle = \langle Sx, y \rangle,$$

ist auch $\widetilde{T}^*$ eine Fortsetzung von S. Insgesamt ist somit

$$T := \frac{1}{2}(\widetilde{T} + \widetilde{T}^*)$$

eine selbstadjungierte Fortsetzung von S mit $\|T\| = 1$. ∎

Als einfache Anwendung ergibt sich im Fall eines stetig invertierbaren symmetrischen Operators die Existenz einer stetig invertierbaren selbstadjungierten Fortsetzung, die ursprünglich von Y. KILPI (Ann. Acad. Fennicae Ser. A. **264**(1959) 1–23) mit Hilfe der von Neumannschen Fortsetzungstheorie (vgl. Kapitel 10) bewiesen wurde:

Satz 2.67 *Ist S ein symmetrischer Operator im Hilbertraum X mit $\|Sx\| \geq c\|x\|$ für alle $x \in D(S)$, so existiert (mindestens) eine selbstadjungierte Fortsetzung T mit $\|Tx\| \geq c\|x\|$ für alle $x \in D(T)$.*

Beweis. S ist stetig invertierbar mit $D(S^{-1}) = R(S)$ und $\|S^{-1}x\| \leq c^{-1}\|x\|$ für alle $x \in D(S^{-1})$. S^{-1} ist hermitesch, denn für $x_j = Sy_j \in D(S^{-1})$ ($j = 1, 2$) gilt

$$\langle S^{-1}x_1, x_2\rangle = \langle y_1, Sy_2\rangle = \langle Sy_1, y_2\rangle = \langle x_1, S^{-1}x_2\rangle.$$

Nach Satz 2.66 gibt es also eine selbstadjungierte Fortsetzung A von S^{-1} mit $\|Ax\| \leq c^{-1}\|x\|$ für alle $x \in D(A)$; da $R(S^{-1}) = D(S)$ dicht ist, ist A injektiv. $T := A^{-1}$ ist also eine selbstadjungierte Fortsetzung von S mit $\|Tx\| \geq c\|x\|$ für $x \in D(T)$. ∎

2.7 Übungen

2.1 Jeder Operator von einem endlichdimensionalen normierten Raum in einen normierten Raum ist stetig.

2.2 Die Menge der Hilbert–Schmidt–Operatoren in $L^2(X, \mu)$ bildet eine Unteralgebra von $B(L^2(X, \mu))$. Sie ist vollständig bezüglich der Hilbert–Schmidt–Norm. *Anleitung*: Sind K_1, K_2 Hilbert–Schmidt–Operatoren mit Kern k_1 bzw. k_2, so wird $K = K_1K_2$ erzeugt durch den Kern $k(x, y) = \int_X k_1(x, z)k_2(z, y)\,d\mu(z)$. (Man vergleiche Satz 3.20 und Satz 3.22 für eine abstrakte Version.)

2.3 Man beweise den Rieszschen Darstellungssatz (Satz 2.16 b) im nichtseparablen Fall, indem man ausnutzt, daß er für endliches Maß gilt.

2.4 Für den durch die Matrix $\begin{pmatrix} 0 & 1 \\ -1 & 0 \end{pmatrix}$ erzeugten Operator T in $\mathbb{R}^2$ ist $\|T\| = 1$ und $\langle x, Tx\rangle = 0$ für alle x. Aussage (β) in Satz 2.51 a gilt also nicht für nicht–symmetrische Operatoren im reellen Hilbertraum.

2.5 Die Konstante $2C$ in Aussage (α) von Satz 2.51 a ist optimal.
Anleitung: In $\mathbb{C}^2$ betrachte man den durch $\begin{pmatrix} 0 & 1 \\ 0 & 0 \end{pmatrix}$ erzeugten Operator.

2.6 Ist X ein unendlichdimensionaler Hilbertraum, so ist $B(X)$ nicht separabel. *Anleitung*: Sei $\{e_n : n \in \mathbb{N}\}$ ein ONS in X. Für jede Folge $\alpha = (\alpha_n)$ aus $\{0,1\}$ sei $T_\alpha \in B(X)$ definiert durch $T_\alpha x = \sum \alpha_n \langle e_n, x \rangle e_n$. Dies ist eine überabzählbare Menge von Operatoren (orthogonalen Projektionen) mit $\|T_\alpha - T_\beta\| = 1$ für $\alpha \neq \beta$ (vgl. Aufgabe 1.11).

2.7 Sei X ein Banachraum. Es gibt keine Operatoren $A, B \in B(X)$, mit $AB - BA = I$, d.h. die kanonische Vertauschungsrelation der Ortsoperatoren x_j und Impulsoperatoren p_j (vgl. Kapitel 7) kann mit Operatoren aus $B(X)$ nicht erfüllt werden. *Anleitung*: Aus $AB - BA = I$ folgt $(n+1)B^n = AB^{n+1} - B^{n+1}A$ für alle $n \in \mathbb{N}$, also $\|B^n\| \leq \dfrac{2}{n+1} \|A\| \|B\| \|B^n\|$, d.h. es gilt $B^n = 0$ für große n. Daraus folgt $0 = B^{n-1} = B^{n-1} = \cdots = B = B^0 = I$.

2.8 Sei X ein Banachraum, $\mathcal{U}$ eine Familie von Mengen mit der Eigenschaft: Es gilt $U \in \mathcal{U}$ genau dann, wenn ein $n \in \mathbb{N}$, Funktionale $f_1, \ldots, f_n \in X'$ und ein $\varepsilon > 0$ existieren mit

$$U \supset U(f_1, \ldots, f_n; \varepsilon) := \left\{ x \in X : |f_j(x)| < \varepsilon \text{ für } j = 1, \ldots, n \right\}.$$

$\mathcal{U}$ ist das Nullumgebungssystem einer Topologie in X (der *schwachen Topologie*); die Konvergenz bezüglich dieser Topologie ist die oben definierte schwache Konvergenz.

2.9 Ein Teilraum Y eines Hilbertraumes X ist genau dann abgeschlossen, wenn er schwach abgeschlossen ist (d.h., wenn jede schwache Cauchyfolge aus Y einen schwachen Limes in Y hat). *Anleitung*: $Y^{\perp\perp} = \overline{Y}$.

2.10 a) Sei X ein Hilbertraum, (x_n) eine Folge aus X mit $x_n \xrightarrow{w} x$. Dann gibt es eine Teilfolge (x_{n_k}) von (x_n) mit $m^{-1} \sum_{k=1}^m x_{n_k} \to x$. *Anleitung*: O. E. $x_n \xrightarrow{w} 0$. Wähle (x_{n_k}) so, daß $|\langle x_{n_k}, x_{n_j} \rangle| \leq 1/j$ für $k < j$ gilt.

b) Eine konvexe Teilmenge M von X ist genau dann abgeschlossen, wenn sie schwach abgeschlossen ist (vgl. Aufgabe 2.9).

2.11 Seien X_1, X_2 Hilberträume, X_1 separabel, (T_n) eine beschränkte Folge in $B(X_1, X_2)$. Dann enthält (T_n) eine schwach konvergente Teilfolge.

2.7 Übungen   127

2.12 Der starke Grenzwert isometrischer Operatoren ist isometrisch. Die entsprechende Aussage für unitäre Operatoren ist i. allg. falsch.

2.13 Seien $A_0 \subset A \subset \mathbb{R}^m$ Lebesgue–meßbare Mengen mit endlichem positivem Maß. Zu jedem $\varepsilon > 0$ gibt es ein $a \in \mathbb{R}^m$ mit $\lambda(A) < \lambda(A \cup (A_0 + a)) < \lambda(A) + \varepsilon$. *Anleitung*: Die Abbildung $h : \mathbb{R}^m \to L^1(\mathbb{R}^m)$, $a \mapsto \chi_{A \cup (A_0+a)}$ ist stetig mit

$$\|h(0)\|_1 = \lambda(A) \quad \text{und} \quad \|h(a)\|_1 \to \lambda(A) + \lambda(A_0) \quad \text{für } |a| \to \infty.$$

2.14 Seien X_1, X_2 Hilberträume, $T \in B(X_1, X_2)$. Dann sind $T^*T \in B(X_1)$ und $TT^* \in B(X_2)$ selbstadjungiert und es gilt $\|T^*T\| = \|TT^*\|$.

2.15 Seien X_1, X_2, X_3 Hilberträume, $S_n, S \in B(X_2, X_3), T_n, T \in B(X_1, X_2)$.

a) Aus $S_n \xrightarrow{w} S$ und $T_n \xrightarrow{s} T$ folgt $S_n T_n \xrightarrow{w} ST$.

b) Aus $S_n \xrightarrow{s} S$ und $T_n \xrightarrow{w} T$ folgt *nicht* $S_n T_n \xrightarrow{w} ST$ *Anleitung*: $X_1 = X_2 = X_3$ mit ONB $\{e_n : n \in \mathbb{N}\}$, $T_n \sum c_j e_j = \sum c_j e_{j+n}$, $S_n = T_n^*$; dann gilt $S_n \xrightarrow{s} 0$, $T_n \xrightarrow{w} 0$, $S_n T_n = I$.

c) Aus $S_n \to S$ und $T_n \xrightarrow{w} T$ folgt $S_n T_n \xrightarrow{w} ST$.

2.16 a) Im endlichdimensionalen Hilbertraum ist $x_n \xrightarrow{w} x$ äquivalent zu $x_n \to x$.

b) Seien X_1, X_2 Hilberträume, X_2 endlichdimensional. Für $T_n, T \in B(X_1, X_2)$ ist $T_n \xrightarrow{w} T$ äquivalent zu $T_n \xrightarrow{s} T$.

c) Sind X_1 und X_2 endlichdimensional, so ist $T_n \xrightarrow{w} T$ äquivalent zu $T_n \to T$.

2.17 Sei $G \subset \mathbb{R}^m$ offen, $L_0^2(G)$ der Teilraum der Funktionen aus $L^2(G)$ mit kompaktem Träger in G. Sind $\psi_1, \cdots, \psi_n : G \to \mathbb{C}$ *lokal quadratisch integrierbar* und linear unabhängig modulo $L^2(G)$, so ist $M := \{f \in L_0^2(G) : \int_G \psi_j(x) f(x) \, dx = 0\}$ dicht in $L^2(G)$. *Anleitung*: Ist $g \in M^\perp$ und ist F_g das durch $F_g(f) := \int_G g(x) f(x) \, dx$ auf $L_0^2(G)$ definierte lineare Funktional, so gilt $N(F_g) \subset \cap_{j=1}^n N(F_{\psi_j})$, also $g \in L\{\psi_1, \cdots, \psi_n\} \cap L^2(G) = \{0\}$ (vgl. Lemma 2.21).

2.18 Sei X ein Prähilbertraum. Eine Abbildung $A : X \to \mathbb{K}$ heißt ein *konjugiert lineares Funktional* (auch *antilinear*), wenn für alle $x, y \in X$ und $a, b \in \mathbb{K}$ gilt $A(ax + by) = \bar{a}Ax + \bar{b}Ay$. A heißt *beschränkt*, wenn ein $C \geq 0$ existiert mit $\|Ax\| \leq C\|x\|$ für alle $x \in X$. X^+ sei die Menge der beschränkten konjugiert linearen Funktionale auf X.

a) Ein antilineares Funktional ist genau dann beschränkt, wenn es stetig ist.

b) Mit $\|A\| := \sup\{|Ax| : x \in X, \|x\| \leq 1\}$ ist X^+ ein Banachraum.

c) Jedem $y \in X$ wird durch $A_y(x) = \langle x, y \rangle$ ein $A_y \in X^+$ zugeordnet; $E : X \to X^+$ ist linear und isometrisch.

d) $\overline{E(X)}$ ist *eine* Vervollständigung von X.

e) Es gilt $\overline{E(X)} = X^+$.

Anleitung: Satz 2.15 und Satz 2.19. (Diese Überlegung liefert für Prähilberträume eine Vervollständigung ohne Verwendung von Satz 1.37.)

2.19 Sei X ein normierter Raum, Y ein abgeschlossener Teilraum von X, $Y \neq X$.

a) Es gibt ein stetiges lineares Funktional F auf X mit $\|F\| = 1$ und $F(x) = 0$ für $x \in Y$. *Anleitung*: Für ein $z \in X \setminus Y$ ist $F_0(y + az) = a$ für $y \in Y, a \in \mathbb{K}$ ein stetiges lineares Funktional auf $L\{Y, z\}$; definiere $F_1 : \|F_0\|^{-1} F_0$ und setze es nach Hahn–Banach auf X fort.

b) Mit Hilfe von Teil a beweise man das Rieszsche Lemma (vgl. Satz 1.62)

2.20 Sei c_0 bzw. c der Raum der Nullfolgen bzw. der konvergenten Folgen $x = (x_n)$ in $\mathbb{K}$ mit der Norm $\|x\|_\infty := \sup\{|x_n| : n \in \mathbb{N}\}$.

a) c_0 und c mit dieser Norm sind Banachräume; es gilt $c = c_0 + L\{e\}$ mit der konstanten Folge $e = (1, 1, 1, \ldots)$.

b) Die stetigen linearen Funktionale F auf c_0 sind gegeben durch

$$F(x) = \sum_{n \in \mathbb{N}} f_n x_n \quad \text{mit } f = (f_n) \in l^1(\mathbb{N}), \|f\|_1 = \|F\|.$$

2.7 Übungen

c) Die stetigen linearen Funktionale F auf c sind gegeben durch
$$F(x) = \sum_{n \in \mathbb{N}} f_n x_n + f_0 \lim_{n \to \infty} x_n \text{ mit } f = (f_n) \in l^1(\mathbb{N}_0), \ \|f\|_1 = \|F\|.$$
(Trotzdem sollte man nicht $c^* = c_0^* = l^1$ schreiben.)

2.21 a) Es gibt ein $F \in (l^\infty)'$ mit $F(x) = \lim x_n$ für alle $x \in c$ (vgl. Aufgabe 2.20).

b) Nicht jedes stetige lineare Funktional auf l^∞ läßt sich durch ein $f \in l^1$ darstellen.

2.22 Seien Y und Z abgeschlossene Teilräume des Hilbertraumes X, P_Y und P_Z die orthogonalen Projektionen auf Y bzw. Z. Dann ist $P := P_Y P_Z$ genau dann eine orthogonale Projektion, wenn gilt:
$$Y = (Y \cap Z) \oplus Y_1, \ Z = (Y \cap Z) \oplus Z_1 \text{ mit } Y_1 \perp Z_1.$$
Anleitung: Satz 2.55.

2.23 Sind P_n und P orthogonale Projektionen mit $P_n \xrightarrow{w} P$, so folgt $P_n \xrightarrow{s} P$. Dies gilt nicht für beliebige selbstadjungierte Operatoren in $B(X)$.

2.24 Sei X ein Hilbertraum mit ONB $\{e_n : n \in \mathbb{N}\}$, X_1 und X_2 seien die abgeschlossenen linearen Hüllen von $\{e_{2n} : n \in \mathbb{N}\}$ bzw. $\{e_{2n} + n^{-1} e_{2n-1} : n \in \mathbb{N}\}$, P_1 und P_2 die orthogonalen Projektionen auf X_1 bzw. X_2. Dann gilt $R(P_1) \cap R(P_2) = \{0\}$ und $\|P_1 P_2\| = 1$.

2.25 Seien P und Q orthogonale Projektionen im Hilbertraum X. Mit Hilfe der folgenden Schritte zeige man, daß $(PQ)^n$ stark gegen die orthogonale Projektion auf $R(P) \cap R(Q)$ konvergiert:

a) Es gilt $0 \leq (PQP)^{n+1} \leq (PQP)^n$.

b) $(PQ)^{n+1} = (PQP)^n Q$ konvergiert stark gegen einen beschränkten Operator S.

c) S ist idempotent.

d) $R(P) \cap R(Q) \subset R(S) \subset R(P)$.

e) Ist $x \notin R(Q)$, so ist $\|Sx\| \leq \|Qx\| < \|x\|$, also $x \notin R(S)$, also $R(S) = R(P) \cap R(Q)$.

f) $S = QS$ ist selbstadjungiert.

3 Kompakte Operatoren

Kompakte Operatoren sind „fast endlichdimensional" (sie sind dadurch charakterisiert, daß sie sich durch endlichdimensionale Operatoren in der Operatornorm approximieren lassen). Tatsächlich finden sich bei kompakten Operatoren viele Eigenschaften in nur leicht abgeschwächter Form wieder, die man aus der endlichdimensionalen linearen Algebra (insbesondere in endlichdimensionalen Räumen mit Skalarprodukt) kennt. Dies gilt z. B. für die Entwicklungssätze, die sich direkt aus dem Spektralsatz für selbstadjungierte kompakte Operatoren ergeben, der sich ohne tiefergehende Spektraltheorie völlig elementar beweisen läßt.

Die Spektraltheorie allgemeiner kompakter Operatoren wird in Abschnitt 5.4 nachgeliefert. Eine der wichtigsten Klassen kompakter Operatoren bilden die Hilbert–Schmidt–Operatoren; kompakte Operatoren in den Anwendungen sind in der Regel Hilbert–Schmidt–Operatoren, oder lassen sich auf naheliegende Weise durch solche approximieren. Hilbert–Schmidt–Operatoren bilden andererseits einen Spezialfall ($p = 2$) der sogenannten Schattenklassen C_p. Für $p = 1$ erhält man die u. a. in der Streutheorie nützliche Spurklasse; für sie kann eine Spur definiert werden, die weitgehend analoge Eigenschaften hat wie die Spur einer Matrix.

3.1 Definition und grundlegende Eigenschaften

Eine Teilmenge M eines topologischen Raumes X heißt *relativ kompakt*, wenn ihr Abschluß $\overline{M}$ kompakt ist. (vgl. Abschnitt 1.3) In einem vollständigen metrischen Raum (insbesondere einem Banach– oder Hilbertraum X) ist also M genau dann relativ kompakt, wenn jede Folge aus M eine Cauchyfolge enthält (deren Grenzwert allerdings im allgemeinen nicht in M liegt).

Seien nun X und Y Banachräume. Ein Operator $K \in B(X, Y)$ heißt *kompakt*, wenn das Bild jeder beschränkten Menge aus X in Y relativ kompakt ist. Da jede beschränkte Menge in einer Kugel $K(0, \tau) = \tau K(0, 1)$ enthalten ist, gilt das genau dann, wenn das Bild der Einheitskugel relativ kompakt

3.1 Definition und grundlegende Eigenschaften

ist. Mit Folgen formuliert gilt also: K ist genau dann kompakt, wenn jede beschränkte Folge (x_n) aus X eine Teilfolge (x_{n_k}) enthält, für die (Kx_{n_k}) konvergiert; insbesondere ist jeder beschränkte Operator in einen endlichdimensionalen normierten Raum komapkt (vgl. Satz 3.8 a). Die Menge der kompakten Operatoren von X nach Y wird mit $K(X,Y)$ bezeichnet (später auch $C_\infty(X,Y)$); speziell schreibt man $K(X)$ für $K(X,X)$.

Satz 3.1 *Seien X und Y Banachräume. Ist T ein dicht definierter Operator von X nach Y, für den das Bild jeder beschränkten Menge in $D(T) \subset X$ relativ kompakt in Y ist (bzw. jede beschränkte Folge (x_n) aus $D(T)$ eine Teilfolge (x_{n_k}) enthält, für die (Tx_{n_k}) in Y konvergent ist), so ist T beschränkt und die eindeutig bestimmte stetige Fortsetzung T_0 auf ganz X (vgl. Satz 2.19) ist kompakt.*

Beweis. Wäre T unbeschränkt, so gäbe es eine Folge (x_n) aus X mit $\|x_n\| \leq 1$ und $\|Tx_n\| \to \infty$. Das ist ein Widerspruch zur Voraussetzung, da (Tx_n) keine konvergente Teilfolge enthalten könnte. Bleibt zu zeigen, daß die Fortsetzung T_0 kompakt ist: Sei also (x_n) eine beschränkte Folge in X. Dann gibt es eine Folge (y_n) aus $D(T)$ mit $\|x_n - y_n\| \to 0$. Nach Voraussetzung enthält diese eine Teilfolge (y_{n_k}), für die (Ty_{n_k}) konvergiert. Wegen

$$\|T_0 x_{n_k} - T_0 x_{n_l}\| \leq \|T_0(x_{n_k} - y_{n_k})\| + \|T(y_{n_k} - y_{n_l})\| + \|T_0(y_{n_l} - x_{n_l})\|$$
$$\leq \|T_0\|\big(\|x_{n_k} - y_{n_k}\| + \|y_{n_l} - x_{n_l}\|\big) + \|T_0\|\|y_{n_k} - y_{n_l}\|$$

ist dann auch $(T_0 x_{n_k})$ eine Cauchyfolge. ∎

Satz 3.2 *Seien X und Y Banachräume. $K(X,Y)$ ist ein (bezüglich der Operatornorm) abgeschlossener Untervektorraum von $B(X,Y)$, d.h.*

(i) $0 \in K(X,Y)$,

(ii) *aus $K \in K(X,Y)$ und $a \in \mathbb{K}$ folgt $aK \in K(X,Y)$,*

(iii) *aus $K_1, K_2 \in K(X,Y)$ folgt $K_1 + K_2 \in K(X,Y)$,*

(iv) *aus $K_k \in K(X,Y)$ für $k \in \mathbb{N}$, $K \in B(X,Y)$ und $\|K_k - K\| \to 0$ für $k \to \infty$ folgt $K \in K(X,Y)$.*

Beweis. (i) und (ii) sind offensichtlich.

(iii) Ist (x_n) eine beschränkte Folge aus X, so findet man durch zweimalige Auswahl eine Teilfolge (y_n) von (x_n), für die $(K_1 y_n)$ und $(K_2 y_n)$ konvergieren, also auch $((K_1 + K_2) y_n)$.

(iv) Wegen $\|K_k - K\| \to 0$ gibt es zu jedem $\varepsilon > 0$ ein $k_0(\varepsilon)$ mit

$$\|K_k - K\| \leq \varepsilon \quad \text{für } k \geq k_0(\varepsilon).$$

Sei (x_n) eine beschränkte Folge aus X, $\|x_n\| \leq C$ für alle $n \in \mathbb{N}$. Dann gibt es eine Teilfolge $(x_n^{(1)})$ von (x_n), für die $(K_1 x_n^{(1)})$ konvergiert. Iterativ findet man so Teilfolgen $(x_n^{(l)})_n$ von $(x_n^{(l-1)})_n$, für die $(K_k x_n^{(l)})_n$ konvergiert für $k \leq l$. Für die Diagonalfolge $(x_n^{(n)})$ ist also $(K_k x_n^{(n)})_n$ konvergent für alle $k \in \mathbb{N}$, d. h. zu jedem $\varepsilon > 0$ und jedem $k \in \mathbb{N}$ gibt es ein $n_0(\varepsilon, k)$ mit

$$\left\| K_k (x_n^{(n)} - x_m^{(m)}) \right\| \leq \varepsilon \quad \text{für } n, m \geq n_0(\varepsilon, k).$$

Damit folgt für jedes $\varepsilon > 0$ mit $k = k_0(\varepsilon/3C)$

$$\left\| K x_n^{(n)} - K x_m^{(m)} \right\|$$
$$\leq \left\| (K - K_k) x_n^{(n)} \right\| + \left\| K_k (x_n^{(n)} - x_m^{(m)}) \right\| + \left\| (K_k - K) x_m^{(m)} \right\|$$
$$\leq \frac{\varepsilon}{3} + \frac{\varepsilon}{3} + \frac{\varepsilon}{3} = \varepsilon \quad \text{für } n, m \geq n_0(\varepsilon/3, k),$$

d. h. $(K x_n^{(n)})$ ist Cauchyfolge, und somit ist K kompakt. ∎

Satz 3.3 *Seien X, Y, Z Banachräume. Ist $A \in B(X, Y)$ und $K \in K(Y, Z)$ bzw. $A \in B(Y, Z)$ und $K \in K(X, Y)$, so sind KA bzw. $AK \in K(X, Z)$. Im Spezialfall $X = Y = Z$ ergibt sich also zusammen mit Satz 3.2: $K(X)$ ist ein Norm-abgeschlossenes zweiseitiges Ideal in $B(X)$.*

Beweis. (i) $A \in B(X, Y)$, $K \in K(Y, Z)$: Ist (x_n) eine beschränkte Folge in X, so ist $(A x_n)$ eine beschränkte Folge in Y, und diese enthält eine Teilfolge $(A x_{n_k})$, für die $(K(A x_{n_k}))_k = ((KA) x_{n_k})_k$ konvergiert, d. h. KA ist kompakt.

3.1 Definition und grundlegende Eigenschaften

(ii) $A \in B(Y,Z), K \in K(X,Y)$: Ist (x_n) eine beschränkte Folge in X, so enthält diese eine Teilfolge (x_{n_k}), für die $(Kx_{n_k})_k$ konvergiert. Wegen der Beschränktheit von A ist dann auch $(AKx_{n_k})_k$ konvergent. ∎

Satz 3.4 *Seien X und Y Banachräume, $T \in B(X,Y)$. Dann gilt: T ist genau dann kompakt, wenn der duale Operator T' kompakt ist.*

Beweis. Für den Hilbertraumfall liefert der folgende Satz einen einfacheren Beweis

⇒: Im folgenden sei K_X die Einheitskugel in X, $K := \overline{TK_X}$; K ist also eine kompakte Teilmenge von Y, enthalten in der abgeschlossenen Kugel mit Radius $\|T\|$ in Y. Es ist zu zeigen: Ist (G_n) eine beschränkte Folge in Y', so enthält $(T'G_n)$ eine konvergente Teilfolge.

Sei also (G_n) eine Folge in Y' mit $\|G_n\| \leq C$. Die Funktionen

$$f_n : K \to \mathbb{K}, \quad f_n(y) = G_n(y)$$

sind *beschränkt*, denn es gilt $|f_n(y)| \leq C\|y\| \leq C\|T\|$ für alle $y \in K$, und *gleichgradig stetig*, $|f_n(y) - f_n(y')| \leq C\|y - y'\|$ für alle $y, y' \in K$. Nach dem Satz von Arcela–Ascoli enthält also (f_n) eine auf der kompakten Menge K gleichmäßig konvergente Teilfolge (f_{n_k}), d.h. $\left((T'G_{n_k})(x)\right) = \left(G_{n_k}(Tx)\right) = \left(f_{n_k}(Tx)\right)$ konvergiert gleichmäßig auf K_X, d.h. $(T'G_{n_k})$ ist normkonvergent in X'.

⇐: Für Hilberträume oder reflexive Banachräume folgt dieses Resultat durch Anwendung des ersten Teils des Beweises auf den adjungierten Operator. Im allgemeinen Fall gehen wir wie folgt vor: Ist T' kompakt, so ist (nach dem ersten Teil) auch $T'' \in B(X'', Y'')$ kompakt, d.h. $T''K_{X''}$ ist relativ kompakt in Y''. Wir beachten nun $X \subset X''$, $Y \subset Y''$ und $T \subset T''$, wobei letzteres aus der Tatsache folgt, daß T als Operator von X'' nach Y'' mit $D(T) = X \subset X''$ formal zu T' adjungiert ist, also eine Einschränkung von T''. Daraus folgt, daß $TK_X \subset T''K_{X''}$ relativ kompakt in Y ist, d.h. T ist kompakt. ∎

Im folgenden beschränken wir uns auf die Untersuchung kompakter Operatoren zwischen Hilberträumen (bzw. in einem Hilbertraum). Der nächste

Satz enthält für diesen Fall den vorhergehenden, ist aber viel einfacher zu beweisen.

Satz 3.5 *Seien X und Y Hilberträume. Für einen Operator $K \in B(X,Y)$ sind die folgenden Aussagen äquivalent:*

(i) *K ist kompakt,*

(ii) *K^*K ist kompakt,*

(iii) *K^* ist kompakt.*

Beweis. (i)$\Rightarrow$(ii) folgt unmittelbar aus Satz 3.3, da K kompakt ist und K^* beschränkt.

(ii)$\Rightarrow$(i): Sei (x_n) eine beschränkte Folge in X. Dann existiert eine Teilfolge (x_{n_k}) so, daß $(K^*Kx_{n_k})$ eine Cauchyfolge ist. Wegen $\|x_{n_k} - x_{n_l}\| \leq C$ für alle k und l ist dann auch

$$\left\| K(x_{n_k} - x_{n_l}) \right\|^2 = \left\langle K^*K(x_{n_k} - x_{n_l}), (x_{n_k} - x_{n_l}) \right\rangle$$
$$\leq \left\| K^*K(x_{n_k} - x_{n_l}) \right\| C$$

klein für große k und l, also (Kx_{n_k}) eine Cauchyfolge.

(i)$\Rightarrow$(iii): Mit K ist auch $(K^*)^*K^* = KK^*$ kompakt. Anwendung der Implikation (ii)$\Rightarrow$(i) auf K^* statt K liefert also, daß auch K^* kompakt ist.

(iii)$\Rightarrow$(i): Folgt aus der Implikation (i)$\Rightarrow$(iii) wegen $K = (K^*)^*$. ∎

Eine weitere Charakterisierung der auf einem Hilbertraum definierten kompakten Operatoren ergibt sich mit Hilfe von Satz 2.29:

Satz 3.6 *Sei X ein Hilbertraum, Y ein Banachraum. Ein Operator $K \in B(X,Y)$ ist genau dann kompakt, wenn er jede schwache Nullfolge in eine Norm-Nullfolge überführt (oder gleichbedeutend: wenn aus $x_n \xrightarrow{w} x$ folgt $Kx_n \to Kx$).*

3.1 Definition und grundlegende Eigenschaften 135

Beweis. $\Rightarrow$: Sei (x_n) eine schwache Nullfolge; da K stetig ist, gilt $F(Kx_n) = (K'F)(x_n) \to 0$ für jedes Funktional $F \in Y'$, also auch $Kx_n \xrightarrow{w} 0$. Würde $(\|Kx_n\|)$ nicht gegen 0 konvergieren, so gäbe es ein $\varepsilon > 0$ und eine Teilfolge (y_n) von (x_n) mit $\|Ky_n\| \geq \varepsilon$ für alle n. Da die Folge (y_n) beschränkt ist, enthält sie eine Teilfolge (z_n), für die (Kz_n) konvergiert. Wegen $Kz_n \xrightarrow{w} 0$ muß dann gelten $Kz_n \to 0$ im Widerspruch zu $\|Kz_n\| \geq \varepsilon$.

$\Leftarrow$: Sei (x_n) eine beschränkte Folge. Nach Satz 2.29 enthält (x_n) eine schwach konvergente Teilfolge (x_{n_k}), $x_{n_k} \xrightarrow{w} x$, $x_{n_k} - x \xrightarrow{w} 0$. Dann gilt nach Voraussetzung $Kx_{n_k} \to Kx$. ∎

Satz 3.7 *Ist K ein kompakter Operator von einem Hilbertraum X in einen Banachraum Y, so sind $N(K)^\perp$ und $R(K)$ separabel.*

Beweis. Sei $\{e_\alpha : \alpha \in A\}$ eine Orthonormalbasis von $N(K)^\perp$. Da K kompakt ist, gilt $\|Ke_{\alpha_n}\| \to 0$ für jede Folge (α_n) aus A mit $\alpha_n \neq \alpha_m$ für $n \neq m$. Daraus folgt, daß es für jedes $\varepsilon > 0$ höchstens endlich viele $\alpha \in A$ mit $\|Ke_\alpha\| \geq \varepsilon$ geben kann. Wegen $Ke_\alpha \neq 0$ für alle $\alpha \in A$ folgt daraus die Abzählbarkeit von A, d.h. $N(K)^\perp$ ist separabel. — Da $\{Ke_\alpha : \alpha \in A\}$ in $R(K)$ total ist, ist auch $R(K)$ separabel. ∎

Der folgende Satz ist besonders wichtig für den Nachweis der Kompaktheit konkreter Operatoren; Teil d ist eine wichtige Charakterisierung der kompakten Operatoren in Hilberträumen:

Satz 3.8 *Sei K ein Operator von einem Banachraum X in einen Banachraum Y.*

a) *Ist K beschränkt und endlichdimensional (d.h. $\dim R(K) < \infty$), so ist K kompakt.*

b) *Sind K_n beschränkte endlichdimensionale Operatoren mit $\|K - K_n\| \to 0$, so ist K kompakt.*

c) *Ist X ein Hilbertraum, K kompakt und (P_n) eine wachsende Folge orthogonaler Projektionen in X mit $P_n \xrightarrow{s} I$, so gilt $\|K - KP_n\| \to 0$. Ist X separabel, so können die P_n endlichdimensional gewählt werden (vgl. auch Aufgabe 3.4).*

d) *Ist X ein Hilbertraum, so ist K genau dann kompakt, wenn es der Normlimes beschränkter endlichdimensionaler Operatoren ist.*

Bemerkung 3.9 Man sagt ein Banachraum habe die *Approximationseigenschaft*, wenn jeder kompakte Operator durch beschränkte endlichdimensionale Operatoren approximiert werden kann; der vorausgehende Satz besagt also, daß Hilberträume die Approximationseigenschaft besitzen.

Beweis von Satz 3.8. a) Wegen Satz 1.29 kann o. E. angenommen werden, daß $R(K) = \mathbb{K}^m$ mit der euklidischen Norm ist. Da K stetig ist, ist das Bild jeder beschränkten Menge aus X beschränkt in $R(K) = \mathbb{K}^m$, also relativ kompakt in $R(K)$ und somit in Y.

b) Dies folgt aus Teil a und Satz 3.2.

c) Für jedes n gibt es ein $x_n \in N(P_n)$ mit $\|x_n\| \leq 1$ und $\|Kx_n\| \geq \|K(I - P_n)\|/2$. Wegen $\langle x_n, x \rangle = \langle (I - P_n)x_n, x \rangle = \langle x_n, (I - P_n)x \rangle \to 0$ für alle $x \in X$ gilt $x_n \xrightarrow{w} 0$, also $Kx_n \to 0$ nach Satz 3.6. Daraus folgt $\|K - KP_n\| = \|K(I - P_n)\| \leq 2\|Kx_n\| \to 0$.

Ist X separabel, $\{e_j : j \in \mathbb{N}\}$ eine Orthonormalbasis und wählen wir $P_n x := \sum_{j=1}^{n} \langle e_j, x \rangle e_j$, so ist P_n n–dimensional, und es gilt $P_n \xrightarrow{s} I$.

d) Ist K Normlimes beschränkter endlichdimensionaler Operatoren, so ist K kompakt nach Teil b. — Ist K kompakt, so ist nach Satz 3.7 $N(K)^\perp$ separabel, also ist $K_0 := K|_{N(K)^\perp}$ nach Teil c Normlimes beschränkter endlichdimensionaler Operatoren $\widetilde{K}_n$. Ist P die orthogonale Projektion auf $N(K)^\perp$, so ist also $K = K_0 P$ Normlimes der beschränkten endlichdimensionalen Operatoren $K_n = \widetilde{K}_n P$. ∎

Nun kann die obige Charakterisierung kompakter Operatoren mittels schwacher Nullfolgen (Satz 3.6) deutlich verschärft werden:

Satz 3.10 a) *Ist X ein Hilbertraum und Y ein Banachraum, so ist ein Operator $K \in B(X,Y)$ genau dann kompakt, wenn für jede orthonormale Folge (e_n) aus X gilt $Ke_n \to 0$.*

b) *Sind X und Y Hilberträume, so ist ein Operator $K \in B(X,Y)$ genau dann kompakt, wenn für beliebige orthonormale Folgen (e_n) in X und (f_n) in Y gilt $\langle Ke_n, f_n \rangle \to 0$.*

Beweis. a) ⇒: Dies gilt nach Satz 3.6, da jede orthonormale Folge schwach gegen 0 konvergiert.

⇐: Der Beweis ist analog zum Beweis von Satz 3.8 c. Wir konstruieren eine orthonormale Folge (e_n) wie folgt: e_1 mit $\|e_1\| = 1$ und $\|Ke_1\| \geq \frac{1}{2}\|K\|$, $e_{n+1} \in L\{e_1, \ldots, e_n\}^\perp$ mit $\|e_{n+1}\| = 1$ und $\|Ke_{n+1}\| \geq \frac{1}{2}\|K(I-P_n)\|$, wobei P_n die orthogonale Projektion auf $L\{e_1, \ldots, e_n\}$ ist. Aus der Voraussetzung folgt

$$\|K - KP_n\| = \|K(I - P_n)\| \leq 2\|Ke_{n+1}\| \to 0 \text{ für } n \to \infty,$$

d. h. K ist Normlimes endlichdimensionaler Operatoren, also kompakt.

b) ⇐: Dies ist offensichtlich, da nach Teil a sogar $Ke_n \to 0$ gilt.

⇒: Nehmen wir an, daß K nicht kompakt ist. Dann existiert eine orthonormale Folge (e_n) mit $Ke_n \not\to 0$; o. E. können wir annehmen, daß ein $\varepsilon > 0$ existiert mit $\|Ke_n\| \geq \varepsilon$ für alle n (ggf. Auswahl einer Teilfolge). Wegen $Ke_n \xrightarrow{w} 0$ (vgl. Satz 2.30) können wir o. E. annehmen (ggf. wieder Auswahl einer Teilfolge), daß für die endlichdimensionalen Projektionen P_n auf $L\{Ke_1, \ldots, Ke_n\}$ gilt

$$\|P_n Ke_{n+1}\| < \frac{1}{2}\|Ke_{n+1}\|, \text{ also } \|(I - P_n)Ke_{n+1}\| > \frac{1}{2}\|Ke_{n+1}\| \geq \frac{1}{2}\varepsilon.$$

Mit der orthonormalen Folge (f_n), die sich durch Orthonormalisierung aus (Ke_n) ergibt, gilt also $\langle Ke_n, f_n \rangle > \varepsilon/2$. ∎

3.2 Entwicklungssätze

Das folgende Lemma dient der Vorbereitung des Beweises des Entwicklungssatzes für selbstadjungierte kompakte Operatoren.

Lemma 3.11 a) *Jeder selbstadjungierte kompakte Operator K im (reellen oder komplexen) Hilbertraum X hat einen Eigenwert λ mit $|\lambda| = \|K\|$, d. h. $\lambda = \pm\|K\|$.*

b) *Ist φ ein Eigenelement zu einem Eigenwert λ und $X_1 = \{\varphi\}^\perp := \{x \in X : x \perp \varphi\}$, so ist die Einschränkung $K|_{X_1}$ von K auf X_1 ein selbstadjungierter kompakter Operator in X_1.*

Beweis. a) (Mit etwas Kenntnis der Spektraltheorie selbstadjungierter und normaler Operatoren ist dieser Teil – sogar für normale Operatoren – wesentlich einfacher, vgl. Satz 5.15.) Nach Satz 2.51 ist

$$\|K\| = \sup\left\{|\langle x, Kx\rangle| : x \in X, \|x\| = 1\right\},$$

d. h. es gibt eine Folge (x_n) mit $\|x_n\| = 1$ und $\langle x_n, Kx_n\rangle \to \pm\|K\|$ (das soll heißen, daß die Folge gegen $\|K\|$ oder $-\|K\|$ konvergiert; im folgenden korrespondiert bei zwei Vorzeichen jeweils das obere mit $\|K\|$ und das untere mit $-\|K\|$). Wegen Satz 2.29 können wir ohne Einschränkung annehmen, daß (x_n) schwach konvergiert, $x_n \xrightarrow{w} \varphi$ mit $\|\varphi\| \leq \liminf \|x_n\| = 1$; da K kompakt ist, gilt dann

$$Kx_n \to K\varphi \quad \text{mit} \quad \|K\varphi\| = \lim \|Kx_n\| \geq \lim |\langle Kx_n, x_n\rangle| = \|K\|.$$

Damit folgt $\langle K\varphi, \varphi\rangle = \lim\langle Kx_n, x_n\rangle = \pm\|K\|$, $\|\varphi\| = 1$ und $\|K\varphi\| = \|K\|$, also

$$\left\|K\varphi \mp \|K\|\varphi\right\|^2 = \|K\varphi\|^2 \mp 2\operatorname{Re}\left\langle K\varphi, \|K\|\varphi\right\rangle + \|K\|^2\|\varphi\|^2$$
$$\leq \|K\|^2 - 2\|K\|^2 + \|K\|^2 = 0,$$

d. h. es gilt $K\varphi = \pm\|K\|\varphi$.

b) Ist $x \in X_1$, so gilt $\langle Kx, \varphi\rangle = \langle x, K\varphi\rangle = \lambda\langle x, \varphi\rangle = 0$, d. h. es ist auch $Kx \in \{\varphi\}^\perp = X_1$, und somit ist $K|_{X_1}$ ein Operator in X_1. Die Kompaktheit und die Selbstadjungiertheit sind offensichtlich. ∎

Satz 3.12 (Entwicklungssatz für kompakte selbstadjungierte Operatoren) *Sei K ein kompakter selbstadjungierter Operator im Hilbertraum X.*

a) *Es gibt endlich oder abzählbar viele reelle Zahlen λ_n mit $|\lambda_n| \geq |\lambda_{n+1}| > 0$, $\lambda_n \to 0$ im unendlichen Fall, und orthonormierte Elemente φ_n mit*

$$Kx = \sum_n \lambda_n \langle \varphi_n, x\rangle \varphi_n \quad \text{für alle } x \in X,$$

insbesondere also $K\varphi_n = \lambda_n \varphi_n$. Ist außerdem $\{\psi_n\}$ eine Orthonormalbasis von $N(K)$, so ist $\{\varphi_n\} \cup \{\psi_n\}$ eine Orthonormalbasis von X.

3.2 Entwicklungssätze 139

b) *Mit anderen Worten besagt Teil a: Es gibt paarweise verschiedene reelle Zahlen μ_n mit $|\mu_n| \geq |\mu_{n+1}| > 0$ und $\mu_n \to 0$ im unendlichen Fall, und paarweise orthogonale endlichdimensionale Projektionen P_n (d. h. $P_n P_m = \delta_{nm} P_n$) so, daß $K = \sum_n \mu_n P_n$ gilt; die Reihe konvergiert im Sinne der Operatornorm.*

Der Satz gilt völlig analog für normale Operatoren in komplexen Hilberträumen, mit dem einzigen Unterschied, daß die λ_n bzw. μ_n komplex sein können, vgl. Satz 5.17.

Beweis. a) φ_1 wird wie das φ im vorhergehenden Satz konstruiert, λ_1 ist $\|K\|$ oder $-\|K\|$. Das gleiche Verfahren auf $K|_{X_1}$ angewandt liefert λ_2, φ_2 und X_2 mit $X_2 := \{x \in X : x \perp \varphi_1, \varphi_2\}$, usw. Das Verfahren bricht ab, wenn $K|_{X_n} = 0$ ist (insbesondere, wenn $X_n = \{0\}$ ist, d. h. $L\{\varphi_1, \ldots, \varphi_n\} = X$). Andernfalls findet man eine unendliche reelle Folge (λ_n) mit $|\lambda_n| \geq |\lambda_{n+1}| > 0$ und eine zugehörige orthonormierte Folge (φ_n) mit $K\varphi_n = \lambda_n \varphi_n$. In diesem Fall gilt $\|K|_{X_n}\| = |\lambda_{n+1}| = \|K\varphi_{n+1}\| \to 0$, wegen $\varphi_n \xrightarrow{w} 0$. Also ist $Kx = 0$ für $x \perp \{\varphi_n : n = 1, 2, \ldots\}$, d. h. es gilt $N(K) = \{\varphi_n : n = 1, 2, \ldots\}^\perp$. Damit folgt die Aussage von Teil a, insbesondere ergibt sich die Entwicklungsformel für Kx durch Anwendung von K auf die Entwicklung von x nach der Orthonormalbasis $\{\varphi_n : n = 1, 2, \ldots\} \cup \{\psi_n : n = 1, 2, \ldots\}$, $x = \sum \langle \varphi_n, x \rangle \varphi_n + \sum \langle \psi_n, x \rangle \psi_n$.

b) Dies ist lediglich eine andere Schreibweise für die Behauptung aus Teil a, indem die Summanden mit gleichem λ_n zusammengefaßt werden. ∎

Der Entwicklungssatz erlaubt es auf sehr einfache Weise Wurzeln aus kompakten selbstadjungierten Operatoren zu ziehen.

Satz 3.13 *Sei $k \in \mathbb{N}$ ungerade. Jeder kompakte selbstadjungierte Operator K hat genau eine kompakte selbstadjungierte k-te Wurzel R_k mit $R_k^k = K$; ist $K = \sum_n \mu_n P_n$ im Sinne von Satz 3.12 b, so ist $R_k = \sum_n \mu_n^{1/k} P_n$ mit der eindeutig bestimmten reellen k-ten Wurzel $\mu_n^{1/k}$ von μ_n.*

Beweis. Offensichtlich ist $R_k^k = K$. Ist $S = \sum_n \tau_n Q_n$ ein beliebiger kompakter selbstadjungierter Operator mit $K = S^k = \sum_n \tau_n^k Q_n$, d. h. τ_n^k sind die von 0 verschiedenen Eigenwerte von K, Q_n die orthogonalen Projektionen auf die Eigenräume zu τ_n^k, also $\tau_n^k = \lambda_n$, $Q_n = P_n$. ∎

Ein hermitescher Operator T im Hilbertraum X heißt *positiv*, wenn für alle $x \in D(T)$ gilt $\langle x, Tx \rangle \geq 0$, *strikt positiv*, wenn für alle $x \in D(T) \setminus \{0\}$ gilt $\langle x, Tx \rangle > 0$. Im Fall eines komplexen Hilbertraumes folgt die Hermitizität von T bereits aus der Tatsache, daß $\langle x, Tx \rangle$ reellwertig ist (vgl. Satz 2.50).

Satz 3.14 a) *Ein kompakter selbstadjungierter Operator K ist genau dann positiv (bzw. strikt positiv), wenn alle Eigenwerte ≥ 0 (bzw. > 0) sind.*

b) *Sei $k \in \mathbb{N}$. Jeder positive kompakte Operator K hat genau eine positive kompakte k-te Wurzel R_k; ist $K = \sum_n \mu_n P_n$, so ist $R_k = \sum_n \mu_n^{1/k} P_n$ mit der eindeutig bestimmten positiven k-ten Wurzel $\mu_n^{1/k}$ aus μ_n.*

Beweis. a) Aus dem Entwicklungssatz 3.12 folgt

$$\langle x, Kx \rangle = \sum_n \lambda_n |\langle x, \varphi_n \rangle|^2 \quad \text{für alle} \quad x \in X$$

und daraus folgt sofort die Behauptung.

b) Man vergleiche den Beweis von Satz 3.13. ∎

Im folgenden beweisen wir einen dem Satz 3.12 entsprechenden Entwicklungssatz für beliebige kompakte Operatoren zwischen Hilberträumen.

Satz 3.15 (Entwicklungssatz für kompakte Operatoren) *Sei K ein kompakter Operator vom Hilbertraum X in den Hilbertraum Y.*

a) *Es gibt positive Zahlen $s_n = s_n(K)$, mit $s_n \to 0$ falls es unendlich viele sind, und orthonormale Folgen (φ_n) in X bzw. (ψ_n) in Y so, daß gilt*

$$Kx = \sum_n s_n \langle \varphi_n, x \rangle \psi_n, \quad K^*y = \sum_n s_n \langle \psi_n, y \rangle \varphi_n.$$

b) *Die s_n sind die von 0 verschiedenen Eigenwerte von $|K| := (K^*K)^{1/2}$; dies sind gleichzeitig die Eigenwerte von $|K^*| = (KK^*)^{1/2}$. Die φ_n sind die zugehörigen orthonormierten Eigenelemente von $|K|$; die $\psi_n = s_n^{-1} K \varphi_n$ sind die zugehörigen Eigenelemente von $|K^*|$. Die s_n werden als die* singulären *Werte von K bezeichnet.*

3.2 Entwicklungssätze

c) K und $|K|$ bzw. K^* und $|K^*|$ *sind* metrisch gleich, *d.h. es gilt*

$$\|Kx\| = \||K|x\| \quad und \quad \|K^*y\| = \||K^*|y\| \quad \textit{für alle} \quad x \in X,\, y \in Y.$$

Beweis. K^*K ist selbstadjungiert, positiv und kompakt, d.h. es gilt

$$K^*Kx = \sum_n s_n^2 \langle \varphi_n, x \rangle \varphi_n,$$

wobei s_n^2 die von 0 verschiedenen Eigenwerte von K^*K und φ_n die zugehörigen orthonormierten Eigenelemente sind. Daraus ergibt sich

$$|K|x = (K^*K)^{1/2}x = \sum_n s_n \langle \varphi_n, x \rangle \varphi_n.$$

Sei $\psi_n := \dfrac{1}{s_n} K\varphi_n$. Dann gilt für alle n, m

$$\langle \psi_n, \psi_m \rangle = \frac{1}{s_n s_m} \langle K\varphi_n, K\varphi_m \rangle = \frac{1}{s_n s_m} \langle \varphi_n, K^*K\varphi_m \rangle$$
$$= \frac{s_m^2}{s_n s_m} \delta_{nm} = \delta_{nm},$$

d.h. auch die ψ_n sind orthonormiert. Außerdem gilt

$$KK^*\psi_n = \frac{1}{s_n} KK^*K\varphi_n = \frac{1}{s_n} K s_n^2 \varphi_n = s_n K\varphi_n = s_n^2 \psi_n.$$

Damit ist Teil b vollständig bewiesen.

Teil c ergibt sich unmittelbar aus

$$\|Kx\|^2 = \langle Kx, Kx \rangle = \langle x, K^*Kx \rangle = \langle x, |K|^2 x \rangle = \langle |K|x, |K|x \rangle$$

und der entsprechenden Rechnung für K^*.

Insbesondere ist also $N(K) = N(K^*K)$, d.h. es gilt $Kx = KPx$, wenn P die orthogonale Projektion auf $N(K)^\perp$ ist. Durch Entwicklung von Px nach der Orthonormalbasis $\{\varphi_n\}$ von $N(K)^\perp$ folgt

$$Kx = KPx = K\sum_n \langle \varphi_n, x \rangle \varphi_n = \sum_n \langle \varphi_n, x \rangle K\varphi_n = \sum_n s_n \langle \varphi_n, x \rangle \psi_n.$$

Die Entwicklung für K^* ergibt sich durch Bildung der Adjungierten; das ist Teil a der Behauptung. ∎

Bemerkung 3.16 Der vorangehende Entwicklungssatz erlaubt einen besonders einfachen Beweis der Tatsache, daß jeder kompakte Operator von einem Hilbertraum X in einen Hilbertraum Y Normgrenzwert stetiger endlichdimensionaler Operatoren ist (vgl. Satz 3.8 c für den Fall, daß Y ein Banachraum sein durfte). Zum Beweis wählt man $K_m x = \sum_{n \leq m} s_n \langle \varphi_n, x \rangle \psi_n$; dann gilt $\|K - K_m\| \leq s_{m+1}$.

Die singulären Werte eines kompakten Operators können mit Hilfe des folgenden Min–Max–Prinzips charakterisiert werden. Da die Eigenwerte eines positiven kompakten Operators bzw. die Beträge der Eigenwerte eines beliebigen selbstadjungierten Operators mit den singulären Werten übereinstimmen, liefert der Satz gleichzeitig Aussagen über die Eigenwerte selbstadjungierter kompakter Operatoren.

Satz 3.17 (Min–Max–Prinzip) a) *Sei K ein kompakter Operator vom Hilbertraum X in einen Hilbertraum Y. Für die der Größe nach fallend angeordneten singulären Werte $s_n = s_n(K)$ gilt $s_1(K) = \|K\|$ und*

$$s_{n+1} = \inf_{x_1,\ldots,x_n \in X} \sup \left\{ \|Kx\| : x \in X, x \perp x_1, \ldots, x_n, \|x\| = 1 \right\}$$

für $n \in \mathbb{N}$.

b) *Ist L ein weiterer kompakter Operator von X nach Y, so gilt*

$$s_{j+k+1}(K+L) \leq s_{j+1}(K) + s_{k+1}(L) \quad \text{für} \quad j, k \in \mathbb{N}_0.$$

c) *Ist L ein kompakter Operator von Y in einen Hilbertraum Z, so gilt*

$$s_{j+k+1}(LK) \leq s_{j+1}(L) s_{k+1}(K) \quad \text{für} \quad j, k \in \mathbb{N}_0.$$

d) *Sind L und K kompakte Operatoren, so gilt*

$$\left| s_j(K) - s_j(L) \right| \leq \|K - L\| \quad \text{für alle } j \in \mathbb{N};$$

insbesondere gilt $s_j(K_n) \to s_j(K)$ für alle $j \in \mathbb{N}$, falls $\|K - K_n\| \to 0$ gilt. (Man beachte, daß Teil b und c durch die Wahl unterschiedlicher Zerlegungen $n - 1 = j + k$ verschiedene Möglichkeiten bieten, eine Abschätzung für $s_n(K+L)$ bzw. $s_n(LK)$ anzugeben, insbesondere für große n.)

3.2 Entwicklungssätze

Beweis. a) Die Gleichung $s_1(K) = \|K\|$ folgt aus der Tasache, daß $s_1(K)$ der größte Eigenwert des selbstadjungierten Operators $|K|$ ist, und daß $\||K|\| = \|K\|$ gilt. Im folgenden seien φ_n die orthonormalen Elemente aus der Darstellung $Kx = \sum_n s_n \langle \varphi_n, x \rangle \psi_n$. Für $x \perp \varphi_1, \ldots, \varphi_n$ gilt

$$\|Kx\|^2 = \Big\| \sum_{j>n} s_j \langle \varphi_j, x \rangle \psi_j \Big\|^2 = \sum_{j>n} s_j^2 |\langle \varphi_j, x \rangle|^2$$
$$\leq s_{n+1}^2 \sum_{j>n} |\langle \varphi_j, x \rangle|^2 \leq s_{n+1}^2 \|x\|^2.$$

Damit folgt $s_{n+1} \geq \inf \sup\{\ldots\}$.

Sind $x_1, \ldots, x_n$ beliebig, so gibt es ein $x \in L\{\varphi_1, \ldots, \varphi_{n+1}\}$ mit $\|x\| = 1$ und $x \perp x_1, \ldots, x_n$. Für dieses gilt

$$\|Kx\|^2 = \Big\| \sum_{j=1}^{n+1} s_j \langle \varphi_j, x \rangle \psi_j \Big\|^2 = \sum_{j=1}^{n+1} s_j^2 |\langle \varphi_j, x \rangle|^2 \geq s_{n+1}^2 \|x\|^2,$$

also $s_{n+1} \leq \inf \sup\{\ldots\}$.

b) Nach Teil a gilt

$$s_{j+k+1}(K+L)$$
$$= \inf_{x_1, \ldots, x_{j+k} \in X} \sup \Big\{ \|(K+L)x\| : x \in X, \, x \perp x_1, \ldots, x_{j+k}, \, \|x\| = 1 \Big\}$$
$$\leq \inf_{x_1, \ldots, x_{j+k} \in X} \sup \Big\{ \|Kx\| + \|Lx\| : x \in X, \, x \perp x_1, \ldots, x_{j+k}, \, \|x\| = 1 \Big\}$$
$$\leq \inf_{x_1, \ldots, x_{j+k} \in X} \Big\{ \sup\{\|Kx\| : x \in X, \, x \perp x_1, \ldots, x_j, \, \|x\| = 1\}$$
$$\qquad + \sup\{\|Lx\| : x \in X, \, x \perp x_{j+1}, \ldots, x_{j+k}, \, \|x\| = 1\} \Big\}$$
$$= \inf_{x_1, \ldots, x_j \in X} \sup\{\|Kx\| : \ldots\} + \inf_{x_{j+1}, \ldots, x_{j+k} \in X} \sup\{\|Lx\| : \ldots\}$$
$$= s_{j+1}(K) + s_{k+1}(L).$$

c) Wiederum nach Teil a gilt (dabei sei $\frac{a}{b}b = 0$ gesetzt für $b = 0$)

$$s_{j+k+1}(LK) = \inf_{x_1,\ldots,x_{j+k}\in X} \sup\left\{\|LKx\| : x \in X,\, x \perp x_1,\ldots,x_{j+k},\, \|x\| = 1\right\}$$

$$\leq \inf_{\substack{x_1,\ldots,x_k\in X \\ y_1,\ldots,y_j\in Y}} \sup\left\{\|LKx\| : x \in X,\, x \perp x_1,\ldots,x_k, K^*y_1,\ldots,K^*y_j,\, \|x\| = 1\right\}$$

$$= \inf_{\substack{x_1,\ldots,x_k\in X \\ y_1,\ldots,y_j\in Y}} \sup\Big\{\frac{\|LKx\|}{\|Kx\|}\|Kx\| : x \in X,\, x \perp x_1,\ldots,x_k,$$

$$Kx \perp y_1,\ldots,y_j,\, \|x\| = 1\Big\}$$

$$\leq \inf_{\substack{x_1,\ldots,x_k\in X \\ y_1,\ldots,y_j\in Y}} \Big\{\sup\{\|Ly\| : y \in Y,\, y \perp y_1,\ldots,y_j,\, \|y\| = 1\}$$

$$\times \sup\{\|Kx\| : x \in X,\, x \perp x_1,\ldots,x_k,\, \|x\| = 1\}\Big\}$$

$$= s_{j+1}(L) s_{k+1}(K),$$

die gewünschte Ungleichung.

d) Nach Teil b gilt $s_j(K) \leq s_j(L) + s_1(K - L) = s_j(L) + \|K - L\|$ und $s_j(L) \leq s_j(K) + \|K - L\|$, also $|s_j(K) - s_j(L)| \leq \|K - L\|$. ∎

3.3 Hilbert–Schmidt–Operatoren

Eine besonders wichtige Klasse kompakter Operatoren bilden die Hilbert–Schmidt–Operatoren. Seien X und Y Hilberträume; ein Operator $K \in B(X,Y)$ heißt ein *Hilbert-Schmidt-Operator*, wenn eine Orthonormalbasis $\{e_\alpha : \alpha \in A\}$ existiert mit $\sum_{\alpha \in A} \|Ke_\alpha\|^2 < \infty$.

Satz 3.18 *Seien X und Y Hilberträume.*

a) *Ein Operator $K \in B(X,Y)$ ist genau dann ein Hilbert-Schmidt-Opertor, wenn K^* ein Hilbert-Schmidt-Operator ist. Es gilt dann für beliebige Orthonormalbasen $\{x_\alpha : \alpha \in A\}$ von X und $\{y_\beta : \beta \in B\}$ von Y*

$$\|T\| \leq \Big\{\sum_{\alpha \in A} \|Kx_\alpha\|^2\Big\}^{1/2} = \Big\{\sum_{\beta \in B} \|K^*y_\beta\|^2\Big\}^{1/2} < \infty.$$

3.3 Hilbert-Schmidt-Operatoren

Der gemeinsame Wert $\left\{\sum \|Kx_\alpha\|^2\right\}^{1/2} = \left\{\sum \|K^*y_\beta\|^2\right\}^{1/2}$ *ist also insbesondere unabhängig von der Wahl der Orthonormalbasis; er wird als* Hilbert-Schmidt-Norm *bezeichnet und mit* $\|\|K\|\|$ *abgekürzt. Es gilt* $\|K\| \leq \|\|K\|\| = \|\|K^*\|\|$.

b) *Jeder Hilbert-Schmidt-Operator ist kompakt.*

c) *Ein kompakter Operator K ist genau dann ein Hilbert-Schmidt-Operator, wenn die singulären Werte quadratsummierbar sind; es gilt* $\sum s_j(K)^2 = \|\|K\|\|^2$.

Beweis. a) Ist K ein Hilbert-Schmidt-Operator, $\sum_{\alpha \in A}\|Ke_\alpha\|^2 < \infty$, so gilt für jede Orthonormalbasis $\{y_\beta : \beta \in B\}$ von Y

$$\sum_{\beta \in B}\|K^*y_\beta\|^2 = \sum_{\beta \in B}\sum_{\alpha \in A}\left|\langle e_\alpha, K^*y_\beta\rangle\right|^2 = \sum_{\alpha \in A}\sum_{\beta \in B}\left|\langle Ke_\alpha, y_\beta\rangle\right|^2$$
$$= \sum_{\alpha \in A}\|Ke_\alpha\|^2 < \infty,$$

d. h. K^* ist ebenfalls ein Hilbert-Schmidt-Operator. — Ebenso zeigt man die Umkehrung und erhält dabei insbesondere die Gleichheit der beiden Summen. Da jedes normierte Element als ein Element einer Orthonormalbasis gewählt werden kann, folgt insbesondere $\|K\| \leq \|\|K\|\| = \|\|K^*\|\|$.

b) Auf Grund der Hilbert-Schmidt-Eigenschaft von K gilt offenbar $Ke_n \to 0$ für jede orthonormale Folge (e_n). Damit folgt die Behauptung aus Satz 3.10.

Ein Beweis direkt mit Satz 3.8 ergibt sich wie folgt: Ist $\{e_\alpha : \alpha \in A\}$ eine ONB, $\{e_n : n \in \mathbb{N}\}$ die Teilmenge mit $Ke_n \neq 0$, P_n die orthogonale Projektion auf $L\{e_1, \ldots, e_n\}$, so ist KP_n endlichdimensional mit

$$\|K - KP_n\|^2 = \|K(I - P_n)\|^2 \leq \|\|K(I - P_n)\|\|^2 = \sum_{m=n+1}^{\infty}\|Ke_m\|^2 \to 0.$$

c) Ist $Kx = \sum s_n(K)\langle\varphi_n, x\rangle\psi_n$ die Entwicklung von K gemäß Satz 3.15, so folgt aus der Hilbert-Schmidt-Eigenschaft mit einer Orthonormalbasis, die das Orthonormalsystem $\{\varphi_n\}$ enthält,

$$\sum s_j(K)^2 = \sum \|K\varphi_j\|^2 = \|\|K\|\|^2.$$

Ist umgekehrt $\sum s_j(K)^2 < \infty$ und $\{e_\alpha : \alpha \in A\}$ eine ONB, die $\{\varphi_j\}$ enthält, so folgt $\sum \|Ke_\alpha\|^2 = \sum s_j(K)^2 < \infty$, d.h. K ist ein Hilbert-Schmidt-Operator. ∎

Wir stellen nun die Verbindung zu den Hilbert-Schmidt-Integraloperatoren her (vgl. Satz 2.11).

Satz 3.19 *Ein Operator $K \in B(L^2(Y,\nu), L^2(X,\mu))$ ist genau dann ein Hilbert-Schmidt-Operator, wenn er ein Hilbert-Schmidt-Integraloperator ist, d.h., wenn ein Kern $k \in L^2(X \times Y, \mu \times \nu)$ existiert mit*

$$Kf(x) = \int_Y k(x,y) f(y) \, d\nu(y) \quad \mu\text{-f.ü. für alle } f \in L^2(Y,\nu). \qquad (*)$$

Es gilt $\|\|K\|\| = \|k\|$.

Beweis. $\Leftarrow$: Ist $k \in L^2(X \times Y, \mu \times \nu)$, so wird nach Satz 2.11 durch $(*)$ ein Operator $K \in B(L^2(Y,\nu), L^2(X,\mu))$ erzeugt. Ist $\{e_\alpha : \alpha \in A\}$ eine ONB in $L^2(Y,\nu)$, so gilt

$$\sum_{\alpha \in A} \|Ke_\alpha\|^2 = \sum_{\alpha \in A} \int_X \left| \int_Y k(x,y) e_\alpha(y) \, d\nu(y) \right|^2 d\mu(x)$$
$$= \int_X \sum_{\alpha \in A} \left| \langle \overline{k(x,\cdot)}, e_\alpha \rangle \right|^2 d\mu(x) = \int_X \|k(x,\cdot)\|^2 \, d\mu(x)$$
$$= \int_X \int_Y |k(x,y)|^2 \, d\nu(y) \, d\mu(x) = \|k\|^2,$$

d.h. K ist ein Hilbert-Schmidt-Operator mit $\|\|K\|\| = \|k\|$.

$\Rightarrow$: Ist K ein Hilbert-Schmidt-Operator, $\{e_\alpha : \alpha \in A\}$ eine ONB in $L^2(Y,\nu)$,

$$k_\alpha(x,y) := (Ke_\alpha)(x) \overline{e_\alpha(y)},$$

so gilt $\|k_\alpha\| = \|Ke_\alpha\|$ und $k_\alpha \perp k_\beta$ für $\alpha \neq \beta$; also existiert

$$k(x,y) := \sum_{\alpha \in A} k_\alpha(x,y) \quad \text{im Sinne von } L^2(X \times Y, \mu \times \nu).$$

3.3 Hilbert–Schmidt-Operatoren

k erzeugt also nach Satz 2.11 einen Operator $\widetilde{K} \in B(L^2(Y,\nu), L^2(X,\mu))$, und es gilt

$$(\widetilde{K}e_\beta)(x) = \int_Y k(x,y)e_\beta(y)\,d\nu(y) = \sum_{\alpha \in A}(Ke_\alpha)(x)\langle e_\alpha, e_\beta\rangle = (Ke_\beta)(x)$$

μ–f. ü. für alle $\beta \in A$. Also ist $\widetilde{K} = K$. ∎

Satz 3.20 a) *Die Hilbert–Schmidt-Operatoren von einem Hilbertraum X in einen Hilbertraum Y bilden einen Vektorraum; $\|\|\cdot\|\|$ ist eine Norm auf diesem Raum, die durch das Skalarprodukt*

$$\langle\!\langle K, L\rangle\!\rangle := \sum_\alpha \langle Ke_\alpha, Le_\alpha\rangle$$

erzeugt wird (dieser Raum ist vollständig; vgl. Aufgabe 3.12 und Satz 3.22).

b) *Ist K ein Hilbert–Schmidt-Operator und A beschränkt, so sind AK und KA Hilbert–Schmidt-Operatoren mit $\|\|AK\|\| \leq \|A\|\|\|K\|\|$ und $\|\|KA\|\| \leq \|A\|\|\|K\|\|$.*

c) *Die Hilbert–Schmidt-Operatoren in einem Hilbertraum X bilden ein zweiseitiges Ideal in der Algebra $B(X)$.*

Beweis. a) Mit K ist offensichtlich auch aK ein Hilbert–Schmidt-Operator für jedes $a \in \mathbb{K}$. Sind K_1 und K_2 Hilbert–Schmidt-Operatoren, so gilt für jedes Orthonormalsystem $\{e_\alpha\}$

$$\sum \|(K_1 + K_2)e_\alpha\|^2 \leq 2\sum\left(\|K_1 e_\alpha\|^2 + \|K_2 e_\alpha\|^2\right) < \infty,$$

d. h. $K_1 + K_2$ ist ebenfalls ein Hilbert–Schmidt-Operator. $\langle\!\langle \cdot, \cdot\rangle\!\rangle$ ist offenbar ein Skalarprodukt im Raum der Hilbert–Schmidt-Operatoren, und es gilt $\|\|K\|\| = \langle\!\langle K, K\rangle\!\rangle^{1/2}$.

b) Ist K ein Hilbert–Schmidt-Operator und A beschränkt, so gilt

$$\sum \|AKe_\alpha\|^2 \leq \|A\|^2 \sum \|Ke_\alpha\|^2 = \|A\|^2 \|\|K\|\|^2,$$

d. h. AK ist ein Hilbert–Schmidt–Operator mit $|||AK||| \leq ||A|| \, |||K|||$. Daraus folgt (Satz 3.18 a), daß auch $KA = (A^*K^*)^*$ ein Hilbert–Schmidt–Operator ist mit $|||KA||| = |||A^*K^*||| \leq ||A^*|| \, |||K^*||| = ||A|| \, |||K|||$.

c) folgt als Spezialfall aus a) und b). ∎

3.4 Die Schattenklassen kompakter Operatoren

Wir haben gesehen, daß ein kompakter Operator K genau dann ein Hilbert–Schmidt–Operator ist, wenn die Folge $(s_j(K))$ der singulären Werte in l^2 ist. Allgemeiner definieren wir jetzt die *Schattenklassen* $C_p(X,Y)$ (benannt nach ROBERT SCHATTEN, vgl. R. SCHATTEN – J. V. NEUMANN, Annals of Math. 49 (1948), 557–582): Seien X, Y Hilberträume; ein kompakter Operator K gehört genau dann zu $C_p(X,Y)$ $(p > 0)$, wenn die Folge $(s_j(K)^p)$ summierbar ist. Wir definieren auf $C_p(X,Y)$ die Schatten–„Norm"

$$\|K\|_p := \left\{ \sum_j s_j(K)^p \right\}^{1/p}.$$

Satz 3.21 *Für jedes $p > 0$ ist $C_p(X,Y)$ ein Vektorraum. Für $K_1, K_2 \in C_p(X,Y)$ gilt*

$$\|K_1 + K_2\|_p \leq 2^{1/p}\Big(\|K_1\|_p + \|K_2\|_p\Big) \quad \text{für } p \geq 1,$$
$$\|K_1 + K_2\|_p^p \leq 2\Big(\|K_1\|_p^p + \|K_2\|_p^p\Big) \quad \text{für } p \leq 1.$$

(Für $p \geq 1$ zeigt der folgende Satz, daß $\|\cdot\|_p$ sogar die Dreiecksungleichung erfüllt.)

Beweis. Es ist offensichtlich, daß mit $K \in C_p(X,Y)$ und $a \in \mathbb{K}$ auch aK in $C_p(X,Y)$ ist; bleiben also die beiden Ungleichungen zu zeigen: Nach Satz 3.17 b gilt für alle $p > 0$

$$\sum_j s_j(K_1 + K_2)^p = \sum_j \left\{ s_{2j-1}(K_1 + K_2)^p + s_{2j}(K_1 + K_2)^p \right\}$$
$$\leq \sum_j \left\{ \Big(s_j(K_1) + s_j(K_2)\Big)^p + \Big(s_j(K_1) + s_{j+1}(K_2)\Big)^p \right\}.$$

3.4 Die Schattenklassen kompakter Operatoren

Ist $p \geq 1$, so folgt aus der Dreiecksungleichung für l^p

$$\|K_1 + K_2\|_p^p \leq \left[\left(\sum_j s_j(K_1)^p\right)^{1/p} + \left(\sum_j s_j(K_2)^p\right)^{1/p}\right]^p$$

$$+ \left[\left(\sum_j s_j(K_1)^p\right)^{1/p} + \left(\sum_j s_{j+1}(K_2)^p\right)^{1/p}\right]^p$$

$$\leq 2\Big[\|K_1\|_p + \|K_2\|_p\Big]^p.$$

Ist $p \leq 1$, so benutzt man die elementare Ungleichung $|\alpha|^p + |\beta|^p \geq |\alpha+\beta|^p$. Man erhält damit

$$\|K_1 + K_2\|_p^p \leq \sum_j \Big\{2s_j(K_1)^p + s_j(K_2)^p + s_{j+1}(K_2)^p\Big\}$$

$$\leq 2\sum_j \Big(s_j(K_1)^p + s_j(K_2)^p\Big) = 2\Big(\|K_1\|_p^p + \|K_2\|_p^p\Big).$$

Das ist die gewünschte Ungleichung in diesem Fall. ∎

Satz 3.22 *Seien X und Y Hilberträume, $1 \leq p < \infty$.*

a) *Ein Operator $K \in B(X,Y)$ liegt genau dann in $C_p(X,Y)$, wenn für beliebige orthonormale Folgen (e_n) in X und (f_n) in Y die Folge $(\langle Ke_n, f_n\rangle)$ in l^p ist.*

b) *$C_p(X,Y)$ ist ein Banachraum mit der Norm $\|K\|_p := \left\{\sum_i s_i(K)^p\right\}^{1/p}$. Es gilt*

$$\|K\|_p = \sup\left\{\left(\sum_n |\langle Ke_n, f_n\rangle|^p\right)^{1/p} : \{e_n\} \text{ und } \{f_n\} \text{ ONS in } X \text{ bzw. } Y\right\}.$$

Beweis. a) ⇐: Wegen $(\langle Ke_n, f_n\rangle) \in l^p$ für beliebige orthonormale Folgen (e_n) und (f_n) gilt $\langle Ke_n, f_n\rangle \to 0$, d. h. K ist kompakt nach Satz 3.10 b. Sei $Kx = \sum_n s_n(K)\langle \varphi_n, x\rangle \psi_n$ die Entwicklung von K gemäß Satz 3.15. Nach Voraussetzung ist dann $(s_n(K)) = (\langle K\varphi_n, \psi_n\rangle) \in l^p$, also $K \in C_p(X,Y)$.

⇒: Sei nun $K \in C_p(X,Y)$, $Kx = \sum_j s_j(K)\langle\varphi_j,x\rangle\psi_j$ mit orthonormalen Folgen (φ_j) und (ψ_j) in X bzw. Y. Dann gilt für jede orthonormale Folge (e_n) in X und $\frac{1}{p}+\frac{1}{q}=1$

$$\sum_j s_j(K)|\langle e_n,\varphi_j\rangle|^2 = \sum_j s_j(K)|\langle e_n,\varphi_j\rangle|^{2/p}|\langle e_n,\varphi_j\rangle|^{2/q}$$

$$\leq \left\{\sum_j s_j(K)^p|\langle e_n,\varphi_j\rangle|^2\right\}^{1/p}\left\{\sum_j |\langle e_n,\varphi_j\rangle|^2\right\}^{1/q}$$

$$\leq \left\{\sum_j s_j(K)^p|\langle e_n,\varphi_j\rangle|^2\right\}^{1/p}\|e_n\|^{2/q} = \left\{\sum_j s_j(K)^p|\langle e_n,\varphi_j\rangle|^2\right\}^{1/p},$$

also

$$\left\{\sum_j s_j(K)|\langle e_n,\varphi_j\rangle|^2\right\}^{p/2} \leq \left\{\sum_j s_j(K)^p|\langle e_n,\varphi_j\rangle|^2\right\}^{1/2}.$$

Entsprechend gilt für jede orthonormale Folge (f_n) in Y

$$\left\{\sum_j s_j(K)|\langle f_n,\psi_j\rangle|^2\right\}^{p/2} \leq \left\{\sum_j s_j(K)^p|\langle f_n,\psi_j\rangle|^2\right\}^{1/2}.$$

Daraus ergibt sich

$$\left|\langle Ke_n,f_n\rangle\right|^p = \left|\sum_j s_j(K)^{1/2}\langle e_n,\varphi_j\rangle s_j(K)^{1/2}\langle\psi_j,f_n\rangle\right|^p$$

$$\leq \left\{\sum_j s_j(K)|\langle e_n,\varphi_j\rangle|^2\right\}^{p/2}\left\{\sum_j s_j(K)|\langle\psi_j,f_n\rangle|^2\right\}^{p/2}$$

$$\leq \left\{\sum_j s_j(K)^p|\langle e_n,\varphi_j\rangle|^2\right\}^{1/2}\left\{\sum_j s_j(K)^p|\langle f_n,\psi_j\rangle|^2\right\}^{1/2},$$

und, mit der Schwarzschen Ungleichung in l^2,

$$\sum_n |\langle Ke_n,f_n\rangle|^p$$

$$\leq \sum_n \left\{\sum_j s_j(K)^p|\langle e_n,\varphi_j\rangle|^2\right\}^{1/2}\left\{\sum_j s_j(K)^p|\langle f_n,\psi_j\rangle|^2\right\}^{1/2}$$

3.4 Die Schattenklassen kompakter Operatoren

$$\leq \left\{ \sum_n \sum_j s_j(K)^p |\langle \varphi_j, e_n \rangle|^2 \right\}^{1/2} \left\{ \sum_n \sum_j s_j(K)^p |\langle \psi_j, f_n \rangle|^2 \right\}^{1/2}$$

$$= \left\{ \sum_j \sum_n s_j(K)^p |\langle \varphi_j, e_n \rangle|^2 \right\}^{1/2} \left\{ \sum_j \sum_n s_j(K)^p |\langle \psi_j, f_n \rangle|^2 \right\}^{1/2}$$

$$\leq \left| \sum_j s_j(K)^p \right|^{1/2} \left| \sum_j s_j(K)^p \right|^{1/2} = \sum_j s_j(K)^p < \infty.$$

b) Auf Grund des Beweises von Teil a gilt jedenfalls $\sup\{\ldots\} \leq \|K\|_p$; mit der Wahl $e_n := \varphi_n$ und $f_n := \psi_n$ erhält man die Gleichheit. Aus

$$\left\{ \sum_n \left| \langle (K_1 + K_2) e_n, f_n \rangle \right|^p \right\}^{1/p}$$

$$\leq \left\{ \sum_n \left(|\langle K_1 e_n, f_n \rangle| + |\langle K_2 e_n, f_n \rangle| \right)^p \right\}^{1/p}$$

$$\leq \left\{ \sum_n |\langle K_1 e_n, f_n \rangle|^p \right\}^{1/p} + \left\{ \sum_n |\langle K_2 e_n, f_n \rangle|^p \right\}^{1/p}$$

$$\leq \|K_1\|_p + \|K_2\|_p$$

folgt die Dreiecksungleichung; da die übrigen Eigenschaften offensichtlich sind, ist also $\|\cdot\|_p$ eine Norm.

Es bleibt die Vollständigkeit von $C_p(X,Y)$ bezüglich dieser Norm zu zeigen: Sei (K_n) eine $\|\cdot\|_p$-Cauchyfolge in $C_p(X,Y)$. Wegen $\|\cdot\| \leq \|\cdot\|_p$ existiert ein $K \in K(X,Y)$ mit $\|K - K_n\| \to 0$. Nach Satz 3.17 d gilt $s_j(K_n) \to s_j(K)$ für $n \to \infty$ und alle j. Also ist

$$\sum_{j=1}^m s_j(K)^p = \lim_{n \to \infty} \sum_{j=1}^m s_j(K_n)^p \leq \lim_{n \to \infty} \|K_n\|_p^p < \infty,$$

d. h. K ist in $C_p(X,Y)$. Zu jedem $\varepsilon > 0$ gibt es ein n_0 mit $\|K_n - K_l\|_p < \varepsilon$ für $n, l \geq n_0$. Deshalb gilt für jedes m

$$\sum_{j=1}^m s_j(K - K_n)^p = \lim_{l \to \infty} \sum_{j=1}^m s_j(K_l - K_n)^p < \varepsilon$$

für $n \geq n_0$, also

$$\|K - K_n\|_p^p = \sum_{j=1}^{\infty} s_j(K - K_n)^p < \varepsilon \quad \text{für } n \geq n_0,$$

und somit $K_n \to K$ im Sinne von $\|\cdot\|_p$. ∎

Die Eigenschaften von Produkten von Operatoren aus C_p werden durch den folgenden Satz beschrieben.

Satz 3.23 *Sind $p, q, r > 0$ mit $\frac{1}{p} + \frac{1}{q} = \frac{1}{r}$, X, Y Hilberträume, $K \in B(X, Y)$, so gilt: K ist genau dann in $C_r(X, Y)$, wenn $K_1 \in C_p(Z, Y)$ und $K_2 \in C_q(X, Z)$ (mit einem geeigneten Hilbertraum Z) existieren mit $K = K_1 K_2$. Es gilt*

$$\|K\|_r \leq 2^{1/r} \|K_1\|_p \|K_2\|_q.\ [1]$$

Beweis. ⇒: Sei $K = \sum s_j \langle \varphi_j, \cdot \rangle \psi_j$ die Darstellung von K im Sinne von Satz 3.15. Wir definieren

$$K_1 := \sum s_j^{r/p} \langle \varphi_j, \cdot \rangle \psi_j, \quad K_2 := \sum s_j^{r/q} \langle \varphi_j, \cdot \rangle \varphi_j$$

Dann gilt offenbar $K_1 \in C_p(X, Y)$, $K_2 \in C_q(X)$, $K = K_1 K_2$ und

$$\|K\|_r = \left(\sum s_j^r\right)^{1/r} = \left(\sum s_j^r\right)^{1/p} \left(\sum s_j^r\right)^{1/q}$$
$$= \left(\sum \left(s_j^{r/p}\right)^p\right)^{1/p} \left(\sum \left(s_j^{r/q}\right)^q\right)^{1/q} = \|K_1\|_p \|K_2\|_q.$$

Gleichzeitig ist hiermit die Existenz einer Darstellung $K = K_1 K_2$ mit $\|K\|_r = \|K_1\|_p \|K_2\|_q$ gezeigt.

---

[1]Tatsächlich kann in dieser Ungleichung der Faktor $2^{1/r}$ durch 1 ersetzt werden; vgl. z. B. B. SIMON [32]. Für $p = q = 2$ und $r = 1$ folgt dies unmittelbar aus
$\sum |\langle x_n, K y_n \rangle| = \sum |\langle K_1^* x_n, K_2 y_n \rangle| \leq \left\{ \sum \|K_1^* x_n\|^2 \sum \|K_2 y_n\|^2 \right\}^{1/2} = \|\|K_1\|\| \|\|K_2\|\| = \|K_1\|_2 \|K_2\|_2$.

3.4 Die Schattenklassen kompakter Operatoren

$\Leftarrow$: Nach Satz 3.17 gilt

$$s_{2j+1}(K) \leq s_{j+1}(K_1)s_{j+1}(K_2) \text{ für } j \in \mathbb{N}_0,$$
$$s_{2j}(K) \leq s_j(K_1)s_{j+1}(K_2) \text{ für } j \in \mathbb{N},$$

und somit

$$\sum_j s_j(K)^r \leq \sum_j \left\{ s_{j+1}(K_1)^r s_{j+1}(K_2)^r + s_j(K_1)^r s_{j+1}(K_2)^r \right\}$$
$$\leq 2 \left\{ \sum_j s_j(K_1)^p \right\}^{r/p} \left\{ \sum_j s_j(K_2)^q \right\}^{r/q} = 2\|K_1\|_p^r \|K_2\|_q^r,$$

womit $K \in C_r(X,Y)$ und die behauptete Ungleichung bewiesen sind. ∎

Der Raum $C_1(X,Y)$ wird auch als *Spurklasse* bezeichnet, da für Operatoren aus $C_1(X)$ eine Spur definiert werden kann, die völlig analoge Eigenschaften hat wie die Spur einer Matrix. Ist $K \in C_1(X)$ und $\{e_\alpha : \alpha \in A\}$ eine Orthonormalbasis von X, so definiert man die *Spur* von K durch

$$\text{sp}(K) := \sum_{\alpha \in A} \langle e_\alpha, K e_\alpha \rangle.$$

Nach Satz 3.22 ist diese Summe absolut konvergent. Der folgende Satz sagt insbesondere, daß die Definition nicht von der Wahl der Orthonormalbasis abhängt.

Satz 3.24 a) *Die obige Definition der Spur eines Operators $K \in C_1(X)$ ist unabhängig von der Wahl der Orthonormalbasis, und es gilt $|\text{sp}(K)| \leq \|K\|_1$.*

b) *Ist $K_1 \in C_p(Y,X)$, $K_2 \in C_q(X,Y)$ mit $\frac{1}{p} + \frac{1}{q} = 1$ oder $K_1 \in B(Y,X)$, $K_2 \in C_1(X,Y)$ oder $K_1 \in C_1(Y,X)$, $K_2 \in B(X,Y)$, so gilt*

$$\text{sp}(K_1 K_2) = \text{sp}(K_2 K_1).$$

Beweis. a) Nach Satz 3.23 können wir annehmen, daß $K = K_1K_2$ gilt mit $K_1, K_2 \in C_2$. Sind $\{e_\alpha : \alpha \in A\}$ und $\{f_\beta : \beta \in B\}$ Orthonormalbasen von X bzw. Y, so gilt

$$\sum_\alpha \langle e_\alpha, K_1K_2 e_\alpha \rangle = \sum_\alpha \langle K_1^* e_\alpha, K_2 e_\alpha \rangle$$

$$= \sum_\alpha \sum_\beta \langle K_1^* e_\alpha, f_\beta \rangle \langle f_\beta, K_2 e_\alpha \rangle$$

$$= \sum_\beta \sum_\alpha \langle K_2^* f_\beta, e_\alpha \rangle \langle e_\alpha, K_1 f_\beta \rangle = \sum_\beta \langle f_\beta, K_2 K_1 f_\beta \rangle.$$

Hieraus folgt die Unabhängigkeit von der Wahl der Orthonormalbasen. Wählt man für $\{e_\alpha\}$ die orthonormierten Eigenelemente von $|K|$, so folgt $|\text{sp}(K)| \leq \|K\|_1$.

b) Betrachten wir zunächst den ersten Fall und nehmen an, daß $p \leq 2$ gilt (der Fall $q \leq 2$ wird entsprechend bewiesen); $K_1 K_2 \in C_1(X)$ folgt aus Satz 3.23. Ist $K_2 = \sum \mu_j \langle \varphi_j, \cdot \rangle \psi_j$ im Sinne von Satz 3.15, so definieren wir für $n \in \mathbb{N}$

$$K_{2,n} := \sum_{j=1}^n \mu_j \langle \varphi_j, \cdot \rangle \psi_j.$$

Dann ist $K_{2,n}$ endlichdimensional, also $K_{2,n} \in C_2$, und es gilt $\|K_{2,n} - K_2\|_q \to 0$, da K_2 aus C_q ist. Wegen $p \leq 2$ gilt $K_1 \in C_p \subset C_2$, und somit nach dem Beweis von Teil a

$$\text{sp}(K_1 K_{2,n}) = \text{sp}(K_{2,n} K_1).$$

Da außerdem

$$\left| \text{sp}(K_1 K_{2,n}) - \text{sp}(K_1 K_2) \right| = \left| \text{sp}(K_1 K_{2,n} - K_1 K_2) \right|$$
$$\leq \|K_1 K_{2,n} - K_1 K_2\|_1 \leq 2\|K_1\|_p \|K_{2,n} - K_1\|_q \to 0$$

und entsprechend

$$\left| \text{sp}(K_{2,n} K_1) - \text{sp}(K_2 K_1) \right| \to 0$$

gilt, folgt die Behauptung in diesem Fall.

3.4 Die Schattenklassen kompakter Operatoren   155

Im Fall $K_1 \in B(Y,X)$ und $K_2 \in C_1(X,Y)$ existieren nach Satz 3.23 $K_2' \in C_2(X)$ und $K_2'' \in C_2(X,Y)$ mit $K_2 = K_2''K_2'$, also $K_1K_2 = K_1K_2''K_2'$. Mehrfache Anwendung der bereits bewiesenen Aussage für $p = q = 2$ liefert

$$\mathrm{sp}(K_1K_2) = \mathrm{sp}((K_1K_2'')K_2') = \mathrm{sp}((K_2'K_1)K_2'')$$
$$= \mathrm{sp}(K_2''K_2'K_1) = \mathrm{sp}(K_2K_1).$$

Entsprechend wird der Fall $K_1 \in C_1(Y,X)$, $K_2 \in B(X,Y)$ bewiesen. ∎

Eine weitere Charakterisierung der Operatoren der Spurklasse gibt der folgende Satz.

Satz 3.25 *Ein Operator $K \in B(X,Y)$ ist genau dann in $C_1(X,Y)$, wenn es Folgen (x_n) aus X und (y_n) aus Y gibt mit $\sum_n \|x_n\|\|y_n\| < \infty$ und*

$$Kx = \sum_n \langle x_n, x \rangle y_n \quad \text{für } x \in X.$$

Die Norm $\|K\|_1$ ist das Infimum der Summen $\sum_n \|x_n\|\|y_n\|$ genommen über alle derartigen Darstellungen von K.

Beweis. Ist $K \in C_1(X,Y)$, so hat es nach Satz 3.15 diese Form mit $x_n = \varphi_n$ und $y_n = s_n(K)\psi_n$, also $\sum_n \|x_n\|\|y_n\| = \sum_n s_n(K) = \|K\|_1 < \infty$. Damit folgt auch $\|K\|_1 \geq$ dem angegebenen Infimum.

Hat K die obige Form, so wird durch $K_m x = \sum_{n=1}^m \langle x_n, x \rangle y_n$ eine $\|\cdot\|_1$-Cauchyfolge endlichdimensionaler Operatoren definiert, $\|K_m - K_r\|_1 \leq \sum_{n=r+1}^m \|\langle x_n, \cdot \rangle y_n\|_1 = \sum_{n=r+1}^m \|x_n\|\|y_n\|$, die gegen K konvergiert. Es gilt

$$\|K\|_1 = \sum_j s_j(K) = \sum_j \langle \psi_j, K\varphi_j \rangle = \sum_j \sum_n \langle \psi_j, y_n \rangle \langle x_n, \varphi_j \rangle$$
$$\leq \sum_n \sum_j |\langle x_n, \varphi_j \rangle||\langle \psi_j, y_n \rangle|$$
$$\leq \sum_n \Big\{ \sum_j |\langle x_n, \varphi_j \rangle|^2 \sum_j |\langle \psi_j, y_n \rangle|^2 \Big\}^{1/2} \leq \sum_n \|x_n\|\|y_n\|.$$

Damit ist $\|K\|_1 \leq$ dem angegebenen Infimum, und somit ist die Behauptung bewiesen. ∎

Bekanntlich ist für jede $m \times m$-Matrix die Spur (Summe der Diagonalelemente) gleich der Summe der mit ihrer algebraischen Vielfachheit gezählten Eigenwerte. Nach einem Satz von V. B. LIDSKIJ (Dokl. Akad. Nauk **125** (1959), 485–487; vgl. auch J. R. RETHERFORD [27], Chapter XI) gilt das entsprechende Resultat für Operatoren der Spurklasse.

3.5 Übungen

3.1 Seien X, Y Banachräume.

a) Ein stetig invertierbarer Operator $T \in B(X,Y)$ ist genau dann kompakt, wenn X endlichdimensional ist.

b) Die Identität in X ist genau dann kompakt, wenn X endlichdimensional ist.

3.2 Sei X ein Hilbertraum, Y ein Banachraum. Ein Operator $K \in B(X,Y)$ ist genau dann komapkt, wenn das Bild der abgeschlossenen Einheitskugel in X kompakt in Y ist (in der Definition wird nur relativ kompakt gefordert).

3.3 Sei $k \in L^2(\mathbb{R}) \cap L^1(\mathbb{R})$, $Kf(x) = \int_\mathbb{R} k(x-y) f(y)\, dy$ für $f \in L^2(\mathbb{R})$.

a) K ist ein beschränkter Operator in $L^2(\mathbb{R})$ mit $\|K\| \leq \|k\|_1$ (mit Satz 6.9 wird sich zeigen, daß $k \in L^1(\mathbb{R})$ genügt).

b) K ist genau dann kompakt, wenn $k = 0$ (also $K = 0$) gilt.

c) Ist $V \in L^\infty(\mathbb{R})$ mit $V(x) \to 0$ für $|x| \to \infty$, so ist $\tilde{K}f(x) = V(x) \int_\mathbb{R} k(x-y) f(y)\, dy$ ein kompakter Operator in $L^2(\mathbb{R})$.

3.4 Ist K ein kompakter Operator im (nicht notwendig separablen) Hilbertraum X, so gibt es eine wachsende Folge endlichdimensionaler orthogonaler Projektionen (P_n) in X mit $\|K - KP_n\| \to 0$.

3.5 Seien X_1, X_2, X_3 Banachräume.

a) Sind $T_n, T \in B(X_2, X_3)$ mit $T_n \xrightarrow{s} T$, und ist $K \in B(X_1, X_2)$ kompakt, so gilt $\|T_n K - TK\| \to 0$. *Anleitung*: Ist E_1 die Einheitskugel in X_1, so konvergiert T_n auf der total beschränkten Menge KE_1 gleichmäßig gegen T.

3.5 Übungen

b) Sind $T_n, T \in B(X_1, X_2)$ mit $T_n \xrightarrow{s} T$, und ist $K \in B(X_2, X_3)$ kompakt, so gilt i. allg. *nicht* $\|KT_n - KT\| \to 0$. *Anleitung*: Man suche ein Beispiel mit $X_2 = X_3 = \mathbb{C}$.

3.6 Seien X_1, X_2, X_3 Hilberträume.

a) Sind $T_n, T \in B(X_2, X_3)$ mit $T_n \xrightarrow{w} T$, und ist $K \in B(Y_1, Y_2)$ kompakt, so gilt $T_n K \xrightarrow{w} TK$.

b) Sind $T_n, T \in B(X_1, X_2)$ mit $T_n \xrightarrow{w} T$, und ist $K \in B(X_2, X_3)$ kompakt, so gilt $KT_n \xrightarrow{s} KT$.

3.7 Sei K ein kompakter Operator von einem Hilbertraum X in einen Banachraum Y.

a) Ist A ein Operator mit $\|Ax\| \leq C\|Kx\|$ für alle $x \in X$, so ist auch A kompakt.

b) Es genügt auch $\|Ax\| \leq f(\|Kx\|)$ für alle $x \in X$ mit $\|x\| \leq 1$, wobei $f : [0, \infty) \to [0, \infty)$ eine Funktion ist mit $f(t) \to 0$ für $t \to 0$.

c) Ist $Y = L^p(\Omega, \mu)$ und $|Af(x)| \leq C|Kf(x)|$ μ-f. ü. für alle $f \in X$, so ist A kompakt.

3.8 Seien X_1, X_2 Hilberträume, $K \in B(X_1, X_2)$ kompakt.

a) Sind (P_n) und (Q_n) Folgen orthogonaler Projektion in X_1 bzw. X_2 mit $P_n \xrightarrow{s} I_{X_1}$, $Q_n \xrightarrow{s} I_{X_2}$, so gilt $\|Q_n K P_n - K\| \to 0$

b) Ist X_1 separabel, so bilden die kompakten Operatoren von X_1 nach X_2 einen separablen Teilraum von $B(X_1, X_2)$ (vgl. Aufgabe 2.6).

3.9 Sei X ein Hilbertraum, $S, T \in B(X)$, $S - T \in C_p(X)$. Dann gilt $p(S) - p(T) \in C_p(X)$ für jedes Polynom p. *Anleitung*: $S^n - T^n = \sum_{j=0}^{n-1} T^j (S - T) S^{n-j-1}$.

3.10 Ist $T \in B_p(X_1, X_2)$, so ist $T^*T \in B_{p/2}(X_1)$.

3.11 Seien X_1, X_2 Hilberträume, X_1 sei separabel. Ein beschränkterOperator K von X_1 nach X_2 ist genau dann Einschränkung eines Hilbert–Schmidt–Operators, wenn eine Orthonormalbasis $\{e_n\}$ von $D(K)$ existiert mit $\sum_n \|Ke_n\|^2 < \infty$. (Dies gilt auch, wenn „beschränkt" durch „abschließbar" ersetzt wird; vgl. Abschnitt 4.)

3.12 a) Der Raum der Hilbert–Schmidt–Operatoren mit dem in Satz 3.20 definierten Skalarprodukt ist ein Hilbertraum.

b) Es gilt $\langle\!\langle K, L\rangle\!\rangle = \langle\!\langle L^*, K^*\rangle\!\rangle$. *Anleitung*: Satz 3.24

3.13 Seien X, Y Hilberträume, (Ω, μ) ein Maßraum, $a : \Omega \to Y$ und $b : \Omega \to X$ schwach μ-meßbar (d. h. für alle $y \in Y$ und $x \in X$ sind $\omega \mapsto \langle a(\omega), y\rangle_Y$ bzw. $\omega \mapsto \langle b(\omega), x\rangle_X$ μ-meßbar), und es gelte

$$\|a(\cdot)\|_Y \|b(\cdot)\|_X \in L^1(\Omega, \mu).$$

a) Durch

$$\left\langle y, Kx\right\rangle_Y := \int_\Omega \left\langle y, a(\omega)\right\rangle_Y \left\langle b(\omega), x\right\rangle_X d\mu(\omega) \ \forall \ x \in X,\ y \in Y$$

wird ein Operator $K \in B(X, Y)$ mit $\|K\| \leq C := \left|\|a(\cdot)\|_Y \|b(\cdot)\|_X\right|_{L^1}$ definiert.

b) (*Spurlassenkriterium* von DEMUTH, M., STOLLMANN, P., STOLZ, G., J. VAN CASTEREN; vgl. Integr. Equat. Oper. Th. **23**, 145-153 (1995)). Es gilt $K \in C_1(X, Y)$ mit $\|K\|_1 \leq C$. *Anleitung*: Satz 3.22 a.

c) Im Spezialfall $X = L^2(\Omega_1, \mu_1)$, $Y = L^2(\Omega_2, \mu_2)$ bedeutet die Voraussetzung, daß meßbare Funktionen $\tilde{a} : \Omega \times \Omega_2 \to \mathbb{C}$ und $\tilde{b} : \Omega \times \Omega_1 \to \mathbb{C}$ existieren mit

$$a(\omega) = \tilde{a}(\omega, \cdot) \in L^2(\Omega_2, \mu_2),\ \ b(\omega) = \tilde{b}(\omega, \cdot) \in L^2(\Omega_1, \mu_1),$$

$$\|\tilde{a}(\omega, \cdot)\|_{L^2(\Omega_2, \mu_2)} \|\tilde{b}(\omega, \cdot)\|_{L^2(\Omega_1, \mu_1)} \in L^1(\Omega, \mu).$$

In diesem Fall wird K erzeugt durch den L^2–Kern

$$k(\omega_2, \omega_1) = \int_\Omega \tilde{a}(\omega, \omega_2)\overline{\tilde{b}(\omega, \omega_1)}\, d\mu(\omega).$$

4 Abgeschlossene Operatoren

Ohne zusätzliche Voraussetzungen sind über beliebige unbeschränkte Operatoren kaum interessante Aussagen möglich. Setzt man dagegen Abgeschlossenheit voraus, so hat man ähnlich schöne Eigenschaften wie bei beschränkten Operatoren; das ist nicht weiter überraschend, wenn man bedenkt, daß ein abgeschlossener Operator beschränkt ist bezüglich einer geeigneten Norm (der Graphennorm) auf dem Definitionsbereich. Die ist eine Konsequenz des zentralen Satzes vom abgeschlossenen Graphen, ohne den eine Theorie unbeschränkter Operatoren nicht denkbar wäre.

In diesem Rahmen können auch halbbeschränkte selbstadjungierte Operatoren untersucht werden, die durch (abschließbare) halbbeschränkte Sesquilinearformen erzeugt werden (Formmethode). Auch (nicht notwendig beschränkte) normale Operatoren können in diesem Rahmen leicht studiert werden.

Für die Begriffe Komplexifizierung und Konjugation im letzten Abschnitt wird natürlich Abgeschlossenheit nicht benötigt. Sie werden hier behandelt, weil die Operatorklassen, auf die sie angewandt werden sollen, jetzt alle bekannt sind. Erst im Zusammenhang mit der Spektraltheorie und der selbstadjungierten Fortsetzungen symmetrischer Operatoren werden wir auf diese Begriffsbildungen zurückgreifen.

4.1 Satz vom abgeschlossenen Graphen

In diesem Abschnitt beweisen wir zwei grundlegende Resultate der Operatorentheorie, den *Satz von der offenen Abbildung* (*open mapping theorem*) und den *Satz vom abgeschlossenen Graphen* (*closed graph theorem*), sowie einige wichtige Folgerungen. Wir führen die Beweise weitestgehend im Banachraumrahmen durch, geben aber für den Satz vom abgeschlossenen Graphen einen einfacheren Hilbertraumbeweis an und skizzieren, wie daraus der Satz von der offenen Abbildung folgt. Zunächst jedoch einige Definitionen und vorbereitende Überlegungen.

Seien X und Y Banachräume. Ein Operator T von X nach Y heißt *abgeschlossen*, wenn sein Graph $G(T)$ (vgl. Abschnitt 2.4) als Teilraum des Banachraumes $X \times Y$ mit der Norm $\|(x,y)\| := \|x\| + \|y\|$ abgeschlossen (und somit selbst ein Banachraum) ist; das ist aber offensichtlich gleichbedeutend damit, daß $D(T)$ mit der *Graphennorm* $\|x\|_T := \|x\| + \|Tx\|$ vollständig ist; im Hilbertraumfall definiert man besser $\|x\|_T := \{\|x\|^2 + \|Tx\|^2\}^{1/2}$, dann gilt $\|x\|_T = \langle x, x \rangle_T^{1/2}$ mit $\langle x, y \rangle_T := \langle x, y \rangle + \langle Tx, Ty \rangle$.

Da eine Menge M in einem metrischen Raum genau dann abgeschlossen ist, wenn der Limes jeder konvergenten Folge aus M ebenfalls in M liegt, d. h. in diesem Fall, wenn aus $(x_n, Tx_n) \to (x,y)$ folgt $(x,y) \in G(T)$, erhalten wir die folgende Charakterisierung: *Ein Operator von X nach Y ist genau dann abgeschlossen, wenn für jede Folge (x_n) aus $D(T)$ mit $x_n \to x$ und $Tx_n \to y$ folgt $x \in D(T)$ und $Tx = y$.*

Ein Operator heißt *abschließbar*, wenn der Abschluß $\overline{G(T)}$ von $G(T)$ der Graph eines Operators $\overline{T}$ ist; $\overline{T}$ wird als *Abschluß* von T bezeichnet. Offenbar ist T genau dann abschließbar, wenn es eine abgeschlossene Fortsetzung von T gibt. Da $\overline{G(T)}$ genau dann ein Graph ist, wenn keine Element der Form $(0, y)$ mit $y \neq 0$ enthalten ist, gilt: *T ist genau dann abschließbar, wenn für jede Folge (x_n) aus $D(T)$ mit $x_n \to 0$ und $Tx_n \to y$ folgt $y = 0$.* $\overline{T}$ wird offenbar beschrieben durch

$$D(\overline{T}) = \left\{ x \in X : \exists \, (x_n) \text{ aus } D(T), \, x_n \to x, \, (Tx_n) \text{ konvergent} \right\},$$
$$\overline{T}x = \lim_{n \to \infty} Tx_n \quad \text{mit obiger Folge } (x_n).$$

Wie man sieht, ist die Abschließbarkeit eine Abschwächung der Stetigkeit: Während bei der Stetigkeit verlangt wird, daß aus $x_n \to 0$ folgt $Tx_n \to 0$, wird dies bei der Abschließbarkeit nur für die Nullfolgen (x_n) aus $D(T)$ verlangt, für die (Tx_n) konvergiert.

Ist T ein abschließbarer Operator und D ein Teilraum von $D(T)$, so heißt D ein *determinierender Bereich* (engl.: *core*) von T, wenn der Abschluß von $T|_D$ eine Fortsetzung von T ist; falls T abgeschlossen ist, ist dann $\overline{T|_D} = T$. Ist $T \in B(X, Y)$, so ist jeder dichte Teilraum von X eine determinierender Bereich von T.

Nach dem bereits Gesagten ist klar, daß ein stetiger Operator genau dann abgeschlossen ist, wenn sein Definitionsbereich abgeschlossen ist (insbesondere ist jeder Operator aus $B(X, Y)$ abgeschlossen). Jeder stetige Operator

4.1 Satz vom abgeschlossenen Graphen

T ist abschließbar; es gilt dann $D(\overline{T}) = \overline{D(T)}$ und $\overline{T}$ ist die nach Satz 2.19 eindeutig bestimmte Fortsetzung auf $\overline{D(T)}$.

Ein injektiver Operator T ist offensichtlich genau dann abgeschlossen, wenn T^{-1} abgeschlossen ist. Für die Abschließbarkeit gilt dies nicht, aber:

Satz 4.1 *Sei T abschließbar und injektiv.*

a) *T^{-1} ist genau dann abschließbar, wenn auch $\overline{T}$ injektiv ist, es gilt dann $\overline{T^{-1}} = \overline{T}^{-1}$.*

b) *Ist $\overline{T}$ injektiv und $\overline{T}^{-1}$ stetig, so gilt $R(\overline{T}) = \overline{R(T)}$.*

Beweis. a) $\Leftarrow$: Ist $\overline{T}$ injektiv, so ist $\overline{T}^{-1}$ eine abgeschlossene Fortsetzung von T^{-1}, d. h. T^{-1} ist abschließbar.

$\Rightarrow$: Ist T^{-1} abschließbar, so ist $VG(\overline{T}) = \overline{V(G(T))} = \overline{G(T^{-1})} = G(\overline{T^{-1}})$ ein Graph, d. h. $\overline{T}$ ist injektiv, und es gilt $\overline{T}^{-1} = \overline{T^{-1}}$.

b) Ist $\overline{T}^{-1}$ stetig, so gilt $R(\overline{T}) = D(\overline{T}^{-1}) = D(\overline{T^{-1}}) = \overline{D(T^{-1})} = \overline{R(T)}$. ∎

Eine Abbildung $f : X \to Y$ heißt *offen*, wenn das Bild jeder offenen Menge aus X offen in Y ist (insbesondere ist also eine bijektive Abbildung f genau dann offen, wenn f^{-1} stetig ist).

Satz 4.2 (Satz von der offenen Abbildung) *Seien X und Y Banachräume, $T \in B(X,Y)$ sei surjektiv. Dann ist T offen.*

Beweis. Wir bezeichnen mit X_ϱ bzw. Y_ϱ die offenen Kugeln um 0 mit dem Radius ϱ in X bzw. Y. Den Beweis unterteilen wir in drei Schritte:

(i) *Für jedes $\varrho > 0$ existiert ein $\tau > 0$ mit $\overline{TX_\varrho} \supset Y_\tau$* : Mit $\delta := \varrho/2$ gilt natürlich $X = \cup_{n \in \mathbb{N}} n X_\delta$. Da T surjektiv ist folgt daraus:

$$Y = TX = \bigcup_n nTX_\delta = \bigcup_n n\overline{TX_\delta}.$$

Nach dem Satz von Baire 1.27 enthält also mindestens eine der Mengen $n\overline{TX_\delta}$ eine offene Kugel. Dann enthält aber bereits die Menge $\overline{TX_\delta}$ eine offene Kugel K.

Aus $X_\varrho \supset X_\delta - X_\delta$ folgt $TX_\varrho \supset TX_\delta - TX_\delta$ und somit gilt

$$\overline{TX_\varrho} \supset \overline{TX_\delta - TX_\delta} \supset \overline{TX_\delta} - \overline{TX_\delta} \supset K - K = \bigcup_{x \in K}(x - K),$$

wobei die zuletzt angegebene Menge offen ist, da K offen ist. Da außerdem 0 in dieser Menge enthalten ist, enthält sie eine Kugel um 0; diese ist also auch in $\overline{TX_\varrho}$ enthalten.

(ii) *Für jedes $\varrho > 0$ enthält TX_ϱ (jetzt ohne Abschluß) eine Kugel um 0 :* Sei $r_0 := \varrho/2$, und die weiteren $r_n > 0$ ($n \in \mathbb{N}$) seien so gewählt, daß $\sum_{n=1}^\infty r_n < r_0$ gilt. Nach dem 1. Schritt existieren für alle $n \in \mathbb{N}_0$ positive τ_n mit $Y_{\tau_n} \subset \overline{TX_{r_n}}$; dabei können wir o.E. annehmen, daß $\tau_n \to 0$ gilt. Wir zeigen $Y_{\tau_0} \subset TX_\varrho$, womit dann (ii) bewiesen ist: Sei $y \in Y_{\tau_0} \subset \overline{TX_{r_0}}$; es existiert also eine $x_0 \in X_{r_0}$ mit

$$\|y - Tx_0\| \leq \tau_1, \text{ d. h. } y - Tx_0 \in Y_{\tau_1}.$$

Also ist $y - Tx_0 \in \overline{TX_{r_1}}$; es existiert somit ein $x_1 \in X_{r_1}$ mit

$$\|(y - Tx_0) - Tx_1\| \leq \tau_2, \text{ d. h. } y - Tx_0 - Tx_1 \in Y_{\tau_2}.$$

Setzt man diese Verfahren fort, so erhält man eine Folge (x_n) aus X mit

$$\|x_n\| < r_n \text{ und } \|y - T(x_0 + \cdots + x_n)\| < \tau_{n+1}.$$

Die Reihe $\sum_{n=0}^\infty x_n$ ist also konvergent, und für $x := \sum_{n=0}^\infty x_n$ gilt

$$\|x\| \leq \sum_{n=0}^\infty \|x_n\| \leq r_0 + \sum_{n=1}^\infty r_n < 2r_0 = \varrho.$$

Somit ist $x \in X_\varrho$ und wegen

$$\|y - Tx\| = \lim_{n \to \infty} \|y - T(x_0 + \cdots + x_n)\| \leq \lim_{n \to \infty} \tau_n = 0$$

gilt $y = Tx \in TX_\varrho$, was in diesem Schritt noch zu beweisen war.

(iii) *Aus $M \subset X$ offen folgt TM offen in Y :* Sei $x \in M$, $y := Tx$. Es gibt eine offene Kugel K um 0 in X mit $x + K \subset M$. Auf Grund des zweiten

4.1 Satz vom abgeschlossenen Graphen

Schrittes existiert also eine offene Kugel $\widetilde{K}$ um 0 in Y mit $\widetilde{K} \subset TK$ und somit

$$y + \widetilde{K} = Tx + \widetilde{K} \subset Tx + TK = T(x + K) \subset TM,$$

d. h. mit jedem $y \in TM$ liegt eine ganze Kugel um y in TM. ∎

Eine unmittelbare Folgerung aus diesem Satz ist der

Satz 4.3 (Satz von der stetigen Inversen) *Seien X und Y Banachräume, $T \in B(X,Y)$ sei bijektiv. Dann ist T^{-1} stetig.*

Beweis. Nach dem Satz von der offenen Abbildung ist $(T^{-1})^{-1} = T$ offen, d. h. T^{-1} hat die Eigenschaft, daß das Urbild jeder offenen Menge offen ist, das ist aber gerade die Stetigkeit von T^{-1}. ∎

Daraus wiederum ergibt sich der folgende grundlegende Satz:

Satz 4.4 (S. Banach; Satz vom abgeschlossenen Graphen) *Seien X und Y Banachräume, T ein abgeschlossener linearer Operator von X nach Y mit abgeschlossenem Definitionsbereich $D(T)$ (z. B. $D(T) = X$). Dann ist T beschränkt.*

Beweis. O. E. können wir annehmen, daß $D(T) = X$ ist (andernfalls ersetzt man X durch den Banachraum $(D(T), \|\cdot\|)$. Nach Voraussetzung ist $G(T)$ ein abgeschlossener Teilraum $X \times Y$, also selbst ein Banachraum. Die Abbildung

$$P : G(T) \to X, \quad (x, Tx) \mapsto x$$

ist (als Einschränkung der Projektion von $X \times Y$ auf die erste Komponente) linear und stetig ($\|P(x,Tx)\| = \|x\| \leq \|(x,Tx)\|$). Außerdem ist sie bijektiv, denn aus $P(x,Tx) = 0$ folgt $x = 0$, also $(x,Tx) = (0,T0) = 0$ (injektiv), und für jedes $x \in X = D(T)$ ist $x = P(x,Tx)$ (surjektiv). Nach dem Satz von der stetigen Inversen 4.3 ist also P^{-1} stetig. Also ist auch $T = QP^{-1}$ stetig, wobei Q die Projektion auf die zweite Komponente ist. ∎

Bemerkung 4.5 a) Für Hilberträume X und Y kann der Satz vom abgeschlossenen Graphen ohne Verwendung des Satzes von der offenen Abbildung (i. wes. mit Hilfe des Satzes von der gleichmäßigen Beschränktheit) bewiesen werden: O. E. nehmen wir wieder an, daß $D(T) = X$ gilt. Nach Satz 2.40 d genügt es zu zeigen, daß $T^* \in B(Y, X)$ ist. Für alle $y \in D(T^*)$ gilt

$$|\langle T^*y, x\rangle| = |\langle y, Tx\rangle| \leq \|Tx\|\|y\| \text{ für alle } x \in X.$$

Für die Funktionale $L_y : X \to \mathbb{K}$, $x \mapsto \langle T^*y, x\rangle$ gilt also

$$|L_y(x)| = |\langle T^*y, x\rangle| \leq \|Tx\|\|y\| \text{ für alle } x \in X.$$

Die Menge der Funktionale $\{L_y : y \in D(T^*), \|y\| \leq 1\}$ ist also punktweise beschränkt und somit nach Satz 2.22 gleichmäßig beschränkt, d. h. es gibt ein $C \geq 0$ mit $\|T^*y\| = \|L_y\| \leq C$ für alle $y \in D(T^*)$ mit $\|y\| \leq 1$, also $\|T^*\| \leq C$. Nach Satz 4.9 ist T^* dicht definiert und abgeschlossen, also $D(T^*) = Y$.

b) Wir haben den Satz vom abgeschlossenen Graphen aus dem Satz von der offenen Abbildung gefolgert. Da wir im Hilbertraumfall einen direkten Beweis des Satzes vom abgeschlossenen Graphen angegeben haben, ist es interessant, anzumerken, daß dieser den Satz von der offenen Abbildung impliziert. Wir deuten das im Hilbertraumfall an: Sei also T stetig und surjektiv. Damit ist die Einschränkung $\widetilde{T} := T|_{N(T)^\perp}$ von T auf $N(T)^\perp$ stetig und bijektiv, und somit ist $\widetilde{T}^{-1}$ auf ganz Y definiert und abgeschlossen. Also ist nach dem Satz vom abgeschlossenen Graphen 4.4 $\widetilde{T}^{-1}$ stetig, d. h. $\widetilde{T}$ ist offen. Es ist leicht zu sehen, daß dann auch T offen ist: Ist O offen in X, so ist auch die Projektion auf $N(T)^\perp$ offen in $N(T)^\perp = D(\widetilde{T})$, also $TO = \widetilde{T}P_{N(T)^\perp}O$ offen in Y.

Korollar 4.6 *Aus jeweils zwei der Eigenschaften (α) T ist abgeschlossen, (β) $D(T)$ ist abgeschlossen und (γ) T ist stetig, folgt die dritte. In anderen Worten, die folgenden Aussagen sind äquivalent:*

(i) *T ist abgeschlossen und $D(T)$ ist abgeschlossen,*

(ii) *T ist abgeschlossen und stetig,*

(iii) *T ist stetig und $D(T)$ ist abgeschlossen.*

4.1 Satz vom abgeschlossenen Graphen

Beweis. (i)⇒(ii) und (i)⇒(iii) folgen direkt aus dem Satz vom abgeschlossenen Graphen 4.4.

(ii)⇒(i): Es ist zu zeigen, daß $D(T)$ abgeschlossen ist. Sei (x_n) eine Folge aus $D(T)$ mit $x_n \to x$. Da T beschränkt ist, ist dann auch (Tx_n) konvergent und somit, wegen der Abgeschlossenheit von T, $x \in D(T)$.

(iii)⇒(i): Es ist zu zeigen, daß T abgeschlossen ist. Sei (x_n) eine Folge aus $D(T)$ mit $x_n \to x$ und $Tx_n \to y$. Da $D(T)$ abgeschlossen ist, ist $x \in D(T)$, und da T stetig ist, gilt $Tx_n \to Tx$, also $y = Tx$. ∎

Das nächste Ziel ist eine wichtige Stabilitätseigenschaft der Abgeschlossenheit für Operatoren zwischen zwei Banachräumen (Satz 4.8). Dazu benötigen wir einen neuen Begriff: Seien T und S Operatoren von einem normierten Raum X in einen normierten Raum Y bzw. Z. S heißt *T-beschränkt*, wenn gilt

$$D(S) \supset D(T) \text{ und}$$
$$\exists\, a, b \geq 0 \text{ mit } \|Sx\| \leq a\|x\| + b\|Tx\| \ \forall\, x \in D(T)$$

(Aufgabe 4.2 zeigt, daß dies i. wes. äquivalent ist zu $\|Sx\|^2 \leq a^2\|x\|^2 + b^2\|Tx\|^2$).

Der folgende Satz liefert ein einfaches – aber sehr starkes – Kriterium für die T-Beschränktheit eines Operators S:

Satz 4.7 *Seien X, Y und Z Banachräume, T und S lineare Operatoren von X nach Y bzw. von X nach Z. Ist T abgeschlossen und S abschließbar mit $D(S) \supset D(T)$, so ist S T-beschränkt.*

Beweis. Nach dem Satz vom abgeschlossenen Graphen genügt es zu zeigen, daß der Operator S_0 von $\big(D(T), \|\cdot\|_T\big)$ nach Z mit $D(S_0) = D(T)$ und $S_0 x = Sx$ für $x \in D(T)$ abgeschlossen ist; da S_0 auf ganz $D(T)$ definiert ist, genügt es sogar zu zeigen, daß S_0 abschließbar ist: Sei (x_n) eine Folge in $D(T)$ mit $\|x_n\|_T \to 0$, für die $(S_0 x_n)$ in Z konvergiert. Da aus $\|x_n\|_T \to 0$ folgt $\|x_n\| \to 0$, und da S abschließbar ist, ergibt sich hieraus $S_0 x_n = S x_n \to 0$, d. h. S_0 ist abschließbar. ∎

Das Infimum c aller b, für die ein $a \geq 0$ existiert, mit dem die obige Ungleichung gilt, heißt die *T–Schranke* von S (i. allg. gibt es für $a = c$ kein $b \geq 0$ so, daß obige Ungleichung gilt, vgl. Aufgabe 4.3); nach Aufgabe 4.2 ist es für die Definition der *T*–Schranke gleichgültig, ob die lineare oder quadratische Form der relativen Schranke benutzt wird). Ist $S \in B(X,Y)$, so ist S offenbar T-beschränkt mit T-Schranke 0 für jeden Operator T. Wir beweisen nun das angekündigte Stabilitätsresultat:

Satz 4.8 (Stabilität der Abgeschlossenheit) *Seien X und Y Banachräume, T und S lineare Operatoren von X nach Y, S sei T-beschränkt mit T-Schranke < 1. Dann gilt: $T+S$ ist genau dann abgeschlossen, wenn T abgeschlossen ist. (Es ist bemerkenswert, daß trotz der Unsymmetrie in der Voraussetzung — S hat zwar T-Schranke < 1, aber eventuell eine größere $(T+S)$-Schranke — die Aussage symmetrisch in T und $T+S$ ist.)*

Beweis. Nach Voraussetzung gibt es ein $b < 1$ und ein $a \geq 0$ mit

$$\|Sx\| \leq a\|x\| + b\|Tx\| \quad \text{für alle} \quad x \in D(T).$$

Daraus folgt für alle $x \in D(T)$

$$\|Tx\| \leq \|(T+S)x\| + \|Sx\| \leq \|(T+S)x\| + a\|x\| + b\|Tx\|,$$
$$(1-b)\|Tx\| \leq a\|x\| + \|(T+S)x\|,$$
$$\|x\|_T = \|x\| + \|Tx\| \leq C_1\Big(\|x\| + \|(T+S)x\|\Big) = C_1\|x\|_{T+S},$$
$$\|x\|_{T+S} = \|x\| + \|(T+S)x\| \leq \|x\| + \|Tx\| + \|Sx\|$$
$$\leq (1+a)\|x\| + (1+b)\|Tx\| \leq C_2\Big(\|x\| + \|Tx\|\Big)$$
$$= C_2\|x\|_T.$$

Die Normen $\|\cdot\|$ und $\|\cdot\|_{T+S}$ sind also äquivalent, d. h. $\Big(D(T), \|\cdot\|_T\Big)$ ist genau dann vollständig, wenn $\Big(D(T), \|\cdot\|_{T+S}\Big) = \Big(D(T+S), \|\cdot\|_{T+S}\Big)$ vollständig ist. Da $\Big(D(T), \|\cdot\|_T\Big)$ genau dann vollständig ist, wenn T abgeschlossen ist, folgt die Behauptung. ∎

Satz 4.9 *Sei T ein dicht definierter Operator vom Hilbertraum X in den Hilbertraum Y.*

4.1 Satz vom abgeschlossenen Graphen

a) T^* *ist abgeschlossen.*

b) *T ist genau dann abschließbar, wenn auch T^* dicht definiert ist; es gilt dann $\overline{T} = T^{**}$ (vgl. Satz 2.40 für den beschränkten Fall).*

c) *Ist T abschließbar, so gilt $\overline{T}^* = T^*$.*

Beweis. a) Wegen $G(T^*) = (UG(T))^\perp$ ist $G(T^*)$ abgeschlossen.

b) Wegen

$$\overline{G(T)} = G(T)^{\perp\perp} = (U^{-1}G(T^*))^\perp$$
$$= \left\{(x,y) \in X \times Y : \langle x, T^*z\rangle - \langle y, z\rangle = 0 \text{ für alle } z \in D(T^*)\right\}$$

gilt $(0,y) \in \overline{G(T)}$ genau dann, wenn $y \in D(T^*)^\perp$ gilt. Also ist $\overline{G(T)}$ genau dann ein Graph, wenn $D(T^*)$ dicht ist. Es gilt dann

$$G(T^{**}) = U^{-1}(G(T^*)^\perp) = U^{-1}U(G(T)^{\perp\perp}) = \overline{G(T)} = G(\overline{T}).$$

c) Ist T abschließbar, so gilt

$$G(T^*) = U(G(T)^\perp) = U(\overline{G(T)}^\perp) = U(G(\overline{T}))^\perp = G(\overline{T}^*),$$

also $T^* = \overline{T}^*$. ∎

Satz 4.10 a) *Jeder symmetrische Operator T ist abschließbar, $\overline{T} \subset T^*$.*

b) *Die folgenden Aussagen sind äquivalent:*

i) *T ist wesentlich selbstadjungiert (d. h. T^* ist selbstadjungiert, vgl. S. 105),*

ii) *$\overline{T} = T^*$,*

iii) *$\overline{T}$ ist selbstadjungiert.*

$\overline{T}$ ist dann die einzige selbstadjungierte Fortsetzung von T.

c) *Sind X und Y Hilberträume und ist T ein Operator von X nach Y mit $D(T) = X$ und $D(T^*)$ dicht in Y, so ist T beschränkt. Insbesondere gilt der Satz von Hellinger-Toeplitz: Ist T ein symmetrischer Operator im Hilbertraum X mit $D(T) = X$, so ist T beschränkt.*

Beweis. a) T hat die abgeschlossene Fortsetzung T^*.

b) (i)$\Rightarrow$(ii): Aus $(T^*)^* = T^*$ folgt $\overline{T} = T^{**} = T^*$.

(ii)$\Rightarrow$(iii): Aus $\overline{T} = T^*$ folgt $\overline{T} = T^{**} = \overline{T}^*$, d. h. $\overline{T}$ ist selbstadjungiert.

(iii)$\Rightarrow$(i): $T^* = \overline{T}^* = \overline{T}$ ist selbstadjungiert.

Ist A eine selbstadjungierte Fortsetzung von T, so gilt $A = A^* \subset T^* = \overline{T} \subset A$, also $A = \overline{T}$.

c) Da $D(T^*)$ dicht ist, ist T abschließbar (Satz 4.9). Da außerdem $D(T) = X$ gilt, ist T abgeschlossen. Nach dem Satz vom abgeschlossenen Graphen 4.4 ist also T beschränkt. ∎

Für $A \in B(X,Y)$ ist offensichtlich A^*A selbstadjungiert. Daß dies auch für beliebige abgeschlossene Operatoren gilt, ist schon deshalb nicht selbstverständlich, weil nicht klar ist, daß $D(A^*A)$ hinreichend groß ist.

Satz 4.11 *a) Seien X, Y Hilberträume, A ein dicht definierter abgeschlossener Operator von X nach Y. Dann ist A^*A ein positiver selbstadjungierter Operator in X; $D(A^*A)$ ist determinierender Bereich von A.*

b) Sind X, Y_1, Y_2 Hilberträume und A_1, A_2 dicht definierte abgeschlossene Operatoren von X nach Y_1 bzw. Y_2, so gilt $A_1^*A_1 = A_2^*A_2$ genau dann, wenn A_1 und A_2 metrisch gleich sind (d. h., wenn $D(A_1) = D(A_2)$ und $\|A_1 x\|_1 = \|A_2 x\|_2$ für alle $x \in D(A_1) = D(A_2)$ gilt).

Beweis. a) Für $x \in D(A^*A) = \left\{ x \in D(A) : Ax \in D(A^*) \right\}$ gilt

$$\langle x, (I + A^*A)x \rangle = \|x\|^2 + \|Ax\|^2 \geq \|x\|^2,$$
$$\|(I + A^*A)x\| \geq \|x\|,$$

d. h. $I + A^*A$ ist hermitesch und stetig invertierbar; insbesondere ist $A^*A \geq 0$.

Aus $X \oplus Y = G(A) + U^{-1}G(A^*)$ (vgl. Satz 2.48) folgt, daß für jedes $z \in X$ ein $x \in D(A)$ und ein $y \in D(A^*)$ existieren mit

$$(z, 0) = (x, Ax) + U^{-1}(y, A^*y) = (x - A^*y, Ax + y),$$

4.1 Satz vom abgeschlossenen Graphen

also $z = x - A^*y$, $y = -Ax$, und somit

$$z = x - A^*y = x + A^*Ax = (I + A^*A)x;$$

$I + A^*A$ ist also surjektiv, und somit bijektiv. Deshalb ist $T := (I + A^*A)^{-1} \in B(X)$ und nach Satz 2.50 b hermitesch, also selbstadjungiert. Nach Satz 2.49 b ist dann auch der Operator $A^*A = T^{-1} - I$ selbstadjungiert.
Um zu zeigen, daß $D(A^*A)$ ein determinierender Bereich von A ist, genügt es zu zeigen, daß $G(A) = \overline{G(A|_{D(A^*A)})}$ gilt, d. h., daß aus $(x, Ax) \perp (y, Ay)$ für alle $y \in D(A^*A)$ folgt $x = 0$. Tatsächlich folgt

$$\langle x, (I + A^*A)y \rangle = \langle x, y \rangle + \langle Ax, Ay \rangle = \langle (x, Ax), (y, Ay) \rangle = 0,$$

also $x = 0$ wegen $R(I + A^*A) = X$.

b) Aus der metrischen Gleichheit von A_1 und A_2 folgt mit Hilfe der Polarisierungsidentität

$$\langle A_1 x, A_1 y \rangle_1 = \langle A_2 x, A_2 y \rangle_2 \quad \text{für } x, y \in D(A_1) = D(A_2),$$

und somit

$$D(A_1^* A_1) = \Big\{ x \in D(A_1) : \exists y \in X \ \forall z \in D(A_1)$$
$$\langle y, z \rangle = \langle A_1 x, A_1 z \rangle_1 = \langle A_2 x, A_2 z \rangle_2 \Big\}$$
$$= D(A_2^* A_2)$$

und $A_1^* A_1 x = y = A_2^* A_2 x$ für $x \in D(A_1^* A_1) = D(A_2^* A_2)$.
Aus $A_1^* A_1 = A_2^* A_2$ folgt für $x \in D(A_1^* A_1) = D(A_2^* A_2)$

$$\|A_1 x\|^2 = \langle x, A_1^* A_1 x \rangle = \langle x, A_2^* A_2 \rangle = \|A_2 x\|^2,$$

wobei $D(A_1^* A_1) \subset D(A_1)$ und $D(A_2^* A) \subset D(A_2)$ benutzt wurde. Da nach Teil a $D(A_1^* A_1) = D(A_2^* A_2)$ determinierender Bereich von A_1 und A_2 ist, und da $\|\cdot\|_{A_1}$ und $\|\cdot\|_{A_2}$ auf $D(A_1^* A_1) = D(A_2^* A_2)$ übereinstimmen, folgt

$$D(A_1) = D(A_2) \quad \text{und} \quad \|A_1 x\| = \|A_2 x\| \quad \text{für alle } x \in D(A_1) = D(A_2)$$

durch Abschließung. ∎

4.2 Halbbeschränkte Operatoren und Formen

Eine Sesquilinearform s auf einem Hilbertraum X heißt *beschränkt*, wenn ein $C \geq 0$ existiert mit $|s(x,y)| \leq C\|x\|\|y\|$ für alle $x, y \in X$; das kleinste C mit dieser Eigenschaft heißt die *Norm* von s, diese wird mit $\|s\|$ bezeichnet. Ist $T \in B(X)$, so wird offenbar durch $s(y,x) := \langle y, Tx \rangle$ eine beschränkte Sesquilinearform s mit $\|s\| = \|T\|$ definiert. Umgekehrt gilt:

Satz 4.12 *Ist s eine beschränkte Sesquilinearform auf dem Hilbertraum X, so existiert genau ein Operator $T \in B(X)$ mit $\langle y, Tx \rangle = s(y,x)$ für alle $x, y \in X$. Es gilt $\|T\| = \|s\|$. (Nach Satz 2.50 ist T hermitesch, falls die Form s hermitesch ist.)*

Beweis. Für jedes $x \in X$ ist durch $F_x : y \mapsto \overline{s(y,x)}$ ein stetiges lineares Funktional definiert, $|F_x(y)| = |s(y,x)| \leq \|s\|\|y\|\|x\|$. Also gibt es ein eindeutig bestimmtes $\tilde{x} \in X$ mit $F_x(y) = \langle \tilde{x}, y \rangle$, also

$$s(y,x) = \overline{F_x(y)} = \overline{\langle \tilde{x}, y \rangle} = \langle y, \tilde{x} \rangle \quad \text{für alle } y \in X.$$

Die Zuordnung $x \mapsto \tilde{x}$ ist linear ($s(y, ax_1 + bx_2) = as(y, x_1) + bs(y, x_2) = a\langle y, \tilde{x}_1 \rangle + b\langle y, \tilde{x}_2 \rangle = \langle y, a\tilde{x}_1 + b\tilde{x}_2 \rangle$). Durch $Tx := \tilde{x}$ wird also ein linearer auf ganz X definierter Operator T in X definiert, der offenbar die Norm $\|T\| = \|s\|$ hat. Sind $T_1, T_2 \in B(X)$ mit $\langle y, T_1 x \rangle = s(y,x) = \langle y, T_2 x \rangle$ für alle $x, y \in X$, so gilt $T_1 = T_2$, d. h. T ist eindeutig bestimmt. ∎

Für unbeschränkte Sesqilinearformen ist die Situation wesentlich komplizierter; wir betrachten deshalb nur halbbeschränkte hermitesche Formen. Der folgende Satz dient zur Vorbereitung der allgemeinen Theorie:

Satz 4.13 *Sei $(X; \langle \cdot, \cdot \rangle)$ ein Hilbertraum, t eine auf einem dichten Teilraum X_t definierte hermitesche Sesquilinearform mit $t(x,x) \geq \|x\|^2$ für alle $x \in X_t$; mit dem Skalarprodukt $\langle x, y \rangle_t := t(x,y)$ und der zugehörigen Norm $\|\cdot\|_t$ sei $(X_t, \langle \cdot, \cdot \rangle_t)$ vollständig. Dann existiert genau ein selbstadjungierter Operator T in X mit*

$$D(T) \subset X_t \quad \text{und} \quad \langle y, Tx \rangle = t(y,x) \quad \forall x \in D(T),\ y \in X_t. \qquad (*)$$

4.2 Halbbeschränkte Operatoren und Formen

T ist halbbeschränkt nach unten mit der unteren Schranke 1, d. h. es gilt $\langle x, Tx \rangle \geq \|x\|^2$ *für* $x \in D(T)$. *T ist gegeben durch*

$$D(T) = \left\{ x \in X_t : \exists\, \tilde{x} \in X \text{ mit } t(y, x) = \langle y, \tilde{x} \rangle \ \forall\, y \in X_t \right\},$$
$$Tx = \tilde{x} \text{ für } x \in D(T). \tag{**}$$

$D(T)$ *ist dicht in* X_t *bezüglich der Norm* $\|\cdot\|_t$.

Beweis. Existenz: Das Element $\tilde{x}$ in (**) ist, falls es existiert, eindeutig bestimmt, da X_t in X dicht ist. Da außerdem die Zuordnung $x \mapsto \tilde{x}$ offensichtlich linear ist, wird durch (**) ein linearer Operator T in X erklärt der auch (*) erfüllt. Diesen können wir auch als Operator von $(X_t, \langle \cdot, \cdot \rangle_t)$ nach X auffassen, den wir als T_1 bezeichnen. Ist J der durch

$$D(J) = X_t \subset X, \quad Jx = x \quad \text{für } x \in D(J)$$

definierte Operator von X nach X_t, so läßt sich (**) schreiben als

$$D(T_1) = \left\{ x \in X_t : \exists\, \tilde{x} \in X \text{ mit } \langle Jy, x \rangle_t = \langle y, \tilde{x} \rangle \ \forall\, y \in D(J) \right\},$$
$$T_1 x = \tilde{x} \text{ für } x \in D(T_1).$$

d. h. es gilt $T_1 = J^*$ und $T = T_1 J = J^* J$.

J ist abgeschlossen, denn für eine Folge (x_n) aus $D(J) = X_t$ mit $x_n \xrightarrow{\|\cdot\|} x$ in X und $x_n = J x_n \xrightarrow{\|\cdot\|_t} z$ in X_t gilt wegen $\|\cdot\| \leq \|\cdot\|_t$ auch $x_n \xrightarrow{\|\cdot\|} z$, und somit $x = z \in D(J)$, $Jx = x = z$.

Nach Satz 4.11 ist also $T = J^*J$ selbstadjungiert [1]

Die *Halbbeschränktheit* ergibt sich unmittelbar aus

$$\langle x, Tx \rangle = \langle x, x \rangle_t \geq \|x\|^2 \text{ für } x \in D(T).$$

Eindeutigkeit: Jeder Operator A, der (*) erfüllt, ist offenbar eine Einschränkung des durch (**) beschriebenen Operators T. Da T auf Grund

---
[1] Dies kann auch schnell ohne Satz 4.11 direkt gezeigt werden: Wegen $\langle y, Tx \rangle = \langle y, x \rangle_t = \overline{\langle x, y \rangle_t} = \overline{\langle x, Ty \rangle} = \langle Ty, x \rangle$ für $x, y \in D(T)$ ist T symmetrisch. Die Selbstadjungiertheit folgt mit Satz 2.53 aus $R(T) = X$: Für jedes $z \in X$ ist $y \mapsto \langle z, y \rangle$ ein stetiges lineares Funktional auf X_t, d. h. es gibt ein $x \in X_t$ mit $\langle z, y \rangle = \langle x, y \rangle_t$ für alle $y \in D(T)$, also ist $x \in D(T)$ und $z = Tx \in R(T)$.

des ersten Teils des Beweises selbstadjungiert ist, folgt $A \subset T \subset A^*$.
außerdem selbstadjungiert, so gilt also $A = T$.

Für beliebige (insbesondere unbeschränkte, nicht hermitesche und
überall definierte) Sesquilinearformen s besteht kaum eine Chance,
zugehörigen Operator zu definieren. Der vorige Satz läßt aber erwa
daß dies für positive hermitesche Formen u. U. möglich ist. Dabei wird
natürlich die Positivität durch die Halbbeschränktheit ersetzen könne

Sei also im folgenden s eine *nach unten halbbeschränkte* hermitesche Se
linearform mit *unterer Schranke* γ auf einem dichten Teilraum $D(s)$ vo
d. h. $s(x,x) \geq \gamma \|x\|^2$ für alle $x \in D(s)$. Dann wird offenbar durch

$$\langle x, y \rangle_s := s(x,y) + (1-\gamma)\langle x, y \rangle$$

ein Skalarprodukt auf $D(s)$ erklärt; Für die zugehörige Norm $\|\cdot\|$
$\|\cdot\|_s \geq \|\cdot\|$, wie es in obigem Satz verlangt war.

Gegenüber den Voraussetzungen des obigen Satzes fehlt allerdings die
ständigkeit von $(D(s), \langle \cdot, \cdot \rangle_s)$. Man nennt die Form s *abgeschlossen*,
dieser Raum vollständig ist; diese Eigenschaft läßt sich analog zur A
schlossenheit von Operatoren formulieren: Für jede $\|\cdot\|_s$-Cauchyfolge
mit $x_n \xrightarrow{\|\cdot\|} x$ in X folgt $x \in X_s = D(s)$ und $x_n \xrightarrow{\|\cdot\|_s} x$.

Ist dieser Raum nicht vollständig, so kann man versuchen, ihn zu e
Hilbertraum X_s zu vervollständigen. Um dabei eine Form in X zu e
ten, muß aber diese Vervollständigung X_s in X einbettbar sein. Nu
offenbar jede $\|\cdot\|_s$-Cauchyfolge (x_n) in $D(s)$ auch eine $\|\cdot\|$-Cauchy
und somit in X konvergent gegen ein Element in X. Damit eine Ei
tung möglich ist, müssen aber zwei $\|\cdot\|_s$-Cauchyfolgen, die den gle
$\|\cdot\|$-Limes haben, bezüglich $\|\cdot\|_s$ äquivalent sein. Das ist genau dan
Fall, wenn s *abschließbar* ist, d. h., wenn $\|\cdot\|_s$ im folgenden Sinn mi
verträglich ist: *Ist* (x_n) *eine* $\|\cdot\|_s$-*Cauchyfolge aus* $D(s)$ *mit* $\|x_n\| \to$
gilt auch $\|x_n\|_s \to 0$. Eine solche halbbeschränkte Sesquilinearform läß
offenbar in eindeutiger Weise zu einer beschränkten Sesquilinearform
der Vervollständigung $(X_s, \langle \cdot, \cdot \rangle_s)$ von $(D(s), \langle \cdot, \cdot \rangle_s)$ fortsetzen, diese wi
Abschluß von s bezeichnet. Die Form $t(x,y) := \overline{s}(x,y) + (1-\gamma)\langle x, z$
die in Satz 4.13 geforderten Eigenschaften.

4.2 Halbbeschränkte Operatoren und Formen

Satz 4.14 *Sei X ein Hilbertraum, s eine abschließbare dicht definierte halbbeschränkte Sesquilinearform in X, X_s wie oben definiert. Dann gibt es genau einen selbstadjungierten Operator S mit*

$$D(S) \subset X_s \text{ und } \langle y, Sx \rangle = \overline{s}(y, x) \ \forall x \in D(S), y \in D(s). \quad (\dagger)$$

Explizit ist S gegeben durch

$$D(S) = \left\{ x \in X_s : \exists \tilde{x} \in X \text{ so, daß } \overline{s}(y, x) = \langle y, \tilde{x} \rangle \ \forall y \in D(s) \right\},$$
$$Sx = \tilde{x} \text{ für } x \in D(S). \quad (\dagger\dagger)$$

S ist nach unten halbbeschränkt mit der gleichen unteren Schranke wie s.

Beweis. Sei γ die untere Schranke von s. Nach Satz 4.13 (∗) gibt es genau einen selbstadjungierten Operator T mit

$D(T) \subset X_s$ und

$\langle y, Tx \rangle = t(y, x) = \overline{s}(y, x) + (1 - \gamma)\langle y, x \rangle$ für $x \in D(T), y \in X_s$.

Da $D(s)$ in $D(\overline{s}) = X_s$ dicht bezüglich $\|\cdot\|_s$ ist, kann hier X_s durch $D(s)$ ersetzt werden.

T ist halbbeschränkt mit unterer Schranke 1 und $S := T - (1 - \gamma)$ hat offenbar alle gewünschten Eigenschaften, erfüllt insbesondere (†). Ist S ein selbstadjungierter Operator, der (†) erfüllt, so ist $T := S + (1 - \gamma)$ der Operator aus Satz 4.13, erfüllt also insbesondere (∗∗); das bedeutet, daß S die Aussage (††) erfüllt, womit auch die Eindeutigkeit bewiesen ist. ∎

Diese Theorie erlaubt es auch auf relativ einfache Weise halbbeschränkte symmetrische Operatoren zu selbstadjungierten Operatoren fortzusetzen: Sei also S ein nach unten halbbeschränkter symmetrischer Operator mit unterer Schranke γ. Durch

$$s(x, y) := \langle x, Sy \rangle = \langle Sx, y \rangle \text{ für } x, y \in D(s) := D(S)$$

wird eine halbbeschränkte Sesquilinearform s mit unterer Schranke γ definiert; für $x, y \in D(S)$ ist

$$\langle x, y \rangle_s = \langle x, Sy \rangle + (1 - \gamma)\langle x, y \rangle \text{ und } \|x\|_s^2 = \langle x, Sx \rangle + (1 - \gamma)\|x\|^2.$$

Die Form s ist abschließbar: Sei (x_n) eine $\|\cdot\|_s$-Cauchyfolge aus $D(s) = D(S)$ mit $x_n \xrightarrow{\|\cdot\|} 0$. Dann gilt

$$\|x_n\|_s^2 = \langle x_n, x_n\rangle_s = \left|\langle x_n, x_n - x_m\rangle_s + \langle x_n, x_m\rangle_s\right|$$
$$\leq \|x_n\|_s \|x_n - x_m\|_s + \|(S + 1 - \gamma)x_n\|\|x_m\| \quad \text{für } n, m \in \mathbb{N}.$$

Die Folge $(\|x_n\|_s)$ ist beschränkt, $\|x_n - x_m\|_s$ ist klein für große n und m, und bei festem n gilt $\|(S + 1 - \gamma)x_n\|\|x_m\| \to 0$ für $m \to \infty$. Damit gilt $\|x_n\|_s \to 0$ für $n \to \infty$.

Satz 4.15 (Friedrichsfortsetzung) *Sei S ein halbbeschränkter symmetrischer Operator mit unterer Schranke γ. Dann gibt es (mindestens) eine halbbeschränkte selbstadjungierte Fortsetzung von S mit unterer Schranke γ. Definiert man $s(x,y) := \langle x, Sy\rangle$ für $x, y \in D(S)$ und X_s wie oben, so gilt: der Operator T mit*

$$D(T) = D(S^*) \cap X_s \quad \text{und} \quad Tx = S^*x \quad \text{für } x \in D(T)$$

ist eine selbstadjungierte Fortsetzung von S mit unterer Schranke γ, die Friedrichsfortsetzung *von S (nach K. O. FRIEDRICHS). T ist die einzige selbstadjungierte Fortsetzung von S mit $D(T) \subset X_s$.*

Beweis. Da die Form s abschließbar ist, gibt es nach Satz 4.14 genau einen selbstadjungierten Operator T mit $D(T) \subset X_s$ und

$$\langle y, Tx\rangle = \bar{s}(y, x) \quad \text{für } x \in D(T), y \in D(S).$$

T hat die untere Schranke γ. Es gilt (††) mit $D(s) = D(S)$, wobei dort „$\bar{s}(y,x)$" ersetzt werden kann durch „$\langle Sy, x\rangle$": Dazu wählt man zu $x \in X_s$ eine Folge (x_n) aus $D(S)$ mit $\|x - x_n\|_s \to 0$; dann gilt wegen $y \in D(S)$

$$\bar{s}(y, x) = \lim_{n \to \infty} \bar{s}(y, x_n) = \lim_{n \to \infty} \langle Sy, x_n\rangle = \langle Sy, x\rangle.$$

Also gilt $D(T) = D(S^*) \cap X_s$ und $T = S^*|_{D(T)}$. Wegen $S \subset S^*$ und $D(S) \subset X_s$ folgt hieraus, daß T eine Fortsetzung von S ist.

Sei nun A eine beliebige selbstadjungierte Fortsetzung von S mit $D(A) \subset X_s$: wegen $A \subset S^*$ und $D(T) = D(S^*) \cap X_s$ folgt dann $A \subset T$ und somit $A = T$. ∎

4.2 Halbbeschränkte Operatoren und Formen

Mit Hilfe halbbeschränkter Formen kann auch die „Summe" halbbeschränkter selbstadjungierter Operatoren in vielen Fällen definiert werden, in denen die übliche Operatorsumme wenig oder gar keinen Sinn macht, weil der Durchschnitt der Definitionsbereiche zu klein – oder sogar trivial – ist. Statt dessen kann man versuchen, die erzeugenden Formen zu addieren, und den zu dieser Summe gehörenden Operator als *Formsumme* zu definieren. Seien S und T nach unten halbbeschränkte selbstadjungierte Operatoren und s, t die zugehörigen abgeschlossenen Formen[2]; die Summe $s+t$,

$$D(s+t) := D(s) \cap D(t), \quad (s+t)(x,y) := s(x,y) + t(x,y)$$

ist nach dem folgenden Satz wieder (halbbeschränkt und) abgeschlossen, definiert also einen halbbeschränkten selbstadjungierten Operator, die Formsumme von S und T; falls $D(s+t)$ nicht dicht ist, ist dies allerdings nur ein Operator in dem Hilbertraum $\overline{D(s+t)}$. Das Problem besteht nur in der Frage, ob die Summe $s+t$ wieder abgeschlossen ist. Das wird für zwei wichtige Situationen im folgenden Satz geklärt.

Satz 4.16 a) *Seien t_1 und t_2 abgeschlossene nach unten halbbeschränkte Sesquilinearformen. Dann ist auch $t_1 + t_2$ (nach unten halbbeschränkt und) abgeschlossen (aber i. allg. nicht dicht definiert, auch wenn dies für t_1 und t_2 gilt).*

b) *Sei t eine nach unten halbbeschränkte abgeschlossene Sesquilinearform, s sei hermitesch und t-beschränkt mit t-Schranke < 1 (d. h. es gilt $D(s) \supset D(t)$ und $|s(x,x)| \leq a\|x\|^2 + b\,t(x,x)$ mit $a \geq 0$ und $b \in [0,1)$). Dann ist t genau dann abgeschlossen, wenn $t+s$ abgeschlossen ist.*

c) *Beide Aussagen gelten entsprechend für „abschließbar".*

Beweis. a) Sei $t := t_1 + t_2$, (x_n) eine $\|\cdot\|_t$-Cauchyfolge. Dann ist (x_n) auch $\|\cdot\|$-, $\|\cdot\|_{t_1}$- und $\|\cdot\|_{t_2}$-Cauchyfolge. Es existiert also insbesondere ein $x \in X$ mit $x_n \to x$. Da t_1 und t_2 abgeschlossen sind, gilt $x \in D(t_1) \cap D(t_2) = D(t)$ und $\|x - x_n\|_{t_i} \to 0$ für $i = 1, 2$. Also gilt auch $\|x - x_n\|_t \to 0$, d. h. $(D(t), \|\cdot\|_t)$ ist vollständig, t ist abgeschlossen.

---

[2] Falls S und T positiv sind, sind diese durch $D(s) = D(S^{1/2})$, $s(x,y) = \langle S^{1/2}x, S^{1/2}y \rangle$, $D(t) = D(T^{1/2})$, $t(x,y) = \langle T^{1/2}x, T^{1/2}y \rangle$ gegeben; vgl. Abschnitt 8, Satz 8.22 und Aufgabe 8.11.

b) Wegen $(1-b)t(x,x) - a\|x\|^2 \leq (t+s)(x,x) \leq (1+b)t(x,x) + a\|x\|^2$ sind die Normen $\|\cdot\|_{t+s}$ und $\|\cdot\|_t$ äquivalent.

c) Die Beweise der Aussagen für die Abschließbarkeit gehen entsprechend. Man beachte, daß t abschließbar ist, wenn gilt: Ist (x_n) eine $\|\cdot\|_t$-Cauchyfolge mit $x_n \to 0$, so gilt $\|x_n\|_t \to 0$. ∎

4.3 Normale Operatoren

Bei dieser Klasse von Operatoren im Hilbertraum handelt es sich um eine naheliegende Verallgemeinerung der Klasse der selbstadjungierten Operatoren. Insbesondere wird sich zeigen, daß für einen selbstadjungierten Operator T und jedes $z \in \mathbb{K}$, für das $T-z$ injektiv ist, die Inverse $(T-z)^{-1}$ ein normaler Operator ist; speziell wird also die Resolvente $R(T, z)$ (vgl. Abschnitt 5.1) für jedes z aus der Resolventenmenge ein beschränkter normaler Operator sein (hierin liegt i. wes. die Bedeutung der normalen Operatoren).

Wir nannten einen Operator selbstadjungiert, wenn $T = T^*$ war, also $D(T) = D(T^*)$ und $Tx = T^*x$ für alle $x \in D(T)$. Ein Operator T im Hilbertraum X heißt *normal*, wenn $D(T) = D(T^*)$ und $\|Tx\| = \|T^*x\|$ für alle $x \in D(T)$ gilt (d.h., wenn T und T^* *metrisch gleich* sind). Mit Hilfe der Polarisierungsidentität für die Sesquilinearformen $s(x,y) := \langle Tx, Ty \rangle$ bzw. $s^*(x,y) := \langle T^*x, T^*y \rangle$ folgt dann auch

$$\langle Tx, Ty \rangle = \langle T^*x, T^*y \rangle \quad \text{für alle } x, y \in D(T).$$

Jeder unitäre Operator ist ein beschränkter normaler Operator. Außerdem ist jeder maximale Multiplikationsoperator in $L^2(X, \mu)$ (vgl. Abschnitt 6.1) normal. Für weitere Klassen von Operatoren (selbst in endlichdimensionalen Räumen) ist es i. allg. relativ schwer, Normalität zu beweisen.

Satz 4.17 a) *Jeder normale Operator ist abgeschlossen (es gilt also $T^{**} = T$) und maximal normal (d. h für jeden normalen Operator N mit $T \subset N$ gilt $T = N$).*

b) *Für einen dicht definierten abgeschlossenen Operator T sind die folgenden Ausssagen äquivalent:*

(i) *T ist normal,*   (ii) *T^* ist normal,*   (iii) *$T^*T = TT^*$*

4.3 Normale Operatoren

(Für $T \in B(X)$ ist die Normalität üblicherweise durch (iii) definiert, vgl. auch Fußnote 3).

Beweis. a) Die Graphennormen von T und T^* auf $D(T) = D(T^*)$ stimmen überein. Da T^* abgeschlossen ist, ist $(D(T^*), \|\cdot\|_{T^*}) = (D(T), \|\cdot\|_T)$ vollständig; also ist auch T abgeschlossen. — Ist N normal mit $T \subset N$, so gilt

$$D(T) \subset D(N) = D(N^*) \subset D(T^*) = D(T),$$

also $D(N) = D(T)$ und somit $N = T$.

b) Da T abgeschlossen ist, gilt $T = T^{**}$. Deshalb folgt die Äquivalenz (i)⇔(ii) unmittelbar aus der Definition der Normalität. Die Äquivalenz (i)⇔(iii) ergibt sich aus Satz 4.11 mit $A_1 = T$ und $A_2 = T^*$.[3] ∎

Satz 4.18 *Sei T ein normaler Operator.*

a) *Für jedes $z \in \mathbb{K}$ ist auch $T + z$ normal, insbesondere gilt $\|(T+z)x\| = \|(T^* + \bar{z})x\|$ für alle $x \in D(T)$.*

b) *Ist T injektiv, so ist auch T^* injektiv und T^{-1} ist ebenfalls normal. (Für alle $z \in \mathbb{K}$, die nicht Eigenwerte von T sind, ist also $(T-z)^{-1}$ normal.)*

c) *Es gilt $R(T^*) = R(T)$.*

Beweis. a) Da $(T+z)^* = T^* + \bar{z}$ ist, folgt $D((T+z)^*) = D(T^* + \bar{z}) = D(T^*) = D(T) = D(T+z)$, und für alle $x \in D(T)$ gilt

$$\|(T+z)x\|^2 = |z|^2 \|x\|^2 + 2\operatorname{Re}\langle zx, Tx\rangle + \|Tx\|^2$$
$$= |\bar{z}|^2 \|x\|^2 + 2\operatorname{Re}\langle T^*x, \bar{z}x\rangle + \|T^*x\|^2 = \|(T^* + \bar{z})x\|^2.$$

---

[3] Für $T \in B(X)$ ist diese Ausssage ganz elementar beweisbar; denn es gilt dann $T = T^{**}$, und für alle $x, y \in X$ ist $\langle T^*Tx, y\rangle = \langle Tx, Ty\rangle = \langle T^*x, T^*y\rangle = \langle TT^*x, y\rangle$. — Die Richtung (i)⇒(iii) ist auch im allgemeinen Fall leicht direkt zu beweisen: Ist $x \in D(T^*T)$, so gilt für jedes $y \in D(T) = D(T^*)$ $\langle T^*Tx, y\rangle = \langle Tx, Ty\rangle = \langle T^*x, T^*y\rangle$, also $T^*x \in D(T^{**}) = D(T)$ und $TT^*x = T^{**}T^*x = T^*Tx$, d.h. $T^*T \subset TT^*$. Die umgekehrte Inklusion folgt entsprechend.

b) Da T injektiv ist, ist nach Definition der Normalität auch T^* injektiv, also $\overline{R(T)} = N(T^*)^\perp = X$, d. h. T^{-1} ist dicht definiert, und nach Satz 2.49 ist $(T^{-1})^* = (T^*)^{-1}$. Damit folgt

$$(T^{-1})^* T^{-1} = (T^*)^{-1} T^{-1} = (TT^*)^{-1} = (T^*T)^{-1} = T^{-1}(T^*)^{-1}$$
$$= T^{-1}(T^{-1})^*,$$

d. h. T^{-1} ist normal.

c) Wegen $\overline{R(T)} = N(T^*)^\perp = N(T)^\perp = \overline{R(T^*)}$ sind offenbar $T|_{\overline{R(T)}}$ und $T^*|_{\overline{R(T)}}$ Operatoren in $\overline{R(T)}$, die zueinander adjungiert sind; wegen $R(T) = R(T|_{\overline{R(T)}})$ und $R(T^*) = R(T^*|_{\overline{R(T)}})$ können wir also o. E. annehmen, daß T injektiv ist; das gilt dann auch für T^*. Nach Teil b gilt dann

$$R(T) = D(T^{-1}) = D((T^{-1})^*) = D((T^*)^{-1}) = R(T^*),$$

womit diese Aussage bewiesen ist. ∎

Weitere, insbesondere spektrale, Eigenschaften normaler Operatoren werden wir im Kapitel 5 untersuchen.

4.4 Komplexifizierung und Konjugation

Es wird sich gelegentlich zeigen, daß gewisse Aussagen im komplexen Hilbertraum einfacher (bzw. einfacher zu beweisen) sind als im reellen Hilbertraum; einige sind auch nur im komplexen Hilbertraum gültig. Es ist deshalb interessant, daß man jeden Operator in einem reellen Hilbertraum zu einem Operator in einem entsprechenden komplexen Hilbertraum „fortsetzen" kann. Sei X ein reeller (Prä-)Hilbertraum. Dann wird $X \times X$ mit (diese Rechenregeln erhält man formal, wenn man $x + iy$ statt (x, y) schreibt.)

$$(x, y) + (x', y') := (x + x', y + y'),$$
$$(a + ib)(x, y) := (ax - by, ay + bx)$$

und

$$\langle (x, y), (x', y') \rangle_\mathbb{C} := \langle x, x' \rangle + \langle y, y' \rangle + i\{\langle x, y' \rangle - \langle y, x' \rangle\}$$

4.4 Komplexifizierung und Konjugation

zu einem komplexen (Prä-)Hilbertraum. Es kann dem Leser überlassen werden, die Eigenschaften eines komplexen Vektorraums und des Skalarprodukts $\langle \cdot, \cdot \rangle_{\mathbb{C}}$ zu überprüfen, und, falls X vollständig ist, die Vollständigkeit bezüglich der Norm $\| \cdot \|_{\mathbb{C}}$ mit $\|(x,y)\|_{\mathbb{C}} := \langle (x,y),(x,y)\rangle_{\mathbb{C}}^{1/2} = (\|x\|^2 + \|y\|^2)^{1/2}$ nachzuweisen. Für die Elemente (x,y) schreibt man in der Regel $x + iy$; der Vektorraum $X \times X$ mit dieser Struktur wird mit $X_{\mathbb{C}}$ bezeichnet und heißt die *Komplexifizierung* von X.

Ist T ein linearer Operator im reellen Hilbertraum X (entsprechendes gilt für Operatoren von X nach Y), so wird durch

$$D(T_{\mathbb{C}}) := \{x + iy : x, y \in D(T)\}, \quad T_{\mathbb{C}}(x + iTy) := Tx + iTy$$

ein linearer Operator in $X_{\mathbb{C}}$ definiert, die *Komplexifizierung* von T; es ist leicht nachzurechnen, daß $T_{\mathbb{C}}$ komplex linear ist.

Satz 4.19 *Sei T ein linearer Operator im reellen Hilbertraum X, $T_{\mathbb{C}}$ die Komplexifizierung von T in $X_{\mathbb{C}}$. Dann gilt*

a) *$T_{\mathbb{C}}$ ist genau dann injektiv, surjektiv, stetig invertierbar, dicht definiert, abgeschlossen, abschließbar, wenn das entsprechende für T gilt; es gilt $(T_{\mathbb{C}})^{-1} = (T^{-1})_{\mathbb{C}}$, $R(T_{\mathbb{C}}) = \{x + iy : x,y \in R(T)\}$, $\overline{T_{\mathbb{C}}} = \overline{T}_{\mathbb{C}}$.*

b) *Ist T dicht definiert, so gilt $(T_{\mathbb{C}})^* = (T^*)_{\mathbb{C}}$; insbesondere ist $T_{\mathbb{C}}$ genau dann symmetrisch, selbstadjungiert, normal, wesentlich selbstadjungiert, wenn dies für T gilt.*

Beweis. Der Beweis kann i. wes. dem Leser überlassen werden. Es wird hier lediglich die Gleichung $(T_{\mathbb{C}})^* = (T^*)_{\mathbb{C}}$ bewiesen. (Wegen $\overline{T_{\mathbb{C}}} = \overline{T}_{\mathbb{C}} = (T^*)_{\mathbb{C}} = (T_{\mathbb{C}})^*$ für wesentlich selbstadjungiertes T folgt daraus auch die Aussage über die wesentliche Selbstadjungiertheit): Da für $x, y \in D(T)$ und $x', y' \in D(T^*)$ gilt

$$\langle x' + iy', T_{\mathbb{C}}(x + iy)\rangle_{\mathbb{C}} = \langle x', Tx\rangle + \langle y', Ty\rangle + i\langle x', Ty\rangle - i\langle y', Tx\rangle$$
$$= \langle T^*x', x\rangle + \langle T^*y', y\rangle + i\langle T^*x', y\rangle - i\langle T^*y', x\rangle$$
$$= \langle (T^*)_{\mathbb{C}}(x' + iy'), x + iy\rangle_{\mathbb{C}},$$

sind $T_\mathbb{C}$ und $(T^*)_\mathbb{C}$ formal adjungiert, d. h. $(T_\mathbb{C})^* \supset (T^*)_\mathbb{C}$. Bleibt also $D((T_\mathbb{C})^*) \subset D((T^*)_\mathbb{C})$ zu beweisen. Sei $u+iv \in D((T_\mathbb{C})^*)$, $(T_\mathbb{C})^*(u+iv) = \tilde{u} + i\tilde{v}$. Dann gilt für alle $x + iy \in D(T_\mathbb{C})$

$$\left\langle \tilde{u} + i\tilde{v}, x + iy \right\rangle_\mathbb{C} = \left\langle (T_\mathbb{C})^*(u+iv), x+iy \right\rangle_\mathbb{C}$$
$$= \left\langle u+iv, T_\mathbb{C}(x+iy) \right\rangle_\mathbb{C} = \left\langle u+iv, Tx + iTy \right\rangle_\mathbb{C}.$$

Speziell folgt für $y = 0$

$$\langle \tilde{u}, x \rangle - i\langle \tilde{v}, x \rangle = \langle u, Tx \rangle - i\langle v, Tx \rangle \quad \text{für alle } x \in D(T),$$

also

$$\langle \tilde{u}, x \rangle = \langle u, Tx \rangle \quad \text{und} \quad \langle \tilde{v}, x \rangle = \langle v, Tx \rangle \quad \text{für alle } x \in D(T).$$

Daraus folgt $u, v \in D(T^*)$, also $u + iv \in D((T^*)_\mathbb{C})$. ∎

Interessant ist auch noch, daß sich die relative Beschränktheit und sogar die relative Schranke auf die Komplexifizierung übertragen. Genauer gilt:

Satz 4.20 *Sind T und V Operatoren in einem reellen Hilbertraum mit $D(T) \subset D(V)$ und $\|Vx\| \leq a\|x\| + b\|Tx\|$ bzw. $\|Vx\|^2 \leq a^2\|x\|^2 + b^2\|Tx\|^2$ für $x \in D(T)$, so gelten die gleichen Abschätzungen (mit den gleichen Konstanten) auch für die Komplexifizierungen $T_\mathbb{C}$ und $V_\mathbb{C}$ von T bzw. V.*

Beweis. Wir beweisen den Fall der linearen Ungleichung. Für $x, y \in D(T)$ (also $x + iy \in D(T_\mathbb{C}) \subset D(V_\mathbb{C})$) gilt

$$\|V_\mathbb{C}(x+iy)\|_\mathbb{C}^2 = \|Vx\|^2 + \|Vy\|^2$$
$$\leq (a\|x\| + b\|Tx\|)^2 + (a\|y\| + b\|Ty\|)^2$$
$$= a^2(\|x\|^2 + \|y\|^2) + b^2(\|Tx\|^2 + \|Ty\|^2) + 2ab(\|x\|\|Tx\| + \|y\|\|Ty\|).$$

Mit der Schwarzschen Ungleichung in $\mathbb{R}^2$ folgt

$$\|x\|\|Tx\| + \|y\|\|Ty\| = \left\langle (\|x\|, \|y\|), (\|Tx\|, \|Ty\|) \right\rangle$$
$$\leq \left(\|x\|^2 + \|y\|^2\right)^{1/2} \left(\|Tx\|^2 + \|Ty\|^2\right)^{1/2} = \|x+iy\|_\mathbb{C} \|T_\mathbb{C}(x+iy)\|_\mathbb{C}.$$

4.4 Komplexifizierung und Konjugation

Also gilt

$$\|V_{\mathbb{C}}(x+iy)\|_{\mathbb{C}}^2$$
$$\leq a^2\|x+iy\|_{\mathbb{C}}^2 + 2ab\|x+iy\|_{\mathbb{C}}\|T_{\mathbb{C}}(x+iy)\|_{\mathbb{C}} + b^2\|T_{\mathbb{C}}(x+iy)\|_{\mathbb{C}}^2$$
$$= \Big(a\|x+iy\|_{\mathbb{C}} + b\|T_{\mathbb{C}}(x+iy)\|_{\mathbb{C}}\Big)^2$$

Das ist die gewünschte Ungleichung im linearen Fall. Der quadratische Fall ist einfacher und kann dem Leser überlassen werden. ∎

Eine Abbildung $K : X \to X$ in einem komplexen Hilbertraum X heißt eine *Konjugation*, wenn gilt:

(i) $K^2 = I$,

(ii) $\langle Kx, Ky \rangle = \langle y, x \rangle$, insbes. $\|Kx\| = \|x\|$.

Wir nennen K eine *verallgemeinerte Konjugation*, wenn statt (i) gilt

(i') $K^2 = I$ oder $-I$.

Aus den beiden Eigenschaften (i') und (ii) (insbesondere also aus (i) und (ii)) folgt bereits, daß K *konjugiert linear* ist, d.h. $K(ax + by) = \bar{a}Kx + \bar{b}Ky$, dennn es gilt für beliebige $x, y, z \in X$ und $a, b \in \mathbb{C}$

$$\langle z, K(ax+by) \rangle = \langle K^2(ax+by), Kz \rangle = \pm \langle ax+by, Kz \rangle$$
$$= \pm \Big(\bar{a}\langle x, Kz \rangle + \bar{b}\langle y, Kz \rangle\Big) = \pm \Big(\bar{a}\langle K^2z, Kx \rangle + \bar{b}\langle K^2z, Ky \rangle\Big)$$
$$= \bar{a}\langle z, Kx \rangle + \bar{b}\langle z, Ky \rangle = \langle z, \bar{a}Kx + \bar{b}Ky \rangle.$$

Eine weitere Verallgemeinerung, nämlich die Bedingung (i') zu ersetzen durch

(i'') $K^2 = \alpha I$ mit $\alpha \in \mathbb{C}$

liefert keinen allgemeineren Begriff, denn aus (ii) folgt zunächst $|\alpha| = 1$, und mit (i″) und (ii) folgt

$$\alpha\|x\|^2 = \alpha\langle x,x\rangle = \langle x, K^2 x\rangle = \langle K^3 x, Kx\rangle = \overline{\alpha}\langle Kx, Kx\rangle$$
$$= \overline{\alpha}\|Kx\|^2 = \overline{\alpha}\|x\|^2,$$

d. h. α ist reell, $\alpha = \pm 1$.

Ist X ein komplexer Hilbertraum und K eine (verallgemeinerte) Konjugation in X, so nennen wir einen Operator T in X K-*reell*, wenn gilt

$$KD(T) \subset D(T), \quad KTx = TKx \text{ für } x \in D(T)$$

(wegen $D(T) = K^2 D(T) = KKD(T) \subset KD(T) \subset D(T)$ ist dann sogar $KD(T) = D(T)$). Wir werden später sehen (vgl. Kapitel 10), daß diese Eigenschaft im Zusammenhang mit der Frage, ob ein symmetrischer Operator selbstadjungierte Fortsetzungen besitzt, eine wichtige Rolle spielt.

Ist X ein komplexer Hilbertraum und K eine Konjugation in X, so wird durch $X_{\text{Re}} := \{x \in X : Kx = x\}$ der (bezüglich K) *reelle Teilraum* von X definiert. Für $u \in X$ sind $x = (u + Ku)/2$ und $y = (u - Ku)/2i$ aus X_{Re}, und es gilt $u = x + iy$. Damit folgt

$$X = X_{\text{Re}} + iX_{\text{Re}} = \Big\{x + iy : x, y \in X_{\text{Re}}\Big\}.$$

Ist T ein K-reller Operator in X, so heißt T_{Re} mit

$$D(T_{\text{Re}}) := X_{\text{Re}} \cap D(T), \quad T_{\text{Re}} := T|_{D(T_{\text{Re}})}.$$

der *reelle Teil* von T; offenbar ist X_{Re} ein reeller Vektorraum und T_{Re} ein Operator in X_{Re}. X und T können als Komplexifizierungen von X_{Re} bzw. T_{Re} aufgefaßt werden.

Ist X ein reeller Hilbertraum, so wird in $X_{\mathbb{C}}$ durch $K_{\mathbb{C}}(x+iy) = x - iy$ eine Konjugation definiert: Offenbar gilt $(K_{\mathbb{C}})^2 = I$ und $\langle K_{\mathbb{C}} u, K_{\mathbb{C}} v\rangle_{\mathbb{C}} = \langle v, u\rangle_{\mathbb{C}}$ für $u, v \in X_{\mathbb{C}}$. In diesem Sinn ist X der reelle Teilraum von $X_{\mathbb{C}}$ bezüglich der Konjugation $K_{\mathbb{C}}$.

Einfache Beispiele von Konjugationen sind z. B.:
- in $L^2(X, \mu)$: $Kf := \overline{f}$,
- in $\oplus_\alpha L^2(X_\alpha, \mu_\alpha)$: $Kf = K(f_\alpha) := \overline{f} = (\overline{f_\alpha})$,

– in $L^2(-a,a)$: $Kf(x) := \overline{f(-x)}$

Verallgemeinerte Konjugationen sind z. B.:
– in $L^2(X,\mu) \oplus L^2(X,\mu)$: $K(f_1, f_2) := (-\overline{f_2}, \overline{f_1})$.
– in $L^2(\mathbb{R})$ bzw. $L^2(-a,a)$: $Kf(x) = \text{sgn}(x)\overline{f(-x)}$; letzteres kann als Spezialfall des vorhergehenden Beispiels angesehen werden.

4.5 Übungen

4.1 Seien X, Y, Z Banachräume, A ein Operator von Y nach Z, B ein Operator von X nach Y.

a) Sind A und B abgeschlossen und
– B stetig (z. B. $B \in B(X,Y)$), oder
– A stetig invertierbar,
so ist AB abgeschlossen.

b) Entsprechendes gilt für abschließbar.

4.2 Ist S ein T-beschränkter Operator mit T-Schranke b, so existiert zu jedem $\varepsilon > 0$ ein $a \geq 0$ mit $\|Sx\|^2 \leq a^2\|x\|^2 + (b+\varepsilon)^2\|Tx\|^2$ für alle $x \in D(T)$. Gilt $\|Sx\|^2 \leq a^2\|x\|^2 + b^2\|Tx\|^2$, so gilt auch $\|Sx\| \leq a\|x\| + b\|Tx\|$.

4.3 In $L^2(\mathbb{R})$ seien T und S die maximalen Multiplikationsoperatoren (vgl. Abschnitt 6.1) mit $t(x) = x^2$ bzw. $s(x) = x^2 + x$. S ist T-beschränkt mit T-Schranke 1, es gibt aber kein $a \geq 0$ mit $\|Sf\| \leq a\|f\| + \|Tf\|$ für alle $f \in D(T)$.

4.4 a) S_1 und S_2 seien T-beschränkt mit T-Schranken b_1 bzw. b_2. Dann ist $S_1 + S_2$ T-beschränkt mit T-Schranke $\leq b_1 + b_2$

b) V sei S-beschränkt mit S-Schranke b_1, S sei T-beschränkt mit T-Schranke b_2. Dann ist V T-beschränkt mit T-Schranke $\leq b_1 b_2$.

4.5 Sei X ein Banachraum. Ein dicht definierter Operator von X nach $\mathbb{K}^m$ ist genau dann in $B(X, \mathbb{K}^m)$, wenn er abgeschlossen ist.

4.6 Seien X, Y Hilberträume. Ein Operator T von X nach Y ist genau dann abgeschlossen, wenn er schwach abgeschlossen ist (d. h., wenn aus $x_n \in D(T)$, $x_n \xrightarrow{w} x$, $Tx_n \xrightarrow{w} y$ folgt $x \in D(T)$ und $Tx = y$; vgl. auch Aufgabe 2.10)

4.7 In jedem unendlichdimensionalen Banachraum gibt es überall definierte nicht abgeschlossene Operatoren (die dann natürlich unbeschränkt sind). *Anleitung*: Mit einer algebraischen Basis $\{x_\alpha : \alpha \in A\}$ und einer Folge (α_n) aus A mit $\alpha_n \neq \alpha_m$ für $n \neq m$ sei $T(\sum_{\alpha \in A} c_\alpha x_\alpha) = \sum_{n \in \mathbb{N}} n c_{\alpha_n} x_{\alpha_n}$.

4.8 Seien X_1, X_2, X_3 Banachräume, $S \in B(X_1, X_2)$, T ein abgeschlossener Operator von X_2 nach X_3 mit $R(S) \subset D(T)$. Dann ist $TS \in B(X_1, X_3)$.

4.9 Seien X_1, X_2, X_3 Hilberträume, T ein abgeschlossener Operator von X_1 nach X_2, S ein T-beschränkter Operator von X_1 nach X_3. Ist (x_n) aus $D(T)$ mit $x_n \xrightarrow{w} 0$, $Tx_n \xrightarrow{w} 0$, so gilt auch $Sx_n \xrightarrow{w} 0$ (vgl. auch Aufgabe 2.10).

4.10 Seien S und T abgeschlossene (bzw. abschließbare) Operatoren (zwischen geeigneten Banachräumen), S stetig invertierbar. Dann ist ST abgeschlossen (bzw. abschließbar).

4.11 a) Ein dicht definierter Operator T im Hilbertraum X mit $\operatorname{Re}\langle x, Tx\rangle \geq 0$ für alle $x \in D(T)$ ist abschließbar. *Anleitung*: Ist $(0, y) \in \overline{G(T)}$, so gilt $\operatorname{Re}\langle x, Tx + y\rangle \geq 0$ für alle $x \in D(T)$ und $z \in \mathbb{K}$. Daraus folgt $y = 0$.

b) Der *numerische Wertebereich* eines Operators T im Hilbertraum ist definiert durch $W(T) := \{\langle x, Tx\rangle : x \in D(T), \|x\| = 1\}$. Ist $D(T)$ dicht und $W(T) \neq \mathbb{K}$, so ist T abschließbar. *Anleitung*: Man benutze die Konvexität von $W(T)$ (vgl. P. HALMOS [10], Problem 166).

4.12 Sei (X, μ) ein σ-endlicher Maßraum, $f : X \to \mathbb{C}$ eine μ-meßbare Funktion, $\frac{1}{p} + \frac{1}{q} = 1$. Ist $fg \in L^1(X, \mu)$ für alle $g \in L^q(X, \mu)$, so ist $f \in L^p(X, \mu)$. *Anleitung*: Das Funktional $F : L^q(X, \mu) \to \mathbb{C}$, $F(g) = \int fg \, d\mu$ ist abgeschlossen. (Vgl. auch Lemma 1.44.)

4.13 Ein Operator P im Hilbertraum X ist genau dann eine orthogonale Projektion, wenn P symmetrisch ist mit $D(P) = X$ und $P^2 = P$. *Anleitung*: Satz von HELLINGER–TOEPLITZ.

4.14 Ist ein Vektorraum bezüglich zweier Normen $\|\cdot\|_1$ und $\|\cdot\|_2$ mit $\|\cdot\|_1 \leq c_1 \|\cdot\|_2$ vollständig, so sind die beiden Normen äquivalent, d. h. es gilt auch $\|\cdot\|_2 \leq c_2 \|\cdot\|_1$.

4.5 Übungen

4.15 Der Vektorraum X sei mit zwei Normen $\|\cdot\|_1$ und $\|\cdot\|_2$ ausgestattet. Die beiden Normen heißen *koordiniert*, wenn gilt
(k_{12}) aus $\|x_n\|_1 \to 0$ und $\|x_n - x\|_2 \to 0$ folgt $x = 0$, oder
(k_{21}) aus $\|x_n\|_2 \to 0$ und $\|x_n - x\|_1 \to 0$ folgt $x = 0$.

a) Die Bedingungen (k_{12}) und (k_{21}) sind äquivalent.

b) Sind die Normen $\|\cdot\|_1$ und $\|\cdot\|_2$ koordiniert, und sind $(X, \|\cdot\|_1)$ und $(X, \|\cdot\|_2)$ vollständig, so sind die beiden Normen äquivalent ($\|\cdot\|_1 \leq c_1 \|\cdot\|_2 \leq c_2 \|\cdot\|_1$).

4.16 a) In $L^2(0,1)$ ist die Form u mit

$$D(u) = C_0^\infty(0,1), \quad u(f,g) = \langle f, g \rangle + \overline{f(1/2)}g(1/2)$$

nach unten halbbeschränkt mit unterer Schranke 1, aber *nicht* abschließbar.

b) In $L^2(0,1)$ ist die Form s mit

$$D(s) = C_0^\infty(0,1), \quad s(f,g) = \langle f', g' \rangle + c\overline{f(1/2)}g(1/2)$$

nach unten halbbeschränkt und abschließbar. *Anleitung*: Zu jedem $\varepsilon > 0$ gibt es ein C_ε mit $|f(1/2)|^2 \leq \varepsilon \|f'\|^2 + C_\varepsilon \|f\|^2$ für alle $f \in C_0^\infty(0,1)$.

c) Der durch s erzeugte selbstadjungierte Operator T ist gegeben durch

$$D(T) = \Big\{ f \in L^2(0,1) : f \text{ abs. stetig, } f'|_{(0,1/2]} \text{ und } f'|_{[1/2,1)} \text{abs. stetig,}$$
$$f(0) = f(1) = 0, \ f'(\tfrac{1}{2}+) - f'(\tfrac{1}{2}-) = cf(\tfrac{1}{2}), \ f'' \in L^2(0,1) \Big\}$$
$$Tf = -f''.$$

(hier ist f'' jeweils in $(0, 1/2)$ und $(1/2, 1)$ ohne Berücksichtigung des Punktes $1/2$ zu bilden). Man sagt häufig: T ist eine selbstadjungierte Realisierung von $\tau f = -f'' + c\delta_{1/2}f$, wobei δ_a das Punktmaß 1 in a ist. Die Motivation hierfür wird allerdings nur an der erzeugenden Form s deutlich.

4.17 In $L^2(a,b)$ seien S und T definiert durch

$$D(S) = \{f \in L^2(a,b) : f \text{ und } f' \text{ absolut stetig, } f'' \in L^2(a,b),$$
$$f(a) = f(b) = 0\}, \qquad Sf = -f'',$$
$$D(T) = \{f \in L^2(a,b) : tf \in L^2(a,b)\}, \qquad Tf = tf,$$

mit einer positiven (bzw. nach unten halbbeschränkten) über (a,b) lokal integrierbaren Funktion t.

a) S und T sind positive (bzw. halbbeschränkte) selbstadjungierte Operatoren. *Anleitung*: Für S benutze man Satz 2.53 und die Tatsache, daß für jedes $g \in L^2(a,b)$ die Funktion

$$f(x) = \frac{1}{a-b}\Big\{(x-a)\int_a^x (y-b)f(y)\,\mathrm{d}y + (x-b)\int_x^b (y-a)f(y)\,\mathrm{d}y\Big\}$$

aus $D(S)$ ist mit $Sf = g$.

b) S und T sind die durch die abschließbaren Formen s bzw. t mit $D(s) = D(t) = C_0^\infty(a,b)$, $s(f,g) = \int_a^b \overline{f'(x)}g'(x)\,\mathrm{d}x$ bzw. $t(f,g) = \int_a^b t(x)\overline{f(x)}g(x)\,\mathrm{d}x$ erzeugten Operatoren.

c) Ist $|t(\cdot)|^2$ über *kein* Intervall integrierbar (solche Funktionen t gibt es in $L^1_{\text{lok}}(a,b)$, Beweis!), so gilt $D(S) \cap D(T) = \{0\}$. Dies ist ein Beispiel, wo die „Summe" von S und T nur als Formsumme definiert werden kann.

5 Spektraltheorie abgeschlossener Operatoren

Abgeschlossene Operatoren bieten auch den geeigneten Rahmen für eine allgemeine Spektraltheorie. Resolventenmenge, Spektrum und Resolvente sind die grundlegenden Begriffe. Neben den Resolventengleichungen wird insbesondere die Analytizität der Resolventenfunktion auf der Resolventenmenge bewiesen; ein Spezialfall ist die Neumannsche Reihe, die die Analytizität in einem Außenbereich liefert. Wichtigstes Hilfsmittel ist der Satz über die Stabilität der stetigen Invertierbarkeit.

Über das Spektrum symmetrischer, selbstadjungierter und normaler Operatoren sind ohne weitere theoretische Vorarbeiten wichtige Aussagen möglich. Insbesondere können selbstadjungierte Operatoren mit reinem Punktspektrum (das sind solche mit kompakter Resolvente) abschließend behandelt werden; es gilt ein Entwicklungssatz, der dem für selbstadjungierte kompakte Operatoren sehr ähnlich ist. Schließlich wird die Spektraltheorie allgemeiner (d.h. nicht notwendig selbstadjungierter) kompakter Operatoren nachgetragen (RIESZ–SCHAUDER-Theorie).

5.1 Grundbegriffe der Spektraltheorie

Die folgenden Begriffsbildungen werden durch die Lösungseigenschaften von Gleichungen der Form $(T-z)x = y$ (ausführlicher $(T-zI)x = y$) motiviert; dabei ist T ein linearer Operator in einem normierten Raum X, z aus dem zugehörigen Körper $\mathbb{K}$ (also $\mathbb{C}$ oder $\mathbb{R}$), y ein vorgegebenes Element aus X, und x die gesuchte Lösung der Gleichung. Wünschenswert sind offenbar die folgenden Eigenschaften:

(i) Die Gleichung ist für jedes $y \in X$ lösbar (d.h. $T-z$ ist *surjektiv*),

(ii) die Lösung ist eindeutig bestimmt (d.h. $T-z$ ist *injektiv*),

(iii) die Lösung hängt stetig von der rechten Seite y ab (d.h. $(T-z)^{-1}$ ist *stetig*),

(iv) im Bereich der $z \in \mathbb{K}$, für die (i), (ii) und (iii) gelten, hängt die Lösung stetig von z ab.

Wir werden später sehen, daß – jedenfalls in den interessanten Fällen – die Eigenschaft (iv) aus den Eigenschaften (i)–(iii) folgt (vgl. Satz 5.7 c). Deshalb definieren wir: Die *Resolventenmenge* $\varrho(T)$ ist die Menge der $z \in \mathbb{K}$, für die (i), (ii) und (iii) gelten, also

$$\varrho(T) := \Big\{ z \in \mathbb{K} : (T-z) \text{ ist bijektiv als Abbildung} \\ \text{von } D(T) \text{ nach } X, \ (T-z)^{-1} \text{ ist stetig} \Big\}.$$

Bemerkung 5.1 *Ist T nicht abgeschlossen, so gilt $\varrho(T) = \emptyset$, denn es gilt entweder*

(i) $T - z$ ist nicht bijektiv, also $z \notin \varrho(T)$, oder

(ii) $T - z$ ist bijektiv, d.h. $(T-z)^{-1}$ ist auf ganz X definiert aber nicht abgeschlossen, also nicht stetig; auch in diesem Fall gilt $z \notin \varrho(T)$.

Wir werden deshalb im folgenden in der Regel die Abgeschlossenheit von T voraussetzen. Ist außerdem X ein Banachraum, so gilt nach dem Satz vom abgeschlossenen Graphen (Satz 4.4

$$\varrho(T) = \Big\{ z \in \mathbb{K} : T - z \text{ ist bijektiv von } D(T) \text{ nach } X \Big\}.$$

Die Funktion $R(T,.) : \varrho(T) \to B(X)$, $z \mapsto R(T,z) := (T-z)^{-1}$ heißt die *Resolvente* (oder *Resolventenfunktion*) von T, $R(T,z)$ für $z \in \varrho(T)$ heißt die *Resolvente von T im Punkt z*. Das *Spektrum* $\sigma(T)$ eines Operators T in X ist definiert als das Komplement von $\varrho(T)$, $\sigma(T) := \mathbb{K} \setminus \varrho(T)$, also die Menge der $z \in \mathbb{K}$, für die mindestens eine der Eigenschaften (i), (ii) oder (iii) verletzt ist; im Fall eines abgeschlossenen Operators im Banachraum ist dies also die Menge der $z \in \mathbb{K}$, für die $T - z$ nicht bijektiv ist. Zum Spektrum gehören insbesondere die *Eigenwerte* von T; das sind die $z \in \mathbb{K}$, für die $T - z$ nicht injektiv ist, d. h. für die $N(T-z) \neq \{0\}$ ist; jedes $x \in N(T-z) \setminus \{0\}$ heißt *Eigenelement* von T zum Eigenwert z.

Ohne weitere Vorbereitung kann der Zusammenhang zwischen den Spektren eines Operators und seiner Adjungierten bewiesen werden.

5.1 Grundbegriffe der Spektraltheorie

Satz 5.2 *Ist T ein dicht definierter abgeschlossener Operator im Hilbertraum X, so gilt $\varrho(T^*) = \varrho(T)^*$ und $\sigma(T^*) = \sigma(T)^*$ (dabei ist für eine Teilmenge M der komplexen Zahlen $M^* := \{\overline{z} : z \in M\}$).*

Beweis. Wegen $\sigma(T) = \mathbb{K} \setminus \varrho(T)$ genügt es, $\varrho(T) = \varrho(T^*)^*$ zu beweisen. Hierfür genügt es andererseits $\varrho(T) \subset \varrho(T^*)^*$ zu beweisen, denn wegen $T^{**} = T$ folgt daraus $\varrho(T^*) \subset \varrho(T)^*$, also $\varrho(T^*)^* = \varrho(T)$.

Sei $z \in \varrho(T)$, d.h. $T - z$ ist bijektiv. Nach Satz 2.48 b ist $T^* - \overline{z}$ injektiv, und es gilt $(T^* - \overline{z})^{-1} = ((T - z)^{-1})^* \in B(X)$. Also ist $T^* - \overline{z}$ bijektiv, d.h. $\overline{z} \in \varrho(T^*)$ bzw. $z \in \varrho(T^*)^*$. ∎

Wir zeigen zunächst einen einfachen rein algebraischen Satz über das Rechnen mit inversen Operatoren, der die Grundlage für den Beweis der Resolventengleichungen (Satz 5.4) liefert:

Satz 5.3 *Seien S und T bijektive Operatoren von X nach Y (jeweils als Abbildung von $D(S)$ bzw. $D(T)$ auf Y).*

a) *Ist $D(S) \subset D(T)$ bzw. $D(T) \subset D(S)$, so gilt*

$$T^{-1} - S^{-1} = T^{-1}(S - T)S^{-1} \quad bzw. \quad T^{-1} - S^{-1} = S^{-1}(S - T)T^{-1}.$$

b) *Ist $D(S) = D(T)$, so gilt*

$$T^{-1} - S^{-1} = T^{-1}(S - T)S^{-1} = S^{-1}(S - T)T^{-1}.$$

(Diese Formeln sind das operatortheoretische Analogon der Gleichung $z^{-1} - w^{-1} = (w - z)/zw$ für $z, w \in \mathbb{K} \setminus \{0\}$.)

Beweis. Es genügt, Teil a im Fall $D(S) \subset D(T)$ zu beweisen, denn mit $D(S) = D(T)$ folgt daraus auch

$$T^{-1} - S^{-1} = -(S^{-1} - T^{-1}) = -S^{-1}(T - S)T^{-1} = S^{-1}(S - T)T^{-1}.$$

Teil a besagt für $D(S) \subset D(T)$, daß

$$T^{-1}y = S^{-1}y + T^{-1}(S - T)S^{-1}y \quad \text{für alle } y \in Y$$

gilt. Tatsächlich gilt für $y \in Y$

$$\begin{aligned} T^{-1}y &= T^{-1}SS^{-1}y = T^{-1}(T + (S-T))S^{-1}y \\ &= T^{-1}TS^{-1}y + T^{-1}(S-T)S^{-1}y \\ &= S^{-1}y + T^{-1}(S-T)S^{-1}y. \end{aligned}$$

Bei diesen Rechnungen ist stets zu beachten, daß die zusammengesetzten Operatoren im Sinne der Erläuterungen auf Seite 68 definiert sind. Aus Symmetriegründen gilt auch die zweite Behauptung von Teil a. ∎

Satz 5.4 (Resolventengleichungen) *Seien S und T lineare Operatoren in einem normierten Raum X.*

a) Erste Resolventengleichung: *Für $z, z' \in \varrho(T)$ gilt*

$$R(T,z) - R(T,z') = (z - z')R(T,z)R(T,z') = (z - z')R(T,z')R(T,z).$$

b) Zweite Resolventengleichung: *Ist $D(S) = D(T)$, so gilt für $z \in \varrho(T) \cap \varrho(S)$*

$$R(T,z) - R(S,z) = R(T,z)(S-T)R(S,z) = R(S,z)(S-T)R(T,z).$$

Der *Beweis* folgt unmittelbar aus Satz 5.3.

Wir zeigen nun, daß ein stetig invertierbarer Operator zwischen Banachräumen bei einer „kleinen Störung" stetig invertierbar bleibt. Daraus wird sich insbesondere ergeben, daß die Resolventenmenge stets offen ist (vgl. Satz 5.7).

Satz 5.5 (Stabilität der stetigen Invertierbarkeit) *Seien X und Y Banachräume, S und T lineare Operatoren von X nach Y, T sei abgeschlossen und bijektiv (also $T^{-1} \in B(Y, X)$), und es gelte $D(S) \supset D(T)$ und $\|ST^{-1}\| < 1$. Dann ist auch $T + S$ abgeschlossen und bijektiv; es gilt*

$$(T+S)^{-1} = \sum_{n=0}^{\infty} (-1)^n T^{-1}(ST^{-1})^n = \sum_{n=0}^{\infty} (-1)^n (T^{-1}S)^n T^{-1},$$

wobei die Reihen bezüglich der Norm in $B(Y, X)$ konvergieren.

5.1 Grundbegriffe der Spektraltheorie

Bemerkung 5.6 Die beiden Reihen sind offenbar identisch. *Formal* erhält man sie, indem man in

$$(T+S)^{-1} = [T(I+T^{-1}S)]^{-1} = (I+T^{-1}S)^{-1}T^{-1}$$
$$\text{bzw.} = [(I+ST^{-1})T]^{-1} = T^{-1}(I+ST^{-1})^{-1}$$

die Terme $(I+T^{-1}S)^{-1}$ bzw. $(I+ST^{-1})^{-1}$ als geometrische Reihe schreibt.

Beweis von Satz 5.5. (Einige Beweisschritte werden natürlich wesentlich einfacher, wenn T, und damit auch S, aus $B(X,Y)$ sind). Aus der Voraussetzung folgt

$$\|Sx\| = \|ST^{-1}Tx\| \leq \|ST^{-1}\|\|Tx\| \text{ für alle } x \in D(T),$$

d. h. S ist T-beschränkt mit T-Schranke $\leq \|ST^{-1}\| < 1$; also ist nach Satz 4.8 auch $T+S$ abgeschlossen.

Für $x \in D(T+S)\setminus\{0\} = D(T)\setminus\{0\}$ gilt

$$\|(T+S)x\| \geq \|Tx\| - \|Sx\| \geq (1-\|ST^{-1}\|)\|Tx\| > 0,$$

d. h. $T+S$ ist injektiv.

Im folgenden sei

$$A_p := \sum_{n=0}^{p}(-1)^n T^{-1}(ST^{-1})^n \text{ für } p \in \mathbb{N}.$$

Wir zeigen, daß die Folge (A_p) in der Norm gegen einen Operator $A \in B(Y,X)$ mit $(T+S)A = I$ konvergiert. Daraus folgt, daß $T+S$ auch surjektiv ist und $A = (T+S)^{-1}$ gilt.

Für $q > p$ gilt

$$\|A_q - A_p\| = \left\|\sum_{n=p+1}^{q}(-1)^n T^{-1}(ST^{-1})^n\right\|$$
$$\leq \|T^{-1}\|\|ST^{-1}\|^{p+1}\sum_{n=0}^{q-p-1}\|ST^{-1}\|^n$$
$$\leq \|T^{-1}\|\|ST^{-1}\|^{p+1}\sum_{n=0}^{\infty}\|ST^{-1}\|^n \leq C\|ST^{-1}\|^{p+1}.$$

Also ist (A_p) eine Cauchyfolge in $B(Y,X)$ und somit existiert ein $A \in B(Y,X)$ mit $\|A_p - A\| \to 0$.

Es bleibt $(T+S)A = I$ zu beweisen: Für $p \to \infty$ gilt

$$(T+S)A_p = \sum_{n=0}^{p}(-1)^n(T+S)T^{-1}(ST^{-1})^n$$
$$= I + (-1)^p(ST^{-1})^{p+1} \to I.$$

Für alle $y \in Y$ gilt somit

$$A_p y \to Ay \quad \text{und} \quad (T+S)A_p y \to y \quad \text{für} \quad p \to \infty.$$

Da $T+S$ abgeschlossen ist, folgt also für alle $y \in Y$

$$Ay \in D(T+S) \quad \text{und} \quad (T+S)Ay = y.$$

Das ist die gewünschte Identität $(T+S)A = I$. ∎

Satz 5.7 *Sei X ein Banachraum, T ein abgeschlossener Operator in X.*

a) $\varrho(T)$ ist eine offene Teilmenge von $\mathbb{K}$, $\sigma(T)$ ist abgeschlossen; für $z \in \varrho(T)$ gilt $\|R(T,z)\| \geq 1/\operatorname{d}(z, \sigma(T))$.

b) Die Resolvente $R(T,\cdot)$ ist analytisch in $\varrho(T)$, d. h. sie ist um jeden Punkt $z_0 \in \varrho(T)$ in eine normkonvergente Potenzreihe entwickelbar,

$$R(T,z) = \sum_{n=0}^{\infty}(z-z_0)^n R(T,z_0)^{n+1}.$$

c) $R(T,.)$ ist normstetig in $\varrho(T)$, d. h. für $z, z_0 \in \varrho(T)$ mit $z \to z_0$ gilt $\|R(T,z) - R(T,z_0)\| \to 0$.

Beweis. a) Sei $z_0 \in \varrho(T)$, $r := 1/\|(T-z_0)^{-1}\|$. Dann gilt

$$\|(z-z_0)(T-z_0)^{-1}\| < 1 \quad \text{für alle} \quad z \in \mathbb{K} \text{ mit } |z-z_0| < r.$$

5.1 Grundbegriffe der Spektraltheorie

Nach Satz 5.5 ist also $T - z = (T - z_0) + (z_0 - z)$ bijektiv für diese z, d. h. mit $z_0 \in \varrho(T)$ gehören alle $z \in \mathbb{K}$ mit $|z - z_0| < r$ ebenfalls zu $\varrho(T)$. Für jedes $z \in \sigma(T)$ gilt also $|z - z_0| \geq r$, woraus die behauptete Ungleichung folgt.

b) Seien z_0 und r wie im Beweis von Teil a. Dann gilt nach Satz 5.5 für $z \in \mathbb{K}$ mit $|z - z_0| < r$

$$R(T, z) = \Big((T - z_0) + (z_0 - z) \Big)^{-1}$$
$$= \sum_{n=0}^{\infty} (T - z_0)^{-1} \Big\{ (z - z_0)(T - z_0)^{-1} \Big\}^n = \sum_{n=0}^{\infty} (z - z_0)^n R(T, z_0)^{n+1}.$$

c) Nach Teil b gilt für z hinreichend nahe bei z_0

$$\big\| R(T, z) - R(T, z_0) \big\| = \Big\| \sum_{n=1}^{\infty} (z - z_0)^n R(T, z_0)^{n+1} \Big\|$$
$$\leq |z - z_0| \, \|R(T, z_0)\|^2 \sum_{n=0}^{\infty} |z - z_0|^n \|R(T, z_0)\|^n;$$

Dieser Ausdruck strebt gegen 0 für $z \to z_0$. ∎

Satz 5.8 *Sei X ein Banachraum, $T \in B(X)$,*

$$r(T) := \limsup_{n \to \infty} \|T^n\|^{1/n}$$

(auf Grund der Aussage von Teil d heißt $r(T)$ der Spektralradius von T).

a) *Es gilt $r(T) \leq \|T^m\|^{1/m} \leq \|T\|$ für alle $m \in \mathbb{N}$ und somit $r(T) = \lim_{n \to \infty} \|T^n\|^{1/n}$.*

b) *Für normale (insbes. selbstadjungierte) Operatoren ist $r(T) = \|T\|$.*

c) *Es gilt $\sigma(T) \subset \{z \in \mathbb{K} : |z| \leq r(T)\}$, und für jedes $z \in \mathbb{K}$ mit $|z| > r(T)$ wird $R(T, z)$ durch die Neumannsche Reihe (benannt nach C. NEUMANN)*

$$R(T, z) = -\sum_{n=0}^{\infty} z^{-n-1} T^n$$

dargestellt, die im Sinne der Norm von $B(X)$ konvergiert.

d) *Ist X ein komplexer Raum, so ist $\sigma(T)$ nicht leer und es gibt mindestens ein $z \in \sigma(T)$ mit $|z| = r(T)$, d. h. es gilt $r(T) = \max\{|z| : z \in \sigma(T)\}$.*

e) *Ist T normal im komplexen Hilbertraum mit $\sigma(T) = \{0\}$, so gilt $T = 0$.*

Beispiel 5.9 Teil d des obigen Satzes gilt nicht für reelle Räume: Ist T der durch die Matrix $\begin{pmatrix} 0 & 1 \\ -1 & 0 \end{pmatrix}$ in $\mathbb{R}^2$ erzeugte Operator, so ist $T - \lambda$ für jedes $\lambda \in \mathbb{R}$ bijektiv, obwohl $r(T) = 1$ gilt (die Matrix hat die nichtreellen Eigenwerte $\pm i$). □

Beispiel 5.10 Für unbeschränkte abgeschlossene Operatoren T im unendlichdimensionalen komplexen (Hilbert-)Raum kann jede abgeschlossene Teilmenge von $\mathbb{C}$ als Spektrum von T auftreten; dabei kann o. E. angenommen werden, daß X separabel ist (wir geben diese Beispiele an, obwohl an dieser Stelle noch nicht alle erforderlichen Grundlagen bereitstehen):

(i) $\sigma(T)$ *ist leer, d. h.* $\varrho(T) = \mathbb{C}$: Dazu sei $X = L^2(0,1)$,

$$D(T) = \left\{ f \in L^2(0,1) : f \text{ absolut stetig}, f' \in L^2(0,1), f(0) = 0 \right\},$$
$$Tf = f' \text{ für } f \in D(T).$$

Dann ist $T - z$ bijektiv für alle $z \in \mathbb{C}$, und es gilt

$$(T-z)^{-1} g(x) = e^{zx} \int_0^x e^{-zt} g(t) \, dt, \text{ also } (T-z)^{-1} \in B(X).$$

Die Abgeschlossenheit von T folgt hieraus, kann aber auch leicht direkt gezeigt werden (Beweis!).

(ii) $\sigma(T) = \Sigma$ *mit einer beliebigen nicht-leeren abgeschlossenen Teilmenge Σ von $\mathbb{C}$*: Dazu sei A eine abzählbare dichte Teilmenge von Σ, $X = l^2(A) = L^2(A, \nu)$ mit dem Zählmaß ν,

$$D(T) = \left\{ f \in l^2(A) : \text{id } f \in l^2(A) \right\}, \quad Tf(z) = zf(z).$$

Dann ist offenbar $\sigma(T) = \Sigma$, und jedes $z \in A$ ist Eigenwert von T. Ist Σ beschränkt, so ist $T \in B(l^2(A))$. In diesem Fall kann man einen unbeschränkten Operator mit dem gleichen Spektrum definieren, indem man z. B. als Hilbertraum $X = L^2(0,1) \oplus l^2(A)$ wählt, und hierin den Operator den man als orthogonale Summe des Operators aus (i) und des eben konstruierten Operators erhält. □

5.1 Grundbegriffe der Spektraltheorie

Beweis von Satz 5.8. a) Sei $m \in \mathbb{N}$. Dann läßt sich jedes $n \in \mathbb{N}$ eindeutig in der Form $n = mp_n + q_n$ mit $p_n, q_n \in \mathbb{N}_0$ und $q_n < m$ darstellen. Mit $C := \max\{1, \|T\|, \ldots, \|T^{m-1}\|\}$ gilt dann

$$\|T^n\| \leq \|T^m\|^{p_n} \|T^{q_n}\| \leq C \|T^m\|^{p_n},$$

also

$$r(T) \leq \limsup_{n \to \infty} C^{1/n} \|T^m\|^{\frac{1}{m} - \frac{q_n}{nm}} = \|T^m\|^{\frac{1}{m}}.$$

b) Aus $\|T^*T\| = \|T\|^2$ (vgl. Satz 2.36) folgt wegen der metrischen Gleichheit von T^* und T für normale Operatoren $\|T^2\| = \|T\|^2$. Mit Induktion erhält man daraus $\|T^{2^n}\| = \|T\|^{2^n}$ und somit

$$r(T) = \lim_{n \to \infty} \|T^n\|^{1/n} = \lim_{n \to \infty} \|T^{2^n}\|^{1/2^n} = \|T\|.$$

c) Nach Definition ist $r(T)$ der Konvergenzradius der Reihe $\sum_{n=0}^{\infty} w^{n+1} T^n$ gerade gleich $1/r(T)$. Für $z \in \mathbb{K}$ mit $|z| > r(T)$ ist also durch die Neumannsche Reihe $A(z) := -\sum_{n=0}^{\infty} z^{-n-1} T^n$ ein Operator $A(z) \in B(X)$ erklärt (wobei die Reihe im Sinne der Norm in $B(X)$ konvergiert; sie *konvergiert sogar absolut*, d.h. $\sum |z^{-n-1}| \|T^n\|$ ist konvergent). Außerdem gilt offenbar

$$(T-z)A(z) = A(z)(T-z) = -\sum_{n=0}^{\infty} z^{-n-1} T^{n+1} + \sum_{n=0}^{\infty} z^{-n} T^n = I,$$

d.h. $A(z) = (T-z)^{-1}$ und $z \in \varrho(T)$; die Neumannsche Reihe konvergiert also für alle $z \in \mathbb{K}$ mit $|z| > r(T)$ und stellt dort $R(T, z)$ dar.

d) Nehmen wir an, daß $\sigma(T) = \emptyset$ gilt. Dann ist $\varrho(T) = \mathbb{C}$, und nach Satz 5.7 ist für jedes Funktional $F \in X'$ und jedes $x \in X$ die Funktion

$$f_{F,x} : \mathbb{C} \to \mathbb{C}, \quad f_{F,x}(z) := F(R(T,z)x)$$

eine ganze Funktion. Wegen $\|(T-z)y\| \geq (|z| - \|T\|)\|y\|$ gilt $\|R(T,z)\| \leq 1/(|z| - \|T\|)$ für $|z| > \|T\|$, und somit $f_{F,x}(z) \to 0$ für $|z| \to \infty$. Nach dem Ersten Satz von Liouville ist also $f_{F,x}(z) = 0$ für alle $x \in X$ und $F \in X'$. Daraus ergibt sich $R(T,z) = 0$, ein offensichtlicher Widerspruch.

Es bleibt $r(T) = r_0 := \max\{|z| : z \in \sigma(T)\}$ zu beweisen (wenn $R(T, \cdot)$ eine komplexwertige Funktion wäre, wäre das offensichtlich, da die Neumannsche

Reihe ihre Laurententwicklung um 0 ist, und diese genau außerhalb des kleinsten Kreises konvergiert, der ihre Singularitäten enthält). Auf Grund des bisher Bewiesenen ist $r_0 \leq r(T)$ offensichtlich. Es bleibt also $r_0 \geq r(T)$ zu zeigen:

Für jedes stetige lineare Funktional F auf $B(X)$ ist

$$J_m(F) := \frac{1}{2\pi i} \int_{|z|=s} z^m F(R(T,z))\, dz \quad \text{für } s > r_0$$

unabhängig von s (da $z \mapsto F(R(T,z))$ für $|z| > r_0$ eine komplexwertige analytische Funktion ist). Für $s > r(T)$ können wegen der Gültigkeit der Neumannschen Reihe und der gleichmäßigen Konvergenz auf dem Kreis $|z| = s$ die Zahlen $J_m(F)$ explizit berechnet werden,

$$J_m(F) = -\sum_{n=0}^{\infty} \frac{1}{2\pi i} \int_{|z|=s} z^{m-n-1}\, dz\, F(T^n) = F(-T^m).$$

Zu jedem m gibt es (vgl. Korollar 2.18 b) ein F_m mit $\|F_m\| = 1$ und $F_m(-T^m) = \|T^m\|$. Damit folgt für alle $s > r_0$ und alle $m \in \mathbb{N}$

$$\|T^m\| = J_m(F_m) \leq \frac{1}{2\pi} \int_{|z|=s} |z^m|\, |F_m(R(T,z))|\, |dz|$$
$$\leq \frac{1}{2\pi} \int_{|z|=s} s^m \|R(T,z)\|\, |dz|$$
$$\leq s^{m+1} \max\left\{ \|R(T,z)\| : |z| = s \right\} = \gamma_s |s|^m,$$

wobei γ_s nicht von m abhängt. Daraus folgt $r(T) \leq \lim_{m\to\infty} (\gamma_s |s|^m)^{1/m} = s$ für alle $s > r_0$, also $r(T) \leq r_0$.

e) Dies folgt aus den Teilen b und d. ∎

Satz 5.11 *Sei T ein Operator im Hilbertraum X. Ist Y reduzierender Teilraum von T (vgl. Seite 109), so gilt*

$$\sigma(T) = \sigma(T|_Y) \cup \sigma(T|_{Y^\perp}) \quad \text{und} \quad \varrho(T) = \varrho(T|_Y) \cap \varrho(T|_{Y^\perp}).$$

Der *Beweis* folgt aus der offensichtlichen Tatsache, daß die Aussage für die Resolventenmengen gilt.

5.2 Das Spektrum symmetrischer, selbstadjungierter und normaler Operatoren

Satz 5.12 a) *Die Eigenwerte eines hermiteschen Operators sind reell.*

b) *Eigenelemente zu verschiedenen Eigenwerten eines hermiteschen oder normalen Operators sind orthogonal.*

Beweis. a) Ist $Tx = \lambda x$ mit $x \neq 0$, so folgt $\lambda \|x\|^2 = \langle x, \lambda x \rangle = \langle x, Tx \rangle = \langle Tx, x \rangle = \overline{\lambda} \|x\|^2$, und somit $\lambda = \overline{\lambda}$.

b) Sei $Tx = \lambda x$, $Ty = \mu y$. Für $\lambda - \mu \neq 0$ folgt die Behauptung aus der Gleichung $(\lambda - \mu)\langle x, y \rangle = 0$, die im folgenden für die beiden Fälle getrennt bewiesen wird:

T hermitesch: In diesem Fall sind λ und μ reell, und somit

$$(\lambda - \mu)\langle x, y \rangle = \langle \lambda x, y \rangle - \langle x, \mu y \rangle = \langle Tx, y \rangle - \langle x, Ty \rangle = 0.$$

T normal: Wegen $\|(T^* - \overline{\lambda})x\| = \|(T - \lambda)x\| = 0$ folgt

$$(\lambda - \mu)\langle x, y \rangle = \langle \overline{\lambda} x, y \rangle - \langle x, \mu y \rangle = \langle T^* x, y \rangle - \langle x, Ty \rangle = 0.$$

Damit ist die Behauptung in beiden Fällen bewiesen. ∎

Für hermitesche Operatoren in einem komplexen Hilbertraum sind die nicht reellen $z \in \mathbb{C}$ in besonderer Weise ausgezeichnet, wie der folgende Satz zeigt:

Satz 5.13 *Sei T ein hermitescher Operator im komplexen Hilbertraum X.*

a) *Für $z \in \mathbb{C} \setminus \mathbb{R}$ ist $T - z$ stetig invertierbar (aber natürlich i. allg. nicht bijektiv), genauer:*

$$\|(T - z)x\| \geq |\operatorname{Im} z| \|x\|, \quad \|(T - z)^{-1}\| \leq \frac{1}{|\operatorname{Im} z|}.$$

b) *Ist T abgeschlossen, so ist $R(T - z)$ abgeschlossen für $z \in \mathbb{C} \setminus \mathbb{R}$.*

Beweis. a) Für $x \in D(T)$ mit $\|x\| = 1$ und $z \in \mathbb{C}$ gilt

$$\|(T-z)x\| \geq \left|\langle x, (T-z)x \rangle\right| = \left|\langle x, (T - \operatorname{Re} z)x\rangle - i \operatorname{Im} z\right| \geq |\operatorname{Im} z|.$$

b) $(T-z)^{-1}$ ist abgeschlossen und nach Teil a stetig, also ist $R(T-z) = D((T-z)^{-1})$ abgeschlossen. ∎

Satz 5.14 a) *Für einen symmetrischen Operator T im komplexen Hilbertraum X sind die folgenden Aussagen äquivalent:*

(i) *T ist selbstadjungiert,*

(ii) *$R(T-z) = X$ für alle $z \in \mathbb{C}\backslash\mathbb{R}$,*

(iii) *es gibt ein z_+ in der oberen und ein z_- in der unteren Halbebene mit $R(T - z_\pm) = X$,*

(iv) *$\sigma(T) \subset \mathbb{R}$.*

b) *Entsprechend sind äquivalent:*

(i) *T ist wesentlich selbstadjungiert,*

(ii) *$\overline{R(T-z)} = X$ für alle $z \in \mathbb{C}\backslash\mathbb{R}$,*

(iii) *es gibt ein z_+ in der oberen und ein z_- in der unteren Halbebene mit $\overline{R(T-z_\pm)} = X$,*

(iv) *$\sigma(\overline{T}) \subset \mathbb{R}$.*

Beweis. a) Wir zeigen (i) $\Leftrightarrow$ (ii) und (ii) $\Rightarrow$ (iii) $\Rightarrow$ (iv) $\Rightarrow$ (ii).

(i)$\Rightarrow$(ii): Ist $R(T-z) \neq X$ so folgt (da $R(T-z)$ abgeschlossen ist) $N(T-\bar{z}) = R(T-z)^\perp \neq \{0\}$, im Widerspruch zur (stetigen) Invertierbarkeit von $T - \bar{z}$ (vgl. Satz 5.13).

(ii)$\Rightarrow$(i): Da T symmetrisch ist, gilt $T \subset T^*$; es genügt also $D(T^*) \subset D(T)$ zu beweisen. Wir wählen ein $z \in \mathbb{C}\backslash\mathbb{R}$; es sind also $T-z$ und $T-\bar{z}$ bijektiv, insbesondere ist $D((T-z)^{-1}) = X$ und $R(T-\bar{z}) = X$. Sei $x \in D(T^*)$, $x_0 := (T-z)^{-1}(T^*-z)x \in D(T) \subset D(T^*)$. Es gilt also

$$Tx_0 = T^*x_0 \text{ und } (T^*-z)x = (T-z)x_0.$$

5.2 Spektrum selbstadjungierter und normaler Operatoren

Damit folgt

$$(T^* - z)(x - x_0) = (T - z)x_0 - (T - z)x_0 = 0,$$

d. h. es gilt $x - x_0 \in N(T^* - z) = R(T - \overline{z})^\perp = \{0\}$, also $x = x_0 \in D(T)$.

(ii)$\Rightarrow$(iii): Offensichtlich.

(iii)$\Rightarrow$(iv): Da $T - z_\pm$ injektiv sind, folgt $z_\pm \in \varrho(T)$ aus $R(T - z_\pm) = X$. Mit dem Satz über die Stabilität der stetigen Invertierbarkeit folgt $z \in \varrho(T)$ für alle z mit $|z - z_\pm| < |\operatorname{Im} z_\pm| \leq 1/\|(T - z_\pm)^{-1}\|$. Dieser Schritt kann iteriert werden, wobei man auf diese Weise von z_+ bzw. z_- aus jeden Punkt in der oberen bzw. unteren Halbebene in endlich vielen Schritten erreicht. Also ist $\mathbb{C}\setminus\mathbb{R}$ in $\varrho(T)$ enthalten.

(iv)$\Rightarrow$(ii): Offensichtlich.

b) Ergibt sich auf Grund von Teil a und Satz 4.1 b, aus dem sich $(R(\overline{T - z}) = \overline{R(T - z)})$ ergibt. ∎

Wir können nun das Spektrum selbstadjungierter und normaler Operatoren sehr einfach charakterisieren:

Satz 5.15 *Sei T ein selbstadjungierter oder normaler Operator im (reellen oder komplexen) Hilbertraum.*

a) *Ein $z \in \mathbb{K}$ ist genau dann Eigenwert von T, wenn $\overline{R(T - z)} \neq X$ gilt; der zugehörige Eigenraum ist $N(T - z) = R(T - z)^\perp$.*

b) *Für $z \in \mathbb{K}$ sind die folgenden Eigenschaften äquivalent:*

(i) $z \in \sigma(T)$,

(ii) *Es gibt eine Folge (x_n) aus $D(T)$ mit $\|x_n\| = 1$ und $(T - z)x_n \to 0$,*

(iii) $R(T - z) \neq X$.

Beweis. Da jeder selbstadjungierte Operator normal ist, genügt es, die Aussage für normale Operatoren zu beweisen; dabei sind die Identitäten $\|(T - z)x\| = \|(T^* - \overline{z})x\|$ bzw. $N(T - z) = N(T^* - \overline{z})$ und $\overline{R(T - z)} = \overline{R(T^* - \overline{z})}$ entscheidend.

a) $\Rightarrow$: Ist z Eigenwert, so ist $N(T^* - \overline{z}) = N(T - z) \neq \{0\}$ und somit $\overline{R(T - z)} = N(T^* - \overline{z})^\perp \neq X$.

⇐: Ist $\overline{R(T-z)} \neq X$, so ist $N(T-z) = N(T^* - \overline{z}) = R(T-z)^\perp \neq \{0\}$.

b) (i)⇒(iii): Wäre $R(T-z) = X$, so wäre (vgl. Teil a) $T - z$ invertierbar. Wegen $D((T-z)^{-1}) = R(T-z) = X$ wäre $(T-z)^{-1} \in B(X)$, also $z \notin \sigma(T)$.

(iii)⇒(ii): Ist $\overline{R(T-z)} = X$, so ist $T - z$ injektiv (vgl. Teil a) und $D((T-z)^{-1}) = R(T-z)$ nicht abgeschlossen, also $T - z$ nicht stetig invertierbar. Ist $\overline{R(T-z)} \neq X$, so ist $T - z$ nicht injektiv. In beiden Fällen folgt (ii).

(ii) ⇒ (i): offensichtlich. ∎

Satz 5.16 a) *Sei T ein beschränkter selbstadjungierter Operator im komplexen oder reellen Hilbertraum. Dann gilt*

$$\|T\| = \max\{|z| : z \in \sigma(T)\}.$$

b) *Sei T ein beschränkter normaler Operator im komplexen Hilbertraum X. Dann gilt*

$$\|T\| = \sup\{|\langle x, Tx \rangle| : x \in X, \|x\| \leq 1\}.$$

(*Die Aussage von Teil a im komplexen Fall gilt auch für normale Operatoren; sie folgt aus dem Satz 5.8 b. Teil b erweitert die Formel für die Norm symmetrischer Operatoren (vgl. Satz 2.51) auf den Fall normaler Operatoren im komplexen Hilbertraum.*)

Beweis. a) Nach Satz 2.51 existiert eine Folge (x_n) aus X mit $\|x_n\| = 1$ und $\langle x_n, Tx_n \rangle \to \|T\|$ oder $-\|T\|$. Es gilt also (wobei das obere Vorzeichen für den ersten Fall steht, das untere für den zweiten)

$$\|(T \mp \|T\|)x_n\|^2 = \|Tx_n\|^2 \mp 2\|T\|\langle x_n, Tx_n \rangle + \|T\|^2 \|x_n\|^2$$
$$\leq \|T\|^2 \mp 2\|T\|\langle x_n, Tx_n \rangle + \|T\|^2 \to 0 \text{ für } n \to \infty.$$

Daraus folgt $\pm\|T\| \in \sigma(T)$.

b) Da X komplex ist, gilt $\|T\| = r(T) = \max\{|z| : z \in \sigma(T)\}$ d.h. es existiert ein $z_0 \in \sigma(T)$ mit $|z_0| = \|T\|$. Nach Satz 5.15 existiert also eine Folge (x_n) aus X mit $\|x_n\| = 1$ und $(T - z_0)x_n \to 0$. Damit folgt

$$\|T\| = |z_0| = \lim_{n \to \infty} |\langle x_n, Tx_n \rangle| \leq \sup\{|\langle x, Tx \rangle| : x \in X, \|x\| \leq 1\},$$

5.2 Spektrum selbstadjungierter und normaler Operatoren   201

also $\|T\| = \sup\{\ldots\}$, da $\|T\| \geq \sup\{\ldots\}$ offensichtlich ist. ∎

Dies erlaubt nun sofort, den Entwicklungssatz für kompakte selbstadjungierte Operatoren (vgl. Satz 3.12) auf normale Operatoren auszudehnen:

Satz 5.17 (Entwicklungssatz für kompakte normale Operatoren) *Sei K ein kompakter normaler Operator im komplexen Hilbertraum X (für den reellen Fall vgl. Aufgabe 5.3).*

a) Es gibt endlich oder abzählbar viele komplexe Zahlen λ_n mit $|\lambda_n| \geq |\lambda_{n+1}| > 0$, $\lambda_n \to 0$ im unendlichen Fall, und orthonormierte Elemente φ_n mit

$$Kx = \sum_n \lambda_n \langle \varphi_n, x \rangle \varphi_n \quad \text{für alle } x \in X.$$

b) In anderen Worten besagt Teil a: Es gibt paarweise verschiedene komplexe Zahlen μ_n mit $|\mu_n| \geq |\mu_{n+1}| > 0$, $\mu_n \to 0$ im unendlichen Fall, und paarweise orthogonale endlichdimensionale Projektionen P_n ($P_n P_m = \delta_{nm} P_n$) so, daß $K = \sum_n \mu_n P_n$ gilt, wobei diese Reihe im Sinne der Operatornorm konvergiert.

c) K ist genau dann selbstadjungiert, wenn alle λ_n bzw. μ_n reell sind.

Beweis. a) Nach Satz 5.15 b und Satz 5.16 b gibt es ein $z_0 \in \mathbb{C}$ mit $|z_0| = \|K\|$ und eine Folge $(x_n) \in X$ mit $\|x_n\| = 1$ und $(K - z_0)x_n \to 0$. Damit kann der Beweis von Satz 3.12 übernommen werden. Die Teile b und c sind offensichtlich. ∎

Aus der Spektraltheorie für selbstadjungierte Operatoren (vgl. insbes. Abschnitt 8.5) folgt, daß auch das Spektrum eines unbeschränkten selbstadjungierten Operators nicht leer (tatsächlich sogar unbeschränkt) ist. Daß das Spektrum nicht leer ist, läßt sich aber auch schon an dieser Stelle elementar beweisen:

Satz 5.18 *Das Spektrum jedes selbstadjungierten Operators T (im reellen oder komplexen Hilbertraum) ist nicht leer. Dies gilt auch für jeden normalen Operator im komplexen Hilbertraum.*

Beweis. Nehmen wir an, daß $\sigma(T)$ leer ist, also insbesondere $0 \in \varrho(T)$. Dann ist $T^{-1} \in B(X)$ selbstadjungiert (Satz 2.49) bzw. normal (Satz 4.17), $\|T^{-1}\| \neq 0$, also existiert ein $\lambda \in \sigma(T^{-1}) \setminus \{0\}$ (Satz 5.16 bzw. Satz 5.8). Es gibt also eine Folge (x_n) aus X mit $\|x_n\| = 1$ und $(T^{-1} - \lambda)x_n \to 0$ (Satz 5.15). Daraus folgt $\|T^{-1}x_n\| \to |\lambda| > 0$ und

$$\left(T - \frac{1}{\lambda}\right)T^{-1}x_n = \frac{1}{\lambda}(\lambda - T^{-1})x_n \to 0,$$

d. h. $\lambda^{-1} \in \sigma(T)$. ∎

5.3 Operatoren mit reinem Punktspektrum

Bei selbstadjungierten und normalen (letztere im komplexen Hilbertraum) kompakten Operatoren haben wir gesehen, daß alle spektralen Eigenschaften durch die Eigenwerte bestimmt sind; die Operatoren selbst sind vollständig beschrieben, wenn auch noch die zugehörigen Eigenelemente bekannt sind. Dies liegt wesentlich daran, daß die (orthonormierten) Eigenelemente – wobei man den eventuellen Eigenwert 0 nicht vergessen darf – eine Orthonormalbasis bilden.

Dementsprechend sagen wir, ein normaler (insbesondere ein selbstadjungierter) Operator T im Hilbertraum X hat *reines Punktspektrum*, wenn es eine Orthonormalbasis $\{e_\alpha : \alpha \in A\}$ von X und eine zugehörige Schar $\{z_\alpha : \alpha \in A\}$ aus $\mathbb{K}$ gibt mit $Te_\alpha = z_\alpha e_\alpha$ für alle $\alpha \in A$.

Ist T selbstadjungiert so sind natürlich alle z_α reell. Offensichtlich sind alle kompakten selbstadjungierten Operatoren in einem beliebigen Hilbertraum, und alle kompakten normalen Operatoren in einem komplexen Hilbertraum Operatoren mit reinem Punktspektrum.

Ist der zugrundeliegende Hilbertraum separabel, so ist $A = \mathbb{N}$ (oder sogar endlich); einige der folgenden Beweise werden dann etwas einfacher.

Satz 5.19 a) *Ist $\{e_\alpha : \alpha \in A\}$ eine Orthonormalbasis im Hilbertraum X, $\{z_\alpha : \alpha \in A\}$ eine Familie komplexer Zahlen, und ist T_0 definiert durch*

$$D(T_0) = L := L\big\{e_\alpha : \alpha \in A\big\}, \quad T_0 \sum c_\alpha e_\alpha = \sum z_\alpha c_\alpha e_\alpha$$

5.3 Operatoren mit reinem Punktspektrum

(endliche Summen), so ist $\overline{T_0} = S$ mit

$$D(S) = \left\{ \sum c_\alpha e_\alpha : \sum (1 + |z_\alpha|^2)|c_\alpha|^2 < \infty \right\},$$
$$S \sum c_\alpha e_\alpha = \sum z_\alpha c_\alpha e_\alpha \quad \text{für} \quad \sum c_\alpha e_\alpha \in D(S),$$

und $T_0^* = \hat{S}$ mit

$$D(\hat{S}) = D(S), \quad \hat{S} \sum c_\alpha e_\alpha = \sum \overline{z_\alpha} c_\alpha e_\alpha \quad \text{für} \quad \sum c_\alpha e_\alpha \in D(\hat{S}).$$

S ist ein normaler Operator mit reinem Punktspektrum (z_α die Eigenwerte, e_α die zugehörigen Eigenelemente). S ist genau dann selbstadjungiert, wenn alle z_α reell sind.

b) *Ist T ein normaler Operator mit reinem Punktspektrum, $\{e_\alpha : \alpha \in A\}$ eine Orthonormalbasis von Eigenelementen, $\{z_\alpha : \alpha \in A\}$ die zugehörigen Eigenwerte und T_0 die Einschränkung von T auf die lineare Hülle $L := L\{e_\alpha : \alpha \in A\}$ der Eigenelemente, so gilt $T = \overline{T_0}$ (d.h. L ist determinierender Bereich von T) und $\sigma(T) = \overline{\{z_\alpha : \alpha \in A\}}$.*

Beweis. a) Man sieht leicht, daß S abgeschlossen ist.

$\overline{T_0} = S$: Wegen $T_0 \subset S$ gilt $\overline{T_0} \subset S$; es bleibt $D(S) \subset D(\overline{T_0})$ zu beweisen. Sei $x = \sum c_\alpha e_\alpha = \sum c_{\alpha_n} e_{\alpha_n} \in D(S)$. Dann ist $x_m := \sum_{n=1}^m c_{\alpha_n} e_{\alpha_n} \in D(T_0)$, und es gilt $x_m \to x$ und $T_0 x_m \to Sx$, d.h. $x \in D(\overline{T_0})$.

$T_0^* = \hat{S}$: Offenbar sind T_0 und $\hat{S}$ formal adjungiert, d.h. es gilt $\hat{S} \subset T_0^*$. Bleibt also $D(T_0^*) \subset D(\hat{S})$ zu beweisen: Sei $x = \sum c_\alpha e_\alpha \in D(T_0^*)$ (i. allg. unendliche Summe). Dann gilt für jedes $\alpha \in A$ (wegen $e_\alpha \in L = D(T_0)$)

$$\langle e_\alpha, T_0^* x \rangle = \langle T_0 e_\alpha, x \rangle = \langle z_\alpha e_\alpha, x \rangle = c_\alpha \overline{z_\alpha},$$

also $(c_\alpha z_\alpha)_\alpha \in l^2(A)$ und somit (da auch $\sum |c_\alpha|^2 < \infty$) $x \in D(S) = D(\hat{S})$. Offensichtlich ist $D(S) = D(\hat{S}) = D(T_0^*) = D(\overline{T_0}^*) = D(S^*)$ und $\|Sx\| = \|S^*x\|$ für alle $x \in D(S)$, d.h. S ist normal; es gilt $S = S^*$ genau dann, wenn $z_\alpha = \overline{z_\alpha}$ für alle $\alpha \in A$ gilt.

b) Aus $T_0 \subset T$ und $\overline{T_0} = S$ folgt $S \subset T$. Da S und T normal sind, folgt $\overline{T_0} = S = T$ (vgl. Satz 4.17). Offensichtlich sind die z_α Eigenwerte, also $\{z_\alpha : \alpha \in A\} \subset \sigma(T)$, und somit $\overline{\{z_\alpha : \alpha \in A\}} \subset \sigma(T)$. Ist $z \notin \overline{\{z_\alpha : \alpha \in A\}}$, so existiert ein $\delta > 0$ mit $|z - z_\alpha| \geq \delta$ für alle $\alpha \in A$, d.h. der Operator R_z mit

$$R_z \sum c_\alpha e_\alpha = \sum \frac{1}{z_\alpha - z} c_\alpha e_\alpha \quad \text{für alle} \quad x = \sum c_\alpha e_\alpha \in X$$

ist in $B(X)$ mit $R_z(T - z) = (T - z)R_z = I$; also ist $z \in \varrho(T)$. ∎

Satz 5.20 *Sei T ein normaler Operator im komplexen Hilbertraum oder ein selbstadjungierter Operator in einem beliebigen Hilbertraum X, $\sigma(T) \neq \mathbb{K}$ (das ist z.B. für einen selbstadjungierten Operator im komplexen Hilbertraum stets erfüllt, da $\sigma(T) \subset \mathbb{R}$ gilt). Ist $(T - z_0)^{-1}$ kompakt für ein $z_0 \in \varrho(T)$, so gilt:*

a) *Der Hilbertraum X ist separabel, $(T-z)^{-1}$ ist kompakt für alle $z \in \varrho(T)$.*

b) *Sind $\{\mu_j\}$ die Eigenwerte und $\{e_j\}$ die zugehörigen orthonormierten Eigenelemente von $(T-z)^{-1}$, so sind $\{\lambda_j\} = \{\mu_j^{-1}+z\}$ und $\{e_j\}$ die Eigenwerte bzw. zugehörigen orthonormierten Eigenelemente von T.*

c) *Es gilt $\sigma(T) = \{\lambda_j : j \in \mathbb{N}\}$ (ohne Abschluß); T ist ein Operator mit reinem Punktspektrum; das Spektrum ist rein diskret (vgl. Abschnitt 8.5).*

Beweis. a) Der Wertebereich des kompakten Operators $(T - z_0)^{-1}$ ist $D(T)$ und somit dicht in X. Da $R((T - z_0)^{-1})$ nach Satz 3.7 separabel ist, ist also auch X separabel. Nach der ersten Resolventengleichung gilt

$$(T - z)^{-1} = (T - z_0)^{-1} + (z - z_0)(T - z)^{-1}(T - z_0)^{-1}.$$

Da $(T - z_0)^{-1}$ kompakt ist und $(T - z)^{-1} \in B(X)$, ist damit auch $(T - z)^{-1}$ kompakt.

b) $(T - z)^{-1}$ ist normal und injektiv. Also bilden die orthonormierten Eigenvektoren $\{e_j\}$ zu den (von 0 verschiedenen) Eigenwerten $\{\mu_j\}$ eine Orthonormalbasis; es gilt

$$(T - z)^{-1}x = \sum \mu_j \langle e_j, x \rangle e_j \quad \text{für alle } x \in X.$$

5.3 Operatoren mit reinem Punktspektrum

Daraus folgt

$$(T - z)x = \sum \frac{1}{\mu_j} \langle e_j, x \rangle e_j \quad \text{für } x \in D(T) = R((T-z)^{-1}),$$

$$Tx = \sum \left(\frac{1}{\mu_j} + z \right) \langle e_j, x \rangle e_j = \sum \lambda_j \langle e_j, x \rangle e_j \quad \text{für } x \in D(T).$$

Insbesondere ist T ein Operator mit reinem Punktspektrum.

c) Die Folge (μ_j) ist eine Nullfolge (falls X unendlichdimensional ist), also gilt $|\lambda_j| = |\mu_j^{-1} + z| \to \infty$ für $j \to \infty$, und somit gilt $\sigma(T) = \overline{\{\lambda_j : j \in \mathbb{N}\}} = \{\lambda_j : j \in \mathbb{N}\}$. ∎

Beispiel 5.21 In $L^2(a,b)$ mit $-\infty < a < b < \infty$ sei der Operator T definiert durch (vgl. auch Abschnitt 6.5)

$$D(T) = \Big\{ f \in L^2(a,b) : f \text{ und } f' \text{ absolut stetig, } f'' \in L^2(a,b),$$
$$f(a) = f(b) = 0 \Big\}$$
$$Tf = -f'' \text{ für } f \in D(T).$$

Partielle Integration zeigt, daß T *hermitesch* ist:

$$\langle f, Tg \rangle = -\int_a^b \overline{f} g'' \, dx = \int_a^b \overline{f'} g' \, dx = -\int_a^b \overline{f''} g \, dx = \langle Tf, g \rangle.$$

Wegen $C_0^\infty(a,b) \subset D(T)$ ist T dicht definiert, also *symmetrisch*. Man rechnet leicht nach, daß die Zahlen $\lambda_n = n^2 \pi^2 (b-a)^{-2}$ ($n \in \mathbb{N}$) Eigenwerte sind mit zugehörigen normierten Eigenfunktionen

$$e_n(x) = \sqrt{\frac{2}{b-a}} \sin\left(n\pi \frac{x-a}{b-a} \right) \quad (n \in \mathbb{N}).$$

Aus der Theorie der Fourierreihen folgt, daß diese Eigenfunktionen in $L^2(a,b)$ total sind, d.h., daß der Abschluß der Einschränkung T_0 von T auf die lineare Hülle der e_n bereits selbstadjungiert ist. Da T symmetrisch ist, folgt also die Selbstadjungiertheit von T, wenn wir zeigen, daß T abgeschlossen ist: Ist (f_n) eine Folge aus $D(T)$ mit $f_n \to f$ und $-f_n'' = Tf_n \to g$ in $L^2(a,b)$, so folgt offenbar die absolute Stetigkeit von f und f' sowie $-f'' = g$ und $f(a) = f(b) = 0$ (Beweis!), also $f \in D(T)$ und $Tf = g$, d.h. T ist abgeschlossen. Also ist T ein selbstadjungierter Operator mit reinem Punktspektrum. □/2

Alternativ zum eben dargestellten Beweis kann man auch so vorgehen: Für alle $z \in \mathbb{K} \setminus \{\lambda_n : n \in \mathbb{N}\}$ mit $z \neq 0$ liefert

$$R_z g(x) = \frac{1}{\sqrt{z}\sin\sqrt{z}(b-a)} \left\{ \sin\sqrt{z}(b-x) \int_a^x \sin\sqrt{z}(y-a)\, g(y)\, dy \right.$$
$$\left. + \sin\sqrt{z}(x-a) \int_x^b \sin\sqrt{z}(b-y)\, g(y)\, dy \right\}$$

für alle $g \in L^2(a,b)$ die Lösung f von $-f'' - zf = g$ mit $f(a) = f(b) = 0$ (in dem Sinn, daß f und f' absolut stetig sind), d.h. für jedes $g \in L^2(a,b)$ ist $R_z g \in D(T)$ und $(T-z)(R_z g) = g$. Also ist $R_z = (T-z)^{-1}$. Da R_z offenbar ein Hilbert–Schmidt-Operator ist, sind alle diese z in $\varrho(T)$. Also ist T selbstadjungiert mit reinem Punktspektrum. □

5.4 Spektraltheorie allgemeiner kompakter Operatoren

Wie bei selbstadjungierten kompakten Operatoren besteht auch bei beliebigen kompakten Operatoren in Banachräumen das Spektrum (außerhalb der 0) nur aus isolierten Eigenwerten endlicher Vielfachheit. Wir beweisen das im folgenden in dieser Allgemeinheit (RIESZ–SCHAUDER-Theorie), weil der Beweis im Hilbertraum nur wenig einfacher ist. Zunächst sind einige Vorbereitungen nötig.

Satz 5.22 *Ist X ein Banachraum, $K \in B(X)$ kompakt und $z \in \mathbb{K}\setminus\{0\}$, so ist $R(K-z)$ abgeschlossen (unabhängig davon, ob z in $\sigma(K)$ oder in $\varrho(K)$ liegt).*

5.4 Spektraltheorie allgemeiner kompakter Operatoren

Beweis. O.E. können wir $z = 1$ annehmen (denn $K - z = z(z^{-1}K - 1)$, $z^{-1}K$ ist kompakt und $R(z(z^{-1}K - 1)) = R(z^{-1}K - 1)$). Sei $(y_n) = ((K - 1)x_n)_{n \in \mathbb{N}}$ eine konvergente Folge aus $R(K - 1) = (K - 1)X$, $y_n \to y$, $\alpha_n := d(x_n, N(K - 1))$. Dann existieren $w_n \in N(K - 1)$ mit $\alpha_n \leq \|x_n - w_n\| \leq (1 + n^{-1})\alpha_n$ und $(K - 1)(x_n - w_n) = (K - 1)x_n$.

Wir zeigen, daß (α_n) *beschränkt* ist: Dazu nehmen wir an, daß (α_n) unbeschränkt ist; o.E. können wir also annehmen (ggf. nach Auswahl einer Teilfolge), daß gilt $\alpha_n \to \infty$. Sei $z_n := \|x_n - w_n\|^{-1}(x_n - w_n)$. Wegen $y_n = (K - 1)(x_n - w_n) \to y$ und $\|x_n - w_n\| \geq \alpha_n \to \infty$ gilt dann

$$(K - 1)z_n = \frac{1}{\|x_n - w_n\|} y_n \to 0.$$

Da K kompakt ist, enthält (z_n) eine Teilfolge (z_{n_k}), für die (Kz_{n_k}) gegen ein w_0 konvergiert, d.h.

$$z_{n_k} = \frac{-1}{\|x_{n_k} - w_{n_k}\|} y_{n_k} + Kz_{n_k} \to w_0.$$

Also gilt

$$(K - 1)w_0 = \lim_{k \to \infty} (K - 1)z_{n_k} = 0, \quad \text{d.h. } w_0 \in N(K - 1).$$

Mit $u_n := z_n - w_0$ gilt dann

$$x_n - w_n - \|x_n - w_n\|w_0 = \|x_n - w_n\|\left\{\frac{1}{\|x_n - w_n\|}(x_n - w_n) - w_0\right\}$$
$$= \|x_n - w_n\|(z_n - w_0) = \|x_n - w_n\|u_n.$$

Wegen $w_n + \|x_n - w_n\|w_0 \in N(K - 1)$ folgt daraus

$$\|x_n - w_n\|\|u_n\| \geq d(x_n, N(K - 1)) = \alpha_n,$$
$$\|u_n\| \geq \frac{\alpha_n}{\|x_n - w_n\|} \geq \frac{\alpha_n}{(1 + n^{-1})\alpha_n} = \frac{1}{1 + n^{-1}},$$

im Widerspruch zu $u_{n_k} \to 0$. Also ist die Folge (α_n) beschränkt.

Dann ist aber $v_n := x_n - w_n$ beschränkt, und da K kompakt ist, enthält (v_n) eine Teilfolge (v_{n_k}), für die (Kv_{n_k}) konvergiert. Wegen

$$y_{n_k} = (K-1)x_{n_k} = (K-1)v_{n_k} = Kv_{n_k} - v_{n_k}$$

ist also $(v_{n_k}) = (Kv_{n_k} - y_{n_k})$ konvergent gegen ein $x \in X$ mit $x = Kx - y$ und somit $y = Kx - x = (K-1)x \in R(K-1)$. ∎

Satz 5.23 *Sei X ein Banachraum, $K \in B(X)$ kompakt und $z \in \mathbb{K}\setminus\{0\}$ nicht Eigenwert von K. Dann ist $\lambda \in \varrho(K)$; (außerhalb der 0 besteht also das Spektrum eines kompakten Operators nur aus Eigenwerten).*

Beweis. $K_z := K - z$ ist bijektiv als Abbildung von X auf $R(K_z)$, und $R(K_z)$ ist nach obigem Satz abgeschlossen. Mit dem Satz von der stetigen Inversen (Satz 5.5) folgt, daß K_z eine stetige Inverse (von $R(K_z)$ auf X) hat. Es bleibt also lediglich $R(K_z) = X$ zu beweisen.

Nehmen wir an, daß $R(K_z) \neq X$ gilt, d. h., daß $R(K_z)$ ein echter abgeschlossener Teilraum ist. Sei $X_j := R(K_z^j) = K_z^j X$ für $j \in \mathbb{N}$ (speziell $X_0 = X$). Dann ist für jedes $j \in \mathbb{N}$ X_j ein echter abgeschlossener Teilraum von X_{j-1}: X_j ist abgeschlossen als Urbild von X_{j-1} unter der stetigen Abbildung K_z^{-1}. Wäre $X_j = X_{j-1}$ für ein j, so wäre auch

$$X_{j-2} = K_z^{-1} X_{j-1} = K_z^{-1} X_j = X_{j-1},$$

und iterativ würde $R(K_z) = X_1 = X_0$ folgen, im Widerspruch zur Annahme; also ist X_j für jedes $j \in \mathbb{N}$ ein echter abgeschlossener Teilraum von X_{j-1}.

Nach dem Rieszschen Lemma (Satz 1.62) gibt es also für jedes $n \in \mathbb{N}_0$ ein $y_n \in X_n$ mit $\|y_n\| = 1$ und $d(y_n, X_{n+1}) > 1/2$. Für $n > m$ gilt also

$$\frac{1}{z}(Ky_m - Ky_n) = y_m + \left\{-y_n + \frac{1}{z}K_z(y_m - y_n)\right\}$$
$$= y_m - y_{nm} \text{ mit einem } y_{nm} \in X_{m+1},$$

also $\|Ky_m - Ky_n\| = |z|\,\|y_m - y_{nm}\| > |z|/2$ für $n > m$. Das steht im Widerspruch zur Kompaktheit von K. ∎

5.4 Spektraltheorie allgemeiner kompakter Operatoren

Satz 5.24 *Sei X ein Banachraum, $K \in B(X)$ kompakt. Dann gilt*

a) *$\sigma(K)$ besteht aus höchstens abzählbar vielen Punkten, die sich höchstens bei 0 häufen; jedes $\lambda \in \sigma(K) \setminus \{0\}$ ist Eigenwert endlicher geometrischer Vielfachheit.*

b) *Jedes $\lambda \in \sigma(K) \setminus \{0\}$ ist Eigenwert endlicher algebraischer Vielfachheit.*

c) *Ist X unendlichdimensional, so ist $0 \in \sigma(K)$.*

Beweis. a) Da nach Satz 5.23 das Spektrum außerhalb der 0 nur aus Eigenwerten besteht, und da Eigenelemente zu verschiedenen Eigenwerten linear unabhängig sind, ist Teil a bewiesen, wenn wir die Aussage „*Es existieren linear unabhängige Elemente x_n ($n \in \mathbb{N}$) und Zahlen $z_n \in \mathbb{K}$ mit $z_n \to z \neq 0$ so, daß gilt $Kx_n = z_n x_n$*" zum Widerspruch führen:

Sei $X_n := L\{x_1, \ldots, x_n\}$. Nach dem Rieszschen Lemma (Satz 1.62) existiert für jedes $n > 1$ ein $y_n \in X_n$ mit $\|y_n\| = 1$ und $d(y_n, X_{n-1}) > 1/2$. Für $n > m$ gilt dann (wieder sei $K_z := K - z$)

$$\frac{1}{z_n}Ky_n - \frac{1}{z_m}Ky_m = y_n + \left(-y_m + \frac{1}{z_n}K_{z_n}y_n - \frac{1}{z_m}K_{z_m}y_m\right)$$
$$= y_n - w_{nm} \text{ mit einem } w_{nm} \in X_{n-1},$$

denn wegen $y_n = \sum_{j=1}^{n} \beta_j^{(n)} x_j$ gilt

$$\frac{1}{z_n}K_{z_n}y_n = \frac{1}{z_n}Ky_n - y_n = \frac{1}{z_n}\sum_{j=1}^{n} z_j \beta_j^{(n)} x_j + \sum_{j=1}^{n} \beta_j^{(n)} x_j$$
$$= \sum_{j=1}^{n-1} \left(\frac{z_j}{z_n} - 1\right)\beta_j^{(n)} x_j \in X_{n-1},$$

also

$$-y_m + \frac{1}{z_n}K_{z_n}y_n - \frac{1}{z_m}K_{z_m}y_m \in X_{n-1}.$$

Damit folgt

$$\left\|\frac{1}{z_n}Ky_n - \frac{1}{z_m}Ky_m\right\| \geq \frac{1}{2}.$$

Das steht im Widerspruch zur Kompaktheit von K und $z_n \to z \neq 0$.

b) Die algebraische Vielfachheit von z ist die Dimension des algebraischen Eigenraums

$$A_z := \left\{ x \in X : (K-z)^n x = 0 \text{ für ein } n \in \mathbb{N} \right\}.$$

Sei im folgenden

$$Y_n := N\left((K-z)^n\right) \quad \text{für } n \in \mathbb{N}$$

(insbesondere ist also Y_1 der geometrische Eigenraum zu z). Da offenbar

$$\dim Y_{n+1} - \dim Y_n \leq \text{geometrische Vielfachheit von } z < \infty$$

gilt, ist die algebraische Vielfachheit genau dann ∞, wenn $Y_{n+1} \neq Y_n$ für alle n gilt. Nach dem Rieszschen Lemma gibt es dann für jedes $n > 1$ ein $y_n \in Y_n$ mit $\|y_n\| = 1$ und $d(y_n, Y_{n-1}) > 1/2$. Es gilt offensichtlich für $n > m$

$$\frac{1}{z}(Ky_n - Ky_m) = y_n + \left(-y_m + \frac{1}{z}K_z(y_n - y_m)\right)$$
$$= y_n + w_{nm} \quad \text{mit } w_{nm} \in Y_{n-1}.$$

Damit folgt ein Widerspruch wie in Teil a.

c) Sei $\dim X = \infty$. Nach dem Rieszschen Lemma gibt es eine Folge (x_n) aus X mit $\|x_n\| = 1$ und $\|x_n - x_m\| > 1/2$ für $n \neq m$. Da K kompakt ist, existiert eine Teilfolge (x_{n_k}), für die (Kx_{n_k}) konvergiert, d. h. $\|Kx_{n_k} - Kx_{n_l}\|$ ist klein für große k und l; K kann also nicht stetig invertierbar sein [1]. ∎

Der folgende Satz gilt (ohne Konjugationsstrich) entsprechend auch für den dualen Operator in allgemeinen Banachräumen; wir beschränken uns aber auf den Hilbertraumfall.

Satz 5.25 *Sei X ein Hilbertraum, $K \in B(X)$ kompakt.*

a) *$z \in \mathbb{K} \setminus \{0\}$ ist genau dann ein Eigenwert von K, wenn $\bar{z}$ Eigenwert von K^* ist. Die Vielfachheiten sind gleich.*

---

[1] Im Hilbertraum folgt diese Aussage sofort aus der Tatsache, daß für jede orthonormale Folge (x_n) gilt $Kx_n \to 0$.

5.4 Spektraltheorie allgemeiner kompakter Operatoren

b) *Fredholmsche Alternative: Sei $z \neq 0$. Entweder sind die Gleichungen $(K - z)x = y$ und $(K^* - \bar{z})x = y$ für alle $y \in X$ lösbar, oder $K - z$ und $K^* - \bar{z}$ sind nicht injektiv (die Lösbarkeit der inhomogenen Gleichungen für alle y ist also äquivalent zur eindeutigen Lösbarkeit).*

Beweis. a) Jedenfalls gilt $\dim N(K-z) \leq \dim N(K^*-\bar{z})$ oder $\dim N(K^*-\bar{z}) \leq \dim N(K - z)$. Wir nehmen zunächst an, daß $\dim N(K - z) \leq \dim N(K^* - \bar{z})$ gilt. Dann gibt es eine bijektive Abbildung V von $N(K-z)$ auf einen Teilraum $R(V)$ von $N(K^* - \bar{z}) = R(K - z)^{\perp}$ [2]. Ist P die orthogonale Projektion auf $N(K - z)$, so ist P endlichdimensional und somit kompakt. Für den kompakten Operator $K_1 := K + VP$ gilt offenbar

$$N(K_1 - z) = \{0\}, \quad \text{d.h. } z \text{ ist nicht Eigenwert von } K_1.$$

Nach Satz 5.2 und Satz 5.24 ist dann $\bar{z}$ nicht Eigenwert von K_1^*, also (wegen $R(V) \subset N(K^* - \bar{z}) = R(K - z)^{\perp}$)

$$\{0\} = N(K_1^* - \bar{z}) = R(K_1 - z)^{\perp} = \Big(R(K - z) \oplus R(V)\Big)^{\perp},$$

und somit, da $R(K - z)$ und $R(V)$ abgeschlossen sind,

$$X = R(K - z) \oplus R(V).$$

Also ist $R(V) = R(K - z)^{\perp}$ und somit

$$\dim N(K - z) = \dim R(V) = \dim R(K - z)^{\perp} = \dim N(K^* - \bar{z}).$$

Entsprechend folgt die Gleichung, wenn man von $\dim N(K^*-\bar{z}) \leq \dim N(K-z)$ ausgeht.

b) Nach Satz 5.22 sind $R(K - z)$ und $R(K^* - \bar{z})$ abgeschlossen, also

$$R(K - z) = N(K^* - \bar{z})^{\perp}, \quad R(K^* - \bar{z}) = N(K - z)^{\perp}.$$

Zusammen mit Teil a folgt die Behauptung. ∎

---

[2] Sind $\{e_1, \ldots, e_n\}$ und $\{f_1, \ldots, f_m\}$ ($n \leq m$) Orthonormalbasen von $N(K - z)$ bzw. $N(K^* - \bar{z})$, so hat z. B. $V : e = \sum_{j=1}^{n} c_j e_j \mapsto \sum_{j=1}^{n} c_j f_j$ diese Eigenschaft mit $R(V) = L\{f_1, \ldots, f_n\}$.

5.5 Übungen

5.1 Sei X ein Banachraum. Ein Operator $T \in B(X)$ heißt *quasinilpotent*, wenn gilt $\|T^n\|^{1/n} \to 0$ für $n \to \infty$.

a) Ist T quasinilpotent, so gilt $\sigma(T) = \{0\}$.

b) In l^2 sei $T(\xi_1, \xi_2, \xi_3 \ldots) = (\frac{1}{2}\xi_2, \frac{1}{3}\xi_3, \ldots)$. Dann ist T quasinilpotent.

5.2 In $L^2(0,1)$ sei K definiert durch $Kf(x) = \int_0^x k(x,y)f(y)\,dy$ mit einem stetigen Kern $k : [0,1] \times [0,1] \to \mathbb{C}$, $k \neq 0$.

a) K hat keine Eigenwerte (auch 0 ist nicht Eigenwert).

b) K ist quasinilpotent (vgl. Aufgabe 5.1). *Anleitung*: Dies kann mit Hilfe einer Abschätzung der Kerne $k^{(n)}$ von K^n gezeigt werden ($|k^{(n)}(x,y)| \leq C^n |x-y|^{n-1}/(n-1)!$, $\|K^n\| \leq C^n/(n-1)!$ mit $C = \max|k(x,y)|$), oder mit Hilfe von Satz 5.24 und Satz 5.8

5.3 Satz 5.17 gilt nicht für normale Operatoren im reellen Hilbertraum. *Anleitung*: Man suche unter den Operatoren in $\mathbb{R}^2$.

5.4 Seien X_1, X_2 Hilberträume, $S, T \in B(X_1, X_2)$ bijektiv. Dann gilt $S - T \in C_p(X_1, X_2)$ (vgl. Abschnitt 3.4 genau dann, wenn $S^{-1} - T^{-1} \in C_p(X_2, X_1)$ gilt.

5.5 a) Seien S, T Operatoren im Hilbertraum X, $\lambda_0 \in \varrho(S) \cap \varrho(T)$, $R(S, \lambda_0) - R(T, \lambda_0) \in C_p(X)$ (vgl. Abschnitt 3.4). Dann gilt $R(S, \lambda) - R(T, \lambda) \in C_p(X)$ für alle λ aus der Zusammenhangskomponente von $\varrho(S) \cap \varrho(T)$, die λ_0 enthält. *Anleitung*: Man benutze (vgl. Satz 5.7 b)

$$R(S, \lambda) - R(T, \lambda) = \sum_{n=0}^{\infty} (\lambda - \lambda_0)^n \left[R(S, \lambda_0)^{n+1} - R(T, \lambda_0)^{n+1} \right],$$

$$\left\| R(S, \lambda_0)^{n+1} - R(T, \lambda_0)^{n+1} \right\|_p$$

$$= \left\| \sum_{k=0}^{n} R(S, \lambda_0)^{n-k} \Big(R(S, \lambda_0) - R(T, \lambda_0) \Big) R(T, \lambda_0)^k \right\|_p$$

$$\leq \sum_{k=0}^{n} \left\| R(S, \lambda_0) \right\|^{n-k} \left\| R(S, \lambda_0) - R(T, \lambda_0) \right\| \left\| R(T, \lambda_0) \right\|^k.$$

5.5 Übungen

b) Sind S,T selbstadjungiert, so gilt die Aussage für alle $\lambda \in \varrho(S) \cap \varrho(T)$.

5.6 Ein symmetrischer Operator S ist genau dann selbstadjungiert (bzw. wesentlich selbstadjungiert), wenn ein $n \in \mathbb{N}$ mit $n \geq 2$ und $R(S^n - i) = X$ oder $R(S^n + i) = X$ (bzw. $\overline{R(S^n - i)} = X$ oder $\overline{R(S^n + i)} = X$) existiert. *Anleitung*: wähle $\gamma_\pm \in \mathbb{C}$ mit $\text{Im}\, \gamma_\pm \gtrless 0$ und $\gamma_\pm^n = i$. Dann gilt $(S^n - i) = (S - \gamma_\pm)(S^{n-1} + S^{n-2}\gamma_\pm + \ldots + \gamma_\pm^{n-1})$. Mit $\gamma_\pm^n = -i$ gilt entsprechend $(S^n + i) = (S - \gamma_\pm)(S^{n-1} + S^{n-2}\gamma_\pm + \ldots + \gamma_\pm^{n-1})$.

5.7 In $L^p(a,b)$ mit $-\infty < a < b < \infty$ sei T_p definiert durch $D(T_p) = \{f \in L^p(a,b) : f \text{ und } f' \text{ absolut stetig}, f(a) = f(b) = 0, f'' \in L^p(a,b)\}$, $T_p f = -f''$.

a) T_p ist abgeschlossen für $1 \leq p \leq \infty$, und dicht definiert für $1 \leq p < \infty$.

b) Es gilt $\sigma(T_p) = \{n^2\pi^2(b-a)^{-2} : n \in \mathbb{N}\}$ für alle p, und jedes $\lambda_n = n^2\pi^2(b-a)^{-2}$ ist einfacher Eigenwert mit (nicht-normierter) Eigenfunktion $e_n(x) = \sin\left(n\pi(b-a)^{-1}(x-a)\right)$.

c) Für $z \in \varrho(T) \setminus \{0\}$ ist die Resolvente gegeben durch $R(T_p, z)g(x) = \left[\sqrt{z} \sin \sqrt{z}(b-a)\right]^{-1} \Big\{ \sin \sqrt{z}(b-x) \int_a^x \sin \sqrt{z}(y-a) g(y)\, dy + \sin \sqrt{z}(x-a) \int_x^b \sin z(b-y) g(y)\, dy \Big\}$.

d) Diese Aussagen gelten auch im Banachraum $(C[a,b], \|\cdot\|_\infty)$.

6 Klassen linearer Operatoren

Nachdem die wichtigsten Begriffsbildungen und die Grundlagen der Theorie bereitgestellt sind, werden in diesem Kapitel einige typische Klassen linearer Operatoren beschrieben.

Multiplikationsoperatoren sind insbesondere als Beispieloperatoren interessant, weil sie sich einerseits vollständig untersuchen lassen, und weil sich damit andererseits Operatoren mit fast allen denkbaren Eigenschaften konstruieren lassen. Schließlich werden sie später deshalb besonders interessant, weil nach dem Spektraldarstellungssatz jeder selbstadjungierte Operator zu einem Multiplikationsoperator unitär äquivalent ist.

Viele Operatoren, insbesondere abgeschlossene, lassen sich mit Hilfe unendlicher Matrizen bzgl. geeigneter Orthonormalbasen darstellen. Der Zusammenhang zwischen Eigenschaften des Operators und der zugehörigen Matrix wird untersucht. Besonders wichtig ist auch eine Möglichkeit der Abschätzung der Norm, die auf eine entsprechende Abschätzung von I. SCHUR für (endliche) Matrizen zurückgeht. Weitgehend analoge Überlegungen gelten für Integraloperatoren.

Es folgen sehr allgemeine Charakterisierungen der Hilbert–Schmidt–Operatoren und deren Verallgemeinerung, der Carlemanoperatoren. Abschließend werden Differentialoperatoren mit konstanten Koeffizienten in $L^2(a,b)$ untersucht. Mit Hilfe der später dargestellten Störungsresultate lassen sich daraus leicht Resultate über Operatoren mit Variablen Koeffizienten erzielen, deren Koeffizient höchster Ordnung konstant ist.

6.1 Multiplikationsoperatoren

Eine wichtige Klasse abgeschlossener Operatoren sind die maximalen Multiplikationsoperatoren in $L^p(X,\mu)$ (ohne zusätzliche Probleme könnte man auch Operatoren von L^p nach L^q betrachten; vgl. Aufgabe 6.1). Sei (X,μ)

6.1 Multiplikationsoperatoren

ein Maßraum, $t : X \to \mathbb{C}$ μ-meßbar[1]. Für $p \in [1,\infty]$ sei $M_{p,t}$ definiert durch

$$D(M_{p,t}) = \{f \in L^p(X,\mu) : tf \in L^p(X,\mu)\},$$
$$M_{p,t}f = tf \quad \text{für } f \in D(M_{p,t}).$$

$M_{p,t}$ heißt der *maximale Operator der Multiplikation* mit der Funktion t in $L^p(X,\mu)$; im Falle des Hilbertraumes $L^2(X,\mu)$ werden wir in der Regel den Index 2 weglassen, $M_t := M_{2,t}$.

Satz 6.1 *Sei (X,μ) ein σ-endlicher Maßraum, $M_{p,t}$ wie oben definiert.*

a) *Für $p \in [1,\infty]$ ist $M_{p,t}$ genau dann in $B(L^p(X,\mu))$, wenn t wesentlich beschränkt ist; es gilt $\|M_{p,t}\| = $ wes-sup $|t|$.*

b) *Für $p \in [1,\infty]$ ist $M_{p,t}$ abgeschlossen.*

c) *Für $p \in [1,\infty)$ ist $M_{p,t}$ stets dicht definiert, und es gilt $M'_{p,t} = M_{q,t}$ mit $1/p + 1/q = 1$. Im Hilbertraum $L^2(X,\mu)$ ist $M_t^* = M_{\bar{t}}$; insbesondere ist M_t normal.*

d) *Ist t nicht wesentlich beschränkt, so ist $D(M_{\infty,t})$ nicht dicht in $L^\infty(X,\mu)$.*

Beweis. a) Ist t wesentlich beschränkt (d. h. $|t(x)| \leq C := $ wes-sup $|t|$ für μ-f. a. x), so ist offenbar $D(M_{p,t}) = L^p(X,\mu)$ und es gilt $\|M_{p,t}f\| \leq C\|f\|$ für alle $f \in L^p(X,\mu)$. Andererseits hat für jedes $\varepsilon > 0$ die Menge $X_\varepsilon := \{x \in X : |t(x)| \geq C - \varepsilon\}$ positives Maß, woraus bei Wahl einer Funktion $f \neq 0$ mit Träger in X_ε folgt $\|M_{p,t}f\| \geq (C - \varepsilon)\|f\|$; also ist $\|M_{p,t}\| = C$. Analog zum zweiten Schritt zeigt man, daß $M_{p,t}$ unbeschränkt ist, falls t nicht wesentlich beschränkt ist (d. h., wenn für jedes $C \in \mathbb{R}$ die Menge $\{x \in X : |t(x)| \geq C\}$ positives Maß hat).

b) Sei (f_n) eine Folge aus $D(M_{p,t})$ mit $f_n \to f$ und $M_{p,t}f_n = tf_n \to g$ in $L^p(X,\mu)$. Dann existiert eine Teilfolge f_{n_k} mit

$$f_{n_k}(x) \to f(x) \quad \text{und} \quad t(x)f_{n_k}(x) \to t(x)f(x) \quad \mu-\text{f. ü. in } X.$$

Daraus folgt $g(x) = t(x)f(x)$ μ-f. ü., also $tf \in L^p(X,\mu)$, d. h. $f \in D(M_{p,t})$ und $g = tf = M_{p,t}f$.

---

[1] In reellen L^p-Räumen gelten natürlich die entsprechenden Überlegungen für Multiplikationsoperatoren mit $t : X \to \mathbb{R}$.

c) Sei $f \in L^p(X,\mu)$, $X_n := \{x \in X : |t(x)| \le n\}$. Dann ist $X = \cup_n X_n$, und für

$$f_n(x) := \begin{cases} f(x) & \text{für } x \in X_n, \\ 0 & \text{für } x \in X \setminus X_n \end{cases}$$

gilt $f_n \in D(M_{p,t})$ und $f_n \to f$ (bei diesem letzten Schluß ist $p < \infty$ wesentlich).

Für $f \in D(M_{p,t})$ und $g \in D(M_{q,t})$ gilt offenbar (wobei M_a das durch h erzeugte Funktional ist)

$$F_g(M_{p,t}f) = \int_X g(x)t(x)f(x)d\mu(x) = F_{M_{q,t}g}(f),$$

d. h. $M_{q,t} \subset M'_{p,t}$.

Es bleibt also $D(M'_{p,t}) \subset D(M_{q,t})$ zu beweisen. Sei dazu $g \in D(M'_{p,t})$, $h := M'_{p,t}g$. Dann gilt für alle $f \in L^p(X,\mu)$ mit Träger in X_n

$$\int_{X_n} h(x)f(x)d\mu(x) = F_{M'_{p,t}g}(f) = F_g(M_{p,t}f) = \int_{X_n} g(x)t(x)f(x)d\mu(x),$$

also

$$\int_{X_n} \Big(h(x) - t(x)g(x)\Big)f(x)d\mu(x) = 0.$$

Wegen $(h-tg)|_{X_n} \in L^q(X_n,\mu)$ folgt daraus $h(x)-t(x)g(x) = 0$ μ-f. ü. in X_n. Da dies für alle n gilt, folgt $t(x)g(x) = h(x)$ μ-f. ü. in X, also $tg \in L^q(X,\mu)$ und somit $g \in D(M_{q,t})$. Das liefert $D(M'_{p,t}) \subset D(M_{q,t})$.

Die zusätzlichen Aussagen für $p = 2$ ergeben sich hieraus unter Beachtung der erforderlichen Konjugation, $D(M_t^*) = D(M_t)$ und $\|M_t^* f\| = \|M_t f\|$.

d) Ist t nicht wesentlich beschränkt, so kann z.B. die Funktion $f(x) = 1$ für alle $x \in X$ nicht durch Funktionen aus $D(M_{\infty,t})$ im Sinne von $L_\infty(X,\mu)$ approximiert werden: Ist (f_n) eine Folge mit $\|f_n - f\|_\infty \to 0$, so gilt $|f_n(x)| \ge \frac{1}{2}$ für hinreichend großes n und μ-f. a. $x \in X$. Eine solche Funktion liegt aber nicht in $D(M_{\infty,t})$. ∎

Die spektralen Eigenschaften von M_t (vgl. Kapitel 5) werden im folgendem Satz zusammengefaßt.

6.2 Matrixoperatoren

Satz 6.2 *Sei (X,μ) ein σ-endlicher Maßraum, $M_{p,t}$ wie oben definiert, $p \in [1,\infty]$.*

a) $M_{p,t}$ ist genau dann injektiv, wenn $\{x \in X : t(x) = 0\}$ eine μ-Nullmenge ist; λ ist genau dann Eigenwert von $M_{p,t}$, wenn $\{x \in X : t(x) - \lambda\}$ positives μ-Maß hat.

b) $M_{p,t}$ ist genau dann surjektiv, wenn ein $\varepsilon > 0$ existiert mit $t(x) \geq \varepsilon$ für μ–f. a. $x \in X$; λ ist genau dann in $\sigma(M_{p,t})$, wenn für jedes $\varepsilon > 0$ die Menge $\{x \in X : |t(x) - \lambda| < \varepsilon\}$ positives μ-Maß hat.

Beweis. a) Ist $t(x) \neq 0$ für μ–f. a. $x \in X$, so ist offensichtlich $M_{p,t}f \neq 0$ für alle $f \neq 0$. Hat $\{x \in X : t(x) = 0\}$ positives μ-Maß, so ist $M_{p,t}f = 0$ für alle $f \in L^2(X,\mu)$ deren Träger in $\{x \in X : t(x) = 0\}$ liegt, d. h. $M_{p,t}$ ist nicht injektiv (gibt es keine Punkte mit positivem Maß, so ist jeder nichttriviale Nullraum unendlichdimensional).

b) Ist $|t(x)| \geq \varepsilon$ für μ–f. a. $x \in X$, so gilt $|1/t| \leq 1/\varepsilon$ für μ–f. a. $x \in X$. Also ist für jedes $f \in L^p(X,\mu)$ die Funktion $f/t \in D(M_{p,t})$, d. h. $f \in R(M_{p,t})$. Gibt es kein solches ε, so ist die Funktion $1/t$ nicht wesentlich beschränkt, also der Multiplikationsoperator $M_{p,1/t}$ unbeschränkt; da er nach Satz 6.1 b außerdem abgeschlossen ist, ist er nicht auf ganz $L^p(X,\mu)$ definiert, d. h. es gibt Funktionen $f \in L^p(X,\mu)$ mit $f/t \notin L^p(X,\mu)$, also ist $f \notin R(M_{p,t})$, und somit $M_{p,t}$ nicht surjektiv.

$M_{p,t}$ ist also genau dann surjektiv, wenn $M_{p,1/t}$ stetig ist. Damit ergibt sich die Aussage über das Spektrum. ∎

6.2 Matrixoperatoren

Sind X_1 und X_2 endlichdimensionale Vektorräume mit Basen $\{e_n\}$ bzw. $\{e'_n\}$, so wird für jede Matrix (a_{jk}) durch

$$A \sum_k c_k e_k := \sum_{j,k} a_{jk} c_k e'_j$$

eine lineare Abbildung von X_1 nach X_2 erklärt. Ist umgekehrt A eine lineare Abbildung von X_1 nach X_2, so gibt es zu beliebigen Basen $\{e_n\}$ bzw. $\{e'_n\}$ genau eine Matrix (a_{jk}), die A in diesem Sinn erzeugt.

Im unendlichdimensionalen Fall ist die Situation natürlich etwas komplizierter. Wir beschränken uns hier auf den Fall separabler unendlichdimensionaler Hilberträume (wenn mindestens einer der Räume endlichdimensional ist, vereinfacht sich die Situation natürlich).

Seien X_1 und X_2 separable unendlichdimensionale Hilberträume über $\mathbb{K}$, $\{e_n : n \in \mathbb{N}\}$ und $\{e'_n : n \in \mathbb{N}\}$ Orthonormalbasen von X_1 bzw. X_2, $(a_{jk})_{j,k \in \mathbb{N}}$ sei eine unendliche Matrix mit $a_{jk} \in \mathbb{K}$. Wir zeigen zunächst, daß durch

$$D(A) = \Big\{ x \in X_1 : \lim_{m \to \infty} \sum_{k=1}^{m} a_{jk} \langle e_k, x \rangle \text{ existiert für jedes } j,$$
$$\sum_{j=1}^{\infty} \Big| \sum_{k=1}^{\infty} a_{jk} \langle e_k, x \rangle \Big|^2 < \infty \Big\},$$
$$Ax = \sum_{j=1}^{\infty} \Big(\sum_{k=1}^{\infty} a_{jk} \langle e_k, x \rangle \Big) e'_j \quad \text{für } x \in D(A)$$

ein linearer Operator von X_1 nach X_2 erklärt ist: Für $x, y \in D(A)$ und $a, b \in \mathbb{K}$ existiert offenbar auch

$$\lim_{m \to \infty} \sum_{k=1}^{m} a_{jk} \langle e_k, ax + by \rangle = a \sum_{k=1}^{\infty} a_{jk} \langle e_k, x \rangle + b \sum_{k=1}^{\infty} a_{jk} \langle e_k, y \rangle,$$

und es gilt

$$\sum_{j=1}^{\infty} \Big| \sum_{k=1}^{\infty} a_{jk} \langle e_k, ax + by \rangle \Big|^2 = \sum_{j=1}^{\infty} \Big| a \sum_{k=1}^{\infty} a_{jk} \langle e_k, x \rangle + b \sum_{k=1}^{\infty} a_{jk} \langle e_k, y \rangle \Big|^2$$
$$\leq 2 \Big\{ |a|^2 \sum_{j=1}^{\infty} \Big| \sum_{k=1}^{\infty} a_{jk} \langle e_k, x \rangle \Big|^2 + |b|^2 \sum_{j=1}^{\infty} \Big| \sum_{k=1}^{\infty} a_{jk} \langle e_k, y \rangle \Big|^2 \Big\} < \infty$$

also $ax + by \in D(A)$ und $A(ax + by) = aAx + bAy$.

Satz 6.3 *Seien X_1 und X_2 Hilberträume über $\mathbb{K}$ mit Orthonormalbasen $\{e_n : n \in \mathbb{N}\}$ bzw. $\{e'_n : n \in \mathbb{N}\}$. Ist $(a_{jk})_{j,k \in \mathbb{N}}$ eine Matrix mit $\sum_{j=1}^{\infty} |a_{jk}|^2 < \infty$ für alle $k \in \mathbb{N}$, und ist A der durch (a_{jk}) erzeugte Operator von X_1 nach*

6.2 Matrixoperatoren

X_2, so gilt: $D(A)$ ist dicht in X_1 und A^* ist eine Einschränkung des durch die adjungierte Matrix $a_{jk}^+=(\overline{a_{k,j}})$ erzeugten Operators A^+ von X_2 nach X_1:

$$D(A^+) = \Big\{ y \in X_2 : \lim_{m \to \infty} \sum_{k=1}^m \overline{a_{kj}} \langle e'_k, y \rangle \text{ existiert für alle } j,$$
$$\sum_{j=1}^\infty \Big| \sum_{k=1}^\infty \overline{a_{kj}} \langle e'_k, y \rangle \Big|^2 < \infty \Big\},$$
$$A^+ y = \sum_{j=1}^\infty \Big(\sum_{k=1}^\infty \overline{a_{jk}} \langle e'_k, y \rangle \Big) e_j.$$

Gilt auch $\sum_{k=1}^\infty |a_{jk}|^2 < \infty$ für alle $j \in \mathbb{N}$, so ist A abgeschlossen und A^* ist dicht definiert.

Beweis. Offenbar ist jedes e_n in $D(A)$, also $L\{e_n : n \in \mathbb{N}\} \subset D(A)$, d.h. $D(A)$ ist dicht. Sei A_0 die Einschränkung von A auf $L\{e_n : n \in \mathbb{N}\}$. Wir zeigen $A_0^* = A^+$; damit folgt dann $A^* \subset A^+$: Es ist leicht zu sehen, daß A_0 und A^+ formal adjungiert sind, also $A^+ \subset A_0^*$. Es bleibt deshalb $D(A_0^*) \subset D(A^+)$ zu beweisen: Sei $y \in D(A_0^*)$. Dann gilt für jedes $k \in \mathbb{N}$ wegen $e_k \in D(A_0)$

$$\langle e_k, A_0^* y \rangle = \langle A_0 e_k, y \rangle = \Big\langle \sum_{j=1}^\infty a_{jk} e'_j, y \Big\rangle = \sum_{j=1}^\infty \overline{a_{jk}} \langle e'_j, y \rangle.$$

Also ist

$$\sum_{k=1}^\infty \Big| \sum_{j=1}^\infty \overline{a_{jk}} \langle e'_j, y \rangle \Big|^2 = \|A_0^* y\|^2 < \infty,$$

d.h. es ist $y \in D(A^+)$.

Gilt auch $\sum_{k=1}^\infty |a_{jk}|^2 < \infty$, so ist $A = (A_0^+)^*$ wobei A_0^+ die Einschränkung von A^+ auf $L\{e'_n : n \in \mathbb{N}\}$ ist. Also ist A abgeschlossen und A^* dicht definiert. ∎

Satz 6.4 *Seien X_1 und X_2 separable Hilberträume. Ein dicht definierter Operator T von X_1 nach X_2 ist genau dann abschließbar, wenn Orthonormalbasen $\{e_n : n \in \mathbb{N}\}$ von X_1 und $\{e'_n : n \in \mathbb{N}\}$ von X_2 und eine Matrix $(a_{jk})_{j,k \in \mathbb{N}}$ mit $\sum_{j=1}^{\infty} |a_{jk}|^2 < \infty$ für alle $k \in \mathbb{N}$ und $\sum_{k=1}^{\infty} |a_{jk}|^2 < \infty$ für alle $j \in \mathbb{N}$ existieren so, daß T eine Einschränkung des durch (a_{jk}) erzeugten Operators ist. Die Orthonormalbasen $\{e_n : n \in \mathbb{N}\}$ und $\{e'_n : n \in \mathbb{N}\}$ können in $D(T)$ bzw. $D(T^*)$ gewählt werden.*

Beweis. Hat T diese Gestalt, so ist T nach Satz 6.3 abschließbar. Ist T abschließbar, so gibt es Orthonormalbasen $\{e_n : n \in \mathbb{N}\}$ von X_1 in $D(T)$ und (da auch $D(T^*)$ dicht ist) $\{e'_n : n \in \mathbb{N}\}$ von X_2 in $D(T^*)$. Mit

$$a_{jk} := \langle e'_j, Te_k \rangle = \langle T^*e'_j, e_k \rangle \quad \text{für } j, k \in \mathbb{N}$$

gilt dann für alle $j \in \mathbb{N}$ bzw. $k \in \mathbb{N}$

$$\sum_{j=1}^{\infty} |a_{jk}|^2 = \|Te_k\|^2 < \infty, \quad \sum_{k=1}^{\infty} |a_{jk}|^2 = \|T^*e'_j\|^2 < \infty.$$

Für jedes $x \in D(T)$ gilt

$$\sum_{j=1}^{\infty} \left| \sum_{k=1}^{\infty} a_{jk} \langle e_k, x \rangle \right|^2 = \sum_{j=1}^{\infty} \left| \sum_{k=1}^{\infty} \langle T^*e'_j, e_k \rangle \langle e_k, x \rangle \right|^2$$

$$= \sum_{j=1}^{\infty} \left| \langle T^*e'_j, x \rangle \right|^2 = \sum_{j=1}^{\infty} \left| \langle e'_j, Tx \rangle \right|^2 = \|Tx\|^2 < \infty;$$

also ist $x \in D(A)$, und es gilt

$$Tx = \sum_{j=1}^{\infty} \langle e'_j, Tx \rangle e'_j = \sum_{j=1}^{\infty} \langle T^*e'_j, x \rangle e'_j = \sum_{j=1}^{\infty} \Big(\sum_{k=1}^{\infty} \langle T^*e'_j, e_k \rangle \langle e_k, x \rangle \Big) e'_j$$

$$= \sum_{j=1}^{\infty} \Big(\sum_{k=1}^{\infty} a_{jk} \langle e_k, x \rangle \Big) e'_j = Ax.$$

Die Konstruktion hat gezeigt, daß die Orthonormalbasen in $D(T)$ bzw. $D(T^*)$ gewählt werden können. ∎

6.2 Matrixoperatoren

Korollar 6.5 a) *Ist T ein symmetrischer Operator im separablen Hilbertraum X, so existiert eine Orthonormalbasis $\{e_n : n \in \mathbb{N}\}$ von X in $D(T)$ und eine hermitesche Matrix (a_{jk}) mit $\sum_{k=1}^{\infty} |a_{jk}|^2 < \infty$ für alle $n \in \mathbb{N}$ und*

$$Tx = \sum_{j=1}^{\infty} \Big(\sum_{k=1}^{\infty} a_{jk} \langle e_k, x \rangle \Big) e_j \quad \text{für } x \in D(T).$$

b) *Ist T ein symmetrischer Operator in l^2 mit $l_0^2 \subset D(T)$, so existiert eine hermitesche Matrix (a_{jk}) mit $\sum_{k=1}^{\infty} |a_{jk}|^2 < \infty$ für alle $j \in \mathbb{N}$ und*

$$Tx = T(\xi_n)_{n \in \mathbb{N}} = \Big(\sum_{k=1}^{\infty} a_{nk} \xi_k \Big)_{n \in \mathbb{N}} \quad \text{für } x = (\xi_n)_{n \in \mathbb{N}} \in D(T).$$

Beweis. a) Im Beweis des vorhergehenden Satzes wählt man für $\{e_n : n \in \mathbb{N}\}$ und $\{e'_n : n \in \mathbb{N}\}$ die gleiche Orthonormalbasis in $D(T) \subset D(T^*)$. Wegen

$$a_{jk} = \langle e_j, Te_k \rangle = \langle Te_j, e_k \rangle = \overline{\langle e_k, Te_j \rangle} = \overline{a_{kj}}$$

ist diese Matrix hermitesch.

b) Dies ergibt sich aus Teil a, wenn man für $\{e_n : n \in \mathbb{N}\}$ die kanonische Basis $e_n = (\delta_{nj})_{j \in \mathbb{N}}$ in l^2 wählt. ∎

Wir beweisen nun noch einige einfache Kriterien für die Beschränktheit von Operatoren, die durch Matrizen in obigem Sinn erzeugt werden.

Satz 6.6 a) *Ist $\sum_{j,k} |a_{jk}|^2 = C^2 < \infty$, so ist der durch (a_{jk}) erzeugte Operator A ein Hilbert-Schmidt-Operator mit $|||A||| = C$ (vgl. Abschnitt 3.3).*

b) SCHUR-*Kriterium für Matrixoperatoren: Ist $a_{jk} = b_{jk}c_{jk}$ mit*

$$\sum_k |b_{jk}|^2 \leq C_1^2, \quad \sum_j |c_{jk}|^2 \leq C_2^2 \quad \text{für alle } j \text{ bzw. } k \in \mathbb{N},$$

so ist der durch (a_{jk}) erzeugte Operator A in $B(X_1, X_2)$ beschränkt mit $\|A\| \leq C_1 C_2$.

Beweis. a) Nach Satz 6.4 ist A dicht definiert und abgeschlossen. Die Basis $\{e_n : n \in \mathbb{N}\}$ ist in $D(A)$ und es gilt

$$\sum_n \|Ae_n\|^2 = \sum_n \left\|\sum_j \left(\sum_k a_{jk}\langle e_k, e_n\rangle\right)e_j'\right\|^2 = \sum_{n,j} |a_{jn}|^2 = C^2.$$

A ist also Einschränkung eines Hilbert–Schmidt–Operators auf einen dichten Teilraum. Da A abgeschlossen ist, ist $D(A) = \overline{D(A)} = X_1$, $A \in B(X_1, X_2)$. Also ist A ein Hilbert–Schmidt–Operator mit $\|\|A\|\| = C$.

b) Für jedes $x \in X_1$ gilt

$$\sum_j \left|\sum_k a_{jk}\langle e_k, x\rangle\right|^2 = \sum_j \left|\sum_k b_{jk}c_{jk}\langle e_k, x\rangle\right|^2$$

$$\leq \sum_j \left\{\sum_k |b_{jk}|^2 \sum_k \left|c_{jk}\langle e_k, x\rangle\right|^2\right\} \leq C_1^2 \sum_{j,k} |c_{jk}|^2 |\langle e_k, x\rangle|^2$$

$$\leq C_1^2 C_2^2 \sum_k |\langle e_k, x\rangle|^2 = C_1^2 C_2^2 \|x\|^2.$$

Daraus folgt $D(A) = X_1$ und $\|Ax\| \leq C_1 C_2 \|x\|$. ∎

Korollar 6.7 *Ist (a_{jk}) eine Matrix mit*

$$\sum_k |a_{jk}| \leq C_1^2, \quad \sum_j |a_{jk}| \leq C_2^2 \quad \text{für alle } j \text{ bzw. } k \in \mathbb{N},$$

so erzeugt sie einen beschränkten Operator mit $\|A\| \leq C_1 C_2$.

Der *Beweis* ergibt sich aus dem vorhergehenden Satz, indem man $b_{jk} = |a_{jk}|^{1/2}$ und $c_{jk} = |a_{jk}|^{1/2} \operatorname{sgn} a_{jk}$ wählt.

Beispiel 6.8 Die Matrix (a_{jk}) mit

$$a_{jk} = \begin{cases} 1/j & \text{für } k \leq j, \\ 0 & \text{für } k > j \end{cases}$$

6.2 Matrixoperatoren

erzeugt einen beschränkten Operator: Mit der Faktorisierung

$$b_{jk} = j^{-1/4}k^{-1/4}, \quad c_{jk} = j^{-3/4}k^{1/4} \quad \text{für } k \leq j$$

erhält man für alle $j, k \in \mathbb{N}$

$$\sum_k |b_{jk}|^2 = j^{-1/2} \sum_{k=1}^{j} k^{-1/2} \leq j^{-1/2} \int_0^j x^{-1/2}\,dx = 2,$$

$$\sum_j |c_{jk}|^2 = k^{1/2} \sum_{j=k}^{\infty} j^{-3/2} \leq k^{1/2}\left\{k^{-3/2} + \int_k^{\infty} x^{-3/2}\,dx\right\} = \frac{1}{k} + 2 \leq 3,$$

und somit aus obigem Satz $\|A\| \leq \sqrt{6}$.

Tatsächlich ist diese Abschätzung natürlich nicht optimal; als Teilnehmer an einer Übung des Verfassers hat M. FLACH 1985 die folgende exakte Berechnung der Norm geliefert: Es gilt $\|A\| = 2$.

$\|A\| \leq 2$: Für alle $x = (\xi_n) \in l^2$ gilt

$$\|A^*x\| = \sum_m \left|\sum_{j=m}^{\infty} \frac{\xi_j}{j}\right|^2 = \sum_m \left|\sum_{j=m}^{\infty} j^{-3/4}(j^{-1/4}\xi_j)\right|^2$$

$$\leq \sum_m \left(\sum_{k=m}^{\infty} k^{-3/2}\right)\left(\sum_{j=m}^{\infty} j^{-1/2}|\xi_j|^2\right) = \sum_{j=1}^{\infty} j^{-1/2} \sum_{m=1}^{j} \sum_{k=m}^{\infty} k^{-3/2}|\xi_j|^2$$

$$\leq C^2 \|x\|^2$$

mit

$$C^2 := \sup_j \left\{j^{-1/2} \sum_{m=1}^{j} \sum_{k=m}^{\infty} k^{-3/2}\right\}$$

$$= \sup_j \left\{j^{-1/2} \sum_{m=1}^{j} \sum_{k=m}^{j} k^{-3/2} + j^{-1/2} \sum_{m=1}^{j} \sum_{k=j+1}^{\infty} k^{-3/2}\right\}$$

$$= \sup_j \left\{j^{-1/2} \sum_{k=1}^{j} k \cdot k^{-3/2} + j^{-1/2} \cdot j \sum_{k=j+1}^{\infty} k^{-3/2}\right\}$$

$$\leq \sup_j \left\{ j^{-1/2}\left(1 + \int_1^j x^{-1/2}\,dx\right) + j^{1/2}\int_j^\infty x^{-3/2}\,dx \right\}$$
$$= \sup_j \left\{ j^{-1/2} + 2 - 2j^{-1/2} + 2 \right\} = 4.$$

Also ist $\|A\| = \|A^*\| \leq 2$.

$\|A\| \geq 2$: Für $s > \frac{1}{2}$ sei $x_s = (n^{-s})_{n \in \mathbb{N}}$. Dann gilt

$$\|x_s\|^2 = \sum_{n=1}^\infty n^{-2s} = \zeta(2s)$$

mit der Zetafunktion $\zeta(\cdot)$ (die uns hier i. wes. nur als bequeme Schreibweise dient). Außerdem ist

$$\|Ax_s\|^2 = \sum_{n=1}^\infty \left(\frac{1}{n}\sum_{j=1}^n j^{-s}\right)^2 \geq \sum_{n=1}^\infty \left(\frac{1}{n}\int_1^n x^{-s}\,dx\right)^2$$
$$= \sum_{n=1}^\infty \left(\frac{1}{1-s}\left(\frac{1}{n^s} - \frac{1}{n}\right)\right)^2 \geq \left(\frac{1}{1-s}\right)^2 \sum_{n=1}^\infty \left(\frac{1}{n^s} - \frac{1}{n}\right)^2$$
$$= \left(\frac{1}{1-s}\right)^2 \left(\zeta(2s) - 2\zeta(s+1) + \zeta(2)\right).$$

Insgesamt erhalten wir

$$\|A\|^2 \geq \frac{\|Ax_s\|^2}{\|x_s\|^2} \geq \left(\frac{1}{1-s}\right)^2 \left(1 - 2\frac{\zeta(s+1)}{\zeta(2s)} + \frac{\zeta(2)}{\zeta(2s)}\right).$$

Da der letzte Ausdruck für $s \searrow 1/2$ gegen 4 konvergiert (man beachte: $\zeta(2s) \to \infty$ für $s \searrow 1/2$, $\zeta(2) < \infty$ und $\zeta(s+1)$ beschränkt für $s \searrow 1/2$), folgt die Behauptung. □

6.3 Integraloperatoren

In Abschnitt 2.1 haben wir bereits Integraloperatoren von $L^2(Y, \nu)$ nach $L^2(X, \mu)$ untersucht, die durch Kerne $k \in L^2(X \times Y, \mu \times \nu)$ erzeugt werden. In Abschnitt 3.3 haben wir gesehen, daß diese Operatoren kompakt sind. Der folgende Satz liefert eine wesentlich größere (wenn auch im strengen Sinn nicht vergleichbare) Klasse von Integraloperatoren, die allerdings i. allg. nicht kompakt sind.

Satz 6.9 (Schur-Kriterium) *Seien (X, μ) und (Y, ν) σ-endliche Maßräume, $1 < p, q < \infty$ mit $1/p + 1/q = 1$. Die Kerne $k : X \times Y \to \mathbb{C}$ und $k_1, k_2 : X \times Y \to [0, \infty)$ seien $\mu \times \nu$-meßbar mit $|k(x, y)| \leq k_1(x, y) k_2(x, y)$ und*

$\int_Y k_1(x, y)^q \, d\nu(y) \leq C_1^q$ *für μ-f. a. $x \in X$,*

$\int_X k_2(x, y)^p \, d\mu(x) \leq C_2^p$ *für ν-f. a. $y \in Y$.*

Dann wird durch

$$Kf(x) := \int_Y k(x, y) f(y) \, d\nu(y) \quad \text{für } \mu\text{-f. a. } x \in X$$

ein Operator $K \in B(L^p(X, \mu))$ erzeugt mit $\|K\| \leq C_1 C_2$.

Beweis. a) Das eigentliche Problem besteht darin zu zeigen, daß das Integral für $Kf(x)$ für μ-f. a. $x \in X$ existiert und eine μ-meßbare Funktion darstellt: Dazu sei $X = \cup_n X_n$ mit μ-meßbaren Teilmengen X_n mit endlichem Maß. Nach dem Satz von Fubini–Tonelli A.21 gilt

$$\int_{X_n \times Y} |k(x, y) f(y)| \, d(\mu \times \nu)(x, y) = \int_{X_n} \left\{ \int_Y |k(x, y) f(y)| \, d\nu(y) \right\} d\mu(x)$$

(wir benutzen $a \leq 1 + a^p$ für $a \geq 0$, $p \geq 1$)

$$\leq \int_{X_n} \left\{ 1 + \left[\int_Y \left| k(x, y) f(y) \right| d\nu(y) \right]^p \right\} d\mu(x)$$

$$\leq \mu(X_n) + \int_{X_n} \left\{ \int_Y |k_1(x, y)| |k_2(x, y)| |f(y)| \, d\nu(y) \right\}^p d\mu(x)$$

$$\leq \mu(X_n) + \int_{X_n} \left\{ \int_Y |k_1(x, y)|^q \, d\nu(y) \right\}^{p/q} \int_Y |k_2(x, y)|^p |f(y)|^p \, d\nu(y) \, d\mu(x)$$

$$\leq \mu(X_n) + C_1^p \int_Y |f(y)|^p \int_X |k_2(x, y)|^p \, d\mu(x) \, d\nu(y)$$

$$\leq \mu(X_n) + C_1^p C_2^p \|f\|_p^p < \infty \quad \text{für alle } n.$$

Aus dem Satz von Fubini–Tonelli A.21 folgt, daß für μ-f.a. $x \in X_n$ das Integral $\int_Y k(x,y)f(y)\,d\nu(y)$ existiert und dort eine μ-meßbare Funktion darstellt. Da dies für alle n gilt, folgt dieser Teil der Behauptung.

b) Es bleibt zu zeigen, daß $Kf \in L^p(X,\mu)$ und $\|Kf\|_p \leq C_1 C_2 \|f\|_p$ gilt: Das folgt aus

$$\int_X |Kf(x)|^p\,d\mu(x) = \int_X \left| \int_Y k(x,y)f(y)\,d\nu(y) \right|^p d\mu(x)$$

$$\leq \int_X \left\{ \int_Y |k_1(x,y)||k_2(x,y)||f(y)|\,d\nu(y) \right\}^p d\mu(x)$$

$$\leq \int_X \left\{ \int_Y |k_1(x,y)|^q\,d\nu(y) \right\}^{p/q} \int_Y |k_2(x,y)|^p |f(y)|^p\,d\nu(y)\,d\mu(x)$$

$$\leq C_1^p \int_X \int_Y |k_2(x,y)|^p |f(y)|^p\,d\nu(y)\,d\mu(x)$$

$$= C_1^p \int_Y \int_X |k_2(x,y)|^p |f(y)|^p\,d\mu(x)\,d\nu(y) \leq C_1^p C_2^p \|f\|_p^p.$$

Damit ist der Satz vollständig bewiesen. ∎

In Anlehnung an §11.2 des Buches [19] von K. JÖRGENS nennen wir im folgenden eine Abbildung $K : L^q(Y,\nu) \to L^p(X,\nu)$ einen *Integraloperator* (wir werden gelegentlich „Integraloperator im Sinne von Abschnitt 6.3" sagen), wenn es eine $\mu \times \nu$-meßbare Funktion $k : X \times Y \to \mathbb{C}$ gibt mit der Eigenschaft:

Für jedes $f \in L^q(Y,\nu)$ ist $k(x,\cdot)f(\cdot)$ für μ-f.a. $x \in X$ in $L^1(Y,\nu)$ und es gilt $Kf(x) = \int_Y k(x,y)f(y)d\nu(y)$ für μ-f.a. $x \in X$ (d.h. insbesondere, daß das definierende Integral als Funktion von x bis auf eine μ-Nullmenge $N_f \subset X$ mit einer Funktion aus $L^p(X,\mu)$ übereinstimmt).

Ein solches k heißt im folgenden ein $p-q$-*Kern*, K wird *erzeugt* durch k. Jede Abbildung dieser Art ist linear: Für $f, g \in L^q(Y,\nu)$ und $\alpha, \beta \in \mathbb{C}$ gibt es eine Nullmenge $N (= N_f \cup N_g)$ so, daß für $x \in X \setminus N$ die Funktionen $k(x,\cdot)f(\cdot)$, $k(x,\cdot)g(\cdot)$ und $k(x,\cdot)(\alpha f(\cdot) + \beta g(\cdot))$ integrierbar sind und für diese x gilt

$$\int_Y k(x,y)\bigl(\alpha f(y) + \beta g(y)\bigr)\,d\nu(y)$$
$$= \alpha \int_Y k(x,y)f(y)\,d\nu(y) + \beta \int_Y k(x,y)g(y)\,d\nu(y),$$

6.3 Integraloperatoren

d. h. $K(\alpha f + \beta g) = \alpha K f + \beta K g$ im Sinne von $L^p(X, \mu)$.

Satz 6.10 *Jeder Integraloperator im Sinne der obigen Definition ist beschränkt.*

Beweis. Da K auf ganz $L^q(Y, \nu)$ definiert ist, genügt es zu zeigen, daß K abgeschlossen ist. Sei (f_n) eine Folge in $L^q(Y, \nu)$ mit $f_n \to f$ in $L^q(Y, \nu)$ und $K f_n \to g$ in $L^p(X, \mu)$ (es ist zu zeigen, daß $g = Kf$ gilt). Offenbar kann man eine Teilfolge (f_{n_j}) auswählen mit

$$f_{n_j}(y) \to f(y) \quad \nu-\text{f. ü. in } Y,$$
$$K f_{n_j}(x) \to g(x) \quad \mu-\text{f. ü. in } X,$$
$$|f_{n_j}(y)| \leq h(y) \quad \nu-\text{f. ü. in } Y \text{ mit einem } h \in L^q(Y, \nu).$$

(die letzte Eigenschaft wurde im Beweis der Vollständigkeit von L^q gezeigt, Satz 1.24). Es gibt also eine μ-Nullmenge N so, daß für $x \in X \setminus N$ die Integrale

$$\int_Y k(x, y) f_{n_j}(y) d\nu(y) \text{ und } \int_Y |k(x, y)| h(y) d\nu(y)$$

endliche Werte haben und

$$\int_Y k(x, y) f_{n_j}(y) d\nu(y) \to g(x)$$

gilt. Nach dem Satz von Lebesgue A.12 gilt:

$$\int_Y k(x, y) f_{n_j}(y) d\nu(y) \to \int_Y k(x, y) f(y) d\nu(y) \quad \mu-\text{f. ü. in } X,$$

also $g(x) = Kf(x)$ μ-f. ü., d. h. $Kf = g$. ∎

Ist $k : X \times Y \to \mathbb{C}$ $\mu \times \nu$-meßbar und ist $|k|$ ein Kern im obigen Sinn, so heißt k ein *absoluter $p-q$-Kern* (nicht jeder Kern ist ein absoluter Kern, vgl. Aufgabe 11.6 im oben genannten Buch von K. Jörgens). Der durch $|k|$ erzeugte Integraloperator wird mit K_a bezeichnet.

Satz 6.11 *Eine $\mu \times \nu$-meßbare Funktion $k : X \times Y \to \mathbb{C}$ ist genau dann ein absoluter $p - q$-Kern, wenn*

$$\int_{X \times Y} |g(x)k(x,y)f(y)| d(\mu \times \nu)(x,y) < \infty$$

für alle $f \in L^q(Y,\nu)$ und $g \in L^{p'}(X,\mu)$ gilt $1/p + 1/p' = 1$. Der duale Operator K' wird durch den transponierten Kern $k'(y,x) = k(x,y)$ erzeugt (im Hilbertraumfall $p = 2$ wird der adjungierte Operator K^* durch den adjungierten Kern $k^*(y,x) = \overline{k(x,y)}$ erzeugt).

Zum Beweis benötigen wir eine Variante von Lemma 1.44, die durch die Anwendung des Satzes von der gleichmäßigen Beschränktheit ermöglicht wird (vgl. auch Aufgabe 4.12).

Lemma 6.12 *Seien (X,μ) ein σ-endlicher Maßraum, $p, q \in [1, \infty]$ mit $1/p + 1/q = 1$ (einschließlich $p = 1$ und $q = \infty$ bzw. $p = \infty$ und $q = 1$). Ist $f : X \to \mathbb{C}$ μ-meßbar mit*

$$fg \in L^1(X,\mu) \text{ für alle } g \in L^q(X,\mu),$$

so gilt $f \in L^p(X,\mu)$.

Beweis. Die Voraussetzung ist offenbar auch für $|f|$ erfüllt; es genügt zu zeigen, daß $|f| \in L^p(X,\mu)$ ist.

Sei (f_n) eine Folge aus $\mathcal{L}_0(X,\mu) \subset \mathcal{L}^p(X,\mu)$ (vgl. Seite 44) mit $f_n \nearrow |f|$; eine solche existiert, da X σ-endlich ist. Für die Funktionale

$$F_n : L^q(X,\mu) \to \mathbb{C}, \quad F_n(g) = \int_X f_n g \, d\mu$$

gilt für alle $g \in L^q(X,\mu)$

$$|F_n(g)| \le \int_X |f||g| d\mu =: C_g \text{ für alle } n \in \mathbb{N}.$$

Nach dem Satz von der gleichmäßigen Beschränktheit 2.22 gibt es also ein C mit $\|f_n\|_p = \|F_n\| \le C$ für alle $n \in \mathbb{N}$. Mit dem Satz von B. Levi A.10

6.3 Integraloperatoren

folgt $|f| \in L^p(X,\mu)$. ∎

Beweis von Satz 6.11. ⇒: Sei k ein absoluter $p-q$-Kern. Dann ist für $f \in L^q(Y,\nu)$

$$K_a|f|(.) = \int_Y |k(.,y)f(y)|d\nu(y) \in L^p(X,\mu),$$

$$\|K_a|f|\|_p \leq \|K_a\|\|f\|_q.$$

Mit der Hölderschen Ungleichung und dem Satz von Fubini A.21 folgt also für alle $g \in L^{p'}(X,\mu)$

$$\int_{X \times Y} |g(x)k(x,y)f(y)|\, d(\mu \times \nu)(x,y)$$
$$\leq \int_X |g(x)|K_a|f|(x)\, d\mu(x) \leq \|K_a\|\|f\|_q\|g\|_{p'},$$

d. h. k erfüllt die im Satz genannte Eigenschaft.

⇐: Sei die genannte Eigenschaft erfüllt. Nach dem Satz von Fubini existieren dann die Integrale

$$\int_Y g(x)|k(x,y)|f(y)d\nu(y) \text{ und } \int_Y g(x)k(x,y)f(y)d\nu(y)$$

für μ-f. a. $x \in X$ und stellen Funktionen aus $L^1(X,\mu)$ dar. Sei (X_n) eine aufsteigende Folge von Teilmengen von X mit $X = \cup_n X_n$ und $\mu(X_n) < \infty$. Mit $g = \chi_{X_n}$ konvergieren dann die jeweiligen Integrale für $n \to \infty$ gegen

$$\widehat{h}(x) := \int_Y |k(x,y)|f(y)d\nu(y) \text{ bzw. } h(x) := \int_Y k(x,y)f(y)d\nu(y).$$

Die Funktionen $\widehat{h}$ und h sind μ-f. ü. endlich, μ-meßbar, und es gilt $g\widehat{h}, gh \in L^1(X,\mu)$ für alle $g \in L^{p'}(X,\mu)$. Mit Lemma 6.12 folgt daraus $\widehat{h}, h \in L^p(X,\mu)$, d. h. k ist ein absoluter $p-q$-Kern. ∎

In die Klasse der Integraloperatoren mit absolutem Kern lassen sich insbesondere die Hilbert–Schmidt–Operatoren in $L^2(X,\mu)$ und die Integraloperatoren, die das Schur–Kriterium erfüllen, einordnen:

Korollar 6.13 *Seien $p,q \in [1,\infty]$, $k: X \times Y \to \mathbb{C}$ $\mu \times \nu$-meßbar.*

a) *Ist $\tilde{k}(x) := k(x,.) \in L^{q'}(Y,\nu)$ für μ-f. a. $x \in X$ und $h(.) := \|\tilde{k}(.)\|_{q'} \in L^p(X,\mu)$, so ist k ein absoluter $p-q$-Kern. Es gilt $\|K\| \le \|\|K\|\|_{p,q} := \|h\|_p$.*
– Im Falle $1 < p, q < \infty$ gilt

$$\|\|K\|\|_{p,q} = \Big\{ \int_X \Big[\int_Y |k(x,y)|^{q'} d\nu(y) \Big]^{p/q'} d\mu(x) \Big\}^{1/p}.$$

Ein solcher Kern heißt ein Hille-Tamarkin-Kern[2], $\|\|\cdot\|\|_{p,q}$ die Hille-Tamarkin-Norm von K.

b) *Als Spezialfall $p = q = 2$ erhält man Hilbert-Schmidt-Operatoren, $\|\|\cdot\|\|_{2,2}$ ist die Hilbert-Schmidt-Norm.*

c) *Erfüllt $k: X \times Y \to \mathbb{C}$ die Voraussetzungen des Schur-Kriteriums für L^p, so ist k ein absoluter $p-p$-Kern.*

In allen Fällen ist damit auch der duale bzw. adjungierte Operator bekannt.

Beweis. a) Auf Grund der Voraussetzung gilt für alle $f \in L^q(Y,\nu)$ und $g \in L^{p'}(X,\mu)$

$$\int_{X \times Y} |g(x) k(x,y) f(y)| d(\mu \times \nu)(x,y)$$

$$= \int_X |g(x)| \int_Y |k(x,y) f(y)| d\nu(y) \, d\mu(x) \le \int_X |g(x)| h(x) \|f\|_q \, d\mu(x)$$

$$\le \|f\|_q \|g\|_{p'} \|h\|_p = \|\|K\|\|_{p,q} \|f\|_q \|g\|_{p'} < \infty.$$

Die Formel für $\|\|K\|\|_{p,q}$ im Falle $1 < p, q < \infty$ ist offensichtlich.

b) Hier ist nichts mehr zu beweisen.

---

[2] Die Bezeichnung geht zurück auf E. HILLE, J. D. TAMARKIN, Annals of Math. **35** (1934), 445–455

c) Auf Grund der Voraussetzung gilt für alle $f \in L^p(Y,\nu)$ und $g \in L^{p'}(X,\mu)$

$$\int\limits_{X \times Y} |g(x)k(x,y)f(y)|d(\mu \times \nu)(x,y)$$
$$= \int\limits_X \int\limits_Y |g(x)k_1(x,y)||k_2(x,y)f(y)|d\nu(y)d\mu(x)$$
$$\leq \|g\|_{p'}C_1\|f\|_p C_2 = C_1 C_2 \|g\|_{p'}\|f\|_p < \infty.$$

Die Aussagen folgen damit aus Satz 6.11. ∎

6.4 Hilbert–Schmidt– und Carlemanoperatoren

Wir knüpfen an die Untersuchung von Hilbert–Schmidt–Operatoren in Abschnitt 3.3 an und geben zunächst eine Charakterisierung von Hilbert–Schmidt–Operatoren mit Werten in einem L^2-Raum. Als eine naheliegende Verallgemeinerung werden wir anschließend die Klasse der Carlemanoperatoren untersuchen.

Satz 6.14 *Sei X ein Hilbertraum, (Ω,μ) ein Maßraum, T ein Operator von X nach $L^2(\Omega,\mu)$. Dann sind die folgenden Aussagen äquivalent:*

(i) *T ist eine Einschränkung eines Hilbert–Schmidt–Operators,*

(ii) *es gibt eine Funktion $k : \Omega \to X$ mit*

$$\|k(\cdot)\| \in L^2(\Omega,\mu) \quad \text{und} \quad Tx(\omega) = \langle k(\omega), x\rangle \quad \text{für } \mu\text{-f. a. } \omega \in \Omega, \ x \in D(T),$$

(iii) *es gibt eine Funktion $\kappa \in L^2(\Omega,\mu)$ mit*

$$|Tx(\omega)| \leq \kappa(\omega)\|x\| \quad \text{für } \mu\text{-f. a. } \omega \in \Omega, \ x \in D(T).$$

Die Ausnahmemengen in (ii) und (iii) hängen natürlich von x und der Wahl des Repräsentanten $Tx(\cdot)$ von Tx ab.

Beweis. (i)⇒(ii): Sei S ein Hilbert–Schmidt–Operator mit $T \subset S$. Wir zeigen Eigenschaft (ii) für den Operator S. Da S kompakt ist, ist $N(S)^\perp$ separabel (vgl. Satz 3.7). Es gibt also eine höchstens abzählbare ONB $\{e_1, e_2, \ldots\}$ von $N(S)^\perp$, und es gilt

$$\sum_n \int_\Omega |Se_n(\omega)|^2 \, d\mu(\omega) = \sum_n \|Se_n\|^2 = \|\|S\|\|^2 < \infty.$$

Nach dem Satz von B. Levi ist also $\sum_n |Se_n(\omega)|^2 < \infty$ für μ–f. a. $\omega \in \Omega$, und es gilt

$$\int_\Omega \sum_n |Se_n(\omega)|^2 \, d\mu(\omega) = \|\|S\|\|^2 < \infty.$$

Wir können also $k: \Omega \to X$ definieren durch

$$k(\omega) := \begin{cases} \sum_n \overline{Se_n(\omega)} e_n, & \text{falls } \sum_n |Se_n(\omega)|^2 < \infty, \\ 0, & \text{sonst.} \end{cases}$$

Mit dieser Funktion k gilt für alle $x \in X$ und μ–f. a. $\omega \in \Omega$

$$\langle k(\omega), x \rangle = \lim_{m \to \infty} \Big\langle \sum_{n \leq m} \overline{Se_n(\omega)} e_n, x \Big\rangle = \lim_{m \to \infty} \sum_{n \leq m} \langle e_n, x \rangle Se_n(\omega)$$
$$= \lim_{m \to \infty} S\Big(\sum_{n \leq m} \langle \cdot, x \rangle e_n\Big)(\omega) = Sx(\omega);$$

dabei folgt die letzte Gleichheit aus $S \sum_{n \leq m} \langle e_n, x \rangle e_n \to Sx$ und der μ–f. ü.-Konvergenz von $\Big(S\big(\sum_{n \leq m} \langle e_n, x \rangle e_n\big)(\omega)\Big)_m$. Da außerdem $\|k(\omega)\|^2 = \sum_n |Se_n(\omega)|^2$ gilt, ist $\|k(\cdot)\| \in L^2(\Omega, \mu)$.

(ii)⇒(iii): Offenbar gilt (iii) mit $\kappa(\omega) := \|k(\omega)\|$, wobei $k(\cdot)$ die Funktion aus (ii) ist.

(iii)⇒(i): Aus (iii) folgt für alle $x \in D(T)$

$$\|Tx\|^2 \leq \|x\|^2 \int_\Omega |\kappa(\omega)|^2 \, d\mu(\omega),$$

6.4 Hilbert-Schmidt- und Carlemanoperatoren

d. h. T ist beschränkt, also insbesondere abschließbar. Wir zeigen zunächst, daß auch $\overline{T}$ die Eigenschaft (iii) hat: Ist $x \in D(\overline{T}) = \overline{D(T)}$, so gibt es eine Folge (x_n) aus $D(T)$ mit $x_n \to x$ und $Tx_n \to \overline{T}x$. Also existiert nach Satz 1.41 eine Teilfolge (x_{n_k}) mit $(Tx_{n_k})(\omega) \to \overline{T}x(\omega)$ für μ-f. a. $\omega \in \Omega$,

$$|\overline{T}x(\omega)| = \lim_{k \to \infty} |Tx_{n_k}(\omega)| \le \lim_{k \to \infty} \|x_{n_k}\| \kappa(\omega) = \|x\| \kappa(\omega) \ \mu\text{-f. ü.}$$

Dies gilt dann auch für den Operator $S \in B(X, L^2(\Omega, \mu))$, mit

$$S(x+y) = \overline{T}x \quad \text{für } x \in D(\overline{T}) \text{ und } y \in D(\overline{T})^\perp.$$

Wir zeigen, daß S ein Hilbert-Schmidt-Operator ist. Dazu genügt es offenbar, für jedes endliche ONS $\{e_1, \ldots, e_n\}$ aus X zu beweisen:

$$\sum_{j=1}^n \|Se_j\|^2 \le \int_\Omega |\kappa(\omega)|^2 \, d\mu(\omega).$$

Sei $Se_j(\cdot)$ ein beliebiger (im folgenden fest gewählter) Repräsentant von Se_j, $j = 1, \ldots, n$. Wir definieren

$$A_n : L\{e_1, \ldots, e_n\} \to \mathcal{L}^2(\Omega, \mu), \quad \left(A_n \sum_{j=1}^n c_j e_j\right)(\omega) = \sum_{j=1}^n c_j Se_j(\omega).$$

Im Sinne von $L^2(\Omega, \mu)$ ist $A_n = S|_{L\{e_1, \ldots, e_n\}}$. Da die Menge $L_r\{e_1, \ldots, e_n\}$ der Linearkombinationen von $e_1, \ldots, e_n$ mit rationalen Koeffizienten abzählbar ist, existiert eine Teilmenge $N_n \subset \Omega$ mit $\mu(N_n) = 0$ und

$$|A_n x(\omega)| \le \|x\| \kappa(\omega) \quad \text{für \textit{alle} } \omega \in \Omega \setminus N_n, \ x \in L_r\{e_1, \ldots, e_n\}.$$

Ist $x = \sum_{j=1}^n a_j e_j \in L\{e_1, \ldots, e_n\}$, $a_{j,k}$ rational mit $a_{j,k} \to a_j$ für $k \to \infty$, $x_k = \sum_{j=1}^n a_{j,k} e_j$, so gilt

$$A_n x(\omega) = \lim_{k \to \infty} A_n x_k(\omega) \quad \text{für alle } \omega \in \Omega,$$

also

$$|A_n x(\omega)| = \lim_{k \to \infty} |A_n x_k(\omega)| \le \lim_{k \to \infty} \|x_k\| \kappa(\omega) = \|x\| \kappa(\omega)$$

für $\omega \in \Omega \setminus N_n$.

Für $\omega \in \Omega \setminus N_n$ ist also $x \mapsto A_n x(\omega)$ ein (stetiges) lineares Funktional auf $L\{e_1, \ldots, e_n\}$ mit Norm $\leq \kappa(\omega)$, d. h. es existiert ein $k_n(\omega) \in L\{e_1, \ldots, e_n\} \subset X$ mit $\|k_n(\omega)\| \leq \kappa(\omega)$ und

$$A_n x(\omega) = \langle k_n(\omega), x \rangle \text{ für } \omega \in \Omega \setminus N_n, \ x \in L\{e_1, \ldots, e_n\}.$$

Damit folgt

$$\sum_{j=1}^{n} \|Se_j\|^2 = \sum_{j=1}^{n} \|A_n e_j\|^2 = \int_\Omega \sum_{j=1}^{n} \left|\langle k_n(\omega), e_j \rangle\right|^2 \, d\mu(\omega)$$
$$= \int_\Omega \|k_n(\omega)\|^2 \, d\mu(\omega) \leq \int_\Omega |\kappa(\omega)|^2 \, d\mu(\omega),$$

womit der Satz bewiesen ist. ∎

Bemerkung 6.15 a) Für einen Hilbert–Schmidt–Operator K von $L^2(Y, \nu)$ nach $L^2(X, \mu)$ mit Kern $k(x,y)$ ist $k(x) = \overline{k(x, \cdot)}$.

b) Der Leser vermißt vielleicht eine Regularitätseigenschaft (z. B. eine Meßbarkeitseigenschaft) der Funktion $k : \Omega \to X$. Tatsächlich ist wegen (ii) die Funktion $\Omega \to \mathbb{C}$, $\omega \mapsto \langle k(\omega), x \rangle$ für jedes $x \in D(T)$ μ-meßbar; ist $\overline{D(T)} = X$, so bedeutet das, daß $k(\cdot)$ *schwach meßbar* ist; ist P die orthogonale Projektion auf $\overline{D(T)}$, so ist insbesondere $Pk(\cdot)$ schwach meßbar und es gilt $Tx(\omega) = \langle Pk(\omega), x \rangle$ für $x \in D(T)$ und μ-f. a. $\omega \in \Omega$.

Durch Abschwächung der Eigenschaften von $k(\cdot)$ im obigen Satz kommen wir zur Klasse der Carlemanoperatoren: Ein Operator T von einem Hilbertraum X nach $L^2(\Omega, \mu)$ heißt ein *Carlemanoperator*, wenn eine Funktion $k : \Omega \to X$ existiert mit

$$Tx(\omega) = \langle k(\omega), x \rangle \text{ für } \mu\text{-f. a. } \omega \in \Omega, \ x \in D(T).$$

Da auch hier die entsprechende Gleichung mit $Pk(\cdot)$ statt $k(\cdot)$ gilt, wobei P die orthogonale Projektion auf $\overline{D(T)}$ ist, kann o. E. angenommen werden, daß $k(\cdot)$ schwach meßbar ist.

6.4 Hilbert–Schmidt– und Carlemanoperatoren

Ist andererseits $k : \Omega \to X$ schwach meßbar, so wird durch

$$D(T_k) := \{ x \in X : \langle k(\cdot), x \rangle \in L^2(\Omega, \mu) \},$$
$$T_k x(\omega) := \langle k(\omega), x \rangle \quad \mu\text{-f. ü. für } x \in D(T_k)$$

ein Carlemanoperator von X nach $L^2(\Omega, \mu)$ erklärt, der *maximale durch k erzeugte Carlemanoperator*. Offenbar ist ein Operator genau dann ein Carlemanoperator, wenn er eine Einschränkung eines maximalen Carlemanoperators ist. Wir beweisen zunächst einige grundlegende Eigenschaften von Carlemanoperatoren:

Satz 6.16 a) *Jeder Carlemanoperator ist abschließbar; der Abschluß ist wieder ein Carlemanoperator. Jeder maximale Carlemanoperator ist abgeschlossen.*

b) *Sind T_1 und T_2 Carlemanoperatoren (mit erzeugenden Funktionen k_1 und k_2) und $a, b \in \mathbb{C}$, so ist $aT_1 + bT_2$ ein Carlemanoperator (mit erzeugender Funktion $\overline{a}k_1 + \overline{b}k_2$).*

c) *Ist T ein (maximaler, durch k erzeugter) Carlemanoperator von X_1 nach $L^2(\Omega, \mu)$ und ist $S \in B(X_2, X_1)$, so ist TS ein (maximaler durch S^*k erzeugter) Carlemanoperator von X_2 nach $L^2(\Omega, \mu)$.*

d) *Ist T ein Operator von X nach $L^2(\Omega, \mu)$ und P die orthogonale Projektion auf $\overline{D(T)}$, so ist T genau dann ein Carlemanoperator, wenn TP ein Carlemanoperator ist.*

e) *Ist X separabel, und sind k_1 und k_2 erzeugende Funktionen eines Carlemanoperators T, P die orthogonale Projektion auf $\overline{D(T)}$, so gilt*

$$Pk_1(\omega) = Pk_2(\omega) \quad \text{für } \mu\text{-f. a. } \omega \in \Omega.$$

Beweis. a) Da jeder Carlemanoperator eine Einschränkung eines maximalen Carlemanoperators ist, genügt es zu zeigen, daß jeder maximale Carlemanoperator abgeschlossen ist: Sei T der maximale durch $k : \Omega \to X$ erzeugte Carlemanoperator, (x_n) eine Folge aus $D(T)$, $x_n \to x$ in X, $Tx_n \to f$ in $L^2(\Omega, \mu)$. Wegen $\langle k(\omega), x_n \rangle \to \langle k(\omega), x \rangle$ für alle $\omega \in \Omega$ gilt dann

$$\langle k(\omega), x \rangle = f(\omega) \quad \text{für } \mu\text{-f. a. } \omega \in \Omega.$$

Also ist $x \in D(T)$ und $Tx = f$, d. h. T ist abgeschlossen.

b) Diese Aussage ist offensichtlich.

c) Es genügt, die Aussage für maximale Carlemanoperatoren zu beweisen: Sei T der maximale durch k erzeugte Carlemanoperator. Dann gilt

$$D(TS) = \left\{x \in X_2 : Sx \in D(T)\right\} = \left\{x \in X_2 : \langle k(\cdot), Sx \rangle \in L^2(\Omega, \mu)\right\}$$
$$= \left\{x \in X_2 : \langle S^*k(\cdot), x \rangle \in L^2(\Omega, \mu)\right\},$$
$$TSx(\omega) = \langle k(\omega), Sx \rangle = \langle S^*k(\omega), x \rangle,$$

d. h. TS ist der maximale durch $S^*k(\cdot)$ erzeugte Carlemanoperator.

d) Nach Teil c ist mit T auch TP ein Carlemanoperator. Da T eine Einschränkung von TP ist, ist mit TP auch T ein Carlemanoperator.

e) Ist $\{e_1, e_2, \ldots\}$ eine ONB von $\overline{D(T)}$, die in $D(T)$ enthalten ist, so folgt

$$\left\langle k_1(\omega) - k_2(\omega), e_n \right\rangle = 0 \text{ für } \mu\text{-f. a. } \omega \in \Omega, \text{ alle } n \in \mathbb{N},$$

und somit

$$\left\|P\big(k_1(\omega) - k_2(\omega)\big)\right\|^2 = \sum_n \left|\left\langle k_1(\omega) - k_2(\omega), e_n \right\rangle\right|^2 = 0 \text{ für } \mu\text{-f. a. } \omega \in \Omega,$$

d. h. es gilt $Pk_1(\cdot) = Pk_2(\cdot)$ μ-f. ü. ∎

Die folgenden Charakterisierungen von Carlemanoperatoren sind denen von Hilbert–Schmidt–Operatoren sehr ähnlich:

Satz 6.17 (Korotkov) *Sei (Ω, μ) ein σ-endlicher Maßraum. Ein Operator T von X nach $L^2(\Omega, \mu)$ ist genau dann ein Carlemanoperator, wenn eine μ-meßbare Funktion $\kappa : \Omega \to \mathbb{R}$ existiert mit*

$$|Tx(\omega)| \leq \kappa(\omega)\|x\| \text{ für } \mu\text{-f. a. } \omega \in \Omega, \ x \in D(T).$$

6.4 Hilbert–Schmidt- und Carlemanoperatoren

Beweis. [3] Ist T durch $k : \Omega \to X$ erzeugt, so gilt die behauptete Ungleichung mit $\kappa(\omega) = \|k(\omega)\|$. Sei nun die Ungleichung erfüllt. Dann gibt es eine beschränkte μ-meßbare Funktion $g : \Omega \to (0, \infty)$ so, daß $g\kappa \in L^2(\Omega, \mu)$ gilt (Beweis! Hier wird die σ-Endlichkeit von (Ω, μ) benutzt), und es ist $M_g \in B(L^2(\Omega, \mu))$ mit

$$|M_g T x(\omega)| \leq \|x\| g(\omega) \kappa(\omega) \ \mu\text{-f. ü. in } \Omega.$$

Nach Satz 6.14 ist also $M_g T$ eine Einschränkung eines Hilbert–Schmidt–Operators, d. h. es gibt ein $\tilde{k} : \Omega \to X$ mit $M_g T(\omega) = \langle \tilde{k}(\omega), x \rangle$ μ-f. ü. in Ω. Mit $k(\omega) := g(\omega)^{-1} \tilde{k}(\omega)$ gilt also für $x \in D(T)$

$$T x(\omega) = \frac{1}{g(\omega)} \langle \tilde{k}(\omega), x \rangle = \langle k(\omega), x \rangle \ \mu\text{-f. ü. in } \Omega,$$

d. h. T ist ein Carlemanoperator. ∎

Satz 6.18 *Sei X ein separabler Hilbertraum, (Ω, μ) ein σ-endlicher Maßraum. Ein Operator T von X nach $L^2(\Omega, \mu)$ ist genau dann ein Carlemanoperator, wenn für jedes Orthonormalsystem $\{e_1, e_2, \ldots\}$ in $D(T)$ die Reihe $\sum_n |T e_n(\omega)|^2$ für μ-f. a. $\omega \in \Omega$ konvergiert.*

Beweis. Ist T ein Carlemanoperator, so findet man (vgl. Beweis von Satz 6.17) ein $g : \Omega \to (0, \infty)$ so, daß $M_g T$ eine Einschränkung eines Hilbert–Schmidt–Operators ist. Dann gilt für jedes ONS $\{e_1, e_2, \ldots\}$ aus $D(T)$

$$\sum_n \int_\Omega |M_g T e_n(\omega)|^2 \, d\mu(\omega) = \sum_n \|M_g T e_n\|^2 < \infty;$$

also ist nach dem Satz von B. Levi A.10

$$g(\omega)^2 \sum_n |T e_n(\omega)|^2 = \sum_n |M_g T e_n(\omega)|^2 < \infty \ \mu\text{-f. ü. in } \Omega.$$

Division durch $g(\omega)^2$ liefert die Behauptung.

---
[3]Vgl. V. B. KOROTKOV: Integral Operators with Carleman Kernels. Doklady Akad.Nauk. SSSR **165**, 1496–1499 (1965).

Sei nun für jedes ONS $\{e_1, e_2 \ldots\}$ aus $D(T)$ die Reihe $\sum_n |Te_n(\omega)|^2$ für μ-f. a. $\omega \in \Omega$ konvergent. Wir zeigen zuerst: Ist $\{e_1, e_2, \ldots\}$ ein beliebiges ONS in $D(T)$, so ist die Einschränkung $T|_{L\{e_1,e_2,\ldots\}}$ von T auf die lineare Hülle dieses ONS ein Carlemanoperator. Nach Voraussetzung ist die Reihe $\sum_n |Te_n(\omega)|^2$ μ-f. ü. konvergent, d. h. die Funktion

$$k(x) := \sum_n \overline{Te_n(\omega)} e_n \text{ für } \omega \in \Omega \text{ mit } \sum_n |Te_n(\omega)|^2 < \infty$$

ist μ-f. ü. definiert und erzeugt $T|_{L\{e_1,e_2,\ldots\}}$, denn für $x \in L\{e_1, e_2, \ldots\}$ gilt

$$Tx(\omega) = \sum_n \langle e_n, x \rangle Te_n(\omega) = \Big\langle \sum_n \overline{Te_n(\omega)} e_n, x \Big\rangle$$
$$= \langle k(\omega), x \rangle \; \mu\text{-f. ü. in } \Omega.$$

Sei nun $\{e_1, e_2, \ldots\}$ eine ONB von $D(T)$, k eine erzeugende Funktion von $T_0 = T|_{L\{e_1,e_2,\ldots\}}$, T_k der maximale durch k erzeugte Carlemanoperator. Es genügt zu zeigen, daß $T \subset T_k$ gilt. Dazu sei $x \in D(T)$, $\{f_1, f_2, \ldots\}$ die ONB von $D(T)$, die sich durch Orthonormierung aus $\{x, e_1, e_2, \ldots\}$ ergibt, k' eine erzeugende Funktion von $\tilde{T} = T|_{L\{f_1,f_2,\ldots\}}$. Wegen $L\{e_1, e_2, \ldots\} \subset L\{f_1, f_2, \ldots\}$ gilt $T_0 \subset \tilde{T}$, d. h. k und k' sind erzeugende Funktionen von T_0. Nach Satz 6.16 gilt also $Pk(\omega) = Pk'(\omega)$ für μ-f. a. $\omega \in \Omega$, wenn P die orthogonale Projektion auf $\overline{D(T)} = \overline{D(T_0)} = \overline{L\{e_1, e_2, \ldots\}}$ ist. Wegen $x \in D(T)$ folgt damit

$$\langle k(\omega), x \rangle = \langle Pk(\omega), x \rangle = \langle Pk'(\omega), x \rangle = \langle k'(\omega), x \rangle = \tilde{T}x(\omega),$$

d. h. es gilt $x \in D(T_k)$ und $Tx = \tilde{T}x = T_k x$. ∎

Der folgende Satz liefert eine noch wesentlich stärkere Charakterisierung von Carlemanoperatoren:

Satz 6.19 *Sei X ein separabler Hilbertraum und (Ω, μ) ein σ-endlicher Maßraum. Ein Operator T von X nach $L^2(\Omega, \mu)$ ist genau dann ein Carlemanoperator, wenn für jede Nullfolge (x_n) aus $D(T)$ gilt $Tx_n(\omega) \to 0$ für μ-f. a. $\omega \in \Omega$.*

6.4 Hilbert-Schmidt- und Carlemanoperatoren

Beweis. Auf Grund der Definition ist offensichtlich, daß jeder Carlemanoperator diese Eigenschaft hat (es gibt sogar $Tx_n(\omega) \to 0$ für jede schwache Nullfolge (x_n) aus $D(T)$). Es bleibt die Umkehrung zu beweisen: Nach dem vorhergehenden Satz 6.17 genügt es dafür zu zeigen, daß für jedes ONS $\{e_1, e_2, \ldots\}$ aus $D(T)$ die Reihe $\sum_n |Te_n(\omega)|^2$ μ-f. ü. konvergiert.

Sei $\{e_1, e_2, \ldots\}$ ein ONS in $D(T)$. Wir nehmen an, daß es eine meßbare Teilmenge $M \subset \Omega$ gibt mit $\mu(M) > 0$ und $\sum_n |Te_n(\omega)|^2 = \infty$ für $\omega \in M$. Für alle $m, l \in \mathbb{N}$ definieren wir

$$M_{m,l} := \left\{\omega \in M : \sum_{n=1}^{l} |Te_n(\omega)|^2 \geq m^2\right\}.$$

Für jedes $m \in \mathbb{N}$ gilt dann $M = \cup_{l \in \mathbb{N}} M_{m,l}$, und es gibt ein $l(m) \in \mathbb{N}$ mit

$$\mu(M_{m,l(m)}) \geq (1 - 3^{-m})\mu(M).$$

Für $M_0 := \cap_{m \in \mathbb{N}} M_{m,l(m)}$ gilt also

$$\mu(M_0) \geq \left(1 - \sum_{m=1}^{\infty} 3^{-m}\right)\mu(M) > 0$$

und

$$\sum_{n=1}^{l(m)} |Te_n(\omega)|^2 \geq m^2 \quad \text{für } \omega \in M_0.$$

Nach Aufgabe 6.6 gibt es zu jedem $m \in \mathbb{N}$ endlich viele

$$y_{m,j} = (\eta_{m,j,1}, \ldots, \eta_{m,j,l(m)}) \in \mathbb{C}^{l(m)}, \quad j = 1, 2, \ldots, p(m)$$

mit

$$|y_{m,j}|^2 = \sum_{n=1}^{l(m)} |\eta_{m,j,n}|^2 \leq \frac{2}{m^2}$$

so, daß gilt: zu jedem $y = (\eta_1, \ldots, \eta_{l(m)}) \in \mathbb{C}^{l(m)}$ mit $|y|^2 \geq m^2$ gibt es ein $j \in \{1, \ldots, p(m)\}$ mit

$$\left| \sum_{n=1}^{l(m)} \eta_{m,j,n} \eta_n \right| \geq 1.$$

Setzen wir

$$x_{m,j} = \sum_{n=1}^{l(m)} \eta_{m,j,n} e_n \quad (j = 1, \ldots, p(m), \, m \in \mathbb{N}),$$

so gibt es also zu jedem $m \in \mathbb{N}$ und zu jedem $\omega \in M_0$ ein $j \in \{1, \ldots, p(m)\}$ mit

$$|Tx_{m,j}(\omega)| = \left| \sum_{n=1}^{l(m)} \eta_{m,j,n} Te_n(\omega) \right| \geq 1.$$

Für die Folge

$$(x_n) = (x_{1,1}, x_{1,2}, \ldots, x_{1,p(1)}, x_{2,1}, \ldots, x_{2,p(2)}, x_{3,1}, \ldots)$$

gilt somit: $x_n \to 0$, und zu jedem $\omega \in M_0$ gibt es beliebig große $n \in \mathbb{N}$ mit $|Tx_n(\omega)| \geq 1$. Das ist ein Widerspruch zur Voraussetzung. ∎

Sei weiterhin (Ω, μ) ein σ-endlicher Maßraum, $\Omega = \cup_{n \in \mathbb{N}} \Omega_n$ mit $\mu(\Omega_n) < \infty$ und $\Omega_n \subset \Omega_m$ für $n < m$. Für eine schwach meßbare Funktion (vgl. S. 234) $k : \Omega \to X$ sei

$$D(T_{k,0}) := \left\{ g \in L^2(\Omega, \mu) : g(\cdot) \|k(\cdot)\| \in L^1(\Omega, \mu) \right\}.$$

Für jedes $g \in D(T_{k,0})$ ist durch

$$\left\langle T_{k,0} g, x \right\rangle_X = \int_\Omega \overline{g(\omega)} \langle k(\omega), x \rangle \, d\mu(\omega) \quad \text{für alle } x \in X$$

eindeutig ein Element $T_{k,0} g \in X$ erklärt, denn es gilt

$$\left| \int_\Omega \overline{g(\omega)} \langle k(\omega), x \rangle \, d\mu(\omega) \right| \leq \int_\Omega |g(\omega)| \|k(\omega)\| \, d\mu(\omega) \, \|x\|,$$

6.4 Hilbert–Schmidt- und Carlemanoperatoren

d. h. $x \mapsto \int_{\Omega_n} \overline{g(\omega)} \langle k(\omega), x \rangle \, d\mu(\omega)$ ist ein stetiges lineares Funktional auf X. Die Zuordnung $g \mapsto T_{k,0}g$ ist offenbar linear. $T_{k,0}$ ist also ein Operator von $L^2(\Omega, \mu)$ nach X; $D(T_{k,0})$ ist dicht in $L^2(\Omega, \mu)$, denn es enthält den dichten Teilraum

$$D_{00} := \left\{ g \in L^2(\Omega, \mu) : \exists n \in \mathbb{N} \text{ mit } g(\omega) = 0 \text{ } \mu\text{-f. ü. in } \Omega \setminus \widetilde{\Omega}_n \right\},$$

mit $\widetilde{\Omega}_n := \left\{ \omega \in \Omega_n : \|k(\omega)\| \leq n \right\}$; die Einschränkung von $T_{k,0}$ auf D_{00} bezeichnen wir im folgenden mit $T_{k,00}$ ($T_{k,00}$ ist bequem zu handhaben; im Gegensatz zu $T_{k,0}$ hängt aber der Definitionsbereich von der Wahl der X_n ab).

$T_{k,0}$ heißt der durch k erzeugte *Semi-Carlemanoperator*; diese auf M. SCHREIBER (Acta Scientiarum Mathematicarum **24**, 82–87 (1963)) zurückgehende Bezeichnung wird durch folgenden Satz einigermaßen gerechtfertigt.

Satz 6.20 *Sei* (Ω, μ) *ein σ-endlicher Maßraum* $k : \Omega \to X$ *schwach meßbar, T_k und $T_{k,0}$ der durch k erzeugte maximale Carleman- bzw. Semi-Carlemanoperator, $T_{k,00}$ wie oben definiert. Dann gilt* $(T_{k,0})^* = (T_{k,00})^* = T_k$ *(ist T_k dicht definiert, so gilt also* $\overline{T_{k,0}} = \overline{T_{k,00}}$*.*

Beweis. Nach Definition von T_k, $T_{k,0}$ und $T_{k,00}$ gilt $T_{k,00} \subset T_{k,0}$, und für alle $x \in D(T_k)$ und $g \in D(T_{k,0})$

$$\langle g, T_k x \rangle = \int_\Omega \overline{g(\omega)} \langle k(\omega), x \rangle \, d\mu(\omega) = \langle T_{k,0} g, x \rangle,$$

d. h. T_k und $T_{k,0}$ sind formal adjungiert, also $T_k \subset (T_{k,0})^* \subset (T_{k,00})^*$. Es genügte deshalb $D((T_{k,00})^*) \subset D(T_k)$ zu beweisen. Sei $x \in D((T_{k,00})^*)$. Dann gilt für jedes $g \in L^2(\Omega, \mu)$ mit $g(\omega) = 0$ für $\omega \in \Omega \setminus \widetilde{\Omega}_n$

$$\int_{\widetilde{\Omega}_n} \overline{g(\omega)} \langle k(\omega), x \rangle \, d\mu(\omega) = \langle T_{k,00} g, x \rangle = \langle g, (T_{k,00})^* x \rangle$$
$$= \int_{\widetilde{\Omega}_n} \overline{g(\omega)} (T_{k,00})^* x(\omega) \, d\mu(\omega),$$

also

$$\int_{\widetilde{\Omega}_n} \overline{g(\omega)} \left\{ \langle k(\omega), x \rangle - (T_{k,00})^* x(\omega) \right\} d\mu(\omega) = 0 \quad \text{für alle } g \in L^2(\widetilde{\Omega}_n, \mu).$$

Wegen $\left\{\langle k(\cdot), x\rangle - (T_{k,00})^*x(\cdot)\right\}\big|_{\widetilde{\Omega}_n} \in L^2(\widetilde{\Omega}_n, \mu)$ folgt hieraus

$$(T_{k,00})^*x(\omega) = \langle k(\omega), x\rangle \quad \text{für } \mu\text{-f. a. } \omega \in \widetilde{\Omega}_n.$$

Da dies für alle n gilt, folgt $\langle k(\cdot), x\rangle = (T_{k,00})^*x \in L^2(\Omega, \mu)$, d. h. es gilt $x \in D(T_k)$. ∎

Abschließend betrachten wir Carleman– und Semi–Carlemanoperatoren von $L^2(Y, \nu)$ nach $L^2(X, \mu)$:

Satz 6.21 *Ein Operator T von $L^2(Y, \nu)$ nach $L^2(X, \mu)$ ist genau dann ein Carlemanoperator, wenn eine $\mu \times \nu$-meßbare Funktion $K : X \times Y \to \mathbb{C}$ existiert mit $K(x, \cdot) \in L^2(Y, \nu)$ für μ-f. a. $x \in X$ und*

$$Tf(x) = \int_{\Omega_1} K(x, y) f(y) \, d\nu(y) \quad \mu\text{-f. ü. in } X \text{ für } f \in D(T).$$

Ein solcher Kern heißt ein Carlemankern*; die Untersuchung derartiger Integraloperatoren unter etwas stärkeren Voraussetzungen geht auf* T. CARLEMAN *zurück*[4].

Beweis. Ist T durch einen Carlemankern K erzeugt, so ist die Bedingung des Satzes von Korotkov 6.17 erfüllt mit $\kappa(x) = \|K(x, \cdot)\|$, d. h. T ist ein Carlemanoperator. Ist T ein Carlemanoperator, so findet man wie im Beweis von Satz 6.17 eine positive Funktion g auf X so, daß $M_g T$ ein Hilbert–Schmidt–Operator ist. Dieser wird durch einen Kern $\widetilde{K}(x, y) \in L^2(X \times Y, \mu \times \nu)$ erzeugt. Dann ist $K(x, y) = \widetilde{K}(x, y)/g(x)$ ein Carlemankern, der T erzeugt. ∎

Ist $K : X \times Y \to \mathbb{C}$ ein Carlemankern und $k : X \to L^2(Y, \nu)$ mit $k(x) := \overline{K(x, \cdot)}$, so definieren wir $T_K := T_k$ und $T_{K,0} := T_{k,0}$. Aus der Definition von $T_{k,0}$ folgt dann mit dem Satz von Fubini für alle $f \in D(T_{K,0})$

$$T_{K,0} f(y) = \int_{\Omega_2} \overline{K(x, y)} f(x) \, d\nu(x) \quad \mu\text{-f. ü. in } Y.$$

---

[4] T. CARLEMAN: Sur les équations intégrales singulières à noyau réel symmetrique, Uppsala 1923.

Satz 6.22 *Seien (X,μ) und (Y,ν) σ-endliche Maßräume, T ein dicht definierter Carlemanoperator von $L^2(Y,\nu)$ nach $L^2(X,\mu)$, der durch den Carlemankern K erzeugt wird. T^* ist genau dann ein Carlemanoperator, wenn der Kern $K^+ : Y \times X \to \mathbb{C}$, $K^+(y,x) := \overline{K(x,y)}$ ein Carlemankern auf $(Y \times X, \nu \times \mu)$ ist und $\overline{T} \supset T_{K^+,0}$ gilt. T^* wird dann durch K^+ erzeugt.*

Beweis. Nach Voraussetzung gilt $T \subset T_K$; also ist T abschließbar und somit $D(T^*)$ dicht.

Wird T^* durch einen Carlemankern $H : Y \times X \to \mathbb{C}$ erzeugt, d. h. $T^* \subset T_H$, so gilt $\overline{T} = T^{**} \supset T_H^* = \overline{T_{H,0}} \supset T_{H,0}$. Es bleibt zu zeigen, daß $H(y,x) = K^+(y,x)$ gilt. Dazu sei $Y = \cup_n Y_n$ mit $\nu(Y_n) < \infty$,

$$\widetilde{Y}_n := \left\{ y \in Y_n : \int_X |H(y,x)|^2 \, d\mu(x) \leq n \right\};$$

also ist $H^+|_{X \times \widetilde{Y}_n} \in L^2(X \times \widetilde{Y}_n)$, d. h. $T_{H,0}|_{L^2(\widetilde{Y}_n,\nu)}$ ist für jedes n ein durch H^+ und K erzeugter Carlemanoperator (sogar ein Hilbert–Schmidt–Operator), und es gilt $H^+(x,y) = K(x,y)$ $\mu \times \nu$-f. ü. in $X \times \widetilde{Y}_n$; da dies für alle n gilt, gilt es auch in $X \times Y$. Insbesondere ist K^+ ein Carlemankern und $\overline{T} \supset T_{K^+,0}$.

Ist K^+ ein Carlemankern und gilt $\overline{T} \supset T_{K^+,0}$, so folgt $T^* = \overline{T}^* \subset (T_{K^+,0})^* = T_{K^+}$, d. h. T^* ist ein durch K^+ erzeugter Carlemanoperator. ∎

Korollar 6.23 *Ist T ein symmetrischer Carlemanoperator in $L^2(X\mu)$ mit erzeugendem Kern K und ist auch T^* ein Carlemanoperator, so ist K hermitesch, $K(x,y) = K^+(x,y)$ $\mu \times \mu$-f. ü. Insbesondere ist der Kern eines selbstadjungierten Carlemanoperators hermitesch.*

6.5 Differentialoperatoren in $L^2(a,b)$

In diesem Abschnitt sei (a,b) ein beliebiges (nichtleeres) offenes Intervall in $\mathbb{R}$, d. h. $-\infty \leq a < b \leq \infty$. Für $n \in \mathbb{N}$ sei $\mathcal{A}_n(a,b)$ der Raum der komplexwertigen Funktionen auf (a,b), für die $f, f', \ldots, f^{(n-2)}$ stetig differenzierbar sind und $f^{(n-1)}$ absolut stetig ist in (a,b). Es gibt also für $f \in \mathcal{A}_n(a,b)$ ein in (a,b) lokal (Lebesgue–)integrierbare „n-te Ableitung" $f^{(n)}$ so, daß für $a < \alpha < \beta < b$, $j = 1, \ldots, n$ und jede absolut stetige Funktion g gilt (vgl. Satz A.8)

$$\int_\alpha^\beta g(x) f^{(j)}(x) \, dx = g(\beta) f^{(j-1)}(\beta) - g(\alpha) f^{(j-1)}(\alpha) - \int_\alpha^\beta g'(x) f^{(j-1)}(x) \, dx.$$

Satz 6.24 *Für jedes $n \in \mathbb{N}$, jedes Intervall $(a,b) \subset \mathbb{R}$ und jedes $\varepsilon > 0$ existiert ein $C = C(n, a, b, \varepsilon) > 0$ so, daß für alle $f \in \mathcal{A}_n(a,b)$ und alle $j \in \{0, 1, \ldots, n-1\}$ gilt*

$$\int_a^b |f^{(j)}(x)|^2 \, dx \leq \varepsilon \int_a^b |f^{(n)}(x)|^2 \, dx + C \int_a^b |f(x)|^2 \, dx$$

(dabei ist ein Integral gleich ∞ zu setzen, wenn der Integrand nicht integrierbar ist). Aus $f \in \mathcal{A}_n(a,b) \cap L^2(a,b)$ und $f^{(n)} \in L^2(a,b)$ folgt also insbesondere $f^{(j)} \in L^2(a,b)$ für $j = 1, 2, \ldots, n-1$.

Beweis. Wir führen den Beweis durch Induktion nach n. Für $n = 1$ ist nur der Fall $j = 0$ zu betrachten. Hier kann für jedes $\varepsilon \geq 0$ die Konstante $C = 1$ gewählt werden (unabhängig von a, b und ε).

Für $n = 2$ und $j = 0$ ist die Aussage ebenfalls trivial. Wir beweisen also für $n = 2$ den Fall $j = 1$: Ist (α, β) ein beliebiges beschränktes Teilintervall von (a, b), $L := \beta - \alpha > 0$ (wir werden L später geeignet wählen),

$$J_1 := (\alpha, \alpha + L/3), \quad J_2 := [\alpha + L/3, \beta - L/3], \quad J_3 := (\beta - L/3, \beta),$$

so gibt es zu $s \in J_1$ und $t \in J_3$ nach dem Mittelwertsatz der Differentialrechnung ein $x_0 = x_0(s, t) \in (\alpha, \beta)$ mit

$$f'(x_0) = \frac{f(t) - f(s)}{t - s}, \quad |f'(x_0)| \leq \frac{3}{L}\Big(|f(t)| + |f(s)|\Big).$$

Damit folgt für alle $x \in (\alpha, \beta)$

$$|f'(x)| = \left| f'(x_0) + \int_{x_0}^x f''(y) \, dy \right|$$

$$\leq \frac{3}{L}\Big(|f(s)| + |f(t)|\Big) + \int_\alpha^\beta |f''(y)| \, dx.$$

6.5 Differentialoperatoren in $L^2(a,b)$

Da dies für alle $s \in J_1$ und $t \in J_3$ gilt, kann die Ungleichung bezüglich s über J_1 und bezüglich t über J_3 integriert werden, womit folgt

$$\left(\frac{L}{3}\right)^2 |f'(x)| \le \int_{J_1} |f(s)|\,ds + \int_{J_3} |f(t)|\,dt + \left(\frac{L}{3}\right)^2 \int_\alpha^\beta |f''(y)|\,dy$$

$$\le \int_\alpha^\beta |f(y)|\,dy + \left(\frac{L}{3}\right)^2 \int_\alpha^\beta |f''(y)|\,dy,$$

also

$$|f'(x)|^2 \le \left\{\left(\frac{3}{L}\right)^2 \int_\alpha^\beta |f(y)|\,dy + \int_\alpha^\beta |f''(y)|\,dy\right\}^2$$

$$\le 2\left(\frac{3}{L}\right)^4 \left\{\int_\alpha^\beta |f(y)|\,dy\right\}^2 + 2\left\{\int_\alpha^\beta |f''(y)|\,dy\right\}^2$$

$$\le 2L\left\{\left(\frac{3}{L}\right)^4 \int_\alpha^\beta |f(y)|^2\,dy + \int_\alpha^\beta |f''(y)|^2\,dy\right\}.$$

Integration über (α, β) ergibt nun

$$\int_\alpha^\beta |f'(x)|^2\,dx \le \frac{162}{L^2} \int_\alpha^\beta |f(y)|^2\,dy + 2L^2 \int_\alpha^\beta |f''(y)|^2\,dy.$$

Zerlegt man (a,b) in endlich viele disjunkte Intervalle der Länge L, so folgt

$$\int_a^b |f'(x)|^2\,dx \le \frac{162}{L^2} \int_a^b |f(x)|^2\,dx + 2L^2 \int_a^b |f''(x)|^2\,dx.$$

Da L beliebig klein gewählt werden kann, folgt damit die Behauptung für $n = 2, j = 1$; insbesondere ist zu sehen, daß C unabhängig von (a,b) gewählt werden kann, falls $|b - a|$ eine Mindestlänge nicht unterschreitet.

Nehmen wir nun an, daß die Behauptung für $n \le k$ ($k \ge 2$) gilt. Sei $f \in A_{k+1}(a,b)$. Da die Aussage für $n = 2$ und $j = 1$ gilt, gibt es zu jedem $\eta > 0$ ein $C_1 = C(2, a, b, \eta/2) \ge 0$ mit

$$\int_a^b |f^{(k)}(x)|^2\,dx \le C_1 \int_a^b |f^{(k-1)}(x)|^2\,dx + \frac{\eta}{2} \int_a^b |f^{(k+1)}(x)|^2\,dx$$

(wobei hier noch nicht klar ist, ob $\int_a^b |f^{(k-1)}(x)|^2\,dx$ endlich ist). Auf Grund der Induktionsannahme gibt es ein $C_2 = C(k,a,b,1/2C_1)$ mit

$$\int_a^b |f^{(k-1)}(x)|^2\,dx \leq C_2 \int_a^b |f(x)|^2\,dx + \frac{1}{2C_1}\int_a^b |f^{(k)}(x)|^2\,dx$$

(wobei auch hier noch nicht klar ist, ob $\int_a^b |f^{(k)}(x)|^2\,dx$ endlich ist). Einsetzen der letzten Ungleichung in die vorletzte ergibt

$$\int_a^b |f^{(k)}(x)|^2\,dx \leq 2C_1C_2 \int_a^b |f(x)|^2\,dx + \eta \int_a^b |f^{(k+1)}(x)|^2\,dx.$$

Ist das Intervall (a,b) beschränkt, so folgt aus $f^{(k+1)} \in L^2(a,b)$ offensichtlich die Beschränktheit von $f,\ldots,f^{(k)}$, d.h. in diesem Fall sind die Integrale alle endlich, und die obige Schlußweise ist zulässig. Für ein unbeschränktes Intervall kann man nun zur Grenze übergehen. Das ist die Behauptung für $n = k+1$ und $j = k$. Für $j < k$ folgt nun die Behauptung mit Hilfe der Induktionsannahme. ∎

Wir benutzen im folgenden die Abkürzung

$$W_{2,n}(a,b) := \left\{f \in \mathcal{A}_n(a,b) \cap L^2(a,b) : f^{(n)} \in L^2(a,b)\right\}.$$

$W_{2,n}(a,b)$ heißt *Sobolevraum* der Ordnung n über (a,b) (vgl. auch Abschnitt 11.4).

Satz 6.25 *Sei (a,b) ein beliebiges offenes Intervall in $\mathbb{R}$, $f \in W_{2,n}(a,b)$. Ist $a > -\infty$, so ist für jedes $j = 0,1,\ldots,n-1$ die Funktion $f^{(j)}$ stetig nach a fortsetzbar; ist $a = -\infty$, so gilt $f^{(j)}(x) \to 0$ für $x \to -\infty$, $j = 0,1,\ldots,n-1$. Die entsprechende Aussage gilt für den Randpunkt b.*

Beweis. Sei $c \in (a,b)$. Ist $a > -\infty$, so ist

$$\int_a^c |f^{(j+1)}(x)|\,dx \leq \left\{(c-a)\int_a^c |f^{(j+1)}(x)|^2\,dx\right\}^{1/2} < \infty,$$

6.5 Differentialoperatoren in $L^2(a,b)$ 247

da nach Satz 6.24 $f^{(j+1)} \in L^2(a,b)$ gilt. Also existiert

$$\lim_{x \to a} f^{(j)}(x) = \lim_{x \to a} \left\{ f^{(j)}(c) - \int_x^c f^{(j+1)}(s)\,\mathrm{d}s \right\}$$
$$= f^{(j)}(c) - \int_a^c f^{(j+1)}(s)\,\mathrm{d}s.$$

Sei nun $a = -\infty$. Für alle $x \in (-\infty, c)$ gilt

$$\int_x^c f^{(j)}(s) f^{(j+1)}(s)\,\mathrm{d}s = \frac{1}{2}\left\{ f^{(j)}(c)^2 - f^{(j)}(x)^2 \right\}.$$

Für $x \to -\infty$ konvergiert das Integral, also existiert $\lim_{x \to -\infty} f^{(j)}(x)^2$. Wäre dieser Grenzwert $\neq 0$, so könnte $f^{(j)}$ nicht in $L^2(a,c)$ liegen, ein Widerspruch zu Satz 6.24. ∎

Wir betrachten nun Differentialoperatoren in $L^2(a,b)$, die durch die Differentialausdrücke $\tau_n = (-i)^n \, \mathrm{d}^n / \mathrm{d}x^n$ erzeugt werden. Der *minimale durch τ_n erzeugte Operator* $T_{n,0}$ ist definiert durch

$$D(T_{n,0}) = C_0^\infty(a,b), \quad T_{n,0} f = \tau_n f.$$

Der *maximale durch τ_n erzeugte Operator* T_n ist definiert durch

$$D(T_n) = W_{2,n}(a,b), \quad T_n f = \tau_n f.$$

Für $n = 0$ ist offenbar $\overline{T_{0,0}} = T_0 = I$ die Identität in $L^2(a,b)$. Im folgenden sei deshalb stets $n > 0$. Offensichtlich ist $T_{n,0}$ symmetrisch.

Der maximale Operator ist offenbar auf dem größtmöglichen Teilraum definiert, auf dem τ_n als Differentialausdruck sinnvoll anwendbar ist und ein Ergebnis in $L^2(a,b)$ liefert. In Satz 6.27 werden wir sehen, daß $(T_{n,0})^* = T_n$ gilt. Wenn also A eine Einschränkung von $T_{n,0}$ ist mit $\overline{A} \neq T_{n,0}$, so gilt $A^* \supsetneq (T_{n,0})^* = T_n$, d.h. A^* ist nicht mehr als ein durch τ_n erzeugter Differentialoperator interpretierbar; in diesem Sinn ist also $T_{n,0}$ als minimaler Operator zu verstehen (häufig wird auch $\overline{T_{n,0}}$ als minimaler Operator bezeichnet).

Satz 6.26 *Der Wertebereich $R(T_{n,0})$ ist der Raum der Funktionen*

$$g \in C_0^\infty(a,b) \quad \text{mit} \quad \int_a^b x^j g(x)\,dx = 0 \quad \text{für } j = 0,1,\ldots,n-1.$$

Beweis. Ist $g = T_{n,0}f$ mit einem $f \in D(T_{n,0}) = C_0^\infty(a,b)$, so gilt $g \in C_0^\infty(a,b)$ und

$$\int_a^b x^j g(x)\,dx = \int_a^b x^j \tau_n f(x)\,dx = (-1)^n \int_a^b (\tau_n x^j) g(x)\,dx = 0$$

für $j = 0,1,\ldots,n-1$. Sei nun $g \in C_0^\infty(a,b)$ mit der obigen Eigenschaft, $[\alpha,\beta] \subset (a,b)$ so, daß der Träger von g in $[\alpha,\beta]$ enthalten ist. Mit

$$f(x) = (i)^n \int_a^x \int_a^{x_n} \cdots \int_a^{x_2} g(x_1)\,dx_1 \ldots dx_{n-1}\,dx_n$$

gilt offenbar $f \in C^\infty(a,b)$, $g = \tau_n f$, $f(x) = 0$ für $x \in (a,\alpha]$ und, für $x \in [\beta, b)$,

$$f(x) = (i)^n \int_a^x \int_{x_1}^x \cdots \int_{x_{n-1}}^x g(x_1)\,dx_n \ldots dx_2\,dx_1$$

$$= (i)^n \int_a^x g(x_1) \left\{ \int_{x_1}^x \cdots \int_{x_{n-1}}^x dx_n \ldots dx_2 \right\} dx_1$$

$$= (i)^n \int_a^b g(x_1) p(x_1)\,dx_1 = 0,$$

da $p(\cdot)$ ein Polynom vom Grad $n-1$ ist. Also ist $f \in C_0^\infty(a,b)$ und somit $g = \tau_n f = T_{n,0} f$. ∎

Satz 6.27 *Es gilt $(T_{n,0})^* = T_n$ und $(T_n)^* = \overline{T_{n,0}}$.*

Beweis. Nur die erste Gleichung ist zu beweisen. Da für $f \in D(T_{n,0})$ und $g \in D(T_n)$ mittels partieller Integration über ein Intervall $[\alpha,\beta] \subset (a,b)$, das den Träger von f enthält, folgt

$$\langle T_n g, f \rangle = \int_\alpha^\beta \overline{\tau_n g(x)} f(x)\,dx = \int_\alpha^\beta \overline{g(x)} \tau_n f(x)\,dx = \langle g, T_{n,0} f \rangle,$$

6.5 Differentialoperatoren in $L^2(a,b)$

sind $T_{n,0}$ und T_n formal adjungiert, also $T_n \subset (T_{n,0})^*$. Es bleibt also $D((T_{n,0})^*) \subset D(T_n)$ zu beweisen: Sei $g \in D((T_{n,0})^*)$ und $h \in \mathcal{A}_n(a,b)$ mit $\tau_n h = (T_{n,0})^* g$; ein solches h ist z. B.

$$h(x) := (i)^n \int_c^x \int_c^{x_n} \cdots \int_c^{x_2} (T_{n,0})^* g(x_1) \, dx_1 \ldots dx_{n-1} \, dx_n$$

mit einem $c \in (a,b)$. Für alle $f \in D(T_{n,0})$ folgt durch partielle Integration (wie oben)

$$\langle g, T_{n,0} f \rangle = \langle (T_{n,0})^* g, f \rangle = \int_\alpha^\beta \overline{\tau_n h(x)} f(x) \, dx = \int_\alpha^\beta \overline{h(x)} \tau_n f(x) \, dx$$

$$= \int_\alpha^\beta \overline{h(x)} T_{n,0} f(x) \, dx.$$

Es gilt also

$$\int_a^b \overline{\bigl(g(x) - h(x)\bigr)} k(x) \, dx = 0 \quad \text{für alle } k \in R(T_{n,0}),$$

d. h. der Nullraum des Funktionals

$$F : C_0^\infty(a,b) \to \mathbb{C}, \quad F(k) = \int_a^b \overline{\bigl(f(x) - h(x)\bigr)} k(x) \, dx$$

enthält $R(T_{n,0})$. Nach Satz 6.26 ist andererseits

$$R(T_{n,0}) = \bigcap_{j=1}^{n-1} N(F_j),$$

wobei F_j $(j = 0, \ldots, n-1)$ die Funktionale

$$F_j : C_0^\infty(a,b) \to \mathbb{C}, \quad F_j(k) = \int_a^b x^j k(x) \, dx$$

sind. Nach Satz 2.21 gibt es also komplexe Zahlen $c_0, c_1, \ldots, c_{n-1}$ mit

$$F = \sum_{j=0}^{n-1} c_j F_j.$$

Mit $p(x) = \sum_{j=0}^{n-1} \overline{c_j} x^j$ gilt also

$$\int_a^b \overline{\bigl(f(x) - h(x) - p(x)\bigr)} k(x)\, dx = 0 \quad \text{für alle } k \in C_0^\infty(a,b).$$

Für jedes kompakte Teilintervall $[\alpha,\beta] \subset (a,b)$ ist $(f-h-p)|_{[\alpha,\beta]} \in L^2(\alpha,\beta)$ und $(f-h-p)|_{[\alpha,\beta]} \perp C_0^\infty(\alpha,\beta)$, also $(f-h-p)|_{[\alpha,\beta]} = 0$. Da dies für jedes kompakte Teilintervall $[\alpha,\beta]$ gilt, folgt $f = h+p$ f.ü. in (a,b), $f \in \mathcal{A}_n(a,b) \cap L_2(a,b)$ und $\tau_n f = (T_{n,0})^* f \in L_2(a,b)$, d.h. $f \in D(T_n)$. ∎

Satz 6.28 *Im Falle $(a,b) = \mathbb{R}$ gilt $\overline{T_{n,0}} = T_n = T_n^*$. $T_{n,0}$ ist also wesentlich selbstadjungiert, T_n ist selbstadjungiert.*

Beweis. Aus $T_{n,0} \subset T_n$ und $(T_{n,0})^* = T_n$ folgt $T_n^* \subset (T_{n,0})^* = T_n$. Wir zeigen, daß T_n symmetrisch ist; damit folgt dann $T_n^* \subset T_n \subset T_n^*$, also $T_n = T_n^* = (T_{n,0})^{**} = \overline{T_{n,0}}$. Für $f, g \in D(T_n)$ gilt

$$\begin{aligned}
\langle f, T_n g \rangle &= \lim_{c \to \infty} \int_{-c}^{c} \overline{f(x)} \tau_n g(x)\, dx \\
&= \lim_{c \to \infty} \left\{ R(c) + \int_{-c}^{c} \overline{\tau_n f(x)} g(x)\, dx \right\} \\
&= \lim_{c \to \infty} \int_{-c}^{c} \overline{\tau_n f(x)} g(x)\, dx = \langle T_n f, g \rangle.
\end{aligned}$$

Dabei haben wir benutzt, daß der Randterm $R(c)$ eine Linearkombination von Termen der Form $\overline{f^{(j)}(\pm c)} g^{(k)}(\pm c)$ ist mit $j+k = n-1$; nach Satz 6.25 gilt also $R(c) \to 0$ für $c \to \infty$. ∎

Satz 6.29 *Für ein beliebiges Intervall $(a,b) \subset \mathbb{R}$ gilt*

$$D(\overline{T_{n,0}}) = \left\{ f \in W_{2,n}(a,b) : \begin{array}{l} f(a) = f'(a) = \ldots = f^{(n-1)}(a) = 0 \ \text{falls } a > -\infty, \\ f(b) = f'(b) = \ldots = f^{(n-1)}(b) = 0 \ \text{falls } b < \infty \end{array} \right\}.$$

Ist $(a,b) \neq \mathbb{R}$ und $n > 0$, so ist $\overline{T_{n,0}} \neq T_n$ und keiner dieser Operatoren ist selbstadjungiert.

6.5 Differentialoperatoren in $L^2(a,b)$

Beweis. Den im Satz definierten Teilraum bezeichnen wir mit $W_{2,n}^0(a,b)$; S_n sei der durch τ_n auf $D(S_n) = W_{2,n}^0(a,b)$ definierte Operator in $L^2(a,b)$. Man rechnet leicht nach, daß S_n und T_n formal adjungiert sind, $S_n \subset T_n^* = \overline{T_{n,0}}$.

Um $S_n = \overline{T_{n,0}}$ zu beweisen, genügt es also $D(T_n^*) \subset W_{2,n}^0(a,b) = D(S_n)$ zu beweisen. In jedem Falle gilt $D(T_n^*) = D(\overline{T_{n,0}}) \subset D(T_n) = W_{2,n}(a,b)$. Im Fall $(a,b) = \mathbb{R}$ ist damit alles bewiesen.

Sei jetzt $a > -\infty$. Dann gibt es für jedes $j \in \{0, 1, \ldots, n-1\}$ ein $g_j \in D(T_n)$ mit $g_j^{(k)}(a) = \delta_{jk}$ für $k = 0, 1, \ldots, n-1$ und $g_j(x) \equiv 0$ nahe bei b (Beweis!). Mit diesem g_j gilt

$$0 = \langle f, T_n g_j \rangle - \langle T_n^* f, g_j \rangle = (-i)^n \sum_{k=0}^{n-1} (-1)^{n-k-1} \overline{f^{(n-k-1)}}(a) g_j^{(k)}(a)$$
$$= (-i)^n (-1)^{n-j-1} \overline{f^{(n-j-1)}}(a).$$

Da dies für alle $j = 0, \ldots, n-1$ gilt, folgt

$$f(a) = f'(a) = \ldots = f^{(n-1)}(a) = 0.$$

Analog folgt im Falle $b < \infty$

$$f(b) = f'(b) = \ldots = f^{(n-1)}(b) = 0.$$

Also ist $f \in W_{2,n}^0(a,b)$ und somit $S_n = \overline{T_{n,0}}$.

Auf Grund der bisherigen Überlegungen ist klar, daß für $(a,b) \neq \mathbb{R}$ gilt $D(\overline{T_{n,0}}) \neq D(T_n)$, also $\overline{T_{n,0}} \neq T_n$. Wegen $\overline{T_{n,0}}^* = T_n$ folgt daraus, daß weder $T_{n,0}$ noch T_n selbstadjungiert sein kann. ∎

Die Frage, ob $T_{n,0}$ im Falle $(a,b) \neq \mathbb{R}$ selbstadjungierte Fortsetzungen besitzt, können wir jetzt noch nicht allgemein beantworten (in Kapitel 10 werden wir diese Frage vollständig beantworten und Konstruktionsmethoden kennenlernen). Für gerade Ordnung n können wir schon jetzt das folgende elementare Resultat angeben:

Satz 6.30 *Der Operator $T_{2n,0}$ ist positiv. Die Friedrichsfortsetzung (vgl. Abschnitt 4.2) $T_{2n,F}$ von $T_{2n,0}$ ist gegeben durch $T_{2n,F}f = \tau_{2n}f$ auf*

$$D(T_{2n,F}) = \left\{ f \in D(T_{2n}) : \begin{array}{l} f(a) = f'(a) = \ldots = f^{(n-1)}(a) = 0 \text{ falls } a > -\infty, \\ f(b) = f'(b) = \ldots = f^{(n-1)}(b) = 0 \text{ falls } b < \infty \end{array} \right\}.$$

Beweis. Offenbar gilt für $f \in D(T_{2n,0}) = C_0^\infty(a,b)$

$$\langle f, T_{2n,0}f \rangle = (-1)^n \int_a^b \overline{f(x)} f^{(2n)}(x)\,dx = \int_a^b |f^{(n)}(x)|^2\,dx \geq 0.$$

Die in Satz 4.15 benutzte Sesquilinearform ist in diesem Fall

$$s(f,g) = \langle f^{(n)}, g^{(n)} \rangle \quad \text{für } f,g \in C_0^\infty(a,b).$$

Die s-Norm $\|\cdot\|_s$ ist also gleich der $T_{n,0}$-Norm $\|\cdot\|_{T_{n,0}}$ (tatsächlich n, nicht $2n$). Die Vervollständigung von $C_0^\infty(a,b)$ bezüglich $\|\cdot\|_s$ ist also gleich der Vervollständigung von $D(T_{n,0}) = C_0^\infty(a,b)$ bezüglich $\|\cdot\|_{T_{n,0}}$, also gleich $D(\overline{T_{n,0}})$. Nach Satz 6.29 gilt also

$$H_s = D(\overline{T_{n,0}}) = \left\{ f \in W_{2,n}(a,b) : \begin{array}{l} f(a) = f'(a) = \ldots = f^{(n-1)}(a) = 0 \text{ falls } a > -\infty, \\ f(b) = f'(b) = \ldots = f^{(n-1)}(b) = 0 \text{ falls } b < \infty \end{array} \right\},$$

Wegen $D(T_{2n,F}) = D((T_{2n,0})^*) \cap H_s = D(T_{2n}) \cap H_s$ folgt damit die Behauptung. ∎

In einigen Fällen läßt sich leicht das Spektrum der durch τ_n erzeugten selbstadjungierten Operatoren angeben:

Satz 6.31 a) *Ist $(a,b) = \mathbb{R}$, so gilt für alle $n \in \mathbb{N}$*

$$\sigma(T_{2n}) = [0, \infty) \quad \text{und} \quad \sigma(T_{2n-1}) = \mathbb{R}.$$

6.5 Differentialoperatoren in $L^2(a,b)$

b) *Ist (a,b) eine Halbgerade $\bigl((a,\infty)$ oder $(-\infty,b)\bigr)$, so gilt $\sigma(A) \supset [0,\infty)$ für jede selbstadjungierte Fortsetzung A von $T_{2n,0}$. Für die Friedrichsfortsetzung $T_{2n,F}$ von $T_{2n,0}$ gilt*

$$\sigma(T_{2n,F}) = [0,\infty).$$

Beweis. a) In diesem Fall ist $T_{2n} = \overline{T_{2n,0}}$ positiv; für jedes $s < 0$ und $f \in D(T_{2n})$ gilt also

$$\|(T_{2n} - s)f\|^2 = \|T_{2n}f\|^2 - 2\operatorname{Re} s \langle T_{2n}f, f\rangle + |s|^2 \|f\|^2 \geq |s|^2 \|f\|^2,$$

d. h. $T_{2n} - s$ ist stetig invertierbar, nach Satz 5.15 gilt also $(-\infty, 0) \subset \varrho(T_{2n})$. Es bleibt zu zeigen, daß jedes $s \geq 0$ in $\sigma(T_{2n})$ liegt. Dazu sei $\varphi : \mathbb{R} \to \mathbb{R}$ beliebig oft stetig differenzierbar mit

$$\varphi(x) = \begin{cases} 1 & \text{für } x \leq 0, \\ 0 & \text{für } x \geq 1 \end{cases} \quad \text{und } 0 \leq \varphi(x) \leq 1 \text{ für alle } x \in \mathbb{R},$$

$$\varphi_m(x) = \varphi(|x| - m) \quad \text{für } x \in \mathbb{R}.$$

Definieren wir mit $s^{1/2n} \geq 0$ für $s \geq 0$

$$f_m(x) = \frac{1}{\sqrt{2m}} \varphi_m(x) \exp(is^{1/2n} x) \quad \text{für } x \in \mathbb{R},$$

so gilt $f_m \in C_0^\infty(\mathbb{R})$, $\|f_m\| \to 1$ für $m \to \infty$ und $(T_{2n} - s)f_m = (\tau_{2n} - s)f_m \to 0$, wie eine einfache Rechnung zeigt. Also ist $T_{2n} - s$ nicht stetig invertierbar, $s \in \sigma(T_{2n})$.

Analog zeigt man $\mathbb{R} \subset \sigma(T_{2n-1})$, indem man für jedes $s \in \mathbb{R}$ die Folge (f_m) definiert durch

$$f_m(x) = \frac{1}{\sqrt{2m}} \varphi_m(x) \exp(is^{1/(2n-1)} x) \quad \text{für } x \in \mathbb{R},$$

wobei die Wurzel $s^{1/(2n-1)}$ so gewählt wird, daß gilt: $s^{1/(2n-1)} < 0$ für $s < 0$ und $s^{1/(2n-1)} \geq 0$ für $s \geq 0$.

b) Ohne Einschränkung nehmen wir an, daß $(a,b) = (0,\infty)$ ist. Wie in Teil a folgt $[0,\infty) \subset \sigma(A)$, indem man φ_m ersetzt durch

$$\psi_m(x) := \varphi_m(x - m - 2);$$

man beachte, daß $\psi_m \in C_0^\infty(0,\infty)$ gilt. Da die Friedrichsfortsetzung $T_{2n,F}$ positiv ist, folgt (vgl. den Anfang des Beweises von Teil a) $\sigma(T_{2n,F}) \subset [0,\infty)$, also $\sigma(T_{2n,F}) = [0,\infty)$. ∎

Auf der Basis dieser Resultate kommt die Die Selbstadjungiertheit von symmetrischen Differentialoperatoren der Form

$$\tau = \tau_n + \sum_{j=1}^{n} a_j(x) \frac{d^j}{dx^j}$$

mit $\sup |a_n(x)| < 1$ und beschränkten $a_j(\cdot)$ für $j < n$ mit dem Satz von Rellich-Kato (vgl. Satz 9.3) bewiesen werden.

6.6 Übungen

6.1 Sei (X,μ) ein Maßraum, $t : X \to \mathbb{C}$ sei μ-meßbar. Mit $M_{p,q,t}$ sei der maximale Multiplikationsoperator mit der Funktion t als Operator von $L^p(X,\mu)$ nach $L^q(X,\mu)$ bezeichnet:

$$D(M_{p,q,t}) = \left\{ f \in L^p(X,\mu) : tf \in L^q(X,\mu) \right\}, \quad M_{p,q,t}f = tf.$$

a) Es gilt $M_{p,q,t} \in B(L^p(X,\mu), L^q(X,\mu))$ genau dann, wenn $t \in L^r(X,\mu)$ gilt mit $1/p + 1/r = 1/q$.
b) Für $p,q < \infty$ ist $(M_{p,q,t})' = M_{q',p',t}$ mit den zu p bzw. q konjugierten Exponenten p' bzw. q'.

6.2 Der Matrixoperator aus Beispiel 6.8 ist nicht kompakt. *Anleitung*: Es genügt, dies für A^* zu beweisen.

6.3 Der durch den Kern

$$k(x,y) = \begin{cases} 1/y & \text{für } 0 < x \leq y < \infty, \\ 1/x & \text{für } 0 < y < x < \infty \end{cases}$$

erzeugte Integraloperator in $L^2(0,\infty)$ ist beschränkt, aber nicht kompakt. *Anleitung*: Vgl. Beispiel 6.8 und Aufgabe 6.2.

6.6 Übungen

6.4 Sei (Ω,μ) ein σ-endlicher Maßraum. Ist k ein hermitescher Carlemankern über $X \times X$, und ist $T_{k,0}$ beschränkt, so ist $T_k \in B(L^2(\Omega,\mu))$ selbstadjungiert.

6.5 Sei T ein Operator in $L^2(X,\mu)$, $z_0 \in \varrho(T)$, $(T - z_0)^{-1}$ ein Carlemanoperator.

a) Dann ist $(T - z)^{-1}$ ein Carlemanoperator für alle $z \in \varrho(T)$.

b) Ist T selbstadjungiert und $k_z(x,y)$ der Kern von $(T - z)^{-1}$ für ein $z \in \varrho(T)$, so gilt $k_{\bar{z}}(x,y) = \overline{k_z(y,x)}$.

6.6 Zu jedem $m \in \mathbb{N}$ und $C > 0$ gibt es endlich viele Elemente $y_j = (\eta_{j,1},\ldots,\eta_{j,m}) \in \mathbb{C}^m$, $j = 1,\ldots,p = p(m,C)$ mit $|y_j| \leq 2/C$ so, daß gilt: zu jedem $y = (\eta_1,\ldots,\eta_m) \in \mathbb{C}^m$ mit $|y| \geq C$ gibt es ein $j \in \{1,\ldots,p\}$ mit $\left|\sum_{k=1}^m \eta_k \eta_{j,k}\right| = |\langle y, y_j\rangle| \geq 1$.

7 Quantenmechanik und Hilbertraumtheorie

Es ist nun hinreichend viel über lineare Operatoren bekannt, um den mathematischen Formalismus der Quantenmechanik darzustellen und die von der Quantenmechanik gestellten mathematischen Fragen angemessen zu formulieren. Es wird gezeigt, daß die physikalisch notwendige starke Stetigkeit und Unitarität der Evolutionsgruppe die Selbstadjungiertheit des Operators $i\times$Generator (des Schrödingeroperators) erzwingt, Satz von Stone.

7.1 Formalismus der Quantenmechanik

Wir betrachten Systeme aus N ($N \in \mathbb{N}$), i. allg. elektrisch geladenen, Teilchen in einem elektromagnetischen Feld. Dabei kann es natürlich auch sein, daß das (äußere) elektromagnetische Feld nicht vorhanden ist, d. h. es gibt nur Wechselwirkungen zwischen den Teilchen. Wir denken insbesondere an

– ein einzelnes Teilchen (z. B. Elektron oder Proton), frei oder im elektromagnetischen Feld, oder

– ein System aus solchen Teilchen (z. B. ein Atom, Ion, Molekül), ebenfalls im freien Raum oder im elektromagnetischen Feld. Im Prinzip fallen hierunter auch Systeme aus mehreren (oder vielen) Atomen, Molekülen, ...; solche Systeme werden jedoch in der Regel kaum mehr explizit behandelbar sein. Wichtige Eigenschaften lassen sich jedoch u. U. trotzdem beweisen.

Im Sinne der *klassischen Mechanik* wird ein solches System durch die *Hamiltonschen Differentialgleichungen* beschrieben: Seien

$\qquad q_1, \ldots, q_n$ $(n = 3N)$ $\qquad$ die *kartesischen Ortskoordinaten*,

(d. h. q_{3j-2}, q_{3j-1}, q_{3j} sind die Ortskoordinaten des j-ten Teilchens),

$\qquad p_1, \ldots, p_n$ $\qquad$ die *zugehörigen Impulskoordinaten*,

7.1 Formalismus der Quantenmechanik

$p_{3j-k} = m_j \dot{q}_{3j-k}$, wobei m_j die Masse des j-ten Teilchens ist (mit „ ˙ " bezeichnen wir, wie in der Physik üblich, die Ableitung nach der Zeit). Die Hamiltonschen Differentialgleichungen lauten dann

$$\dot{q}_j = \frac{\partial}{\partial p_j} H(q,p) = \frac{\partial}{\partial p_j} H(q_1, \ldots, q_n, p_1, \ldots, p_n),$$

$$\dot{p}_j = -\frac{\partial}{\partial q_j} H(q,p) = -\frac{\partial}{\partial q_j} H(q_1, \ldots, q_n, p_1, \ldots, p_n),$$

wobei $H(q,p)$ die *Hamiltonfunktion* (Gesamtenergie) des Systems als Funktion der Orts- und Impulskoordinaten ist.

Im Falle *eines* geladenen Teilchens im elektrischen Feld E mit dem Potential V (d. h. $E(q) = -\operatorname{grad} V(q)$) ist

$$H(q,p) = \frac{1}{2m} p^2 + V(q) = \frac{1}{2m} \sum_{j=1}^{3} p_j^2 + V(q_1, q_2, q_3),$$

also

$$\dot{q}_j = \frac{1}{m} p_j, \qquad \dot{p}_j = -\frac{\partial}{\partial q_j} V(q).$$

(Allgemeinere Fälle werden wir weiter unten zu betrachten haben).

In der *klassischen Mechanik* wird der *Zustand* eines Systems zum Zeitpunkt t durch die Koordinaten und Geschwindigkeiten (bzw. Impulse) der Teilchen beschrieben. Die zeitliche Entwicklung des Systems wird durch obige Gleichungen vollständig deterministisch bestimmt: Sind $q_1, \ldots, q_n$ und $p_1, \ldots, p_n$ zu einem Zeitpunkt exakt bekannt, so sind diese Größen (und damit das Verhalten des Systems) für alle Zeiten vollständig festgelegt.

In der *Schrödinger-Darstellung* (Schrödinger-Bild) der Quantenmechanik wird der Zustand eines Systems zum Zeitpunkt t beschrieben durch eine „Zustandsfunktion"

$$\psi_t : \mathbb{R}^n \to \mathbb{C}, \qquad \psi_t(x) = \psi_t(x_1, \ldots, x_n),$$

wobei $|\psi_t(x_1, \ldots, x_n)|^2$ die Bedeutung einer *Wahrscheinlichkeitsdichte* hat: Ist A eine (meßbare) Teilmenge von $\mathbb{R}^n$ und befindet sich das System im Zustand ψ_t, so ist

$$\int_A |\psi_t(x_1, \ldots, x_n)|^2 \, dx$$
$$= \text{Wahrscheinlichkeit dafür, daß die Ortskoordinaten}$$
$$q_1, \ldots, q_n \text{ zur Zeit } t \text{ Werte in } A \text{ annehmen}$$
$$=: \text{ws}_{\psi_t}\{(q_1, \ldots, q_n) \in A\}.$$

Damit diese Interpretation sinnvoll ist, muß gelten

$$\int_{\mathbb{R}^n} |\psi_t(x_1, \ldots, x_n)|^2 \, dx = 1,$$

da die Ortskoordinaten mit Wahrscheinlichkeit 1 irgendwelche Werte in $\mathbb{R}^n$ haben. Man läßt in der Physik allerdings auch (von 0 verschiedene) Zustandsfunktionen zu, deren Quadratintegral endlich, aber nicht notwendig gleich 1 ist. Dann definiert man entsprechend

$$\text{ws}_{\psi_t}\{(q_1, \ldots, q_n) \in A\} = \left(\int_{\mathbb{R}^n} |\psi_t(x)|^2\right)^{-1} \int_A |\psi_t(x)|^2 \, dx.$$

Funktionen, die nicht quadratintegrierbar sind, haben als Zustandsfunktionen keinen Sinn.

Es ist also natürlich (und schon auf Grund dieser wenigen Überlegungen fast zwangsläufig), als *Zustandsraum* den Raum $L^2(\mathbb{R}^n)$ zu verwenden. Für jedes t sei also $\psi_t(\cdot) \in L^2(\mathbb{R}^n)$.

Die Funktion

$$\psi : \mathbb{R}^n \times \mathbb{R} \to \mathbb{C}, \quad \psi(x, t) = \psi(x_1, \ldots, x_n, t) := \psi_t(x_1, \ldots, x_n)$$

wird üblicherweise als *Wellenfunktion* bezeichnet.

Die Ortskoordinaten eines Systems sind also in einem (zulässigen) Zustand niemals exakt festgelegt, denn bei einer von Null verschiedenen L^2-Funktion kann es nicht einen einzelnen Punkt (auch nicht abzählbar viele Punkte, oder eine Punktmenge mit Lebesguemaß 0) geben so, daß das Integral von $|\psi|^2$

7.1 Formalismus der Quantenmechanik

über das Komplement dieses Punktes (bzw. dieser Punktmenge) verschwindet (quantitativ wird dies in Satz 7.1 erfaßt).

Den *Meßgrößen* (*Observablen*) des Systems werden durch die sogenannten *Quantisierungvorschriften* lineare Operatoren zugeordnet. So wird z. B. der *Koordinate* q_j der Operator der

Multiplikation mit der Variablen x_j (*Ortsoperator*)

zugeordnet. Der *Erwartungswert* der Koordinate q_j im Zustand ψ ist somit (falls das Integral existiert, also z. B. sicher dann, wenn ψ im Definitionsbereich des Multiplikationsoperators mit x_j liegt, bzw. genau dann, wenn ψ im Definitionsbereich des Operators der Multiplikation mit $|x_j|^{1/2}$ liegt)

$$q_j^\psi = \langle \psi, x_j \psi \rangle = \int x_j |\psi(x)|^2 \, dx.$$

Ein Maß für die „Ungenauigkeit", mit der q_j im Zustand ψ festgelegt ist, gibt die *Varianz*

$$\mathrm{var}_\psi(q_j) := \text{Erwartungswert von } (q_j - q_j^\psi)^2 \text{ im Zustand } \psi$$
$$= \int \left| (x_j - q_j^\psi) \psi(x) \right|^2 dx,$$

bzw. die *Streuung*

$$\sigma_\psi(q_j) := \left\{ \mathrm{var}_\psi(q_j) \right\}^{1/2} = \left\{ \int \left| (x_j - q_j^\psi) \psi(x) \right|^2 dx \right\}^{1/2}.$$

Die Varianz bzw. Streuung von q_j ist also genau dann endlich, wenn ψ im Definitionsbereich des Multiplikationsoperators mit x_j liegt.

Der *Impulskoordinate* p_j des Systems wird der „Operator"

$$\frac{\hbar}{i} \frac{\partial}{\partial x_j} \quad (\textit{Impulsoperator})$$

zugeordnet (dabei ist $\hbar \sim 10^{-34}$ Js das *Plancksche Wirkungsquantum*); den genauen Definitionsbereich wollen wir hier noch nicht untersuchen; er wird jedenfalls $C_0^\infty(\mathbb{R}^n)$ umfassen. Für den *Erwartungswert der Impulskoordinate* im Zustand ψ definiert man entsprechend [1]

$$p_j^\psi := \langle \psi, \frac{\hbar}{i} \frac{\partial}{\partial x_j} \psi \rangle = \frac{\hbar}{i} \int \overline{\psi(x)} \frac{\partial}{\partial x_j} \psi(x) \, dx;$$

für $\psi \in C_0^\infty(\mathbb{R}^n)$ rechnet man leicht nach, daß dieser Erwartungswert reell ist (d. h., daß der Impulsoperator $\frac{\hbar}{i} \frac{\partial}{\partial x_j}$ auf $C_0^\infty(\mathbb{R}^n)$ hermitesch ist, vgl. Satz 2.50). Die Varianz und die Streuung von p_j im Zustand ψ sind dementsprechend gegeben durch

$$\mathrm{var}_\psi(p_j) = \int \left| \left(\frac{\hbar}{i} \frac{\partial}{\partial x_j} - p_j^\psi \right) \psi(x) \right|^2 dx,$$

$$\sigma_\psi(p_j) = \left\{ \mathrm{var}_\psi(p_j) \right\}^{1/2} = \left\{ \int \left| \left(\frac{\hbar}{i} \frac{\partial}{\partial x_j} - p_j^\psi \right) \psi(x) \right|^2 dx \right\}^{1/2}.$$

Natürlich gibt es Zustandsfunktionen, für die die Ortskoordinaten beliebig genau lokalisiert sind (so ist z. B. für eine Funktion ψ mit $\|\psi\| = 1$, die außerhalb einer Kugel mit Radius ε identisch verschwindet, $\sigma_\psi(q_j) < 2\varepsilon$, wie man leicht nachrechnet). Entsprechendes ist für die Impulskoordinaten möglich, vgl. Aufgabe 7.1 oder 11.15. Der folgende einfache Satz zeigt, daß es nicht möglich ist, $\sigma_\psi(q_j)$ und $\sigma_\psi(p_j)$ gleichzeitig beliebig klein zu machen; man vergleiche auch Satz 11.14.

Satz 7.1 (Heisenberg'sche Unbestimmtheitsrelation.) *Für jedes $\psi \in C_0^\infty(\mathbb{R}^n)$ gilt*

$$\sigma_\psi(q_j) \, \sigma_\psi(p_j) \geq \frac{\hbar}{2} \|\psi\|^2 \qquad (j = 1, \ldots, n).$$

Beweis. Für $\psi \in C_0^\infty(\mathbb{R}^n)$ sind offenbar die folgenden Umformungen bzw. Abschätzungen möglich:

$$\sigma_\psi(q_j) \sigma_\psi(p_j) = \left\| (x_j - q_j^\psi) \psi \right\| \left\| \left(\frac{\hbar}{i} \frac{\partial}{\partial x_j} - p_j^\psi \right) \psi \right\|$$

$$\geq \left| \left\langle (x_j - q_j^\psi) \psi, \left(\frac{\hbar}{i} \frac{\partial}{\partial x_j} - p_j^\psi \right) \psi \right\rangle \right| \geq \left| \mathrm{Im} \left\langle (x_j - q_j^\psi) \psi, \left(\frac{\hbar}{i} \frac{\partial}{\partial x_j} - p_j^\psi \right) \psi \right\rangle \right|$$

---

[1] Mit Hilfe der Fouriertransformation wird leicht zu sehen sein, daß dies tatsächlich der Erwartungswert der Impulskoordinate ist.

7.1 Formalismus der Quantenmechanik

$$= \frac{1}{2}\left|\left\langle (x_j - q_j^\psi)\psi, \left(\frac{\hbar}{i}\frac{\partial}{\partial x_j} - p_j^\psi\right)\psi\right\rangle - \left\langle \left(\frac{\hbar}{i}\frac{\partial}{\partial x_j} - p_j^\psi\right)\psi, (x_j - q_j^\psi)\psi\right\rangle\right|$$

(partielle Integration in der Integraldarstellung; q_j^ψ und p_j^ψ sind reell)

$$= \frac{1}{2}\left|\left\langle \psi, (x_j - q_j^\psi)\left(\frac{\hbar}{i}\frac{\partial}{\partial x_j} - p_j^\psi\right)\psi\right\rangle - \left\langle \psi, \left(\frac{\hbar}{i}\frac{\partial}{\partial x_j} - p_j^\psi\right)(x_j - q_j^\psi)\psi\right\rangle\right|$$

(mit dem *Kommutator* $[A, B] := AB - BA$)

$$= \frac{1}{2}\left|\left\langle \psi, \left[x_j - q_j^\psi, \frac{\hbar}{i}\frac{\partial}{\partial x_j} - p_j^\psi\right]\psi\right\rangle\right| = \frac{1}{2}\left|\left\langle \psi, \left[x_j, \frac{\hbar}{i}\frac{\partial}{\partial x_j}\right]\psi\right\rangle\right|$$

(wegen $x_j \frac{\hbar}{i}\frac{\partial}{\partial x_j}\psi - \frac{\hbar}{i}\frac{\partial}{\partial x_j}(x_j\psi) = -\frac{\hbar}{i}\psi$)

$$= \frac{\hbar}{2}\|\psi\|^2.$$

Das ist die behauptete Ungleichung. ∎

Bemerkung 7.2 Der Beweis von Satz 7.1 (in dem lediglich die Hermitezität des Orts- bzw. Impulsoperators benutzt wurde) zeigt, daß die Aussage offensichtlich wesentlich verallgemeinert werden kann: Sind A und B hermitesche Operatoren in $L^2(\mathbb{R}^m)$,

$$A_\psi := \langle \psi, A\psi \rangle, \quad \sigma_\psi(A) := \|(A - A_\psi)\psi\|$$

(und entsprechend für B), so gilt

$$\sigma_\psi(A)\sigma_\psi(B) \geq \frac{1}{2}\left|\langle \psi, [A, B]\psi\rangle\right|,$$

wobei allerdings in dieser Allgemeinheit schwer zu sagen ist, für welche ψ eine solche Aussage sinnvoll ist, sicher aber für $\psi \in D(AB) \cap D(BA)$; vgl. auch Aufgabe 7.3.

Die zeitliche Veränderung der Wellenfunktion $\psi_t(x) = \psi(x, t)$ wird durch die *Schrödingergleichung* beschrieben:

$$i\hbar\frac{\partial}{\partial t}\psi(x, t) = S\psi(x, t).$$

Dabei ist S der *Schrödingeroperator*, der auf $\psi(x,t)$ als Funktion von x wirkt. Diesen Operator gewinnt man formal aus der Hamiltonfunktion des entsprechenden klassischen Systems mit Hilfe einer *Quantisierungsvorschrift*: In der Hamiltonfunktion

$$H(q,p) = H(q_1,\ldots,q_n,p_1,\ldots,p_n)$$

werden

q_j durch Multiplikation mit x_j,

p_j durch den Differentialausdruck $\dfrac{\hbar}{i}\dfrac{\partial}{\partial x_j}$

ersetzt.

Wir werden gleich sehen, daß die dabei entstehenden Operatoren zumindest hermitesch sein müssen (tatsächlich sogar selbstadjungiert, vgl. Abschnitt 7.2). Die einfache Ersetzung nach diesen Vorschriften würde aber z. B. für den Term $p_j a(q)$ den Operator

$$f \mapsto \frac{\hbar}{i}\frac{\partial}{\partial x_j}\bigl(a(\cdot)f(\cdot)\bigr) = \frac{\hbar}{i}\left\{\left(\frac{\partial}{\partial x_j}a(\cdot)\right)f(\cdot) + a(\cdot)\frac{\partial}{\partial x_j}f(\cdot)\right\}.$$

liefern, der (z. B. auf dem Definitionsbereich C_0^∞ nicht hermitesch ist. Andererseits kann die Hamiltonfunktion nicht nach Belieben vor der Ersetzung umgeschrieben werden; dabei würden selbst bei allereinfachsten Hamiltonfunktionen wegen der Nicht–Vertauschbarkeit von x_j und $\dfrac{\partial}{\partial x_j}$ Mehrdeutigkeiten auftreten: so ist z. B. (als Funktion von p und q)

$$\frac{p^2}{2m} = \frac{1}{2m}\frac{1}{\sqrt{1+q^2}}p(1+q^2)p\frac{1}{\sqrt{1+q^2}},$$

aber, wie eine kleine Rechnung zeigt,

$$\frac{1}{2m}\frac{\hbar^2}{i^2}\frac{\partial^2}{\partial x^2} \neq \frac{1}{2m}\frac{1}{\sqrt{1+x^2}}\frac{\hbar}{i}\frac{\partial}{\partial x}(1+x^2)\frac{\hbar}{i}\frac{\partial}{\partial x}\frac{1}{\sqrt{1+x^2}}$$
$$= \frac{1}{2m}\left(\frac{\hbar}{i}\right)^2\left\{\frac{\partial^2}{\partial x^2} - \frac{1-x^2}{(1+x^2)^2}\right\}.$$

7.1 Formalismus der Quantenmechanik

Eine brauchbare Quantisierungsvorschrift muß deshalb eine Vorschrift enthalten, auf welche Darstellung der Hamiltonfunktion der Ersetzungsprozeß $q_j \to x_j$, $p_j \to \dfrac{\hbar}{i}\dfrac{\partial}{\partial x_j}$ anzuwenden ist; und sie muß gleichzeitig gewährleisten, daß der entstehende Operator selbstadjungiert wird.

Für die meisten Fälle reicht die folgende Vorschrift aus:

$H(q,p)$ sei die Summe
- eines rein quadratischen Ausdrucks in p (unabhängig von q),
- eines Ausdrucks $V(q)$, der nur von q abhängt, und
- eines Ausdrucks, der in der Form $\sum_j p_j f_j(q_1, \ldots, q_n)$ geschrieben werden kann.

Die beiden ersten Ausdrücke werden in dieser Form benutzt, q_j wird durch x_j ersetzt, p_j durch $\dfrac{\hbar}{i}\dfrac{\partial}{\partial x_j}$ (eventuelle Vertauschungen ändern dabei wegen der Vertauschbarkeit der Differentiationen nach verschiedenen Variablen nichts, d. h. das Ergebnis ist unabhängig von der speziellen Darstellung). Der dritte Ausdruck wird vor dieser Ersetzung umgeschrieben in die Form

$$\frac{1}{2}\sum_j \left\{ p_j f_j(q_1, \ldots, q_n) + f_j(q_1, \ldots, q_n) p_j \right\}.$$

Sofern V lokal quadratisch integrierbar ist und die f_j (z. B.) stetig differenzierbar sind, entsteht auf diese Weise zumindest ein symmetrischer Operator, der auf $C_0^\infty(\mathbb{R}^n)$ definiert ist.

Für ein elektrisch geladenes Teilchen im elektrischen Feld mit Potential V und im magnetischen Feld $b = (b_1, b_2, b_3)$ mit Vektorpotential $a = (a_1, a_2, a_3)$ (also $b = \operatorname{rot} a$) haben wir z. B.

$$H(q,p) = H(q_1, q_2, q_3, p_1, p_2, p_3) = \frac{1}{2m}\left(p - \frac{e}{c}a(q)\right)^2 + eV(q)$$

$$= \frac{1}{2m}\sum_{j=1}^{3}\left(p_j - \frac{e}{c}a_j(q_1, q_2, q_3)\right)^2 + eV(q_1, q_2, q_3)$$

$$= \frac{1}{2m}\sum_{j=1}^{3}\left\{ p_j^2 - \frac{e}{c}p_j a_j(q_1, q_2, q_3) - \frac{e}{c}a_j(q_1, q_2, q_3)p_j + \frac{e^2}{c^2}a_j(q_1, q_2, q_3)^2 \right\}$$

$$+ eV(q_1, q_2, q_3)$$

mit

$m = $ *Masse* des Teilchens, $e = $ *Ladung* des Teilchens.

Damit erhält man den *Schrödingeroperator*

$$S = \frac{1}{2m} \sum_{j=1}^{3} \left(\frac{\hbar}{i} \frac{\partial}{\partial x_j} - \frac{e}{c} a_j(x) \right)^2 + eV(x)$$

$$= \frac{1}{2m} \left\{ -\hbar^2 \Delta + 2i \frac{e\hbar}{c} \sum_{j=1}^{3} a_j(x) \frac{\partial}{\partial x_j} + i \frac{e\hbar}{c} \operatorname{div} a(x) + \frac{e^2}{c^2} |a(x)|^2 \right\}$$
$$+ eV(x)$$

mit $\Delta = \sum_{j=1}^{3} \partial^2 / \partial x_j^2$, also die *Schrödingergleichung*

$$i\hbar \frac{\partial}{\partial t} \psi(x,t) = S\psi(x,t)$$

$$= \frac{1}{2m} \left\{ -\hbar^2 \Delta + 2i \frac{e\hbar}{c} \sum_{j=1}^{3} a_j(x) \frac{\partial}{\partial x_j} + i \frac{e\hbar}{c} \operatorname{div} a(x) + \frac{e^2}{c^2} |a(x)|^2 \right\} \psi(x,t)$$
$$+ eV(x)\psi(x,t).$$

Mit diesem formalen Ausdruck ist für S in geeigneter Weise ein (auf einem „passenden" Teilraum definierter) Operator im Hilbertraum $L^2(\mathbb{R}^3)$ bzw. allgemeiner $L^2(\mathbb{R}^n)$ zu erklären. Im nächsten Abschnitt werden wir sehen, daß, unabhängig von seiner speziellen Form, der Schrödingeroperator auf Grund allgemeiner Prinzipien ein selbstadjungierter Operator in $L^2(\cdot)$ sein muß.

7.2 Die Evolutionsgruppe und die Selbstadjungiertheit des Schrödingeroperators

Der Erwartungswert des Schrödingeroperators S im Zustand ψ aus dem Zustandsraum X

$$E_\psi := \langle \psi, S\psi \rangle,$$

7.2 Evolutionsgruppe und Selbstadjungiertheit

ist die *Energie* des Systems im Zustand ψ. Dieser Wert muß also für alle $\psi \in D(S)$ reell sein. Hieraus ergibt sich mit Satz 2.50, daß jeder Schrödingeroperator *hermitesch* sein muß.

Die bisher betrachteten Schrödingeroperatoren sind, jedenfalls wenn sie auf geeigneten Definitionsbereichen betrachtet werden (z. B. $C_0^\infty(\mathbb{R}^n)$ in $L^2(\mathbb{R}^n)$), offensichtlich hermitesch. Tatsächlich wird es in der Regel kein Problem sein, die Symmetrie der Schrödingeroperatoren nachzuweisen. Es muß aber wesentlich mehr gelten, wie wir jetzt zeigen wollen.

Die *Evolutionsoperatoren* $U(t)$ ($t \in \mathbb{R}$) eines quantenmechanischen Systems sind definiert durch

$U(t)\psi :=$ Zustand des Sytems zur Zeit t, wenn es zur Zeit 0 im Zustand ψ ist.

Wenn hierdurch ein sinnvolles System beschrieben werden soll, müssen die folgenden Eigenschaften erfüllt sein:

(i) $D(U(t)) = X$ für jedes $t \in \mathbb{R}$ (denn jeder Zustand muß als Anfangszustand erlaubt sein).

(ii) $U(0) = I$.

(iii) $U(t)$ sind lineare Operatoren, *Superpositionsprinzip*; dieses fordert einerseits, daß die Zustände einen Vektorraum bilden und, andererseits, daß die lineare Superposition im Laufe der Zeitentwicklung erhalten bleibt, was die Linearität von $U(t)$ impliziert.

(iv) $U(t_1 + t_2) = U(t_1)U(t_2) = U(t_2)U(t_1)$ für alle $t_1, t_2 \in \mathbb{R}$, denn es muß gleichgültig sein, ob man den Zustand zur Zeit $t_1 + t_2$ ermittelt aus

– dem Zustand zur Zeit 0 nach der Zeit $t_1 + t_2$,
– dem Zustand zur Zeit t_2 nach der Zeit t_1,
– dem Zustand zur Zeit t_1 nach der Zeit t_2.

Die Eigenschaften (i) – (iv) besagen, daß $\{U(t) : t \in \mathbb{R}\}$ eine *einparametrige Gruppe von Operatoren* in X ist (das Einselement ist $U(0)$, das Inverse Element von $U(t)$ ist $U(-t)$; dies ist eine multiplikative *Darstellung* der additiven Gruppe $(\mathbb{R}, +)$).

(v) $U(s)\psi \to U(t)\psi$ für $s \to t$ und alle $\psi \in X$ (d. h. $U(s) \xrightarrow{s} U(t)$ für $s \to t$), denn aus physikalischen Gründen wird man keine plötzliche Änderung des Zustandes eines Systems erwarten. Man sagt hierzu, die einparametrige Gruppe ist *stark stetig*; man sollte dabei in Erinnerung behalten, daß diese Stetigkeit eine Forderung an die Abbildung $\mathbb{R} \to B(X)$, $t \mapsto U(t)$ (bzw. $\mathbb{R} \to X$, $t \mapsto U(t)\psi$) ist, nicht an die einzelnen Operatoren $U(t)$.

(vi) $\|U(t)\psi\| = \|\psi\|$ für alle $\psi \in X$, d. h. die Operatoren $U(t)$ sind *isometrisch*. Dies ergibt sich aus der Tatsache, daß $U(t)\psi$ die Schrödingergleichung erfüllt:

$$\begin{aligned}\frac{d}{dt}\|U(t\psi)\|^2 &= \frac{d}{dt}\langle U(t)\psi, U(t)\psi\rangle \\ &= -\frac{1}{\hbar}\big\{\langle iSU(t)\psi, U(t)\psi\rangle + \langle U(t)\psi, iSU(t)\psi\rangle\big\} \\ &= \frac{i}{\hbar}\big\{\langle SU(t)\psi, U(t)\psi\rangle - \langle U(t)\psi, SU(t)\psi\rangle\big\} = 0,\end{aligned}$$

wobei die letzte Gleichung gilt, weil S hermitesch ist. (Tatsächlich ist $U(t)\psi$ nicht für alle ψ differenzierbar. Wir werden aber weiter unten sehen, daß dies für einen dichten Teilraum gilt. Durch stetige Fortsetzung folgt dann die Behauptung.) — Die Isometrie von S folgt auch ohne Kenntnis der Tatsache, daß S symmetrisch ist, wenn man benutzt, daß mit $|\psi(\cdot)|^2$ auch $|U(t)\psi(\cdot)|^2$ eine Wahrscheinlichkeitsdichte sein soll; da wir aber auch nicht-normierte Zustandsfunktionen zulassen, ist dieses Argument nicht wirklich stichhaltig.

(vii) $R(U(t)) = X$, denn aus $I = U(t)U(-t)$ folgt $R(U(t)) \supset R(I) = X$.

$\{U(t) : t \in \mathbb{R}\}$ ist also eine *stark stetige einparametrige Gruppe unitärer Operatoren*. Der *infinitesimale Generator* (oder *Erzeuger*) A von $\{U(t) : t \in \mathbb{R}\}$ ist definiert durch:

$$D(A) = \Big\{x \in X : \lim_{t \to 0}\frac{1}{t}(U(t) - I)x \text{ existiert}\Big\},$$
$$Ax = \lim_{t \to 0}\frac{1}{t}(U(t) - I)x \quad \text{für } x \in D(A).$$

Diese Definition ist auch für allgemeinere (nicht notwendig unitäre) Gruppen oder Halbgruppen von Operatoren möglich, auch in allgemeineren Räumen (vgl. E. HILLE – R. PHILLIPS: [15], K. YOSHIDA: [41]). Insbesondere ist es im separablen Falle nicht notwendig, die starke Stetigkeit vorauszusetzen,

7.2 Evolutionsgruppe und Selbstadjungiertheit

es genügt die „schwache Meßbarkeit", weil daraus bereits (vgl. Satz 7.3 b) die starke Stetigkeit folgt.

Satz 7.3 (M. Stone) a) *Sei $\{U(t) : t \in \mathbb{R}\}$ eine stark stetige (einparametrige) Gruppe unitärer Operatoren im Hilbertraum X, A ihr infinitesimaler Generator, $S := iA$. Dann gilt:*

(i) *$D(S)$ ist dicht,*

(ii) *S ist hermitesch,*

(iii) *$R(S \pm i) = X$.*

S ist also selbstadjungiert (vgl. Satz 5.14).

b) *Ist X separabel, so kann in Teil a die starke Stetigkeit durch die schwache Meßbarkeit (d.h. für alle $x, y \in X$ ist die Funktion $\mathbb{R} \to \mathbb{C}$, $t \mapsto \langle x, U(t)y \rangle$ Lebesgue-meßbar) ersetzt werden.*

Beweis. a) (i) **$D(S)$ ist dicht:** Für jedes $x \in X$ ist zu zeigen, daß es Grenzwert einer Folge (x_n) aus $D(S) = D(A)$ ist. Dazu sei

$$x_n := n \int_0^\infty e^{-ns} U(s) x \, ds \quad \text{für } n \in \mathbb{N},$$

wobei das Integral z. B. als uneigentliches Riemannintegral definiert werden kann. (Zum Beweis von (i) wäre es einfacher, $x_n = n \int_0^{1/n} U(s) x \, ds$ zu definieren; die hier benutzte Definition hat jedoch den Vorteil, daß sie einen einfachen Beweis von (iii) erlaubt.)

$x_n \in D(A)$: Dazu ist zu zeigen, daß der folgende Ausdruck für $t \to 0$ konvergiert:

$$\frac{1}{t}\Big(U(t) - I\Big)x_n = \frac{n}{t}\int_0^\infty e^{-ns}U(t+s)x\,\mathrm{d}s - \frac{n}{t}\int_0^\infty e^{-ns}U(s)x\,\mathrm{d}s$$

$$= \frac{n}{t}\int_t^\infty e^{-n(s-t)}U(s)x\,\mathrm{d}s - \frac{n}{t}\int_0^\infty e^{-ns}U(s)x\,\mathrm{d}s$$

$$= \frac{n}{t}\int_t^\infty \Big(e^{-n(s-t)} - e^{-ns}\Big)U(s)x\,\mathrm{d}s - \frac{n}{t}\int_0^t e^{-ns}U(s)x\,\mathrm{d}s$$

$$= \frac{1}{t}(e^{nt} - 1)n\int_t^\infty e^{-ns}U(s)x\,\mathrm{d}s - \frac{n}{t}\int_0^t e^{-ns}U(s)x\,\mathrm{d}s$$

$$= \frac{1}{t}(e^{nt} - 1)\Big\{x_n - n\int_0^t e^{-ns}U(s)x\,\mathrm{d}s\Big\} - \frac{n}{t}\int_0^t e^{-ns}U(s)x\,\mathrm{d}s.$$

Wegen

$$\left.\begin{array}{l} \dfrac{1}{t}(e^{nt} - 1) \to n, \\[2mm] n\displaystyle\int_0^t e^{-ns}U(s)x\,\mathrm{d}s \to 0, \\[2mm] \dfrac{n}{t}\displaystyle\int_0^t e^{-ns}U(s)x\,\mathrm{d}s \to nU(0)x = nx \end{array}\right\} \text{ für } t \to 0 \text{ (bei festem } n)$$

folgt hieraus

$$\frac{1}{t}(U(t) - I)x_n \to n(x_n - x) \text{ für } t \to 0,$$

also gilt $x_n \in D(A)$ und $Ax_n = n(x_n - x)$ für alle $n \in \mathbb{N}$.

$x_n \to x$ für $n \to \infty$: Nach Definition von x_n gilt

$$\|x_n - x\| = \Big\|n\int_0^\infty e^{-ns}U(s)x\,\mathrm{d}s - x\Big\|$$

7.2 Evolutionsgruppe und Selbstadjungiertheit

$$= \left\| n \int_0^\infty e^{-ns}\bigl(U(s)x - x\bigr)\,\mathrm{d}s \right\| \le n \int_0^\infty e^{-ns}\bigl\|U(s)x - x\bigr\|\,\mathrm{d}s$$

$$= n \int_0^\delta \ldots + n \int_\delta^\infty e^{-ns}\bigl\|U(s)x - x\bigr\|\,\mathrm{d}s =: I_1^{n,\delta} + I_2^{n,\delta} \quad (\delta > 0).$$

Wegen $\|U(s)x - x\| \to 0$ für $s \to 0$ und

$$n \int_0^\delta e^{-ns}\,\mathrm{d}s \le n \int_0^\infty e^{-ns}\,\mathrm{d}s = 1 \quad \text{für alle } n,$$

gibt es zu jedem $\varepsilon > 0$ ein $\delta > 0$ mit

$$I_1^{n,\delta} < \varepsilon \quad \text{für alle } n.$$

Mit diesem δ gilt

$$I_2^{n,\delta} \le n \int_\delta^\infty e^{-ns} 2\|x\|\,\mathrm{d}s = 2\|x\|n \int_\delta^\infty e^{-ns}\,\mathrm{d}s$$

$$= 2\|x\|e^{-n\delta} \to 0 \quad \text{für } n \to \infty.$$

Also gilt $x_n \to x$.

(ii) S ist hermitesch: Für $x, y \in D(S) = D(A)$ gilt

$$\langle x, Sy\rangle = i\langle x, Ay\rangle = i\lim_{t\to 0}\left\langle x, \frac{1}{t}\bigl(U(t) - I\bigr)y\right\rangle$$
$$(\text{wegen } U(t)^* = U(t)^{-1} = U(-t))$$
$$= i\lim_{t\to 0}\left\langle \frac{1}{t}\bigl(U(-t) - I\bigr)x, y\right\rangle = -i\lim_{t\to 0}\left\langle \frac{1}{-t}\bigl(U(-t) - I\bigr)x, y\right\rangle$$
$$= -i\langle Ax, y\rangle = \langle iAx, y\rangle = \langle Sx, y\rangle.$$

(iii) $R(S \pm i) = X$: Aus dem Beweis von (i) wissen wir, daß für alle $x \in X$ (mit x_n aus (i)) gilt

$$Ax_n = n(x_n - x) \quad \text{für alle } n \in \mathbb{N},$$

speziell also

$$(A - I)x_1 = -x,$$
$$(S - i)x_1 = (iA - i)x_1 = i(A - I)x_1 = -ix,$$

und somit $R(S - i) = X$.

Für den Beweis von $R(S + i) = X$ definiert man entsprechend

$$\tilde{x}_1 := \int_{-\infty}^{0} e^s U(s)x \, ds$$

und erhält damit wie in (i)

$$A\tilde{x}_1 = -\tilde{x}_1 + x,$$

also

$$(S + i)\tilde{x}_1 = (iA + i)\tilde{x}_1 = i(A + I)\tilde{x}_1 = ix, \quad R(S + i) = X,$$

womit Teil a vollständig bewiesen ist.

b) Sei nun lediglich die schwache Meßbarkeit von $t \mapsto U(t)$ vorausgesetzt. Ist $x \in X$, so ist für jedes $y \in X$ die Funktion $t \mapsto \langle U(t)x, y \rangle$ beschränkt (mit Schranke $\|x\|\|y\|$) und meßbar. Also ist für jedes $a > 0$ durch

$$X \to \mathbb{C}, \quad y \mapsto \int_0^a \langle U(t)x, y \rangle \, dt$$

ein stetiges lineares Funktional mit Norm $\leq a\|x\|$ definiert. Nach dem Rieszschen Darstellungssatz (Satz 2.15) gibt es also ein $x_a \in X$ mit

$$\langle x_a, y \rangle = \int_0^a \langle U(t)x, y \rangle \, dt.$$

Damit gilt

$$\langle U(s)x_a, y \rangle = \langle x_a, U(-s)y \rangle = \int_0^a \langle U(t)x, U(-s)y \rangle \, dt$$
$$= \int_0^a \langle U(t+s)x, y \rangle \, dt = \int_s^{a+s} \langle U(t)x, y \rangle \, dt,$$

7.2 Evolutionsgruppe und Selbstadjungiertheit

und somit

$$\left|\langle U(s)x_a, y\rangle - \langle x_a, y\rangle\right| \leq \left|\int_0^s \langle U(t)x, y\rangle \, \mathrm{d}t\right| + \left|\int_a^{a+s} \langle U(t)x, y\rangle \, \mathrm{d}t\right|$$

$$\leq 2|s| \, \|x\| \, \|y\|.$$

Es gilt also

$$\langle U(s)x_a, y\rangle \to \langle x_a, y\rangle \quad \text{für } s \to 0,$$

d. h. $U(t)x_a$ ist im Nullpunkt schwach stetig. Wegen $\|U(s)x_a\| = \|x_a\|$ folgt hieraus die (Norm-) Stetigkeit von $U(t)x_a$ im Nullpunkt (vgl. 2.28).

Wir zeigen noch, daß der Vektorraum der x_a in X dicht ist; daraus folgt dann daß $U(s)$ im Nullpunkt stark stetig ist, was sich auf Grund der Gruppeneigenschaft sofort auf ganz $\mathbb{R}$ überträgt. Sei w orthogonal zu allen x_a, $\{e_n : n \in \mathbb{N}\}$ eine Orthonormalbasis von X. Dann gilt für alle $n \in \mathbb{N}$

$$\int_0^a \langle U(t)e_n, w\rangle \, \mathrm{d}t = \langle e_{n,a}, w\rangle = 0 \quad \text{für alle } a > 0.$$

Daraus folgt $\langle U(t)e_n, w\rangle = 0$ fast überall in $(0, \infty)$ (vgl. Aufgabe A.9). Es gibt also ein $t_0 > 0$ mit

$$\langle U(t_0)e_n, w\rangle = 0 \quad \text{für alle } n \in \mathbb{N}.$$

Da $U(t_0)$ unitär ist, ist $\{U(t_0)e_n : n \in \mathbb{N}\}$ eine Orthonormalbasis; also ist $w = 0$. ∎

Satz 7.4 *Sei $\{U(t) : t \in \mathbb{R}\}$ eine stark stetige einparametrige Gruppe unitärer Operatoren, A der infinitesimale Generator, $S := iA$. Für jedes $x \in D(S)$ ist $U(t)x$ die eindeutig bestimmte Lösung des Anfangswertproblems*

$$AWP: \quad \frac{\mathrm{d}}{\mathrm{d}t}x(t) = -iSx(t), \quad x(0) = x.$$

Insbesondere ist $U(t)x \in D(S)$ für alle $t \in \mathbb{R}$.

Beweis. Für $x \in D(S)$ und $t \in \mathbb{R}$ gilt (dabei benutzen wir, daß der stetige Operator $U(t)$ mit dem Grenzübergang $\lim_{h \to 0}$ vertauschbar ist)

$$\lim_{h \to 0} \frac{1}{h}(U(t+h) - U(t))x = \lim_{h \to 0} U(t)\frac{1}{h}(U(h) - I)x$$
$$= U(t) \lim_{h \to 0} \frac{1}{h}(U(h) - I)x = U(t)Ax = -iU(t)Sx = -iSU(t)x.$$

Die letzte Identität ergibt sich aus der Tatsache, daß auch

$$\lim_{h \to 0} \frac{1}{h}(U(h) - I)U(t)x = \lim_{h \to 0} U(t)\frac{1}{h}(U(h) - I)x$$

existiert.

Sind $x(t)$ und $y(t)$ zwei Lösungen des AWP, so ist $z(t) := x(t) - y(t)$ Lösung des AWP mit Anfangswert $z(0) = 0$. Wie im Beweis der Isometrie von $U(t)$ (Eigenschaft (vi) auf Seite 266) folgt dann $z(t) = 0$, d.h. $x(t) = y(t)$ für alle $t \in \mathbb{R}$. ∎

Dieser Satz besagt: wenn für den Schrödingeroperator S gilt, daß $-iS$ der Generator einer stark stetigen unitären Gruppe $\{U(t) : t \in \mathbb{R}\}$ ist, dann ist das Anfangswertproblem der *Schrödingergleichung*

$$i\frac{\mathrm{d}}{\mathrm{d}t}\psi(t) = S\psi(t), \quad \psi(0) = \psi_0$$

für alle $\psi_0 \in D(S)$ eindeutig lösbar mit Lösung $\psi(t) = U(t)\psi_0$. Wir werden erst später (vgl. Satz 8.20) sehen, daß zu jedem selbstadjungierten Operator S eine stark stetige unitäre Gruppe existiert, deren infinitesimaler Generator $-iS$ ist. Damit folgt dann, daß für jeden selbstadjungierten Operator das obige Anfangswertproblem eindeutig lösbar ist. Mit Hilfe des Spektralsatzes für selbstadjungierte Operatoren kann die Lösung explizit angegeben werden.

Im Zusammenhang mit unitären Gruppen und ihren Generatoren läßt sich noch ein nützliches Kriterium für die wesentliche Selbstadjungiertheit beweisen:

Satz 7.5 *Sei S ein symmetrischer Operator und $\{U(t) : t \in \mathbb{R}\}$ eine stark stetige unitäre Gruppe im komplexen Hilbertraum X. Gilt*

7.3 Übungen   273

- $U(t)D(S) \subset D(S)$ für alle $t \in \mathbb{R}$ (d. h. $D(S)$ ist unter der Gruppe $\{U(t) : t \in \mathbb{R}\}$ invariant),
- $t^{-1}(U(t) - I)x \to -iSx$ für $t \to 0$ und $x \in D(S)$ (d. h. $-iS$ ist eine Einschränkung des infinitesimalen Generators der Gruppe),

so ist S wesentlich selbstadjungiert.

Beweis. Nach Satz 5.14 b genügt es zu zeigen, daß $R(S \pm i)^\perp = \{0\}$ ist. Sei also $x \in R(S \pm i)^\perp = N(S^* \mp i)$, dann gilt für alle $y \in D(S)$ und $t \in \mathbb{R}$

$$\frac{d}{dt}\langle x, U(t)y\rangle = \langle x, -iSU(t)y\rangle = -i\langle S^*x, U(t)y\rangle$$
$$= -i\langle \pm ix, U(t)y\rangle = \mp\langle x, U(t)y\rangle,$$

also

$$\langle x, U(t)y\rangle = \langle x, U(0)y\rangle e^{\mp t} = \langle x, y\rangle e^{\mp t}.$$

Aus der Unitarität der Gruppe folgt andererseits $|\langle x, U(t)y\rangle| \leq \|x\|\|y\|$ für alle $t \in \mathbb{R}$; also ist $\|x\| = 0$. ∎

7.3 Übungen

7.1 Sei $\varphi \in C^\infty(\mathbb{R})$ mit $0 \leq \varphi(t) \leq 1$ für alle $t \in \mathbb{R}, \varphi(t) = 1$ für $t \leq 0, \varphi(t) = 0$ für $t \geq 1$. Weiter sei

$$\tilde{\psi}_k : \mathbb{R}^n \to \mathbb{R}, \quad \tilde{\psi}_k(x) := \varphi(|x| - k) \text{ für } x \in \mathbb{R}^n, k \in \mathbb{N},$$
$$\psi_k(x) := \left\{\int \tilde{\psi}(x)^2 \, dx\right\}^{-1/2} \tilde{\psi}_k(x).$$

a) Es gilt $\psi_k \in C_0^\infty(\mathbb{R}^N)$.

b) Für $(\alpha_1, \ldots, \alpha_n) \in \mathbb{R}^n$ und

$$f_k : \mathbb{R}^n \to \mathbb{C}, \quad f_k(x) := \psi_k(x) \exp\left\{i\sum_{j=1}^n \alpha_j x_j\right\}$$

gilt $f_k \in C_0^\infty(\mathbb{R}^n) \subset L_2(\mathbb{R}^n)$, $\|f_k\| = 1$ und $\sigma_{f_k}(p_j) \to 0$ für $k \to \infty$, $j = 1,\ldots,n$. (Wie für die Ortskoordinaten gibt es also auch Zustansfunktionen, für die die Impulskoordinaten beliebig gut lokalisiert sind; mit Hilfe der Foueriertransformation geht dies viel einfacher, vgl. Aufgabe 11.15.)

7.2 Sei $\tilde{\psi}(x,t)$ eine Lösung der 1-dimensionalen Schrödingergleichung

$$i\hbar \frac{\partial}{\partial t} \psi(x,t) = -\frac{\hbar^2}{2m} \frac{\partial^2}{\partial x^2} \psi(x,t) + V(x)\psi(x,t).$$

Man zeige formal (d.h. unter Annahme der Konvergenz aller auftretenden Integrale und des Verschwindens eventueller Randterme bei partiellen Integratonen), daß für die Erwartungswerte

$$q(t) := \int x|\psi(x,t)|^2 \, dx,$$

$$p(t) := \int \overline{\psi(x,t)} \frac{\hbar}{i} \frac{\partial}{\partial x} \psi(x,t) \, dx,$$

$$k(t) := -\int |\psi(x,t)|^2 \left(\frac{d}{dx} V(x)\right) dx$$

die klassischen Bewegungsgleichungen gelten: $\dot{q} = \frac{1}{m} p$, $\dot{p} = k$ (EHRENFESTsches Theorem).

7.3 Seien A, B hermitesche Operatoren, $x \in D(A) \cap D(B)$,

$$\sigma_x(A) := \left\|\left(A - \langle x, Ax\rangle\right)x\right\|, \quad \sigma_x(B) := \left\|\left(B - \langle x, Bx\rangle\right)x\right\|.$$

Dann gilt $\sigma_x(A)\sigma_x(B) \geq \operatorname{Im} |\langle Ax, Bx\rangle|$; dies ist die allgemeinste Form der *Heisenbergschen Unbestimmtheitsrelation*.

7.4 Man zeige (ohne Verwendung der Resultate von Kapitel 8):

a) In $L^2(\mathbb{R})$ ist durch $U(t)f(x) = e^{-itx}f(x)$ für $f \in L^2(\mathbb{R})$ und $t \in \mathbb{R}$ eine stark stetige unitäre Gruppe definiert.

b) Der infinitesimale Generator A dieser Gruppe ist der maximale Multiplikationsoperator M mit der Funktion $-ix$. *Anleitung*: Man zeige z.B. für $f \in C_0^\infty(\mathbb{R})$, daß $\lim_{t\to 0}(U(t) - I)f/t = Mf$ gilt und benutze die Abgeschlossenheit von A.

7.3 Übungen

7.5 Mit Hilfe des Satzes 7.5 zeige man die wesentliche Selbstadjungiertheit der folgenden Operatoren:

a) S in $L^2(\mathbb{R})$ mit $D(S) = C_0^\infty(\mathbb{R})$, $Sf = -if'$.

b) S in $L^2(\mathbb{R}^m)$ mit $D(S) = C_0^\infty(\mathbb{R}^m)$ oder $C_0^\infty(\mathbb{R}^m \setminus \{0\})$,

$$Sf = \frac{i}{2}\{x \cdot \nabla f + \nabla \cdot (xf)\} = i\Big\{\sum_{j=1}^m x_j \frac{\partial f}{\partial x_j} + \frac{m}{2}f\Big\}.$$

Anleitung: Man benutze die *Translationsgruppe* $U(t)f(x) = f(x-t)$ bzw. die *Dilatationsgruppe* $U(t)f(x) = e^{mt/2}f(e^t x)$.

8 Spektraltheorie selbstadjungierter Operatoren

Die Darstellung der Spektraltheorie selbstadjungierter Operatoren ist das zentrale Thema dieses Bandes. Ausgehend von einer Spektralschar werden zunächst Integrale bezüglich dieser Spektralschar definiert; dabei werden sehr allgemeine Funktionen zugelassen, die insbesondere alle stückweise stetigen Funktionen umfassen; für letztere können allerdings die Beweise wesentlich vereinfacht werden (vgl. z. B. Aufgaben 8.1 und 8.2). Diese Integrale definieren stets normale Operatoren; falls die zu integrierende Funktion reell ist, ist das Integral ein selbstadjungierter Operator.

Der Spektralsatz von J. v. NEUMANN besagt nun gerade, daß es zu jedem selbstadjungierten Operator genau eine Spektralschar gibt so, daß dieser Operator das Integral über die identische Funktion id bezüglich dieser Spektralschar ist. Der Spektraldarstellungssatz, die unitäre Äquivalenz jedes selbstadjungierten Operators zu einem Multiplikationsoperator mit einer reellen Funktion in einem L^2-Raum, ist eine einfache Konsequenz aus dem Spektralsatz.

Der Spektralsatz erlaubt es, in sehr einfacher Weise Funktionen selbstadjungierter Operatoren zu definieren (Spektralkalkül); die Resolvente und die durch den selbstadjungierten Operator erzeugte unitäre Gruppe sind die wichtigsten Beispiele dafür.

Eingehend untersucht wird der Zusammenhang zwischen dem Verhalten der Spektralschar und den spektralen Eigenschaften des Operators, wobei insbesondere diskretes und wesentliches Spektrum unterschieden werden.

Für halbbeschränkte Operatoren wird in naheliegender Weise eine Halbordnung erklärt, aus der sich interessante spektrale Konsequenzen ergeben.

8.1 Integrale bezüglich einer Spektralschar

Sei X ein Hilbertraum. Eine *Spektralschar* in X ist eine Funktion $E : \mathbb{R} \to B(X)$ mit folgenden Eigenschaften:

8.1 Integrale bezüglich einer Spektralschar

(i) $E(t)$ ist eine orthogonale Projektion für jedes $t \in \mathbb{R}$,

(ii) $E(s) \leq E(t)$ (d.h. $R(E(s)) \subset R(E(t))$ bzw. $\langle x, E(s)x \rangle \leq \langle x, E(t)x \rangle$ für alle $x \in X$) für $s \leq t$, *Monotonie*

(iii) s-lim$_{\delta \to 0+} E(t + \delta) = E(t)$ (d.h. $E(t+\delta)x \to E(t)x$ für $\delta \to 0+$ und alle $x \in X$), *starke Rechtsstetigkeit*,

(iv) s-lim$_{t \to -\infty} E(t) = 0$ (d.h. $E(t)x \to 0$ für $t \to -\infty$ und alle $x \in X$),

(v) s-lim$_{t \to +\infty} E(t) = I$ (d.h. $E(t)x \to x$ für $t \to +\infty$ und alle $x \in X$).

Aus der Monotonie folgt mit Satz 2.57, daß für jedes $t \in \mathbb{R}$ auch der starke linksseitige Limes existiert; wir schreiben im folgenden $E(t-)$ für s-lim$_{\delta \to 0+} E(t - \delta)$. Im Abschnitt 8.3 werden wir sehen, daß jedem selbstadjungierten Operator genau eine Spektralschar zugeordnet ist und umgekehrt.

Beispiel 8.1 Seien P_α ($\alpha \in A$) orthogonale Projektionen in X mit $P_\alpha P_\beta = 0$ für $\alpha \neq \beta$ und $\sum_{\alpha \in A} P_\alpha = I$ [1], μ_α ($\alpha \in A$) reelle Zahlen (o.E. $\mu_\alpha \neq \mu_\beta$ für $\alpha \neq \beta$; z.B. kann man sich einen selbstadjungierten Operator T mit reinem Punktspektrum vorstellen, wobei μ_α die paarweise verschiedenen Eigenwerte sind und P_α die orthogonalen Projektionen auf die zugehörigen Eigenräume). Dann wird durch

$$E : \mathbb{R} \to B(X), \quad t \mapsto \sum_{\{\alpha \in A : \mu_\alpha \leq t\}} P_\alpha$$

eine Spektralschar definiert. Die Eigenschaften (i) bis (iv) sind leicht zu verifizieren:

(i) Nach Definition und Satz 2.57 ist $E(t)$ die orthogonale Projektion auf den abgeschlossenen Teilraum, der von den Wertebereichen $R(P_\alpha)$ mit $\mu_\alpha \leq t$ aufgespannt wird.

(ii) ist offensichtlich.

(iii) Sei $x \in X$, $t \in \mathbb{R}$. Dann gibt es höchstens abzählbar viele α_i mit $P_{\alpha_i} x \neq 0$ und $\sum_i \|P_{\alpha_i} x\|^2 = \|x\|^2 < \infty$; also gibt es zu jedem $\varepsilon > 0$ ein

---
[1] d.h. $\sum_{\alpha \in A} P_\alpha x = x$ für alle $x \in X$; man beachte, daß in dieser Summe höchstens abzählbar viele Terme von 0 verschieden sind.

$n_0 \in \mathbb{N}$ mit $\sum_{i>n_0} \|P_{\alpha_i} x\|^2 < \varepsilon$. Wählt man $\delta_0 > 0$ so, daß $\mu_{\alpha_i} \notin (t, t+\delta_0]$ für $i \leq n_0$ gilt, so folgt

$$\left\|E(t+\delta)x - E(t)x\right\|^2 = \sum_{\{i:\mu_{\alpha_i} \in (t,t+\delta]\}} \|P_{\alpha_i} x\|^2 \leq \sum_{i>n_0} \|P_{\alpha_i} x\|^2 < \varepsilon$$

für alle $\delta \in (0, \delta_0]$.

(iv) Zu $x \in X$ und $\varepsilon > 0$ wählt man n_0 wie in (iii). Dann gibt es ein $t_- \in \mathbb{R}$ mit $\mu_{\alpha_i} > t_-$ für $i \leq n_0$, also

$$\|E(t)x\|^2 = \sum_{\{i:\mu_{\alpha_i} \leq t\}} \|P_{\alpha_i} x\|^2 \leq \sum_{i>n_0} \|P_{\alpha_i} x\|^2 < \varepsilon \quad \text{für } t \leq t_-.$$

(v) Zu $x \in X$ und $\varepsilon > 0$ wählt man n_0 wieder wie in (iii). Dann gibt es ein $t_+ \in \mathbb{R}$ mit $\mu_{\alpha_i} \leq t_+$ für $i \leq n_0$, also

$$\|x - E(t)x\|^2 = \sum_{\{i:\mu_{\alpha_i} > t\}} \|P_{\alpha_i} x\|^2 \leq \sum_{i>n_0} \|P_{\alpha_i} x\|^2 < \varepsilon \quad \text{für } t \geq t_+.$$

□

Zwei weitere wichtige Beispiele für Spektralscharen sind:

Beispiel 8.2 In $L^2(\mathbb{R}, \varrho)$ oder $\oplus_{\alpha \in A} L^2(\mathbb{R}, \varrho_\alpha)$ sei

$$E(t)f = \chi_{(-\infty,t]} f \quad \text{bzw.} \quad E(t)(f_\alpha)_{\alpha \in A} = \left(\chi_{(-\infty,t]} f_\alpha\right)_{\alpha \in A}.$$

(Wenn Mißverständnisse ausgeschlossen sind, schreiben wir hier und im folgenden χ_S nicht nur für die charakteristische Funktion von S, sondern auch für den Operator der Multiplikation mit χ_S.) Die Eigenschaften einer Spektralschar sind leicht nachzuweisen. Es sei schon hier darauf hingewiesen, daß dies in gewissem Sinn die allgemeinste Spektralschar ist, d. h. zu jeder Spektralschar F gibt es Maße ϱ_α so, daß F unitär äquivalent zu E ist (vgl. Abschnitt 2.5, Satz 8.5, Satz 8.7 und Aufgabe 8.20). □

8.1 Integrale bezüglich einer Spektralschar

Beispiel 8.3 Sei (X,μ) ein Maßraum, $g : X \to \mathbb{R}$ eine μ-meßbare Funktion. Dann wird durch

$$E(t)f = \chi_{\{x \in X : g(x) \leq t\}} f \quad \text{für } f \in L^2(X,\mu)$$

eine Spektralschar in $L^2(X,\mu)$ definiert (Beweis!). Wir werden sehen, daß dies die Spektralschar des Operators M_g der Multiplikation mit der Funktion g in $L^2(X,\mu)$ ist. □

Ist E eine Spektralschar in X, so wird für jedes $x \in X$ durch

$$\varrho_x = \varrho_x^E : \mathbb{R} \to \mathbb{R}, \quad \varrho_x(t) = \varrho_x^E(t) := \|E(t)x\|^2$$

eine rechtsstetige wachsende Funktion definiert mit

$$\varrho_x(t) = \varrho_x^E(t) \to \begin{cases} 0 & \text{für } t \to -\infty, \\ \|x\|^2 & \text{für } t \to +\infty \end{cases}$$

(wenn Verwechslungen ausgeschlossen sind, lassen wir den Index E weg). Durch ϱ_x wird im Sinne von Anhang A ein Lebesgue–Stieltjes–Maß auf $\mathbb{R}$ erzeugt; man nennt dies auch das durch x erzeugte *Spektralmaß*. Wie in Anhang A benutzen wir im folgenden für die Verteilungsfunktion und für das Maß die gleiche Bezeichnung.

Beispiel 8.4 Ist T ein selbstadjungierter Operator mit reinem Punktspektrum, $\{\mu_\alpha : \alpha \in A\}$ die paarweise verschiedenen Eigenwerte, $\{P_\alpha : \alpha \in A\}$ die orthogonalen Projektionen auf die zugehörigen Eigenräume und E die mit diesen μ_α und P_α gemäß Beispiel 8.1 definierte Spektralschar, so ist für jedes $x \in X$ das Maß $\varrho_x = \varrho_x^E$ auf $\{\mu_\alpha : \alpha \in A\}$ (bzw. einer höchstens abzählbaren Teilmenge davon) konzentriert, und es gilt $\varrho_x(\{\mu_\alpha\}) = \|P_\alpha x\|^2$. Deshalb gilt offenbar

$$\begin{aligned} D(T) &= \Big\{x \in X : \sum_{\alpha \in A} \|\mu_\alpha P_\alpha x\|^2 < \infty\Big\} \\ &= \Big\{x \in X : \sum_{\alpha \in A} |\mu_\alpha|^2 \varrho_x(\{\mu_\alpha\}) < \infty\Big\} \\ &= \Big\{x \in X : \text{id} \in L^2(\mathbb{R}, \varrho_x)\Big\}, \\ Tx &= \sum_{\alpha \in A} \mu_\alpha P_\alpha x = \sum_{\alpha \in A} \mu_\alpha \big(E(\mu_\alpha) - E(\mu_\alpha -)\big)x. \end{aligned}$$

Diesen Sachverhalt werden wir später abgekürzt mit $T = \int t \,\mathrm{d}E(t) =: \mathrm{id}_E$ beschreiben. — Es ist unser nächstes wichtiges Ziel, zu zeigen, daß zu jedem selbstadjungierten Operator T genau eine Spektralschar E mit $\mathrm{id}_E = T$ existiert (Spektralsatz 8.11). □

Eine Funktion $u : \mathbb{R} \to \mathbb{C}$ nennen wir *E-meßbar*, wenn sie ϱ_x-meßbar ist für jedes $x \in X$; insbesondere ist jede Borel-meßbare Funktion (vgl. Aufgabe A.10 E-meßbar für jede Spektralschar E.

Offensichtlich ist jede Funktion, die punktweiser Limes von Treppenfunktionen ist (also jede stetige und jede stückweise stetige Funktion) E-meßbar. Da in diesem Fall eine Folge von Treppenfunktionen existiert, die in allen Punkten (also ϱ_x-f. ü. für *jedes* $x \in X$, kurz: E-f. ü.) gegen u konvergiert, würden sich für derartige Funktionen im folgenden einige Schritte vereinfachen.

Für eine Spektralschar E und jedes $x \in X$ definieren wir den *durch x erzeugten Teilraum* H_x durch

$$H_x = H_x^E := \overline{L\{E(t)x : t \in \mathbb{R}\}}$$

(auch hier werden wir in der Regel den Index E weglassen).

Die folgenden Sätze (insbesondere Satz 8.7) zeigen, daß jede Spektralschar unitär äquivalent zu einer Spektralschar vom Typ des Beispiels 8.2 ist.

Satz 8.5 *Sei E eine Spektralschar im Hilbertraum X, $x \in X$. Dann ist*

$$V : L\{E(t)x : t \in \mathbb{R}\} \to L^2(\mathbb{R}, \varrho_x), \quad \sum_{j=1}^n c_j E(t_j)x \mapsto \sum_{j=1}^n c_j \chi_{(-\infty, t_j]}$$

isometrisch; die Abschließung $U := \overline{V} : H_x \to L^2(\mathbb{R}, \varrho_x)$ ist unitär. Bezeichnen wir mit $E_x(\cdot)$ die Einschränkung von $E(\cdot)$ auf H_x, so gilt

$$UE_x(t) = \chi_{(-\infty,t]} U \quad \text{bzw.} \quad E_x(t)U^{-1} = U^{-1}\chi_{(-\infty,t]}$$

(man wird natürlich den Index x bei E_x in der Regel weglassen, wenn Mißverständnisse ausgeschlossen sind).

8.1 Integrale bezüglich einer Spektralschar

Beweis. Ohne Einschränkung kann jedes $y \in L\{E(t)x : t \in \mathbb{R}\}$ in der Form $\sum_k d_k \big(E(b_k) - E(a_k)\big)x$ mit disjunkten Intervallen $(a_k, b_k]$ geschrieben werden (evtl. kann ein $a_k = -\infty$ sein). Dann gilt

$$\|Vy\|^2 = \Big\|\sum_k d_k \chi_{(a_k, b_k]}\Big\|^2 = \sum_k |d_k|^2 \big(\varrho_x(b_k) - \varrho_x(a_k)\big)$$
$$= \sum_k |d_k|^2 \big\|\big(E(b_k) - E(a_k)\big)x\big\|^2 = \Big\|\sum_k d_k \big(E(b_k) - E(a_k)\big)x\Big\|^2 = \|y\|^2,$$

d. h. V ist isometrisch.

$R(V)$ enthält alle linksstetigen Treppenfunktionen; da diese in $L^2(\mathbb{R}, \varrho_x)$ dicht sind (es genügt zu zeigen, daß *jede* Treppenfunktion approximiert werden kann), ist $\overline{R(V)} = R(\overline{V}) = L^2(\mathbb{R}, \varrho_x)$, d. h. $U = \overline{V}$ ist unitär.

Für $y = \sum_k c_k E(t_k)x$ gilt

$$UE(t)y = U \sum_k c_k E(\min\{t, t_k\})x = \sum_k c_k \chi_{(-\infty, \min\{t, t_k\}]}$$
$$= \chi_{(-\infty, t]} \sum_k c_k \chi_{(-\infty, t_k]} = \chi_{(-\infty, t]} Uy.$$

Durch Grenzübergang folgt dies für alle $y \in H_x$. Multiplikation von links und rechts mit U^{-1} liefert die letzte Behauptung. ∎

Lemma 8.6 a) *Für alle $x \in X$ gilt $x \in H_x$.*

b) *Für alle $y \in H_x$ und $t \in \mathbb{R}$ gilt $E(t)y \in H_x$; insbesondere gilt $H_y \subset H_x$.*

c) *Aus $y \perp H_x$ folgt $E(t)y \perp H_x$ für alle $t \in \mathbb{R}$; insbesondere gilt $H_y \perp H_x$ und $\varrho_{x+y} = \varrho_x + \varrho_y$.*

d) *Für jedes $y \in H_x$ ist ϱ_y absolut stetig bezüglich ϱ_x.*

Beweis. a) Für $x_n := E(n)x$ gilt $x_n \in H_x$ und $x_n \to x$.

b) Ist (y_n) eine Folge aus $L\{E(t)x : t \in \mathbb{R}\}$ mit $y_n \to y$, so gilt offenbar $E(s)y_n \in L\{E(t)x : t \in \mathbb{R}\}$ und somit $E(s)y = \lim_{n \to \infty} E(s)y_n \in H_x$.

c) Aus $y \perp H_x$ folgt $y \perp E(t)x$ für alle $t \in \mathbb{R}$, also

$$\langle E(s)y, E(t)x \rangle = \langle y, E(\min\{s,t\})x \rangle = 0,$$

d. h. es gilt $E(s)y \perp L\{E(t)x : t \in \mathbb{R}\}$ und somit $E(s)y \perp H_x$.

d) Für $y \in H_x$ und $t \in \mathbb{R}$ gilt mit U aus Satz 8.5

$$\varrho_y(t) = \|E(t)y\|^2 = \|UE(t)y\|^2 = \|\chi_{(-\infty,t]}Uy\|^2 = \int_{(-\infty,t]} |Uy(s)|^2 \, d\varrho_x(s),$$

d. h. ϱ_y ist ϱ_x-absolut stetig mit Dichte $|Uy(s)|^2$. ∎

Satz 8.7 *Ist E eine Spektralschar im separablen Hilbertraum X, so gibt es beschränkte Borelmaße ϱ_j ($j = 1, \ldots, N$ mit $N \leq \infty$) auf $\mathbb{R}$ und eine unitäre Abbildung $U : X \to \oplus_{j=1}^N L^2(\mathbb{R}, \varrho_j)$ so, daß gilt:*

$$UE(t)U^{-1} = \chi_{(-\infty,t]} \quad \text{für alle } t \in \mathbb{R}.$$

Beweis. Sei $\{x_j\}$ eine abzählbare totale Menge in X, $h_1 := x_1$ und $h_{j+1} := (I - P_1 - \ldots - P_j)x_{j+1}$, wobei P_k die orthogonale Projektion auf $H_k := H_{x_k}$ ist (das Verfahren kann natürlich abgebrochen werden, wenn $\oplus_{j=1}^N H_j = X$ ist). Man erhält eine (evtl. endliche) Folge (h_j) mit $\oplus_j H_j = X$.

Definieren wir $\varrho_j := \varrho_{h_j}$ und

$$V_j : L\{E(t)h_j : t \in \mathbb{R}\} \to L^2(\mathbb{R}, \varrho_j), \quad \sum_k c_k E(t_k)h_j \mapsto \sum_k c_k \chi_{(-\infty,t_k]},$$

so sind (vgl. Satz 8.5) die Abschließungen

$$U_j := \overline{V_j} : H_j = \overline{L\{E(t)h_j : t \in \mathbb{R}\}} \to L^2(\mathbb{R}, \varrho_j)$$

sowie deren orthogonale Summe

$$U := \oplus_j U_j : X = \oplus_j H_j \to \oplus_j L^2(\mathbb{R}, \varrho_j), \quad (y_j)_j \mapsto (U_j y_j)_j$$

8.1 Integrale bezüglich einer Spektralschar

unitär. Es gilt für $x = (y_j)_j \in \oplus_j H_j = X$

$$UE(t)x = UE(t)(y_j)_j = U(E(t)y_j)_j = (U_j E(t)y_j)_j = (\chi_{(-\infty,t]} U_j y_j)_j$$
$$= \chi_{(-\infty,t]}(U_j y_j)_j = \chi_{(-\infty,t]} U(y_j)_j = \chi_{(-\infty,t]} Ux.$$

Damit folgt $E(t) = U^{-1} \chi_{(-\infty,t]} U$. ∎

Wir können nun das *Integral* bezüglich einer Spektralschar erklären: Für eine Treppenfunktion (o. E. mit disjunkten Konstanzintervallen I_j)

$$u : \mathbb{R} \to \mathbb{C}, \quad u(t) = \sum_j c_j \chi_{I_j}$$

definieren wir das Integral

$$\int_{\mathbb{R}} u(t)\, dE(t) = \int u(t)\, dE(t) := \sum_j c_j E(I_j)$$

(mit $E((a,b]) = E(b) - E(a)$, $E(\{a\}) = E(a) - E(a-)$; die Formeln für die Intervalle $[a,b]$, $[a,b)$, und (a,b) ergeben sich hieraus). Offenbar gilt für alle $x \in X$

$$\left\| \int u(t)\, dE(t) x \right\|^2 = \sum |c_j|^2 \|E(I_j)x\|^2 = \sum |c_j|^2 \varrho_x(I_j)$$
$$= \int |u(t)|^2\, d\varrho_x(t) \leq \|x\|^2 \max |u|^2.$$

Für eine Treppenfunktion u ist also $\int u(t)\, dE(t)$ ein Operator aus $B(X)$ mit Norm $\leq \max |u|$.

Ist nun $u : \mathbb{R} \to \mathbb{C}$ eine beliebige E-meßbare Funktion, so gibt es für jedes $x \in X$ mit $u \in L^2(\mathbb{R}, \varrho_x)$ eine Folge (u_n) von Treppenfunktionen mit $u_n \to u$ in $L^2(\mathbb{R}, \varrho_x)$. Insbesondere ist (u_n) eine Cauchyfolge in $L^2(\mathbb{R}, \varrho_x)$, und es gilt

$$\left\| \int u_n(t)\, dE(t)x - \int u_m(t)\, dE(t)x \right\|^2 = \left\| \int \big(u_n(t) - u_m(t)\big)\, dE(t)x \right\|^2$$
$$= \int |u_n(t) - u_m(t)|^2\, d\varrho_x(t) \to 0 \text{ für } n, m \to \infty,$$

d. h. $\left(\int u_n(t)\,\mathrm{d}E(t)x\right)_n$ ist eine Cauchyfolge in X. Wir können also definieren

$$\int u(t)\,\mathrm{d}E(t)x := \lim_{n\to\infty} \int u_n(t)\,\mathrm{d}E(t)x,$$

wobei leicht zu sehen ist, daß diese Definition nicht von der Auswahl der Folge (u_n) abhängt. Es gilt

$$\left\|\int u(t)\,\mathrm{d}E(t)x\right\|^2 = \lim_{n\to\infty}\left\|\int u_n(t)\,\mathrm{d}E(t)x\right\|^2$$
$$= \lim_{n\to\infty}\int |u_n(t)|^2\,\mathrm{d}\varrho_x(t) = \int |u(t)|^2\,\mathrm{d}\varrho_x(t) = \|u\|^2_{L^2(\mathbb{R},\varrho_x)}.$$

Das Integral ist offenbar linear in dem Sinn, daß für $u,v \in L^2(\mathbb{R},\varrho_x)$ und $a,b \in \mathbb{C}$ gilt

$$\int \Big(au(t) + bv(t)\Big)\,\mathrm{d}E(t)x = a\int u(t)\,\mathrm{d}E(t)x + b\int v(t)\,\mathrm{d}E(t)x.$$

Die wichtige Linearität in x ist etwas mühsamer, sie ist wesentlicher Bestandteil des folgenden Abschnitts.

8.2 Operatoren als Integrale über Spektralscharen

In diesem Abschnitt entwickeln wir den sogenannten *Spektralkalkül*. Wir zeigen, daß durch das Integral $\int u(t)\,\mathrm{d}E(t)x$ ein linearer Operator in X erzeugt wird, und wie mit diesen Operatoren gerechnet werden kann. Dabei benutzen wir die beiden Funktionenfolgen:

$$\varphi_n : \mathbb{C} \to \mathbb{C}, \quad \varphi_n(z) = \begin{cases} z & \text{für } |z| \leq n, \\ 0 & \text{für } |z| > n \end{cases}$$

und

$$\chi_n : \mathbb{C} \to \mathbb{C}, \quad \chi_n(z) = \begin{cases} 1 & \text{für } |z| \leq n, \\ 0 & \text{für } |z| > n. \end{cases}$$

8.2 Operatoren als Integrale über Spektralscharen

Satz 8.8 *Sei E eine Spektralschar im Hilbertraum X, $u : \mathbb{R} \to \mathbb{C}$ eine E-meßbare Funktion. Dann wird durch*

$$D(u_E) := \left\{ x \in X : u \in L^2(\mathbb{R}, \varrho_x) \right\},$$

$$u_E x := \int u(t)\, dE(t) x \quad \text{für } x \in D(u_E)$$

ein normaler Operator u_E erklärt; für den so definierten Operator u_E schreiben wir im folgenden auch $\int u(t)\, dE(t)$. Ist u reellwertig, so ist u_E selbstadjungiert.

Sind $u, v : \mathbb{R} \to \mathbb{C}$ E-meßbar, so gilt:

a) *Für $x \in D(u_E)$ und $y \in D(v_E)$ gilt*

$$\langle v_E y, u_E x \rangle = \lim_{n \to \infty} \int \overline{\varphi_n(v(t))} \varphi_n(u(t))\, d\langle y, E(t) x\rangle =: \int \overline{v(t)} u(t)\, d\varrho_{y,x}(t)$$

(dabei ist das komplexe Maß $\varrho_{y,x}$ mittels der Polarisierungsidentität als Linearkombination von vier positiven Maßen zu verstehen, $\varrho_{y,x} = \varrho_{y+x} - \varrho_{y-x} + i\varrho_{y-ix} - i\varrho_{y+ix}$; das letzte Integral ist formal zu verstehen, es ist durch den davor stehenden Grenzwert definiert, wenn dieser existiert).

b) *Für $x \in D(u_E)$ gilt $\|u_E x\|^2 = \int |u(t)|^2\, d\varrho_x(t) = \|u\|^2_{L^2(\mathbb{R}, \varrho_x)}$.*

c) *Ist u beschränkt, so ist $u_E \in B(X)$ mit $\|u_E\| \leq \sup\{|u(t)| : t \in \mathbb{R}\}$ (für eine in vielen Fällen bessere Abschätzung vgl. Aufgabe 8.5).*

d) *Für die Einsfunktion $\mathbf{1}$ gilt $\mathbf{1}_E = I$ (vgl. auch Aufgabe 8.5).*

e) *Für $x \in D(u_E)$ und alle $y \in X$ gilt $\langle y, u_E x \rangle = \int u(t)\, d\varrho_{y,x}(t)$.*

f) *Ist $u(t) \geq c$ für alle $t \in \mathbb{R}$, so ist u_E nach unten halbbeschränkt mit unterer Schranke c (vgl. auch Aufgabe 8.5).*

g) *$(u+v)_E \supset u_E + v_E$ und $D(u_E + v_E) = D((|u|+|v|)_E)$.*

h) *$(uv)_E \supset u_E v_E$ und $D(v_E v_E) = D(v_E) \cap D((uv)_E)$.*

i) *$D(u_E)$ ist dicht, $D(u_E) = D(\overline{u}_E)$ und $(u_E)^* = \overline{u}_E$.*

j) *Ist $u = \chi_S$ die charakteristische Funktion einer Menge $S \subset \mathbb{R}$ (die E-Meßbarkeit von χ_S bedeutet natürlich eine Einschränkung an die Menge S; man wird sagen, daß S E-meßbar ist), so ist $u_E = (\chi_S)_E$ eine orthogonale Projektion. Wir schreiben dafür kurz $E(S)$, wodurch ein projektionswertiges Maß auf $\mathbb{R}$ definiert wird (vgl. Aufgabe 8.4).*

Beweis. Wir zeigen zunächst, daß u_E ein linearer Operator in X ist, d.h. $D(u_E)$ ist ein linearer Teilraum von X und $u_E : D(u_E) \to X$ ist linear. (Die Normalität bzw. Selbstadjungiertheit wird im Anschluß an Teil i bewiesen.)

Offensichtlich ist $ax \in D(u_E)$ und $u_E(ax) = au_E x$ für alle $x \in D(u_E)$ und $a \in \mathbb{C}$. Bleibt also zu zeigen, daß aus $x, y \in D(u_E)$ folgt $x + y \in D(u_E)$ und $u_E(x+y) = u_E x + u_E y$.

Sei zunächst u beschränkt, (u_n) eine beschränkte Folge von Treppenfunktionen mit $u_n(t) \to u(t)$ ϱ-f.ü. mit $\varrho = \varrho_x + \varrho_y$. Dann gilt $u_n(t) \to u(t)$ ϱ_z-f.ü. und somit nach dem Satz von Lebesgue $u_n \to u$ im Sinne von $L^2(\mathbb{R}, \varrho_z)$ für $z = x$, $z = y$ und $z = x + y$. Also gilt (man beachte, daß für beschränktes u wegen $D(u_E) = X$ die Eigenschaft $x + y \in D(u_E)$ trivial ist)

$$u_E(x+y) = \lim_{n \to \infty} (u_n)_E(x+y) = \lim_{n \to \infty} \left((u_n)_E x + (u_n)_E y \right)$$
$$= u_E x + u_E y.$$

Sei nun u eine beliebige E-meßbare Funktion mit $x, y \in D(u_E)$. Die Folge $(|\varphi_n \circ u|)$ konvergiert punktweise nichtfallend gegen $|u|$, und es gilt

$$\left\{ \int |\varphi_n(u(t))|^2 \, d\varrho_{x+y}(t) \right\}^{1/2} = \left\| (\varphi_n \circ u)_E(x+y) \right\|$$
$$= \left\| (\varphi_n \circ u)_E x + (\varphi_n \circ u)_E y \right\| \leq \left\| (\varphi_n \circ u)_E x \right\| + \left\| (\varphi_n \circ u)_E y \right\|$$
$$= \left\{ \int |\varphi_n(u(t))|^2 \, d\varrho_x(t) \right\}^{1/2} + \left\{ \int |\varphi_n(u(t))|^2 \, d\varrho_y(t) \right\}^{1/2}$$
$$\leq \left\{ \int |u(t)|^2 \, d\varrho_x(t) \right\}^{1/2} + \left\{ \int |u(t)|^2 \, d\varrho_y(t) \right\}^{1/2}$$
$$= \|u_E x\| + \|u_E y\| < \infty.$$

Nach dem Satz von B. Levi A.10 folgt $u \in L^2(\mathbb{R}, \varrho_{x+y})$ und $\varphi_n \circ u \to u$ in $L^2(\mathbb{R}, \varrho_{x+y})$, also $x + y \in D(u_E)$ und

$$u_E(x+y) = \lim_{n \to \infty} (\varphi_n \circ u)_E(x+y)$$
$$= \lim_{n \to \infty} \left\{ (\varphi_n \circ u)_E x + (\varphi_n \circ u)_E y \right\} = u_E x + u_E y.$$

a) Die Aussage ist offensichtlich wahr für Treppenfunktionen (für alle $x, y \in X$). Ein Grenzübergang liefert die Aussage für alle beschränkten

8.2 Operatoren als Integrale über Spektralscharen

E-meßbaren Funktionen u und v, wobei in der Formel der Grenzübergang $n \to \infty$ entfällt, da für große n gilt $\varphi_n \circ u = u$ und $\varphi_n \circ v = v$. Sind u und v beliebige E-meßbare Funktionen, so gilt für $x \in D(u_E)$ und $y \in D(v_E)$

$$\langle v_E y, u_E x\rangle = \lim_{n\to\infty} \left\langle (\varphi_n \circ v)_E y, (\varphi_n \circ u)_E x \right\rangle$$
$$= \lim_{n\to\infty} \int \overline{\varphi_n(v(t))} \varphi_n(u(t))\, d\varrho_{y,x}(t) = \int \overline{v(t)} u(t)\, d\varrho_{y,x}(t).$$

b) Dies folgt aus Teil a indem man $v = u$ und $y = x$ wählt.

c) Ist u beschränkt, so ist $u \in L^2(\mathbb{R}, \varrho_x)$ für alle $x \in X$ (da $\varrho_x(\mathbb{R}) = \|x\|^2$ endlich ist), d. h. es gilt $D(u_E) = X$. Die Normabschätzung folgt aus Teil b.

d) Nach Teil c ist $\mathbf{1}_E \in B(X)$. Es gilt $\chi_{(-n,n]} \to 1$ in $L^2(\mathbb{R}, \varrho_x)$, also

$$\mathbf{1}_E x = \lim_{n\to\infty} (\chi_{(-n,n]})_E x = \lim_{n\to\infty} \Big(E(n) - E(-n)\Big)x = x \quad \text{für alle } x.$$

e) Dies folgt aus Teil d mit $v = 1$ unter Beachtung von Teil a.

f) Dies folgt aus Teil e mit $y = x$.

g) Ist $x \in D(u_E + v_E) = D(u_E) \cap D(v_E)$, so gilt $u, v \in L^2(\mathbb{R}, \varrho_x)$, also $x \in D((u+v)_E)$; die Linearität des Integrals liefert $(u+v)_E x = u_E x + v_E x$. Da für E-meßbare u, v offenbar $u, v \in L^2(\mathbb{R}, \varrho_x)$ genau dann gilt, wenn $|u| + |v| \in L^2(\mathbb{R}, \varrho_x)$ gilt, folgt auch $D(u_E + v_E) = D((|u|+|v|)_E)$.

h) Für eine beschränkte E-meßbare Funktion u und $x, y \in X$ gilt

$$\langle y, u_E x\rangle \stackrel{e)}{=} \int u(t)\, d\varrho_{y,x}(t) = \overline{\int \overline{u(t)}\, d\varrho_{x,y}(t)} = \overline{\langle x, \overline{u}_E y\rangle} = \langle \overline{u}_E y, x\rangle.$$

Damit folgt für beschränkte E-meßbare Funktionen u und v

$$\langle y, u_E v_E x\rangle = \langle y, u_E(v_E x)\rangle = \langle \overline{u}_E y, v_E x\rangle$$
$$\stackrel{a)}{=} \int u(t) v(t)\, d\varrho_{y,x}(t) = \langle y, (uv)_E x\rangle,$$

also $u_E v_E = (uv)_E$.

Seien nun u, v beliebige E-meßbare Funktionen, $x \in D(u_E v_E)$ (d. h. $x \in D(v_E)$ und $v_E x \in D(u_E)$). Da $\varphi_n \circ u$ für festes n beschränkt ist, gilt

$$(\varphi_n \circ u)(\varphi_m \circ v) \to (\varphi_n \circ u)v \quad \text{in } L^2(\mathbb{R}, \varrho_x) \text{ für } m \to \infty,$$

und somit

$$u_E v_E x = \lim_{n\to\infty} (\varphi_n \circ u)_E v_E x = \lim_{n\to\infty} (\varphi_n \circ u)_E \Big\{ \lim_{m\to\infty} (\varphi_m \circ v)_E x \Big\}$$
$$= \lim_{n\to\infty} \lim_{m\to\infty} (\varphi_n \circ u)_E (\varphi_m \circ v)_E x = \lim_{n\to\infty} \lim_{m\to\infty} \Big((\varphi_n \circ u)(\varphi_m \circ v)\Big)_E x$$
$$= \lim_{n\to\infty} \Big((\varphi_n \circ u)v\Big)_E x.$$

Die hiermit gezeigte Existenz dieses Grenzwertes besagt, daß $\Big((\varphi_n \circ u)v\Big)$ Cauchyfolge in $L^2(\mathbb{R}, \varrho_x)$ ist. Diese konvergiert nach Konstruktion punktse gegen uv. Also ist $uv \in L^2(\mathbb{R}, \varrho_x)$, $x \in D((uv)_E)$ und $(uv)_E x = u_E$ d. h. es gilt

$$D(u_E v_E) \subset D(v_E) \cap D((uv)_E) \quad \text{und} \quad u_E v_E \subset (uv)_E.$$

Sei nun $x \in D(v_E) \cap D((uv)_E)$; wegen $|(\varphi_n \circ u)v| \leq |uv|$ ist dann $D\Big(((\varphi_n \circ u)v)_E\Big)$ und $(\varphi_n \circ u)v \to uv$ in $L^2(\mathbb{R}, \varrho_x)$, also

$$(uv)_E x = \lim_{n\to\infty} \lim_{m\to\infty} \Big((\varphi_n \circ u)(\varphi_m \circ v)\Big)_E x$$
$$= \lim_{n\to\infty} \lim_{m\to\infty} (\varphi_n \circ u)_E (\varphi_m \circ v)_E x = \lim_{n\to\infty} (\varphi_n \circ u)_E v_E x.$$

Die hiermit gezeigte Existenz dieses Grenzwerts liefert $u \in L^2(\mathbb{R}, \varrho_{v_E x})$ $v_E x \in D(u_E)$, also $x \in D(u_E v_E)$.

i) $D(u_E)$ *ist dicht*: Mit der oben definierten Funktion χ_m gilt $(\chi_m \circ u)_E$ $D(u_E)$ für alle $x \in X$ und $m \in \mathbb{N}$, denn es ist (da $\chi_m \circ u$ und $u \cdot (\chi_m$ beschränkt sind)

$$D(u_E (\chi_m \circ u)_E) = D\Big((u \cdot (\chi_m \circ u))_E\Big) \cap D\Big((\chi_m \circ u)_E\Big) = X.$$

Wegen $x = \lim_{m\to\infty} (\chi_m \circ u)_E x$ folgt die Dichtheit von $D(u_E)$.

Die Gleichung $D(\overline{u}_E) = D(u_E)$ ist offensichtlich; für $x, y \in D(\overline{u}_E) = D($ gilt

$$\langle y, u_E x \rangle \overset{e)}{=} \int u(t) \, d\varrho_{y,x} = \int \overline{u(t)} \, d\varrho_{x,y} \overset{e)}{=} \overline{\langle x, \overline{u}_E y \rangle} = \langle \overline{u}_E y, x \rangle,$$

8.2 Operatoren als Integrale über Spektralscharen

d. h. u_E und $\overline{u}_E$ sind formal adjungiert; insbesondere gilt $\overline{u}_E = (u_E)^*$ für beschränktes u.

Für allgemeines u bleibt $D((u_E)^*) \subset D(\overline{u}_E)$ zu beweisen: Sei $y \in D((u_E)^*)$. Dann gilt für alle $x \in D(u_E)$

$$\left\langle (u_E)^* y, x \right\rangle = \langle y, u_E x \rangle = \lim_{n \to \infty} \left\langle y, (\varphi_n \circ u)_E x \right\rangle$$
$$= \lim_{n \to \infty} \left\langle \overline{(\varphi_n \circ u)}_E y, x \right\rangle = \lim_{n \to \infty} \left\langle (\varphi_n \circ \overline{x})_E y, y \right\rangle.$$

Insbesondere gilt für jedes $x \in X$ und $m \in \mathbb{N}$ (da χ_m reellwertig ist und $(\chi_m \circ u)_E x \in D(u_E)$ gilt)

$$\left\langle (\chi_m \circ u)_E (u_E)^* y, x \right\rangle$$
$$= \left\langle (u_E)^* y, (\chi_m \circ u)_E x \right\rangle = \lim_{n \to \infty} \left\langle (\varphi_n \circ \overline{u})_E y, (\chi_m \circ u)_E x \right\rangle$$
$$= \lim_{n \to \infty} \left\langle \left((\chi_m \circ u)(\varphi_n \circ \overline{u}) \right)_E y, x \right\rangle = \langle (\varphi_m \circ \overline{u})_E y, x \rangle,$$

d. h. es gilt für alle $y \in D((u_E)^*)$

$$(u_E)^* y = \lim_{m \to \infty} (\chi_m \circ u)(u_E)^* y = \lim_{m \to \infty} (\varphi_m \circ \overline{u})_E y.$$

Die Existenz diese Limes bedeutet $y \in D(\overline{u}_E)$.

Damit folgt nun auch die Normalität von u_E, denn es gilt:

$$D((u_E)^*) = D(\overline{u}_E) = D(u_E),$$
$$\|(u_E)^* x\|^2 = \|\overline{u}_E x\|^2 = \int |u(t)|^2 \, d\varrho_x(t) = \|u_E x\|^2.$$

Insbesondere ist u_E selbstadjungiert, falls u reell ist. j) Dies folgt aus den Teilen c, h und i. ∎

Die folgenden Überlegungen benutzen wir nur für den Beweis der Existenz einer geordneten Spektraldarstellung (vgl. Seite 298; wer mit der Existenz einer nicht notwendig geordneten Spektraldarstellung zufrieden ist, kann den Rest dieses Abschnitts überspringen). Es ergibt sich u. a., zumindest im separablen Hilbertraum, daß für jede E-meßbare Funktion u *eine* Folge

(u_n) von Treppenfunktionen, und *eine* Teilmenge N von $\mathbb{R}$ existieren so, daß $u_n(t) \to u(t)$ für alle $t \in \mathbb{R} \setminus N$ gilt, und $\varrho_x(N) = 0$ für alle $x \in X$.

Ein Element $h \in X$ nennen wir *E-maximal* (oder *maximal bezüglich E*), wenn ϱ_x für jedes $x \in X$ absolut stetig bezüglich ϱ_h ist (d. h. aus $\varrho_h(N) = 0$ folgt $\varrho_x(N) = 0$, bzw. es gilt $\varrho_x(A) = \int_A \xi_x(t)\,d\varrho_h(t)$ für alle ϱ_h-meßbaren Teilmengen $A \subset \mathbb{R}$ mit einer Dichte $\xi_x \in L^1(\mathbb{R}, \varrho_h)$).

Satz 8.9 *Sei X ein separabler Hilbertraum, E eine Spektralschar in X.*

a) *Es existiert ein E-maximales Element.*

b) *Eine Funktion $u : \mathbb{R} \to \mathbb{C}$ ist genau dann E-meßbar, wenn eine Folge (u_n) von Treppenfunktionen existiert mit $u_n(t) \to u(t)$ ϱ_x-f. ü. für alle $x \in X$ (ist X nicht separabel, so gilt das zumindest für jeden separablen Teilraum).*

c) *Zu jedem $x \in X$ gibt es ein E-maximales Element h_x mit $x \in H_{h_x}$.*

Beweis. a) Sei $\{x_j : j = 1, 2, \ldots\}$ total in X (o. E. alle $x_j \neq 0$). Induktiv definieren wir für $n \in \mathbb{N}$:

$$j_n := \min\left\{j \in \mathbb{N} : x_j \notin L\{H_k : k < n\}\right\}, \quad \text{speziell } j_1 = 1,$$
$$y_n := x_{j_n} - \sum_{k=1}^{n-1} P_k x_{j_n}, \quad \text{speziell } y_1 = x_1,$$
$$H_n := H_{y_n} = \overline{L\{E(t)y_n : t \in \mathbb{R}\}},$$
$$P_n := \text{orthogonale Projektion auf } H_n.$$

Nach Lemma 8.6c gilt $H_n \perp H_m$ für $n \neq m$. Ist $\oplus_{n=1}^m H_n = X$ für ein $m \in \mathbb{N}$, so bricht mit $n = m$ das Verfahren ab; andernfalls geht es beliebig weiter. Nach Konstruktion ist $\{x_j : j \in \mathbb{N}\} \subset L\{H_n : n \in \mathbb{N}\}$, also $X = \oplus_n H_n = \overline{L\{H_n : n \in \mathbb{N}\}}$.

Sei $h_n := \dfrac{1}{n\|y_n\|} y_n$, $h := \sum_n h_n$. Nach Lemma 8.6c gilt $\varrho_h = \sum \varrho_{h_n}$. Wir zeigen, daß h ein E-maximales Element ist. Jedes $x \in X$ läßt sich schreiben in der Form $x = \sum_n z_n$ mit $z_n \in H_n$; also ist $\varrho_x = \sum \varrho_{z_n}$. Ist N eine ϱ_h-Nullmenge, so ist es wegen $\varrho_h = \sum_n \varrho_{h_n}$ auch eine ϱ_{h_n}-Nullmenge für jedes n, also (nach Lemma 8.6d) eine ϱ_{z_n}-Nullmenge für jedes n, und somit $\varrho_x(N) = \sum_n \varrho_{z_n}(N) = 0$, d. h. N ist eine ϱ_x-Nullmenge für jedes $x \in X$. ϱ_x ist also absolut stetig bezüglich ϱ_h für jedes $x \in X$, d. h. h ist E-maximal.

8.2 Operatoren als Integrale über Spektralscharen

b) Ist h ein E-maximales Element und (u_n) eine Folge von Treppenfunktionen mit $u_n(t) \to u(t)$ ϱ_h-f.ü., so gilt dies auch ϱ_x-f.ü. für jedes $x \in X$.

c) Sei h ein E-maximales Element, $U_h : H_h \to L^2(\mathbb{R}, \varrho_h)$ die entsprechende unitäre Abbildung (vgl. Satz 8.5). Wegen der Maximalität von h existiert eine ϱ_h-meßbare Funktion $\xi_x : \mathbb{R} \to \mathbb{R}$ mit $\xi_x(t) \geq 0$ ϱ_h-f.ü. (die ϱ_h-*Dichte* von ϱ_x) so, daß gilt $\varrho_x(A) = \int_A \xi_x(s) \, d\varrho_h(s)$. Sei

$$S_x := \{t \in \mathbb{R} : \xi_x(t) \neq 0\}, \quad N_x := \mathbb{R} \setminus S_x,$$
$$g := U_h^{-1} \chi_{N_x} \in H_h, \quad h_x := g + x.$$

Wegen

$$\varrho_g(t) = \|E(t) U_h^{-1} \chi_{N_x}\|^2 = \|\chi_{(-\infty,t]} \chi_{N_x}\|^2 = \int_{(-\infty,t]} \chi_{N_x}(s) \, d\varrho_h(s),$$

ist χ_{N_x} die ϱ_h-Dichte von ϱ_g. Es gilt

$$E(S_x)x = (\chi_{S_x})_E x = x \quad \text{und} \quad E(N_x)g = (\chi_{N_x})_E g = g,$$

und somit $\langle E(t)x, E(t)g \rangle = \langle E(N_x)E(S_x)x, E(t)g \rangle = 0$ für alle $t \in \mathbb{R}$, also

$$\varrho_{h_x}(t) = \|E(t)(g+x)\|^2 = \|E(t)g\|^2 + \|E(t)x\|^2$$
$$= \varrho_g(t) + \varrho_x(t) = \int_{(-\infty,t]} \left(\chi_{N_x}(s) + \xi_x(s) \right) d\varrho_h(s)$$

Da dieser Integrand ϱ_h-f.ü. positiv ist folgt, daß ϱ_h absolut stetig bezüglich ϱ_{h_x} ist. Also ist h_x maximal.
Es bleibt zu zeigen, daß $x \in H_{h_x}$ gilt: Wegen $S_x = \mathbb{R} \setminus N_x$ und $E(N_x)g = g$ gilt

$$E(S_x)g = (I - E(N_x))g = g - g = 0,$$

also

$$x = E(S_x)x = E(S_x)(g+x) = E(S_x)h_x \in H_{h_x};$$

dabei gilt die letzte Relation, weil $E(S_x)h_x$ als $\lim_n (\varphi_n)_E h_x$ mit Treppenfunktionen φ_n geschrieben werden kann. ∎

Satz 8.10 *In Satz 8.7 können die Maße ϱ_j so gewählt werden, daß für jedes $j < N$ das Maß ϱ_{j+1} absolut stetig bezüglich ϱ_j ist.*

Beweis. Nur der Anfang des Beweises ist zu verändern: Sei $\{x_j\}$ eine abzählbare totale Teilmenge von X. Nach Satz 8.9 gibt es ein E-maximales Element h_1 mit $x_1 \in H_1 := H_{h_1}$. Die Einschränkung $E(\cdot)|_{H_1^\perp}$ von $E(\cdot)$ auf $H_1^\perp$ ist eine Spektralschar in $H_1^\perp$. Es gibt also ein bezüglich $E(\cdot)|_{H_1^\perp}$ maximales Element h_2 mit $x_2 - P_1 x_2 \in H_2 := H_{h_2}$, usw. Allgemein ist h_{j+1} maximales Element bezüglich der Einschränkung von E auf $(H_1 \oplus \ldots \oplus H_j)^\perp$ mit $(I - P_1 - \ldots - P_j)x_{j+1} \in H_{j+1} := H_{h_{j+1}}$. Das Verfahren endet, wenn $\oplus_{j=1}^N H_j := X$ ist; andernfalls bricht es nicht ab. Man erhält eine (evtl. endliche) Folge (h_j) so, daß für $\varrho_j(\cdot) = \|E(\cdot)h_j\|^2$ und $H_j = H_{h_j}$ gilt

$$\oplus_j H_j = X, \quad \varrho_{j+1} \text{ ist absolut stetig bezüglich } \varrho_j.$$

Der Rest des Beweises von Satz 8.7 kann wörtlich übernommen werden. ∎

8.3 Der Spektralsatz für selbstadjungierte Operatoren

Satz 8.11 (Spektralsatz von J. v. Neumann) *Zu jedem selbstadjungierten Operator T im Hilbertraum X gibt es genau eine Spektralschar E mit $\mathrm{id}_E = T$. Im komplexen Hilbertraum ist $E(\cdot)$ gegeben durch die Stonesche Formel*

$$\langle y, E(t)x \rangle = \lim_{\delta \to 0+} \lim_{\varepsilon \to 0+} \frac{1}{2\pi i} \int_{-\infty}^{t+\delta} \left\langle y, \left((T - s - i\varepsilon)^{-1} - (T - s + i\varepsilon)^{-1}\right)x \right\rangle ds \quad (*)$$

für alle $x, y \in X$ und $t \in \mathbb{R}$.

Beweis. Wir zeigen nur den komplexen Fall vollständig. Der reelle Fall läßt sich mit Hilfe der Komplexifizierung auf diesen zurückführen, vgl. Aufgabe 8.8.

8.3 Der Spektralsatz für selbstadjungierte Operatoren

Eindeutigkeit: Ist $T = \mathrm{id}_E$, so gilt nach Satz 8.8 mit $u_z(t) := (t-z)^{-1}$ für $z \in \mathbb{C} \setminus \mathbb{R}$

$$(T-z)(u_z)_E = I \quad \text{und} \quad (u_z)_E(T-z) = I|_{D(T)},$$

d. h. es gilt $(u_z)_E = (T-z)^{-1}$ für alle $z \in \mathbb{C} \setminus \mathbb{R}$, und somit nach Satz 8.8

$$\langle y, (T-z)^{-1} x \rangle = \int \frac{1}{t-z} \, d_t \langle y, E(t) x \rangle \quad \text{für } x, y \in X, \ z \in \mathbb{C} \setminus \mathbb{R}.$$

Aus der Stieltjesschen Umkehrformel (Satz B.1) folgt damit die Darstellung (*) für $\langle y, E(t) x \rangle$. Das bedeutet, daß die Spektralschar, die T erzeugt (falls eine solche existiert) durch T eindeutig bestimmt wird.

Existenz: Falls eine Spektralschar E mit $\mathrm{id}_E = T$ existiert, ist diese nach dem bereits Bewiesenen durch (*) gegeben. Wir gehen deshalb von dieser Formel aus und zeigen, daß durch sie eine Spektralschar E definiert ist mit $\mathrm{id}_E = T$.

Zuerst zeigen wir, daß für jedes $x \in X$ durch

$$f_x : \mathbb{C} \setminus \mathbb{R} \to \mathbb{C}, \quad f_x(z) = \langle x, (T-z)^{-1} x \rangle$$

eine Herglotz–Funktion (vgl. Satz B.2) gegeben ist: Nach Satz 5.7 ist f_x holomorph in $\mathbb{C} \setminus \mathbb{R}$. Für $z \in \mathbb{C}$ mit $\mathrm{Im}\, z > 0$ gilt

$$\mathrm{Im}\, f_x(z) = \mathrm{Im}\, \langle x, (T-z)^{-1} x \rangle = \mathrm{Im}\, \langle (T-\overline{z})(T-z)^{-1} x, (T-z)^{-1} x \rangle$$
$$= (\mathrm{Im}\, z) \|(T-z)^{-1} x\|^2 \geq (\mathrm{Im}\, z)^{-1} \|x\|^2 > 0;$$
$$|f_x(z) \,\mathrm{Im}\, z| \leq |\mathrm{Im}\, z|^{-1} \|x\|^2 |\mathrm{Im}\, z| = \|x\|^2.$$

Nach Satz B.2 gilt also

$$\langle x, (T-z)^{-1} x \rangle = f_x(z) = \int \frac{1}{t-z} \, dw_x(t) \quad \text{für } z \in \mathbb{C} \setminus \mathbb{R}$$

mit der rechtsstetigen nicht–fallenden Funktion

$$w_x(t) = \lim_{\delta \to 0+} \lim_{\varepsilon \to 0+} \frac{1}{2\pi i} \int_{-\infty}^{t+\delta} \left\langle x, \left((T-s-i\varepsilon)^{-1} - (T-s+i\varepsilon)^{-1}\right) x \right\rangle ds.$$

Es gilt außerdem $w_x(t) \to 0$ für $t \to -\infty$ und $w_x(t) \le \|x\|^2$ für alle $t \in \mathbb{R}$. Mit Hilfe der Polarisierungsidentität folgt auch

$$\langle y, (T-z)^{-1}x \rangle = f_{y,x}(z) := \int \frac{1}{t-z}\, dw_{y,x}(t) \quad \text{für } z \in \mathbb{C} \setminus \mathbb{R}$$

mit

$$w_{y,x}(t) = \lim_{\delta \to 0+} \lim_{\varepsilon \to 0+} \frac{1}{2\pi i} \int_{-\infty}^{t+\delta} \left\langle y, \left((T-s-i\varepsilon)^{-1} - (T-s+i\varepsilon)^{-1}\right)x \right\rangle ds.$$

Die Abbildung $X \times X \to \mathbb{C}$, $(y,x) \mapsto w_{y,x}(t)$ ist für jedes $t \in \mathbb{R}$ eine Sesquilinearform; diese ist
- *hermitesch* und *nichtnegativ*, $w_{x,x}(t) = w_x(t) \ge 0$,
- *beschränkt*, $|w_{y,x}(t)|^2 \le w_y(t) w_x(t) \le \|y\|^2 \|x\|^2$.

Nach Satz 4.12 gibt es also für jedes $t \in \mathbb{R}$ einen eindeutig bestimmten selbstadjungierten Operator $E(t) \in B(X)$ mit

$$\langle y, E(t)x \rangle = w_{y,x}(t) \quad \text{für alle } x, y \in X.$$

Wir zeigen, daß $E(\cdot)$ eine Spektralschar ist: Für $z, z' \in \mathbb{C} \setminus \mathbb{R}$ mit $z \ne z'$ gilt (wobei das dritte Gleichheitszeichen aus der ersten Resolventengleichung folgt, während beim letzten Satz A.22 benutzt wird)

$$\int \frac{1}{t-z} d_t \langle (T-\overline{z'})^{-1}y, E(t)x \rangle = \langle (T-\overline{z'})^{-1}y, (T-z)^{-1}x \rangle$$
$$= \langle y, (T-z')^{-1}(T-z)^{-1}x \rangle$$
$$= \frac{1}{z-z'} \{ \langle y, (T-z)^{-1}x \rangle - \langle y, (T-z')^{-1}x \rangle \}$$
$$= \frac{1}{z-z'} \int \left\{ \frac{1}{t-z} - \frac{1}{t-z'} \right\} d_t \langle y, E(t)x \rangle$$
$$= \int \left\{ \frac{1}{t-z} \frac{1}{t-z'} \right\} d_t \langle y, E(t)x \rangle$$
$$= \int \frac{1}{t-z} d_t \int_{(-\infty,t]} \frac{1}{s-z'} d_s \langle y, E(s)x \rangle.$$

Mit der Eindeutigkeitsaussage der Stieltjes–Umkehrformel (Satz B.1 c) folgt daraus

$$\langle (T-\overline{z'})^{-1}y, E(t)x \rangle = \int_{(-\infty,t]} \frac{1}{s-z'} d_s \langle y, E(s)x \rangle,$$

8.3 Der Spektralsatz für selbstadjungierte Operatoren

also für alle $z' \in \mathbb{C} \setminus \mathbb{R}$

$$\int \frac{1}{s-z'} \, \mathrm{d}_s \langle y, E(s)E(t)x \rangle = \left\langle y, (T-z')^{-1} E(t)x \right\rangle$$
$$= \left\langle (T-\overline{z'})^{-1} y, E(t)x \right\rangle = \int_{(-\infty,t]} \frac{1}{s-z'} \, \mathrm{d}_s \langle y, E(s)x \rangle.$$

Nochmalige Anwendung der Eindeutigkeitsaussage von Satz B.1 liefert

$$\langle y, E(s)E(t)x \rangle = \begin{cases} \langle y, E(s)x \rangle & \text{für } s \leq t, \\ \langle y, E(t)x \rangle & \text{für } s \geq t, \end{cases}$$

d.h. es gilt $E(s)E(t) = E(\min\{s,t\})$. Insbesondere ist $E(t)$ idempotent. Also ist $E : \mathbb{R} \to B(X)$ eine wachsende projektionswertig Abbildung (die Eigenschaften (i) und (ii) einer Spektralschar sind erfüllt). Die starke Rechtsstetigkeit folgt aus der Rechtsstetigkeit von w_x.

$$\left\| E(t+\delta)x - E(t)x \right\|^2 = \|E(t+\delta)x\|^2 - \|E(t)x\|^2$$
$$= w_x(t+\delta) - w_x(t) \to 0 \quad \text{für } \delta \to 0.$$

Außerdem gilt

$$\|E(t)x\|^2 = w_x(t) \to 0, \quad \text{also } E(t) \xrightarrow{s} 0 \text{ für } t \to -\infty.$$

Nach Satz 2.57 existiert eine orthogonale Projektion E_∞ mit $E(t) \xrightarrow{s} E_\infty$ für $t \to \infty$ und $E(t) \leq E_\infty$ für alle $t \in \mathbb{R}$. Für $F := I - E_\infty$ gilt also

$$E(t)F = E(t)(I - E_\infty) = E(t) - E(t) = 0 \quad \text{für alle } t \in \mathbb{R},$$

und somit für alle $x, y \in X$

$$\left\langle y, (T-z)^{-1} Fx \right\rangle = \int \frac{1}{t-z} \, \mathrm{d}_t \langle y, E(t)Fx \rangle = 0 \quad \text{für } z \in \mathbb{C} \setminus \mathbb{R}.$$

Also ist $(T-z)^{-1}F = 0$ und somit $F = 0$ bzw. $E_\infty = I$, d.h. es gilt $E(t) \xrightarrow{s} I$ für $t \to \infty$. E ist also eine Spektralschar. Wegen $(u_z)_E = (T-z)^{-1}$ für $u_z(t) = (t-z)^{-1}$ gilt also $(v_z)_E = T - z$ für $v_z = \mathrm{id} - z$, und somit $\mathrm{id}_E = T$. ∎

Zur Illustration wenden wir die Stonesche Formel (Satz 8.11) auf zwei Klassen von Operatoren an:

Beispiel 8.12 (Fortsetzung von Beispiel 8.4) Sei T ein selbstadjungierter Operator mit reinem Punktspektrum, $\mu_\alpha \in \mathbb{R}$ die paarweise verschiedenen Eigenwerte, P_α die orthogonalen Projektionen auf die zugehörigen Eigenräume, also insbesondere $P_\alpha P_\beta = \delta_{\alpha\beta} P_\alpha$, $\oplus_\alpha P_\alpha = I$ und

$$D(T) = \Big\{ x \in X : \sum |\mu_\alpha|^2 \|P_\alpha x\|^2 < \infty \Big\}, \quad Tx = \sum \mu_\alpha P_\alpha x.$$

Dann gilt $(T-z)^{-1}x = \sum(\mu_\alpha - z)^{-1} P_\alpha x$ für $z \in \varrho(T)$, und somit

$$\begin{aligned}
&\langle y, E(t)x \rangle \\
&= \lim_{\delta \to 0+} \lim_{\varepsilon \to 0+} \frac{1}{2\pi i} \int_{-\infty}^{t+\delta} \sum \Big(\frac{1}{\mu_\alpha - s - i\varepsilon} - \frac{1}{\mu_\alpha - s + i\varepsilon} \Big) \langle y, P_\alpha x \rangle \, ds \\
&= \lim_{\delta \to 0+} \lim_{\varepsilon \to 0+} \frac{1}{2\pi i} \int_{-\infty}^{t+\delta} \sum \frac{2i\varepsilon}{(s - \mu_\alpha)^2 + \varepsilon^2} \langle y, P_\alpha x \rangle \, ds.
\end{aligned}$$

Falls die Summe endlich ist kann diese mit dem Integral und den Grenzübergängen vertauscht werden, und mit

$$\begin{aligned}
&\lim_{\delta \to 0+} \lim_{\varepsilon \to 0+} \frac{1}{2\pi i} \int_{-\infty}^{t+\delta} \frac{2i\varepsilon}{(s-\mu_\alpha)^2 + \varepsilon^2} \, ds = \lim_{\delta \to 0+} \lim_{\varepsilon \to 0+} \frac{1}{\pi} \arctan \frac{s - \mu_\alpha}{\varepsilon} \Big|_{-\infty}^{t+\delta} \\
&= \lim_{\delta \to 0+} \Big\{ \lim_{\varepsilon \to 0+} \frac{1}{\pi} \arctan \frac{t + \delta - \mu_\alpha}{\varepsilon} + \frac{1}{2} \Big\} \\
&= \lim_{\delta \to 0+} \begin{cases} \frac{1}{2} + \frac{1}{2} & \text{für } \mu_\alpha < t + \delta, \\ 0 + \frac{1}{2} = \frac{1}{2} & \text{für } \mu_\alpha = t + \delta, \\ -\frac{1}{2} + \frac{1}{2} = 0 & \text{für } \mu_\alpha > t + \delta \end{cases} = \begin{cases} 1 & \text{für } \mu_\alpha \leq t, \\ 0 & \text{für } \mu_\alpha > t \end{cases}
\end{aligned}$$

folgt

$$\langle y, E(t)x \rangle = \sum_{\{\alpha : \mu_\alpha \leq t\}} \langle y, P_\alpha x \rangle = \Big\langle y, \sum_{\{\alpha : \mu_\alpha \leq t\}} P_\alpha x \Big\rangle.$$

Dies überträgt sich durch Grenzübergang auch auf den Fall unendlicher Summen. □

8.3 Der Spektralsatz für selbstadjungierte Operatoren

Beispiel 8.13 (Fortsetzung von Beispiel 8.3) Seien (X,μ) ein Maßraum, $g : X \to \mathbb{R}$ eine μ-meßbare Funktion und $T = M_g$ der maximale Multiplikationsoperator mit der Funktion g in $L^2(X,\mu)$, also

$$D(T) = \{f \in L^2(X,\mu) : gf \in L^2(X,\mu)\}, \quad Tf = gf.$$

Dann ist $(T-z)^{-1}f = \dfrac{1}{g-z}f$ für $z \in \varrho(T)$ und $f \in L^2(X,\mu)$, und somit

$$\langle h, E(t)f \rangle = \lim_{\delta \to 0+} \lim_{\varepsilon \to 0+} \frac{1}{2\pi i} \int_{-\infty}^{t+\delta} \int_X \overline{h(x)} \frac{2i\varepsilon}{(s-g(x))^2 + \varepsilon^2} f(x)\, d\mu(x)\, ds$$

$$= \lim_{\delta \to 0+} \lim_{\varepsilon \to 0+} \frac{1}{\pi} \int_X \int_{-\infty}^{t+\varepsilon} \overline{h(x)} f(x) \frac{\varepsilon}{(s-g(x))^2 + \varepsilon^2}\, ds\, d\mu(x)$$

$$= \lim_{\delta \to 0+} \lim_{\varepsilon \to 0+} \int_X \overline{h(x)} f(x) \frac{1}{\pi} \arctan \frac{s-g(x)}{\varepsilon}\Big|_{-\infty}^{t+\delta} d\mu(x)$$

(da $\arctan \dfrac{s - g(x)}{\varepsilon}$ beschränkt konvergiert)

$$= \lim_{\delta \to 0+} \int_X \overline{h(x)} f(x) \begin{cases} 1 & \text{für } t+\delta > g(x) \\ 1/2 & \text{für } t+\delta = g(x) \\ 0 & \text{für } t+\delta < g(x) \end{cases} d\mu(x)$$

$$= \int_{\{x \in X : g(x) \leq t\}} \overline{h(x)} f(x)\, d\mu(x) = \langle h, \chi_{\{x \in X : g(x) \leq t\}} f \rangle.$$

Also ist $E(t)$ gleich der Multiplikation mit der Funktion $\chi_{\{x \in X : g(x) \leq t\}}$. □

Satz 8.14 *Zwei selbstadjungierte Operatoren T und S sind genau dann unitär äquivalent ($S = U^{-1}TU$), wenn ihre Spektralscharen E und F unitär äquivalent sind mit der gleichen unitären Abbildung ($F(t) = U^{-1}E(t)U$).*

Beweis. Ist $S = U^{-1}TU$, so folgt die entsprechende unitäre Äquivalenz von E und F aus der Stoneschen Formel (nachrechnen!). Gilt $F(t) = U^{-1}E(t)U$, so sind offenbar E- und F-Meßbarkeit äquivalent, und es gilt $u \in L^2(\mathbb{R}, \varrho_x^E)$ genau dann, wenn $u \in L^2(\mathbb{R}, \varrho_{U^{-1}x}^F)$ gilt. Für Treppenfunktionen u ist $u_F = U^{-1}u_E U$ offensichtlich; für beliebige E- bzw. F-meßbare Funktionen folgt dies durch Grenzübergang. ∎

Wir kommen zurück auf den Begriff des reduzierenden Teilraums eines linearen Operators (vgl. Abschnitt 2.5, Satz 2.60). Für selbstadjungierte Operatoren können wir nun reduzierende Teilräume leicht mit Hilfe der Spektralschar charakterisieren.

Satz 8.15 *Sei T ein selbstadjungierter Operator mit Spektralschar E im Hilbertraum X, Y ein abgeschlossener Teilraum von X, P_Y die orthogonale Projektion auf Y. Y reduziert T genau dann, wenn P_Y mit der Spektralschar E vertauschbar ist, d. h., wenn $E(t)P_Y = P_Y E(t)$ für alle $t \in \mathbb{R}$ gilt.*

Beweis. Wird T von Y reduziert, so gilt dies auch für die Resolvente $(T-z)^{-1}$ für alle $z \in \varrho(T)$, d. h. $(T-z)^{-1}P_Y = P_Y(T-z)^{-1}$. Mit Hilfe der Stoneschen Formel für die Spektralschar (Satz 8.11) folgt dann auch die Vertauschbarkeit der Spektralschar mit P_Y. — Die umgekehrte Richtung ergibt sich leicht aus dem Spektralsatz. ∎

Sei X ein Hilbertraum, T ein selbstadjungierter Operator in X. Ein unitärer Operator $U : X \to \oplus_{j=1}^{N} L^2(\mathbb{R}, \varrho_j)$ mit $N \in \mathbb{N} \cup \{\infty\}$ und Borelmaßen ϱ_j auf $\mathbb{R}$ heißt eine *Spektraldarstellung* von T, wenn gilt $UTU^{-1} = M_{\text{id}}$, wobei M_{id} der Operator der Multiplikation mit der Funktion $\text{id}(x) = x$ ist. U heißt eine *geordnete Spektraldarstellung*, wenn für jedes $j < N$ das Maß ϱ_{j+1} absolut stetig bezüglich ϱ_j ist (insbesondere sind dann alle ϱ_j absolut stetig bezüglich ϱ_1).

Satz 8.16 (Spektraldarstellungssatz) *Zu jedem selbstadjungierten Operator T im separablen Hilbertraum X gibt es eine (geordnete) Spektraldarstellung. (Im Gegensatz zur Spektralschar ist allerdings die Spektraldarstellung nicht eindeutig.)*

Beweis. Sei E die Spektralschar von T. Nach Satz 8.7 bzw. Satz 8.10 gibt es solche Maße ϱ_j und eine unitäre Abbildung U mit $E(t) = U^{-1}\chi_{(-\infty,t]}U$, also nach Satz 8.14 $UTU^{-1} = U\,\text{id}_E\,U^{-1} = \text{id}_{UE(\cdot)U^{-1}} = \text{id}_{\chi_{(-\infty,t]}} = M_{\text{id}}$. ∎

Wir geben noch eine andere Form des Spektraldarstellungssatzes, in der die orthogonale Summe von L^2-Räumen durch *einen* L^2-Raum ersetzt wird:

8.3 Der Spektralsatz für selbstadjungierte Operatoren

Satz 8.17 *Zu jedem selbstadjungierten Operator T in einem separablen Hilbertraum X gibt es einen σ-endlichen Maßraum (M,μ), eine μ-meßbare Funktion $g : M \to \mathbb{R}$ und eine unitäre Abbildung $V : X \to L^2(M,\mu)$ mit $T = V^{-1}M_g V$.*

Beweis. Ist $U = \oplus_{j=1}^N U_j : X \to \oplus_{j=1}^N L^2(\mathbb{R},\varrho_j)$ eine Spektraldarstellung im Sinne von Satz 8.16, so erhält man eine (vielleicht nicht ganz befriedigende) Darstellung der gewünschten Art, indem man für (M,μ) die disjunkte Vereinigung der Maßräume $(\mathbb{R},\varrho_j)$ wählt. — Etwas konkreter kann man wie folgt vorgehen: Sei $M = \mathbb{R}$ und

$$\mu(s) := \begin{cases} 0 & \text{für } s \leq 0, \\ \sum_{j=1}^{n-1} \varrho_j(+\infty) + \varrho_n(\tan(s - \frac{\pi}{2})) & \text{für } s \in ((n-1)\pi, n\pi], n \leq N, \\ \sum_{j=1}^{N} \varrho_j(+\infty) & \text{für } s > N\pi \text{ falls } N < \infty. \end{cases}$$

Offenbar erzeugt μ ein Maß auf $\mathbb{R}$, das auf $(0,N]$ konzentriert ist. Durch

$$V : X \to L^2(M,\mu),$$
$$(Vx)(s) = (U_j x)\left(\tan(s - \frac{\pi}{2})\right) \text{ für } x \in X, \, s \in \left((j-1)\pi, j\pi\right]$$

liefert die unitäre Äquivalenz von T mit M_g für $g(s) := \tan(s - \pi/2)$. ∎

Die *spektrale Vielfachheit* eines selbstadjungierten Operators T ist die minimale Anzahl der Elemente einer Familie $\{x_\alpha : \alpha \in A\}$, für die $\{E(t)x_\alpha : t \in \mathbb{R}, \alpha \in A\}$ in X total ist. Im separablen Fall ist dies also gleich der minimalen Anzahl der Komponenten einer Spektraldarstellung im Sinne von Satz 8.16.

Satz 8.18 a) *Zwei unitär äquivalente selbstadjungierte Operatoren haben gleiche spektrale Vielfachheit.*

b) *Die spektrale Vielfachheit eines selbstadjungierten Operators T im separablen Hilbertraum ist gleich der Zahl der (nichttrivialen) Komponenten in jeder geordneten Spektraldarstellung von T.*

Beweis. a) Gilt $S = U^{-1}TU$ und sind $E(\cdot)$ und $F(\cdot)$ die Spektralscharen von T bzw. S, so gilt $F(\cdot) = U^{-1}E(\cdot)U$. Die Menge $\{E(t)h_\alpha : t \in \mathbb{R}, \alpha \in A\}$ ist genau dan total, wenn

$$\left\{F(t)U^{-1}h_\alpha : t \in \mathbb{R}, \alpha \in A\right\} = U^{-1}\left\{E(t)h_\alpha : t \in \mathbb{R}, \alpha \in A\right\}$$

total ist.

b) Wegen Teil a kann o. E. angenommen werden, daß

$$T = M_{\text{id}} \text{ in } \oplus_{j=1}^{N} L^2(\mathbb{R}, \varrho_j) \text{ mit } \varrho_{j+1} \text{ abs-stet-bzgl. } \varrho_j$$

ist ($N \leq \infty$). Es bleibt zu zeigen, daß für $M < N$ und Funktionen

$$h_l = (h_{l,1}, \ldots, h_{l,N}) \in \oplus_{j=1}^{N} L^2(\mathbb{R}, \varrho_j) \text{ mit } l = 1, \ldots, M$$

die Menge $\{\chi_{(-\infty,t]}h_l : t \in \mathbb{R}, l \leq M\}$ nicht total ist (Man beachte, daß M endlich ist).

Da für alle $j \leq M$ das Maß ϱ_{j+1} absolut stetig bezüglich ϱ_j ist, existieren nichtnegative ϱ_1-Dichten $r_j(\cdot)$ von ϱ_j für $j = 1, \ldots, M+1$. Sei S eine beschränkte ϱ_1-meßbare Teilmenge von $\mathbb{R}$ mit $r_{M+1}(x) > 0$ für $x \in S$; dann gilt $r_k(x) > 0$ ϱ_1-f.ü. in S für alle $k \leq M+1$. Sei $g = (g_1, \ldots, g_N)$ bzw. $(g_1, g_2, \ldots) : \mathbb{R} \to \mathbb{R}^N$ eine beschränkte ϱ_1-meßbare Funktion mit $g_j(x) = 0$ für $j > M+1$ und

$$\left\langle h_l(x), g(x) \right\rangle_{r(x)} := \sum_{j=1}^{M+1} r_j(x) \overline{h_{l,j}(x)} g_j(x) = 0 \text{ für } x \in S \text{ und } l \leq M;$$

eine solche Funktion g findet man z. B. so: Ist $i(x)$ der kleinste Index, für den $e_{i(x)} \notin L_x := L\{h_l(x) : l = 1, \ldots, M\}$ gilt (aus Dimensionsgründen gibt es ein solches $i(x)$), $g(x)$ die orthogonale Projektion von $e_{i(x)}$ auf das bezüglich $\langle \cdot, \cdot \rangle_{r(x)}$ orthogonale Komplement von L_x in $\mathbb{C}^{M+1}$. Dann ist $g \in \oplus_{j=1}^{N} L^2(\mathbb{R}, \varrho_j)$ und $g \perp \{\chi_{(-\infty,t]}h_l : t \in \mathbb{R}, l \leq M\}$, d.h. M ist nicht total. ∎

8.4 Funktionen selbstadjungierter Operatoren

Ist T ein selbstadjungierter Operator mit Spektralschar E, so schreiben wir im folgenden $u(T)$ („u von T") für den Operator u_E. Wir wissen bereits, daß für $u_z(t) = (t-z)^{-1}$ gilt $u_z(T) = (u_z)_E = (T-z)^{-1}$; diese Schreibweise wird gerechtfertigt durch Satz 8.8 g, h und durch den

Satz 8.19 *Ist T ein selbstadjungierter Operator mit Spektralschar E und $u(t) = \sum_{j=0}^{n} c_j t^j$, so ist $u_E = \sum_{j=0}^{n} c_j T^j$ (dabei ist $T^0 = I$).*

Beweis. Induktion nach n: Für $n=0$ ist die Aussage richtig, denn dann ist $u(t) = c_0$ und somit $u_E = c_0 I = c_0 T^0$. Sei die Aussage für Polynome der Ordnung $\leq n-1$ richtig, d.h. für $v(t) = \sum_{j=1}^{n} c_j t^{j-1}$ gilt $v(T) = \sum_{j=1}^{n} c_j T^{j-1}$. Wegen $u = v \cdot \mathrm{id} + c_0$ folgt aus Satz 8.8 h $u(T) \supset v(T)T + c_0 I = \left(\sum_{j=1}^{n} c_j T^{j-1} \right) T + c_0 I$. Für $n \geq 1$ ist $D(T) = D(\mathrm{id}_E) \supset D(u_E)$, also nach Satz 8.8 h

$$D(u(T)) = D(T) \cap D(u(T)) = D(v(T)T),$$

und somit folgt die Behauptung. ∎

Als wichtigste Anwendung betrachten wir die unitäre Gruppe, die durch einen selbstadjungierten Operator erzeugt wird: Wir haben im Abschnitt 7 gesehen, daß der infinitesimale Generator A einer einparametrigen unitären Gruppe $\{U(t) : t \in \mathbb{R}\}$ in der Form $A = -iT$ geschrieben werden kann mit einem selbstadjungierten Operator T (Satz 7.3). Für $x \in D(T)$ hatten wir gesehen, daß in diesem Fall das Anfangswertproblem

$$\frac{\mathrm{d}}{\mathrm{d}t}\psi(t) = -iT\psi(t), \quad \psi(0) = x \quad (t \in \mathbb{R}) \qquad (*)$$

die eindeutig bestimmte Lösung $\psi(t) = U(t)x$ hat (Satz 7.4). Wir können jetzt umgekehrt zeigen, daß jeder selbstadjungierte Operator T durch $U(t) = \exp(-itT)$ eine unitäre Gruppe erzeugt:

Satz 8.20 *Ist T ein selbstadjungierter Operator im komplexen Hilbertraum, so wird durch*

$$\left\{ U(t) : t \in \mathbb{R} \right\} = \left\{ \exp(-itT) : t \in \mathbb{R} \right\}$$

eine stark stetige einparametrige unitäre Gruppe erzeugt. Ihr infinitesimaler Generator ist $-iT$. Für jedes $x \in D(T)$ ist $\psi(t) = \exp(-itT)x$ die eindeutig bestimmte Lösung des Anfangswertproblems (∗).

Beweis. Nach Satz 8.8 h gilt für alle $t, t_1, t_2 \in \mathbb{R}$

$$U(t) \in B(X), \quad U(t)^* = U(-t) = U(t)^{-1}, \quad U(t_1)U(t_2) = U(t_1 + t_2).$$

Weiter gilt für alle $x \in X$ und $t, t' \in \mathbb{R}$

$$\left\|U(t)x - U(t')x\right\|^2 = \int \left|e^{-its} - e^{-it's}\right|^2 d_s \|E(s)x\|^2.$$

Der Integrand ist für alle s, t, t' durch 4 beschränkt und konvergiert für $t' \to t$ punktweise für alle $s \in \mathbb{R}$ gegen 0. Mit dem Satz von Lebesgue folgt also $U(t')x \to U(t)x$ für $t' \to t$. Also ist $\{U(t) : t \in \mathbb{R}\}$ eine stark stetige unitäre Gruppe.

Für alle $x \in X$ und $t \in \mathbb{R}$ gilt

$$\frac{1}{t}\Big(U(t) - I\Big)x = \int \frac{1}{t}\Big(e^{-its} - 1\Big) dE(s)x.$$

Wegen

$$\frac{1}{t}\Big(e^{-its} - 1\Big) \to -is \text{ für } t \to 0 \text{ und alle } s \in \mathbb{R},$$
$$\left|\frac{1}{t}\Big(e^{-its} - 1\Big)\right| \leq |s| \text{ für alle } t \in \mathbb{R} \setminus \{0\}, \ s \in \mathbb{R}$$

konvergiert $\frac{1}{t}\Big(e^{-its} - 1\Big)$ genau dann in $L^2(\mathbb{R}, \varrho_x)$ gegen $-is$, wenn id $\in L^2(\mathbb{R}, \varrho_x)$ gilt, d. h., wenn $x \in D(T)$ gilt. Der Grenzwert von $\frac{1}{t}\Big(U(t) - I\Big)x$ ist dann $-iTx$. Also ist der infinitesimale Generator $-iT$.

Die letzte Behauptung folgt nun aus Satz 7.4. ∎

Ist $T = M_g$ in $L^2(X, \mu)$ der Multiplikationsoperator mit einer Funktion $g : X \to \mathbb{C}$, so wird man erwarten, daß $u(T)$ der Multiplikationsoperator mit $u \circ g$ ist:

8.4 Funktionen selbstadjungierter Operatoren

Satz 8.21 *In $L^2(X,\mu)$ sei $T = M_g$ der Operator der Multiplikation mit der reellwertigen μ-meßbaren Funktion g auf X, $u: \mathbb{R} \to \mathbb{C}$ sei Borel-meßbar. Dann ist $u(T) = M_{u\circ g}$. Speziell gilt $\exp(-itT) = M_{\exp(-itg)}$.*

Beweis. Nach Beispiel 8.13 ist die Spektralschar von T gegeben durch $E(t) = \chi_{\{x\in X: g(x)\leq t\}}$, und für jede E-meßbare Teilmenge A von $\mathbb{R}$ und jedes $f \in L^2(X,\mu)$ ist

$$\varrho_f^E(A) = \int_{\{x\in X: g(x)\in A\}} |f(x)|^2 \, d\mu(x).$$

Ist $\varphi: \mathbb{R} \to \mathbb{C}$, $\varphi = \sum_{j=1}^n c_j \chi_{I_j}$ eine Treppenfunktion, so gilt für alle $f \in D(\varphi(T)) = L^2(X,\mu)$

$$\varphi(T)f = \varphi_E f = \sum c_j E(I_j) f = \sum c_j \chi_{\{x\in X: g(x)\in I_j\}} f = (\varphi \circ g) f,$$

und

$$\int |\varphi(t)|^2 \, d\varrho_f^E(t) = \|\varphi(T)f\|^2 = \int |\varphi(g(x))f(x)|^2 \, d\mu(x). \qquad (*)$$

Ist $u: \mathbb{R} \to \mathbb{C}$ eine beliebige E-meßbare Funktion und $f \in D(u(T))$, d.h. $u \in L^2(\mathbb{R}, \varrho_f)$, so existiert eine Folge (φ_n) von Treppenfunktionen, die im Sinne von $L^2(\mathbb{R}, \varrho_f^E)$ und ϱ_f^E-f.ü. gegen u konvergiert. Es gilt also $\varphi_n(t) \to u(t)$ für alle $t \in \mathbb{R} \setminus N$ mit

$$0 = \varrho_f^E(N) = \int_{\{x\in X: g(x)\in N\}} |f(x)|^2 \, d\mu(x).$$

Insbesondere ist $f(x) = 0$ μ-f.ü. in N, und somit gilt $\varphi_n(g(x)) \cdot f(x) \to u(g(x)) \cdot f(x)$ für μ-f.a. $x \in X$. Da nach $(*)$ die $L^2(\mathbb{R}, \varrho_f^E)$-Konvergenz von (φ_n) äquivalent ist zur $L^2(X,\mu)$-Konvergenz von $(\varphi_n \circ g) \cdot f$, ist also $(u \circ g) \cdot f$ in $L^2(X,\mu)$, d.h. es gilt $f \in D(M_{u\circ g})$ und $M_{u\circ g} f = u(T) f$, also $u(T) \subset M_{u\circ g}$. Da beide Operatoren normal sind, folgt die Gleichheit. ∎

Ist $u(t) = \sqrt{t}$ für $t \geq 0$, so ist offenbar für jeden positiven selbstadjungierten Operator T durch $u(T)$ eine positive Quadratwurzel erklärt.

Satz 8.22 a) *Jeder positive selbstadjungierte Operator T hat genau eine positive selbstadjungierte Quadratwurzel.*

b) *Jeder dicht definierte abgeschlossene Operator A vom Hilbertraum X_1 in einen Hilbertraum X_2 läßt sich schreiben in der Form $A = U|A|$ mit $|A| = (A^*A)^{1/2}$ und einer partiellen Isometrie U mit Anfangsmenge $\overline{R(|A|)}$ und Endmenge $\overline{R(A)}$; man nennt dies die* polare Zerlegung. *Es gilt $D(|A|) = D(A)$ und $\||A|x\| = \|Ax\|$ für alle $x \in D(A)$, d.h. A und $|A|$ sind metrisch gleich.*

Beweis. a) Die Existenz haben wir bereits oben gesehen. Ist A eine positive selbstadjungierte Quadratwurzel mit Spektralschar E, so ist durch $F(\lambda) := 0$ für $\lambda < 0$, $F(\lambda) := E(\sqrt{\lambda})$ für $\lambda \geq 0$ die Spektralschar von $A^2 = T$ beschrieben (denn es gilt $A^2 = \int t^2 dE(t) = \int \lambda dE(\sqrt{\lambda}) = \int \lambda dF(\lambda)$, wie man an den zugehörigen Riemannsummen erkennt). Die Eindeutigkeit der Spektralschar von T liefert also die Eindeutigkeit von A.

b) Nach Satz 4.11 ist A^*A ein positiver selbstadjungierter Operator in X_1, hat also eine eindeutig bestimmte Quadratwurzel $|A| = (A^*A)^{1/2}$. $D(A^*A)$ ist determinierender Bereich von A und $|A|$. Da auf $D(A^*A)$ gilt

$$\||A|x\|^2 = \langle |A|x, |A|x \rangle = \langle x, |A|^2 x \rangle = \langle x, A^*Ax \rangle = \|Ax\|^2,$$

stimmen $D(|A|)$ und $D(A)$ einschließlich der zugehörigen Graphennormen überein, insbesondere sind A und $|A|$ metrisch gleich.

Definieren wir $V : R(|A|) \to X_2$ durch

$$V(|T|x) = Tx \quad \text{für jedes } |T|x \in R(|T|),$$

so ist offenbar V isometrisch von $R(|T|)$ auf $R(T)$. Dann ist $U = \overline{V}$ eine isometrische Abbildung von $\overline{R(|T|)}$ auf $\overline{R(T)}$. ∎

Satz 8.23 *Sei T ein selbstadjungierter Operator mit Spektralschar E im Hilbertraum X, Y ein abgeschlossener Teilraum von X, P_Y die orthogonale Projektion auf Y. Ist Y reduzierender Teilraum für T, so ist es auch reduzierender Teilraum für $u(T)$ für jede E-meßbare Funktion u.*

Beweis. Ist $x \in D(u(T))$, d.h. $u \in L^2(\mathbb{R}, d\varrho_x)$, so ist nach Satz 8.15

$$\varrho_{P_Y x}(A) = \|E(A)P_Y x\|^2 = \|P_Y E(A)x\|^2 \leq \|E(A)x\|^2 = \varrho_x(A),$$

also $u \in L^2(\mathbb{R}, d\varrho_{P_Y x})$, d. h. $P_Y x \in D(u(T))$, und entsprechend $P_{Y^\perp} x \in D(u(T))$. Da offensichtlich auch $u(T) P_Y x \subset Y$ und $u(T) P_{Y^\perp} x \subset Y^\perp$ gilt, ist Y ein reduzierender Teilraum für $u(T)$. ∎

8.5 Spektrum und Spektralschar

Da die Spektralschar E eines selbstadjungierten Operators T diesen eindeutig bestimmt, muß sie alle Informationen über T erhalten. Insbesondere müssen an ihr alle spektralen Eigenschaften von T ablesbar sein. Dies kommt durch die folgenden Sätze zum Ausdruck.

Nachdem wir das *Spektrum* und die *Eigenwerte* (eine spezielle Teilmenge des Spektrums) bereits kennen, definieren wir zwei weitere Teilmengen des Spektrums: Das *wesentliche Spektrum* $\sigma_e(T)$ (e steht für essential) eines selbstadjungierten Operators T ist die Menge der reellen Zahlen, die
- Eigenwerte unendlicher Vielfachheit, oder
- Häufungspunkte des Spektrums (oder auch beides)

sind. Offenbar ist $\sigma_e(T)$ eine abgeschlossene Teilmenge von $\sigma(T)$.

Das *diskrete Spektrum* $\sigma_d(T)$ ist die Menge der Eigenwerte endlicher Vielfachheit, die isolierte Punkte von $\sigma(T)$ sind; dies ist also ebenfalls eine (i. allg. allerdings nicht abgeschlossene) Teilmenge von $\sigma(T)$, $\sigma_d(T) = \sigma(T) \setminus \sigma_e(T)$.

Die im folgenden Satz enthaltenen Aussagen zur Charakterisierung der Eigenwerte, des Spektrums, des wesentlichen Spektrums und des diskreten Spektrums sind bewußt formal sehr ähnlich formuliert, damit die Unterschiede besonders auffallen.

Satz 8.24 *Sei T ein selbstadjungierter Operator im Hilbertraum X mit Spektralschar E, $\lambda \in \mathbb{R}$. Die folgenden Eigenschaften (i), ..., (iii) bzw. (iv) sind jeweils äquivalent:*

a) (i) λ *ist Eigenwert von* T,
   (ii) *es gibt eine Cauchyfolge* (x_n) *aus* $D(T)$ *mit* $x_n \not\to 0$ *und* $(T-\lambda)x_n \to 0$,
   (iii) $E(\{\lambda\}) := E(\lambda) - E(\lambda-) \neq 0$, *d. h.* λ *ist eine Sprungstelle von* E.

b) (i) $\lambda \in \sigma(T)$,
   (ii) *es gibt eine Folge* x_n *aus* $D(T)$ *mit* $x_n \not\to 0$ *und* $(T-\lambda)x_n \to 0$,

(iii) *für jedes $\varepsilon > 0$ ist $E(\lambda + \varepsilon) - E(\lambda - \varepsilon) \neq 0$, d.h. λ ist eine Wachstumsstelle von E,*

(iv) $(\lambda - z)^{-1} \in \sigma((T-z)^{-1})$ *für ein/alle $z \in \varrho(T)$.*

c) (i) $\lambda \in \sigma_e(T)$,

(ii) *es gibt eine Folge (x_n) aus $D(T)$ mit $x_n \not\to 0$, $x_n \xrightarrow{w} 0$ und $(T-\lambda)x_n \to 0$; eine solche Folge heißt eine* singuläre Folge *zu T und λ,*

(iii) *Für jedes $\varepsilon > 0$ gilt $\dim(E(\lambda + \varepsilon) - E(\lambda - \varepsilon)) = \infty$.*
(Eine der Bedingungen (iv) aus Teil b entsprechende Aussage für das wesentliche Spektrum wird in Satz 9.15a bewiesen.)

d) (i) $\lambda \in \sigma_d(T)$,

(ii) *es gibt eine Folge (x_n) aus $D(T)$ mit $x_n \not\to 0$ und $(T-\lambda)x_n \to 0$, und jede Folge dieser Art enthält eine konvergente Teilfolge.*

(iii) $E(\{\lambda\}) \neq 0$ *ist endlichdimensional und es gibt ein $\varepsilon > 0$, mit $E(\lambda + \varepsilon) - E(\lambda - \varepsilon) = E(\{\lambda\})$.*

e) *In allen Fällen a bis d gilt:*

(α) Ist D ein determinierender Bereich von T, so kann die Folge (x_n) mit der Eigenschaft (ii) aus D gewählt werden.

(β) Ist (x_n) eine Folge mit der Eigenschaft (ii) und $\delta > 0$, so hat auch die Folge $y_n := (E(\lambda + \delta) - E(\lambda - \delta))x_n$ diese Eigenschaft.

Beweis. **a) (i)$\Rightarrow$(ii):** Ist $x \neq 0$ ein Eigenelement von T zum Eigenwert λ, so kann man $x_n := x$ für alle $n \in \mathbb{N}$ wählen.

(ii)$\Rightarrow$(i): Da T abgeschlossen ist, ist $x := \lim_{n\to\infty} x_n \in D(T)$, und es gilt $x \neq 0$ und $(T-\lambda)x = \lim_{n\to\infty}(T-\lambda)x_n = 0$, d.h. λ ist Eigenwert von T.

(i)$\Rightarrow$(iii): Annahme: $E(\{\lambda\}) = 0$. Dann gilt für alle $x \in D(T)$, wegen $(t-\lambda)^2 > 0$ für ϱ_x-f.a. $t \in \mathbb{R}$,

$$\|(T-\lambda)x\|^2 = \int (t-\lambda)^2 \, d\varrho_x(t) > 0,$$

d.h. λ ist nicht Eigenwert, im Widerspruch zu (i).

(iii)$\Rightarrow$(i): Für $x \in R(E(\{\lambda\}))\setminus\{0\}$ gilt, wegen $(t-\lambda)^2 = 0$ für ϱ_x-f.a. $t \in \mathbb{R}$,

$$\|(T-\lambda)x\|^2 = \int (t-\lambda)^2 \, d\varrho_x(t) = 0,$$

8.5 Spektrum und Spektralschar

d. h. λ ist Eigenwert von T.

b) (i)$\Rightarrow$(iii): Annahme: Es gibt ein $\varepsilon > 0$ mit $E(\lambda + \varepsilon) - E(\lambda - \varepsilon) = 0$. Dann gilt für alle $x \in D(T)$, wegen $(t - \lambda)^2 \geq \varepsilon^2$ für ϱ_x-f. a. $t \in \mathbb{R}$,

$$\|(T - \lambda)x\|^2 = \int (t - \lambda)^2 \, d\varrho_x(t) \geq \varepsilon^2 \|x\|^2,$$

d. h. $(T - \lambda)$ ist stetig invertierbar, im Widerspruch zu (i).

(iii)$\Rightarrow$(ii): Für $x_n \in R\big(E(\lambda + \tfrac{1}{n}) - E(\lambda - \tfrac{1}{n})\big)$ mit $\|x_n\| = 1$ gilt, wegen $(t - \lambda)^2 \leq n^{-2}$ für ϱ_{x_n}-f. a. $t \in \mathbb{R}$, also

$$\|(T - \lambda)x_n\|^2 = \int (t - \lambda)^2 \, d\varrho_{x_n}(t) \leq \frac{1}{n^2}\|x_n\|^2 = \frac{1}{n^2} \to 0.$$

(ii)$\Rightarrow$(i): Wegen (ii) ist $T - \lambda$ nicht stetig invertierbar, also $\lambda \in \sigma(T)$.

(iii)$\Leftrightarrow$(iv): $(T - z)^{-1} - (\lambda - z)^{-1} = \int \{(t - z)^{-1} - (\lambda - z)^{-1}\} \, dE(t)$ ist genau dann stetig invertierbar, wenn $\left|(t - z)^{-1} - (\lambda - z)^{-1}\right|$ E-f. ü. nach unten beschränkt ist, d. h., wenn ein $\varepsilon > 0$ existiert mit $E(\lambda + \varepsilon) = E(\lambda - \varepsilon)$.

c) (i)$\Rightarrow$(ii): Ist λ unendlich-vielfacher Eigenwert, so kann für (x_n) z. B. jede orthonormale Folge aus dem Eigenraum $N(T - \lambda)$ gewählt werden. Ist λ Häufungspunkt von $\sigma(T)$, so gibt es eine Folge (λ_n) aus $\sigma(T)$ (natürlich i. allg. keine Eigenwerte) mit $\lambda_n \to \lambda$, $\lambda_n \neq \lambda$ und $\lambda_n \neq \lambda_m$ für $n \neq m$. Es gibt weiter $\varepsilon_n > 0$ so, daß die Intervalle $(\lambda_n - \varepsilon_n, \lambda_n + \varepsilon_n]$ disjunkt sind (natürlich gilt $\varepsilon_n \to 0$). Wegen $\lambda_n \in \sigma(T)$ ist $E(\lambda_n + \varepsilon_n) - E(\lambda_n - \varepsilon_n) \neq 0$. Für $x_n \in R\big(E(\lambda_n + \varepsilon_n) - E(\lambda_n - \varepsilon_n)\big)$ mit $\|x_n\| = 1$ gilt also $x_n \perp x_m$ für $n \neq m$, also $x_n \xrightarrow{w} 0$ und

$$\|(T - \lambda)x_n\|^2 = \int_{|t - \lambda_n| \leq \varepsilon_n} (t - \lambda)^2 \, d\varrho_{x_n}(t) \leq \big(|\lambda_n - \lambda| + \varepsilon_n\big)^2 \|x_n\|^2$$
$$= \big(|\lambda_n - \lambda| + \varepsilon_n\big)^2 \to 0 \text{ für } n \to \infty.$$

(ii)$\Rightarrow$(iii): Annahme: Es gibt ein $\varepsilon > 0$ mit $\dim(E(\lambda + \varepsilon) - E(\lambda - \varepsilon)) < \infty$. Dann ist $P := E(\lambda + \varepsilon) - E(\lambda - \varepsilon)$ beschränkt und endlichdimensional, also kompakt, und es gilt $Px_n \to 0$. Damit folgt

$$\|(T-\lambda)x_n\|^2 = \int (t-\lambda)^2 \, d\varrho_{x_n}(t) \geq \int_{\mathbb{R}\setminus(\lambda-\varepsilon,\lambda+\varepsilon]} (t-\lambda)^2 \, d\varrho_{x_n}(t)$$

$$\geq \varepsilon^2 \int \left(1 - \chi_{(\lambda-\varepsilon,\lambda+\varepsilon]}(t)\right) d\varrho_{x_n}(t) = \varepsilon^2 \left(\|x_n\|^2 - \|Px_n\|^2\right) \not\to 0,$$

im Widerspruch zu (ii).

(iii)$\Rightarrow$(i): Ist $\dim(E(\lambda) - E(\lambda-)) = \infty$, so ist λ unendlichvielfacher Eigenwert, also $\lambda \in \sigma_e(T)$. Ist $\dim(E(\lambda+\varepsilon) - E(\lambda-\varepsilon)) = \infty$ für alle $\varepsilon > 0$, aber $\dim E(\{\lambda\}) < \infty$, so enthält nach Teil b das Intervall $(\lambda-\varepsilon, \lambda+\varepsilon]$ für jedes $\varepsilon > 0$ mindestens einen von λ verschiedenen Punkt des Spektrums; also ist λ Häufungspunkt von $\sigma(T)$, d.h. es gilt $\lambda \in \sigma_e(T)$.

d) (i)$\Rightarrow$(iii): Da λ endliche Vielfachheit hat, ist $N(T-\lambda) = R(E(\{\lambda\}))$ endlichdimensional. Da außerdem in einer Umgebung $(\lambda-\varepsilon, \lambda+\varepsilon]$ keine weiteren Spektralpunkte liegen, gibt es dort keine Wachstumspunkte, d.h. es gilt $E(\{\lambda\}) = E(\lambda+\varepsilon) - E(\lambda-\varepsilon)$.

(iii)$\Rightarrow$(ii): Jede normierte Folge (x_n) aus $R(E(\{\lambda\}))$ hat die gewünschte Eigenschaft. Ist (x_n) eine beliebige Folge mit $(T-\lambda)x_n \to 0$, $y_n := x_n - E(\{\lambda\})x_n = E(\mathbb{R}\setminus(\lambda-\varepsilon, \lambda+\varepsilon])x_n$, so gilt $\varepsilon\|y_n\| \leq \|(T-\lambda)y_n\| \leq \|(T-\lambda)x_n\| \to 0$, also $\|x_n - E(\{\lambda\})x_n\| \to 0$; da $R(E(\{\lambda\}))$ endlichdimensional ist, enhält $(E(\{\lambda\})x_n)$ eine konvergente Teilfolge, was dann auch für (x_n) gilt.

(ii)$\Rightarrow$(i): Ohne Einschränkung kann die Folge (x_n) als konvergent angenommen werden; dann ist $x = \lim_{n\to\infty} x_n$ Eigenelement zum Eigenwert λ. Wäre λ unendlichvielfacher Eigenwert oder Häufungspunkt des Spektrums, so wäre jede orthogonale Folge (x_n) aus $R(E(\{\lambda\})$ eine Folge mit Eigenschaft (ii), die keine konvergente Teilfolge enthält, im Widerspruch zu (ii).

e) (α) Da D ein determinierender Bereich von T ist, kann eine Folge (y_n) aus D gewählt werden mit $y_n - x_n \to 0$ und $T(y_n - x_n) \to 0$. Dann hat die Folge (y_n) alle gewünschten Eigenschaften.

(β) Sei $P := I - E(\lambda+\delta) + E(\lambda-\delta)$, $z_n := Px_n$. Dann gilt $\delta^2\|z_n\|^2 \leq \|(T-\lambda)x_n\|^2 \to 0$, also $z_n \to 0$. Damit gelten für $y_n := x_n - z_n$ die gewünschten Eigenschaften. ∎

Korollar 8.25 *Sei T selbstadjungiert mit Spektralschar E.*

8.5 Spektrum und Spektralschar

a) *Für $-\infty \leq \lambda < \mu \leq \infty$ gilt $k := \dim(E(\mu-) - E(\lambda)) < \infty$ genau dann, wenn in (λ, μ) nur endlich viele Eigenwerte endlicher Vielfachheit und keine weiteren Spektralpunkte liegen. Die Gesamtvielfachheit (= Summe der Vielfachheiten) ist k.*

b) *Ist $(\lambda, \mu) \cap \sigma_e(T) \neq \emptyset$, so ist $\dim(E(\mu-) - E(\lambda)) = \infty$; ist $\dim(E(\mu) - E(\lambda-)) = \infty$, so ist $[\lambda, \mu] \cap \sigma_e(T) \neq \emptyset$.*

c) *T ist genau dann halbbeschränkt nach unten (bzw. oben), wenn ein $\lambda \in \mathbb{R}$ existiert mit $\dim E(\lambda) < \infty$ (bzw. $\dim(I - E(\lambda)) < \infty)$.*

Insbesondere kann die Halbbeschränktheit eines selbstadjungierten Operators wie folgt charakterisiert werden:

Satz 8.26 *Für einen selbstadjungierten Operator T sind die folgenden Aussagen äquivalent:*

(i) *T ist halbbeschränkt nach unten mit unterer Schranke γ,*

(ii) *$E(t) = 0$ für $t < \gamma$,*

(iii) *$(-\infty, \gamma) \subset \varrho(T)$.*

Beweis. (i)$\Rightarrow$(iii): Für $\lambda < \gamma$ und alle $x \in D(T)$ mit $\|x\| = 1$ gilt

$$\|(T - \lambda)x\| \geq \langle x, (T - \lambda)x \rangle \geq (\gamma - \lambda)\|x\|^2 = \gamma - \lambda,$$

d. h. $T - \lambda$ ist stetig invertierbar, $\lambda \in \varrho(T)$ (vgl. Satz 5.15).

(iii)$\Rightarrow$(ii): Wegen $(-\infty, \gamma) \subset \varrho(T)$ ist nach Satz 8.24 b dort $E(.)$ konstant, also $E(t) = 0$ für $t \in (-\infty, \gamma)$.

(ii)$\Rightarrow$(i): Für alle $x \in D(T)$ gilt

$$\langle x, Tx \rangle = \int t \, d\varrho_x(t) = \int_{[\gamma, \infty)} t \, d\varrho_x(t) \geq \gamma \int_{[\gamma, \infty)} d\varrho_x(t) = \gamma \|x\|^2,$$

d. h. T hat untere Schranke γ. ∎

Wir können nun einen eventuellen diskreten unteren Teil des Spektrums eines halbbeschränkten Operators mit Hilfe der zugehörigen Form (vgl. Abschnitt 4.2) analog zum Min–Max-Prinzip für kompakte Operatoren (Satz 3.17) beschreiben.

Satz 8.27 *Sei s eine abgeschlossene nach unten beschränkte hermitesche Sesquilinearform, T der durch s erzeugte selbstadjungierte Operator.*

a) *Es gilt* $\min \sigma(T) = \inf \{s(x,x) : x \in D(s), \|x\| = 1\}$.

b) *Für die durch*

$$\lambda_n := \sup_{y_1,\ldots,y_{n-1} \in D(S)} \inf \{s(x,x) : x \in D(s), x \perp y_1,\ldots,y_{n-1}\}$$

definierten Zahlen gilt

(i) (λ_n) *ist nichtfallend*, $\lambda_n \to \lambda_\infty \leq \infty$,

(ii) *die* $\lambda_n < \lambda_\infty$ *sind genau die Eigenwerte von T unterhalb* λ_∞,

(iii) $\lambda_\infty = \min \sigma_e(T)$ *(= ∞, falls T rein diskretes Spektrum hat).*

Beweis. Ohne Einschränkung können wir annehmen, daß T positiv ist. Es gilt $D(s) = D(T^{1/2})$, $\|T^{1/2}x\|^2 = s(x,x)$ und

$$\min \sigma(T) = (\min \sigma(T^{1/2}))^2$$
$$= \inf \{s(x,x) = \|T^{1/2}x\|^2 : x \in D(s) = D(T^{1/2}), \|x\| = 1\}.$$

Damit ist Teil a bewiesen.

b) (i) ist offensichtlich.

(ii) Seien e_n die orthonomierten Eigenelemente zu den nichtfallend geordneten Eigenwerten $\mu_n < \min \sigma_e(T)$.

Wählt man $y_j := e_j$ für $j = 1,\ldots,n-1$, so ist

$$\inf \{s(x,x) : x \in D(s), x \perp y_1,\ldots,y_{n-1}\} \geq \mu_n,$$

also ist $\lambda_n \geq \mu_n$.

Andererseits gibt es zu *beliebigen* $y_1,\ldots,y_{n-1}$ ein $x \in L\{e_1,\ldots,e_n\} \cap \{y_1,\ldots,y_{n-1}\}^\perp$, $\|x\| = 1$. Für dieses gilt $s(x,x) \leq \mu_n$. Also ist $\lambda_n \leq \mu_n$.

(iii) folgt unmittelbar aus (ii). ∎

Für die Untersuchung des Spektrums in einer Lücke des wesentlichen Spektrums ist der folgende Satz nützlich:

8.5 Spektrum und Spektralschar

Satz 8.28 *Sei T ein selbstadjungierter Operator im Hilbertraum X, $X = X_1 \oplus X_2 \oplus X_3$ mit $\dim X_3 = m < \infty$. Für die orthogonalen Projektionen P_j auf X_j gelte $P_j D(T) \subset D(T)$ für $j = 1, 2, 3$. Gilt*

$$\langle x, Tx \rangle \begin{cases} \leq a\|x\|^2 & \text{für } x \in P_1 D(T), \\ \geq b\|x\|^2 & \text{für } x \in P_2 D(T), \end{cases}$$

so besteht $(a,b) \cap \sigma(T)$ nur aus endlich vielen isolierten Eigenwerten mit Gesamtvielfachheit $\leq m$.

Beweis. Ohne Einschränkung können wir annehmen, daß $(a,b) = (-c,c)$ gilt, d. h. es gilt

$$\langle x, Tx \rangle \begin{cases} \leq -c\|x\|^2 & \text{für } x \in P_1 D(T), \\ \geq c\|x\|^2 & \text{für } x \in P_2 D(T). \end{cases}$$

Aus der Annahme, daß $\dim E((-c,c)) > m$ gilt, folgt die Existenz eines $x \in \left(R(E((-c,c))) \cap X_3^\perp\right) \setminus \{0\}$; es gilt also wegen $x \in R(E((-c,c)))$

$$\|Tx\|^2 = \int_{(-c,c)} t^2 \, d\|E(t)x\|^2 < c^2 \|x\|^2.$$

Da außerdem $x = P_1 x + P_2 x$ ist, folgt mit $|\alpha_1| = |\alpha_2| = 1$

$$|\langle Tx, P_1 x \rangle| + |\langle P_2 x, Tx \rangle| = \alpha_1 \langle P_1 x, Tx \rangle + \alpha_2 \langle P_2 x, Tx \rangle$$
$$= \left\langle \overline{\alpha_1} P_1 x + \overline{\alpha_2} P_2 x, Tx \right\rangle \leq \left\| \overline{\alpha_1} P_1 x + \overline{\alpha_2} P_2 x \right\| \|Tx\|$$
$$= \left(\|P_1 x\|^2 + \|P_2 x\|^2 \right)^{1/2} \|Tx\| = \|x\| \|Tx\| < c\|x\|^2.$$

Damit folgt

$$c\|P_2 x\|^2 \leq \langle P_2 x, T P_2 x \rangle = \langle P_2 x, Tx \rangle - \langle P_2 x, T P_1 x \rangle$$
$$= \langle P_2 x, Tx \rangle - \langle Tx, P_1 x \rangle + \langle P_1 x, T P_1 x \rangle$$
$$\leq |\langle P_2 x, Tx \rangle| + |\langle Tx, P_1 x \rangle| - c\|P_1 x\|^2$$
$$< c\|x\|^2 - c\|P_1 x\|^2 = c\|P_2 x\|^2,$$

ein Widerspruch. ■

Das entsprechende Resultat für den Fall, wo (a,b) eine Halbgerade ist, ist wesentlich einfacher:

Satz 8.29 a) *Sei T ein selbstadjungierter Operator in X, X_1 ein abgeschlossener Teilraum mit* $\dim X_1^\perp = m < \infty$. *Für die orthogonale Projektion P_1 auf X_1 gelte $P_1 D(T) \subset D(T)$, und es sei*

$$\langle x, Tx \rangle \geq b\|x\|^2 \text{ für } x \in P_1 D(T).$$

Dann besteht $(-\infty, b) \cap \sigma(T)$ nur aus endlich vielen isolierten Eigenwerten mit Gesamtvielfachheit $\leq m$; insbesondere ist T nach unten halbbeschränkt.

b) *Sei T selbstadjungiert in X, X_1 ein m-dimensionaler Teilraum von $D(T)$, und für alle $x \in X_1$ gelte $\langle x, Tx \rangle \leq a\|x\|^2$. Dann ist $\dim E(a) \geq m$.*

Beweis. a) Dies kann durch Anwendung des vorhergehenden Satzes auf jedes Intervall (a, b) mit $a < b$ gefolgert werden, kann aber viel einfacher direkt gezeigt werden: Wäre $\dim E(b-) > m$, so gäbe es ein $x \in \big(X_1 \cap R(E(b-))\big) \setminus \{0\}$, also

$$b\|x\|^2 \leq \langle x, Tx \rangle < b\|x\|^2$$

(wobei die erste Ungleichung aus $x \in X_1$, die zweite aus $x \in R(E(b-))$ folgt); das ist ein Widerspruch.

b) Wäre $\dim E(a) < m$, so gäbe es ein

$$x \in R(E(a))^\perp \cap X_1 = R(E((a, \infty))) \cap X_1, \; x \neq 0.$$

Für dieses x würde gelten

$$\langle x, Tx \rangle \leq a\|x\|^2 < \langle x, Tx \rangle$$

(wobei die erste Ungleichung aus $x \in X_1$, die zweite aus $x \in R(E((a, \infty)))$ folgt), ein Widerspruch. ∎

8.6 Halbordnung selbstadjungierter Operatoren

Für selbstadjungierte Operatoren S und T aus $B(X)$ definiert man
$S \leq T$ durch $\langle x, Sx\rangle \leq \langle x, Tx\rangle$ für alle $x \in X$, bzw.
$S < T$ durch $\langle x, Sx\rangle < \langle x, Tx\rangle$ für alle $x \in X \setminus \{0\}$;
natürlich schreiben wir dafür auch $T \geq S$ bzw. $T > S$. Speziell heißt S *positiv* oder *nicht negativ* (bzw. *strikt positiv*), wenn gilt $S \geq 0$ (bzw. $S > 0$).

Satz 8.30 *Sei X ein Hilbertraum, S und T aus $B(X)$ selbstadjungierte Operatoren.*

a) *Es gilt $S \leq T$ (bzw. $S < T$) genau dann, wenn $\|S^{1/2}x\| \leq \|T^{1/2}x\|$ für alle $x \in X$ (bzw. $\|S^{1/2}x\| < \|T^{1/2}x\|$ für alle $x \in X \setminus \{0\}$) gilt.*

b) *Ist außerdem $S \geq \alpha I$ mit einem $\alpha > 0$, so sind die folgenden Aussagen äquivalent:*

(i) $S \leq T$ (bzw. $S < T$),
(ii) $\|S^{1/2}T^{-1/2}\| \leq 1$ (bzw. $\|S^{1/2}T^{-1/2}x\| < \|x\|$ für $x \neq 0$),
(iii) $\|T^{-1/2}S^{1/2}\| \leq 1$ (bzw. $\|T^{-1/2}S^{1/2}x\| < \|x\|$ für $x \neq 0$),
(iv) $T^{-1} \leq S^{-1}$ (bzw. $T^{-1} < S^{-1}$).

Beweis. Wir betrachten generell nur den Fall „$\leq$" und überlassen den Fall „$<$" dem Leser.

a) Offenbar ist $S \leq T$ äquivalent zu
$$\|S^{1/2}x\|^2 = \langle x, Sx\rangle \leq \langle x, Tx\rangle = \|T^{1/2}x\|^2 \text{ für } x \in X.$$

b) (i)$\Rightarrow$(ii): Aus (i) folgt mit Teil a $\|S^{1/2}x\| \leq \|T^{1/2}x\|$ für alle $x \in X$, und daraus $\|S^{1/2}T^{-1/2}x\| \leq \|T^{1/2}T^{-1/2}x\| = \|x\|$ für alle $x \in X$, d.h. $\|S^{1/2}T^{-1/2}\| \leq 1$.

(ii)$\Rightarrow$(i): Aus $\|S^{1/2}T^{-1/2}\| \leq 1$ folgt $\|S^{1/2}x\| = \|S^{1/2}T^{-1/2}T^{1/2}x\| \leq \|T^{1/2}x\|$ für alle $x \in X$, und somit (i) mit Teil a.

(ii)$\Rightarrow$(iii) folgt aus $\|T^{-1/2}S^{1/2}\| = \|(S^{1/2}T^{-1/2})^*\| = \|S^{1/2}T^{-1/2}\| \leq 1$.

(iii)$\Rightarrow$(ii) ergibt sich aus (ii)$\Rightarrow$(iii) aus Symmetriegründen.

(iii)$\Leftrightarrow$(iv): Ist die gleiche Aussage wie (i)$\Leftrightarrow$(ii), wenn man S und T durch S^{-1} und T^{-1} ersetzt. ∎

Für unbeschränkte Operatoren ist die Situation wesentlich komplizierter. Wir erinnern daran, daß wir in Abschnitt 4.2 jeder abgeschlossenen halbbeschränkten hermiteschen Sesquilinearform t eindeutig einen selbstadjungierten Operator T zugeordnet haben. Jedem halbbeschränkten symmetrischen Operator S wird umgekehrt eine auf $D(S)$ definierte abschließbare halbbeschränkte hermitesche Sesquilinearform s zugeordnet, deren Abschluß $\bar{s}$ wieder einen selbstadjungierten Operator erzeugt, die Friedrichsfortsetzung von S. Da für einen halbbeschränkten selbstadjungierten Operator T die Friedrichsfortsetzung gleich T ist, hat man also eine umkehrbar eindeutige Zuordnung zwischen abgeschlossenen halbbeschränkten hermiteschen Sesquilinearformen und halbbeschränkten selbstadjungierten Operatoren. Dies benutzt man, um eine Halbordnung für halbbeschränkte selbstadjungierte Operatoren zu definieren:

Sind S und T halbbeschränkte selbstadjungierte Operatoren mit zugehörigen abgeschlossenen Sesquilinearformen s und t, so definiert man

$$S \leq T \quad \text{durch} \quad D(t) \subset D(s) \quad \text{und} \quad s(x,x) \leq t(x,x) \quad \text{für } x \in D(t)$$

bzw.

$$S < T \quad \text{durch} \quad D(t) \subset D(s) \quad \text{und} \quad s(x,x) < t(x,x) \quad \text{für } x \in D(t) \setminus \{0\}.$$

Dies ist offenbar gleichbedeutend mit $D(T^{1/2}) \subset D(S^{1/2})$ und $\|S^{1/2}x\| \leq \|T^{1/2}x\|$ für $x \in D(T^{1/2})$ bzw. $\|S^{1/2}x\| < \|T^{1/2}x\|$ für $x \in D(T^{1/2}) \setminus \{0\}$. (Es wäre naheliegend, die Ordnung durch $D(T) \subset D(S)$ und $\langle x, Sx \rangle \leq \langle x, Tx \rangle$ zu definieren; Satz 9.9 liefert, daß dies eine stärkere Forderung wäre). Auch in dieser allgemeinen Situation nennen wir S *positiv* bzw. *strikt positiv*, wenn gilt $\|S^{1/2}x\| \geq 0$ für $x \in D(S^{1/2})$ bzw. $\|S^{1/2}x\| > 0$ für $x \in D(S^{1/2}) \setminus \{0\}$ (d. h. wenn $S \geq 0$ bzw. $S > 0$ gilt); der Leser überzeuge sich selbst davon, daß dies äquivalent ist zu $\langle x, Sx \rangle \geq 0$ für $x \in D(S)$ bzw. $\langle x, Sx \rangle > 0$ für $x \in D(S) \setminus \{0\}$.

Völlig analog zu obigem Satz gilt jetzt:

Satz 8.31 *Seien S und T strikt positive selbstadjungierte Operatoren im Hilbertraum X. Dann sind die folgenden Aussagen äquivalent:*

(i) $S \leq T$,

8.6 Halbordnung selbstadjungierter Operatoren

(ii) $D(T^{1/2}) \subset D(S^{1/2})$ und $\|S^{1/2}T^{-1/2}x\| \leq \|x\|$ für $x \in D(T^{-1/2})$,

(iii) $D(S^{-1/2}) \subset D(T^{-1/2})$ und $\|T^{-1/2}S^{1/2}x\| \leq \|x\|$ für $x \in D(S^{1/2})$,

(iv) $T^{-1} \leq S^{-1}$.

Der *Beweis* ist nur unwesentlich einfacher als der des folgenden viel allgemeineren Satzes, für den noch ein paar Vorbereitungen nötig sind.

Wir betrachten Operatoren T in einem Hilbertraum X, die als Operatoren in dem abgeschlossenen Unterraum $X_T := \overline{D(T)}$ als selbstadjungierte Operatoren wirken. Die *Quasiinverse* $\widehat{T}$ von T definieren wir durch

$$D(\widehat{T}) = R(T) \oplus X_T^\perp, \quad \widehat{T}(x+y) = \left(T|_{D(T) \ominus N(T)}\right)^{-1} x$$

für $x \in R(T)$ und $y \in X_T^\perp$; bei dieser Definition lassen wir uns von der Vorstellung leiten, daß T auf dem Teilraum $X_T^\perp$, wo es nicht definiert ist, „unendlich groß", also die Inverse gleich Null ist. Auf dem Nullraum von T ist entsprechend die Inverse „unendlich groß", also nicht definiert. Es gilt also stets $N(\widehat{T}) = X_T^\perp$, $N(T) = X_{\widehat{T}}^\perp$ bzw. $X_{\widehat{T}} = N(T)^\perp$; und somit

$$D(\widehat{\widehat{T}}) = R(\widehat{T}) \oplus X_{\widehat{T}}^\perp = \left(D(T) \ominus N(T)\right) \oplus N(T) = D(T),$$

$$\widehat{\widehat{T}}(x+y) = Tx = T(x+y) \quad \text{für } x \in D(T) \ominus N(T) \text{ und } y \in N(T),$$

d. h. es ist $\widehat{\widehat{T}} = T$. Außerdem ist $(\widehat{T})^{1/2} = \widehat{(T^{1/2})}$, falls $T \geq 0$ ist.

Wir betrachten im folgenden halbbeschränkte Operatoren S und T die selbstadjungiert sind als Operatoren in abgeschlossenen Teilräumen X_S bzw. X_T; diese werden also durch abgeschlossene halbbeschränkte hermitesche Sesquilinearformen s und t auf dichten Teilräumen von X_S bzw. X_T erzeugt.

Die Ordnungsrelation $S \leq T$ ist wie oben definiert (die Tatsache, daß jetzt unter Umständen $X_T = \overline{D(T)} = \overline{D(t)} \neq \overline{D(S)} = \overline{D(s)} = X_S$, $X_T \neq X$ und $X_S \neq X$ gilt, stört dabei nicht).

Satz 8.32 *Seien S und T positive selbstadjungierte Operatoren in Teilräumen $X_S = \overline{D(S)}$ bzw. $X_T = \overline{D(T)}$ in X. Dann sind die folgenden Aussagen äquivalent:*

(i) $S \leq T$ (d.h. $D(T^{1/2}) \subset D(S^{1/2})$ und $\|S^{1/2}x\| \leq \|T^{1/2}x\|$ für $x \in D(T^{1/2})$),

(ii) $D(T^{1/2}) \subset D(S^{1/2})$, $N(T) \subset N(S)$ und $\|S^{1/2}\widehat{T}^{1/2}x\| \leq \|x\|$ für $x \in D(\widehat{T}^{1/2})$ (beachte $R(\widehat{T}^{1/2}) \subset D(T^{1/2}) \subset D(S^{1/2})$),

(iii) $D(\widehat{S}^{1/2}) \subset D(\widehat{T}^{1/2})$, $N(\widehat{S}) \subset N(\widehat{T})$ und $\|\widehat{T}^{1/2}S^{1/2}x\| \leq \|x\|$ für $x \in D(S^{1/2})$ (beachte $R(S^{1/2}) \subset D(\widehat{S}^{1/2}) \subset D(\widehat{T}^{1/2})$),

(iv) $\widehat{T} \leq \widehat{S}$ (d.h. $D(\widehat{S}^{1/2}) \subset D(\widehat{T}^{1/2})$ und $\|\widehat{T}^{1/2}x\| \leq \|\widehat{S}^{1/2}x\|$ für $x \in D(\widehat{S}^{1/2})$).

Bemerkung 8.33 Die Voraussetzung $N(T) \subset N(S)$ in (ii) bzw. $N(\widehat{S}) \subset N(\widehat{T})$ in (iii) war in Satz 8.31 nicht nötig, da dort aus der strikten Positivität folgt $N(T) = N(S) = N(\widehat{T}) = N(\widehat{S}) = \{0\}$. Hier ist sie unverzichtbar, wie folgendes Beispiel zeigt: Für $S = I$ und $T = 0$ mit $D(S) = D(T) = X$ gilt zwar $D(T^{1/2}) = D(S^{1/2})$ und $\|S^{1/2}\widehat{T}^{1/2}x\| \leq \|x\|$ für $x \in D(\widehat{T}^{1/2}) = \{0\}$, also (ii) ohne $N(T) \subset N(S)$, aber keine der Eigenschaften (i), (iii) und (iv).

Beweis von Satz 8.32. (Für den Fall des vorhergehenden Satzes 8.31 vereinfacht sich der Beweis etwas durch die Tatsache, daß die Definitionsbereiche von $S, T, \widehat{S}$ und $\widehat{T}$ in X dicht sind – d.h., daß $X_S = X_T = X_{\widehat{S}} = X_{\widehat{T}} = X$ gilt – und $N(S) = N(T) = N(\widehat{S}) = N(\widehat{T}) = \{0\}$ gilt.)

Wie im Beweis von Satz 8.30 genügt es, (i)$\Leftrightarrow$(ii) und (ii)$\Rightarrow$(iii) zu beweisen.

(i)$\Rightarrow$(ii): Aus (i) folgt $D(T^{1/2}) \subset D(S^{1/2})$ und $N(T) \subset N(S)$. Wegen $D(\widehat{T}^{1/2}) = R(T^{1/2}) \oplus N(\widehat{T})$ hat jedes $x \in D(\widehat{T}^{1/2})$ die Form $x = y + z$ mit $y \in R(T^{1/2})$ und $z \in N(\widehat{T})$. Also gilt

$$\|S^{1/2}\widehat{T}^{1/2}x\| \leq \|T^{1/2}\widehat{T}^{1/2}(y+z)\| = \|y\| \leq \|y+z\| = \|x\|.$$

(ii)$\Rightarrow$(i): Aus (ii) folgt $D(T^{1/2}) \subset D(S^{1/2})$. Wegen $D(T^{1/2}) = R(\widehat{T}^{1/2}) \oplus N(T)$ hat jedes $x \in D(T^{1/2})$ die Gestalt $x = y+z$ mit $y = \widehat{T}^{1/2}y_0 \in R(\widehat{T}^{1/2})$, $y_0 \in R(T^{1/2})$ und $z \in N(T) \subset N(S)$. Also gilt

$$\|S^{1/2}x\| = \|S^{1/2}(\widehat{T}^{1/2}y_0 + z)\| = \|S^{1/2}\widehat{T}^{1/2}y_0\|$$
$$\leq \|y_0\| = \|T^{1/2}y\| = \|T^{1/2}(y+z)\| = \|T^{1/2}x\|.$$

8.6 Halbordnung selbstadjungierter Operatoren

(ii)⇒(iii): Es gilt $D(\widehat{S}^{1/2}) = R(S^{1/2}) \oplus N(\widehat{S}) = R(S^{1/2}) \oplus X_S^\perp$. Wegen $X_S \supset X_T$ ist $N(\widehat{S}) = X_S^\perp \subset X_T^\perp = N(\widehat{T}) \subset D(\widehat{T}^{1/2})$. Es bleibt also zu zeigen:

$$R(S^{1/2}) \subset D(\widehat{T}^{1/2}) \quad \text{und} \quad \|\widehat{T}^{1/2}S^{1/2}x\| \leq \|x\| \quad \text{für } x \in D(S^{1/2}).$$

Für jedes $x \in D(S^{1/2})$ bzw. $S^{1/2}x \in R(S^{1/2})$ ist

$$F_x : D(\widehat{T}^{1/2}) \to \mathbb{K}, \quad F_x(y) = \langle S^{1/2}x, \widehat{T}^{1/2}y \rangle$$

ein stetiges lineares Funktional auf $D(\widehat{T}^{1/2})$, denn es gilt für alle $y \in D(\widehat{T}^{1/2})$

$$|F_x(y)| = |\langle S^{1/2}x, \widehat{T}^{1/2}y \rangle| = |\langle x, S^{1/2}\widehat{T}^{1/2}y \rangle| \leq \|x\|\|y\|.$$

Deshalb ist $S^{1/2}x \in D((\widehat{T}^{1/2})^*) = D(\widehat{T}^{1/2})$ (Adjungierte im Sinne der Operatoren im Hilbertraum X_T) und

$$|\langle \widehat{T}^{1/2}S^{1/2}x, y \rangle| \leq \|x\|\|y\| \quad \text{für alle } y \in D(\widehat{T}^{1/2}).$$

Da $D(\widehat{T}^{1/2})$ in $X_{\widehat{T}}$ dicht ist, folgt $\|\widehat{T}^{1/2}S^{1/2}x\| \leq \|x\|$. ■

Satz 8.34 *Seien S und T halbbeschränkte selbstadjungierte Operatoren in abgeschlossenen Teilräumen X_S bzw. X_T des Hilbertraumes X, $S \leq T$.*

a) *Für jedes $\lambda \in \mathbb{R}$ ist $\dim E_T(\lambda) \leq \dim E_S(\lambda)$.*

b) *Hat S rein diskretes Spektrum unterhalb λ, so gilt dies auch für T, $\min \sigma_e(S) \leq \min \sigma_e(T)$.*

Beweis. a) Sei γ eine untere Schranke von S (und damit von T). Dann ist für jedes $\lambda \in \mathbb{R}$ (nur $\lambda > \gamma$ sind interessant) $R(E_T(\lambda)) = R(E_T(\lambda) - E_T(\gamma_-)) \subset D(T) \subset D(t) \subset D(s)$ und $s(x,x) \leq t(x,x) = \langle x, Tx \rangle \leq \lambda \|x\|^2$ für alle $x \in R(E_T(\lambda))$. Also gilt $\dim E_S(\lambda) \geq \dim E_T(\lambda)$, denn sonst gäbe es ein $x_0 \in R(E_T(\lambda)) \cap R(E_S(\lambda))^\perp$, und für dieses würde gelten $t(x_0,x_0) = \langle x_0, Tx_0 \rangle \leq \lambda \|x_0\|^2 < \langle x_0, Sx_0 \rangle = s(x_0,x_0)$, ein Widerspruch.

b) ist eine unmittelbare Konsequenz aus Teil a. ■

8.7 Übungen

8.1 a) Ist E eine Spektralschar, $u : \mathbb{R} \to \mathbb{K}$ stetig und $-\infty < a < b < \infty$, so kann das Integral $\int_a^b u(t)\, \mathrm{d}E(t)$ als Riemann–Stieltjes–Integral erklärt werden, d. h. es ist Normlimes von Zerlegungssummen $\sum_{j=1}^n u(t_j)(E(t_j) - E(t_{j-1}))$ mit $a = t_0 < t_1 < \ldots < t_n = b$, wenn die maximale Intervalllänge gegen 0 strebt.

b) Gilt $u(t) \to 0$ für $|t| \to \infty$, so kann $\int_{-\infty}^\infty u(t)\, \mathrm{d}E(t)$ als uneigentliches Riemann–Stieltjes–Integral erklärt werden.

8.2 Sei E eine Spektralschar im Hilbertraum X.

a) Für jede Folge (x_n) aus X gibt es ein $x \in X$ so, daß jede ϱ_x-Nullmenge eine ϱ_{x_n}-Nullmenge ist für alle $n \in \mathbb{N}$.

b) Ist X separabel, so existiert ein $x_0 \in X$ so, daß jede ϱ_{x_0}-Nullmenge eine ϱ_x-Nullmenge ist für alle $x \in X$.

c) Ist X separabel und $u : \mathbb{R} \to \mathbb{K}$ eine E-meßbare Funktion, so existiert eine Folge (u_n) von Treppenfunktionen, die ϱ_x-f. ü. gegen u konvergiert für alle $x \in X$.

8.3 Sei E die Spektralschar in $\oplus_{\alpha \in A} L^2(\mathbb{R}, \varrho_\alpha)$ aus Beispiel 8.2. Eine Funktion $u : \mathbb{R} \to \mathbb{C}$ ist genau dann E-meßbar, wenn sie ϱ_α-meßbar ist für alle $\alpha \in A$.

8.4 Sei E eine Spektralschar im Hilbertraum X. Eine Teilmenge $A \subset \mathbb{R}$ heißt *E-meßbar*, wenn die charkteristische Funktion χ_A E-meßbar ist. Für eine E-meßbare Teilmenge $A \subset \mathbb{R}$ sei der Operator $E(A)$ in X definiert durch $E(A) := (\chi_A)_E$, d. h. (vgl. Satz 8.8 j)

$$D(E(A)) = X, \quad E(A)x = (\chi_A)_E x = \int \chi_A(t)\, \mathrm{d}E(t)x.$$

a) Für jede E-meßbare Teilmenge $A \subset \mathbb{R}$ ist $E(A)$ eine orthogonale Projektion.

b) Für disjunkte E-meßbare Teilmengen $A, B \subset \mathbb{R}$ gilt

$$E(A)E(B) = 0, \quad E(A \cup B) = E(A) + E(B).$$

8.7 Übungen 319

c) Für E-meßbare Teilmengen A_n ($n \in \mathbb{N}$) gilt

$$E\Big(\bigcup_{n=1}^{\infty} A_n\Big) = \operatorname*{s-lim}_{N\to\infty} E\Big(\bigcup_{n=1}^{N} A_n\Big).$$

Sind die A_n disjunkt, so gilt

$$E\Big(\bigcup_{n=1}^{\infty} A_n\Big) = \operatorname*{s-lim}_{N\to\infty} \sum_{n=1}^{N} E(A_n) =: \sum_{n=1}^{\infty} E(A_n).$$

E ist also ein σ-additives projektionswertiges Maß auf der σ-Algebra der E-meßbaren Teilmenge von $\mathbb{R}$ (*Spektralmaß*).

8.5 Sei E eine Spektralschar im Hilbertraum X. Eine Teilmenge N von $\mathbb{R}$ heißt eine *E-Nullmenge*, wenn sie für jedes $x \in X$ eine ϱ_x-Nullmenge ist. Entsprechend sagt man, eine Eigenschaft in $\mathbb{R}$ gilt *E-fast überall* (E-f.ü.), wenn sie für alle t außerhalb einer E-Nullmenge gilt.

a) $N \subset \mathbb{R}$ ist genau dann eine E-Nullmenge, wenn χ_N E-meßbar ist und $E(N) = (\chi_N)_E = 0$ gilt.

b) Ist T der zu E gehörige selbstadjungierte Operator, so ist $\mathbb{R} \setminus \sigma(T)$ eine E-Nullmenge.

c) Ist $|u(t)| \leq C$ für E-f.a. $t \in \mathbb{R}$, so ist $u_E \in B(X)$ und $\|u_E\| \leq C$.

d) Ist $u(t) \in \mathbb{R}$ für E-f.a. $t \in \mathbb{R}$, so ist u_E selbstadjungiert.

e) Ist $u(t) \geq \gamma$ (bzw. $\leq \gamma$) für E-f.a. $t \in \mathbb{R}$, so ist $\langle x, u_E x\rangle \geq \gamma\|x\|^2$ (bzw. $\leq \gamma\|x\|^2$) für alle $x \in D(u_E)$, d.h. es gilt $u_E \geq \gamma I$ (bzw. $u_E \leq \gamma I$) im Sinne von Abschnitt 8.6.

f) Ist E die Spektralschar von T und sind u und v E-meßbar mit $u(t) = v(t)$ für $t \in \sigma(T)$, so gilt $u(T) = v(T)$. Hat T reines Punktspektrum, so kann hier $\sigma(T)$ durch die Menge der Eigenwerte ersetzt werden.

8.6 In $L^2(\mathbb{R}, \varrho)$ sei die Spektralschar E durch $E(t)f = \chi_{(-\infty,t]}f$ gegeben.

a) Ist $h : \mathbb{R} \to \mathbb{R}$ eine Funktion aus $L^2(\mathbb{R}, \varrho)$, die ϱ-f.ü. ungleich 0 ist, z.B.

$$h(t) = \frac{1}{n} \frac{1}{\varrho((-n-1,-n]) + \varrho(n,n+1])^{-1}}$$

für $t \in (-n-1, n] \cup [n, n+1)$, so ist h ein maximales Element bezüglich E.

b) Eine Funktion $u : \mathbb{R} \to \mathbb{C}$ ist genau dann E-meßbar, wenn sie ϱ-meßbar ist.

8.7 Man beweise Analoga zu Satz 8.7 und zum Spektraldarstellungssatz 8.16 (ohne „geordnet") für den nicht–separablen Fall. *Anleitung*: Zornsches Lemma.

8.8 Sei X ein reeller Hilbertraum, T ein selbstadjungierter Operator in X, $X_\mathbb{C}$ und $T_\mathbb{C}$ seien die Komplexifizierungen von X bzw. T, K die durch $K : x+iy \mapsto x-iy$ für $x, y \in X$ definierte Konjugation in $X_\mathbb{C}$ (vgl. Abschnitt 4.4).

a) Es gilt $KT_\mathbb{C} = T_\mathbb{C} K$ und $K(T_\mathbb{C} - z)^{-1} = (T_\mathbb{C} - \overline{z})^{-1} K$ für $z \in \varrho(T_\mathbb{C}) = \varrho(T) \cup \{\mathbb{C} \setminus \mathbb{R}\}$.

b) Ist $E_\mathbb{C}$ die Spektralschar von $T_\mathbb{C}$, so gilt $KE_\mathbb{C}(t) = E_\mathbb{C}(t)K$ für alle $t \in \mathbb{R}$. *Anleitung*: Man benutze die Stonesche Formel.

c) Durch $E(t) = E_\mathbb{C}(t)\big|_X$ für $t \in \mathbb{R}$ ist eine Spektralschar in X mit $T = \mathrm{id}_E$ erklärt.

d) E ist die einzige Spektralschar mit $T = \mathrm{id}_E$.

8.9 Mit Hilfe der Stoneschen Formel berechne man die Spektralschar einer orthogonalen Projektion P ($P = 0, P = I, 0 \neq P \neq I$).

8.10 Ist T ein selbstadjungierter Operator mit Spektralschar E, und ist $(T-z)^{-1}$ ein Carlemanoperator für ein $z \in \varrho(T)$, so ist $E(J)$ ein Carlemanoperator für jedes beschränkte Intervall J. *Anleitung*: Man stelle $E(J)$ in der Form $(T-z)^{-1} B(J)$ mit $B(J) \in B(X)$ dar.

8.11 Sei T ein selbstadjungierter Operator mit Spektralschar E. Für $p > 0$ sei $T^p = \int t^p \, dE(t)$ (wobei t^p auf $\mathbb{R}$ geeignet definiert sei, insbesondere ist $|t^p| = |t|^p$).

a) $D_0 := \bigcup \{R(E(I)) : I \text{ beschränkte Intervalle}\}$ ist ein determinierender Bereich von T^p für alle $p > 0$ (insbesondere auch für $T = T^1$).

b) Ist $p < q$, so gilt für alle $x \in D(T^q)$ $\|T^p x\| \leq \|T^q x\|^{p/q} \|x\|^{(q-p)/q}$. *Anleitung*: Höldersche Ungleichung auf $\|T^p x\|^2 = \int |t|^{2p} \cdot 1 \, d\|E(t)x\|^2$ anwenden.

8.7 Übungen

c) Unter den Voraussetzungen von Teil b gilt auch

$$\|T^p x\| \leq \{\|x\|^2 + \|T^q x\|^2\}^{1/2} \text{ für alle } x \in D(T^q).$$

d) Ist D determinierender Bereich von T^q und $p < q$, so ist D determinierender Bereich von T^p.

8.12 Sei T ein selbstadjungierter Operator in X mit Spektralschar E, M ein abgeschlossener Teilraum von X. Es gilt $M = R(E(t))$ genau dann, wenn $D(T) = (M \cap D(T)) \oplus (M^\perp \cap D(T)$ und $\langle x, Tx \rangle \leq t\|x\|^2$ für $x \in D(T) \cap M$ und $\langle x, Tx \rangle > t\|x\|^2$ für $x \in D(T) \cap M^\perp$, $x \neq 0$.

8.13 Sei T ein selbstdadjungierter Operator mit Spektralschar E, $a, b \in \varrho(T)$ und Γ eine positiv orientierte Jordankurve, für die $(a, b) \cap \sigma(T)$ im Innern von Γ liegt und alle anderen Punkte des Spektrums im Äußeren. Dann gilt im Sinne des Riemannintegrals $E(b) - E(a) = -(2\pi i)^{-1} \int_\Gamma R(T, z) \, dz$.

8.14 Sei T ein selbstadjungierter Operator im komplexen Hilbertraum mit Spektralschar E. Für jede E-meßbare Funktion $u : \mathbb{R} \to \mathbb{C}$ ist e^{-itT} in $D(u(T))$ stetig bezüglich der $u(T)$-Graphennorm.

8.15 Sei X ein unendlichdimensionaler Hilbertraum.

a) Für jeden selbstadjungierten Operator $T \in B(X)$ gilt $\sigma_e(T) \neq \emptyset$.

b) Ein selbstadjungierter beschränkter Operator T in X ist genau dann kompakt, wenn $\sigma_e(T) = \{0\}$ gilt.

c) Jedes von $\{0\}$ verschiedene zweiseitige Ideal J in $B(X)$ enthält alle endlichdimensionalen Operatoren; ist J normabgeschlossen, so enthält es alle kompakten Operatoren.

d) Ist X separabel und J ein zweiseitiges Ideal in $B(X)$, das einen nichtkompakten Operator A enthält, so enthält es auch den Einheitsoperator (d.h. *die kompakten Operatoren bilden das einzige nichttriviale abgeschlossene zweiseitige Ideal in $B(X)$*). *Anleitung*: Mit A ist auch A^*A in J. Es gibt einen unendlichdimensionalen Teilraum M, auf dem A^*A eine stetige Inverse B besitzt. Ist U isometrisch mit Anfangsmenge X und Endmenge M, so gilt $I = U^*BA^*AU$.

8.16 Ist T ein positiver selbstadjungierter Operator und $\lambda > 0$, so gilt im Sinne des uneigentlichen Riemannintegrals

$$(T - \lambda)^{-1} = \frac{1}{\lambda} \int_0^\infty e^{-s} \cos(\lambda^{-1/2} s T^{1/2}) \, ds.$$

8.17 Ist T selbstadjungiert und sind $u, v : \mathbb{R} \to \mathbb{R}$ Borel–meßbar, so gilt $u(v(T)) = (u \circ v)(T)$ (links wird der selbstadjungierte Operator $v(T)$ in die Funktion u eingesetzt, rechts wird T in die Funktion $u \circ v$ eingesetzt).

8.18 Seien T_1 und T_2 selbstadjungiert mit $D(T_1) = D(T_2)$.

a) T_1 hat genau dann rein diskretes Spektrum, wenn dies für T_2 gilt.

b) Sind $\{\lambda_j^{(1)}\}$ bzw. $\{\lambda_j^{(2)}\}$ die Eigenwerte von T_1 bzw. T_2 (jeweils mit Vielfachheit gezählt), so gilt $|\lambda_j^{(2)}| \leq a|\lambda_j^{(1)}| + b$ und $|\lambda_j^{(1)}| \leq a|\lambda_j^{(2)}| + b$ für alle j, mit geeigneten Zahlen $a > 0$ und $b \geq 0$. *Anleitung:* Man benutze $(T_2 - i)^{-1} = (T_2 - i)^{-1}(T_1 - i)(T_1 - i)^{-1}$, die Beschränktheit von $(T_2 - i)^{-1}(T_1 - i)$ und Satz 8.27.

c) Was kann man sagen, wenn $D(T_1) \subset D(T_2)$ gilt?

8.19 Sei T selbstadjungiert, $u : \mathbb{R} \to \mathbb{R}$ stetig

a) Es gilt $\sigma(u(T)) = \overline{u(\sigma(T))}$ (mit $u(A) := \{u(t) : t \in A\}$). Gilt $|u(t)| \to \infty$ für $|t| \to \infty$, so kann auf den Abschluß verzichtet werden.

b) Ist u strikt monoton, so ist $\sigma_e(u(T)) = \overline{u(\sigma_e(T))}$. Gilt außerdem $|u(t)| \to \infty$ für $|t| \to \infty$, so kann auf den Abschluß verzichtet werden.

c) In Teil b kann auf die strikte Monotonie nicht verzichtet werden.

8.20 Mit dem Zornschen Lemma beweise man Analoga zu den Sätzen 8.7 und 8.10 im nicht–separablen Fall.

9 Störungstheorie selbstadjungierter Operatoren

Nur für relativ wenige sehr spezielle selbstadjungierte Operatoren können die Resolvente, das Spektrum und die Spektralschar bzw. eine Spektraldarstellung explizit berechnet werden. Hier setzt die Störungstheorie an: Wenn ein Operator „wenig" verändert (gestört) wird, erwartet man auch geringfügige Änderung der oben genannten Objekte. Oder anders gesehen, wenn man einen hinreichend nahe „benachbarten" Operator gut kennt, sollte man auch etwas über den ursprünglichen Operator aussagen können. Viele der hier dargestellten Resultate gehen auf F. RELLICH und T. KATO zurück.

Die Selbstadjungiertheit und die wesentliche Selbstadjungiertheit bleiben erhalten, wenn die Störung symmetrisch ist und eine relative Schranke < 1 hat, also insbesondere, wenn sie beschränkt ist. Die damit zusammenhängenden Fragen untersuchen wir in Abschnitt 9.1. Insbesondere werden wir auch sehen, daß die Halbbeschränktheit erhalten bleibt (i. allg. mit einer anderen unteren Schranke).

Das Spektrum (wie auch dessen Teile, z. B. die Eigenwerte oder das wesentliche Spektrum) ändert sich natürlich i. allg. bei Störungen; so wird es bei Addition von αI natürlich um α verschoben. Das wesentliche Spektrum bleibt andererseits erhalten, wenn die Störung eine geeignete (relative) Kompaktheitsbedingung erfüllt, insbesondere wenn sie kompakt ist. Im Abschnitt 9.2 beweisen wir dieses und zahlreiche allgemeinere Resultate.

Häufig kann ein spezieller Operator nur schwer oder gar nicht im Detail untersucht werden, es gibt aber eine Folge von leichter zugänglichen Operatoren, die in geeigneter Weise gegen diesen Operator konvergieren. Für beschränkte Operatoren bietet sich hier die Normkonvergenz oder die starke Konvergenz an (die schwache Konvergenz ist ungeeignet, vgl. Aufgabe 9.14). Im allgemeinen Fall tritt an ihre Stelle die Norm- oder starke Resolventenkonvergenz. Im Fall der Normresolventenkonvergenz folgt insbesondere die Konvergenz des Spektrums und des wesentlichen Spektrums als Mengen. Für die starke Resolventenkonvergenz erhält man die starke Konvergenz der Spektralschar, woraus eine Halbstetigkeit des Spektrums folgt. Eine für die Anwendung auf Differentialoperatoren wichtige Verallagemeinerung ist schließlich die Ausdehnung dieser Begriffsbildung und der entsprechenden Resultate auf Folgen von Operatoren, die in unterschiedlichen Räumen wirken.

9.1 Störungen selbstadjungierter Operatoren

Das nächste Ziel ist der Beweis des Satzes von RELLICH-KATO, eines wichtigen Resultats über die Stabilität der Selbstadjungiertheit, sowie einiger Verallgemeinerungen dieses Satzes. Wir stellen eine interessante Formel für die relative Schranke eines Operators bezüglich eines selbstadjungierten Operators voran:

Satz 9.1 *Sei T ein selbstadjungierter Operator im komplexen Hilbertraum, V ein Operator mit $D(T) \subset D(V)$. V ist genau dann T-beschränkt, wenn $c := \limsup_{\eta \to \pm\infty} \|V(T - i\eta)^{-1}\|$ endlich ist; c ist die T-Schranke von V. Der Limes superior ist tatsächlich ein Limes.*

Beweis. Gilt $\|Vx\|^2 \leq a^2\|x\|^2 + b^2\|Tx\|^2$ für alle $x \in D(T)$ (o. E. kann $b > 0$ angenommen werden), so gilt für alle $\alpha > 0$ und $x \in X$

$$\|V(T \pm i\alpha)^{-1}x\|^2 \leq a^2\|(T \pm i\alpha)^{-1}x\|^2 + b^2\|T(T \pm i\alpha)^{-1}x\|^2$$
$$= b^2\left\{\frac{a^2}{b^2}\|(T \pm i\alpha)^{-1}x\|^2 + \|T(T \pm i\alpha)^{-1}x\|^2\right\}$$
$$= b^2\left\|\left(T \pm i\frac{a}{b}\right)(T \pm i\alpha)^{-1}x\right\|^2.$$

Wählen wir speziell $\alpha = a/b$, so folgt

$$\left\|V\left(T \pm i\frac{a}{b}\right)^{-1}\right\| \leq b,$$

also, da in dieser Ungleichung a beliebig groß gewählt werden kann,

$$\limsup_{\eta \to \pm\infty} \|V(T - i\eta)^{-1}\| \leq b.$$

Da dies für alle zulässigen b gilt, die größer als die T-Schranke von V sind, ist $\limsup_{\eta \to \pm\infty} \|V(T - i\eta)^{-1}\|$ höchstens gleich der T-Schranke.

9.1 Störungen selbstadjungierter Operatoren

Ist umgekehrt $\|V(T \pm i\alpha)^{-1}\| \leq b$ für ein $\alpha > 0$, so gilt

$$\|Vx\| = \|V(T \pm i\alpha)^{-1}(T \pm i\alpha)x\| \leq b\|(T \pm i\alpha)x\|$$
$$\leq b\alpha\|x\| + b\|Tx\|,$$

d. h. V ist T-beschränkt mit T-Schranke $\leq b$. Also ist die T-Schranke von V höchstens gleich $\liminf_{\eta \to \pm\infty} \|V(T - i\eta)^{-1}\|$; insbesondere folgt die Existenz des Limes. ∎

Satz 9.2 (Rellich-Kato) a) *Ist T selbstadjungiert und V symmetrisch und T-beschränkt mit T-Schranke < 1, so ist $T + V$ selbstadjungiert.*

b) *Ist T wesentlich selbstadjungiert und V symmetrisch und T-beschränkt mit T-Schranke < 1, so ist $T+V$ wesentlich selbstadjungiert, $\overline{T+V} = \overline{T}+\overline{V}$.*

(Für eine verschärfte und symmetrische Version des Satzes sei auf Aufgabe 9.3 verwiesen.)

Beweis. Wegen Satz 4.20 genügt es, den Beweis im komplexen Hilbertraum durchzuführen.

a) Nach Satz 9.1 gilt $\|V(T\pm i\eta)^{-1}\| < 1$ für hinreichend großes η. Nach dem Satz über die Stabilität der stetigen Invertierbarkeit 5.5 ist also mit $T \pm i\eta$ auch $T + V \pm i\eta$ bijektiv, d. h. $T + V$ ist selbstadjungiert nach Satz 5.14.

b) Wir zeigen zunächst, daß $\overline{V}$ $\overline{T}$-beschränkt ist mit der gleichen relativen Schranke wie V bezüglich T: Gilt $\|Vx\| \leq a\|x\| + b\|Tx\|$ für alle $x \in D(T)$, und ist $y \in D(\overline{T})$, so gibt es eine Folge (x_n) aus $D(T)$ mit $x_n \to y$ und $Tx_n \to \overline{T}y$. Daraus folgt mit der relativen Beschränktheit auch die Konvergenz von (Vx_n), d. h. es gilt $y \in D(\overline{V})$ und $\|\overline{V}y\| = \lim \|Vx_n\| \leq \lim (a\|x_n\|+b\|Tx_n\|) = a\|y\|+b\|\overline{T}y\|$. Da $\overline{T}$ selbstadjungiert ist und $\overline{V}$ symmetrisch, ist nach Teil a also $\overline{T}+\overline{V}$ selbstadjungiert mit $D(\overline{T}+\overline{V}) = D(\overline{T})$. Da für jedes $x \in D(\overline{T})$ eine Folge (x_n) aus $D(T)$ existiert mit $x_n \to x$ und $(T+V)x_n \to (\overline{T}+\overline{V})x$, folgt $\overline{T}+\overline{V} = \overline{T+V}$. ∎

Als eine erste einfache Anwendung betrachten wir Störungen der Differentialoperatoren T_n aus Abschnitt 6.5

Satz 9.3 *Sei T ein durch $\tau_n = (-i)^n \, \mathrm{d}^n/\mathrm{d}x^n$ erzeugter selbstadjungierter Operator in $L^2(a,b)$, d.h. $T_{n,0} \subset T = T^* \subset T_n$; σ sei ein Differentialausdruck der Gestalt*

$$\sigma f(x) = \sum_{j=0}^{n} a_j(x) \frac{\mathrm{d}^j}{\mathrm{d}x^j} f(x)$$

mit

$$c := \sup\left\{|a_n(x)| : x \in (a,b)\right\} < 1 \quad \text{und}$$
$$\sup\left\{|a_j(x)| : x \in (a,b), j=0,1,\ldots,n-1\right\} < \infty.$$

Ist der durch

$$D(S) = D(T), \quad Sf = \sigma f$$

erklärte Operator symmetrisch, so ist $T + S$ selbstadjungiert.

Beweis. Mit Satz 6.24 folgt die T-Beschränktheit von S mit T-Schranke $c < 1$. Damit folgt die Behauptung aus dem Satz von Rellich–Kato. ∎

Satz 9.4 *Sei T selbstadjungiert, V symmetrisch mit $D(V) \supset D(T)$. Ist $T + \mu V$ abgeschlossen für alle $\mu \in [0,1]$, so ist $T + V$ selbstadjungiert.*

Beweis. Wir zeigen im folgenden: Es gibt $a \geq 0$ und $b \geq 0$ mit

$$\|Vx\| \leq a\|x\| + b\|(T+\mu V)x\| \quad \text{für alle } x \in D(T),\ \mu \in [0,1].$$

Wählt man dann $m \in \mathbb{N}$ so groß, daß $b/m < 1$ ist, so folgt sukzessive die Selbstadjungiertheit von

$$T + \frac{1}{m}V,\ T + \frac{2}{m}V,\ \ldots,\ T + \frac{m}{m}V = T + V.$$

9.1 Störungen selbstadjungierter Operatoren

Da $T+\tau V$ abgeschlossen ist, und V abschließbar mit $D(V) \supset D(T+\tau V) = D(T)$, ist V für jedes $\tau \in [0,1]$ $(T+\tau V)$-beschränkt (Satz 4.7), d.h. es gibt $a_\tau \geq 0$ und $b_\tau \geq 0$ mit

$$\|Vx\| \leq a_\tau \|x\| + b_\tau \|(T+\tau V)x\| \quad \text{für alle } x \in D(T).$$

Also gilt für μ mit $|\mu - \tau| < 1/2b_\tau$

$$\|Vx\| \leq a_\tau \|x\| + b_\tau \|(T+\mu V)x\| + b_\tau |\tau - \mu| \|Vx\|$$
$$\leq a_\tau \|x\| + b_\tau \|(T+\mu V)x\| + \frac{1}{2}\|Vx\|,$$
$$\|Vx\| \leq 2a_\tau \|x\| + 2b_\tau \|(T+\mu V)x\|.$$

Das kompakte Intervall $[0,1]$ wird durch die offenen Intervalle $(\tau - 1/2b_\tau, \tau + 1/2b_\tau)$, $\tau \in [0,1]$, überdeckt. Es genügen also endlich viele $\tau_1, \ldots, \tau_n \in [0,1]$, um $[0,1]$ mit den zugehörigen Intervallen zu überdecken. V ist also $(T+\mu V)$-beschränkt für alle $\mu \in [0,1]$ mit relativer Schranke $b = \max\{2b_{\tau_j} : j = 1,..,n\}$. ∎

Für den Spezialfall der relativen Schranke 1, in dem tatsächlich $b = 1$ gewählt werden kann, liefert der folgende Satz wenigstens noch die wesentliche Selbstadjungiertheit von $T+V$.

Satz 9.5 (R. Wüst) *Sei T wesentlich selbstadjungiert, V symmetrisch mit $D(V) \supset D(T)$. Existiert ein $a \geq 0$ mit $\|Vx\| \leq a\|x\| + \|Tx\|$ für alle $x \in D(T)$, so ist $T+V$ wesentlich selbstadjungiert.*

Beweis. Wir zeigen zuerst, daß wir o.E. annehmen können, daß T selbstadjungiert ist (trotzdem ist $T+V$ i. allg. nur wesentlich selbstadjungiert): Offenbar gilt $D(\overline{T}) \subset D(\overline{V})$ und $\|\overline{V}x\| \leq a\|x\| + \|\overline{T}x\|$ für alle $x \in D(\overline{T})$. Aus der wesentlichen Selbstadjungiertheit von $\overline{T}+\overline{V}$ und $\overline{T}+\overline{V} \subset \overline{T+V}$ folgt dann die wesentliche Selbstadjungiertheit von $T+V$.

Sei also T selbstadjungiert, $S := T+V$. Wir zeigen $R(S-\mu)^\perp = \{0\}$ für $\mu = \pm i$. Sei $t_n \in (0,1)$ mit $t_n \to 1$, $S_n := T + t_n V$. Dann gilt für $x \in D(T)$

$$\|(S-S_n)x\| = (1-t_n)\|Vx\| \leq a\|x\| + \|Tx\| - t_n\|Vx\|$$
$$\leq a\|x\| + \|(T+t_n V)x\| = a\|x\| + \|S_n x\|.$$

Sei nun $y \perp R(S - \mu)$. Da S_n selbstadjungiert ist (Satz von Rellich-Kato), gibt es $x_n \in D(S_n) = D(T)$ mit $(S_n - \mu)x_n = y$ für alle $n \in \mathbb{N}$. Wegen $\|x_n\| \leq \|(S_n - \mu)x_n\| = \|y\|$ (beachte $\mu = \pm i$) gilt

$$\limsup_{n \to \infty} \|x_n\| \leq \|y\|,$$

$$\limsup_{n \to \infty} \|S_n x_n\| \leq \limsup_{n \to \infty} \left\{ \|(S_n - \mu)x_n\| + \|x_n\| \right\} \leq 2\|y\|,$$

$$\limsup_{n \to \infty} \|(S - S_n)x_n\| \leq \limsup_{n \to \infty} \left\{ a\|x_n\| + \|S_n x_n\| \right\} \leq (a + 2)\|y\|.$$

Da $D(T)$ dicht ist, existiert für jedes $\varepsilon > 0$ ein $y_\varepsilon \in D(T)$ mit $\|y_\varepsilon - y\| < \varepsilon$. Wegen $y \perp R(S - \mu)$ folgt daraus

$$\|y\|^2 = \langle y, (S_n - \mu)x_n \rangle = \langle y, (S_n - S)x_n \rangle$$
$$= \langle y - y_\varepsilon, (S_n - S)x_n \rangle + \langle (S_n - S)y_\varepsilon, x_n \rangle$$
$$\leq \|y - y_\varepsilon\| \limsup_{n \to \infty} \|(S_n - S)x_n\| + \limsup_{n \to \infty} \|(S - S_n)y_\varepsilon\| \|x_n\|$$
$$\leq (a + 2)\varepsilon\|y\| + \limsup_{n \to \infty}(1 - t_n)\|Vy_\varepsilon\|\|x_n\| = (a + 2)\varepsilon\|y\|.$$

Da dies für alle $\varepsilon > 0$ gilt, folgt $y = 0$. ∎

Beispiel 9.6 Es genügt im obigen Satz *nicht*, vorauszusetzen, daß V die T-Schranke 1 hat (d. h., daß es zu jedem $b > 1$ ein a gibt mit $\|Vx\| \leq a\|x\| + b\|T\|$ für alle $x \in D(T)$): Als Beispiel wähle man T und V mit

$$D(T) = D(V)$$
$$= \{f \in L^2(0,1) : f, f' \text{ absolut stetig}, f(0) = f(1) = 0, f'' \in L^2(0,1)\}$$
$$Tf = -f'', \quad Vf = f'' + if'.$$

Aus Satz 6.24 folgt, daß V die T-Schranke 1 hat. T ist selbstadjungiert, $(T + V)f = if'$ mit $D(T+V) = D(T)$ ist jedoch nicht wesentlich selbstadjungiert, denn $D((T + V)^*) = \{f \in L^2(0,1) : f \text{ absolut stetig}, f' \in L^2(0,1)\}$ (ohne Randbedingung), $(T + V)^* f = if'$, d. h. jedes $z \in \mathbb{C}$ ist Eigenwert von $(T + V)^*$. □

9.1 Störungen selbstadjungierter Operatoren

Als nächstes untersuchen wir die Stabilität der Halbbeschränktheit bei Störungen. Ein selbstadjungierter Operator T heißt *halbbeschränkt nach unten* (vgl. Abschnitt 4.2), wenn ein $\gamma \in \mathbb{R}$ existiert mit $\langle x, Tx \rangle \geq \gamma \|x\|^2$ für alle $x \in D(T)$, jedes γ dieser Art heißt eine *untere Schranke* von T.

Satz 9.7 (Stabilität der Halbbeschränktheit) *Sei T ein selbstadjungierter nach unten halbbeschränkter Operator mit unterer Schranke γ_T. V sei symmetrisch und T-beschränkt mit T-Schranke < 1. Dann ist auch $T + V$ nach unten halbbeschränkt. Genauer: Gilt*

$$\|Vx\| \leq a\|x\| + b\|Tx\| \text{ für } x \in D(T) \text{ mit } b < 1,$$

so ist

$$\gamma := \gamma_T - \max\left\{\frac{a}{1-b}, a + b|\gamma_T|\right\}$$

eine untere Schranke von $T + V$ (diese untere Schranke ist natürlich in der Regel nicht optimal).

Beweis. Es genügt zu zeigen, daß $(-\infty, \gamma) \subset \varrho(T+V)$ gilt für $\lambda < \gamma$, d. h., daß $T + V - \lambda$ bijektiv ist; wegen $(-\infty, \gamma_T) \subset \varrho(T)$ folgt dies aus $\|V(T-\lambda)^{-1}\| < 1$ für $\lambda < \gamma$, was wir jetzt zeigen: Mit Hilfe des Spektralkalküls folgt

$$\left\|V(T-\lambda)^{-1}\right\| \leq a\left\|(T-\lambda)^{-1}\right\| + b\left\|T(T-\lambda)^{-1}\right\|$$

$$= a\left\|\int_{[\gamma_T,\infty)} \frac{1}{t-\lambda} dE(t)\right\| + b\left\|\int_{[\gamma_T,\infty)} \frac{t}{t-\lambda} dE(t)\right\|$$

$$\leq a\sup\left\{\frac{1}{t-\lambda} : t \geq \gamma_T\right\} + b\sup\left\{\frac{|t|}{t-\lambda} : t \geq \gamma_T\right\}.$$

Das erste Supremum ist offenbar $|\gamma_T - \lambda|^{-1}$; für das zweite ist zu beachten, daß die Funktion $\varphi(t) := |t|(t-\lambda)^{-1}$
– für $\gamma_T < 0$ in $[\gamma_T, 0]$ monoton fallend und in $[0, \infty)$ monoton wachsend ist mit $\varphi(0) = 0$,
– für $\gamma_T \geq 0$ in $[\gamma_T, \infty)$ monoton wachsend ist,
mit $\varphi(t) \to 1$ für $t \to \infty$ (in beiden Fällen). Also gilt

$$\left\|V(T-\lambda)^{-1}\right\| \leq \max\left\{\frac{a}{\gamma_T - \lambda} + b, \frac{a}{\gamma_T - \lambda} + \frac{b|\gamma_T|}{\gamma_T - \lambda}\right\}.$$

Ist $\lambda < \gamma$ (wie im Satz definiert), so ist einerseits

$$\lambda < \gamma_T - \frac{a}{1-b}, \quad \text{also} \quad \frac{a}{\gamma_T - \lambda} + b < 1$$

und andererseits

$$\lambda < \gamma_T - (a + b|\gamma_T|), \quad \text{also} \quad \frac{a + b|\gamma_T|}{\gamma_T - \lambda} < 1.$$

Insgesamt gilt $\|V(T-\lambda)^{-1}\| < 1$, was zu zeigen war. ∎

Korollar 9.8 *Sei T selbstadjungiert und halbbeschränkt nach unten, V symmetrisch mit $D(V) \supset D(T)$ und $T + \mu V$ abgeschlossen für alle $\mu \in [0,1]$. Dann ist $T + V$ halbbeschränkt nach unten. (Die Selbstadjungiertheit wurde in Satz 9.4 bewiesen).*

Der *Beweis* ergibt sich mit der gleichen Argumentation wie Satz 9.4 unter Verwendung von Satz 9.7.

Satz 9.9 *Sei T ein positiver selbstadjungierter Operator.*

a) *Ist S symmetrisch mit $D(T) \subset D(S)$ und $\|Sx\| \leq \|Tx\|$ für alle $x \in D(T)$, so gilt die* HEINZ*sche Ungleichung*

$$|\langle x, Sx \rangle| \leq \langle x, Tx \rangle \quad \text{für alle } x \in D(T).$$

b) *Ist zusätzlich S positiv und selbstadjungiert, so folgt*

$$D(T^{1/2}) \subset D(S^{1/2}) \quad \text{und} \quad \|S^{1/2}x\| \leq \|T^{1/2}x\| \quad \text{für } x \in D(T^{1/2})$$

(oder: Aus $S^2 \leq T^2$ folgt $S \leq T$).

c) *Sei wieder S positiv und selbstadjungiert. Aus $D(T) \subset D(S)$ folgt $D(T^{1/2}) \subset D(S^{1/2})$; aus $D(T) = D(S)$ folgt $D(T^{1/2}) = D(S^{1/2})$.*

9.1 Störungen selbstadjungierter Operatoren

Beweis. a) Satz 9.7 ist mit $V = \kappa S$ für jedes $\kappa \in (-1,1)$ anwendbar; dabei ist $a = 0$, $b = |\kappa|$ und $\gamma_T = 0$. Dann ist $\gamma = 0$ eine untere Schranke von $T + \kappa S$, d. h. für jedes $\kappa \in (-1,1)$ ist $T + \kappa S$ selbstadjungiert und positiv. Für $\kappa \to \pm 1$ erhalten wir

$$\langle x, (T \pm S)x \rangle \geq 0 \quad \text{für alle } x \in D(T),$$

also $\langle x, Tx \rangle \geq |\langle x, Sx \rangle|$ für alle $x \in D(T)$.

b) Aus Teil a folgt

$$\|S^{1/2}x\|^2 = \langle x, Sx \rangle \leq \langle x, Tx \rangle = \|T^{1/2}x\|^2 \quad \text{für alle } x \in D(T).$$

Sei $x \in D(T^{1/2})$. Da $D(T)$ determinierender Bereich von $T^{1/2}$ ist, gibt es eine Folge (x_n) aus $D(T)$ mit $x_n \to x$ und $T^{1/2}x_n \to T^{1/2}x$. Dann ist nach Voraussetzung auch $(S^{1/2}x_n)$ eine Cauchyfolge, also $x \in D(S^{1/2})$, $S^{1/2}x = \lim S^{1/2}x_n$, und somit

$$\|S^{1/2}x\| = \lim_{n \to \infty} \|S^{1/2}x_n\| \leq \lim_{n \to \infty} \|T^{1/2}x_n\| = \|T^{1/2}x\|.$$

c) Nach Satz 4.7 ist S T-beschränkt, d. h. es gibt ein $C \geq 0$ mit

$$\|Sx\|^2 \leq C\big(\|x\|^2 + \|Tx\|^2\big) \leq C\big(\|x\|^2 + 2\langle x, Tx \rangle + \|Tx\|^2\big)$$
$$= C\|(I+T)x\|^2.$$

Nach Teil b gilt also $D(T^{1/2}) = D((I+T)^{1/2}) \subset D(S^{1/2})$ (die erste Gleichheit folgt leicht aus dem Spektralsatz). Gilt $D(T) = D(S)$, so erhält man auch $D(S^{1/2}) \subset D(T^{1/2})$ und somit die Gleichheit. ∎

Für die unitäre Gruppe, die durch die Summe zweier selbstadjungierter Operatoren erzeugt wird, beweisen wir den folgenden Spezialfall eines Satzes von H. TROTTER.

Satz 9.10 (Trottersche Produktformel) *Seien T, S und $T+S$ selbstadjungierte Operatoren im komplexen Hilbertraum X. Dann gilt für alle $t \in \mathbb{R}$*

$$e^{it(T+S)} = \underset{n \to \infty}{\text{s-lim}} \left[e^{i\frac{t}{n}T} e^{i\frac{t}{n}S} \right]^n.$$

Beweis. Für jedes $x \in D(T+S) = D(T) \cap D(S)$ gilt

$$\frac{1}{t}\left(e^{itT}e^{itS} - e^{it(T+S)}\right)x$$
$$= \frac{1}{t}\left(e^{itT} - I\right)x + \frac{1}{t}e^{itT}\left(e^{itS} - I\right)x - \frac{1}{t}\left(e^{it(T+S)} - I\right)x$$
$$\longrightarrow iTx + iSx - i(T+S)x = 0 \quad \text{für } t \to 0.$$

Also existiert für jedes $x \in D(T+S)$ ein $C(x) \geq 0$ mit

$$\left\|\frac{1}{t}\left(e^{itT}e^{itS} - e^{it(T+S)}\right)x\right\| \leq C(x) \quad \text{für alle } t \in \mathbb{R} \setminus \{0\}.$$

Da $D(T+S)$ mit dem $(T+S)$-Skalarprodukt $\langle \cdot, \cdot \rangle_{T+S}$ ein Hilbertraum ist, existiert nach dem Satz von der gleichmäßigen Beschränktheit (Satz 2.22) ein $C \geq 0$ mit

$$\left\|\frac{1}{t}\left(e^{itT}e^{itS} - e^{it(T+S)}\right)x\right\| \leq C\|x\|_{T+S} \quad \text{für } x \in D(T+S),\ t \in \mathbb{R} \setminus \{0\}.$$

Für $x \in D(T+S)$ gilt also

$$\varphi_t(s) := \frac{1}{t}\left(e^{itT}e^{itS} - e^{it(T+S)}\right)e^{is(T+S)}x \to 0$$

für jedes $s \in \mathbb{R}$ und $t \to 0$, und

$$\left\|\frac{1}{t}\left(e^{itT}e^{itS} - e^{it(T+S)}\right)\left(e^{is(T+S)} - e^{is'(T+S)}\right)x\right\|$$
$$\leq C\left\|\left(e^{is(T+S)} - e^{is'(T+S)}\right)x\right\|_{T+S} \to 0$$

für $s' \to s$ (gleichmäßig in $t \in \mathbb{R} \setminus \{0\}$). Also konvergiert $\varphi_t(\cdot) : [-r, r] \to \mathbb{R}$ für jedes beschränkte Intervall $[-r, r]$ für $t \to 0$ gleichmäßig gegen 0. Daraus folgt für festes t

$$\left\|\left[\left(e^{i\frac{t}{n}T}e^{i\frac{t}{n}S}\right)^n - e^{it(T+S)}\right]x\right\|$$
$$= \left\|\sum_{k=0}^{n-1}\left(e^{i\frac{t}{n}T}e^{i\frac{t}{n}S}\right)^{n-1-k}\left[e^{i\frac{t}{n}T}e^{i\frac{t}{n}S} - e^{i\frac{t}{n}(T+S)}\right]\left(e^{i\frac{t}{n}(T+S)}\right)^k x\right\|$$
$$\leq n \max_{|s| \leq |t|}\left\|\left[e^{i\frac{t}{n}T}e^{i\frac{t}{n}S} - e^{i\frac{t}{n}(T+S)}\right]e^{is(T+S)}x\right\|$$
$$= |t| \max_{|s| \leq |t|}\left\|\left(\frac{t}{n}\right)^{-1}\left[e^{i\frac{t}{n}T}e^{i\frac{t}{n}S} - e^{i\frac{t}{n}(T+S)}\right]e^{is(T+S)}x\right\|$$
$$\leq |t| \max\left\{\varphi_{t/n}(s) : s \in [-|t|, |t|]\right\} \to 0 \quad \text{für } n \to \infty.$$

Damit ist die gewünschte Konvergenz für $x \in D(T+S)$ gezeigt. Da $D(T+S)$ dicht ist und alle Operatoren die Norm 1 haben, folgt die Konvergenz für alle $x \in X$ (vgl. Satz 2.23 c). ∎

Völlig analog beweist man den folgenden Satz, wobei nur positive s betrachtet werden müssen; Einzelheiten können dem Leser als Übung überlassen werden:

Satz 9.11 *Seien T, S und $T + S$ nach unten halbbeschränkte selbstadjungierte Operatoren im Hilbertraum X. Dann gilt für alle $t \geq 0$*

$$e^{-t(T+S)} = \underset{n\to\infty}{\text{s-lim}} \left[e^{-\frac{t}{n}T} e^{-\frac{t}{n}S} \right]^n.$$

9.2 Stabilität des wesentlichen Spektrums

Wir wollen in diesem Abschnitt zeigen, daß das wesentliche Spektrum unverändert bleibt (in den meisten Fällen bleiben sogar die singulären Folgen gleich), wenn die Störung eine geeignete relative Kompaktheitsbedingung erfüllt. Z. B. ergibt sich unmittelbar aus der Charakterisierung des wesentlichen Spektrums durch singuläre Folgen: „*Sind T_1 und T_2 selbstadjungiert mit $D(T_1) = D(T_2)$ und ist $T_1 - T_2$ kompakt, so gilt: $\sigma_e(T_1) = \sigma_e(T_2)$; T_1 und T_2 haben die gleichen singulären Folgen.*" (Dies ist ein Spezialfall von Satz 9.14). Im folgenden werden mehrere Verschärfungen dieses Resultats angegeben.

Sei T ein Operator von einem Banachraum X in einen Banachraum Y. Ein Operator V von X in einen Banachraum Z mit $D(V) \supset D(T)$ heißt *T-kompakt*, (oder *relativ kompakt* bezüglich T), wenn jede Folge (x_n) aus $D(T)$, für die $(\|x_n\|_T)$ beschränkt ist, eine Teilfolge (x_{n_k}) enthält, für die (Vx_{n_k}) konvergiert (d. h., wenn $V : (D(T), \|\cdot\|_T) \to Z$ kompakt ist). Falls T nichtleere Resolventenmenge hat, kann die T-Kompaktheit mit Hilfe der Resolvente wie folgt charakterisiert werden.

Satz 9.12 *Sei T ein abgeschlossener Operator in X mit $\varrho(T) \neq \emptyset$. Ist V ein Operator von X nach Y mit $D(V) \supset D(T)$ und ist $z \in \varrho(T)$, so gilt: V ist genau dann T-kompakt, wenn $V(T - z)^{-1}$ kompakt ist.*

Beweis. $(T-z)$ als Abbildung von $(D(T), \|\cdot\|_T)$ nach X ist stetig und bijektiv, also nach Satz 4.3 auch stetig invertierbar. Also ist V als Abbildung vom Banachraum $(D(T), \|\cdot\|_T)$ nach Y genau dann kompakt, wenn $V(T-z)^{-1}$ kompakt ist. ∎

Satz 9.13 *Seien X, Y, Z Banachräume, T ein Operator von X nach Y, V ein Operator von X nach Z. Ist V T-kompakt und*

(i) *V abschließbar, oder*

(ii) *falls X und Y Hilberträume sind: T abschließbar,*

so ist V T-beschränkt mit T-Schranke 0 (in den Anwendungen werden meist sogar beide Bedingungen erfüllt sein).

Beweis. Der erste Teil des Beweises ist für beide Fälle gleich: Wir nehmen an, daß die T-Schranke von V positiv (ggf. unendlich) ist. Dann gibt es ein $\varepsilon > 0$ (man kann jedes $\varepsilon > 0$ wählen, das kleiner als die T-Schranke von V ist) so, daß für jedes $n \in \mathbb{N}$ ein $x_n \in D(T)$ existiert mit $\|Vx_n\| > n\|x_n\| + \varepsilon\|Tx_n\|$. Für $y_n := \|Vx_n\|^{-1}x_n$ und $n \geq \varepsilon$ gilt dann

$$\varepsilon\{\|y_n\| + \|Ty_n\|\} \leq n\|y_n\| + \varepsilon\|Ty_n\| < \|Vy_n\| = 1.$$

Daraus folgt $y_n \to 0$ und $\|Ty_n\| < 1/\varepsilon$.

Sei zunächst V abschließbar. Da V T-kompakt ist, existiert eine Teilfolge (y_{n_k}) von (y_n) mit $Vy_{n_k} \to z$. Da V abschließbar ist und $y_{n_k} \to 0$ gilt, folgt daraus $z = 0$. Das ist ein Widerspruch zu $\|z\| = \lim_{k \to \infty} \|Vy_{n_k}\| = 1$.

Sei nun Y ein Hilbertraum und T abschließbar. Wegen $\|Ty_n\| < 1/\varepsilon$ existiert eine Teilfolge (y_{n_k}) von (y_n) mit $Ty_{n_k} \xrightarrow{w} z$. Es gilt also in $X \oplus Y$

$$(0, z) = \underset{k \to \infty}{\text{w-lim}}(y_{n_k}, Ty_{n_k}) \in \overline{G(T)} = G(\overline{T}),$$

also $z = 0$, d.h. $(y_{n_k}, Ty_{n_k}) \xrightarrow{w} (0, 0)$. Da sich V nach Satz 3.1 zu einem auf ganz $(D(T), \|\cdot\|_T)$ definierten kompakten Operator forsetzen läßt, folgt daraus $Vy_{n_k} \to 0$ im Widerspruch zu $\|Vy_n\| = 1$. ∎

9.2 Stabilität des wesentlichen Spektrums

Satz 9.14 *Ist T ein selbstadjungierter Operator, V symmetrisch und T-kompakt, so ist $T + V$ selbstadjungiert und es gilt $\sigma_e(T + V) = \sigma_e(T)$; tatsächlich haben T und $T + V$ die gleichen singulären Folgen.*

Beweis. Nach dem vorhergehenden Satz hat V die T-Schranke 0; deshalb ist $T + V$ selbstadjungiert nach dem Satz von Rellich-Kato. Da die Graphennormen $\|\cdot\|_T$ und $\|\cdot\|_{T+V}$ äquivalent sind, ist V auch $(T + V)$-kompakt. Ist (x_n) eine singuläre Folge zu T und λ, so gilt $x_n \xrightarrow{w} 0$ und $Tx_n \xrightarrow{w} 0$, d.h. $x_n \xrightarrow{w} 0$ im Sinne von $(D(T), \|\cdot\|_T)$, also $Vx_n \to 0$, und somit $(T + V - \lambda)x_n \to 0$, d.h. (x_n) ist singuläre Folge zu $T + V$ und λ. – Da V auch $(T + V)$-kompakt ist, folgt die andere Richtung ebenso. ∎

Der vorhergehende Satz, soweit er die Gleichheit der wesentlichen Spektren betrifft, kann auch aus Teil b des folgenden Satzes gefolgert werden, da aus der T-Kompaktheit von V die Kompaktheit der Resolventendifferenz folgt (aus der Kompaktheit der Resolventendifferenz folgt andererseits nicht die relative Kompaktheit von V, vgl. Aufgabe 9.6).

Satz 9.15 *a) Sei T ein selbstadjungierter Operator in X, $z \in \varrho(T)$. Für ein $\lambda \neq z$ gilt $\lambda \in \sigma_e(T)$ genau dann, wenn eine Folge (x_n) aus X existiert mit $x_n \xrightarrow{w} 0$, $x_n \not\to 0$ und $\left((T - z)^{-1} - (\lambda - z)^{-1}\right)x_n \to 0$.*

b) Sind T_1 und T_2 selbstadjungiert, $z \in \varrho(T_1) \cap \varrho(T_2)$, und ist $(T_1 - z)^{-1} - (T_2 - z)^{-1}$ kompakt, so gilt $\sigma_e(T_1) = \sigma_e(T_2)$.

(Für die Differenz von Potenzen der Resolvente vgl. Aufgabe 9.5).

Beweis. a) Ist $\lambda \in \sigma_e(T)$, so gibt es (vgl. Beweis von Satz 8.24 c) eine orthonormale Folge (x_n) mit $x_n \in R\left(E(\lambda + \frac{1}{n}) - E(\lambda - \frac{1}{n})\right)$, also $x_n \xrightarrow{w} 0$ und $x_n \not\to 0$. Für diese Folge gilt mit $c := \inf\{|t - z||\lambda - z| : t \in \sigma(T)\} > 0$

$$\left\|\left((T-z)^{-1} - \frac{1}{\lambda - z}\right)x_n\right\|^2 = \int \left|\frac{1}{t-z} - \frac{1}{\lambda - z}\right|^2 d\|E(t)x_n\|^2$$
$$= \int_{(\lambda - \frac{1}{n}, \lambda + \frac{1}{n}]} \left|\frac{\lambda - t}{(t-z)(\lambda - z)}\right|^2 d\|E(t)x_n\|^2 \leq \frac{1}{c^2 n^2}\|x_n\|^2 \to 0.$$

336   9 Störungstheorie selbstadjungierter Operatoren

Ist $\lambda \notin \sigma_e(T)$, so gibt es ein $\varepsilon > 0$ so, daß $E(\lambda + \varepsilon) - E(\lambda - \varepsilon)$ endlichdimensional, also kompakt, ist. Für jede schwache Nullfolge (x_n) mit $\|x_n\| = 1$ gilt also $\|(I - E(\lambda + \varepsilon) + E(\lambda - \varepsilon))x_n\| \to 1$, und somit

$$\left\|\left((T-z)^{-1} - \frac{1}{\lambda - z}\right)x_n\right\|^2 \geq \int_{\{t:|\lambda-t|\geq\varepsilon\}} \left|\frac{\lambda - t}{(t-z)(\lambda - z)}\right|^2 d\|E(t)x_n\|^2$$

$$\geq \inf\left\{\left|\frac{\lambda - t}{(t-z)(\lambda - z)}\right|^2 : |\lambda - t| \geq \varepsilon, t \in \sigma(T)\right\}$$

$$\times \left\|\left(I - E(\lambda + \varepsilon) + E(\lambda - \varepsilon)\right)x_n\right\|^2$$

$$\to \inf\left\{\left|\frac{\lambda - t}{(t-z)(\lambda - z)}\right|^2 : |\lambda - t| \geq \varepsilon, t \in \sigma(T)\right\} > 0.$$

b) Es genügt $\sigma_e(T_1) \subset \sigma_e(T_2)$ zu beweisen. Ist $\lambda \in \sigma_e(T_1)$ so existiert nach Teil a eine Folge (x_n) mit $x_n \xrightarrow{w} 0$, $x_n \not\to 0$ und $\left((T_1 - z)^{-1} - (\lambda - z)^{-1}\right)x_n \to 0$; aus der Voraussetzung folgt $\left((T_1 - z)^{-1} - (T_2 - z)^{-1}\right)x_n \to 0$, und somit $\left((T_2 - z)^{-1} - (\lambda - z)^{-1}\right)x_n \to 0$. Nach Teil a ist also $\lambda \in \sigma_e(T_2)$. Entsprechend gilt die umgekehrte Richtung. ∎

Um die Voraussetzung von Satz 9.14 etwas abzuschwächen, sind einige Vorbereitungen nötig. Sei T selbstadjungiert mit Spektralschar E. Wir sagen V ist *T-spektral lokal kompakt*, wenn für jedes beschränkte Intervall J der Operator $VE(J)$ kompakt ist (insbesondere muß also $R(E(J)) \subset D(V)$ gelten).

Satz 9.16 *Sei T ein selbstadjungierter Operator mit Spektralschar E, S ein weiterer selbstadjungierter Operator, $S - T$ sei T-spektral lokal kompakt. Dann gilt*

a) $\sigma_e(T) \subset \sigma_e(S)$.

b) *Ist S außerdem T-beschränkt, so ist jede singuläre Folge von T und λ auch singuläre Folge von S und λ.*

Beweis. a) Ist $\lambda \in \sigma_e(T)$, so gibt es eine singuläre Folge (x_n) aus $R(E((\lambda - 1, \lambda + 1]))$. Da $(S - T)E((\lambda - 1, \lambda + 1])$ kompakt ist, gilt $(S - T)x_n \to 0$, und somit ist x_n singuläre Folge zu S und λ.

9.2 Stabilität des wesentlichen Spektrums

b) Sei jetzt (x_n) eine beliebige singuläre Folge zu T und λ (also $x_n \xrightarrow{w} 0$, $x_n \not\to 0$ und $(T-\lambda)x_n \to 0$). Da $(S-T)E((\lambda-1,\lambda+1])$ kompakt ist, folgt

$$(S-T)E((\lambda-1,\lambda+1])x_n \to 0.$$

Wegen der T-Beschränktheit von $S-T$ gilt außerdem

$$\|(S-T)E(\mathbb{R}\setminus(\lambda-1,\lambda+1])x_n\|$$
$$\leq C\left\{\left\|E\big(\mathbb{R}\setminus(\lambda-1,\lambda+1]\big)x_n\right\| + \left\|TE\big(\mathbb{R}\setminus(\lambda-1,\lambda+1]\big)x_n\right\|\right\}$$
$$\leq C\sqrt{2}\left\{\left\|E\big(\mathbb{R}\setminus(\lambda-1,\lambda+1]\big)x_n\right\|^2 + \left\|TE\big(\mathbb{R}\setminus(\lambda-1,\lambda+1]\big)x_n\right\|^2\right\}^{1/2}$$
$$= C\sqrt{2}\left\{\int_{\mathbb{R}\setminus(\lambda-1,\lambda+1]}(1+t^2)\,d\|E(t)x_n\|^2\right\}^{1/2}$$
$$\text{mit } D := \sup\left\{C\sqrt{2}\frac{(1+t^2)^{1/2}}{|t-\lambda|} : |t-\lambda| \geq 1\right\}$$
$$\leq D\left\{\int_{\mathbb{R}\setminus(\lambda-1,\lambda+1]}(t-\lambda)^2\,d\|E(t)x_n\|^2\right\}^{1/2} \leq D\|(T-\lambda)x_n\| \to 0$$

für $n \to \infty$. Also gilt insgesamt $(S-T)x_n \to 0$, und somit $(S-\lambda)x_n \to 0$, d.h. (x_n) ist singuläre Folge zu S und λ. ∎

Um Resultate zu erzielen, die in T und $S = T+V$ symmetrisch sind, muß etwas mehr vorausgesetzt werden. Dazu ist noch eine Vorbereitung nötig.

Satz 9.17 *Sei T selbstadjungiert mit Spektralschar E.*

a) *Ist $V(T-z)^{-p}$ kompakt für ein $p > 0$ und ein $z \in \varrho(T)$, so ist $VE(J)$ kompakt für jedes beschränkte Intervall J (d.h. V ist T-spektral lokal kompakt).*

b) *Ist V T-beschränkt und T-spektral lokal kompakt, so ist $V(T-z)^{-p}$ kompakt für jedes $p > 1$ und jedes $z \in \varrho(T)$.*

c) *Ist V T-beschränkt mit T-Schranke 0 und T-spektral lokal kompakt, so ist V T-kompakt.*

d) *V ist genau dann T-kompakt, wenn es T-beschränkt mit T-Schranke 0 ist und $V(T-z)^{-p}$ kompakt für ein $p > 0$.*

Beweis. a) Es gilt $VE(J) = V(T-z)^{-p}(T-z)^p E(J)$. Da $V(T-z)^{-p}$ kompakt ist und $(T-z)^p E(J)$ beschränkt, folgt die Kompaktheit von $VE(J)$.

b) Es genügt zu zeigen, daß es für jedes $n \in \mathbb{N}$ eine Zerlegung $V(T-z)^{-p} = K_n + B_n$ gibt mit kompakten Operatoren K_n und beschränkten Operatoren B_n mit $\|B_n\| \to 0$. Dazu schreiben wir

$$V(T-z)^{-p} = VE\big((-n, n]\big)(T-z)^{-p} + V(T-z)^{-p}\big(I - E\big((-n, n]\big)\big)$$
$$:= K_n + B_n.$$

Da $VE((-n, n])$ kompakt ist, ist K_n kompakt. Weiter gilt

$$\|B_n\| \leq \left\|V(T-z)^{-1}\right\|\left\|(T-z)^{1-p}E\big(\mathbb{R}\setminus(-n, n]\big)\right\|;$$

hier ist der erste Faktor beschränkt, und der zweite konvergiert wegen $p > 1$ für $n \to \infty$ gegen 0.

c) In diesem Fall schreiben wir

$$V(T-z)^{-1} = VE\big((-n, n]\big)(T-z)^{-1} + V(T-z)^{-1}\big(I - E\big((-n, n]\big)\big).$$

Hier ist wieder der erste Summand für jedes n kompakt; es bleibt zu zeigen, daß der zweite beliebig klein gemacht werden kann: Zu jedem $\varepsilon > 0$ gibt es ein a mit $\|Vx\| \leq a\|x\| + (\varepsilon/2)\|Tx\|$ für alle $x \in D(T)$. Damit erhalten wir

$$\left\|V(T-z)^{-1}\big(I - E\big((-n, n]\big)\big)\right\| = \left\|V(T-z)^{-1}E\big(\mathbb{R}\setminus(-n, n]\big)\right\|$$
$$\leq a\left\|(T-z)^{-1}E\big(\mathbb{R}\setminus(-n, n]\big)\right\| + \frac{\varepsilon}{2}\left\|T(T-z)^{-1}E\big(\mathbb{R}\setminus(-n, n]\big)\right\|$$
$$\leq a\sup\left\{\frac{1}{|t-z|} : |t| \geq n\right\} + \frac{\varepsilon}{2}\sup\left\{\left|\frac{t}{t-z}\right| : |t| \geq n\right\}$$
$$< \varepsilon \text{ für hinreichend große } n.$$

Damit folgt die Kompaktheit von $V(T-z)^{-1}$ und somit die Behauptung (Satz 9.12).

9.2 Stabilität des wesentlichen Spektrums

d) $\Rightarrow$: Aus der T-Kompaktheit von V folgt mit Satz 9.13 die T-Beschränktheit mit T-Schranke 0 und mit Satz 9.12 die Kompaktheit von $V(T-z)^{-p}$ für $p=1$.

$\Leftarrow$ folgt sofort mit den Teilen a und c. ∎

Im folgenden Satz benutzen wir die T^2-Kompaktheit von V bezüglich eines selbstadjungierten Operators T. Diese ist offenbar äquivalent zur Kompaktheit von $V(T^2-z)^{-1}$ und von $V(T-z)^{-2}$ (Beweis!).

Satz 9.18 *Sei T ein selbstadjungierter Operator, V symmetrisch und T^2-kompakt.*

a) *Ist S selbstadjungierte Fortsetzung von $T+V$, so gilt $\sigma_e(T) \subset \sigma_e(S)$.*

b) *Ist zusätzlich $D(T) \subset D(V)$, so ist jede singuläre Folge zu T und λ auch singuläre Folge zu S und λ.*

c) *Ist $D(T) \subset D(V)$ und $T+V$ selbstadjungiert (z. B. weil V eine T-Schranke < 1 hat), so gilt $\sigma_e(T+V) = \sigma_e(T)$; T und V haben gleiche singuläre Folgen.*

Beweis. a) Aus der T^2-Kompaktheit folgt mit Satz 9.17a die T-spektrale lokale Kompaktheit von V und damit die Behauptung aus Satz 9.16 a.

b) Aus der Symmetrie von V und $D(T) \subset D(V)$ folgt die T-Beschränktheit von V, und damit das Resultat aus Satz 9.16 b.

c) Diese Behauptung folgt aus Teil b, wenn wir gezeigt haben, daß V auch $(T+V)^2$-kompakt ist: Mit $R_1 := (T-z)^{-1}$ und $R_2 := (T+V-z)^{-1}$ für $z \in \mathbb{C} \setminus \mathbb{R}$ gilt

$$R_1 - R_2 = R_1 V R_2 = R_2 V R_1,$$
$$R_2^2 = (R_1 - R_2 V R_1)(R_1 - R_1 V R_2) = (I - R_2 V) R_1^2 (I - V R_2),$$
$$V(T+V-z)^{-2} = V R_2^2 = (I - V R_2) V R_1^2 (I - V R_2).$$

Da der erste und der dritte Faktor beschränkt sind, während der mittlere kompakt ist, folgt hieraus die Kompaktheit von $V(T+V-z)^{-2}$. ∎

In Verbindung mit Satz 8.28 können wir nun noch eine Aussage über das diskrete Spektrum in einer Lücke des wesentlichen Spektrums des ungestörten Operators machen, wenn die Störung positiv (oder negativ) ist:

Satz 9.19 *Sei T ein selbstadjungierter Operator mit $\sigma_e(T) \cap (a,b) = \emptyset$; b sei nicht Häufungspunkt von Eigenwerten von T aus (a,b). V sei symmetrisch, T^2-kompakt und T-beschränkt mit T-Schranke < 1, $\langle x, Vx \rangle \geq 0$ für $x \in D(T)$. Dann gilt $\sigma_e(T+V) \cap (a,b) = \emptyset$, und b ist nicht Häufungspunkt von Eigenwerten von $T+V$ aus (a,b). (Entsprechendes gilt für a, wenn $\langle x, Vx \rangle \leq 0$ vorausgesetzt wird.)*

Beweis. Nur die zweite Behauptung ist noch zu beweisen. Dabei können wir o. E. $(a,b) = (-1,1)$ annehmen. Da V nach Voraussetzung T-Schranke < 1 hat, existiert (vgl. Beweis von Satz 9.4) ein $c \geq 0$ mit

$$\|Vx\| \leq c\Big(\|x\| + \|(T+sV)x\|\Big) \quad \text{für } x \in D(T) \text{ und } s \in [0,1].$$

Wir zeigen zunächst: Ist $s_0 \in [0,1]$ so, daß 1 nicht Häufungspunkt von Eigenwerten von $T + s_0 V$ aus $(-1,1)$ ist, so gilt dies auch für alle $s > s_0$ mit $s - s_0 \leq 1/4c$. Da die Voraussetzung jedenfall für $s_0 = 0$ erfüllt ist, wählt man $m \in \mathbb{N}$ mit $m \geq 4c$ und $\mu = 1/m$. Dann liefert dieses Argument die Behauptung schrittweise für $T + \mu V$, $T + 2\mu V$, ..., $T + m\mu V = T + V$.

Für $x \in D(T)$ gilt

$$\|Vx\| \leq c\Big(\|x\| + \|(T - s_0 V)x\|\Big)$$
$$\leq 2^{1/2} c\Big(\|x\|^2 + \|(T+s_0 V)x\|^2\Big)^{1/2} \leq 2^{1/2} c \|(1 + |T + s_0 V|)x\|.$$

Mit der Heinzschen Ungleichung (Satz 9.9 a) folgt daraus

$$\langle x, Vx \rangle \leq 2^{1/2} c \langle x, (1 + |T + s_0 V|)x \rangle \quad \text{für } x \in D(T),$$

also, wenn E_0 die Spektralschar von $T + s_0 V$ ist,

$$\langle x, Vx \rangle \leq 2^{1/2} c \langle x, (1 - T - s_0 V)x \rangle \quad \text{für } x \in R(E_0(0)) \cap D(T).$$

Ist $s > s_0$ mit $s - s_0 < 2^{-3/2}c^{-1}$, so ist $T + sV = (T + s_0V) + (s - s_0)V$ selbstadjungiert und es gilt für $x \in R(E_0(0)) \cap D(T)$

$$\begin{aligned}\langle x, (T+sV)x\rangle &= \langle x, (T+s_0V)x\rangle + (s-s_0)\langle x, Vx\rangle \\ &\leq \langle x, (T+s_0V)x\rangle + \frac{1}{2^{3/2}c}\langle x, Vx\rangle \\ &= \langle x, (T+s_0V)x\rangle + \frac{1}{2}\langle x, (1-T-s_0V)x\rangle \\ &= \left(1 - \frac{1}{2}\right)\langle x, (T+s_0V)x\rangle + \frac{1}{2}\|x\|^2 \leq \frac{1}{2}\|x\|^2.\end{aligned}$$

Andererseits gilt für $x \in R(I - E_0(1-)) \cap D(T)$ offenbar

$$\langle x, (T+sV)x\rangle \geq \langle x, (T+s_0V)x\rangle \geq \|x\|^2.$$

Wegen $\sigma_e(T+s_0V) \cap (-1,1) = \emptyset$, und da 1 nicht Häufungspunkt von Eigenwerten von $T + s_0V$ aus $(-1,1)$ ist, gilt $k_0 := \dim(E_0(1-) - E_0(0)) < \infty$. Anwendung von Satz 8.28 liefert also, daß das Intervall $(1/2, 1)$ höchstens $k_0 < \infty$ Punkte des Spektrums von $T + sV$ enthält, d.h. 1 kann nicht Häufungspunkt der Eigenwerte von $T + sV$ aus $(-1,1)$ sein. ∎

9.3 Norm- und starke Resolventenkonvergenz

Seien T_n $(n \in \mathbb{N})$ und T selbstadjungierte Operatoren im Hilbertraum X. Wir sagen, die Folge (T_n) konvergiert im Sinne der *Normresolventenkonvergenz* $(T_n \xrightarrow{nr} T)$ bzw. im Sinne der *starken Resolventenkonvergenz* $(T_n \xrightarrow{sr} T)$, wenn für ein $z \in \Gamma := \{\cap_{n \in \mathbb{N}} \varrho(T_n)\} \cap \varrho(T)$ gilt

$$(T_n - z)^{-1} \to (T - z)^{-1} \quad \text{bzw.} \quad (T_n - z)^{-1} \xrightarrow{s} (T - z)^{-1} \quad \text{für } n \to \infty$$

(der Pfeil ohne Zusatz steht für Normkonvergenz). Der folgende Satz besagt u. a., daß dies dann für alle $z \in \Gamma$ gilt.

Satz 9.20 *Seien T_n $(n \in \mathbb{N})$, T und Γ wie oben.*

a) *Gilt*

$$(T_n - z_0)^{-1} \to (T - z_0)^{-1} \quad bzw. \quad (T_n - z_0)^{-1} \xrightarrow{s} (T - z_0)^{-1}$$

für ein $z_0 \in \Gamma$, *so gilt*

$$(T_n - z)^{-1} \to (T - z)^{-1} \quad bzw. \quad (T_n - z)^{-1} \xrightarrow{s} (T - z)^{-1}$$

für alle $z \in \Gamma$.

b) *Gilt* $T_n \xrightarrow{sr} T$ *bzw.* $T_n \xrightarrow{nr} T$, *so gilt* $u(T_n) \xrightarrow{s} u(T)$ *für jede stetige und beschränkte Funktion* $u : \mathbb{R} \to \mathbb{C}$ *bzw.* $u(T_n) \to u(T)$ *für jede beschränkte stetige Funktion* $u : \mathbb{R} \to \mathbb{C}$ *mit* $\lim_{t \to +\infty} u(t) = \lim_{t \to -\infty} u(t)$.

Beweis. a) Wir zeigen zunächst, daß aus $(T_n - z_0)^{-1} \xrightarrow{n/s} (T - z_0)^{-1}$ folgt $(T_n - \overline{z_0})^{-1} \xrightarrow{n/s} (T - \overline{z_0})^{-1}$. Im Fall der Normkonvergenz ist dies klar, wegen $(T_n - \overline{z_0})^{-1} = ((T_n - z_0)^{-1})^*$ und $(T - \overline{z_0})^{-1} = ((T - z_0)^{-1})^*$. Im Fall der starken Konvergenz folgt zunächst nur $(T_n - \overline{z_0})^{-1} \xrightarrow{w} (T - \overline{z_0})^{-1}$. Da die Operatoren $(T_n - z_0)^{-1}$ und $(T - z_0)^{-1}$ normal sind, folgt aber auch

$$\|(T_n - \overline{z_0})^{-1} x\| = \|(T_n - z_0)^{-1} x\| \to \|(T - z_0)^{-1} x\| = \|(T - \overline{z_0})^{-1} x\|,$$

womit sich $(T_n - \overline{z_0})^{-1} x \to (T - \overline{z_0})^{-1} x$ ergibt (Satz 2.28 e).

Die restliche Aussage von Teil a ergibt sich aus Teil b, für dessen Beweis wir nur die bisher bewiesene Aussage benötigen.

b) Wir nehmen zunächst an, daß die Grenzwerte von $u(t)$ für $t \to \pm\infty$ existieren und gleich sind. Bezeichnen wir mit $C^*(\mathbb{R})$ den Raum dieser Funktionen ausgestattet mit der Maximumnorm, so ist nach dem Korollar C.2 die Menge P der Polynome in $(t - z_0)^{-1}$ und $(t - \overline{z_0})^{-1}$ dicht in $C^*(\mathbb{R})$ [1]. Zu jedem $u \in C^*(\mathbb{R})$ und jedem $\varepsilon > 0$ gibt es also ein Polynom p in $(t - z_0)^{-1}$ und $(t - \overline{z_0})^{-1}$ mit $|u(t) - p(t)| < \varepsilon$ für alle $t \in \mathbb{R}$, also $\|u(T_n) - p(T_n)\| \le \varepsilon$ und $\|u(T) - p(T)\| \le \varepsilon$ für alle n. Wegen $p(T_n) \xrightarrow{s} p(T)$ bzw. $p(T_n) \to p(T)$ folgt daraus $u(T_n) \xrightarrow{s} u(T)$ bzw. $u(T_n) \to u(T)$. Der Fall der Normkonvergenz ist damit vollständig bewiesen.

---

[1] Falls z_0 reell ist, folgt zunächst aus der Beschränktheit der Folge $(T_n - z_0)^{-1}$ die Existenz eines Intervalls $[\alpha, \beta]$ mit $z_0 \in (\alpha, \beta)$, das in der Resolventenmenge aller T_n und T enthalten ist. Die Menge der Polynome in $(t - z_0)^{-1}$ ist dann nach Korollar C.2 dicht in dem Raum $C^*((-\infty, \alpha] \cup [\beta, \infty))$ der stetigen Funktionen auf $(-\infty, \alpha] \cup [\beta, \infty)$ mit $\lim_{t \to -\infty} u(t) = \lim_{t \to -\infty} u(t)$. Hiermit kann entsprechend weiterargumentiert werden.

9.3 Norm- und starke Resolventenkonvergenz

Sei nun u eine beliebige beschränkte stetige Funktion auf $\mathbb{R}$, E die Spektralschar von T, (φ_m) eine Folge stetiger Funktionen auf $\mathbb{R}$ mit kompaktem Träger, die wachsend gegen 1 konvergiert. Dann gilt für jedes $x \in X$

$$\left\|\varphi_m(T)x - x\right\|^2 = \int \left|\varphi_m(t) - 1\right|^2 d\|E(t)x\|^2 \to 0 \text{ für } m \to \infty.$$

Wegen $u(t)\varphi_m(t) \to 0$ für $t \to \pm\infty$ gilt auf Grund des ersten Teils des Beweises für festes m

$$u(T_n)\varphi_m(T_n) \xrightarrow{s} u(T)\varphi_m(T) \text{ für } n \to \infty.$$

Für alle $n, m \in \mathbb{N}$ gilt

$$\left\|u(T_n)x - u(T)x\right\|$$
$$\leq \left\|u(T_n)x - u(T_n)\varphi_m(T)x\right\| + \left\|u(T_n)\varphi_m(T)x - u(T_n)\varphi_m(T_n)x\right\|$$
$$+ \left\|u(T_n)\varphi_m(T_n)x - u(T)\varphi_m(T)x\right\| + \left\|u(T)\varphi_m(T)x - u(T)x\right\|$$
$$\leq \|u(T_n)\|\left\|x - \varphi_m(T)x\right\| + \|u(T)\|\left\|\varphi_m(T)x - x\right\|$$
$$+ \|u(T_n)\|\left\|\varphi_m(T)x - \varphi_m(T_n)x\right\| + \left\|u(T_n)\varphi_m(T_n)x - u(T)\varphi_m(T)x\right\|$$
$$\leq 2\|u\|_\infty\left\|x - \varphi_m(T)x\right\| + \|u\|_\infty\left\|\varphi_m(T)x - \varphi_m(T_n)x\right\|$$
$$+ \left\|u(T_n)\varphi_m(T_n)x - u(T)\varphi_m(T)x\right\|.$$

Der erste Term auf der rechten Seite wird klein für großes m; die letzten beiden werden bei festem m klein, wenn n große genug gewählt wird; also gilt $u(T_n)x \to u(T)x$. ∎

Wir können damit u. a. zeigen, daß die durch einen selbstadjungierten Operator erzeugte unitäre Gruppe stark stetig von diesem Operator abhängt.

Satz 9.21 *Seien T_n ($n \in \mathbb{N}$) und T selbstadjungiert im Hilbertraum X mit $T_n \xrightarrow{sr} T$.*

a) Für alle $t \in \mathbb{R}$ gilt $e^{-itT_n} \xrightarrow{s} e^{-itT}$.

b) *Existiert ein $\gamma \in \mathbb{R}$ mit $T_n \geq \gamma$ für alle $n \in \mathbb{N}$ und $T \geq \gamma$, so gilt $e^{-tT_n} \xrightarrow{s} e^{-tT}$ für alle $t \geq 0$.* (Aus Satz 9.26 b ergibt sich, daß die Forderung $T \geq \gamma$ bereits aus $T_n \geq \gamma$ folgt.)

Beweis. a) Die Funktion $u(s) = e^{-its}$ ist stetig und beschränkt. Damit folgt die Behauptung aus Satz 9.20 b.

b) Mit $u(s) = e^{-ts}$ für $s \geq \gamma$ und $u(s) = e^{-t\gamma}$ für $s \leq \gamma$ ist wieder die Voraussetzung von Satz 9.20 b erfüllt. Wegen $u(A) = e^{-tA}$ für jeden selbstadjungierten Operator $A \geq \gamma$ folgt hieraus die Behauptung. ∎

Einfache Kriterien für Normresolventenkonvergenz und starke Resolventenkonvergenz liefern die folgenden beiden Sätze.

Satz 9.22 *T_n und T seien selbstadjungierte Operatoren in X.*

a) *Die Folge (T_n) konvergiert im Sinne der Normresolventenkonvergenz gegen T, wenn eine der folgenden Bedingungen erfüllt ist:*

(i) $D(T_n) = D(T)$ *für alle n, und es gibt Nullfolgen (a_n) und (b_n) mit*

$$\|(T_n - T)x\| \leq a_n\|x\| + b_n\|Tx\| \quad \text{für alle } x \in D(T),$$

(ii) T_n *und T sind aus $B(X)$, und es gilt $\|T_n - T\| \to 0$.*

b) *Die Folge (T_n) konvergiert im Sinne der starken Resolventenkonvergenz gegen T, wenn eine der folgenden Bedingungen erfüllt ist:*

(i) *Es gibt einen determinierenden Bereich D_0 von T so, daß zu jedem $x \in D_0$ ein $n_0 = n_0(x) \in \mathbb{N}$ existiert mit $x \in D(T_n)$ für $n \geq n_0$ und $T_n x \to Tx$ für $n \to \infty$,*

(ii) *die Operatoren T_n und T sind aus $B(X)$, und es gilt $T_n \xrightarrow{s} T$,*

(iii) *es gilt $G(T) = \lim_{n \to \infty} G(T_n)$ (d. h. $G(T)$ ist die Menge der $(x,y) \in X \oplus X$, für die eine Folge (x_n) mit $x_n \in D(T_n)$ und $(x_n, T_n x_n) \to (x, y)$ existiert, Graphenkonvergenz).*

(iv) $(T_n - z)^{-1} \xrightarrow{w} (T - z)^{-1}$ *für ein $z \in \Gamma$.*

9.3 Norm- und starke Resolventenkonvergenz

Beweis. a) (i) Mit der zweiten Resolventengleichung (Satz 5.4 b)

$$(T_n - z)^{-1} - (T - z)^{-1} = (T_n - z)^{-1}(T - T_n)(T - z)^{-1}$$

folgt für alle $z \in \Gamma$ und alle $x \in X$

$$\left\|\left((T_n - z)^{-1} - (T - z)^{-1}\right)x\right\|$$
$$\leq \left\|(T_n - z)^{-1}\right\|\left\{a_n\left\|(T - z)^{-1}x\right\| + b_n\left\|T(T - z)^{-1}x\right\|\right\}$$
$$\leq \left\|(T_n - z)^{-1}\right\|\left\{a_n\left\|(T - z)^{-1}\right\| + b_n\left\|T(T - z)^{-1}\right\|\right\}\|x\|,$$

also $\|(T_n - z)^{-1} - (T - z)^{-1}\| \to 0$.

(ii) impliziert (i) mit $a_n = \|T_n - T\|$ und $b_n = 0$.

b) (i) Sei $z \in \mathbb{C} \setminus \mathbb{R}$. Für alle $x \in X$ mit $(T - z)^{-1}x \in D_0$ gilt

$$(T_n - z)^{-1}x - (T - z)^{-1}x = (T_n - z)^{-1}(T - T_n)(T - z)^{-1}x \to 0$$

für $n \to \infty$. Da D_0 determinierender Bereich von T ist, ist die Menge dieser x dicht in X. Nach Satz 2.23 c gilt also $(T_n - z)^{-1} \xrightarrow{s} (T - z)^{-1}$.

(ii) impliziert (i).

(iii) Sei $z \in \mathbb{C} \setminus \mathbb{R}$. Aus $G(T) = \lim G(T_n)$ folgt offenbar $G(T - z) = \lim G(T_n - z)$. Sei $y \in X$ beliebig. Dann gibt es ein $x \in D(T)$ mit $(T - z)x = y$. Außerdem gibt es eine Folge (x_n) mit $x_n \in D(T_n)$, $x_n \to x$ und $(T_n - z)x_n \to (T - z)x = y$. Wegen $\|(T_n - z)^{-1}\| \leq |\operatorname{Im} z|^{-1}$ folgt hieraus

$$\left\|(T_n - z)^{-1}y - (T - z)^{-1}y\right\|$$
$$\leq \left\|(T_n - z)^{-1}y - x_n\right\| + \left\|x_n - (T - z)^{-1}y\right\|$$
$$= \left\|(T_n - z)^{-1}\left(y - (T_n - z)x_n\right)\right\| + \|x_n - x\| \longrightarrow 0,$$

also $(T_n - z)^{-1} \xrightarrow{s} (T - z)^{-1}$.

(iv) Aus der Voraussetzung ergibt sich zunächst auch $(T_n - \bar{z})^{-1} = ((T_n - z)^{-1})^* \xrightarrow{w} ((T - z)^{-1})^* = (T - \bar{z})^{-1}$. Mit der ersten Resolventengleichung (Satz 5.4 a) folgt

$$\|(T_n - z)^{-1}x\|^2 - \|(T - z)^{-1}x\|^2$$
$$= \left\langle x, (T_n - \bar{z})^{-1}(T_n - z)^{-1}x - (T - \bar{z})^{-1}(T - z)^{-1}x \right\rangle$$
$$= \frac{1}{z - \bar{z}}\left\langle x, \left((T_n - z)^{-1} - (T_n - \bar{z})^{-1} - (T - z)^{-1} + (T - \bar{z})^{-1}\right)x \right\rangle$$
$$\to 0 \quad \text{für } n \to \infty.$$

Zusammen mit $(T_n - z)^{-1}x \xrightarrow{w} (T - z)^{-1}x$ folgt aus Satz 2.28 e $(T_n - z)^{-1}x \to (T - z)^{-1}x$, also $(T_n - z)^{-1} \xrightarrow{s} (T - z)^{-1}$. ∎

Satz 9.23 *Seien s_n, t_n, u_n und t dicht definierte abgeschlossene nach unten halbbeschränkte hermitesche Sesquilinearformen, o. E. alle ≥ 1, S_n, T_n, U_n und T seien die dadurch erzeugten selbstadjungierten Operatoren.*

a) *Gilt $s_n \geq s_{n+1} \geq t$, $\overline{\cup_n D(s_n)}^t = D(t)$ (Abschluß bezüglich $\|\cdot\|_t$) und $s_n(x, y) \to t(x, y)$ für $x, y \in \cup_n D(s_n)$, so folgt $S_n \xrightarrow{sr} T$.*

b) *Gilt $u_n \leq u_{n+1} \leq t$, $\{x \in \cap_n D(u_n) : \sup u_n(x, x) < \infty\} = D(t)$ und $u_n(x, y) \to t(x, y)$ für $x, y \in D(t)$, so folgt $U_n \xrightarrow{sr} T$.*

c) *Sind s_n und u_n wie in Teil a bzw. b und gilt $u_n \leq t_n \leq s_n$, so folgt $T_n \xrightarrow{sr} T$.*

Beweis. a) Es gilt $S_n^{-1}, T^{-1} \in B(X)$ und $S_n^{-1} \leq S_{n+1}^{-1} \leq T^{-1}$ für alle n. Nach Satz 2.52 existiert also ein selbstadjungierter Operator A mit $S_n^{-1} \xrightarrow{s} A$ und $S_n^{-1} \leq A \leq T^{-1}$. Es bleibt zu zeigen, daß $A^{-1} = T$ gilt. Sei $\tilde{a}$ die abgeschlossene Form zu A^{-1}, d. h. $D(\tilde{a}) = D(A^{-1/2}) = D((A^{-1})^{1/2})$ und $\tilde{a}(x, y) = \langle A^{-1/2}x, A^{-1/2}y \rangle$. Dann gilt

$$D(s_n) \subset D(\tilde{a}) \subset D(t), \quad t(x, x) \geq \tilde{a}(x, x) \geq s_n(x, x) \quad \text{für } x \in D(s_n).$$

Daraus folgt $\cup_m D(s_m) \subset D(\tilde{a}) \subset D(t)$, und wegen $s_n(x, x) \to t(x, x)$ für $x \in \cup_m D(s_m)$ gilt

$$\tilde{a}(x, x) = t(x, x) \quad \text{für } x \in \cup_m D(s_m).$$

9.3 Norm- und starke Resolventenkonvergenz

Nach Voraussetzung ist $\cup_m D(s_m)$ $\|\cdot\|_t$-dicht in $D(t)$; also ist auch $D(\tilde{a})$ $\|\cdot\|_t$-dicht in $D(t)$. Da aber in $D(t)$ die Normen $\|\cdot\|_{\tilde{a}}$ und $\|\cdot\|_t$ übereinstimmen, gilt $D(\tilde{a}) = D(t)$ und $\tilde{a}(x,x) = t(x,x)$ in $D(\tilde{a})$. Mit der Polarisierungsidentität folgt $\tilde{a} = t$, also $A^{-1} = T$.

b) Es gilt $U_n^{-1}, T^{-1} \in B(X)$ und $U_n^{-1} \geq U_{n+1}^{-1} \geq T^{-1}$ für alle n. Nach Satz 2.52 existiert also ein $B \in B(X)$ mit $U_n^{-1} \xrightarrow{s} B$ und $U_n^{-1} \geq B \geq T^{-1}$. Es bleibt $B^{-1} = T$ zu beweisen. Sei $\tilde{b}$ die zu B^{-1} gehörige abgeschlossene Form, d.h. $D(\tilde{b}) = D(B^{-1/2})$ und $\tilde{b}(x,y) = \langle B^{-1/2}x, B^{-1/2}x \rangle$. Dann gilt

$$D(t) \subset D(\tilde{b}) \subset D(u_n), \quad u_n(x,x) \leq \tilde{b}(x,x) \leq t(x,x) \quad \text{für } x \in D(t).$$

Also ist $D(t) \subset D(\tilde{b}) \subset \cap_n D(u_n)$, und wegen $u_n(x,x) \to t(x,x)$ für $x \in D(t)$ gilt $\tilde{b}(x,y) = t(x,y)$ für $x,y \in D(t)$. Ist $x \in D(\tilde{b})$, so ist $\sup_n u_n(x,x) \leq \tilde{b}(x,x) < \infty$, also $x \in D(t)$ und somit $D(\tilde{b}) = D(t)$, $\tilde{b} = t$ und $B^{-1} = T$.

c) Folgt aus den Teilen a und b, da $S_n^{-1} \leq T_n^{-1} \leq U_n^{-1}$ gilt. ∎

Wir untersuchen nun das Verhalten des Spektrums, des wesentlichen Spektrums und der Spektralschar bei Norm- und starker Resolventenkonvergenz.

Satz 9.24 *Seien T_n ($n \in \mathbb{N}$) und T selbstadjungierte Operatoren mit Spektralscharen E_n bzw. E und $T_n \xrightarrow{nr} T$.*

a) *Es gilt $\sigma(T) = \lim_{n \to \infty} \sigma(T_n)$ und $\sigma_e(T) = \lim_{n \to \infty} \sigma_e(T_n)$.*

b) *Aus $a, b \in \varrho(T)$ mit $a < b$ folgt $a, b \in \varrho(T_n)$ für große n und $\|E_n((a,b)) - E((a,b))\| \to 0$.*

Beweis. a) *Spektrum:* Wegen Satz 8.24b genügt es, $\sigma((T-i)^{-1}) = \lim_{n \to \infty} \sigma((T_n-i)^{-1})$ zu beweisen.

Ist $\mu \in \sigma((T-i)^{-1})$, so gibt es eine Folge (x_n) mit $\|x_n\| = 1$ und $((T-i)^{-1} - \mu)x_n \to 0$, also auch $((T_n-i)^{-1} - \mu)x_n \to 0$ (Satz 5.15, d.h. es gibt $z_n \in \sigma((T_n-i)^{-1} - \mu)$ mit $z_n \to 0$ bzw. $z_n + \mu \in \sigma((T_n-i)^{-1})$ mit $z_n + \mu \to \mu$. (Dieser Teil gilt auch für starke Resolventenkonvergenz, vgl. Satz 9.26.)

Ist $\mu \notin \sigma((T-i)^{-1})$, so gibt es ein $\varepsilon > 0$ mit $\|((T-i)^{-1} - \mu)x\| \geq \varepsilon \|x\|$ für alle $x \in X$. Also ist $\|((T_n-i)^{-1} - \mu)x\| \geq (\varepsilon/2)\|x\|$ für große n, d.h. $\{z \in \mathbb{C} : |z - \mu| < (\varepsilon/2)\} \subset \varrho(T_n - i)^{-1}$ für große n; μ ist also nicht Grenzwert einer Folge (μ_n) mit $\mu_n \in \sigma((T_n-i)^{-1})$.

Wesentliches Spektrum: Wir benutzen Satz 9.15 a: $\lambda \in \sigma_e(A) \Leftrightarrow \exists$ Folge (x_k) aus X mit $x_k \xrightarrow{w} 0$, $x_k \not\to 0$, $((T-i)^{-1} - (\lambda-i)^{-1})x_k \to 0$.

Sei $\lambda \in \sigma_e(T)$, (x_k) eine Folge mit $x_k \xrightarrow{w} 0$, $x_k \not\to 0$, $((T-i)^{-1} - (\lambda-i)^{-1})x_k \to 0$; o.E. können wir $\|x_k\| = 1$ annehmen. Ist λ nicht Limes einer Folge (λ_n) mit $\lambda_n \in \sigma_e(T_n)$, so können wir o. E. annehmen (ggf. Auswahl einer Teilfolge), daß ein $\varepsilon > 0$ existiert mit $d(\lambda, \sigma_e(T_n)) > \varepsilon$ für alle n gilt. Also ist $E_n\big((\lambda-\varepsilon, \lambda+\varepsilon)\big)$ kompakt, d.h. es gilt $E_n\big((\lambda-\varepsilon, \lambda+\varepsilon)\big)x_k \to 0$ für $k \to \infty$ bei festem n, und somit

$$\left\|(T_n - i)^{-1} - (T - i)^{-1}\right\|$$
$$\geq \liminf_{k\to\infty} \left\|\big((T_n - i)^{-1} - (T - i)^{-1} + (T - i)^{-1} - (\lambda - i)^{-1}\big)x_k\right\|$$
$$= \liminf_{k\to\infty} \left\|\big((T_n - i)^{-1} - (\lambda - i)^{-1}\big)E_n\big(\mathbb{R} \setminus (\lambda - \varepsilon, \lambda + \varepsilon)\big)x_k\right\|$$
$$\geq \inf\left\{\left|(t-i)^{-1} - (\lambda-i)^{-1}\right| : |t - \lambda| \geq \varepsilon\right\} = C_\varepsilon > 0$$

für alle n, ein Widerspruch zur Voraussetzung.

Sei nun $\lambda = \lim \lambda_n$ mit $\lambda_n \in \sigma_e(T_n)$. Dann gibt es eine Folge (x_n) mit

$$x_n \in \{x_1, \ldots, x_{n-1}\}^\perp \cap R\Big(E_n\Big(\lambda_n - \frac{1}{n}, \lambda_n + \frac{1}{n}\Big)\Big), \quad \|x_n\| = 1,$$

also

$$\big((T-i)^{-1} - (\lambda-i)^{-1}\big)x_n = \big((T-i)^{-1} - (T_n-i)^{-1}\big)x_n$$
$$+ \big((T_n-i)^{-1} - (\lambda_n-i)^{-1}\big)x_n + \big((\lambda_n-i)^{-1} - (\lambda-i)^{-1}\big)x_n$$
$$\to 0 \quad \text{für } n \to \infty,$$

d. h. es gilt $\lambda \in \sigma_e(T)$.

b) Wegen Teil a gibt es ein $\varepsilon > 0$ und ein $n_0 \in \mathbb{N}$ mit $(a - \varepsilon, a + \varepsilon)$ und $(b - \varepsilon, b + \varepsilon)$ in $\varrho(T)$ und in $\varrho(T_n)$ für $n \geq n_0$. Ist $\varphi \in C(\mathbb{R})$ mit $\varphi(t) = 1$ in $(a + \varepsilon, b - \varepsilon)$ und $\varphi(x) = 0$ außerhalb $(a - \varepsilon, b + \varepsilon)$, so ist $\varphi(T_n) = E_n((a,b))$ und $\varphi(T) = E((a,b))$. Mit Satz 9.20 folgt die Behauptung. ∎

9.3 Norm- und starke Resolventenkonvergenz 349

Korollar 9.25 *Sei T selbstadjungiert, V symmetrisch und T-beschränkt, Ω die Menge der reellen μ, für die $T + \mu V$ selbstadjungiert ist. Dann sind die mengenwertigen Funktionen $\mu \mapsto \sigma(T+\mu V)$ und $\mu \mapsto \sigma_e(T+\mu V)$ stetig auf Ω (d. h. für $\mu_0 \in \Omega$ und $\mu_n \in \Omega$ mit $\mu_n \to \mu_0$ gilt $\sigma(T+\mu_0 V) = \lim \sigma(T + \mu_n V)$ und $\sigma_e(T + \mu_0 V) = \lim \sigma_e(T + \mu_n V)$).*

Beweis. Für jedes $\mu_0 \in \Omega$ ist V $(T+\mu_0 V)$-beschränkt, es gilt also

$$\left\| \left[(T + \mu_0 V) - (T + \mu_n V) \right] x \right\| = |\mu_0 - \mu_n| \|Vx\|$$
$$\leq a|\mu_0 - \mu_n| \|x\| + b|\mu_0 - \mu_n| \|(T + \mu_0 V)x\|.$$

Nach Satz 9.22 gilt also $T + \mu_n V \xrightarrow{nr} T + \mu_0 V$; mit dem vorhergehenden Satz folgt die Behauptung. ∎

Schließlich zeigen wir noch, daß sich die starke Resolventenkonvergenz auch auf die Spektralschar überträgt, ein Resultat, das in ähnlicher Form auf F. RELLICH zurückgeht [2]

Satz 9.26 *Seien T_n ($n \in \mathbb{N}$) und T selbstadjungiert mit Spektralscharen E_n bzw. E und $T_n \xrightarrow{sr} T$. Dann gilt:*

a) $E_n(t) \xrightarrow{s} E(t)$ *und* $E_n(t-) \xrightarrow{s} E(t)$ *für alle* $t \in \mathbb{R}$ *mit* $E(t) = E(t-)$.

b) *Jedes* $\lambda \in \sigma(T)$ *ist Grenzwert einer Folge* (λ_n) *mit* $\lambda_n \in \sigma(T_n)$.

Beweis. a) Sei $E(t) = E(t-)$. (φ_m) und (ψ_m) seien nichtfallende bzw. nichtwachsende Folgen stetiger Funktionen mit $\varphi_m(s) \nearrow \chi_{(-\infty,t)}(s)$, $\psi_m(s) \searrow \chi_{(-\infty,t]}(s)$, $|\varphi_m(s)| \leq 1$ und $|\psi_m(s)| \leq 1$ für alle $s \in \mathbb{R}$. Dann gilt für alle $x \in X$ nach dem Satz von Lebesgue

$$\left\| \left(\varphi_m(T_n) - E_n(t-) \right) x \right\|^2 = \int \left| \varphi_m(s) - \chi_{(-\infty,t)}(s) \right|^2 \mathrm{d}\|E_n(s)x\|^2 \to 0$$

---

[2] vgl. F. RELLICH, Störungstheorie der Spektralzerlegung, II. Mitteilung, Math. Annalen **113** (1937) 677-685: Tatsächlich benutzt Rellich eine etwas schärfere Voraussetzung als die, aus der wir in Satz 9.22 b (i) die starke Resolventenkonvergenz gefolgert haben, nämlich: daß ein n_0 existiert so, daß $D := \cap_{n \geq n_0} D(T_n)$ ein determinierender Bereich von T ist mit $T_n x \to T x$ für $x \in D$.

für $m \to \infty$, d.h. $\varphi_m(T_n) \xrightarrow{s} E_n(t-)$. Entsprechend folgt $\psi_m(T_n) \xrightarrow{s} E_n(t)$, und wegen $E(t) = E(t-)$ gilt $\varphi_m(T) \xrightarrow{s} E(t)$ und $\psi_m(T) \xrightarrow{s} E(t)$.

Zu jedem $x \in X$ und jedem $\varepsilon > 0$ gibt es also stetige Funktionen $\varphi \leq \chi_{(-\infty,t)}$ und $\psi \geq \chi_{(-\infty,t]}$ mit

$$\|\psi(T)x - \varphi(T)x\| \leq \frac{\varepsilon}{5}$$

(man kann hier $\varphi := \varphi_m$ und $\psi := \psi_m$ für hinreichend großes m wählen). Nach Satz 9.20 b gibt es ein $n_0 \in \mathbb{N}$ mit

$$\|\varphi(T)x - \varphi(T_n)x\| \leq \frac{\varepsilon}{5} \quad \text{und} \quad \|\psi(T)x - \psi(T_n)x\| \leq \frac{\varepsilon}{5} \quad \text{für } n \geq n_0,$$

also

$$\|\psi(T_n)x - \varphi(T_n)x\| \leq \frac{3\varepsilon}{5} \quad \text{für } n \geq n_0.$$

Wegen

$$\|E(t)x - \varphi(T)x\| = \left\{\int \left|\chi_{(-\infty,t]}(s) - \varphi(s)\right|^2 d\|E(s)x\|^2\right\}^{1/2}$$

$$\leq \left\{\int |\psi(s) - \varphi(s)|^2 d\|E(s)x\|^2\right\}^{1/2} = \|\psi(T)x - \varphi(T)x\|$$

und

$$\|E_n(t-)x - \varphi(T_n)x\| \leq \|E_n(t)x - \varphi(T_n)x\| \leq \|\psi(T_n)x - \varphi(T_n)x\|$$

folgt

$$\|E(t)x - E_n(t)x\|$$
$$\leq \|E(t)x - \varphi(T)x\| + \|\varphi(T)x - \varphi(T_n)x\| + \|\varphi(T_n)x - E_n(t)x\|$$
$$\leq \|\psi(T)x - \varphi(T)x\| + \|\varphi(T)x - \varphi(T_n)x\| + \|\varphi(T_n)x - \psi(T_n)x\|$$
$$\leq \frac{\varepsilon}{5} + \frac{\varepsilon}{5} + \frac{3\varepsilon}{5} = \varepsilon \quad \text{für } n \geq n_0.$$

9.3 Norm- und starke Resolventenkonvergenz

Entsprechend folgt

$$\|E(t)x - E_n(t-)x\| \leq \varepsilon \text{ für } n \geq n_0,$$

womit beide Aussagen bewiesen sind.

b) Ist die Behauptung falsch, so gibt es ein $\lambda \in \sigma(T)$, ein $\varepsilon > 0$ und eine Teilfolge (T_{n_k}) mit $(\lambda - \varepsilon, \lambda + \varepsilon) \subset \varrho(T_{n_k})$, d.h. $E_{n_k}(\cdot)$ ist konstant in $(\lambda - \varepsilon, \lambda + \varepsilon)$. Ist φ eine stetige Funktion mit $\varphi(\lambda) \neq 0$, $\varphi(t) = 0$ für $|t - \lambda| \geq \varepsilon$, so gilt nach Satz 9.20 $0 = \varphi(T_{n_k}) \xrightarrow{s} \varphi(T) \neq 0$, ein Widerspruch. ∎

Bemerkung 9.27 Die Resultate von Satz 9.24 und Satz 9.26 sind nicht vergleichbar. Es ist offensichtlich, daß aus $\sigma(T) = \lim_{n \to \infty} \sigma(T_n)$ nicht $E(t) = \text{s-}\lim_{n \to \infty} E_n(t)$ folgt (da aus der Kenntnis des Spektrums nichts über die entsprechenden Spektralprojektionen folgt). Daß umgekehrt aus $E_n(t) \xrightarrow{s} E(t)$ (sogar für alle $t \in \mathbb{R}$) nicht $\sigma(T_n) \to \sigma(T)$ folgt, ergibt sich aus Aufgabe 9.12.

Für zahlreiche Anwendungen ist die Situation interessant, wo die Operatoren T_n und T *nicht* auf dem gleichen Hilbertraum definiert sind, sondern auf (i. allg. verschiedenen) Hilberträumen X_n bzw. X, die Teilräume eines „großen" Hilbertraumes X_0 sind. Wir sagen dann (T_n) konvergiert im Sinne der *verallgemeinerten Normresolventenkonvergenz* $(T_n \xrightarrow{vnr} T)$ bzw. der *verallgemeinerten starken Resolventenkonvergenz* $(T_n \xrightarrow{vsr} T)$, wenn für ein $z \in \Gamma := \{\cap_{n \in \mathbb{N}} \varrho(T_n)\} \cap \varrho(T)$ gilt

$$(T_n - z)^{-1} P_n \to (T - z)^{-1} P \quad \text{bzw.} \quad (T_n - z)^{-1} P_n \xrightarrow{s} (T - z)^{-1} P,$$

wobei P_n bzw. P die orthogonalen Projektionen in X_0 auf X_n bzw. X sind. I. allg. muß nicht $P_n \xrightarrow{s} P$ gelten (vgl. Aufgabe 9.15); gerade diese Tatsache erlaubt sehr allgemeine Anwendungen.

Satz 9.28 a) *Gilt*

$$(T_n - z_0)^{-1} P_n \to (T - z_0)^{-1} P \quad \text{bzw.} \quad (T_n - z_0)^{-1} P_n \xrightarrow{s} (T - z_0)^{-1} P$$

für ein $z_0 \in \Gamma$, so gilt

$$(T_n - z)^{-1} P_n \to (T - z)^{-1} P \quad \text{bzw.} \quad (T_n - z)^{-1} P_n \xrightarrow{s} (T - z)^{-1} P$$

für alle $z \in \Gamma$.

b) *Gilt $T_n \xrightarrow{vnr} T$, so gilt $u(T_n)P_n \to u(T)P$ für alle stetigen Funktionen u auf $\mathbb{R}$ mit $u(t) \to 0$ für $|t| \to \infty$.*

c) *Gilt $T_n \xrightarrow{vsr} T$, so gilt $u(T_n)P_n \xrightarrow{s} u(T)P$ für alle stetigen Funktionen u auf $\mathbb{R}$ mit $u(t) \to 0$ für $|t| \to \infty$, und*

$$\left(E_n(\lambda'') - E_n(\lambda')\right)P_n \xrightarrow{s} \left(E(\lambda'') - E(\lambda')\right)P$$

für alle $\lambda', \lambda'' \in \mathbb{R}$, in denen $E(\cdot)$ stetig ist. Ist $X_n \subset X = X_0$, so gilt also $\left(E_n(\lambda'') - E_n(\lambda')\right)P_n \xrightarrow{s} E(\lambda'') - E(\lambda')$. Sind die T_n nach unten halbbeschränkt mit einer gemeinsamen unteren Schranke, so gilt

$$E_n(t)P_n \xrightarrow{s} E(t)P \quad \text{in jedem Stetigkeitspunkt } t \text{ von } E(\cdot).$$

Beweis. Die Beweise der entsprechenden Resultate für (normale) Resolventenkonvergenz können i. wes. übernommen werden, wobei lediglich jeweils die Projektionen P_n bzw. P anzufügen sind. Einzelheiten können dem Leser überlassen werden:

Die Konvergenzaussagen $(T_n - \overline{z_0})^{-1}P_n$ gegen $(T - \overline{z_0})^{-1}P$ folgen wie in Satz 9.20 a. Daraus folgen die Konvergenzaussagen $u(T_n)P_n$ gegen $u(T)P$ für Funktionen u mit $u(t) \to 0$ für $|t| \to \infty$ (und somit $(T_n - z)^{-1}P_n$ gegen $(T - z)^{-1}P$ für alle $z \in \mathbb{C} \setminus \mathbb{R}$), wobei man benutzt, daß nach Korollar C.3 die von $(t - z_0)^{-1}$ und $(t - \overline{z_0})^{-1}$ erzeugte Algebra (statt der Algebra aller Polynome in $(t - z_0)^{-1}$ und $(t - \overline{z_0})^{-1}$) $\|\cdot\|_\infty$-dicht ist im Raum der stetigen Funktionen u mit $u(t) \to 0$ für $|t| \to \infty$.[3]

Um $\left(E_n(\lambda'') - E_n(\lambda')\right)P_n \xrightarrow{s} \left(E(\lambda'') - E(\lambda')\right)P$ zu beweisen, geht man wie im Beweis von Satz 9.26 vor, wobei man jetzt eine wachsende Folge (φ_n) mit $\varphi_n \to \chi_{(\lambda',\lambda'')}$ wählt, und eine fallende Folge (ψ_n) mit kompakten Trägern und $\psi_n \to \chi_{[\lambda',\lambda'']}$; im übrigen bleibt der Beweis unverändert. Im Fall der Halbbeschränktheit nach unten nutzt man aus, daß für hinreichend kleine λ' gilt $E_n(\lambda'') - E_n(\lambda') = E_n(\lambda'')$ bzw. $E(\lambda'') = E(\lambda'') - E(\lambda')$. ∎

Wir verallgemeinern nun noch die obigen Kriterien für starke Resolventenkonvergenz entsprechend.

---

[3] Diese Einschränkung ist nötig, da auf Grund der abgeschwächten Voraussetzung i. allg. $1(T_n)P_n = P_n$ nicht gegen $1(T)P = P$ konvergiert. Für die Anwendung auf die Spektraltheorie stört das nicht.

Satz 9.29 a) *Sei $X_n \subset X$, $P_n \xrightarrow{s} I$, T_n und T selbstadjungiert in X_n bzw. X, und D ein determinierender Bereich von T so, daß für jedes $x \in D$ ein $n_0 = n_0(x)$ existiert mit $P_n x \in D(T_n) \subset X_n$ für $n \geq n_0$ und $T_n P_n x \to Tx$, für $n \to \infty$. Dann gilt $T_n \xrightarrow{vsr} T$.*

b) *Die Aussagen von Satz 9.23 gelten für verallgemeinerte starke Resolventenkonvergenz, wenn s_n, t_n, u_n und t nicht dicht definiert sind, und S_n, T_n, U_n bzw. T die entsprechenden selbstadjungierten Operatoren in den Hilberträumen $\overline{D(s_n)}$, $\overline{D(t_n)}$, $\overline{D(u_n)}$ bzw. $\overline{D(t)}$ sind.*

Beweis. a) Wegen $P_n \xrightarrow{s} I$ ist $T_n \xrightarrow{vsr} T$ äquivalent zu $\tilde{T}_n \xrightarrow{sr} T$ für $\tilde{T}_n := T_n \oplus 0_{X \ominus X_n}$. Für jedes $x \in D$ existiert nach Voraussetzung ein $n_0 \in \mathbb{N}$ mit

$$x \in D(\tilde{T}_n) \subset D(T_n) \oplus X_n^\perp \quad \text{für } n \geq n_0 \text{ und}$$
$$\tilde{T}_n x = (T_n \oplus 0_{X \ominus X_n}) x = T_n P_n x \to Tx \quad \text{für } n \to \infty.$$

Also gilt $\tilde{T}_n \xrightarrow{sr} T$ und somit $T_n \xrightarrow{vsr} T$.

b) Hier kann der Beweis von Satz 9.23 wörtlich übernommen werden. ∎

9.4 Übungen

9.1 Sei T ein selbstadjungierter Operator, $0 \leq q \leq p$. Dann ist T^q relativ beschränkt bezüglich T^p mit T^p-Schranke 0. (Hier ist $T^p = \int t^p \, dE(t)$ mit irgendeiner „sinnvollen" Definition von t^p für $t \in \mathbb{R}$).

9.2 Sei S ein abgeschlossener symmetrischer, aber *nicht* selbstadjungierter Operator, $T := |S| = (S^*S)^{1/2}$. Dann ist $T + \lambda S$ selbstadjungiert für $\lambda \in \mathbb{R}$ mit $|\lambda| < 1$, abgeschlossen symmetrisch, aber nicht selbstadjungiert für $\lambda \in \mathbb{R}$ mit $|\lambda| > 1$, wesentlich selbstadjungiert für $\lambda = \pm 1$.

9.3 Seien S und V symmetrische Operatoren.

a) Für einen Teilraum $D \subset D(S) \cap D(V)$ und Konstanten $a \geq 0$ und $b \in [0,1)$ gelte

$$\|Vx\| \leq a\|x\| + b\{\|Sx\| + \|(S+V)x\|\} \quad \text{für alle } x \in D.$$

Dann ist $S|_D$ genau dann selbstadjungiert (wesentlich selbstadjungiert), wenn dies für $(S+V)|_D$ gilt; es ist $D(\overline{S|_D}) = D(\overline{(S+V)|_D})$. Anleitung: Für alle $\mu \in [0,1]$ und $x \in D$ zeige man

$$\|Vx\| \le a\|x\| + 2b\|(S+\mu V)x\| + b\|Vx\|$$

und verwende die Technik des Beweises von Satz 9.4.

b) Ist V S-beschränkt mit S-Schranke < 1, so ist S genau dann selbstadjungiert (wesentlich selbstadjungiert), wenn dies für $S+V$ gilt.

9.4 a) Die Umkehrung von Satz 9.9b gilt (selbst für Operatoren im 2-dimensionalen Hilbertraum) nicht, d.h. aus $0 \le S \le T$ folgt nicht $S^2 \le T^2$. *Anleitung*: Man betrachte die durch die Matrizen $s = 3\begin{pmatrix} 1 & 1 \\ 1 & 1 \end{pmatrix}$ und $t = 4\begin{pmatrix} 1 & 0 \\ 0 & 3 \end{pmatrix}$ in $\mathbb{C}^2$ erzeugten Operatoren S und T

b) Die Umkehrung von Satz 9.9c gilt (für unbeschränkte Operatoren) nicht, d.h. aus $D(T) \subset D(S)$ folgt i. allg. nicht $D(T^2) \subset D(S^2)$. *Anleitung*: Man baue sich Operatoren aus den Matrizen ns und nt mit s und t aus Teil a zusammen.

9.5 Satz 9.15 gilt entsprechend für alle ungeraden Potenzen der Resolvente, i. allg. aber nicht für gerade Potenzen.

9.6 Sind S und T selbstadjungierte Operatoren mit rein diskreten Spektren $\{\lambda_j : j \in \mathbb{N}\}$ bzw. $\{\mu_j : j \in \mathbb{N}\}$, wobei die Folgen (λ_j) und (μ_j) „unterschiedlich schnell" wachsen. Dann ist die Resolventendifferenz kompakt, aber $S-T$ ist nicht S- oder T-kompakt.

9.7 Sei T selbstadjungiert in X mit rein diskretem Spektrum. (Für T^p vgl. Aufgabe 9.1).

a) Jeder Operator $V \in B(X)$ ist T^p-kompakt für jedes $p > 0$.

b) Für $0 \le q < p$ ist T^q stets T^p-kompakt; ist V ein T^q-beschränkter Operator, so ist V T^p-kompakt.

c) Ist V T-beschränkt mit T-Schranke 0, so ist V sogar T-kompakt.

9.4 Übungen

9.8 Sei T selbstadjungiert mit Spektralschar E. Ist V T-beschränkt und $VE(J)$ kompakt für jedes beschränkte Intervall J, so ist V $f(T)$-kompakt für jede E-meßbare Funktion f mit $|f(t)/t| \to \infty$ für $t \to \pm\infty$.

9.9 Sei T ein unbeschränktes lineares Funktional auf einem Hilbertraum X (also ein nicht abschließbarer Operator von X nach $\mathbb{K}$). T ist T-kompakt, hat aber die T-Schranke 1. (In Satz 9.13 kann also nicht auf die Abschließbarkeit von T oder V verzichtet werden.)

9.10 In Satz 9.19 kann die T-Beschränktheit von V mit relativer Schranke < 1 ersetzt werden durch: V ist T-beschränkt und $T+sV$ ist selbstadjungiert für alle $s \in [0,1]$. *Anleitung*: Man vergleiche die in Satz 9.4 benutzte Technik.

9.11 Sei X ein Hilbertraum, $T_n \in B(X)$ mit $T_n \xrightarrow{w} 0$.

a) Ist $T_n \geq 0$ für alle n, so gilt $T_n \xrightarrow{s} 0$. *Anleitung*: Man zeige $T_n^{1/2} \xrightarrow{s} 0$.

b) Teil a gilt nicht ohne die zusätzliche Voraussetzung $T_n \geq 0$. *Anleitung*: $X = l^2$, $T_n(\xi_1, \xi_2 \ldots) = (\xi_n, 0, 0, \ldots, 0, \xi_1, 0, 0, \ldots)$ mit ξ_1 an der n-ten Stelle.

9.12 In l^2 sei T_n die orthogonale Projektion auf den durch die ersten n-Komponenten aufgespannten Teilraum, E_n bzw. E seien die Spektralscharen von T_n bzw. I.

a) Es gilt $T_n \xrightarrow{s} I$, $E_n(t) \xrightarrow{s} E(t)$ für *alle* $t \in \mathbb{R}$

b) Es gilt *nicht* $\sigma(T_n) \to \sigma(I)$, $\sigma_e(T_n) \to \sigma_e(I)$ (vgl. Satz 9.24).

9.13 Seien T_n und T selbstadjungiert im separablen Hilbertraum X mit Spektralscharen E_n bzw. E. Gilt $E_n(t) \xrightarrow{s} E(t)$ für alle Stetigkeitspunkte von E, so gilt $u(T_n) \xrightarrow{s} u(T)$ für jede stetige beschränkte Funktion $u : \mathbb{R} \to \mathbb{C}$; insbesondere gilt $u(T_n) \xrightarrow{sr} u(T)$ für jede stetige reellwertige Funktion u.

9.14 Sei $\{e_n : n \in \mathbb{N}\}$ ein Orthonormalsystem im Hilbertraum X. Mit Hilfe der Operatoren $T_n := P_{e_1+e_n}$ und $T := \frac{1}{2}P_{e_1}$, wobei P_x die orthogonale Projektion auf den von x aufgespannten Teilraum ist, zeige man, daß für selbstadjungierte Operatoren T_n und T mit $T_n \xrightarrow{w} T$ *i. allg. keine der folgenden Aussagen gilt*:

a) $(T_n - z)^{-1} \xrightarrow{w} (T - z)^{-1}$ für $z \in \varrho(T) \cap (\cap_n \varrho(T_n))$,

b) $\lambda_n \in \sigma(T_n)$, $\lambda_n \to \lambda$ impliziert $\lambda \in \sigma(T)$,

c) $\lambda \in \sigma(T)$ impliziert die Existenz einer Folge (λ_n) mit $\lambda_n \in \sigma(T_n)$ und $\lambda_n \to \lambda$.

9.15 a) Sei T der Nulloperator in $X = L^2(0,1)$, T_n der Operator der Multiplikation mit x^n in $X_n = X_0 = L^2(0,\infty)$. Dann gilt $T_n \xrightarrow{vnr} T$, aber nicht $P_n \xrightarrow{s} P$.

b) Gilt $T_n \xrightarrow{vsr} T$ bzw. $T_n \xrightarrow{vnr} T$ und $X_n \subset X_{n+1} \subset X \subset X_0$, so gilt $P_n \xrightarrow{s} P$ bzw. $P_n \to P$ (im letzteren Fall also $P_n = P$ für große n).

c) Gilt $T_n \xrightarrow{vsr} T$ und sind die T_n nicht nach unten halbbeschränkt, so gilt i. allg. nicht $E_n(t)P_n \xrightarrow{s} E(t)P$. *Anleitung:* Wähle für T_n den Multiplikationsoperator mit $-x^n$ in $L^2(0,\infty)$.

10 Selbstadjungierte Fortsetzungen symmetrischer Operatoren

Es ist häufig leicht, mit Hilfe eines formalen Ausdrucks (z. B. eines Differentialausdrucks) einen symmetrischen (d.h. dicht definierten hermiteschen) Operator S anzugeben, $S \subset S^*$. Ist der Abschluß $\overline{S}$ nicht selbstadjungiert (d.h. S ist nicht wesentlich selbstadjungiert), so gilt $\overline{S} \subsetneq S^*$. Gesucht ist dann (vgl. z. B. Kapitel 7) eine *selbstadjungierte Fortsetzung* T von S, d.h. ein Operator T, für den gilt $S \subset \overline{S} \subset T = T^* \subset S^*$; eine solche selbstadjungierte Fortsetzung T von S ist also gleichzeitig eine Einschränkung von S^*. Entsprechend gilt für jede symmetrische Fortsetzung A von S: $S \subset A \subset A^* \subset S^*$; d.h. ein abgeschlossener symmetrischer Operator A ist genau dann eine Fortsetzung von S, wenn A^* eine Einschränkung von S^* ist.

Eine selbstadjungierte Fortsetzung T von S zu finden bedeutet also, einen Teilraum D anzugeben mit $D(S) \subset D \subset D(S^*)$ so, daß $T := S^*|_D$ selbstadjungiert ist. Es stellen sich somit folgende Fragen:
- Unter welchen Bedingungen an S gibt es solche Teilräume D von $D(S^*)$?
- Kann man solche Teilräume explizit angeben?
- Kann man einen vollständigen Überblick über diese Teilräume angeben?

Für *stetig invertierbare* symmetrische Operatoren wissen wir aus Satz 2.67, daß (mindestens) eine stetig invertierbare selbstadjungierte Fortsetzung existiert, wobei die Norm der Inversen nicht vergrößert wird. Für nach unten *halbbeschränkte* symmetrische Operatoren haben wir in Satz 4.15 gesehen, daß (mindestens) eine selbstadjungierte Fortsetzung existiert, die die gleiche untere Schranke besitzt, die *Friedrichsfortsetzung*.

Im allgemeinen Fall werden alle oben formulierten Fragen durch die *von Neumannsche Fortsetzungstheorie* beantwortet, die wir im folgenden beschreiben wollen. Selbstadjungierte Fortsetzungen existieren, wenn die *Defektzahlen* gleich sind. Die Theorie gipfelt in den *von Neumannschen Formeln*, durch die die selbstadjungierten Fortsetzungen explizit beschrieben werden.

10 Selbstadjungierte Fortsetzungen symmetrischer Operatoren

In einem abschließenden Abschnitt werden Resultate über die Spektren der möglichen selbstadjungierten Fortsetzungen bewiesen. Insbesondere im Fall endlichen Defekts sind interessante Aussagen möglich.

Zunächst geben wir eine ganz elementare (aber sehr nützliche) Charakterisierung der selbstadjungierten Fortsetzungen von S an, für die die Fortsetzungstheorie nicht benötigt wird:

Satz 10.1 *Sei S ein symmetrischer Operator, T ein Operator mit $S \subset T \subset S^*$. T ist genau dann selbstadjungiert, wenn gilt:*

(i) *T ist hermitesch (da schon S dicht definiert ist, ist also T symmetrisch),*

(ii) *ist $y \in D(S^*)$ mit $\langle Tx, y \rangle = \langle x, S^*y \rangle$ für alle $x \in D(T)$, so ist $y \in D(T)$.*

Eigenschaft (ii) *bedeutet offenbar:*

$$D(T) = \Big\{ y \in D(S^*) : \langle Tx, y \rangle = \langle x, S^*y \rangle \text{ für alle } x \in D(T) \Big\}.$$

Beweis. $\Rightarrow$: Sei T selbstadjungiert mit $S \subset T \subset S^*$. Dann ist (i) offensichtlich. Ist $y \in D(S^*)$ mit $\langle Tx, y \rangle = \langle x, S^*y \rangle$ für alle $x \in D(T)$, so folgt $y \in D(T^*) = D(T)$, d.h. es gilt auch (ii).

$\Leftarrow$: Aus der Symmetrie von T (Eigenschaft (i)) und $S \subset T$ folgt $S \subset T \subset T^* \subset S^*$. Es bleibt also $D(T^*) \subset D(T)$ zu beweisen. Sei $y \in D(T^*) \subset D(S^*)$; dann folgt aus der Definition der Adjungierten (von T)

$$\langle Tx, y \rangle = \langle x, T^*y \rangle = \langle x, S^*y \rangle \quad \text{für alle } x \in D(T).$$

Mit (ii) folgt also $y \in D(T)$. ∎

10.1 Defektzahlen und Cayleytransformierte

Wir definieren eine für das folgende wichtige Punktmenge aus $\mathbb{K}$, die eine Verallgemeinerung der Resolventenmenge darstellt: Für einen beliebigen Operator S in einem Hilbertraum X über $\mathbb{K}$ ist der *Regularitätsbereich* $\Gamma(S)$ von S definiert durch

$$\Gamma(S) := \Big\{ z \in \mathbb{K} : \exists \; k(z) > 0 \text{ mit } \|(S - z)x\| \geq k(z)\|x\| \; \forall \; x \in D(S) \Big\}.$$

10.1 Defektzahlen und Cayleytransformierte

$\Gamma(S)$ ist also die Menge der $z \in \mathbb{K}$, für die $S-z$ stetig invertierbar ist, wobei nicht gefordert wird, daß $(S-z)^{-1}$ überall definiert ist. (Im Vergleich zur Resolventenmenge fehlt also die Surjektivität von $S-z$).

Satz 10.2 *Sei S ein Operator im Hilbertraum X über $\mathbb{K}$.*

a) *Ist S hermitesch und $\mathbb{K} = \mathbb{C}$, so gilt $\mathbb{C} \setminus \mathbb{R} \subset \Gamma(S)$.*

b) *Ist S isometrisch, so ist $\left\{z \in \mathbb{K} : |z| \neq 1\right\} \subset \Gamma(S)$.*

c) *$\Gamma(S)$ ist offen.*

Beweis. a) Wir wissen (vgl. Satz 5.13), daß $S-z$ für $z \notin \mathbb{R}$ stetig invertierbar ist, $\|(S-z)x\| \geq |\operatorname{Im} z|\|x\|$; somit gilt $\mathbb{C} \setminus \mathbb{R} \subset \Gamma(S)$ mit $k(z) \geq |\operatorname{Im} z|$.
b) Für $z \in \mathbb{K}$ mit $|z| \neq 1$ gilt

$$\|(S-z)x\| \geq \Big|\|Sx\| - |z|\|x\|\Big| = \Big|1 - |z|\Big|\|x\|,$$

d. h. es gilt $z \in \Gamma(S)$ mit $k(z) \geq (1 - |z|)$.
c) Ist $z_0 \in \Gamma(S)$ und $z \in \mathbb{K}$ mit $|z - z_0| < k(z_0)$, so gilt

$$\|(S-z)x\| \geq \|(S-z_0)x\| - |z-z_0|\|x\| \geq \Big(k(z_0) - |z-z_0|\Big)\|x\|,$$

d. h. es gilt $z \in \Gamma(S)$ mit $k(z) \geq k(z_0) - |z - z_0| > 0$. ∎

Für einen beliebigen Operator S im Hilbertraum X über $\mathbb{K}$ bezeichnet man $R(S-z)^\perp$ als den *Defektraum* zu S und z; die *Defektzahl* (bzw. der *Defekt*) zu S und z ist $\beta(S,z) = \dim R(S-z)^\perp$.

Satz 10.3 *Sei S ein abschließbarer Operator im Hilbertraum X.*

a) *Die Defektzahl $\beta(S,z)$ ist lokal konstant in $\Gamma(S)$ (d. h. sie ist konstant auf jeder Zusammenhangskompenente von $\Gamma(S)$).*

b) *Ist S symmetrisch, so ist $\beta(S,z)$ konstant in der oberen und in der unteren Halbebene (wobei diese beiden Werte i. allg. verschieden sind).*

c) *Ist S isometrisch, so ist $\beta(S,z)$ außerhalb und innerhalb der Einheitskreislinie jeweils konstant.*

Beweis. a) Offensichtlich ist $\Gamma(S) = \Gamma(\overline{S})$ und für $z \in \Gamma(S)$ gilt $\overline{R(S-z)} = R(\overline{S}-z)$ (vgl. Satz 4.1), also $\beta(S,z) = \beta(\overline{S},z)$. Wir können deshalb ohne Einschränkung annehmen, daß S abgeschlossen ist, und somit $R(S-z) = \overline{R(S-z)}$.

Wir zeigen im folgenden: Ist $z_0 \in \Gamma(S)$, so gilt

$$\beta(S,z) = \beta(S,z_0) \quad \text{für alle } z \in \mathbb{K} \text{ mit } |z - z_0| < \frac{k(z_0)}{2}.$$

Nach Satz 1.61 genügt es dafür zu zeigen:

$$R(S-z) \cap R(S-z_0)^\perp = R(S-z_0) \cap R(S-z)^\perp$$
$$= \{0\} \quad \text{für } |z - z_0| < \frac{k(z_0)}{2}.$$

Sei also $z_0 \in \Gamma(S)$ und $z \in \mathbb{K}$ mit $|z - z_0| < k(z_0)/2$. Wie wir im Beweis von Satz 10.2 gesehen haben ist dann $z \in \Gamma(S)$ mit $k(z) > k(z_0)/2$.

Nehmen wir zunächst an, daß $R(S-z_0) \cap R(S-z)^\perp \neq \{0\}$ ist. Dann existiert ein $x \in D(S) \setminus \{0\}$ mit

$$(S - z_0)x \in \{R(S - z_0) \cap R(S - z)^\perp\} \setminus \{0\}.$$

Wegen $(S - z_0)x \perp (S - z)x$ gilt dann

$$\left\|(S-z)x\right\| \leq \left\|(S-z)x - (S-z_0)x\right\| = |z - z_0| \|x\|$$
$$\leq \frac{|z-z_0|}{k(z)} \left\|(S-z)x\right\| < \frac{k(z_0)}{2} \frac{2}{k(z_0)} \left\|(S-z)x\right\| = \left\|(S-z)x\right\|,$$

ein Widerspruch.

Nehmen wir nun an, daß $R(S-z) \cap R(S-z_0)^\perp \neq \{0\}$ ist, so folgt entsprechend für ein $x \in D(S) \setminus \{0\}$

$$\left\|(S-z_0)x\right\| \leq \left\|(S-z_0)x - (S-z)x\right\| = |z - z_0| \|x\|$$
$$\leq \frac{|z-z_0|}{k(z_0)} \left\|(S-z_0)x\right\| < \frac{k(z_0)}{2} \frac{1}{k(z_0)} \left\|(S-z_0)x\right\| = \frac{1}{2} \left\|(S-z_0)x\right\|,$$

was erneut einen Widerspruch liefert.

10.1 Defektzahlen und Cayleytransformierte   361

Die Teile b und c folgen nun sofort mit Satz 10.2. ∎

Für einen symmetrischen Operator S im komplexen Hilbertraum X definieren wir

$$\gamma_+(S) = \beta(S, -i) = \dim R(S+i)^\perp = \dim N(S^* - i),$$
$$\gamma_-(S) = \beta(S, i) = \dim R(S-i)^\perp = \dim N(S^* + i),$$

die *obere* und die *untere Defektzahl* (statt i bzw. $-i$ kann hier natürlich jede komplexe Zahl aus der oberen bzw. unteren Halbebene eingesetzt werden). Das Paar $(\gamma_+(S), \gamma_-(S))$ nennt man die *Defektzahlen* von S. Aus der Charakterisierung der (wesentlichen) Selbstadjungiertheit (vgl. Satz 5.14) wissen wir, daß für einen symmetrischen Operator S gilt:

– S ist wesentlich selbstadjungiert $\Leftrightarrow (\gamma_+(S), \gamma_-(S)) = (0,0),$

– S ist selbstadjungiert $\Leftrightarrow S$ ist abgeschlossen und $(\gamma_+(S), \gamma_-(S)) = (0,0).$

Es gilt die folgende Verallgemeinerung des Satzes von Rellich-Kato:

Satz 10.4 (Stabilität der Defektzahlen) *Sei S ein symmetrischer Operator im komplexen Hilbertraum X, W ein symmetrischer S-beschränkter Operator mit S-Schranke < 1. Dann haben S und $S + W$ die gleichen Defektzahlen. (Für den Fall der Defektzahlen $(0,0)$ erhält man den Satz von Rellich–Kato 9.2.)*

Beweis. Ohne Einschränkung sei S abgeschlossen. Nach Voraussetzung gibt es ein $a \geq 0$ und ein $b \in (0,1)$ mit

$$\|Wx\|^2 \leq a^2\|x\|^2 + b^2\|Sx\|^2 \leq (a\|x\| + b\|Sx\|)^2 \text{ für } x \in D(S).$$

Im folgenden sei $c := a/b$. Es genügt, die Gleichung

$$\dim R(S \pm ic)^\perp = \dim R(S + W \pm ic)^\perp$$

zu beweisen:

dim $R(S \pm ic)^\perp \geq$ dim $R(S + W \pm ic)^\perp$: Aus der Annahme, daß „<"
gilt, folgt wieder mit Satz 1.61, daß ein $x \in D(S) \setminus \{0\}$ existiert mit

$$(S \pm ic)x \in \left\{ R(S \pm ic) \cap R(S + W \pm ic)^\perp \right\} \setminus \{0\}.$$

Da insbesondere $(S \pm ic)x \perp (S + W \pm ic)x$ gilt, folgt

$$\left\|(S \pm ic)x\right\| \leq \left\|(S \pm ic)x - (S + W \pm ic)x\right\| = \|Wx\|$$

$$\leq \left\{ b^2 \left(\|Sx\|^2 + \left(\frac{a}{b}\right)^2 \|x\|^2 \right) \right\}^{1/2} = b\left\|(S \pm ic)x\right\| < \left\|(S \pm ic)x\right\|,$$

ein Widerspruch.

dim $R(S \pm ic)^\perp \leq$ dim $R(S + W \pm ic)^\perp$: Für jedes $\mu \in [0,1]$ gilt

$$\left\|(S + \mu W)x\right\| \geq \|Sx\| - \mu\|Wx\| \geq \left(\frac{1}{b} - \mu\right)\|Wx\| - \frac{a}{b}\|x\|$$

$$\geq \left(\frac{1}{b} - 1\right)\|Wx\| - \frac{a}{b}\|x\| = \frac{1-b}{b}\|Wx\| - \frac{a}{b}\|x\|,$$

$$\|Wx\| \leq \frac{a}{1-b}\|x\| + \frac{b}{1-b}\left\|(S + \mu W)x\right\| \quad \text{für } x \in D(S).$$

Wählt man $n \in \mathbb{N}$ so groß, daß $b/n(1-b) < 1$ gilt, so hat W für jedes $\mu \in [0,1]$ eine $(S + \mu W)$-Schranke < 1, und mit der zuerst bewiesenen Aussage folgt sukzessive

$$\text{dim } R(S + W \pm ic)^\perp = \text{dim } R\left(S + \frac{n}{n}W \pm ic\right)^\perp$$

$$\geq \text{dim } R\left(S + \frac{n-1}{n}W \pm ic\right)^\perp \geq \ldots \geq \text{dim } R\left(S + \frac{1}{n}W \pm ic\right)^\perp$$

$$\geq \text{dim } R(S \pm ic)^\perp.$$

Zusammen mit der ersten Ungleichung folgt die Gleichheit. ∎

Wir definieren nun ein weiteres wichtiges Hilfsmittel, die *Cayley-Transformierte* V eines symmetrischen Operators S,

$$V := (S - i)(S + i)^{-1}.$$

Dies ist offensichtlich eine bijektive Abbildung von $R(S + i)$ auf $R(S - i)$.

10.1 Defektzahlen und Cayleytransformierte

Satz 10.5 *Sei V Cayley-Transformierte des symmetrischen Operators S.*

a) *V bildet $R(S+i)$ isometrisch auf $R(S-i)$ ab (auf $X \setminus R(S+i)$ ist V nicht definiert).*

b) *Es gilt $R(I-V) = D(S)$, $I-V$ ist injektiv, und es gilt*
$$S = i(I+V)(I-V)^{-1}.$$

Insbesondere ist die Zuordnung $S \mapsto V$ injektiv.

Beweis. a) Für $y = (S+i)x \in R(S+i) = D(V)$ gilt
$$\|Vy\|^2 = \left\|(S-i)(S+i)^{-1}y\right\|^2 = \left\|(S-i)x\right\|^2 = \left\|(S+i)x\right\|^2 = \|y\|^2.$$

b) Aus
$$I - V = I - (S-i)(S+i)^{-1} = \{(S+i) - (S-i)\}(S+i)^{-1}$$
$$= 2i(S+i)^{-1}$$

folgt $R(I-V) = R((S+i)^{-1}) = D(S)$ und die Injektivität von $I - V$. Zusammen mit
$$I + V = I + (S-i)(S+i)^{-1} = \{(S+i) + (S-i)\}(S+i)^{-1}$$
$$= 2S(S+i)^{-1}$$

ergibt sich $i(I+V)(I-V)^{-1} = S$. ∎

Bemerkung 10.6 Analog zu obiger Definition könnte man für jedes $z \in \mathbb{C}$ mit Im $z > 0$ eine *verallgemeinerte Cayley-Transformierte* $V_z := (S-z)(S-\bar{z})^{-1}$ definieren. Man zeigt mit weitgehend gleichen Rechnungen, daß V_z eine isometrische Abbildung von $R(S-\bar{z})$ auf $R(S-z)$ ist, und daß gilt
$$S = (z - \bar{z}V_z)(I - V_z)^{-1}.$$

Die weiteren Überlegungen können ensprechend modifiziert werden.

Der folgende Satz charakterisiert die Operatoren, die Cayley-Transformierte symmetrischer Operatoren sind:

Satz 10.7 *Ein Operator V im komplexen Hilbertraum X ist genau dann die Cayley-Transformierte eines symmetrischen Operators S, wenn gilt*

(i) *V ist eine isometrische Abbildung von $D(V)$ auf $R(V)$,*

(ii) *$R(I-V)$ ist dicht in X.*

Insbesondere folgt aus (i) *und* (ii), *daß $I-V$ injektiv ist.*

Beweis. $\Rightarrow$: Ist V die Cayley-Transformierte von S, so hat V die im Satz genannten Eigenschaften (i) und (ii) (vgl. Satz 10.5).

$\Leftarrow$: V erfülle die Eigenschaften (i) und (ii). Dann ist $I-V$ injektiv, denn aus $(I-V)y = 0$, d.h. $Vy = y$, folgt für alle $x \in D(V)$

$$\langle y, (I-V)x \rangle = \langle y, x \rangle - \langle y, Vx \rangle = \langle y, x \rangle - \langle Vy, Vx \rangle$$
$$= \langle y, x \rangle - \langle y, x \rangle = 0,$$

d.h. es ist $y \in R(I-V)^{\perp} = \{0\}$, $y = 0$.

Also kann ein Operator S definiert werden durch $S := i(I+V)(I-V)^{-1}$. Es ist zu zeigen, daß S symmetrisch ist und V die Cayley-Transformierte von S.

Zunächst ist $D(S) = R(I-V)$ dicht. Für $x = (I-V)x_1$ und $y = (I-V)y_1$ aus $D(S)$ gilt

$$\langle Sx, y \rangle = \langle i(I+V)(I-V)^{-1}x, y \rangle = -i\langle (I+V)x_1, (I-V)y_1 \rangle$$
$$= \ldots = i\langle (I-V)x_1, (I+V)y_1 \rangle = \langle x, i(I+V)(I-V)^{-1}y \rangle$$
$$= \langle x, Sy \rangle,$$

d.h. S ist symmetrisch. Schließlich folgt aus

$$S - i = i(I+V)(I-V)^{-1} - i = i\{(I+V) - (I-V)\}(I-V)^{-1}$$
$$= 2iV(I-V)^{-1},$$
$$S + i = i(I+V)(I-V)^{-1} + i = \ldots = 2i(I-V)^{-1}$$

10.1 Defektzahlen und Cayleytransformierte   365

die Identität $(S - i)(S + i)^{-1} = V$, d. h. V ist die Cayley-Transformierte
von S.   ∎

Wir können nun die selbstadjungierten Operatoren durch Eigenschaften ihrer Cayley-Transformierten charakterisieren:

Satz 10.8 *Sei S ein symmetrischer Operator im komplexen Hilbertraum X, V die Cayley-Transformierte von S.*

a) Die folgenden Aussagen sind äquivalent:

(i) *S ist abgeschlossen,*

(ii) *V ist abgeschlossen,*

(iii) *$D(V) = R(S + i)$ ist abgeschlossen,*

(iv) *$R(V) = R(S - i)$ ist abgeschlossen.*

b) S ist genau dann selbstadjungiert, wenn V unitär ist.

Beweis. a) **(i)**⇔**(iii)** bzw. **(iv)**: Dies folgt aus der Tatsache, daß S genau dann abgeschlossen ist, wenn $(S \pm i)^{-1}$ abgeschlossen ist. Auf Grund der Beschränktheit von $(S\pm i)^{-1}$ gilt dies genau dann, wenn $D(V) = R(S+i) = D((S + i)^{-1})$ bzw. $R(V) = R(S - i) = D((S - i)^{-1})$ abgeschlossen sind (vgl. Seite 160).

(ii)⇔**(iii)**: Da V beschränkt ist, ist V genau dann abgeschlossen, wenn $D(V)$ abgeschlossen ist (vgl. Seite 160).

b) Dies folgt mit Satz 10.5 aus der Tatsache, daß S genau dann selbstadjungiert ist, wenn $R(S + i) = R(S - i) = X$ gilt.   ∎

Damit ist grundätzlich geklärt, wie man alle *symmetrischen* Fortsetzungen S' eines symmetrischen Operators S findet: Man bestimmt alle Fortsetzungen V' von V, die $D(V')$ isometrisch auf $R(V')$ abbilden (auf Grund der Dichtheit von $R(I - V)$ ist dann sicher auch $R(I - V')$ dicht und somit $I - V'$ injektiv), und berechnet $S = i(I + V')(I - V')^{-1}$. – Diese Erkenntnis werden wir im folgenden Abschnitt benutzen, um selbstadjungierte Fortsetzungen von S zu konstruieren.

10.2 Konstruktion selbstadjungierter Fortsetzungen

Die *selbstadjungierten* Fortsetzungen eines symmetrischen Operators (falls solche existieren) erhält man, indem man nach Satz 10.8 b die unitären Fortsetzungen V' von V konstruiert. Insbesondere besitzt S genau dann selbstadjungierte Fortsetzungen, wenn V unitäre Fortsetzungen besitzt. Wann dies der Fall ist, besagt der folgende Satz.

Satz 10.9 (von Neumannsche Formeln) *Sei S ein abgeschlossener symmetrischer Operator im komplexen Hilbertraum X,*

$$N_+ := R(S+i)^\perp = N(S^* - i), \quad N_- := R(S-i)^\perp = N(S^* + i).$$

a) *Es gilt die Erste von Neumannsche Formel*

$$D(S^*) = D(S) \dotplus N_+ \dotplus N_-,$$

d. h. jedes $x \in D(S^*)$ hat eine eindeutige Darstellung der Form $x = x_0 + x_+ + x_-$ mit $x_0 \in D(S)$, $x_\pm \in N_\pm$.

b) *S besitzt genau dann selbstadjungierte Fortsetzungen, wenn die Defektzahlen gleich sind, $\gamma_+(S) = \gamma_-(S)$. Alle selbstadjungierten Fortsetzungen T von S erhält man wie folgt: Ist $\widetilde{V} : N_+ \to N_-$ unitär, so wird durch die Zweite von Neumannsche Formel*

$$D(T) = D(S) \dotplus \left\{ y + \widetilde{V}y : y \in N_+ \right\}, \quad T\left(x + y + \widetilde{V}y\right) = Sx + iy - i\widetilde{V}y$$

eine selbstadjungierte Fortsetzung T von S beschrieben.

Beweis. a) Wegen $N_+, N_- \subset D(S^*)$ gilt jedenfalls $D(S) + N_+ + N_- \subset D(S^*)$. Es bleibt zu zeigen, daß für jedes $x \in D(S^*)$ eine eindeutig bestimmte Darstellung der obigen Gestalt existiert:

Existenz: Wir zerlegen $(S^* + i)x$ in seine Komponenten aus $R(S+i)$ und $R(S+i)^\perp = N(S^* - i) = N_+$:

$$(S^* + i)x = (S+i)x_0 + y_+ \quad \text{mit } x_0 \in D(S),\ y_+ \in N_+.$$

10.2 Konstruktion selbstadjungierter Fortsetzungen

Mit $x_+ = -iy_+/2$ gilt dann $x_+ \in N_+ = N(S^* - i)$, also $(S^* + i)x_+ = 2ix_+ = y_+$, und somit

$$(S^* + i)(x - x_0 - x_+) = (S^* + i)x - (S + i)x_0 - y_+ = 0;$$

d. h. es gilt $x_- := x - x_0 - x_+ \in N_-$, $x = x_0 + x_+ + x_-$ mit $x_0 \in D(S)$ und $x_\pm \in N_\pm$.

Eindeutigkeit: Aus $0 = x_0 + x_+ + x_-$ mit $x_0 \in D(S)$, $x_\pm \in N_\pm$ folgt $0 = S^*(x_0 + x_+ + x_-) = Sx_0 + ix_+ - ix_-$, also

$$x_0 = -x_+ - x_-, \quad Sx_0 = -ix_+ + ix_-,$$

und somit

$$(S + i)x_0 = -i(x_+ - x_-) - i(x_+ + x_-) = -2ix_+ \in N_+ \cap N_+^\perp = \{0\}.$$

Es gilt also $x_0 = x_+ = 0$, woraus auch $x_- = 0$ folgt.

b) Sind die Defektzahlen gleich, $\dim N_+ = \dim N_-$, so gibt es unitäre Abbildungen $\widetilde{V} : N_+ \to N_-$, und mit jedem derartigen $\widetilde{V}$ ist

$$V' : X = R(S + i) \oplus N_+ \to X = R(S - i) \oplus N_-,$$
$$V'(x + y) = Vx - \widetilde{V}y \quad \text{für } x \in R(S + i), \, y \in N_+$$

eine unitäre Fortsetzung von V. Umgekehrt kann jede unitäre Fortsetzung V' von V so dargestellt werden (da sie notwendig $N_+ = R(S + i)^\perp$ unitär auf $N_- = R(S - i)^\perp$ abbildet); es gilt also $\dim N_+ = \dim N_-$.

Sei nun $\widetilde{V} : N_+ \to N_-$ unitär, V' wie oben definiert. Dann ist $T = i(I + V')(I - V')^{-1}$ selbstadjungiert, und es gilt

$$D(T) = R(I - V') = (I - V')(R(S + i) \oplus N_+)$$
$$= (I - V)R(S + i) \dotplus (I + \widetilde{V})N_+ = D(S) \dotplus (I + \widetilde{V})N_+$$
$$= D(S) \dotplus \{y + \widetilde{V}y : y \in N_+\},$$

$$T(x + y + \widetilde{V}y) = Sx + iy - i\widetilde{V}y \quad \text{für } x \in D(S), \, y \in N_+.$$

Das ist die Zweite von Neumannsche Formel.[1] ∎

---
[1] Würde man V' durch $V'(x + y) = Vx + \widetilde{V}y$ definieren, so würde man für T den Ausdruck $Sx + iy + i\widetilde{V}y$ erhalten.

Falls die Defektzahlen endlich und gleich sind, lassen sich die selbstadjungierten Fortsetzungen besonders einfach charakterisieren (dies wird insbesondere bei gewöhnlichen Differentialoperatoren von Interesse sein).

Wir sagen, T ist eine *endlichdimensionale (m-dimensionale) Fortsetzung* von S, wenn $D(T)/D(S)$ endlichdimensional (m–dimensional) ist (d. h. es gibt einen endlichdimensionalen (m–dimensionalen) Teilraum D von X mit $D(T) = D(S)\dotplus D$. Entsprechend sagen wir, S ist eine *endlichdimensionale (m-dimensionale) Einschränkung* von T.

Satz 10.10 *Sei S ein abgeschlossener symmetrischer Operator im komplexen Hilbertraum mit endlichen gleichen Defektzahlen (m,m).*

a) *Eine symmetrische Fortsetzung T von S ist genau dann selbstadjungiert, wenn T eine m-dimensionale Fortsetzung von S ist.*

b) *Eine symmetrische Einschränkung T von S^* ist genau dann selbstadjungiert, wenn T eine m-dimensionale Einschränkung von S^* ist.*

Beweis. a) Ist T eine selbstadjungierte Fortsetzung von S, so gibt es eine unitäre Fortsetzung V' von V mit

$$D(T) = R(I - V') = (I - V')\Big(R(S + i) \oplus N_+\Big) = D(S)\dotplus(I - V')N_+.$$

Da $(I - V')$ injektiv ist (vgl. Satz 10.7), ist $\dim(I - V')N_+ = m$, d. h. T ist eine m-dimensionale Fortsetzung von S.

Ist T eine m-dimensionale symmetrische Fortsetzung von S, so gilt

$$D(T) = D(S)\dotplus D \quad \text{mit } \dim D = m,$$
$$R(T \pm i) = (T \pm i)D(S)\dotplus(T \pm i)D = R(S + i)\dotplus(T \pm i)D = X,$$

da $\dim(T \pm i)D = \dim X/R(S \pm i) = m$ gilt.

b) Aus der Ersten von Neumannschen Formel folgt $\dim D(S^*)/D(S) = 2m$. Also ist T mit $S \subset T \subset S^*$ genau dann eine m-dimensionale Fortsetzung von S, wenn es eine m-dimensionale Einschränkung von S^* ist. ∎

10.3 Kriterien für die Gleichheit der Defektzahlen

Wir wissen, daß die Defektzahlen eines symmetrischen Operators S gleich sind, wenn die obere und untere Halbebene in der gleichen (und somit in der einzigen) Zusammenhangskomponente des Regularitätsbereichs liegen, d. h., wenn ein $\lambda_0 \in \Gamma(S) \cap \mathbb{R}$ existiert. Damit erhalten wir

Satz 10.11 *Sei S ein symmetrischer Operator im komplexen Hilbertraum.*

a) *Gibt es ein $\lambda_0 \in \mathbb{R}$ und ein $C > 0$ mit*

$$\|(S - \lambda_0)x\| \geq C\|x\| \quad \textit{für alle } x \in D(S),$$

so gilt $(\lambda_0 - C, \lambda_0 + C) \subset \Gamma(S)$.

b) *Ist S halbbeschränkt mit unterer Schranke γ, d. h.*

$$\langle x, Sx \rangle \geq \gamma \|x\|^2 \quad \textit{für alle } x \in D(S),$$

so gilt $(-\infty, \gamma) \subset \Gamma(S)$.

In beiden Fällen hat S gleiche Defektzahlen.

Beweis. Auf Grund der Vorbemerkung genügt es, die Teile a und b zu beweisen.

a) Nach Voraussetzung ist $\lambda_0 \in \Gamma(S)$ mit $k(\lambda_0) \geq C$. Dann ist auch der Kreis um λ_0 mit Radius C in $\Gamma(S)$.

b) Für *jedes* $\lambda < \gamma$ und alle $x \in D(S)$ gilt

$$\|x\| \|(S - \lambda)x\| \geq \langle x, (S - \lambda)x \rangle \geq (\gamma - \lambda)\|x\|^2,$$

d. h. nach Teil a gilt $\left(\lambda - (\gamma - \lambda), \lambda + (\gamma - \lambda)\right) = (2\lambda - \gamma, \gamma) \subset \Gamma(S)$; da $\lambda < \gamma$ beliebig ist, folgt $(-\infty, \gamma) \subset \Gamma(S)$. ∎

In Abschnitt 4.4 haben wir (verallgemeinerte) *Konjugationen* definiert ($K^2 = I$ oder $\pm I$, $\langle Kx, Ky \rangle = \langle y, x \rangle$); ein K-reeller Operator T war ein Operator mit $KD(T) \subset D(T)$ und $KTx = TKx$ für $x \in D(T)$.

Satz 10.12 *Zu jedem selbstadjungierten Operator T gibt es eine Konjugation K so, daß T K-reell ist.*

Beweis. Sei $U : X \to \oplus_\alpha L^2(\mathbb{R}, \varrho_\alpha)$ eine Spektraldarstellung von T, d. h. U ist unitär mit $M_{\mathrm{id}} = UTU^{-1}$ bzw. $T = U^{-1}M_{\mathrm{id}}U$, wobei M_{id} der Operator der Multiplikation mit id in $\oplus_\alpha L^2(\mathbb{R}, \varrho_\alpha)$ ist. Ist $\widetilde{K}$ die natürliche Konjugation in $\oplus_\alpha L^2(\mathbb{R}, \varrho_\alpha)$, $\widetilde{K}(f_\alpha) = (\overline{f_\alpha})$, so ist M_{id} offenbar $\widetilde{K}$-reell. Durch $K := U^{-1}\widetilde{K}U$ wird eine Konjugation in X definiert mit

$$KD(T) = U^{-1}\widetilde{K}UD(T) = U^{-1}\widetilde{K}D(M_{\mathrm{id}}) = U^{-1}D(M_{\mathrm{id}}) = D(T),$$
$$KTx = U^{-1}\widetilde{K}UTx = U^{-1}\widetilde{K}M_{\mathrm{id}}Ux = U^{-1}M_{\mathrm{id}}\widetilde{K}Ux = TKx,$$

d. h. T ist K-reell. ∎

Der folgende Satz zeigt, daß ein symmetrischer Operator, der K-reell bezüglich einer geeigneten Konjugation ist, selbstadjungierte Fortsetzungen besitzt.

Satz 10.13 *Sei X ein komplexer Hilbertraum, S ein symmetrischer Operator in X, K eine (verallgemeinerte) Konjugation in X. Ist S K-reell, so hat S gleiche Defektzahlen; S besitzt also selbstadjungierte Fortsetzungen.*

Beweis. $KN_- \subset N_+$: Ist $y \in N_- = R(S - i)^\perp$, so gilt für alle $x \in D(S)$

$$\langle Ky, (S+i)Kx \rangle = \langle Ky, K(S-i)x \rangle = \langle (S-i)x, y \rangle = 0;$$

da $KD(S) = D(S)$ gilt, ist also $Ky \in R(S+i)^\perp = N_+$.
Entsprechend folgt $KN_+ \subset N_-$ und somit, wegen $K^2 = \pm I$,

$$N_+ = K^2 N_+ = K(KN_+) \subset KN_- \subset N_+.$$

Also gilt $KN_- = N_+$. Da offensichtlich K die Dimension erhält (Beweis!), folgt die Behauptung. ∎

10.3 Kriterien für die Gleichheit der Defektzahlen

Satz 10.14 *Sei K eine Konjugation, S ein K-reeller symmetrischer Operator im komplexen Hilbertraum X. T ist genau dann eine K-reelle selbstadjungierte Fortsetzung von S, wenn es eine Orthonormalbasis $\{e_\alpha\}$ von N_+ gibt so, daß für die Cayleytransformierte V' von T gilt*

$$V' \sum_\alpha c_\alpha e_\alpha = \sum_\alpha c_\alpha K e_\alpha \quad \text{für alle} \quad \sum_\alpha c_\alpha e_\alpha \in N_+.$$

Insbesondere wird für jede Orthonormalbasis $\{e_\alpha\}$ von N_+ mittels

$$\widetilde{V} : N_+ \to N_-, \quad \widetilde{V} \sum_\alpha c_\alpha e_\alpha := \sum_\alpha c_\alpha K e_\alpha$$

eine K-reelle selbstadjungierte Fortsetzung erzeugt (vgl. Satz 10.9). – Ist K eine verallgemeinerte Konjugation mit $K^2 = -I$, so ist $\widetilde{V} \sum c_\alpha e_\alpha = -\sum c_\alpha K e_\alpha$ zu setzen.

Beweis. Das im Satz angegebene $\widetilde{V} : N_+ \to N_-$ ist offensichtlich unitär. Wir zeigen, daß der gemäß Satz 10.9 erzeugte selbstadjungierte Operator T K-reell ist: Für $x + \sum_\alpha c_\alpha(e_\alpha + K e_\alpha) \in D(T)$ gilt

$$K\left(x + \sum_\alpha c_\alpha(e_\alpha + K e_\alpha)\right) = Kx + \sum_\alpha \overline{c_\alpha}(e_\alpha + K e_\alpha) \in D(T),$$

$$TK\left(x + \sum_\alpha c_\alpha(e_\alpha + K e_\alpha)\right) = SKx + \sum_\alpha \overline{c_\alpha}(ie_\alpha - iK e_\alpha)$$

$$= K\left(Sx + \sum_\alpha c_\alpha(-iK e_\alpha + ie_\alpha)\right) = KT\left(x + \sum_\alpha c_\alpha(e_\alpha + K e_\alpha)\right).$$

Sei nun T eine K-reelle selbstadjungierte Fortsetzung von S, V' die Cayley-Transformierte von T. Mit dem Zornschen Lemma (vgl. Fußnote auf Seite 56) folgt die Existenz eines maximalen Orthonormalsystems $\{e_\alpha\}$ in N_+ mit

$$V' \sum c_\alpha e_\alpha = \sum c_\alpha K e_\alpha \quad \text{für} \quad \sum_\alpha |c_\alpha|^2 < \infty.$$

Durch

$$D(S') = D(S) + \left\{ \sum_\alpha c_\alpha(e_\alpha + K e_\alpha) : \sum_\alpha |c_\alpha|^2 < \infty \right\}, \quad S' = T|_{D(S')}$$

haben wir dann eine K-reelle symmetrische Fortsetzung S' von S erklärt (dies zeigt man wie oben). Wäre $\{e_\alpha\}$ keine ONB von N_+, so gäbe es ein $x \in N_+ \setminus \{0\}$ mit $x \perp \{e_\alpha\}$, also $Kx \in N_-$ und $V'x \in N_-$ mit $V'x \perp \{Ke_\alpha\}$; insbesondere ist $x + KV'x \in N_+$.

Ist $x + KV'x = 0$, so kann das ONS $\{e_\alpha\}$ durch das Element $e := i\|x\|^{-1}x$ erweitert werden, denn es gilt $Kx = -V'x$, und somit $Ke = V'e$.

Ist $x + KV'x \neq 0$, so können wir $e := \|x + KV'x\|^{-1}(x + KV'x)$ wählen, denn es gilt

$$V'(x + KV'x) = V'x + V'KV'x = V'x + Kx = K(x + KV'x),$$

wobei wir $V'KV' = K$ benutzt haben, was sich aus der Definition der Cayley-Transformierten und

$$\begin{aligned} K(S' - i) &= (S' + i)K, \\ K(S' + i)^{-1} &= (S' - i)^{-1}(S' - i)K(S' + i)^{-1} \\ &= (S' - i)^{-1}K(S' + i)(S' + i)^{-1} = (S' - i)^{-1}K \end{aligned}$$

ergibt.

In beiden Fällen ist dies ein Widerspruch zur Maximalität von $\{e_\alpha\}$.

Wir überlassen es dem Leser, die letzte Behautpung nachzurechnen. ∎

Korollar 10.15 *Jeder symmetrische Operator S in einem reellen Hilbertraum X besitzt selbstadjungierte Fortsetzungen.*

Beweis. Seien $X_{\mathbb{C}}$ und $S_{\mathbb{C}}$ die Komplexifizierungen von X bzw. S, K die Konjugation $K(x + iy) = x - iy$ in $X_{\mathbb{C}}$ (vgl. Abschnitt 4.4). Dann ist $S_{\mathbb{C}}$ K-reell, besitzt also K-reelle selbstadjungierte Fortsetzungen $T_{\mathbb{C}}$. Der reelle Teil von $T_{\mathbb{C}}$ ist eine selbstadjungierte Fortsetzungen von S. ∎

Abschließend seien einige Beispiele reeller Operatoren zusammengestellt.

Beispiel 10.16 a) Ist $\Omega \subset \mathbb{R}^m$ offen so ist jeder Differentialoperator S mit $D(S) = C_0^\infty(\Omega)$ und $Sf = \sum_{|\alpha|\leq r} c_\alpha(\cdot)\partial^\alpha f/\partial x^\alpha$ mit reellwertigen Koeffizienten $c_\alpha(\cdot)$ K-reell bezüglich der natürlichen Konjugation K. Prominentestes Beispiel hierfür ist $S = -\Delta$.

b) In $L^2(I) \oplus L^2(I) = L^2(I)^2$ ist der Operator S mit $D(S) = C_0^\infty(I)^2$ und $S(f_1, f_2) = (f_2', -f_1')$ K-reell bezüglich der natürlichen Konjugation $K(f_1, f_2) = (\overline{f_1}, \overline{f_2})$. (Dieser Operator tritt bei der Separation des Diracoperators mit sphärisch symmetrischem Potential auf.)

c) In $L^2(\Omega)$ mit offenem $\Omega \subset \mathbb{R}^m$ und $\Omega = -\Omega$ ist $Kf(x) = \overline{f(-x)}$ eine Konjugation. Für den Fall $I = (-a, a) \subset \mathbb{R}$ ($0 < a \leq \infty$) ist der Operator S mit $D(S) = C_0^\infty(I), Sf = -if'$ K-reell; man sieht hieran, daß auch Opertatoren mit nichtreellen Koeffizienten reell bezüglich geeigneter Konjugationen sein können (nicht jedoch bezüglich der natürlichen Konjugation).

d) In $L^2(X, \mu)^2$ ist $K(f_1, f_2) = (-\overline{f_2}, \overline{f_1})$ eine verallgemeinerte Konjugation ($K^2 = -I$). Für den Fall $X = I \subset \mathbb{R}$ und das Lebesguemaß auf I ist der Operator S mit $D(S) = C_0^\infty(I)^2$, $S(f_1, f_2) = (if_2', if_1')$ K-reell. □

10.4 Spektren selbstadjungierter Fortsetzungen symmetrischer Operatoren

Die folgenden Resultate, die für symmetrische Operatoren im komplexen Hilbertraum mit (endlichen) gleichen Defektzahlen formuliert und bewiesen werden, gelten natürlich entsprechend für symmetrische Operatoren im reellen Raum, deren Komplexifizierungen (endlichen) Defekt haben (da diese stets gleiche Defektzahlen haben).

Mit Hilfe der von Neumannschen Fortsetzungstheorie erhalten wir sehr leicht den

Satz 10.17 *Sei S ein symmetrischer Operator mit gleichen endlichen Defektzahlen (m, m), T_1, T_2 seien selbstadjungierte Fortsetzungen von S. Dann ist $(T_1 - z)^{-1} - (T_2 - z)^{-1}$ für alle $z \in \varrho(T_1) \cap \varrho(T_2)$ höchstens m-dimensional (insbes. kompakt), und es gilt $\sigma_e(T_1) = \sigma_e(T_2)$.*

Beweis. Jedes $z \in \varrho(T_i)$ liegt in $\Gamma(S)$, d.h. es gilt $\dim R(S - z)^\perp = m$. Wegen

$$(T_1 - z)^{-1}x = (T_2 - z)^{-1}x = (\overline{S} - z)^{-1}x \quad \text{für alle } x \in \overline{R(S - z)}$$

gilt also, wobei P die orthogonale Projektion auf $R(S-z)^\perp$ ist,

$$(T_1-z)^{-1}-(T_2-z)^{-1}=\left\{(T_1-z)^{-1}-(T_2-z)^{-1}\right\}P.$$

Also ist die Resolvenzendifferenz höchstens m–dimensional und somit kompakt. Der Rest folgt aus Satz 9.15. ∎

Dieses Resultat ergibt sich aber auch als Spezialfall aus dem folgenden

Satz 10.18 *Sei S ein symmetrischer Operator mit gleichen endlichen Defektzahlen (m,m), T_1 und T_2 seien selbstadjungierte Fortsetzungen von S mit den Spektralscharen E_1 und E_2, I ein offenes oder abgeschlossenes beschränktes Intervall. Ist $k_j := \dim E_j(I) < \infty$ für $j = 1$ oder 2, so gilt $|k_1 - k_2| \leq m$.*

Beweis. Sei $I = [\alpha, \beta]$ mit $-\infty < \alpha \leq \beta < \infty$ und $k_1 < \infty$. Wir zeigen $k_2 \leq k_1 + m$ (dann ist also auch $k_2 < \infty$ und der gleiche Beweis zeigt $k_1 \leq k_2 + m$). Nehmen wir an, daß $k_2 > k_1 + m$ gilt. Aus

$$R(E_2(I)) \subset D(T_2) \quad \text{und} \quad \dim D(T_2)/D(\overline{S}) = m$$

folgt

$$\dim R(E_2(I)) \cap D(\overline{S}) \geq k_2 - m > k_1.$$

Für jedes $x \in R(E_2(I)) \cap D(\overline{S})$ gilt andererseits

$$\left\|\left(T_1 - \frac{\alpha+\beta}{2}\right)x\right\| = \left\|\left(\overline{S} - \frac{\alpha+\beta}{2}\right)x\right\|$$
$$= \left\|\left(T_2 - \frac{\alpha+\beta}{2}\right)x\right\| \leq \frac{\beta-\alpha}{2}\|x\|, \qquad (*)$$

also $\dim E_1(I) > k_1$, ein Widerspruch. Für $I = (\alpha, \beta)$ gilt der Beweis entsprechend, wobei in $(*)$ für $x \neq 0$ das $\leq$-Zeichen durch $<$ ersetzt wird. ∎

10.4 Spektren selbstadjungierter Fortsetzungen

Korollar 10.19 *Sei S ein symmetrischer Operator mit gleichen endlichen Defektzahlen (m,m), T_1 und T_2 seien selbstadjungierte Fortsetzungen von S. Besteht $\sigma(T_1) \cap (a,b)$ höchstens aus isolierten Eigenwerten mit Gesamtvielfachheit k_1, so besteht $\sigma(T_2) \cap (a,b)$ höchstens aus isolierten Eigenwerten mit Gesamtvielfachheit $k_2 \leq k_1 + m$.*

Satz 10.20 *Sei S ein symmetrischer Operator mit gleichen endlichen Defektzahlen (m,m) und*

$$\|(S-\lambda)x\| \geq c\|x\| \quad \text{für alle } x \in D(S)$$

für ein $\lambda \in \mathbb{R}$ und ein $c > 0$. Dann gilt für jede selbstadjungierte Fortsetzung T von S: Im Intervall $(\lambda-c, \lambda+c)$ sind höchstens isolierte Eigenwerte von T mit Gesamtvielfachheit $\leq m$ (und keine anderen Spektralpunkte) enthalten.

Beweis. Nach Korollar 8.25 genügt es zu zeigen, daß für die Spektralschar E von T gilt $\dim R(E(\lambda + c-) - E(\lambda - c)) \leq m$. Nehmen wir an, daß $\dim R(E(\lambda + c-) - E(\lambda - c)) > m$ gilt. Wegen $\dim D(T)/D(\overline{S}) = m$ und

$$R(E(\lambda+c-) - E(\lambda-c)) \subset D(T)$$

gibt es dann ein $x \in R(E(\lambda+c-) - E(\lambda-c)) \cap D(S), x \neq 0$. Für dieses x gilt

$$c\|x\| \leq \|(S-\lambda)x\| = \|(T-\lambda)x\|$$
$$= \left\{\int_{|t-\lambda|<c} |t-\lambda|^2 \,d\|E(t)x\|\right\}^{1/2} < c\|x\|,$$

ein Widerspruch. (Das Resultat folgt auch mit Hilfe von Satz 2.67 aus Korollar 10.19). ∎

Korollar 10.21 *Ist S ein nach unten halbbeschränkter symmetrischer Operator mit unterer Schranke γ und endlichen gleichen Defektzahlen (m,m), und ist T eine selbstadjungierte Fortsetzung von S, so besteht $\sigma(T) \cap (-\infty, \gamma)$ höchstens aus isolierten Eigenwerten mit Gesamtvielfachheit $\leq m$. Insbesondere ist jede selbstadjungierte Fortsetzung nach unten halbbeschränkt.*

10 Selbstadjungierte Fortsetzungen symmetrischer Operatoren

Beweis. Der obige Satz ist mit jedem $\lambda < \gamma$ und $c = \gamma - \lambda$ anwendbar, denn es gilt für alle $x \in D(S)$

$$\|x\| \|(S-\lambda)x\| \geq \langle x, (S-\lambda)x \rangle \geq (\gamma - \lambda)\|x\|^2.$$

Also enthält $(2\lambda - \gamma, \gamma) = (\lambda - (\gamma - \lambda), \gamma)$ höchstens isolierte Eigenwerte von T mit Gesamtvielfachheit $\leq m$. Da dies für alle $\lambda < \gamma$ gilt, folgt die Behauptung. (Das Resultat folgt auch mit Hilfe der Friedrichsfortsetzung, Satz 4.15 aus Korollar 10.19.) ∎

Satz 10.22 *Sei S ein abgeschlossener symmetrischer Operator mit Defekt (γ, γ). Dann gilt für jede selbstadjungierte Fortsetzung T:*

a) $\varrho(T) \subset \Gamma(S)$, $\mathbb{R} \setminus \Gamma(S) \subset \sigma(T)$.

b) *Ist λ unendlichvielfacher Eigenwert von S oder ist die Einschränkung von $S - \lambda$ auf $N(S-\lambda)^\perp \cap D(S)$ nicht stetig invertierbar, so ist $\lambda \in \sigma_e(T)$. (Dies gilt also insbesondere dann, wenn λ nicht Eigenwert von S ist, und $(S-\lambda)^{-1}$ nicht stetig ist.)*

c) *Gilt $\dim\{N(S^* - \lambda) \ominus N(S - \lambda)\} < \gamma$ für ein $\lambda \in \mathbb{R}$, so ist $\lambda \in \sigma_e(T)$. (Dies gilt also insbesondere dann, wenn λ nicht Eigenwert von S ist, und $\dim N(S^* - \lambda) < \gamma$.)*

d) *Ist γ endlich, so gilt $\lambda \in \sigma_e(T)$ genau dann, wenn λ unendlichvielfacher Eigenwert von S ist, oder die Einschränkung von $S - \lambda$ auf $N(S-\lambda)^\perp \cap D(S)$ nicht stetig invertierbar ist.*

Beweis. a) Dies ist offensichtlich, da Γ bei Fortsetzung nicht größer wird, und für selbstadjungierte Operatoren $\varrho = \Gamma$ gilt.

b) Nehmen wir an, daß λ nicht im wesentlichen Spektrum von T ist. Dann ist $N(T-\lambda)$ (höchstens) endlichdimensional, also auch $N(S-\lambda)$, und es gibt ein $\varepsilon > 0$ mit $[\lambda - \varepsilon, \lambda + \varepsilon] \cap \sigma(T) \subset \{\lambda\}$. Nach Voraussetzung, und da $N(S-\lambda)$ endlichdimensional ist, gibt es eine Folge (x_n) aus $N(S-\lambda)^\perp \cap D(S) \subset D(T)$ mit $\|x_n\| = 1$ und $(T-\lambda)x_n = (S-\lambda)x_n \to 0$. Ist P die orthogonale Projektion auf $N(T-\lambda)$, so gilt

$$\varepsilon \|(I-P)x_n\| \leq \|(T-\lambda)(I-P)x_n\| = \|(T-\lambda)x_n\| = \|(S-\lambda)x_n\| \to 0,$$

also $(I - P)x_n \to 0$. Da P kompakt ist, existiert eine Teilfolge (x_{n_k}) mit $Px_{n_k} \to x$; also auch $x_{n_k} \to x$, $x \in N(S-\lambda)^\perp$ und $\|x\| = 1$. Da S abgeschlossen ist, gilt $x \in D(S)$ und $(S - \lambda)x = 0$, im Widerspruch zu $x \in N(S-\lambda)^\perp$.

c) Die Einschränkung S_0 von S auf $N(S - \lambda)^\perp \cap D(S)$ ist symmetrisch im Hilbertraum $N(S - \lambda)^\perp$, und es gilt

$$S = \lambda I \mid_{N(S-\lambda)} \oplus S_0, \quad S^* = \lambda I \mid_{N(S-\lambda)} \oplus S_0^*.$$

S_0 hat also den gleichen Defekt wie S, und es gilt

$$N(S_0^* - \lambda) = N(S^* - \lambda) \ominus N(S - \lambda),$$
$$\dim N(S_0^* - \lambda) = \dim \left\{ N(S^* - \lambda) \ominus N(S - \lambda) \right\} < \gamma = \text{Defekt}(S_0).$$

Daraus folgt $\lambda \notin \Gamma(S_0)$; der injektive Operator $S_0 - \lambda$ kann deshalb nicht stetig invertierbar sein, d.h. die Einschränkung von $S - \lambda$ auf $N(S - \lambda)^\perp \cap D(S)$ ist nicht stetig invertierbar. Mit Teil b folgt die Behauptung.

d) $\Leftarrow$: Dies ist Teil b dieses Satzes.

$\Rightarrow$: Nehmen wir an, daß $\dim N(S - \lambda) < \infty$ ist, und daß $S - \lambda$ auf $N(S - \lambda)^\perp \cap D(S)$ stetig invertierbar ist. Alle selbstadjungierten Fortsetzungen T von S haben die Form $T = \lambda I|_{N(S-\lambda)} \oplus T_0$, wobei T_0 eine selbstadjungierte Fortsetzung von S_0 ist (für S_0 vgl. Beweis von Teil c). Da $S_0 - \lambda$ stetig invertierbar ist, ist $\lambda \notin \sigma_e(T_0)$ (Satz 10.20). Also gilt auch $\lambda \notin \sigma_e(T)$, da $\dim N(S - \lambda) < \infty$ ist. ∎

10.5 Übungen

10.1 Ist S ein K-reeller symmetrischer Operator im komplexen Hilbertraum X mit Defekt $(1,1)$, so ist jede selbstadjungierte Fortsetzung von S ebenfalls K-reell. *Anleitung*: Vgl. Satz 10.14.

10.2 Ein symmetrischer Operator S im Hilbertraum X heißt *maximal symmetrisch*, wenn er keine echte symmetrische Fortsetzung besitzt.

a) Jeder maximal symmetrische Operator ist abgeschlossen.

b) Ein abgeschlossener symmetrischer Operator ist genau dann maximal symmetrisch, wenn mindestens eine Defektzahl 0 ist; jeder selbstadjungierte Operator ist maximal symmetrisch.

c) Ist S ein symmetrischer Operator mit gleichen endlichen Defektzahlen, so ist jede maximal symmetrische Fortsetzung selbstadjungiert.

d) Bei gleichen unendlichen Defektzahlen gilt die Aussage von Teil c i. allg. nicht.

10.3 Sei T ein symmetrischer Operator. Ist T^n maximal symmetrisch für ein $n \in \mathbb{N}$ mit $n > 1$, so ist T selbstadjungiert. Ist $\overline{T^n}$ maximal symmetrisch, so ist T wesentlich selbstadjungiert. *Anleitung*: Aufgabe 5.6.

10.4 Ist T ein symmetrischer Operator im Hilbertraum X und $X = R(T - \lambda) + N(T - \lambda)$ für ein $\lambda \in \mathbb{R}$, so ist T selbstadjungiert, und es gilt $R(T - \lambda) = N(T - \lambda)^\perp$. *Anleitung*: $R(T - \lambda) = R(T^* - \lambda)$, $N(T - \lambda) = N(T^* - \lambda)$; ist $x \in D(T^*)$ und $x_0 \in D(T)$ mit $(T^* - \lambda)x_0 = (T - \lambda)x$, so ist $x - x_0 \in N(T - \lambda) \subset D(T)$, $x \in D(T)$.

10.5 a) Ist S ein abgeschlossener symmetrischer Operator und $\lambda \in \Gamma(S) \cap \mathbb{R}$, so ist T_λ mit

$$D(T_\lambda) = D(S) + N(S^* - \lambda), \quad T_\lambda := S^*|_{D(T_\lambda)}$$

eine selbstadjungierte Fortsetzung von S.

b) Ist S ein abgeschlossener symmetrischer Operator mit unterer Schranke γ, so ist für jedes $\lambda < \gamma$ der Operator T_λ aus Teil a eine halbbeschränkte selbstadjungierte Fortsetzung von S mit unterer Schranke γ. *Anleitung*: Nur die Halbbeschränktheit des Operators T_λ ist nachzurechnen.

c) Ist S ein abgeschlossener symmetrischer Operator mit $\|Sx\| \geq \gamma\|x\|$ für alle $x \in D(S)$, so ist $(-\gamma, \gamma) \subset \Gamma(S)$, und zu jedem $\lambda \in (-\gamma, \gamma)$ ist T_λ eine selbstadjungierte Fortsetzung von S mit $\|T_\lambda x\| \geq |\lambda|\|x\|$ für alle $x \in D(T_\lambda)$.

Anmerkung: Teil b ist eine Abschwächung der Aussage über die Existenz der Friedrichsfortsetzung (Satz 4.15). Teil c ist eine Abschwächung der Aussage von Satz 2.67.

10.5 Übungen

10.6 Sei K die natürliche Konjugation in $L^2(X,\mu)$, T ein K-reeller selbstadjungierter Operator in $L^2(X,\mu)$, $(T-z)^{-1}$ ein Carlemanoperator für ein/alle $z \in \varrho(T)$ mit Kern $k_z(x,y)$. Dann gilt $k_z(x,y) = k_z(y,x)$, die Resolventenkerne sind „symmetrisch" (i. allg. *nicht* hermitesch, $\overline{k_z(x,y)} = k_z(y,x)$). (Das gilt z. B. für die Resolventen vieler Differentialoperatoren, insbesondere Sturm–Liouville-Operatoren.)

11 Fouriertransformation und Differentialoperatoren

Die Fouriertransformation $f \mapsto Ff$ mit $Ff(x) = (2\pi)^{-n/2} \int e^{-ixy} f(y)\,dy$ ist das wichtigste Hilfsmittel zur Untersuchung von Differentialoperatoren in $L^2(\mathbb{R}^m)$. Sie ist in natürlicher Weise auf $L^1(\mathbb{R}^m)$ definiert und bildet den Schwarzschen Raum der schnellfallenden Funktionen $\mathcal{S}(\mathbb{R}^m)$ bijektiv auf sich ab, wobei die L^2-Norm erhalten bleibt. Deshalb läßt sie sich eindeutig zu einer unitären Abbildung in $L^2(\mathbb{R}^m)$ fortsetzen.

Da die Fouriertransformation auf $\mathcal{S}(\mathbb{R}^m)$ die Äquivalenz zwischen Differentialoperatoren $P(D)$ mit konstanten Koeffizienten und Multiplikationsoperatoren mit dem entsprechenden Polynom $P(x)$ herstellt, übertragen sich alle wesentlichen Eigenschaften von den Multiplikationsoperatoren auf die Differentialoperatoren. Ist $P(\cdot)$ ein reelles Polynom, so ist der Multiplikationsoperator mit P auf $\mathcal{S}(\mathbb{R}^m)$ wesentlich selbstadjungiert in $L^2(\mathbb{R}^m)$; das entsprechende gilt dann für den zugehörigen Differentialoperator auf $\mathcal{S}(\mathbb{R}^m)$. Alle spektralen Eigenschaften ergeben sich sofort aus der unitären Äquivalenz.

Für elliptische Differentialoperatoren der Ordnung r erhält man für den Definitionsbereich der selbstadjungierten Fortsetzung gerade den Sobolevraum der Ordnung r. Abschließend wird der Operator $-\Delta$ in $L^2(\mathbb{R}^m)$ genau untersucht: Die Resolvente und die zugehörige unitäre Gruppe werden explizit angegeben.

11.1 Fouriertransformation auf $L^1(\mathbb{R}^m)$ und $\mathcal{S}(\mathbb{R}^m)$

Für $f \in L^1(\mathbb{R}^m)$ ist auch die Funktion $y \mapsto \exp(\pm ixy) f(y)$ mit $xy = \sum_{j=1}^m x_j y_j$ in $L^1(\mathbb{R}^m)$. Wir können deshalb die *Fouriertransformation* auf $L^1(\mathbb{R}^m)$ definieren durch

$$F_1 f(x) := \frac{1}{(2\pi)^{m/2}} \int e^{-ixy} f(y)\,dy \quad \text{für } f \in L^1(\mathbb{R}^m);$$

11.1 Fouriertransformation auf $L^1(\mathbb{R}^m)$ und $\mathcal{S}(\mathbb{R}^m)$

entsprechend sei $\widetilde{F}_1$ definiert:

$$\widetilde{F}_1 f(x) := \frac{1}{(2\pi)^{m/2}} \int e^{ixy} f(y) dy \quad \text{für } f \in L^1(\mathbb{R}^m).$$

Der Grund für den Faktor $(2\pi)^{-m/2}$ wird erst später erkennbar: er sorgt dafür, daß die Fouriertransformation in $L^2(\mathbb{R}^m)$ isometrisch wird (vgl. Satz 11.9). Es wird sich zeigen, daß $\widetilde{F}_1$ formal mit der Inversen bzw. der Adjungierten der Fouriertransformation übereinstimmt (vgl. Satz 11.5 Satz 11.9 und Aufgabe 11.3).

Satz 11.1 *Für $f \in L^1(\mathbb{R}^m)$ sind $F_1 f$ und $\widetilde{F}_1 f$ stetig und beschränkt auf $\mathbb{R}^m$, und es gilt*

$$\widetilde{F}_1 f(x) = F_1 f(-x), \quad \|F_1 f\|_\infty = \|\widetilde{F}_1 f\|_\infty \leq \frac{1}{(2\pi)^{m/2}} \|f\|_1,$$

$$F_1 f(x) \to 0 \text{ und } \widetilde{F}_1 f(x) \to 0 \text{ für } |x| \to \infty.$$

Die letzten beiden Aussagen sind als Lemma von Riemann-Lebesgue *bekannt.*

Beweis. Die Gleichung $\widetilde{F}_1 f(x) = F_1 f(-x)$ ist offensichtlich. Die Stetigkeit von $F_1 f$ (und damit auch die von $\widetilde{F}_1 f$) folgt aus

$$\left| F_1 f(x) - F_1 f(x') \right| \leq \frac{1}{(2\pi)^{m/2}} \int \left| e^{-ixy} - e^{-ix'y} \right| |f(y)| \, dy \to 0 \quad \text{für } x' \to x,$$

wobei sich die letzte Aussage aus dem Satz von Lebesgue ergibt. Weiter gilt

$$\|\widetilde{F}_1 f\|_\infty = \|F_1 f\|_\infty \leq \frac{1}{(2\pi)^{m/2}} \int |f(y)| dy = \frac{1}{(2\pi)^{m/2}} \|f\|_1.$$

Für $\varphi \in C_0^\infty(\mathbb{R}^m)$ und $j = 1, \ldots, m$ gilt

$$x_j F_1 f(x) = \frac{1}{(2\pi)^{m/2}} \int x_j e^{-ixy} \varphi(y) \, dy$$

$$= \frac{i}{(2\pi)^{m/2}} \int (-ix_j) e^{-ixy} \varphi(y) \, dy$$

$$= \frac{i}{(2\pi)^{m/2}} \int \left(\frac{\partial}{\partial y_j} e^{-ixy} \right) \varphi(y) \, dy$$

(partielle Integration bezüglich y_j; keine Randterme)

$$= \frac{-i}{(2\pi)^{m/2}} \int e^{-ixy} \frac{\partial}{\partial y_j} \varphi(y) \, dy.$$

Da auch $\partial\varphi/\partial y_j$ in $C_0^\infty(\mathbb{R}^m)$ liegt, folgt

$$|x_j F_1\varphi(x)| \leq C_j(\varphi) := \frac{1}{(2\pi)^{m/2}} \left\|\frac{\partial}{\partial y_j}\varphi\right\|_1 \quad \text{für } j = 1,\ldots, m,$$

also $F_1\varphi(x) \to 0$ für $|x| \to \infty$.

Sei nun $f \in L^1(\mathbb{R}^m)$. Da $C_0^\infty(\mathbb{R}^m)$ in $L^1(\mathbb{R}^m)$ dicht ist, gibt es eine Folge (φ_n) aus $C_0^\infty(\mathbb{R}^m)$ mit $\|f - \varphi_n\|_1 \to 0$, also $\|F_1 f - F_1\varphi_n\|_\infty \to 0$; da $F_1\varphi_n(x)$ f+r $|x| \to \infty$ gegen 0 konvergiert, gilt dies auch für $F_1 f$. Dies folgt damit auch für $\tilde{F}_1 f$. ∎

Mit $C_\infty(\mathbb{R}^m)$ bezeichnen wir den Raum der stetigen Funktionen auf $\mathbb{R}^m$, die für $|x| \to \infty$ gegen 0 konvergieren, ausgestattet mit der Supremumsnorm $\|\cdot\|_\infty$. Es ist nicht schwer zu sehen, daß dies ein separabler Banachraum ist (vgl. Aufgabe 11.1). Der obige Satz besagt, daß F_1 und $\tilde{F}_1$ als Operatoren von $L_1(\mathbb{R}^m)$ nach $C_\infty(\mathbb{R}^m)$ beschränkt und auf ganz $L_1(\mathbb{R}^m)$ definiert sind mit Norm $\leq (2\pi)^{-m/2}$. Tatsächlich ist die Norm $= (2\pi)^{-m/2}$; ist nämlich $f \in L^1(\mathbb{R}^m)$ und $f \geq 0$, so gilt

$$F_1 f(0) = \tilde{F}_1 f(0) = \frac{1}{(2\pi)^{m/2}} \int f(y)\,dy = \frac{1}{(2\pi)^{m/2}}\|f\|_1.$$

Es wird sich zeigen, daß diese Operatoren injektiv sind; nach Aufgabe 11.2 sind sie aber nicht surjektiv.

Am leichtesten untersucht man die Fouriertransformation zunächst auf dem Schwartzschen Raum der schnellfallenden Funktionen, den wir jetzt erklären wollen. Wir benötigen zunächst die Multiindexschreibweise: Ein *Multiindex* der Dimension m ist ein m-tupel $\alpha = (\alpha_1, \alpha_2, \ldots, \alpha_m) \in \mathbb{N}_0^m$. Für einen Multiindex α definiert man

$$|\alpha| := \sum_{j=1}^{m} \alpha_j \quad \text{die \emph{Länge} oder der \emph{Betrag} von } \alpha$$

$$x^\alpha := \prod_{j=1}^{m} x_j^{\alpha_j} \quad \text{für } x \in \mathbb{R}^m,$$

$$D^\alpha := \prod_{j=1}^{m} \left(\frac{1}{i}\frac{\partial}{\partial x_j}\right)^{\alpha_j} = \prod_{j=1}^{m} D_j^{\alpha_j} = (-i)^{|\alpha|} \prod_{j=1}^{m} \frac{\partial^{\alpha_j}}{\partial x_j^{\alpha_j}}.$$

11.1 Fouriertransformation auf $L^1(\mathbb{R}^m)$ und $\mathcal{S}(\mathbb{R}^m)$

Der *Schwartzsche Raum* $\mathcal{S}(\mathbb{R}^m)$ der *schnellfallenden Funktionen* (benannt nach LAURENT SCHWARTZ) ist der Vektorraum der beliebig oft differenzierbaren Funktionen $f : \mathbb{R}^m \to \mathbb{C}$, die eine der folgenden äquivalenten Bedingungen erfüllen:

- für alle $\alpha \in \mathbb{N}_0^m$, $p \in \mathbb{N}_0$ existiert ein $C_{\alpha p}(f)$ mit

$$|x|^p |D^\alpha f(x)| \leq C_{\alpha p}(f) \text{ für alle } x \in \mathbb{R}^m,$$

- für alle $\alpha \in \mathbb{N}_0^m$, $p \in \mathbb{N}_0$ existiert ein $\tilde{C}_{\alpha p}(f)$ mit

$$(1+|x|^2)^{p/2} |D^\alpha f(x)| \leq \tilde{C}_{\alpha p}(f) \text{ für alle } x \in \mathbb{R}^m,$$

- für alle $\alpha \in \mathbb{N}_0^m$, $p, q \in \mathbb{N}_0$ existiert ein $C_{\alpha p q}(f)$ $(= \tilde{C}_{\alpha,p+q})$ mit

$$(1+|x|^2)^{p/2} |D^\alpha f(x)| \leq C_{\alpha p q}(f)(1+|x|^2)^{-q/2} \text{ für alle } x \in \mathbb{R}^m.$$

Satz 11.2 $\mathcal{S}(\mathbb{R}^m)$ *ist für alle* $p \in [1, \infty]$ *ein Teilraum von* $L^p(\mathbb{R}^m)$. *Für* $p \in [1, \infty)$ *ist* $\mathcal{S}(\mathbb{R}^m)$ *dicht in* $L^p(\mathbb{R}^m)$.

Beweis. Offensichtlich ist $\mathcal{S}(\mathbb{R}^m)$ in allen $L^p(\mathbb{R})$ enthalten. Da $C_0^\infty(\mathbb{R}^m)$ in $\mathcal{S}(\mathbb{R}^m)$ enthalten ist, und da $C_0^\infty(\mathbb{R}^m)$ in $L^p(\mathbb{R}^m)$ mit $1 \leq p < \infty$ dicht ist (vgl. Satz 1.43 b), folgt die Dichtheit von $\mathcal{S}(\mathbb{R}^m)$. ∎

Im folgenden bezeichnen wir mit F_0 die Einschränkung von F_1 auf den Schwartzschen Raum. Mit M_α bezeichnen wir den Operator der Multiplikation mit x^α.

Satz 11.3 *Es gilt* $F_0 \mathcal{S}(\mathbb{R}^m) \subset \mathcal{S}(\mathbb{R}^m)$, *und für alle* $\alpha, \beta \in \mathbb{N}_0^m$ *gilt*

$$(M_\beta D^\alpha F_0 f)(x) = (-1)^{|\alpha|}(F_0 D^\beta M_\alpha f)(x),$$

bzw. speziell

$$(D^\alpha F_0 f)(x) = (-1)^{|\alpha|}(F_0 M_\alpha f)(x), \quad (M_\beta F_0 f)(x) = (F_0 D^\beta f)(x).$$

Beweis. Mit M_j bezeichnen wir die Multiplikation mit x_j, e_j sei der j-te Einheitsvektor in $\mathbb{R}^m$. Da mit f auch $M_j f$ in $\mathcal{S}(\mathbb{R}^m)$ liegt, gilt

$$F_0 f(x + he_j) - F_0 f(x) = \frac{1}{(2\pi)^{m/2}} \int e^{-ixy}(e^{-ihy_j} - 1)f(y)\,dy$$

$$= \frac{1}{(2\pi)^{m/2}} \int e^{-ixy} f(y)(-iy_j) \int_0^h e^{-ity_j}\,dt\,dy$$

$$= \int_0^h \left\{ \frac{-i}{(2\pi)^{m/2}} \int e^{-i(x+te_j)y} y_j f(y)\,dy \right\} dt$$

$$= \int_0^h \left\{ -i(F_0 M_j f)(x + te_j) \right\} dt.$$

Nach Division durch ih folgt daraus für $h \to 0$

$$D_j F_0 f(x) = -i\frac{\partial}{\partial x_j} F_0 f(x) = -F_0 M_j f(x)$$

(das ist genau das, was man auch durch formales Differenzieren unter dem Integral erhält). $F_0 f$ ist somit stetig differenzierbar und $D_j F_0 f$ ist das Fourierbild der Funktion $-M_j f$ aus $\mathcal{S}(\mathbb{R}^m)$. Induktion liefert, daß $F_0 f$ beliebig oft differenzierbar ist, da auch $M_\alpha f \in \mathcal{S}(\mathbb{R}^m)$ gilt. Damit erhalten wir, da auch $D^\beta M_\alpha f \in \mathcal{S}(\mathbb{R}^m)$ ist,

$$M_\beta D^\alpha F_0 f(x) = x^\beta \frac{1}{(2\pi)^{m/2}} (-1)^{|\alpha|} \int e^{-ixy} y^\alpha f(y)\,dy$$

$$= \frac{1}{(2\pi)^{m/2}} (-1)^{|\alpha|+|\beta|} \int \left(D_y^\beta e^{-ixy}\right)\left(y^\alpha f(y)\right) dy$$

(partielle Integration)

$$= \frac{1}{(2\pi)^{m/2}} (-1)^{|\alpha|} \int e^{-ixy} D^\beta \left(M_\alpha f(y)\right) dy$$

$$= (-1)^{|\alpha|} \left(F_0 D^\beta M_\alpha f\right)(x),$$

sowie die Beschränktheit von $M_\beta D^\alpha F_0 f$ für alle $\alpha, \beta \in \mathbb{N}_0^m$. Damit ist $F_0 f \in \mathcal{S}(\mathbb{R}^m)$ bewiesen, und es gelten die behaupteten Formeln. ∎

Um die Bijektivität der Fouriertransformation F_0 auf $\mathcal{S}(\mathbb{R}^m)$ zu beweisen und die Inverse F_0^{-1} von F_0 zu bestimmen, benötigen wir den folgenden Satz.

11.1 Fouriertransformation auf $L^1(\mathbb{R}^m)$ und $\mathcal{S}(\mathbb{R}^m)$

Satz 11.4 *Für die Funktion $\varphi : \mathbb{R}^m \to \mathbb{R}$, $\varphi(x) := \exp\left(-|x|^2/2\right)$ gilt $\varphi \in \mathcal{S}(\mathbb{R}^m)$ und $F_0\varphi = \varphi$.*

Beweis. Der Beweis von $\varphi \in \mathcal{S}(\mathbb{R}^m)$ kann übergangen werden. Wir zeigen $F_0\varphi = \varphi$ zunächst für

$m = 1$: Die Funktion $\varphi_1 : \mathbb{R} \to \mathbb{R}$, $\varphi_1(x) := \exp(-x^2/2)$ ist offenbar Lösung des Anfangswertproblems

$$\varphi_1'(x) + x\varphi_1(x) = 0, \quad \varphi_1(0) = 1.$$

Mit Satz 11.3 folgt für $\psi := F_0\varphi_1$ (wobei wir $D = -i\partial/\partial x$ und M=Multiplikation mit x benutzen)

$$\psi'(x) + x\psi(x) = iD\psi(x) + M\psi(x) = iDF_0\varphi_1(x) + MF_0\varphi_1(x)$$
$$= -iF_0M\varphi_1(x) + F_0D\varphi_1(x) = -iF_0\Big(M\varphi_1 + iD\varphi_1\Big)(x) = 0,$$
$$\psi(0) = (F_0\varphi_1)(0) = (2\pi)^{-1/2} \int \varphi_1(y)\,dy = 1,$$

d. h. auch ψ löst das obige Anfangswertproblem; mit dem Eindeutigkeitssatz folgt $F_0\varphi_1 = \psi = \varphi_1$.

Für $m > 1$ nutzen wir $\varphi(x) = \prod_{j=1}^m \varphi_1(x_j)$ aus; damit folgt

$$F_0\varphi(x) = \frac{1}{(2\pi)^{m/2}} \int e^{-ixy}\varphi(y)\,dy = \frac{1}{(2\pi)^{m/2}} \int \prod_{j=1}^m e^{-ix_jy_j}\varphi_1(y_j)\,dy$$
$$= \prod_{j=1}^m \frac{1}{(2\pi)^{1/2}} \int e^{-ix_jy_j}\varphi_1(y_j)\,dy_j = \prod_{j=1}^m \varphi_1(x_j) = \varphi(x).$$

Damit ist der Satz vollständig bewiesen. ∎

Satz 11.5 *Die Fouriertransformation $F_0 : \mathcal{S}(\mathbb{R}^m) \to \mathcal{S}(\mathbb{R}^m)$ ist bijektiv, und es gilt*

$$(F_0^{-1}g)(x) = \frac{1}{(2\pi)^{m/2}} \int e^{ixy}g(y)\,dy \quad \text{für } g \in \mathcal{S}(\mathbb{R}^m),$$
$$(F_0f)(x) = (F_0^{-1}f)(-x), \quad (F_0^2f)(x) = f(-x), \quad F_0^4f = f.$$

Beweis. Für $f, g \in \mathcal{S}(\mathbb{R}^m)$ sei $f_w(x) := f(x+w)$ für $w \in \mathbb{R}^m$ und $g_\varepsilon(x) := g(\varepsilon x)$ für $\varepsilon > 0$. Dann gilt, wobei für (i) der Satz von Fubini A.21 benutzt wird,

(i) $$\int g(y)(F_0 f)(y)\, dy = \int (F_0 g)(y) f(y)\, dy,$$

(ii) $$e^{ixy}(F_0 f)(y) = \frac{1}{(2\pi)^{m/2}} \int e^{-iy(z-x)} f(z)\, dz$$
$$= \frac{1}{(2\pi)^{m/2}} \int e^{-iyz} f(z+x)\, dz = (F_0 f_x)(y),$$

(iii) $$(F_0 g_\varepsilon)(x) = \frac{1}{(2\pi)^{m/2}} \int e^{-ixy} g(\varepsilon y)\, dy$$
$$= \frac{1}{(2\pi)^{m/2}} \frac{1}{\varepsilon^m} \int e^{-ixy/\varepsilon} g(y)\, dy = \frac{1}{\varepsilon^m}(F_0 g)\left(\frac{x}{\varepsilon}\right),$$

(iv) $$\int e^{ixy} g_\varepsilon(y)(F_0 f)(y)\, dy \stackrel{(ii)}{=} \int g_\varepsilon(y)(F_0 f_x)(y)\, dy$$
$$\stackrel{(i)}{=} \int (F_0 g_\varepsilon)(y) f_x(y)\, dy \stackrel{(iii)}{=} \frac{1}{\varepsilon^m} \int (F_0 g)\left(\frac{y}{\varepsilon}\right) f(y+x)\, dy$$
$$= \int (F_0 g)(y) f(\varepsilon y + x)\, dy.$$

Ersetzen wir in (iv) g durch die Funktion φ aus Satz 11.4, so folgt wegen $F_0 \varphi = \varphi$ und $\varphi(0) = 1$ durch zweimalige Anwendung des Satzes von Lebesgue

$$\frac{1}{(2\pi)^{m/2}} \int e^{ixy}(F_0 f)(y)\, dy = \frac{1}{(2\pi)^{m/2}} \int e^{ixy} \varphi(0)(F_0 f)(y)\, dy$$
$$\stackrel{Lebesgue}{=} \lim_{\varepsilon \to 0} \frac{1}{(2\pi)^{m/2}} \int e^{ixy} \varphi_\varepsilon(y)(F_0 f)(y)\, dy$$
$$\stackrel{(iv)}{=} \lim_{\varepsilon \to 0} \frac{1}{(2\pi)^{m/2}} \int (F_0 \varphi)(y) f(\varepsilon y + x)\, dy$$
$$= \lim_{\varepsilon \to 0} \frac{1}{(2\pi)^{m/2}} \int \varphi(y) f(\varepsilon y + x)\, dy$$
$$\stackrel{Lebesgue}{=} \frac{1}{(2\pi)^{m/2}} \int \varphi(y) f(x)\, dy = f(x).$$

11.1 Fouriertransformation auf $L^1(\mathbb{R}^m)$ und $\mathcal{S}(\mathbb{R}^m)$

Daraus folgt, daß F_0 injektiv ist (da sich f aus $F_0 f$ rekonstruieren läßt), und daß F_0^{-1} durch die im Satz angegebene Formel beschrieben wird. Es folgt auch:

$$F_0^2 f(x) = \frac{1}{(2\pi)^{m/2}} \int e^{-ixy}(F_0 f)(y)\, dy = (F_0^{-1} F_0 f)(-x) = f(-x),$$
$$F_0^4 f = f \quad \text{und} \quad R(F_0) = R(F_0^4) = R(I) = \mathcal{S}(\mathbb{R}^m).$$

Damit sind alle Aussagen des Satzes bewiesen. ∎

Satz 11.6 *Die Abbildung $F_1 : L^1(\mathbb{R}^m) \to C_\infty(\mathbb{R}^m)$ ist injektiv.*

Beweis. Es ist zu zeigen: Ist $f \in L^1(\mathbb{R}^m)$ und $F_1 f = 0$, so gilt $f = 0$ (im Sinne von $L^1(\mathbb{R}^m)$). Aus $F_1 f = 0$ folgt für jedes $\varphi \in \mathcal{S}(\mathbb{R}^m)$

$$0 = \int \varphi(y)(F_1 f)(y)\, dy = \frac{1}{(2\pi)^{m/2}} \int\int \varphi(y) e^{-iyx} f(x)\, dx\, dy$$
$$= \frac{1}{(2\pi)^{m/2}} \int\int f(x) e^{-ixy} \varphi(y)\, dy\, dx = \int f(x)(F_0 \varphi)(x)\, dx.$$

Da $F_0 \varphi$ den gesamten Raum $\mathcal{S}(\mathbb{R}^m)$ durchläuft (vgl. Satz 11.5), gilt also

$$\int f(x)\varphi(x)\, dx = 0 \quad \text{für alle } \varphi \in \mathcal{S}(\mathbb{R}^m),$$

insbesondere also für alle $\varphi \in C_0^\infty(\mathbb{R}^m)$. Zusammen mit Teil a des folgenden Lemmas folgt daraus $f(x) = 0$ für f. a. $x \in \mathbb{R}^m$. ∎

Lemma 11.7 a) *Ist $f : \mathbb{R}^m \to \mathbb{C}$ lokal integrierbar ($f \in L^1_{\text{lok}}(\mathbb{R}^m)$) mit $\int f(x)\varphi(x)\, dx = 0$ für alle $\varphi \in C_0^\infty(\mathbb{R}^m)$, so gilt $f(x) = 0$ für f. a. $x \in \mathbb{R}^m$.*

b) *Ist $\int f(x)\varphi(x)\, dx \geq 0$ für alle positiven Funktionen $\varphi \in C_0^\infty(\mathbb{R}^m)$, so gilt $f(x) \geq 0$ für f. a. $x \in \mathbb{R}^m$.*

Beweis. a) Für jede Funktion $g \in L^\infty(\mathbb{R}^m)$ mit kompaktem Träger gibt es eine beschränkte Folge (φ_n) aus $C_0^\infty(\mathbb{R}^m)$, deren Träger in einer festen kompakten Teilmenge von $\mathbb{R}^m$ enthalten sind, und die in $L^1(\mathbb{R}^m)$ gegen g konvergiert; man kann z. B. $\varphi_n = I_{1/n}g$ wählen mit I_ε aus Satz 2.24.

Mit dem Satz von Lebesgue folgt

$$\int f(x)g(x)dx = \lim_{n\to\infty} \int f(x)\varphi_n(x)dx = 0,$$

also

$$\int f(x)g(x)dx = 0 \quad \text{für alle } g \in L^\infty(\mathbb{R}^m) \text{ mit kompaktem Träger,}$$

insbesondere gilt für jede kompakte Teilmenge K von $\mathbb{R}^m$

$$\int_K |f(x)|\,dx = \int_K f(x)\overline{\operatorname{sgn} f(x)}\,dx = 0.$$

Daraus folgt $f(x) = 0$ für f. a. x aus jeder kompakten Teilmenge, und damit $f(x) = 0$ für f. a. $x \in \mathbb{R}^m$.

b) Entsprechend gilt in diesem Fall für jede kompakte Teilmenge K von $\mathbb{R}^m$

$$\int_K f_-(x)\,dx = -\int_K f(x)\chi_{\{f(x)<0\}}(x)\,dx = 0,$$

also $f_-(x) = 0$ für f. a. $x \in \mathbb{R}^m$. ∎

Der folgende Satz über die Fouriertransformierte von sphärisch symmetrischen Funktionen gilt zunächst für Funktionen aus $L^1(\mathbb{R}^m)$ und damit natürlich auch aus $\mathcal{S}(\mathbb{R}^m)$; das Resultat überträgt sich aber später leicht auf L^2-Funktionen.

Satz 11.8 *Ist $f \in L^1(\mathbb{R}^m)$ sphärisch symmetrisch, so sind auch $F_1 f$ und $\widetilde{F}_1 f$ sphärisch symmetrisch.*

11.2 Fouriertransformation in $L^2(\mathbb{R}^m)$ 389

Beweis. Für jede orthogonale Abbildung U in $\mathbb{R}^m$ gilt $|\det U| = 1$ und $f(Ux) = f(x)$. Damit folgt

$$\begin{aligned}
F_1 f(Ux) &= \frac{1}{(2\pi)^{m/2}} \int e^{-iUx \cdot y} f(y)\,dy = \frac{1}{(2\pi)^{m/2}} \int e^{-ix \cdot U^{-1} y} f(y)\,dy \\
&= \frac{1}{(2\pi)^{m/2}} \int e^{-ixy} f(Uy)\,dy = \frac{1}{(2\pi)^{m/2}} \int e^{-ixy} f(y)\,dy. \\
&= F_1 f(x).
\end{aligned}$$

Entsprechendes gilt offenbar für $\widetilde{F}_1$, was natürlich auch aus $\widetilde{F}_1 f(x) = F_1 f(-x)$ folgt. ∎

11.2 Fouriertransformation in $L^2(\mathbb{R}^m)$

Im folgenden seien mit $\langle \cdot, \cdot \rangle$ das Skalarprodukt und mit $\|\cdot\|$ die Norm in $L^2(\mathbb{R}^m)$ bezeichnet.

Satz 11.9 *Für $f, g \in \mathcal{S}(\mathbb{R}^m)$ gilt*

$$\langle F_0 f, F_0 g \rangle = \langle f, g \rangle \quad \text{und} \quad \|F_0 f\| = \|f\|;$$

enstprechendes gilt für F_0^{-1}. F_0 und F_0^{-1} besitzen eindeutig bestimmte Fortsetzungen F bzw. $\widetilde{F}$ aus $B(L^2(\mathbb{R}^m))$. F und $\widetilde{F}$ sind unitär, $\widetilde{F} = F^* = F^{-1}$. Es gilt $F^4 = I$. F heißt die Fouriertransformation in $L^2(\mathbb{R}^m)$.

Beweis. Für $f, g \in \mathcal{S}(\mathbb{R}^m)$ gilt (wegen $|f(x)(F_0 g)(y)| \in L^1(\mathbb{R}^m \times \mathbb{R}^m)$ kann nach dem Satz von Fubini A.21 die Integrationsreihenfolge vertauscht werden)

$$\begin{aligned}
\langle f, g \rangle &= \int \overline{f(x)} (F_0^{-1} F_0 g)(x)\,dx \\
&= \int \overline{f(x)} \frac{1}{(2\pi)^{m/2}} \int e^{ixy} (F_0 g)(y)\,dy\,dx \\
&= \int \frac{1}{(2\pi)^{m/2}} \overline{\int e^{-iyx} f(x)\,dx}\, (F_0 g)(y)\,dy = \langle F_0 f, F_0 g \rangle.
\end{aligned}$$

F_0 ist also (als Operator in $L^2(\mathbb{R}^m)$) dicht definiert und isometrisch, $\|F_0 f\| = \|f\|$, insbesondere beschränkt. Also ist F_0 eindeutig auf ganz $L^2(\mathbb{R}^m)$ fortsetzbar, wobei die Isometrie erhalten bleibt (vgl. Satz 2.19). Diese Fortsetzung wird mit F bezeichnet. Entsprechendes gilt für F_0^{-1} und $\tilde{F}$.

Sind $f, g \in L^2(\mathbb{R}^m)$ und $f_n, g_n \in \mathcal{S}(\mathbb{R}^m)$ mit $f_n \to f$ und $g_n \to g$, so gilt

$$\langle g, Ff \rangle = \lim_{n \to \infty} \langle g_n, F_0 f_n \rangle = \lim \langle F_0^{-1} g_n, F_0^{-1} F_0 f_n \rangle$$
$$= \lim_{n \to \infty} \langle F_0^{-1} g_n, f_n \rangle = \langle \tilde{F} g, f \rangle,$$

also $\tilde{F} = F^*$. Weiter gilt

$$F\tilde{F}f = \lim_{n \to \infty} FF_0^{-1} f_n = \lim_{n \to \infty} F_0 F_0^{-1} f_n = \lim_{n \to \infty} f_n = f,$$

also $F\tilde{F} = I$, und entsprechend $\tilde{F}F = I$, $F^* = \tilde{F} = F^{-1}$, d.h. F ist unitär. Schließlich gilt $F^4 f = \lim_{n \to \infty} F_0^4 f_n = \lim_{n \to \infty} f_n = f$. ∎

Der folgende Satz besagt, daß für $f \in L^1(\mathbb{R}^m) \cap L^2(\mathbb{R}^m)$ die Fouriertransformierten $F_1 f$ und Ff i. wes. übereinstimmen:

Satz 11.10 a) *Für $f \in L^1(\mathbb{R}^m) \cap L^2(\mathbb{R}^m)$ gilt*

$$F_1 f(x) = Ff(x) \quad \text{für f. a. } x \in \mathbb{R}^m$$

(dabei ist mit $Ff(\cdot)$ ein beliebiger Repräsentant des L^2-Elements Ff gemeint, in anderen Worten, $F_1 f$ ist ein stetiger Repräsentant von Ff). Entsprechendes gilt für $\tilde{F}_1$ und F^{-1}.

b) *Ist (K_n) eine wachsende Folge offener und beschränkter Teilmengen von $\mathbb{R}^m$ mit $\cup_{n \in \mathbb{N}} K_n = \mathbb{R}^m$ so gilt für $f \in L^2(\mathbb{R}^m)$*

$$Ff(x) = \underset{n \to \infty}{\text{l.i.m.}} \frac{1}{(2\pi)^{m/2}} \int_{K_n} e^{-ixy} f(y) \, dy,$$
$$F^{-1} f(x) = \underset{n \to \infty}{\text{l.i.m.}} \frac{1}{(2\pi)^{m/2}} \int_{K_n} e^{ixy} f(y) \, dy,$$

wobei mit l.i.m. („Limes im Mittel") der Limes im L^2-Sinn gemeint ist (wir verwenden diese Schreibweise immer dann, wenn in einer solchen Grenzwertaussage die Variable – hier also x – mit angegeben wird). Für K_n können insbesondere Kugeln mit Radius nC oder Würfel mit Kantenlänge nC mit festem Zentrum gewählt werden.

11.2 Fouriertransformation in $L^2(\mathbb{R}^m)$

Beweis. Sei $f \in L^1(\mathbb{R}^m) \cap L^2(\mathbb{R}^m)$, (K_n) wie in Teil b, χ_n die charakteristische Funktion von K_n. Dann gilt

$$f_n := \chi_n f \to f \text{ im Sinne von } L^1(\mathbb{R}^m) \text{ und } L^2(\mathbb{R}^m).$$

Wählen wir für jedes $n \in \mathbb{N}$ ein $\varphi_n \in C_0^\infty(K_n)$ mit

$$\int \left| f_n(x) - \varphi_n(x) \right|^2 dx \leq \frac{1}{n \operatorname{Vol}(K_n)},$$

so folgt mit der Schwarzschen Ungleichung

$$\int \left| f_n(x) - \varphi_n(x) \right| dx \leq \left\{ \operatorname{Vol}(K_n) \int \left| f_n(x) - \varphi_n(x) \right|^2 dx \right\}^{1/2} \leq \frac{1}{\sqrt{n}}.$$

Also ist (φ_n) eine Folge aus $C_0^\infty(\mathbb{R}^m)$ mit

$$\varphi_n \to f \text{ im Sinne von } L^1(\mathbb{R}^m) \text{ und } L^2(\mathbb{R}^m),$$

und deshalb gilt

$$F_1 f(x) = \lim_{n \to \infty} \frac{1}{(2\pi)^{m/2}} \int e^{-ixy} \varphi_n(y) \, dy \text{ für alle } x \in \mathbb{R},$$

$$F f(x) = \operatorname*{l.i.m.}_{n \to \infty} F\varphi_n(x) = \operatorname*{l.i.m.}_{n \to \infty} \frac{1}{(2\pi)^{m/2}} \int e^{-ixy} \varphi_n(y) \, dy.$$

Daraus folgt, daß $F_1 f$ ein stetiger Repräsentant von Ff ist. Die Aussage für $\widetilde{F}_1$ und F^{-1} folgt entsprechend. Damit sind beide Teile des Satzes bewiesen. ∎

Für $f, g \in L^2(\mathbb{R}^m)$ ist die *Faltung* $f * g$ definiert durch

$$(f * g)(x) := \frac{1}{(2\pi)^{m/2}} \int f(x-y) g(y) \, dy \text{ für } x \in \mathbb{R}^m.$$

Das Integral existiert für alle $x \in \mathbb{R}^m$, da $f(x - \cdot)$ und $g(\cdot)$ in $L^2(\mathbb{R}^m)$ sind, also das Produkt in $L^1(\mathbb{R}^m)$. Tatsächlich gilt sogar $f * g \in C_\infty(\mathbb{R}^m)$ für alle $f, g \in L^2(\mathbb{R}^m)$, vgl. Aufgabe 11.4 (für die Faltung von L^1-Funktionen vergleiche man Aufgabe 11.5). Die Faltung ist *kommutativ*, denn mit der Substitution $y = -\tilde{y} + x$ erhalten wir für alle $x \in \mathbb{R}^m$

$$(f * g)(x) = \frac{1}{(2\pi)^{m/2}} \int f(x-y) g(y) \, dy$$
$$= \frac{1}{(2\pi)^{m/2}} \int g(x-\tilde{y}) f(\tilde{y}) \, d\tilde{y} = (g * f)(x).$$

Satz 11.11 (L^2-Faltungssatz) *Für $f, g \in L^2(\mathbb{R}^m)$ gilt:*

a) $\tilde{F}_1(Ff \cdot Fg) = F_1(F^{-1}f \cdot F^{-1}g) = f * g.$

b) *Die folgenden Aussagen sind äquivalent:*

(i) $Ff \cdot Fg \in L^2(\mathbb{R}^m)$

(ii) $F^{-1}f \cdot F^{-1}g \in L^2(\mathbb{R}^m)$,

(iii) $f * g \in L^2(\mathbb{R}^m).$

In diesem Fall gilt

$$f * g = F^{-1}(Ff \cdot Fg) = F(F^{-1}f \cdot F^{-1}g),$$
$$F(f * g) = Ff \cdot Fg, \quad F^{-1}(f * g) = F^{-1}f \cdot F^{-1}g.$$

Beweis. a) Unter Beachtung von $\overline{Ff} = F\overline{f_-}$ mit $f_-(x) := f(-x)$ und (ii) aus dem Beweis von Satz 11.5 $\left(e^{ixy}(Fg) = (Fg_x)(y) \text{ mit } g_x(z) := g(z+x)\right)$ folgt

$$\tilde{F}_1\left(Ff \cdot Fg\right)(x) = \frac{1}{(2\pi)^{m/2}} \int (Ff)(y) e^{ixy} (Fg)(y) \, dy$$
$$= \frac{1}{(2\pi)^{m/2}} \langle \overline{Ff}, Fg_x \rangle = \frac{1}{(2\pi)^{m/2}} \langle F\overline{f_-}, Fg_x \rangle = \frac{1}{(2\pi)^{m/2}} \langle \overline{f_-}, g_x \rangle$$
$$= \frac{1}{(2\pi)^{m/2}} \int f(-z) g(z+x) \, dz = \frac{1}{(2\pi)^{m/2}} \int f(x-z) g(z) \, dz$$
$$= (f * g)(x).$$

Die Gleichung $F_1(F^{-1}f \cdot F^{-1}g) = f * g$ folgt entsprechend.

b) **(i)$\Leftrightarrow$(ii)** ist offensichtlich wegen $F^{-1}f(x) = Ff(-x)$.

11.2 Fouriertransformation in $L^2(\mathbb{R}^m)$

(i)$\Rightarrow$(iii): Ist $Ff \cdot Fg \in L^2(\mathbb{R}^m)$, so folgt aus Teil a

$$f * g = \widetilde{F}_1(Ff \cdot Fg) = F^{-1}(Ff \cdot Fg) \in L^2(\mathbb{R}^m).$$

(iii)$\Rightarrow$(i): Sei $f * g \in L^2(\mathbb{R}^m)$. Wir definieren

$$h_1 := Ff \cdot Fg \in L^1(\mathbb{R}^m), \quad h_2 := F(f * g) \in L^2(\mathbb{R}^m).$$

Dann gilt nach Teil a

$$\widetilde{F}_1 h_1(x) = (f * g)(x) = F^{-1} h_2(x) \quad \text{für f. a. } x \in \mathbb{R}^m.$$

Also gilt für alle $\varphi \in \mathcal{S}(\mathbb{R}^m)$

$$\int h_1(x)\varphi(x)\,dx = \int h_1(x)(F_0^{-1} F_0 \varphi)(x)\,dx$$
$$= \int (\widetilde{F}_1 h_1)(x)(F_0 \varphi)(x)\,dx = \int (F^{-1} h_2)(x)(F_0 \varphi)(x)\,dx$$
$$= \langle \overline{F^{-1} h_2}, F\varphi \rangle = \langle F\overline{h_2}, F\varphi \rangle = \langle \overline{h_2}, \varphi \rangle = \int h_2(x)\varphi(x)\,dx,$$

und somit $Ff \cdot Fg = h_1 = h_2 \in L^2(\mathbb{R}^m)$ nach Lemma 11.7. ∎

Mit Hilfe des Satzes von Riesz–Thorin können wir die Faltung von L^p-Funktionen abschätzen:

Satz 11.12 (Youngsche–Ungleichung) *Ist $1 \leq p, r, s \leq \infty$ mit $p^{-1} + r^{-1} = 1 + s^{-1}$, so gilt*

$$\|f * g\|_s \leq \|f\|_r \|g\|_p \quad \text{für } f \in L^r(\mathbb{R}^m),\ g \in L^p(\mathbb{R}^m).$$

(Das ist so zu verstehen, daß die Ungleichung zunächst z. B. für einfache Funktionen oder Funktionen aus $\mathcal{S}(\mathbb{R}^m)$ gilt. Die Ungleichung besagt dann, daß die Faltung auf $f \in L^r(\mathbb{R}^m)$ und $g \in L^p(\mathbb{R}^m)$ ausgedehnt werden kann mit $f * g \in L^s(\mathbb{R}^m)$, wobei die Ungleichung gültig bleibt.)

Beweis. Für festes $f \in L^1(\mathbb{R}^m)$ ist offenbar

$$A_f : g \mapsto f * g$$

beschränkt mit Norm $\leq \|f\|_1$ als Operator in $L^1(\mathbb{R}^m)$ und in $L^\infty(\mathbb{R}^m)$ (im 1. Fall folgt dies aus dem Satz von Fubini A.21; vgl. auch Aufgabe 11.5). Der Satz von Riesz-Thorin (Satz 2.65) liefert also die Beschränktheit von

$$A_f : L^p(\mathbb{R}^m) \to L^p(\mathbb{R}^m) \quad \text{für alle } p \in [0, \infty]$$

mit Norm $\leq \|f\|_1$.

Sei jetzt $g \in L^p(\mathbb{R}^m)$ festgehalten. Auf Grund des bisher Bewiesenen ist dann

$$B_g : L^1(\mathbb{R}^m) \to L^p(\mathbb{R}^m), \quad f \mapsto f * g$$

beschränkt mit Norm $\leq \|g\|_p$. Außerdem ist für q mit $p^{-1} + q^{-1} = 1$ auf Grund der Hölderschen Ungleichung (Satz 1.39)

$$B_g : L^q(\mathbb{R}^m) \to L^\infty(\mathbb{R}^m), \quad f \mapsto f * g$$

beschränkt mit Norm $\leq \|g\|_p$. Der Satz von Riesz-Thorin liefert also die Beschränktheit

$$B_g : L^{r_t}(\mathbb{R}^m) \to L^{s_t}(\mathbb{R}^m), \quad \|B_g\| \leq \|g\|_p$$

für

$$\frac{1}{r_t} = 1 - t + \frac{t}{q} = 1 - \frac{t}{p} \quad \text{und} \quad \frac{1}{s_t} = \frac{1-t}{p}.$$

Durch Elimination von t folgt die Aussage für r und s mit $p^{-1} + r^{-1} = 1 + s^{-1}$. ∎

Wir haben gesehen, daß die Fouriertransformation als Operator von $L^1(\mathbb{R}^m)$ nach $L^\infty(\mathbb{R}^m)$ mit Norm $1/(2\pi)^{m/2}$ und als Operator von $L^2(\mathbb{R}^m)$ nach $L^2(\mathbb{R}^m)$ mit Norm 1 definiert werden kann. Der folgende Satz interpoliert mit Hilfe des Satzes von Riesz-Thorin zwischen diesen Operatoren:

11.2 Fouriertransformation in $L^2(\mathbb{R}^m)$

Satz 11.13 (Hausdorff–Young–Ungleichung) *Ist $1 \leq p \leq 2$ und $p^{-1} + q^{-1} = 1$, so ist die Fouriertransformation ein beschränkter Operator von $L^p(\mathbb{R}^m)$ nach $L^q(\mathbb{R}^m)$ mit Norm $\leq (2\pi)^{m(\frac{1}{2}-\frac{1}{p})}$. (Dabei kann man für $1 < p < 2$ die Fouriertransformation zunächst z. B. auf den einfachen Funktionen, oder den Funktionen mit kompaktem Träger, oder auf $\mathcal{S}(\mathbb{R}^m)$ definieren; der Satz besagt dann, daß eine stetige Fortsetzung auf ganz $L^p(\mathbb{R}^m)$ existiert.)*

Beweis. Die Fouriertransformation erfüllt die Voraussetzungen des Satzes von Riesz–Thorin 2.65 mit
- $p_0 = 1$, $q_0 = \infty$, $M_0 = (2\pi)^{-m/2}$ und
- $p_1 = q_1 = 2$, $M_1 = 1$.

Also ist sie beschränkt als Abbildung von $L^{p_t}(\mathbb{R}^m)$ nach $L^{q_t}(\mathbb{R}^m)$ mit $(p_t)^{-1} = 1 - t + t/2 = 1 - t/2$ und $(q_t)^{-1} = t/2$, wobei die Norm $\leq (2\pi)^{-m(1-t)/2}$ ist. Elimination von t liefert die Stetigkeit als Abbildung von $L^p(\mathbb{R}^m)$ nach $L^q(\mathbb{R}^m)$ mit $p^{-1} + q^{-1} = 1$ und $1 < p < 2$. Dabei ist die Norm $\leq (2\pi)^{-\frac{m}{2}(1-\frac{2}{q})} = (2\pi)^{m(\frac{1}{q}-\frac{1}{2})} = (2\pi)^{m(\frac{1}{2}-\frac{1}{p})}$. ∎

Eine interessante Variante der Unbestimmtheitsrelation (vgl. Kapitel 7) geht auf W. O. AMREIN – A. M. BERTHIER (J. Funct. Anal. **24** (1977) 258–267) zurück; sie besagt, daß Ort und Impuls nicht gleichzeitig auf Mengen endlichen Lebesguemaßes lokalisiert sein können.

Satz 11.14 *Sind A und B Lebesgue-meßbare Teilmengen von $\mathbb{R}^m$ mit endlichem Maß,*

$$M(A, B) := \left\{ f \in L^2(\mathbb{R}^m) : \operatorname{supp} f \subset A, \operatorname{supp} \hat{f} \subset B \right\}$$
$$= L^2(A) \cap F^{-1} L^2(B),$$

so gilt $M(A, B) = \{0\}$; sind $P = P_A$ und $\hat{P} = \hat{P}_B$ die Projektionen auf $L^2(A)$ bzw. $F^{-1}L^2(B)$, so gilt $\|P\hat{P}\| = \|\hat{P}P\| < 1$ (Aufgabe 2.24 zeigt, daß die zweite Aussage nicht aus der ersten folgt).

Beweis. a) Wir zeigen zunächst, daß für beliebige Mengen A, B mit endlichem Maß gilt $\dim M(A, B) < \infty$: Offenbar ist $f = \hat{P}Pf$ für jedes $f \in M(A, B)$, d. h.

$$f(x) = \frac{1}{(2\pi)^m} \int_B e^{ixz} \int_A e^{-izy} f(y) \, dy \, dz = \int k(x,y) f(y) \, dy$$

mit

$$k(x,y) = \frac{1}{(2\pi)^m} \int_B e^{iz(x-y)} \, dz \chi_A(y) = \frac{1}{(2\pi)^{m/2}} F\chi_B(y-x)\chi_A(y).$$

Also ist $\hat{P}P$ ein Hilbert-Schmidt-Operator in $L^2(\mathbb{R}^m)$ mit Hilbert-Schmidt-Norm $\leq (2\pi)^{-m} \lambda(A)\lambda(B)$, dessen Einschränkung auf $M(A,B)$ die Identität ist. Deshalb muß $M(A,B)$ endlichdimensional sein.

b) Wir zeigen nun: Ist $M(A,B) \neq \{0\}$, so gibt es ein $\tilde{A} \subset \mathbb{R}^m$ mit $\lambda(\tilde{A}) < \infty$ so, daß dim $M(\tilde{A}, B) = \infty$ gilt. Zusammen mit Teil a folgt ein Widerspruch, also ist $M(A,B) = \{0\}$.

Sei $\varphi_0 \in M(A,B) \setminus \{0\}$. Nach Aufgabe 2.13 gibt es dann eine Folge (a_n) aus $\mathbb{R}^m$ so, daß mit $\varphi_n(\cdot) := \varphi_0(\cdot - a_n)$ gilt

$$\lambda\left(\cup_{j=0}^n \operatorname{supp} \varphi_j\right) < \lambda\left(\cup_{j=0}^{n+1} \operatorname{supp} \varphi_j\right) < \lambda(\operatorname{supp} \varphi_0) + 1 \quad (n \in \mathbb{N}).$$

Da außerdem $\hat{\varphi}_n(z) = e^{-iza_n} \hat{\varphi}_0(z)$ gilt, sind also die φ_n linear unabhängig in $M(\tilde{A}, B)$ mit $\tilde{A} := \cup_{j=0}^\infty \operatorname{supp} \varphi_j$, d.h. $M(\tilde{A}, B)$ ist unendlichdimensional und es gilt $\lambda(\tilde{A}) < \lambda(A) + 1 < \infty$.

c) Da $\hat{P}P$ kompakt ist, gilt $\|\hat{P}P\| = 1$ genau dann, wenn ein $f \neq 0$ existiert mit $\|\hat{P}Pf\| = \|f\|$. Für orthogonale Projektionen P und $\hat{P}$ ist dies nur möglich, wenn $\hat{P}Pf = f$ gilt, was nach Teil b ausgeschlossen ist. ∎

11.3 Differentialoperatoren mit konstanten Koeffizienten

Für ein beliebiges (i. allg. komplexes) Polynom P vom Grad r in m Variablen,

$$P(x) = \sum_{|\alpha| \leq r} c_\alpha x^\alpha \quad (c_\alpha \neq 0 \text{ für mindestens ein } \alpha \text{ mit } |\alpha| = r)$$

nennen wir

$$P(D) := \sum_{|\alpha| \leq r} c_\alpha D^\alpha = \sum_{|\alpha| \leq r} (-i)^{|\alpha|} c_\alpha \prod_{j=1}^m \frac{\partial^{\alpha_j}}{\partial x_j^{\alpha_j}}$$

11.3 Differentialoperatoren mit konstanten Koeffizienten

einen *Differentialausdruck* der *Ordnung r* mit *konstanten Koeffizienten*, den *durch P erzeugten* Differentialausdruck. Im folgenden setzen wir stets voraus, daß $r > 0$ ist (sonst wäre $P(x)$ eine Konstante und $P(D)$ wäre die Multiplikation mit dieser Konstanten).

Wir betrachten nun Operatoren in $L^2(\mathbb{R}^m)$, die durch solche Differentialausdrücke $P(D)$ erzeugt werden: Der *minimale* durch P erzeugte Differentialoperator $T_0 = T_0(P)$ in $L^2(\mathbb{R}^m)$ ist definiert durch

$$D(T_0) = C_0^\infty(\mathbb{R}^m), \quad T_0 f = P(D)f.$$

Satz 11.15 *Sei $P(x) = \sum_{|\alpha|\leq r} c_\alpha x^\alpha$ ein Polynom vom Grad $r > 0$ in m Variablen, $T_0 = T_0(P)$. Dann gilt:*

a) *T_0 ist abschließbar; für $T = T(P) := \overline{T_0}$ gilt $T = F^{-1} M_P F$. T heißt der maximale durch P erzeugte Differentialoperator in $L^2(\mathbb{R}^m)$.*

b) *$(T_0)^* = T^*$ ist der durch das konjugierte Polynom $\overline{P}(x) = \sum \overline{c_\alpha} x^\alpha$ erzeugte maximale Differentialoperator $T(\overline{P})$.*

c) *Das Spektrum von T ist $\sigma(T) = \overline{\{P(x) : x \in \mathbb{R}^m\}}$ (wobei der Abschluß i. allg. notwendig ist, vgl. Aufgabe 11.7), T hat keine Eigenwerte; ist z nicht Eigenwert von T (z. B. $z \in \varrho(T)$), so gilt $(T-z)^{-1} = F^{-1} M_{1/(P-z)} F$.*

d) *Ist $(1 + |P|)^{-1} \in L^2(\mathbb{R}^m)$, so gilt für $z \in \varrho(T)$*

$$(T-z)^{-1} f(x) = \frac{1}{(2\pi)^{m/2}} \int h_z(x-y) f(y) dy = (h_z * f)(x)$$

mit $h_z = F^{-1}\big((P-z)^{-1}\big) \in L^2(\mathbb{R}^m)$.

Beweis. a) Wir definieren zunächst noch einen weiteren durch P erzeugten Operator T_1 durch

$$D(T_1) = \mathcal{S}(\mathbb{R}^m), \quad T_1 f = P(D)f.$$

Offenbar gilt $T_0 \subset T_1$ und $T_1 = F^{-1} M_{P,1} F$, wobei $M_{P,1}$ die Einschränkung von M_P auf $\mathcal{S}(\mathbb{R}^m)$ ist. Da $M_{P,1}$ abschließbar ist (denn es ist eine Einschränkung des abgeschlossenen Operators M_P), ist auch der dazu unitär äquivalente Operator T_1 abschließbar; das gilt dann auch für den in T_1 enthaltenen Operator T_0.

Wir zeigen im folgenden $\overline{T_0} \supset T_1$ und $\overline{M_{P,1}} \supset M_P$. Daraus folgt $\overline{T_0} = \overline{T_1}$ und $\overline{M_{P,1}} = M_P$, also

$$T = \overline{T_0} = \overline{T_1} = \overline{F^{-1}M_{P,1}F} = F^{-1}\overline{M_{P,1}}F = F^{-1}M_P F,$$

womit dann Teil a bewiesen ist. Wir beweisen also zunächst die beiden obigen Behauptungen:

$\overline{T_0} \supset T_1$: Sei $f \in D(T_1) = \mathcal{S}(\mathbb{R}^m)$. Wir wählen $\varphi \in C^\infty(\mathbb{R})$ mit

$$\varphi(t) = 1 \text{ für } t \leq 1, \; \varphi(t) = 0 \text{ für } t \geq 2,$$

$$0 \leq \varphi(t) \leq 1 \text{ für alle } t \in \mathbb{R}.$$

Für jedes $n \in \mathbb{N}$ sei $\varphi_n \in C_0^\infty(\mathbb{R}^m)$ definiert durch

$$\varphi_n(x) := \varphi\left(\frac{|x|}{n}\right) \text{ für } x \in \mathbb{R}^m.$$

Mit $f_n := \varphi_n f$ gilt dann $\|D^\alpha f_n - D^\alpha f\| \to 0$ für $n \to \infty$ und alle $\alpha \in \mathbb{N}_0^n$. Daraus folgt insbesondere

$$f_n \in D(T_0), \; f_n \to f, \; T_0 f_n \to T_1 f.$$

Also ist $f \in D(\overline{T_0})$ und $\overline{T_0}f = T_1 f$.

$\overline{M_{P,1}} \supset M_P$: Wir zeigen, daß sogar $\overline{M_{P,0}} \supset M_P$ gilt, wobei $M_{P,0}$ die Einschränkung M_P auf $C_0^\infty(\mathbb{R}^m)$ ist. Sei $f \in D(M_P)$, d. h. $(1+|P|^2)^{1/2}f \in L^2(\mathbb{R}^m)$. Dann gibt es eine Folge (φ_n) aus $C_0^\infty(\mathbb{R}^m)$ mit $\varphi_n \to (1+|P|^2)^{1/2}f$. Mit $f_n := (1+|P|^2)^{-1/2}\varphi_n$ gilt

$$f_n \in C_0^\infty(\mathbb{R}^m) = D(M_{P,0}),$$

$$M_{P,0}f_n = P\left(1+|P|^2\right)^{-1/2}\varphi_n \to Pf = M_P f,$$

also $f \in D(\overline{M_{P,0}})$ und $\overline{M_{P,0}}f = M_P f$.

b) Aus $\overline{T_0} = T$, $T = F^{-1}M_P F$ und $(M_P)^* = M_{\overline{P}}$ folgt

$$(T_0)^* = \overline{T_0}^* = T^* = (F^{-1}M_P F)^* = F^{-1}(M_P)^* F = F^{-1}M_{\overline{P}}F.$$

11.3 Differentialoperatoren mit konstanten Koeffizienten 399

c) Aus der unitären Äquivalenz von T und M_P folgt

$$\sigma(T) = \sigma(M_P) = \overline{\{P(x) : x \in \mathbb{R}^m\}}.$$

Ist z nicht Eigenwert ($(T-z)$ injektiv), so gilt

$$(T-z)^{-1} = \left(F^{-1}M_P F - z\right)^{-1} = \left\{F^{-1}(M_P - z)F\right\}^{-1}$$
$$= F^{-1}(M_P - z)^{-1}F.$$

Da die Ordnung von P größer als 0 ist, ist für jedes $z \in \mathbb{C}$ die Menge

$$\left\{x \in \mathbb{R}^m : P(x) = z\right\} \text{ eine Lebesguesche Nullmenge.}$$

Für alle interessanten Fälle (insbesondere $P(x) = |x|^2$, $P(D) = -\Delta$) ist dies sehr leicht zu sehen. Für den allgemeinen Fall sei auf Aufgabe 11.8 verwiesen. Zusammen mit Satz 6.2 folgt daraus, daß T keine Eigenwerte hat.

d) Sei $z \in \varrho(T)$. Dann gibt es ein $\eta \geq 0$ mit $|P(x) - z| \geq \eta$ für alle $x \in \mathbb{R}^m$ (zunächst gilt dies f. ü.; da aber P stetig ist, folgt es für alle $x \in \mathbb{R}^m$); es gilt also

$$\frac{1}{|P(x) - z|} \leq \frac{1}{\eta} \text{ für alle } x \in \mathbb{R}.$$

Da $(1 + |P|)^{-1} \in L^2(\mathbb{R}^m)$ gilt, hat die Menge $N := \{x : |P(x)| < 2|z| + 1\}$ endliches Maß (und dort ist natürlich auch $|P(x) - z|^{-1} \leq 1/\eta$). Auf

$$\mathbb{R}^m \setminus N = \left\{x \in \mathbb{R}^m : |P(x)| \geq 2|z| + 1\right\} = \left\{x \in \mathbb{R}^m : \frac{1}{2}|P(x)| - |z| \geq \frac{1}{2}\right\}$$

gilt

$$|P(x) - z| \geq |P(x)| - |z| = \left\{\frac{1}{2}|P(x)| - |z|\right\} + \frac{1}{2}|P(x)|$$
$$\geq \frac{1}{2}\left\{1 + |P(x)|\right\},$$
$$\frac{1}{|P(\cdot) - z|} \leq \frac{2}{1 + |P(\cdot)|} \in L^2(\mathbb{R}^m).$$

Damit ergibt sich insgesamt $|P(\cdot) - z|^{-1} \in L^2(\mathbb{R}^m)$.
Mit dem Faltungssatz 11.11 folgt hieraus

$$(T-z)^{-1}f = F^{-1}(M_P - z)^{-1} Ff = F^{-1}\left\{ \frac{1}{P(\cdot) - z} \cdot Ff \right\} = h_z * f$$

mit $h_z = F^{-1}\{1/(P-z)\} \in L^2(\mathbb{R}^m)$. ∎

Satz 11.16 *Sei P ein Polynom vom Grad $r > 0$ in m Variablen, T_0 der minimale und T der maximale durch P erzeugte Differentialoperator in $L^2(\mathbb{R}^m)$. Dann sind die folgenden Aussagen äquivalent:*

(i) *Alle Koeffizienten von P sind reell,*

(ii) *T_0 ist hermitesch (also symmetrisch, da $D(T_0)$ dicht ist),*

(iii) *T_0 ist wesentlich selbstadjungiert,*

(iv) *T ist selbstadjungiert.*

Es gilt dann $\sigma(T) = \mathbb{R}$ oder $(-\infty, \gamma]$ oder $[\gamma, \infty)$ mit einem $\gamma \in \mathbb{R}$.

Beweis. Die Implikationen (i)⇒(iv)⇒(iii)⇒(ii) sind offensichtlich.

(ii)⇒(i): Aus der Symmetrie von T_0 folgt die Symmetrie von $T = \overline{T_0}$ und die von $M_P = FTF^{-1}$. Also ist M_P selbstadjungiert und somit ist P nach Satz 6.1c reell. Die letzte Aussage folgt aus Satz 11.15c, da $\{P(x) : x \in \mathbb{R}^m\}$ zusammenhängend ist. ∎

11.4 Elliptische Differentialoperatoren und Sobolev–Räume

Der durch ein Polynom P vom Grad r erzeugte Differentialoperator $T = T(P)$ der Ordnung r heißt *elliptisch*, wenn ein $C > 0$ existiert mit

$$1 + |P(x)| \geq C k_r(x) \quad \text{für } x \in \mathbb{R}^m \quad \text{mit} \quad k_r(x) := (1 + |x|^2)^{r/2}.$$

11.4 Elliptische Differentialoperatoren und Sobolev-Räume

Da P vom Grad r ist, gibt es andererseits ein C' mit

$$1 + |P(x)| \leq C' k_r(x) \quad \text{für } x \in \mathbb{R}^m.$$

Offensichtlich ist also der Differentialoperator $T(P)$ der Ordnung r genau dann elliptisch, wenn ein $C'' > 0$ und ein $R > 0$ existieren mit

$$|P(x)| \geq C'' k_r(x) \quad \text{für } x \in \mathbb{R}^m \text{ mit } |x| \geq R.$$

Der *Hauptteil* P_r des Polynoms P bzw. $P_r(D)$ des Differentialausdrucks $P(D)$ ist definiert durch

$$P_r(x) := \sum_{|\alpha|=r} c_\alpha x^\alpha \quad \text{bzw.} \quad P_r(D) := \sum_{|\alpha|=r} c_\alpha D^\alpha.$$

Mit Hilfe des Hauptteils läßt sich die Elliptizität leicht charakterisieren:

Satz 11.17 *Sei P ein Polynom vom Grad r in m Variablen, $T(P)$ ist genau dann elliptisch, wenn der Hauptteil $P_r(x)$ nur für $x = 0$ verschwindet.*

Beweis. $\Rightarrow$: Ist $P_r(x_0) = 0$ für ein $x_0 \neq 0$, so ist auch $P_r(sx_0) = s^r P_r(x_0) = 0$ für alle $s \in \mathbb{R}$, also

$$|P(sx_0)| = \Big| \sum_{|\alpha|<r} c_\alpha s^{|\alpha|} x_0^\alpha \Big| \leq C_1 (1 + |sx_0|^2)^{(r-1)/2},$$

im Widerspruch zur Elliptizität.

$\Leftarrow$: Aus $P_r(x) \neq 0$ für alle $x \in \mathbb{R}^m$ mit $|x| = 1$ und der Stetigkeit von P_r folgt

$$\eta := \min \big\{ |P_r(x)| : x \in \mathbb{R}^m, |x| = 1 \big\} > 0.$$

Also gilt für alle $x \in \mathbb{R}^m$ mit $|x|$ hinreichend groß

$$|P(x)| = \Big| P_r(x) + \sum_{|\alpha|<r} c_\alpha x^\alpha \Big| \geq \eta |x|^r - C_2 (1 + |x|^2)^{(r-1)/2} \geq \frac{1}{2} \eta k_r(x),$$

d. h. $T(P)$ ist elliptisch. ∎

Um weiter unten die Sobolevräume definieren zu können, definieren wir zunächst die *gewichteten L^2-Räume*

$$L_s^2(\mathbb{R}^m) := \left\{ f : R^m \to \mathbb{C} : f \text{ Lebesgue–meßbar, } k_s f \in L^2(\mathbb{R}^m) \right\}$$

mit dem Skalarprodukt

$$\langle f, g \rangle_{(s)} := \int \overline{f(x)} g(x) k_s(x)^2 dx = \langle k_s f, k_s g \rangle$$

und der Norm $\|f\|_{(s)} = \langle f, f \rangle_{(s)}^{1/2} = \|k_s f\|$ (natürlich sind hier, wie in L^2, Äquivalenzklassen von Funktionen gemeint). Nach Definition ist also $L_s^2(\mathbb{R}^m)$ unitäres Bild von $L^2(\mathbb{R}^m)$ mit

$$U_s : L^2(\mathbb{R}^m) \to L_s^2(\mathbb{R}^m), \ U_s f = \frac{1}{k_s} f.$$

Also ist $L_s^2(\mathbb{R}^m)$ ein separabler Hilbertraum. Da $L_s^2(\mathbb{R}^m)$ genau der Definitionsbereich des Multiplikationsoperators mit k_s in $L^2(\mathbb{R}^m)$ ist, ist $L_s^2(\mathbb{R}^m)$ dicht in $L^2(\mathbb{R}^m)$.

Der *Sobolevraum* $W_{2,s}(\mathbb{R}^m)$ der Ordnung s ($s \in \mathbb{R}, s \geq 0$) ist definiert durch

$$W_{2,s}(\mathbb{R}^m) := \left\{ f \in L^2(\mathbb{R}^m) : Ff \in L_s^2(\mathbb{R}^m) \right\} = F^{-1} L_s^2(\mathbb{R}^m)$$

mit Skalarprodukt und Norm (*Sobolevnorm*)

$$\langle f, g \rangle_s := \langle Ff, Fg \rangle_{(s)}, \quad \|f\|_s := \langle f, f \rangle_s^{1/2} = \|Ff\|_{(s)}$$

(wobei hier offenbar F durch F^{-1} ersetzt werden kann). $W_{2,s}(\mathbb{R}^m)$ ist also unitäres Bild (unter F^{-1} oder F) von $L_s^2(\mathbb{R}^m)$ und somit selbst wieder ein separabler Hilbertraum; gleichzeitig überträgt sich die Dichtheit als Teilraum von $L^2(\mathbb{R}^m)$.

Der folgende Satz zeigt, daß die Funktionen aus $W_{2,s}(\mathbb{R}^m)$ gewisse, von m und s abhängige Regularitätseigenschaften haben.

11.4 Elliptische Differentialoperatoren und Sobolev-Räume

Satz 11.18 a) (**Sobolevsches Lemma**) *Für $s > m/2$ gilt $W_{2,s}(\mathbb{R}^m) \subset C_\infty(\mathbb{R}^m)$ (d.h. die durch $f \in W_{2,s}(\mathbb{R}^m)$ bestimmte Äquivalenzklasse in $\mathcal{L}_2(\mathbb{R}^m)$ enthält einen stetigen Repräsentanten f mit $f(x) \to 0$ für $|x| \to \infty$); es gibt ein $C = C(s,m)$ mit $\|f\|_\infty \leq C\|f\|_s$ für alle $f \in W_{2,s}(\mathbb{R}^m)$. (Tatsächlich ist f hölderstetig, vgl. Aufgabe 11.9.)*

b) *Ist $s \geq 1$, e_j der j-te Einheitsvektor in $\mathbb{R}^m$ und $f_{j,t}(x) := f(x + te_j)$, so gilt für alle $f \in W_{2,s}(\mathbb{R}^m)$ und $j = 1, ..., m$*

$$\lim_{t \to 0} \frac{1}{it}(f_{j,t} - f) = F^{-1}M_j F f =: D_j f,$$

wobei die Konvergenz im Sinne von $W_{2,s-1}(\mathbb{R}^m)$ zu verstehen ist; insbesondere ist $D_j f \in W_{2,s-1}(\mathbb{R}^m)$, f ist im $W_{2,s-1}$-Sinn (also auch im L^2-Sinn) partiell differenzierbar.

c) *Ist $s > \frac{m}{2} + 1$, so ist jedes $f \in W_{2,s}(\mathbb{R}^m)$ stetig partiell differenzierbar, und es gilt*

$$\frac{1}{i}\frac{\partial}{\partial x_j} f(x) = D_j f(x) = F^{-1}M_j F f(x).$$

d) *Ist $f \in W_{2,s}(\mathbb{R}^m)$ und α ein Multiindex mit $|\alpha| \leq s$, so kann die Ableitung D^α iterativ gemäß Teil b berechnet werden; die „Differentiationsreihenfolge" ist vertauschbar.*

e) *Für $0 \leq s < r$ und jedes $\varepsilon > 0$ existiert ein C_ε mit*

$$\|f\|_s^2 \leq \varepsilon \|f\|_r^2 + C_\varepsilon \|f\|^2 \quad \text{für alle } f \in W_{2,r}(\mathbb{R}^m)$$

(und damit auch $\|f\|_s \leq \sqrt{\varepsilon}\|f\|_r + \sqrt{C_\varepsilon}\|f\|$).

f) *Für $s \in \mathbb{N}_0$ ist $\|\cdot\|_s$ äquivalent zu den Normen*

$$\|f\|_{s,0} := \left\{\sum_{|\alpha| \leq s} \|D^\alpha f\|^2\right\}^{1/2}, \quad \|f\|_{s,1} := \left\{\|f\|^2 + \sum_{|\alpha|=s} \|D^\alpha f\|^2\right\}^{1/2},$$

wobei $D^\alpha f$ im Sinne von Teil d zu verstehen ist.

Beweis. a) $f \in W_{2,s}(\mathbb{R}^m)$ ist gleichbedeutend mit $k_s F f \in L^2(\mathbb{R}^m)$, und wegen $k_s^{-2} \in L^1(\mathbb{R}^m)$ folgt hieraus $F f \in L^1(\mathbb{R}^m)$, genauer

$$\|Ff\|_{L_1} = \int |Ff(x)| dx = \int \frac{1}{k_s(x)} |k_s(x) F f(x)| dx$$

$$\leq \left\{ \int \frac{1}{k_s(x)^2} dx \right\}^{1/2} \left\{ \int k_s(x)^2 |Ff(x)|^2 dx \right\}^{1/2}$$
$$= \tilde{C}(s,m) \|Ff\|_{(s)} = \tilde{C}(s,m) \|f\|_s$$

mit $\tilde{C}(s,m) := \{\int k_s(x)^{-2} dx\}^{1/2}$.

Nach Satz 11.1 ist also $f = F^{-1}(Ff) = \tilde{F}_1(Ff)$ in $C_\infty(\mathbb{R}^m)$ mit $\|f\|_\infty \leq (2\pi)^{-m/2} \tilde{C}(s,m) \|f\|_s = C(s,m) \|f\|_s$.

b) Wie man leicht nachrechnet, gilt

$$F\left(\frac{1}{it}(f_{j,t} - f)\right)(x) = \frac{1}{it}(e^{itx_j} - 1) Ff(x) \quad \text{im Sinne von } L_s^2(\mathbb{R}^m).$$

Wegen

$$\left|\frac{1}{it}(e^{itx_j} - 1)\right| \leq |x_j| < (1 + |x|^2)^{1/2},$$
$$\frac{1}{it}(e^{itx_j} - 1) \to x_j \quad \text{für } t \to 0$$

und $k_s Ff \in L^2(\mathbb{R}^m)$ folgt daraus für $t \to 0$

$$F\left(\frac{1}{it}(f_{j,t} - f)\right)(x) \to x_j Ff(x) = M_j Ff(x) \quad \text{in } L_{s-1}^2(\mathbb{R}^m),$$

also

$$\frac{1}{it}(f_{j,t} - f) \to F^{-1} M_j Ff \quad \text{in } W_{2,s-1}(\mathbb{R}^m).$$

c) Ist $f \in W_{2,s}(\mathbb{R}^m)$, d.h. $k_s Ff \in L^2(\mathbb{R}^m)$, so gibt es eine Folge (φ_n) aus $\mathcal{S}(\mathbb{R}^m)$ mit $\varphi_n \to k_s Ff$ im Sinne von $L^2(\mathbb{R}^m)$. Also ist $\hat{f}_n := \varphi_n/k_s$ eine Folge aus $\mathcal{S}(\mathbb{R}^m)$ mit $\hat{f}_n \to Ff$ im Sinne von $L_s^2(\mathbb{R}^m)$, und $f_n := F^{-1} \hat{f}_n$ ist eine Folge aus $\mathcal{S}(\mathbb{R}^m)$ mit $f_n \to f$ im Sinne von $W_{2,s}(\mathbb{R}^m)$. Wegen $s > m/2$ folgt aus Teil a die gleichmäßige Konvergenz von f_n gegen f.

Die Folge $(M_j Ff_n)$ konvergiert in $L_{s-1}^2(\mathbb{R}^m)$ gegen $M_j Ff$. Deshalb konvergieren die Ableitungen

$$D_j f_n = F^{-1} M_j Ff_n \to F^{-1} M_j Ff \quad \text{in } W_{2,s-1}(\mathbb{R}^m).$$

11.4 Elliptische Differentialoperatoren und Sobolev–Räume

Da auch $s - 1 > m/2$ gilt, folgt hieraus die gleichmäßige Konvergenz $D_j f_n(x) \to F^{-1} M_j F f(x)$. Also ist f stetig differenzeirbar mit $D_j f(x) = F^{-1} M_j F f(x)$.

d) Für $|\alpha| = 1 \leq s$ wissen wir bereits aus Teil b, daß $D^\alpha f \in W_{2,s-1}(\mathbb{R}^m)$ gilt. Ist $s \geq 2$, so kann also weiter „differenziert" werden. Wegen $D^\alpha f = F^{-1} M_\alpha F f$ folgt offenbar die Vertauschbarkeit der Differentiationsreihenfolge.

e) Wegen $\|f\|_s^2 = \int k_s(x)^2 |Ff(x)|^2 dx$ folgt dies unmittelbar aus der Tatsache, daß zu jedem $\varepsilon > 0$ ein $C_\varepsilon \geq 0$ existiert mit $k_s^2(x) \leq \varepsilon k_r^2(x) + C_\varepsilon$ für alle $x \in \mathbb{R}^m$.

f) Diese Aussage folgt aus

$$\|f\|_s^2 = \|k_s Ff\|^2, \quad \|f\|_{s,0}^2 = \sum_{|\alpha| \leq s} \|M_\alpha Ff\|^2,$$

$$\|f\|_{s,1}^2 = \|Ff\|^2 + \sum_{|\alpha|=s} \|M_\alpha Ff\|^2$$

und der Existenz von Konstanten C_1, C_2, C_3 mit

$$(1 + |x|^2)^s \leq C_1 \sum_{|\alpha| \leq s} |x^\alpha|^2 \leq C_2 \Big(1 + \max\big\{|x_j|^{2s} : j = 1, ..., m\big\}\Big)$$

$$\leq C_2 \Big(1 + \sum_{|\alpha|=s} |x^\alpha|^2\Big) \leq C_3 (1 + |x|^2)^s,$$

wenn man die die obigen Normen definierenden Integrale explizit ausschreibt. ∎

Satz 11.19 *Sei $f \in W_{2,s}(\mathbb{R}^m)$, α ein Multiindex mit $|\alpha| \leq s$.*

a) *Für alle $g \in W_{2,|\alpha|}(\mathbb{R}^m)$ gilt $\langle D^\alpha f, g \rangle = \langle f, D^\alpha g \rangle$.*

b) *Ist $h \in L^2(\mathbb{R}^m)$ und gilt $\langle h, g \rangle = \langle f, D^\alpha g \rangle$ für alle $g \in C_0^\infty(\mathbb{R}^m)$, so ist $h = D^\alpha f$.*

Beweis. a) Wegen $Fg \in L^2_{|\alpha|}(\mathbb{R}^m)$ gilt

$$\langle D^\alpha f, g\rangle = \langle FD^\alpha f, Fg\rangle = \langle M_\alpha Ff, Fg\rangle = \langle Ff, M_\alpha Fg\rangle$$
$$= \langle Ff, FD^\alpha g\rangle = \langle f, D^\alpha g\rangle.$$

b) Aus der Voraussetzung und Teil a folgt

$$\langle h, g\rangle = \langle f, D^\alpha g\rangle = \langle D^\alpha f, g\rangle \quad \text{für alle } g \in C_0^\infty(\mathbb{R}^m).$$

Da $C_0^\infty(\mathbb{R}^m)$ in $L^2(\mathbb{R}^m)$ dicht ist, folgt $h = D^\alpha f$. ∎

Satz 11.20 *Für jedes $s \geq 0$ ist $C_0^\infty(\mathbb{R}^m)$ bezüglich der Norm $\|\cdot\|_s$ dicht in $S(\mathbb{R}^m)$ und in $W_{2,s}(\mathbb{R}^m)$.*

Beweis. Für jedes $r \in \mathbb{N}_0$ ist $C_0^\infty(\mathbb{R}^m)$ dicht in $S(\mathbb{R}^m)$ bezüglich der Norm $\|\cdot\|_r$ (vgl. den Beweis von Satz 11.15a, Beweis von $\overline{T} \supset T_1$). Wegen $\|\cdot\|_s \leq \|\cdot\|_r$ für $s \leq r$ ist dann $C_0^\infty(\mathbb{R}^m)$ auch bezüglich $\|\cdot\|_s$ dicht in $S(\mathbb{R}^m)$. Es genügt also zu zeigen, daß $S(\mathbb{R}^m)$ in $W_{2,s}(\mathbb{R}^m)$ dicht ist. Mittels Fouriertransformation ist dies äquivalent zur Dichtheit von $S(\mathbb{R}^m)$ in $L^2_s(\mathbb{R}^m)$; dies wiederum folgt aus der Dichtheit von $C_0^\infty(\mathbb{R}^m)$ in $L^2_s(\mathbb{R}^m)$. ∎

Der Satz 11.19 legt eine alternative Definition des Sobolevraumes für natürliche Zahlen s nahe: Für $s \in \mathbb{N}$ sei

$$\widetilde{W}_{2,s}(\mathbb{R}^m) := \Big\{ f \in L^2(\mathbb{R}^m) : \forall \alpha \in \mathbb{N}_0^m \text{ mit } |\alpha| \leq s \ \exists f_\alpha \in L^2(\mathbb{R}^m)$$
$$\text{mit } \langle D^\alpha \varphi, f\rangle = \langle \varphi, f_\alpha\rangle \ \forall \varphi \in C_0^\infty(\mathbb{R}^m) \Big\}.$$

Satz 11.21 *Für jedes $s \in \mathbb{N}$ gilt $W_{2,s}(\mathbb{R}^m) = \widetilde{W}_{2,s}(\mathbb{R}^m)$.*

Beweis. $W_{2,s}(\mathbb{R}^m) \subset \widetilde{W}_{2,s}(\mathbb{R}^m)$: Für $f \in W_{2,s}(\mathbb{R}^m)$ und $|\alpha| \leq s$ ist

$$f_\alpha := D^\alpha f = F^{-1} M_\alpha F f \in L^2(\mathbb{R}^m),$$

11.4 Elliptische Differentialoperatoren und Sobolev-Räume

und nach Satz 11.19 gilt für alle $\varphi \in C_0^\infty(\mathbb{R}^m)$

$$\langle D^\alpha \varphi, f \rangle = \langle \varphi, D^\alpha f \rangle = \langle \varphi, f_\alpha \rangle.$$

$\widetilde{W}_{2,s}(\mathbb{R}^m) \subset W_{2,s}(\mathbb{R}^m)$: Zunächst folgt die Gleichung $\langle D^\alpha \varphi, f \rangle = \langle \varphi, f_\alpha \rangle$ für $|\alpha| \leq s$ auch für alle $\varphi \in \mathcal{S}(\mathbb{R}^m)$; dazu wählt man eine Folge (φ_n) aus $C_0^\infty(\mathbb{R}^m)$ für die $D^\alpha \varphi_n$ für alle $\alpha \in \mathbb{N}_0^m$ mit $|\alpha| \leq s$ in $L^2(\mathbb{R}^m)$ gegen $D^\alpha \varphi$ konvergiert (vgl. Beweis von Satz 11.15a, Beweis von $\overline{T_0} \supset T_1$). Dann gilt für alle $\varphi \in \mathcal{S}(\mathbb{R}^m)$ und $|\alpha| \leq s$ (da $F^{-1}\varphi \in \mathcal{S}(\mathbb{R}^m)$ ist)

$$\int \varphi(x) \{x^\alpha (Ff)(x)\} dx = \langle M_\alpha \overline{\varphi}, Ff \rangle = \langle F^{-1} M_\alpha \overline{\varphi}, f \rangle$$
$$= \langle F^{-1} M_\alpha F F^{-1} \overline{\varphi}, f \rangle = \langle D^\alpha F^{-1} \overline{\varphi}, f \rangle = \langle F^{-1} \overline{\varphi}, f_\alpha \rangle = \langle \overline{\varphi}, Ff_\alpha \rangle$$
$$= \int \varphi(x) Ff_\alpha(x)\, dx.$$

Also gilt für alle $\varphi \in C_0^\infty(\mathbb{R}^m)$

$$\int \varphi(x) \{x^\alpha Ff(x) - Ff_\alpha(x)\}\, dx = 0,$$

und somit $x^\alpha Ff(x) = Ff_\alpha(x)$ für f.a. $x \in \mathbb{R}^m$, d.h. es gilt $Ff \in D(M_\alpha)$ für alle $\alpha \in \mathbb{N}_0^m$ mit $|\alpha| \leq s$. Das ist gleichbedeutend mit $Ff \in L_s^2(\mathbb{R}^m)$ bzw. $f \in W_{2,s}(\mathbb{R}^m)$. ∎

Bemerkung 11.22 a) *Für beliebige offene Mengen $\Omega \subset \mathbb{R}^m$ kann die obige Definition von $\widetilde{W}_{2,s}$ als Definition von $W_{2,s}(\Omega)$ benutzt werden.*

b) *Im allgemeinen ist $C_0^\infty(\Omega)$ nicht dicht in $W_{2,s}(\Omega)$ (im Gegensatz zum Fall $\Omega = \mathbb{R}^m$); vgl. Aufgabe 11.10. Mit $W_{2,s}^0(\Omega)$ bezeichnet man den Abschluß von C_0^∞ in $W_{2,s}(\Omega)$.*

c) *Im Sinne der Distributionentheorie besagt Satz 11.21: $W_{2,s}(\mathbb{R}^m)$ ist gleich dem Raum der Distributionen f, für die die Distributionsableitungen $D^\alpha f$ mit $|\alpha| \leq s$ durch L^2-Funktionen erzeugt werden.*

Satz 11.23 *Sei P ein Polynom vom Grad r, T der durch P erzeugte maximale Differentialoperator mit konstanten Koeffizienten. T ist genau dann elliptisch, wenn $D(T) = W_{2,r}(\mathbb{R}^m)$ gilt. Dann ist die Graphennorm von T äquivalent zur Sobolevnorm $\|\cdot\|_r$.*

Beweis. $\Rightarrow$: Ist T elliptisch, so gilt

$$D(T) = F^{-1}D(M_P) = F^{-1}\{f \in L^2(\mathbb{R}^m) : Pf \in L^2(\mathbb{R}^m)\}$$
$$= F^{-1}\{f \in L^2(\mathbb{R}^m) : k_r f \in L^2(\mathbb{R}^m)\} = W_{2,r}(\mathbb{R}^m).$$

Die Äquivalenz der Normen $\|\cdot\|_T^2 = \{\|\cdot\|^2 + \|T\cdot\|^2\}^{1/2}$ und $\|\cdot\|_r$ folgt aus

$$\|f\|_T^2 = \|f\|^2 + \|Tf\|^2 = \|Ff\|^2 + \|M_P Ff\|^2 = \|(1+|P|^2)^{1/2}Ff\|^2,$$

da $c_1 k_r \leq (1+|P|^2)^{1/2} \leq c_2 k_r$ gilt.

$\Leftarrow$: Aus $D(T) = W_{2,r}(\mathbb{R}^m)$ folgt

$$D(M_{1+|P|}) = D(M_P) = FD(T) = FW_{2,r}(\mathbb{R}^m) = L_r^2(\mathbb{R}^m) = D(M_{k_r}).$$

Der Operator $M_{k_r}(M_{1+|P|})^{-1}$ ist also auf ganz $L^2(\mathbb{R}^m)$ definiert und abgeschlossen (vgl. Aufgabe 4.1), also beschränkt. Das ist genau dann der Fall, wenn $k_r(1+|P|)^{-1}$ beschränkt ist, d. h., wenn $T = T(P)$ elliptisch ist. ∎

Satz 11.24 *Für $m > 1$ ist jeder selbstadjungierte elliptische Differentialoperator mit konstanten Koeffizienten halbbeschränkt, d. h. es gibt ein $\gamma \in \mathbb{R}$ mit*

$\langle f, Tf \rangle \geq \gamma \|f\|^2$ *für alle $f \in D(T)$, halbbeschränkt nach unten,*
$\sigma(T) = [\gamma, \infty),$

oder

$\langle f, Tf \rangle \leq \gamma \|f\|^2$ *für alle $f \in D(T)$, halbbeschränkt nach oben.*
$\sigma(T) = (-\infty, \gamma].$

Beweis. Da T selbstadjungiert ist, ist P reell. Da T elliptisch ist, gilt $|P(x)| \to \infty$ für $|x| \to \infty$, d.h. es gibt ein R mit $|P(x)| > 0$ für alle $x \in \mathbb{R}^m$ mit $|x| > R$. Wegen $m > 1$ ist der Außenbereich $\{x \in \mathbb{R}^m : |x| > R\}$ zusammenhängend, also ist $P(x) > 0$ oder $P(x) < 0$ für alle $x \in \mathbb{R}^m$ mit $|x| > R$, d.h. es kann nur gelten

$$P(x) \to \infty \quad \text{oder} \quad P(x) \to -\infty \quad \text{für } |x| \to \infty.$$

Da P stetig ist, folgt daraus in Verbindung mit Satz 11.16

$$\sigma(T) = \overline{\{P(x) : x \in \mathbb{R}^m\}} = [\gamma, \infty) \quad \text{oder} \quad (-\infty, \gamma]$$

und

$$\langle f, Tf \rangle = \langle Ff, M_P Ff \rangle \geq \gamma \|f\|^2 \quad \text{bzw.} \quad \leq \gamma \|f\|^2$$

für alle $f \in D(T)$. ∎

11.5 Der Operator $-\Delta$ in $L^2(\mathbb{R}^m)$

Mit dem Polynom $P(x) = |x|^2 = \sum_{j=1}^{m} x_j^2$ erhält man den besonders wichtigen Differentialausdruck (= −*Laplacescher Differentialausdruck*)

$$P(D) = \sum_{j=1}^{m} D_j^2 = -\sum_{j=1}^{m} \frac{\partial^2}{\partial x_j^2} = -\Delta.$$

Der zugehörige maximale Differentialoperator $T(P)$, der *Laplace-Operator*, ist offensichtlich elliptisch; in diesem Fall ist der Operator gleich seinem Hauptteil. Um stets deutlich zu machen, wovon wir reden, schreiben wir in diesem Abschnitt $-\Delta$ statt T (es ist damit nicht nur der Differentialausdruck $-\Delta$ gemeint, sondern auch der zugehörige maximale Operator).

Satz 11.25 a) *Es gilt $\sigma(-\Delta) = [0, \infty)$; $-\Delta$ hat keine Eigenwerte.*

b) *Für $m \leq 3$ gilt $D(-\Delta) \subset C_\infty(\mathbb{R}^m)$, d.h. jedes $f \in D(-\Delta)$ ist stetig mit $|f(x)| \to 0$ für $|x| \to \infty$ (für $m > 3$ vgl. Aufgabe 11.11).*

Der **Beweis** ergibt sich unmittelbar aus Satz 11.15 c und Satz 11.18 a.

Für $m \leq 3$ ist die Funktion $x \mapsto (|x|^2 - z)^{-1}$ in $L^2(\mathbb{R}^m)$. Deshalb ist nach Satz 11.15 d für $z \in \varrho(-\Delta)$

$$(-\Delta - z)^{-1} f(x) = \int k_z(x-y) f(y) dy$$

mit

$$k_z(x) := \frac{1}{(2\pi)^{m/2}} F^{-1}\left(\frac{1}{|\cdot|^2 - z}\right)(x).$$

Für $m = 1$ und $m = 3$ wollen wir den Kern der Resolvente von $-\Delta$ explizit berechnen (für beliebiges m vgl. man z. B. E. C. TITCHMARSH [36], Part II).

Satz 11.26 *Ist $\sqrt{z}$ auf $\mathbb{C} \setminus [0, \infty)$ so definiert, daß $\operatorname{Im} \sqrt{z} > 0$ gilt, so ist*

$$k_z(x) = \begin{cases} \dfrac{i}{2\sqrt{z}} e^{i\sqrt{z}|x|} & \text{für } m = 1, \\ \dfrac{1}{4\pi |x|} e^{i\sqrt{z}|x|} & \text{für } m = 3. \end{cases}$$

Beweis. Nach Satz 11.8 ist k_z sphärisch symmetrisch.

$m = 1$: In diesem Fall ist k_z eine gerade Funktion, also

$$k_z(x) = k_z(|x|) = \frac{1}{2\pi} \int_{\mathbb{R}} \frac{e^{i|x|z}}{y^2 - z} dy.$$

Da für den Bogen $\Gamma_R : [0, \pi] \to \mathbb{C}$, $\gamma_R(t) = R \cos t + iR \sin t$ gilt

$$\int_{\Gamma_R} \frac{e^{i|x|\zeta}}{\zeta^2 - z} d\zeta \to 0 \quad \text{für } R \to \infty,$$

folgt mit Hilfe des Residuensatzes [1]

$$k_z(x) = \frac{1}{2\pi} \left\{ 2\pi i \operatorname{Res}\left(\frac{e^{i|x|\zeta}}{\zeta^2 - z}, \zeta = \sqrt{z}\right) \right\} = \frac{i}{2\sqrt{z}} e^{i\sqrt{z}|x|}.$$

---

[1] Dabei bezeichnet $\operatorname{Res}\left(f(\zeta), \zeta = w\right)$ das Residuum von f an der Stelle w.

11.5 Der Operator $-\Delta$ in $L^2(\mathbb{R}^m)$

$m = 3$: Auf Grund der sphärischen Symmetrie von k_z gilt z. B.

$$k_z(x) = k_z(|x|e_3) = \frac{1}{(2\pi)^3} \int_{\mathbb{R}^3} \frac{e^{i|x|y_3}}{|y|^2 - z} \, dy.$$

Transformation des Integrals auf Kugelkoordinaten

$$y_1 = r\cos\varphi\sin\theta, \ y_2 = r\sin\varphi\sin\theta, \ y_3 = r\cos\theta,$$
$$r \in [0, \infty), \ \varphi \in [0, 2\pi), \ \theta \in [0, \pi],$$
$$\text{Funktionaldeterminante} = r^2 \sin\theta,$$

liefert (wieder mit Hilfe des Residuensatzes, wie im Fall $m = 1$)

$$\begin{aligned} k_z(x) &= \frac{1}{(2\pi)^3} \int_0^\infty \frac{r^2}{r^2 - z} \int_0^{2\pi} \int_0^\pi e^{i|x|r\cos\theta} \sin\theta \, d\theta \, d\varphi \, dr \\ &= \frac{1}{(2\pi)^3} \int_0^\infty \frac{r^2}{r^2 - z} \int_0^{2\pi} \int_0^\pi \frac{\partial}{\partial\theta} \left\{ \frac{-i}{|x|r} e^{i|x|r\cos\theta} \right\} d\theta \, d\varphi \, dr \\ &= \frac{1}{(2\pi)^3} \int_0^\infty \frac{r^2}{r^2 - z} \int_0^{2\pi} \frac{-i}{|x|r} \left\{ e^{-i|x|r} - e^{i|x|r} \right\} d\varphi \, dr \\ &= \frac{-1}{(2\pi)^2} \frac{i}{|x|} \int_{-\infty}^\infty \frac{r}{r^2 - z} e^{i|x|r} \, dr \\ &= \frac{-1}{(2\pi)^2} \frac{i}{|x|} \left\{ 2\pi i \, \text{Res}\left(\frac{\zeta}{\zeta^2 - z} e^{i|x|\zeta}, \zeta = \sqrt{z}\right) \right\} = \frac{1}{4\pi|x|} e^{i\sqrt{z}|x|}. \end{aligned}$$

Damit sind beide Formeln bewiesen. ∎

Abschließend wollen wir noch die durch $T = -\Delta$ erzeugte unitäre Gruppe explizit berechnen:

Satz 11.27 *Für jedes $f \in L^2(\mathbb{R}^m)$ und $t \neq 0$ gilt*

$$(e^{-it(-\Delta)}f)(x) = \underset{N\to\infty}{\text{l.i.m.}} \frac{1}{(4\pi it)^{m/2}} \int_{|y|\leq N} \exp\left(-\frac{|x-y|^2}{4it}\right) f(y) \, dy;$$

dabei ist $(4\pi it)^{m/2}$ als $((4\pi it)^{1/2})^m$ zu verstehen mit $\text{Re}\, z^{1/2} > 0$ für $z \in \mathbb{C} \setminus (-\infty, 0]$.

Beweis. Ist χ_N die charakteristische Funktion des Würfels $\{x \in \mathbb{R}^m : -N \leq x_j \leq N$ für $j = 1, ..., m\}$ so gilt für alle $f \in C_0^\infty(\mathbb{R}^m) \subset \mathcal{S}(\mathbb{R}^m)$ mit $H_N(y) := \chi_N(y)e^{-it|y|^2}$

$$\left(e^{-it(-\Delta)}f\right)(x) = \exp(-it[F^{-1}M_{|\cdot|^2}F])f(x) = F^{-1}\exp(-itM_{|\cdot|^2})Ff(x)$$

$$= F^{-1}\left(e^{-it|\cdot|^2}Ff(\cdot)\right)(x)$$

$$= \lim_{N\to\infty} F^{-1}(H_N \cdot Ff)(x) = \lim_{N\to\infty} \left((F^{-1}H_N) * f\right)(x)$$

$$= \lim_{N\to\infty} \frac{1}{(2\pi)^{m/2}} \int (F^{-1}H_N)(x-y)f(y)\,dy.$$

Mit $h_N(s) = \chi_{(-N,N)}(s)e^{-its^2}$ für $s \in \mathbb{R}$ ist

$$H_N(y) = \prod_{j=1}^N h_N(y_j), \quad \text{also } F^{-1}H_N(x) = \prod_{j=1}^N F^{-1}h_N(x_j);$$

und es gilt

$$F^{-1}h_N(u) = \frac{1}{(2\pi)^{1/2}} \int_{-N}^{N} e^{-i(ts^2 - us)}\,ds$$

$$= \frac{1}{(2\pi)^{1/2}} \exp\left(-\frac{u^2}{4it}\right) \int_{-N}^{N} \exp\left(-it\left(s - \frac{u}{2t}\right)^2\right) ds$$

(Substitution $s = w + \frac{u}{2t}$)

$$= \frac{1}{(2\pi)^{1/2}} \exp\left(-\frac{u^2}{4it}\right) \int_{-N-u/2t}^{N-u/2t} \exp(-itw^2)\,dw$$

(Substitution $w = v|t|^{-1/2}$)

$$= \frac{1}{(2\pi)^{1/2}|t|^{1/2}} \exp\left(-\frac{u^2}{4it}\right) \int_{(-N-u/2t)|t|^{1/2}}^{(N-u/2t)|t|^{1/2}} e^{\pm iv^2}\,dv,$$

wobei „+" im Fall $t < 0$ und „−" im Fall $t > 0$ zu wählen ist. Bei festem $t \neq 0$ ist dieser Ausdruck für alle $N \in \mathbb{N}$ gleichmäßig beschränkt und konvergiert für $N \to \infty$ und alle $u \in \mathbb{R}$ gegen

$$\frac{1}{(2\pi)^{1/2}|t|^{1/2}} \exp\left(-\frac{u^2}{4it}\right) \int_{-\infty}^{\infty} e^{\pm iv^2}\,dv,$$

11.5 Der Operator $-\Delta$ in $L^2(\mathbb{R}^m)$

wobei $\int_{-\infty}^{\infty}$ als uneigentliches Integral zu verstehen ist. Es ist deshalb zunächst dieses Integral zu berechnen:

$t > 0$: In diesem Fall ist mit dem Integrationsweg $\Gamma : [0, \infty) \to \mathbb{C}$, $\xi \mapsto (1-i)\xi$

$$\int_{-\infty}^{\infty} e^{-iv^2}\, dv = 2\int_0^{\infty} e^{-iv^2}\, dv \stackrel{!}{=} 2\int_{\Gamma} e^{-iz^2}\, dz$$
$$= 2\int_0^{\infty} e^{-i(1-i)^2\xi^2}(1-i)d\xi = 2(1-i)\int_0^{\infty} e^{-2\xi^2}\, d\xi$$
$$= (1-i)\left(\frac{\pi}{2}\right)^{1/2}.$$

Es ist noch „$\stackrel{!}{=}$" zu beweisen: Dies folgt aus der Tatsache, daß für den Weg

$$\Gamma_r : [0, \frac{\pi}{4}] \to \mathbb{C}, \ \xi \mapsto re^{-i\xi}$$

gilt

$$\left|\int_{\Gamma_r} e^{-iz^2}\, dz\right| = \left|\int_0^{\pi/4} \exp\left(-ir^2 e^{-2i\xi}\right) re^{-i\xi}\, d\xi\right|$$
$$\leq r \int_0^{\pi/4} \exp(-r^2 \sin 2\xi)\, d\xi$$
$$= r \int_0^{r^{-3/2}} \exp(-r^2 \sin 2\xi)\, d\xi + r \int_{r^{-3/2}}^{\pi/4} \exp(-r^2 \sin 2\xi)\, d\xi$$
$$\to 0 \ \text{für } r \to \infty;$$

dabei wurde benutzt, daß im ersten Integral der Integrand beschränkt ist, und die Intervallänge wie $r^{-3/2}$ gegen 0 geht, im zweiten Integral ist $r^2 \sin 2\xi \geq r^2 \sin(2r^{-3/2}) \geq cr^{1/2}$ für hinreichend große r.

$t < 0$: In diesem Fall ist der Integrand gerade konjugiert zu dem für $t > 0$, also

$$\int_{-\infty}^{\infty} e^{iv^2}\, dv = (1+i)\left(\frac{\pi}{2}\right)^{1/2}.$$

Damit haben wir für jeden Fall (unter Beachtung von $\operatorname{Re} z^{1/2} > 0$ für $z \in \mathbb{C} \setminus (-\infty, 0]$)

$$\frac{1}{(2\pi)^{1/2}} F^{-1} h_n(u) \to \frac{1}{2\pi |t|^{1/2}} \exp\left(-\frac{u^2}{4it}\right) \left(\frac{\pi}{2}\right)^{1/2} (1 - i \operatorname{sgn} t)$$
$$= \frac{1}{(4\pi it)^{1/2}} \exp\left(-\frac{u^2}{4it}\right);$$

und somit

$$\frac{1}{(2\pi)^{m/2}} F^{-1} H_N(x) \to \frac{1}{(4\pi it)^{m/2}} \exp\left(-\frac{x^2}{4it}\right) \quad \text{für } N \to \infty,$$

wobei die Funktionenfolge gleichmäßig beschränkt ist. Damit ist die Behauptung für $f \in L^2(\mathbb{R}^m)$ mit kompaktem Träger bewiesen (ohne Limes im Mittel). Das liefert schließlich die Behauptung für $f \in L^2(\mathbb{R}^m)$. ∎

Im Zusammenhang mit der Streutheorie wird noch die folgende Aussage interessant sein:

Korollar 11.28 *Für jedes $f \in L^2(\mathbb{R}^m)$ und jede kompakte Teilmenge K von $\mathbb{R}^m$ gilt*

$$\int_K \left| e^{-it(-\Delta)} f(x) \right|^2 dx \to 0 \quad \text{für } |t| \to \infty.$$

Für $f \in C_0^\infty(\mathbb{R}^m)$ oder aus $L^2(\mathbb{R}^m) \cap L^1(\mathbb{R}^m)$ (insbesondere also für $f \in L^2(\mathbb{R}^m)$ mit kompaktem Träger) gilt dies sogar mit einer Abklingrate wie $|t|^{-m/2}$.

Beweis. Die letzte Aussage folgt sofort aus Satz 11.27. Ist $f \in L^2(\mathbb{R}^m)$ beliebig, so gibt es zu jedem $\varepsilon > 0$ ein $f_\varepsilon \in C_0^\infty(\mathbb{R}^m)$ mit $\|f - f_\varepsilon\| < \varepsilon/2$, also

$$\left\{ \int_K |e^{-it(-\Delta)} f(x)|^2 dx \right\}^{1/2} \leq \left\{ \int_K |e^{-it(-\Delta)} f_\varepsilon(x)|^2 dx \right\}^{1/2} + \|f - f_\varepsilon\|$$
$$\leq \frac{\varepsilon}{2} + \frac{\varepsilon}{2} = \varepsilon \quad \text{für hinreichend großes } |t|.$$

Damit ist der allgemeine Fall bewiesen. ∎

11.6 Übungen

11.1 Sei $C_\infty(\mathbb{R}^m)$ der Raum der stetigen Funktionen $f : \mathbb{R}^m \to \mathbb{C}$ mit $f(x) \to 0$ für $|x| \to \infty$, ausgestattet mit der Maximumnorm $\|\cdot\|_\infty$. Man zeige, daß $C_\infty(\mathbb{R}^m)$ ein separabler Banachraum ist. *Anleitung*: Die Vereinigung der Räume $C_0(K_n)$ der auf den Kugeln um 0 mit Radius n stetigen Funktionen mit Randwerten 0 ist dicht in $C_\infty(\mathbb{R}^m)$.

11.2 Sei $C_\infty(\mathbb{R}^m)$ wie in Aufgabe 11.1 definiert.

a) Das Bild von $L^1(\mathbb{R}^m)$ unter der Fouriertransformation F_1 ist dicht in $C_\infty(\mathbb{R}^m)$.

b) Die Aussagen „$F_1 : L^1(\mathbb{R}^m) \to C_\infty(\mathbb{R}^m)$ ist surjektiv" und „$F_1 : L^1(\mathbb{R}^m) \to C_\infty(\mathbb{R}^m)$ ist stetig invertierbar" sind äquivalent.

c) Die Abbildung $F_1 : L^1(\mathbb{R}^m) \to C_\infty(\mathbb{R}^m)$ ist *nicht* stetig invertierbar (also ist sie nach Teil b auch nicht surjektiv). *Anleitung*: Sei $h \in C_0^\infty(-1/2, 1/2)$, $f_n(x) := \sum_{k=1}^n e^{ikx} h(x-k)$. Dann ist $\|f_n\|_1 = n\|h\|_1$, und es gibt ein $C \geq 0$ mit $\|F_1 f_n\|_\infty \leq C$, dabei benutzt man, daß $F_1 h \in \mathcal{S}(\mathbb{R}^m)$ gilt, also z. B. $|F_1 h(x)| \leq C_1(1+|x|)^{-2}$.

11.3 Ist $f \in L^1(\mathbb{R}^m)$ und $F_1 f \in L^1(\mathbb{R}^m)$, so gilt $f = \tilde{F}_1 F_1 f$.

11.4 Für $f, g \in L^2(\mathbb{R}^m)$ ist $f * g \in C_\infty$, und es gilt $\|f * g\|_\infty \leq \|f\| \|g\|$.

11.5 a) Für $f, g \in L^1(\mathbb{R}^m)$ ist die Faltung $(f * g)(x) = (2\pi)^{-m/2} \int f(x-y)g(y)\,dy$ f. ü. in $\mathbb{R}^m$ definiert und stellt eine L^1-Funktion dar; es gilt $\|f * g\|_1 \leq (2\pi)^{-m/2} \|f\|_1 \|g\|_1$; $L^1(\mathbb{R}^m)$ mit dem Produkt $f \tilde{*} g(x) := (2\pi)^{m/2}(f * g)(x) = \int f(x-y)g(y)\,dy$ ist eine *kommutative Banach-Algebra* (ohne Eins).

b) Für $f, g \in L^1(\mathbb{R}^m)$ gilt $F_1(f * g) = F_1 f \cdot F_1 g$.

11.6 Für $f \in L^2(\mathbb{R}^m)$ und $a \in \mathbb{R}^m$ sei $f_a(x) := f(x+a)$.

a) Ist $f \in L^2(\mathbb{R}^m)$ und $Ff(x) \neq 0$ f. ü. in $\mathbb{R}^m$, so ist die Menge $T_f := \{f_a : a \in \mathbb{R}^m\}$ der Translate von f total in $L^2(\mathbb{R}^m)$ (*Satz von Wiener*). *Anleitung*: Aus $g \perp T_f$ folgt $F_1(\overline{Ff} \cdot Fg) = 0$.

b) Für $\varphi(x) = \exp(-|x|^2/2)$ ist T_φ total in $L^2(\mathbb{R}^m)$.

11.7 In der Gleichung $\sigma(T(P)) = \overline{\{P(x) : x \in \mathbb{R}^m\}}$ ist der Abschluß i. allg. notwendig: Das Polynom in zwei Variablen $P(x_1, x_2) = (1 - x_1 x_2)^2 + x_2^2$ hat den nicht–abgeschlossenen Wertebereich $(0, \infty)$.

11.8 Mit den folgenden Beweisschritten zeige man, daß ein Differentialoperator mit konstanten Koeffizienten keine Eigenwerte hat:

a) Mit Induktion nach r zeige man, daß für jedes reelle Polynom P vom Grad $r > 0$ und jedes $\lambda \in \mathbb{R}$ die Niveaumenge $\{x \in \mathbb{R}^m : P(x) = \lambda\}$ eine Nullmenge ist. Für $r = 1$ ist dies offensichtlich (Hyperebene). Beim Induktionsschritt ist zu zeigen:

(i) $N_0 := \{x \in \mathbb{R}^m : P(x) = \lambda, \operatorname{grad} P(x) = 0\}$ ist Nullmenge,

(ii) $N_\varepsilon := \{x \in \mathbb{R}^m : P(x) = \lambda, |\operatorname{grad} P(x)| \geq \varepsilon, |x| \leq 1/\varepsilon\}$ ist für jedes $\varepsilon > 0$ eine endliche Vereinigung von Hyperflächenstücken (Satz über implizite Funktionen),

(iii) $\{x \in \mathbb{R}^m : P(x) = \lambda\} = N_0 \cup \{\cup_{n \in \mathbb{N}} N_{1/n}\}$.

b) Dies gilt auch für komplexes P und komplexes λ (Zerlegung von P und λ in Real– und Imaginärteil).

11.9 Ist $f \in W_{2,s}(\mathbb{R}^m)$ mit $s > m/2$, so existiert zu jedem $\delta \in (0,1] \cap (0, s - m/2)$ ein $C = C(f, \delta) \geq 0$ mit $|f(x) - f(y)| \leq C|x - y|^\delta$, d. h. f ist *hölderstetig* mit Exponent δ. *Anleitung:* Man zeige zunächst für $\delta \in (0,1]$

$$|e^{ixz} - e^{iyz}| \leq \min\left\{|z||x - y|, 2\right\} \leq 2^{1-\delta} |z|^\delta |x - y|^\delta.$$

11.10 a) Für $s \in \mathbb{N}$ mit $s \leq m/2$ ist $C_0^\infty(\mathbb{R}^m \setminus \{0\})$ dicht in $W_{2,s}(\mathbb{R}^m)$. *Anleitung:* Es genügt Dichtheit in $C_0^\infty(\mathbb{R}^m)$ zu beweisen; sei $f \in C_0^\infty(\mathbb{R}^m)$. Ist $\varphi(x) = 1$ für $|x| \leq 1$, $\varphi(x) = 0$ für $|x| \geq 2$, $\varphi_n(x) := \varphi(nx)$, so gilt $\varphi_n f \xrightarrow{w} 0$, $(1 - \varphi_n) f \xrightarrow{w} f$ in $W_{2,s}(\mathbb{R}^m)$; vgl. Aufgabe 2.9.

b) Der Operator $-\Delta$ ist für $m \geq 4$ auf dem Definitionsbereich $C_0^\infty(\mathbb{R}^m \setminus \{0\})$ wesentlich selbstadjungiert. Die selbstadjungierte Abschließung ist der maximale durch $P(x) = |x|^2$ erzeugte Differentialoperator in $L^2(\mathbb{R}^m)$.

11.11 Für $r \in \mathbb{N}$ mit $r \leq m/2$ gibt es Funktionen aus $W_{2,r}(\mathbb{R}^m)$, die lokal unbeschränkt sind und/oder für $|x| \to \infty$ nicht gegen 0 konvergieren (insbesondere gilt dies für den Definitionsbereich von $-\Delta$ in $\mathbb{R}^m$ mit $m \leq 4$; vgl. Satz 11.25 für $m \leq 3$). Die Teile a und b dienen als Anleitung:

11.6 Übungen 417

a) Mit $\varphi \in C_0^\infty(\mathbb{R}^m)$, $\varphi(x) = 1$ für kleine $|x|$, $\varphi(x) = 0$ für $x \geq \frac{1}{2}$ ist $f(x) := \varphi(x)\big|\ln|x|\big|^\alpha$ mit $0 < \alpha < \frac{1}{2}$ in $W_{2,r}(\mathbb{R}^m)$ und unbeschränkt bei 0.
Anleitung: Mit $g \in C^\infty([0,\infty))$, $g(t) = 1$ für $t \leq 1/4$, $g(t) = 0$ für $t \geq 1/2$ und $f_n(x) := (1 - g(|x|^{1/n}))f(x)$ zeige man $f_n \to f$ in $W_{2,r}(\mathbb{R}^m)$; man beachte die Existenz von $\int_0^{1/2} |s|^{-1} |\ln s|^{-1-\varepsilon}\, ds$ für $\varepsilon > 0$.

b) Mit $x_j \in \mathbb{R}^m$, $|x_j| = j$ und f aus Teil a ist

$$g(x) := \sum_{j=1}^\infty \frac{1}{j} f(x - x_j)$$

in $W_{2,r}(\mathbb{R}^m)$, g ist bei allen x_j unbeschränkt, konvergiert also insbesondere für $|x| \to \infty$ nicht gegen 0.

11.12 Ein Teilraum M von $L^2(\mathbb{R})$ heißt *translationsinvariant*, wenn für jedes $a \in \mathbb{R}$ und $f \in M$ auch f_a mit $f_a(x) := f(x+a)$ in M liegt.

a) Ist E eine meßbare Teilmenge von $\mathbb{R}$, L_E der Teilraum der $f \in L^2(\mathbb{R})$ mit $f(x) = 0$ f. ü. in $\mathbb{R} \setminus E$, $M_E := FL_E$, so ist M_E ein abgeschlossener translationsinvarianter Teilraum von $L^2(\mathbb{R})$.

b) Sei $f \in L^2(\mathbb{R})$, $E_f := \{x \in \mathbb{R} : f(x) \neq 0\}$. Dann ist die Menge der Funktionen $\{e^{iax} f(x) : a \in \mathbb{R}\}$ total in L_{E_f}.

c) Jeder abgeschlossene translationsinvariante Teilraum von $L^2(\mathbb{R})$ hat die in Teil a angegebene Gestalt.

11.13 Seien $f, g \in L^1_{\text{lok}}(\mathbb{R}^m)$. Man sagt, g ist die *Distributionsableitung* $\partial^\alpha f := \left(\prod_{j=1}^m \partial^{\alpha_j}/\partial x_j^{\alpha_j}\right) f$ von f, wenn gilt

$$\int f(x) \partial^\alpha \varphi(x)\, dx = (-1)^{|\alpha|} \int g(x)\varphi(x)\, dx \quad \text{für alle } \varphi \in C_0^\infty(\mathbb{R}^m).$$

Für $m = 1$ besitzt f genau dann eine lokal integrierbare erste Distributionsableitung, wenn f absolut stetig ist, $f(x) = \int_0^x g(t)\, dt$ mit einem $g \in L^1_{\text{lok}}(\mathbb{R})$; die Distributionsableitung stimmt mit g überein.

11.14 In $L^2(\mathbb{R}^m)$ sei A der Multiplikationsoperator mit x_j, B der durch $-i\hbar\partial/\partial x_j$ erzeugte selbstadjungierte Operator (vgl. Satz 11.16). Für $\psi \in D(A) \cap D(B)$ sei (vgl. Abschnitt 7)

$$\sigma_\psi(A) := \left\| (A - \langle \psi, A\psi\rangle)\psi \right\|, \quad \sigma_\psi(B) := \left\| (B - \langle \psi, B\psi\rangle)\psi \right\|.$$

a) Es gibt Folgen (ψ_n) aus $C_0^\infty(\mathbb{R}^m)$ mit $\psi_n \to \psi$, $A\psi_n \to A\psi$ und $B\psi_n \to B\psi$, also $\sigma_{\psi_n}(A) \to \sigma_\psi(A)$ und $\sigma_{\psi_n}(B) \to \sigma_\psi(B)$.

b) Es gilt die *Heisenbergsche Unschärferelation* $\sigma_\psi(A)\sigma_\psi(B) \geq \hbar\|\psi\|^2/2$ für alle $\psi \in D(A) \cap D(B)$.

11.15 Ist $\psi = F\varphi$ mit einer Funktion $\varphi \in C_0^\infty(\mathbb{R}^m)$, die außerhalb einer Kugel mit Radius $\varepsilon > 0$ verschwindet, so beschreibt ψ einen Zustand, dessen Impulskoordinaten bis auf höchstens 2ε lokalisiert sind (vgl. Aufg. 7.1).

A Einführung in die Lebesguesche Integrationstheorie

A.1 Prämaße und Nullmengen

Sei X eine Menge. Eine nichtleere Familie $\mathcal{R}$ von Teilmengen von X heißt ein *Mengenring*, wenn aus $A, B \in \mathcal{R}$ folgt $A \cup B \in \mathcal{R}$ und $A \setminus B = A \cap (X \setminus B) \in \mathcal{R}$; dann gilt auch $A \cap B = A \setminus (A \setminus B) \in \mathcal{R}$ und, da stets ein $A \in \mathcal{R}$ existiert, $\emptyset = A \setminus A \in \mathcal{R}$ (dagegen gehört X selbst i. allg. nicht zu $\mathcal{R}$).

Zum Beispiel bildet in $\mathbb{R}^m$ die Familie der Mengen, die als Vereinigungen von endlich vielen beschränkten m-dimensionalen (und ggf. niedrigerdimensionalen, ausgearteten) Intervallen darstellbar sind, einen Mengenring, die *Figuren* in $\mathbb{R}^m$. — Auf einer Teilmenge von $\mathbb{R}^m$, insbesondere auf einer niedrigerdimensionalen Mannigfaltigkeit S in $\mathbb{R}^m$ bilden die Durchschnitte von S mit den Figuren in $\mathbb{R}^m$ einen Mengenring.

Sei nun $\mathcal{R}$ ein Mengenring in X. Eine Funktion $\mu : \mathcal{R} \to [0, \infty)$ heißt *Prämaß* auf $(X, \mathcal{R})$, wenn sie σ-*additiv* ist, d. h., wenn gilt: Aus $A_n \in \mathcal{R}$ ($n \in \mathbb{N}$), $A_n \cap A_m = \emptyset$ für $n \neq m$ und $\cup_{n=1}^{\infty} A_n \in \mathcal{R}$ folgt $\mu(\cup_{n=1}^{\infty} A_n) = \sum_{n=1}^{\infty} \mu(A_n)$. — Insbesondere ergibt sich $\mu(\emptyset) = 0$ und $\mu(A \cup B) = \mu(A) + \mu(B)$ für $A, B \in \mathcal{R}$ mit $A \cap B = \emptyset$.

Beispiel A.1 In $\mathbb{R}^m$ sei $\lambda(A)$ das m-dimensionale Volumen für Figuren A in $\mathbb{R}^m$: Wenn A als Vereinigung disjunkter Intervalle dargestellt ist, dann ist $\lambda(A)$ die Summe der Volumina dieser Intervalle; ausgeartete Intervalle haben dabei das Volumen 0. Dieses Prämaß nennen wir das *Lebesguesches Prämaß* auf $\mathbb{R}^m$. □

Beispiel A.2 Für eine rechtsstetige, nicht fallende Funktion $\varphi : \mathbb{R} \to \mathbb{R}$ definieren wir [1]

$$\mu((a,b)) = \varphi(b-) - \varphi(a), \qquad \mu(\{a\}) = \varphi(a) - \varphi(a-).$$

Jede Vereinigung von endlich vielen Intervallen kann dargestllt werden als eine disjunkte Vereinigung von Intervallen der Form (a,b) und $\{a\}$. Aus diesem Grund kann $\mu(A)$ für jede Teilmenge A von $\mathbb{R}$ definiert werden, die als Vereinigung endlich vieler Intervalle darstellbar ist. Dieses μ nennt man das durch φ erzeugte *Lebesgue-Stieltjessche Prämaß* φ. □

In beiden Fällen haben wir die σ-Additivität von μ nicht überprüft. Aufgabe A.1 gibt Hinweise zum Beweis der σ-Additivität für den Fall des Beispiels A.2.

Sei μ ein Prämaß auf $(X, \mathcal{R})$. Eine Teilmenge N von X heißt μ-*Nullmenge*, wenn für jedes $\varepsilon > 0$ eine Folge (A_n) in $\mathcal{R}$ existiert, mit

$$N \subset \bigcup_n A_n \quad \text{und} \quad \sum_n \mu(A_n) < \varepsilon.$$

Offensichtlich gilt: Jede Teilmenge einer Nullmenge ist eine Nullmenge. In $\mathbb{R}^m$ ist jede endliche und jede abzählbare Menge eine Nullmenge bezüglich des Lebesgueschen Prämaßes λ.

Satz A.3 *Die Vereinigung von abzählbar vielen μ-Nullmengen N_k ist wieder eine μ-Nullmenge.*

Beweis. Für jedes $\varepsilon > 0$ und jedes $k \in \mathbb{N}$ existiert eine Folge $(A_{k,n})_{n \in \mathbb{N}}$ aus $\mathcal{R}$ so, daß

$$N_k \subset \bigcup_n A_{k,n} \quad \text{und} \quad \sum_n \mu(A_{k,n}) < 2^{-k}\varepsilon.$$

---

[1] Wenn φ nicht rechtsstetig vorausgesetzt wird, kann man definieren $\mu((a,b)) = \varphi(b-) - \varphi(a+)$ and $\mu(\{a\}) = \varphi(a+) - \varphi(a-)$. Der Nachteil ist, daß in diesem Falle φ durch μ nicht eindeutig bestimmt ist. — Die Forderung der Rechtsstetigkeit hat zur Folge, daß φ durch μ eindeutig bestimmt wird.

A.2 Das Integral für Elementarfunktionen

Daraus folgt

$$\bigcup_k N_k \subset \bigcup_{k,n} A_{k,n} \quad \text{und} \quad \sum_{k,n} \mu(A_{k,n}) < \varepsilon,$$

d. h. die Vereinigung der N_k ist eine μ-Nullmenge. ∎

Man sagt, eine Aussage gilt μ-*fast überall* fast überall (μ-*f. ü.* in X), oder für μ-*fast alle* x in X (für μ-*f. a.* $x \in X$), wenn eine μ-Nullmenge N existiert so, daß die Aussage für alle $x \in X \setminus N$ gilt, z. B.: $f(x) = g(x)$, oder $f(x) > g(x)$, oder $f_n(x) \to f(x)$ für $n \to \infty$, oder ... f. ü.

A.2 Das Integral für Elementarfunktionen

Sei $\mathcal{R}$ ein Mengenring in X. Eine Funktion $f : X \to \mathbb{C}$ heißt eine *Elementarfunktion* (genauer, eine $\mathcal{R}$-*Elementarfunktion*), wenn endlich viele disjunkte Mengen $A_1, A_2, \ldots, A_n \in \mathcal{R}$ und $c_1, c_2, \ldots, c_n \in \mathbb{C}$ existieren so, daß

$$f(x) = \sum_{j=1}^n c_j \chi_{A_j}(x) = \begin{cases} c_j & \text{für } x \in A_j \ (j = 1, \ldots, n), \\ 0 & \text{für } x \in X \setminus \cup_{j=1}^n A_j. \end{cases}$$

Diese Menge von Funktionen bildet einen komplexen Vektorraum $E(X, \mathcal{R})$. In dem vorhergehenden Beispiel A.1 ($X = \mathbb{R}^m$, $\mathcal{R}$ die Familie von Figuren in $\mathbb{R}^m$) heißen diese Funktionen auch *Treppenfunktionen*.

Sei μ ein Prämaß auf $(X, \mathcal{R})$. Für $\mathcal{R}$-Elementarfunktionen $f = \sum_{j=1}^n c_j \chi_{A_j}$ ist das μ-*Integral* definiert durch

$$\int f(x) \, d\mu(x) = \int f \, d\mu := \sum_{j=1}^n c_j \mu(A_j).$$

Dieser Ausdruck ist wohldefiniert obwohl die Mengen A_j durch f i. allg. nicht eindeutig bestimmt sind. Die Abbildung $E(X, \mathcal{R}) \to \mathbb{C}$, $f \mapsto \int f \, d\mu$ ist offensichtlich
- *linear*: $\int (af + bg) \, d\mu = a \int f \, d\mu + b \int g \, d\mu$, und
- *positiv*: aus $f \geq 0$ folgt $\int f \, d\mu \geq 0$.

A Einführung in die Lebesguesche Integrationstheorie

Es gilt außerdem

$$\left|\int f\,d\mu\right| = \left|\sum_k c_j \mu(A_j)\right| \leq \sum_k |c_j|\mu(A_j) = \int |f|\,d\mu,$$
$$\int |f+g|\,d\mu \leq \int (|f|+|g|)\,d\mu = \int |f|\,d\mu + \int |g|\,d\mu.$$

Also definiert

$$\|f\|_1 := \int |f(x)|\,d\mu(x)$$

eine *Halbnorm* auf $E(X,\mathcal{R})$.

Wir sagen, daß eine Folge von Funktionen $f_n : X \to \mathbb{C}$ *μ-fast gleichmäßig* gegen eine Funktion $f : X \to \mathbb{C}$ konvergiert, wenn für jedes $\varepsilon > 0$ eine Folge $(A_k^\varepsilon)_{k\in\mathbb{N}}$ in $\mathcal{R}$ existiert so, daß gilt

$$\sum_k \mu(A_k^\varepsilon) < \varepsilon \quad \text{und} \quad f_n(x) \to f(x) \text{ gleichmäßig in } X \setminus \bigcup_k A_k^\varepsilon.$$

Aus μ-fast gleichmäßiger Konvergenz folgt offenbar Konvergenz μ-fast überall. Zum Beispiel konvergiert die Folge $f_n(x) = x^n$ in $[0,1]$ oder $[0,1)$ λ-fast gleichmäßig (wenn λ das Lebesguesche Prämaß ist); dieses Beispiel zeigt aber auch, daß es im allgemeinen keine μ-Nullmenge gibt, außerhalb der die Folge gleichmäßig konvergiert.

Satz A.4 *Sei (f_n) eine $\|\cdot\|_1$-Cauchyfolge in $E(X,\mathcal{R})$. Dann gilt:*

a) *Es existiert eine Funktion $f : X \to \mathbb{C}$ und eine Teilfolge (f_{n_k}) von (f_n) so, daß*

$$f_{n_k}(x) \to f(x) \quad \mu\text{-fast gleichmäßig.}$$

b) *Wenn (g_ℓ) und (h_ℓ) Teilfolgen von (f_n) sind, die μ-fast überall konvergieren, dann gilt*

$$g_\ell(x) - h_\ell(x) \to 0 \quad \mu\text{-fast überall.}$$

A.2 Das Integral für Elementarfunktionen

Beweis. a) Die Teilfolge (f_{n_k}) sei so gewählt, daß gilt

$$\|f_{n_k} - f_{n_{k+1}}\|_1 \leq 3^{-k-1} \quad \text{für alle} \quad k \in \mathbb{N}.$$

Mit

$$M_k := \left\{ x \in X : \left| f_{n_k}(x) - f_{n_{k+1}}(x) \right| \geq 2^{-k-1} \right\} \quad \text{und} \quad N_\ell := \bigcup_{k \geq \ell} M_k$$

konvergiert die Reihe $\sum_k \left(f_{n_k}(x) - f_{n_{k+1}}(x) \right)$, und somit die Folge $\left(f_{n_k}(x) \right)$, gleichmäßig in $X \setminus N_\ell$ für jedes ℓ. Wegen

$$\mu(M_k) 2^{-k-1} \leq \int_{M_k} |f_{n_k} - f_{n_{k+1}}| \, d\mu \leq \|f_{n_k} - f_{n_{k+1}}\|_1 \leq 3^{-k-1}$$

gilt außerdem

$$\mu(M_k) \leq 2^{k+1} 3^{-k-1} = \left(\frac{2}{3} \right)^{k+1},$$

$$\sum_{k \geq \ell} \mu(M_k) \leq \sum_{k \geq \ell} \left(\frac{2}{3} \right)^{k+1} \to 0 \quad \text{für} \quad \ell \to \infty,$$

und daraus folgt, daß $\left(f_{n_k} \right)$ μ-fast gleichmäßig konvergiert.

b) Es gelte $g_\ell(x) \to g(x)$ und $h_\ell(x) \to h(x)$ μ-f.ü. Dann ist zu zeigen, daß gilt $g(x) = h(x)$ μ-f.ü. Offensichtlich ist $(p_n) = (g_1, h_1, g_2, h_2, \ldots)$ eine $\|\cdot\|_1$-Cauchyfolge in $E(X, \mathcal{R})$. Eine Teilfolge (p_{n_k}) gemäß Teil a des Satzes kann so ausgewählt werden, daß die Funktionen mit ungeraden Indizes aus (g_ℓ) entnommen sind und die mit geraden Indizes aus (h_ℓ). Es gibt dann eine Funktion $f : X \to \mathbb{C}$ und eine μ-Nullmenge $N \subset X$ so, daß $p_{n_k}(x) \to f(x)$ für $x \in X \setminus N$ gilt. Selbstverständlich gilt das auch für die Teilfolgen mit ungeraden/geraden Indizes; andererseits existieren μ-Nullmengen N_1 und N_2 so daß diese Folgen in $X \setminus N_1$ gegen g und in $X \setminus N_2$ gegen h konvergieren. Dies impliziert, daß $g(x) = f(x) = h(x)$ für alle x im Komplement der μ-Nullmenge $N \cup N_1 \cup N_2$ gilt. ∎

Satz A.5 *a) Für $A, A_j \in \mathcal{R}$ $(j \in \mathbb{N})$ mit $A \subset \cup_j A_j$ gilt $\mu(A) \leq \sum_j \mu(A_j)$.*

b) Für eine Folge (f_n) aus $E(X, \mathcal{R})$ mit $f_n(x) \searrow 0$ μ-f.ü. gilt $\|f_n\|_1 \to 0$.

Beweis. a) Mit $B_1 := A_1$, $B_{n+1} := A_{n+1} \setminus (\cup_{j=1}^n B_j)$ für $n \in \mathbb{N}$ gilt $A = \cup_j (A \cap B_j)$, wobei die Mengen $A \cap B_j$ disjunkt sind. Die σ-Additivität von μ impliziert

$$\mu(A) = \sum_j \mu(A \cap B_j) \leq \sum_j \mu(B_j) \leq \sum_j \mu(A_j).$$

b) Aus $0 \leq \int f_{n+1} \, d\mu \leq \int f_n \, d\mu \leq \int f_1 \, d\mu$ folgt, daß (f_n) eine $\|\cdot\|_1$-Cauchyfolge ist. Aus Satz A.4 und der Monotonie folgt deshalb, daß (f_n) μ-fast gleichmäßig gegen 0 konvergiert. Für jedes $\varepsilon > 0$ existiert eine Folge (A_j) in $\mathcal{R}$ so, daß $\sum_j \mu(A_j) < \varepsilon$ und $f_n \to 0$ gleichmäßig in $X \setminus (\cup_j A_j)$. Wählt man n_0 so, daß

$$f_n(x) < \varepsilon \quad \text{für} \quad n \geq n_0 \quad \text{und} \quad x \in X \setminus \left(\bigcup_j A_j \right)$$

gilt, so folgt zusammen mit Teil a des Satzes

$$\begin{aligned} \|f_n\|_1 &= \int f_n \, d\mu \\ &\leq \mu\big(\{x \in X : f_n(x) > \varepsilon\}\big) \max f_1 + \varepsilon \mu\big(\{x \in X : f_1(x) \neq 0\}\big) \\ &\leq \sum_j \mu(A_j) \max f_1 + \varepsilon \mu\big(\{x \in X : f_1(x) \neq 0\}\big) \\ &\leq \varepsilon \big\{ \max f_1 + \mu\big(\{x \in X : f_1(x) \neq 0\}\big) \big\} \end{aligned}$$

für $n \geq n_0$, und deshalb $\|f_n\|_1 \to 0$. ∎

Satz A.6 *Sei (f_n) eine $\|\cdot\|_1$-Cauchyfolge in $E(X, \mathcal{R})$, die μ-f. ü. konvergiert. Dann sind die folgenden Aussagen äquivalent:*

(α) $f_n(x) \to 0$ μ-f. ü., (β) $\|f_n\|_1 \to 0$.

Beweis. $(\alpha) \Rightarrow (\beta)$: Annahme: $\|f_n\|_1 \not\to 0$. Ohne Einschränkung können wir annehmen, daß $f_n \geq 0$ gilt (sonst ist $|f_n|$ an Stelle von f_n zu betrachten) und $\|f_n\|_1 \to c > 0$. Dann existiert eine Teilfolge (n_j) von $\mathbb{N}$ so, daß

$$\|f_{n_1}\|_1 \geq \frac{2}{3}c. \qquad \|f_{n_j} - f_{n_{j+1}}\|_1 < \frac{1}{3}c\left(\frac{1}{2}\right)^{j+1}.$$

A.2 Das Integral für Elementarfunktionen

Die Folge $(\tilde{f}_j)$ mit

$$\tilde{f}_j(x) := \min\left\{f_{n_1}(x), \ldots, f_{n_j}(x)\right\}$$

ist nicht-wachsend mit

$$\tilde{f}_j \geq f_{n_1} - |f_{n_1} - f_{n_2}| - \cdots - |f_{n_{j-1}} - f_{n_j}|,$$

$$\|\tilde{f}_j\|_1 = \int \tilde{f}_j \, d\mu \geq \|f_{n_1}\|_1 - \|f_{n_1} - f_{n_2}\|_1 - \cdots - \|f_{n_{j-1}} - f_{n_j}\|_1$$

$$> \frac{2}{3}c - \frac{1}{3}c = \frac{1}{3}c.$$

Also gilt $\|\tilde{f}_j\|_1 \not\to 0$, und mit Satz A.5 b folgt, daß $\tilde{f}_j(x)$ nicht μ-f. ü. gegen 0 konvergiert. Zusammen mit $f_{n_j} \geq \tilde{f}_j$ ergibt sich ein Widerspruch zu (α).

$(\beta) \Rightarrow (\alpha)$: Offensichtlich ist die Folge $(f_1, 0, f_2, 0, \ldots)$ auch eine $\|\cdot\|_1$-Cauchyfolge. Die Teilfolgen (f_n) und $(0, 0, \ldots)$ sind μ-f. ü. konvergent gegen $f(x) := \lim_{n \to \infty} f_n(x)$ bzw. 0. Mit Satz A.5 b folgt daraus $f(x) = 0$ μ-f. ü. ∎

Korollar A.7 a) (f_n) *und* (g_n) *seien* $\|\cdot\|_1$-*Cauchyfolgen in* $E(X, \mathcal{R})$ *mit* $f_n(x) - g_n(x) \to 0$ μ-*f. ü. Dann gilt*

$$\left|\int (f_n - g_n) \, d\mu\right| \leq \|f_n - g_n\|_1 \to 0, \quad \|f_n\|_1 - \|g_n\|_1 \to 0.$$

b) *Ist* (f_n) *eine* $\|\cdot\|_1$-*Cauchyfolge in* $E(X, \mathcal{R})$ *mit* $\lim_{n \to \infty} f_n(x) \geq 0$ μ-*f. ü., so folgt*

$$\lim_{n \to \infty} \int f_n \, d\mu \geq 0.$$

Beweis. a) Aus der Voraussetzung folgt, daß auch $(f_n - g_n)$ eine $\|\cdot\|_1$-Cauchy Folge ist, und deshalb gilt nach Satz A.6 $\|f_n - g_n\|_1 \to 0$. Der zweite Teil folgt aus der Dreiecksungleichung für die Halbnorm $\|\cdot\|_1$.

b) Offensichtlich ist auch $g_n(x) := \max\{0, f_n(x)\}$ eine $\|\cdot\|_1$-Cauchyfolge und erfüllt $f_n(x) - g_n(x) \to 0$ μ-f. ü. Wegen $g_n \geq 0$ folgt

$$\lim_{n \to \infty} \int f_n \, d\mu = \lim_{n \to \infty} \int g_n \, d\mu \geq 0$$

aus Teil a. ∎

A.3 Integrierbare Funktionen

Eine Funktion $f: X \to \mathbb{C}$ heißt μ-*integrierbar*, wenn eine $\|\cdot\|_1$-Cauchyfolge (f_n) in $E(X, \mathcal{R})$ mit $f_n(x) \to f(x)$ μ-f. ü. existiert. In diesem Falle ist das μ-Integral von f definiert durch

$$\int f(x)\, d\mu(x) = \int f\, d\mu := \lim_{n \to \infty} \int f_n\, d\mu.$$

Die *Eindeutigkeit* der Definition und die Positivität des μ-Integrals ergeben sich aus Korollar A.7. Die *Linearität* ergibt sich beim Grenzübergang aus der Linearität des Integrals für Elemtarfunktionen.

Wenn f μ-integrierbar ist, dann ist auch $|f|$ μ-integrierbar (weil mit (f_n) auch $(|f_n|)$ eine $\|\cdot\|_1$-Cauchy Folge ist mit $|f_n(x)| \to |f(x)|$ μ-f. ü.) und zusammen mit der Positivität ergibt sich die *Dreiecksungleichung*

$$\int |f+g|\, d\mu \leq \int \bigl(|f|+|g|\bigr)\, d\mu = \int |f|\, d\mu + \int |g|\, d\mu.$$

Bemerkung A.8 a) Die *Dirichletfunktion* $f(x) = 1$ für rationale x und $f(x) = 0$ für irrationale x ist Lebesgue–integrierbar mit Integral 0, da sie fast überall mit der Nullfunktion übereinstimmt.

b) Jede Riemann–integrierbare Funktion ist Lebesgue–integrierbar: Seien (φ_n) und (ψ_n) Folgen von Treppenfunktionen mit $\varphi_n \leq f \leq \psi_n$ und $\int (\psi_n - \varphi_n)\, dx \to 0$; o. E. können (φ_n) nicht–fallend und (ψ_n) nicht–wachsend gewählt werden. Dann sind (φ_n) und (ψ_n) $\|\cdot\|_1$-Cauchyfolgen mit $\varphi_n(x) \to f(x)$ und $\psi_n(x) \to f(x)$ λ-f. ü.

Die Menge aller μ-integrierbaren Funktionen auf X bezeichnen wir mit $\mathcal{L}^1(X, \mu)$. Offensichtlich ist $\mathcal{L}^1(X, \mu)$ ein komplexer (bzw. reeller, falls nur reelle Funktionen betrachtet werden) Vektorraum und $\|f\|_1 := \int |f|\, d\mu$ ist eine *Halbnorm* auf $\mathcal{L}^1(X, \mu)$ (man beachte, daß dies im allgemeinen keine Norm ist, da für alle f mit $f(x) = 0$ μ-f. ü. gilt $\|f\|_1 = \int |f|\, d\mu = 0$).

Satz A.9 *Sei (f_n) eine $\|\cdot\|_1$-Cauchyfolge in $\mathcal{L}^1(X, \mu)$. Dann gibt es ein $f \in \mathcal{L}^1(X, \mu)$ mit*

$$\int f\, d\mu = \lim_{n \to \infty} \int f_n\, d\mu \quad und \quad \int |f - f_n|\, d\mu \to 0 \quad für\ n \to \infty;$$

es existiert eine Teilfolge (f_{n_k}) mit $f_{n_k}(x) \to f(x)$ μ-fast gleichmäßig.

A.3 Integrierbare Funktionen

Beweis. Aus der Definition der μ-Integrierbarkeit (von f_n) und Satz A.4 folgt: Für jedes $n \in \mathbb{N}$ existiert ein $h_n \in E(X, \mathcal{R})$ und eine Folge $(A_\ell^n)_\ell$ in $\mathcal{R}$ so, daß gilt

$$\|f_n - h_n\|_1 \leq 2^{-n}, \qquad \sum_\ell \mu(A_\ell^n) < 2^{-n}$$

und

$$|f_n(x) - h_n(x)| \leq 2^{-n} \text{ in } X \setminus \bigcup_\ell A_\ell^n.$$

Also ist (h_n) eine $\|\cdot\|_1$-Cauchyfolge, und nach Satz A.4 existiert ein $f : X \to \mathbb{C}$ ($f \in \mathcal{L}^1(X, \mu)$) und eine Teilfolge (h_{n_k}) so, daß für jedes $\varepsilon > 0$ eine Folge (A_q) in $\mathcal{R}$ existiert, mit

$$\sum_q \mu(A_q) < \varepsilon \text{ und } h_{n_k}(x) \to f(x) \text{ gleichmäßig in } X \setminus \bigcup_q A_q.$$

Dies impliziert

$$f_{n_k}(x) \to f(x) \text{ gleichmäßig in } X \setminus \left\{ \left(\bigcup_q A_q\right) \cup \left(\bigcup_\ell \bigcup_{n \geq N} A_\ell^n\right) \right\}.$$

Da dies für jedes $\varepsilon > 0$ und $N \in \mathbb{N}$ gilt, erhält man

$$f_{n_k}(x) \to f(x) \quad \mu\text{-fast gleichmäßig},$$

und deshalb

$$\lim_{n \to \infty} \int f_n \, d\mu = \lim_{k \to \infty} \int f_{n_k} \, d\mu = \lim_{k \to \infty} \int h_{n_k} \, d\mu = \int f \, d\mu.$$

Da auch $(|f - f_n|)$ eine $\|\cdot\|_1$-Cauchyfolge ist mit $|f(x) - f_n(x)| \to 0$ μ-f. ü., folgt $\int |f - f_n| \, d\mu \to \int 0 \, d\mu = 0$. ∎

A.4 Grenzwertsätze

Die bemerkenswertesten Eigenschaften des Lebesgueschen Integrals zeigen sich im Zusammenhang mit den folgenden äußerst nützlichen Grenzwertsätzen.

Satz A.10 (B. Levi) *Ist (f_n) eine nicht-fallende Folge in $\mathcal{L}^1(X,\mu)$ mit $\int f_n \, d\mu \leq C$ für alle $n \in \mathbb{N}$, dann gibt es ein $f \in \mathcal{L}^1(X,\mu)$ mit*

$$f_n(x) \to f(x) \quad \mu\text{-f. ü.} \quad \text{und} \quad \int f_n \, d\mu \to \int f \, d\mu.$$

Beweis. Aus der Monotonie folgt, $\int |f_n - f_m| \, d\mu = \int f_n \, d\mu - \int f_m \, d\mu$ für $n > m$. Also ist (f_n) eine $\|\cdot\|_1$-Cauchyfolge, und mit Satz A.9 impliziert dies das gewünschte Ergebnis. Wegen der Monotonie gilt die μ-f. ü.-Konvergenz nicht nur für eine Teilfolge. ∎

Satz A.11 *Für $f, g \in \mathcal{L}^1(X,\mu)$ sind auch die Funktionen $\min\{f,g\}$, $\max\{f,g\}$, f_+, f_-, Re f und Im f in $\mathcal{L}^1(X,\mu)$.*

Beweis. Seien (f_n) und (g_n) die $\|\cdot\|_1$-Cauchyfolgen in $E(X,\mu)$ welche nach Definition der μ-Integrierbarkeit von f und g existieren. Dann ist $\left(\min\{f_n, g_n\}\right)$ eine $\|\cdot\|_1$-Cauchyfolge in $E(X,\mu)$ mit $\min\{f_n, g_n\} \to \min\{f, g\}$ μ-f. ü.; dies impliziert $\min\{f, g\} \in \mathcal{L}^1(X,\mu)$. Auf die gleiche Art und Weise finden wir $\max\{f,g\}$, $f_+ = \max\{f,0\}$, $f_- = -\min\{f,0\} \in \mathcal{L}^1(X,\mu)$. Entsprechend folgt, daß (Re f_n) und (Im f_n) $\|\cdot\|_1$-Cauchyfolgen sind, die μ-f. ü. gegen Re f bzw. Im f konvergieren; das impliziert, daß Re f und Im f in $\mathcal{L}^1(X,\mu)$ liegen. ∎

Satz A.12 (Lebesgue; Satz über die dominierte Konvergenz)
Seien f_n ($n \in \mathbb{N}$) und g in $\mathcal{L}^1(X,\mu)$ mit $|f_n(x)| \leq g(x)$ μ-f. ü. für alle $n \in \mathbb{N}$ und $f_n(x) \to f(x)$ μ-f. ü., dann gilt

$$f \in \mathcal{L}^1(X,\mu) \quad \text{und} \quad \int f \, d\mu = \lim_{n \to \infty} \int f_n \, d\mu.$$

A.4 Grenzwertsätze

Beweis. Offenbar können wir o. E. annehmen, daß die f_n reellwertig sind (Beweis!). Aus Satz A.11 folgt, daß $\max\{f_n, \ldots, f_{n+k}\}$ in $\mathcal{L}^1(X,\mu)$ liegt, und somit folgt aus dem Satz von B. Levi A.10

$$g_n := \sup\{f_k : k \geq n\} = \lim_{k \to \infty} \max\{f_n, \ldots, f_{n+k}\} \in \mathcal{L}^1(X,\mu).$$

Weil $\int g_n \, d\mu \geq - \int g \, d\mu$ ist, kann der Satz von B. Levi (A.10) auch auf die fallende Folge (g_n) angewandt werden; dies impliziert

$$g_n(x) \searrow f(x) \ \mu\text{-f. ü.}, \quad f \in \mathcal{L}^1(X,\mu) \quad \text{und} \quad \int g_n \, d\mu \to \int f \, d\mu.$$

Auf dem gleichen Weg erhalten wir für $h_n := \inf\{f_k : k \geq n\}$

$$h_n \nearrow f(x) \ \mu\text{-f. ü.} \quad \text{und} \quad \int h_n \, d\mu \to \int f \, d\mu.$$

Zusammen mit $h_n \leq f_n \leq g_n$ folgt $\int f_n \, d\mu \to \int f \, d\mu$. ∎

Satz A.13 (Lemma von Fatou) *Wenn (f_n) eine Folge von nichtnegativen Funktionen in $\mathcal{L}^1(X,\mu)$ ist mit $\int f_n \, d\mu \leq C$ für alle $n \in \mathbb{N}$ und $f_n \to f$ μ-f. ü., dann gilt*

$$f \in \mathcal{L}^1(X,\mu) \quad \text{und} \quad \int f \, d\mu \leq \liminf_{n \to \infty} \int f_n \, d\mu.$$

Beweis. Für $h_n := \inf\{f_n, f_{n+1}, \ldots\}$ gilt $h_n(x) \nearrow f(x)$ μ-f. ü. Aus $h_n \leq f_{n+k}$ für alle $n, k \in \mathbb{N}$ folgt,

$$\int h_n \, d\mu \leq \liminf_{k \to \infty} \int f_{n+k} \, d\mu = \liminf_{k \to \infty} \int f_k \, d\mu.$$

Zusammen mit dem Satz von B. Levi A.10 ergibt dies

$$f \in \mathcal{L}^1(X,\mu) \quad \text{und} \quad \int f \, d\mu = \lim_{n \to \infty} \int h_n \, d\mu \leq \liminf_{k \to \infty} \int f_k \, d\mu,$$

also die Behauptung. ∎

Bemerkung A.14 Im Lemma von Fatou gilt i. allg. nicht die Gleichheit: Auf $\mathbb{R}$ mit dem Lebesguemaß λ sei $f_n = \chi_{[n,n+1]}$ (charakteristische Funktion des Intervalls $[n, n+1]$). Dann gilt $f_n(x) \to f(x) \equiv 0$ für alle $x \in \mathbb{R}$, aber $\int f(x)\, dx = 0 < 1 = \lim_{n\to\infty} \int f_n(x)\, dx$. I. allg. kann auch nicht lim inf durch lim ersetzt werden, weil dieser i. allg. nicht existiert, wie man z. B. an der Folge $(f_1, g_1, f_2, g_2, f_3, \ldots)$ mit $g_n = 0$ sieht.

A.5 Meßbare Mengen und Funktionen, Maße

Der Einfachheit halber nehmen wir an, daß (X, μ) σ-endlich ist, d. h. es existiert eine Folge (X_n) in $\mathcal{R}$ mit $X = \cup_n X_n$.

Eine Funktion $f : X \to \mathbb{C}$ heißt μ-meßbar, wenn eine Folge (f_n) in $E(X, \mathcal{R})$ existiert mit $f_n(x) \to f(x)$ μ-f. ü. (Im nicht σ-endlichen Fall müßten wir definieren: f ist μ-meßbar, wenn in jedem $A \in \mathcal{R}$ die Funktion f der μ-f. ü.-Limes einer Folge von Elementarfunktionen ist; wir überlassen es dem Leser, sich ggf. die im folgenden notwendigen Modifikationen zu überlegen.)

Satz A.15 *Wenn f μ-meßbar ist, $g \in \mathcal{L}^1(X, \mu)$ und $|f(x)| \leq g(x)$ μ-f. ü., dann gilt $f \in \mathcal{L}^1(X, \mu)$.*

Beweis. Sei (f_n) eine Folge aus $E(X, \mathcal{R})$ mit $f_n(x) \to f(x)$ μ-f. ü. Dann gilt nach Satz A.11

$$\tilde{f}_n := \max\left\{ -g, \min\{f_n, g\} \right\} \in \mathcal{L}^1(X, \mu),$$

und $\tilde{f}_n(x) \to f(x)$ μ-f. ü., $|\tilde{f}_n| \leq g$. Die Anwendung des Satzes von Lebesgue A.12 impliziert $f \in \mathcal{L}^1(X, \mu)$. ∎

Satz A.16 a) *Wenn f und g μ-meßbar sind, dann sind auch $f + g$, fg, f/g, $|f|, \ldots$ μ-meßbar.*

b) *Wenn f_n μ-meßbar ist für jedes n und $f_n(x) \to f(x)$ μ-f. ü. gilt, dann ist auch f μ-meßbar.*

A.5 Meßbare Mengen und Funktionen, Maße   431

Beweis. a) Dies ist offensichtlich nach der Definition der Meßbarkeit.

b) Seien $X_n \in \mathcal{R}$ ($n \in \mathbb{N}$) disjunkt mit $X = \cup_n X_n$. Wenn $h : X \to \mathbb{R}$ definiert ist durch $h(x) = n^{-2}\mu(X_n)^{-1}$ für $x \in X_n$, dann ist $h \in \mathcal{L}^1(X, \mu)$ und $h(x) > 0$ für alle $x \in X$. Somit ist

$$g_n(x) := \frac{h(x)f_n(x)}{h(x) + |f_n(x)|} \quad \mu\text{-meßbar mit } |g_n(x)| \leq h(x),$$

also $g_n \in \mathcal{L}^1(X, \mu)$ nach Satz A.15. Für $n \to \infty$ gilt

$$g_n(x) \to g(x) := \frac{h(x)f(x)}{h(x) + |f(x)|} \quad \text{und} \quad |g(x)| \leq h(x).$$

Daraus folgt $g \in \mathcal{L}^1(X, \mu)$, woraus die μ-Meßbarkeit von $f = hg/(h - |g|)$ folgt. ∎

Eine Teilmenge $A \subset X$ heißt μ-*meßbar* wenn die charakteristische Funktion χ_A ($= 1$ in A, $= 0$ in $X \setminus A$) μ-meßbar ist. Wenn A μ-meßbar ist, dann ist das Komplement $X \setminus A$ ebenfalls meßbar (Beweis!). Das Prämaß μ wird nun, ohne daß wir die Bezeichnung ändern, fortgesetzt auf die Familie der μ-meßbaren Mengen, indem wir definieren:

$$\mu(A) := \begin{cases} \int \chi_A \, d\mu & \text{falls } \chi_A \in \mathcal{L}^1(X, \mu), \\ \infty & \text{falls } \chi_A \notin \mathcal{L}^1(X, \mu). \end{cases}$$

Satz A.17 a) *Eine Teilmenge N von X ist genau dann eine μ-Nullmenge, wenn N μ-meßbar ist mit $\mu(N) = 0$.*

b) *Wenn A_n ($n \in \mathbb{N}$) disjunkte μ-meßbare Mengen sind, dann ist $\cup_n A_n$ μ-meßbar und $\mu(\cup_n A_n) = \sum_n \mu(A_n)$.*

c) *Wenn (A_n) eine fallende Folge von μ-meßbaren Mengen ist mit $\mu(A_n) < \infty$ für ein n, dann ist $\cap_n A_n$ μ-meßbar und $\mu(\cap_n A_n) = \lim_{n \to \infty} \mu(A_n)$.*

Beweis. a) ⇒: Wenn N eine μ-Nullmenge ist, dann ist $\chi_N = 0$ μ-f. ü. und deshalb $\mu(N) = \int \chi_N \, d\mu = 0$.

⇐: Ist N μ-meßbar mit $\mu(N) = 0$, so ist χ_N μ-meßbar mit $\int \chi_N \, d\mu = 0$; dann kann der Satz von B. Levi A.10 auf die Folge $(n \cdot \chi_N)_{n \in \mathbb{N}}$, angewandt werden; dies liefert die Existenz eines $f \in \mathcal{L}^1(X,\mu)$ mit $n \cdot \chi_N \to f$ μ-f. ü. für $n \to \infty$, also $\chi_N = 0$ μ-f. ü. Das bedeutet, daß N eine μ-Nullmenge ist.

b) Man beachte, daß

$$\chi_{\cup_{n=1}^m A_n} = \sum_{n=1}^m \chi_{A_n} \nearrow \sum_{n=1}^\infty \chi_{A_n} = \chi_{\cup_{n=1}^\infty A_n}.$$

Wenn $\sum_n \mu(A_n) < \infty$ ist, impliziert Satz von B. Levi A.10 das Ergebnis,

$$\mu\Big(\bigcup_{n=1}^\infty A_n\Big) = \int \chi_{\cup_{n=1}^\infty A_n} \, d\mu = \lim_{n\to\infty} \int \sum_{n=1}^n \chi_{A_n} \, d\mu = \sum_{n=1}^\infty \mu(A_n).$$

Wenn $\sum_n \mu(A_n) = \infty$, dann ist $\chi_{\cup_n A_n}$ nicht integrierbar (Beweis!); dann sind beide Seiten der Gleichung unendlich.

c) In diesem Fall haben wir

$$\chi_{A_n} \searrow \chi_{\cap_n A_n} = \lim_{n\to\infty} \chi_{A_n},$$

und somit nach dem Satz von Lebesgue A.12

$$\mu\Big(\bigcap_{n=1}^\infty A_n\Big) = \int \chi_{\cap_n A_n} \, d\mu = \lim_{n\to\infty} \int \chi_{A_n} \, d\mu = \lim_{n\to\infty} \mu(A_n),$$

womit die Behauptung bewiesen ist. ∎

Eine Familie $\mathcal{A}$ von Teilmengen von X heißt eine *σ-Algebra* in X, wenn gilt: $\emptyset \in \mathcal{A}$, $A \in \mathcal{A}$ impliziert $X \setminus A \in \mathcal{A}$, und $A_n \in \mathcal{A}$ für $n \in \mathbb{N}$ impliziert $\cup_n A_n \in \mathcal{A}$. Eine Abbildung $\mu : \mathcal{A} \to [0,\infty]$ heißt ein *Maß* auf $(X,\mathcal{A})$, wenn gilt: Aus $A_n \in \mathcal{A}$ ($n \in \mathbb{N}$) mit $A_n \cap A_m = \emptyset$ für $n \neq m$ folgt $\mu(\cup_n A_n) = \sum_n \mu(A_n)$; man sagt, μ ist *σ-additiv*. Das Tripel $(X,\mathcal{A},\mu)$ — oder gelegentlich auch kurz (X,μ) — heißt ein *Maßraum*.

Der obige Satz A.17 besagt, daß $(X,\mathcal{A}_\mu,\mu) = (X,\mu)$ ein Maßraum ist, wenn $\mathcal{A}_\mu$ die Familie der μ-meßbaren Mengen ist.

Auf Grund der Definition einer μ-Nullmenge gilt offenbar: Jede Teilmenge einer μ-Nullmenge ist wiederum eine μ-Nullmenge; ein Maß mit dieser Eigenschaft nennt man *vollständig*.

A.5 Meßbare Mengen und Funktionen, Maße

Ist $A \subset X$ eine μ-meßbare Teilmenge, so definieren wir

$$\int_A f \, d\mu := \int \chi_A f \, d\mu \quad \text{falls} \quad \chi_A f \in \mathcal{L}^1(X,\mu).$$

Für $A \cap B = \emptyset$ und $\chi_{A \cup B} f \in \mathcal{L}^1(X,\mu)$ gilt dann offenbar

$$\int_{A \cup B} f \, d\mu = \int_A f \, d\mu + \int_B f \, d\mu.$$

Satz A.18 *Eine Funktion $f : X \to \mathbb{R}$ ist genau dann μ-meßbar, wenn $M_c := \{x \in X : f(x) \geq c\}$ für jedes $c \in \mathbb{R}$ μ-meßbar ist (das gleiche gilt für die Teilmengen, auf denen $f(x) > c$, $\leq c$, $< c$, oder $c \leq f(x) \leq d$, $c < f(x) < d$, $c \leq f(x) < d$, $c < f(x) \leq d$ gilt).*

Beweis. $\Leftarrow$: Wenn M_c für jedes $c \in \mathbb{R}$ μ-meßbar ist, dann sind die Mengen

$$X \setminus M_t = \{x \in X : f(x) < t\} \quad \text{und} \quad M(s,t) := \{x \in X : s \leq f(x) < t\}$$

ebenfalls μ-meßbar. Also sind die Funktionen

$$f_n(x) = \begin{cases} \dfrac{k}{n} & \text{für } x \in M\left(\dfrac{k-1}{n}, \dfrac{k}{n}\right) \quad \text{für } k = -n^2+1, \ldots, n^2, \\ 0 & \text{sonst} \end{cases}$$

μ-meßbar mit $f_n(x) \to f(x)$ für alle $x \in X$; daraus folgt die μ-Meßbarkeit von f.

$\Rightarrow$: Ohne Einschränkung können wir annehmen, daß $c = 1$ gilt (andernfalls betrachtet man $f - c + 1$ statt f). Die μ-Meßbarkeit von f impliziert die μ-Meßbarkeit von $g := \min\{1, \max\{0, f\}\}$. Wegen $g^n(x) \to \chi_{M_c}(x)$ folgt hieraus die μ-Meßbarkeit von M_c.

Der Beweis der entsprechenden Aussagen für die anderen Teilmengen kann dem Leser überlassen werden. ∎

Auf Grund der bisher bewiesenen Eigenschaften ist es offensichtlich, daß sehr viele Teilmengen von $\mathbb{R}$ Lebesgue-meßbar sind; es scheint deshalb gar nicht selbstverständlich, daß es überhaupt nicht-Lebesgue-meßbare Teilmengen von $\mathbb{R}$ gibt. Deshalb stellen wir hier die Konstruktion einer nicht-Lebesgue-meßbaren Teilmenge von $\mathbb{R}$ vor:

Beispiel A.19 (Nicht Lebesgue–messbare Menge/Funktion) Sei $X = [0,1)$. Wir nennen zwei Punkte $x, y \in [0,1)$ *äquivalent*, $x \sim y$, wenn $x - y$ rational ist. Dies ist offensichtlich eine Äquivalenzrelation, und wir können X in Äquivalenzklassen zerlegen (wobei x und y genau dann zu verschiedenen Klassen gehören, wenn $x - y$ irrational ist).

Sei nun $M \subset X$ so gewählt, daß es genau ein Element aus jeder Äquivalenzklasse enthält (hier benutzen wir offenbar das Auswahlaxiom). Für jedes $r \in \mathbb{Q}_0 := \mathbb{Q} \cap [0,1)$ ($\mathbb{Q}$ = rationale Zahlen) sei

$$M_r := \left\{ r + x \mod 1 : x \in M \right\} \quad \text{insbesondere ist also } M_0 = M.$$

Dann gilt $M_{r_1} \cap M_{r_2} = \emptyset$ für $r_1, r_2 \in \mathbb{Q}_0$, $r_1 \neq r_2$, und

$$X = \bigcup_{r \in \mathbb{Q}_0} M_r.$$

Man sieht nun leicht, daß M *nicht Lebesgue-meßbar* ist. Wäre nämlich M Lebesgue–meßbar, so müßte gelten

$$(\alpha) \quad \lambda(M) = 0 \quad \text{oder} \quad (\beta) \quad \lambda(M) > 0.$$

Wir benutzen nun die offensichtliche Tatsache, daß das Lebesguemaß translationsinvariant ist, d. h. es gilt $\lambda(A) = \lambda(A + x \mod 1)$ für jede Lebesguemeßbare Menge $A \subset [0,1)$ und jedes $x \in \mathbb{R}$ (vgl. Aufgabe A.2). Daraus folgt $\lambda(M_r) = \lambda(M)$ für jedes $r \in \mathbb{Q}_0$ und somit mit der σ-Additivität

$$1 = \lambda\big([0,1)\big) = \sum_{r \in \mathbb{Q}_0} \lambda(M_r) = \begin{cases} 0 & \text{im Fall } (\alpha), \\ \infty & \text{im Fall } (\beta). \end{cases}$$

In beiden Fällen ist dies ein Widerspruch. Also ist die Menge M und somit die Funktion χ_M nicht Lebesgue–meßbar. □

A.6 Produktmaße; der Satz von Fubini–Tonelli

Seien $\mathcal{R}_X$ und $\mathcal{R}_Y$ Mengenringe, μ_X und μ_Y Prämaße auf X bzw. Y. Die Mengen der Form $A \times B \subset X \times Y$ mit $A \in \mathcal{R}_X$ und $B \in \mathcal{R}_Y$ erzeugen einen Mengenring $\mathcal{R}_X \times \mathcal{R}_Y$ in $X \times Y$, und durch

$$\mu\Big(\bigcup_j (A_j \times B_j)\Big) := \sum_j \mu_X(A_j)\mu_Y(B_j)$$

für $A_j \in \mathcal{R}_X$, $B_j \in \mathcal{R}_Y$ mit $A_j \times B_j \cap A_k \times B_k = \emptyset$ wird ein Prämaß $\mu := \mu_X \times \mu_Y$ auf $\big(X \times Y, \mathcal{R}_X \times \mathcal{R}_Y\big)$ definiert. Mit der oben durchgeführten Konstruktion definiert dies ein Maß $\mu := \mu_X \times \mu_Y$ auf $X \times Y$, das als *Produktmaß* von μ_X und μ_Y bezeichnet wird. Das folgende Lemma ist für die Untersuchung von Produktmaßen wesentlich:

Lemma A.20 *Wenn $N \subset X \times Y$ eine μ-Nullmenge ist, dann ist*

$$N_X := \Big\{x \in X : N(x) := \{y \in Y : (x,y) \in N\} \text{ ist nicht } \mu_Y\text{-Nullmenge}\Big\}$$

eine μ_X-Nullmenge, d. h. für μ_X-f. a. $x \in X$ ist $N(x)$ eine μ_Y-Nullmenge. (Für die Umkehrung vergleich man Aufgabe A.12.)

Beweis. Da N eine μ-Nullmenge ist, gibt es $C_k = A_k \times B_k$ mit $A_k \in \mathcal{R}_X$ und $B_k \in \mathcal{R}_Y$ so, daß $N \subset \cup_{k=1}^\infty C_k$, $\sum_{k=1}^\infty \mu(C_k) < \infty$ und, daß jedes $z \in N$ in unendlich vielen C_k enthalten ist (Beweis?). Aus

$$\sum_{k=1}^\infty \int \chi_{A_k}\,d\mu_X \int \chi_{B_k}\,d\mu_Y = \sum_{k=1}^\infty \mu_X(A_k)\mu_Y(B_k) = \sum_{k=1}^\infty \mu(C_k)$$

ergibt sich, daß die Folge

$$\Big(\sum_{k=1}^n \chi_{A_k}(x) \int \chi_{B_k}\,d\mu_Y\Big)_{n\in\mathbb{N}} \quad \text{aus} \quad E(X; \mathcal{R}_X)$$

nichtfallend ist mit beschränkter Integralfolge. Nach dem Satz von B. Levi A.10 existiert eine μ_X-Nullmenge F_X mit

$$\sum_{k=1}^\infty \chi_{A_k}(x) \int \chi_{B_k}\,d\mu_Y < \infty \quad \text{in } X \setminus F_X.$$

Dies impliziert, wiederum mit dem Satz von B. Levi A.10, daß für jedes $x \in X \setminus F_X$ die Folge $\left(\sum_{k=1}^n \chi_{A_k}(x)\chi_{B_k}(y)\right)_{n \in \mathbb{N}}$ für μ_Y-f. a. $y \in Y$ beschränkt ist. Aus der Konstruktion der Folge (C_k) ergibt sich für $x \notin F_X$, daß für μ_Y-f. a. $y \in Y$ der Punkt (x,y) nicht in N liegt, d. h. $x \notin N_X$. Also gilt $N_X \subset F_X$, d. h. N_X ist eine μ_X-Nullmenge. ∎

Satz A.21 (Satz von Fubini–Tonelli) *Eine Funktion $f : X \times Y \to \mathbb{C}$ liegt genau dann in $\mathcal{L}^1(X \times Y, \mu)$, wenn gilt: f ist μ-meßbar, $|f(x,\cdot)| \in \mathcal{L}^1(Y, \mu_Y)$ für μ_X-f. a. $x \in X$ und*

$$F(x) := \begin{cases} \int_Y |f(x,y)| \, \mathrm{d}\mu_Y(y), & \text{falls } |f(x,\cdot)| \in \mathcal{L}^1(Y, \mu_Y), \\ 0, & \text{sonst} \end{cases}$$

ist μ_X-integrierbar ($\Rightarrow$: Satz von Fubini, $\Leftarrow$: Satz von Tonelli). In diesem Fall liegt die Funktion $x \mapsto \int_Y f(x,y) \, \mathrm{d}\mu_Y(y)$ in $\mathcal{L}^1(X, \mu_X)$ und es gilt

$$\int_{X \times Y} f(x,y) \, \mathrm{d}\mu(x,y) = \int_X \left\{ \int_Y f(x,y) \, \mathrm{d}\mu_Y(y) \right\} \mathrm{d}\mu_X(x).$$

Entsprechendes gilt, wenn die Rollen von x und y vertauscht werden; für $f \in \mathcal{L}^1(X \times Y, \mu)$ kann die Integrationsreihenfolge vertauscht werden. – Ist $f \geq 0$ μ-meßbar, so gilt $f \in L^1(X, \mu)$ genau dann, wenn eines der iterierten Integrale endlich ist; es stimmen dann die beiden iterierten Integrale mit $\|f\|_1$ überein.

Beweis. $\Rightarrow$ **(Fubini):** Aus $f \in \mathcal{L}^1(X \times Y, \mu)$ folgt, daß eine $\|\cdot\|_1$-Cauchyfolge (f_n) aus $E(X \times Y, \mathcal{R}_X \times \mathcal{R}_Y)$ existiert mit $f_n(x,y) \to f(x,y)$ für μ-f. a. $(x,y) \in X \times Y$. Ohne Einschränkung können wir annehmen, daß gilt

$$f_n(x,y) = \sum_{j=1}^n h_j(x,y) \quad \text{mit} \quad \sum_{j=1}^\infty \|h_j\|_1 < \infty.$$

Aus Lemma A.20 folgt, daß es eine μ_X-Nullmenge N_1 gibt so, daß gilt

$$f_n(x,y) \to f(x,y) \quad \text{für } \mu_Y\text{-f. a. } y \in Y \text{ und alle } x \in X \setminus N_1. \tag{1}$$

A.6 Produktmaße; der Satz von Fubini–Tonelli

Da die Behauptung offensichtlich für Elementarfunktionen gilt, ist

$$\left(\sum_{j=1}^{n}\int_{Y}|h_j(x,y)|\,\mathrm{d}\mu_Y(y)\right)_{n\in\mathbb{N}} \quad \text{eine } \|\cdot\|_1\text{-Cauchyfolge in } \mathcal{L}^1(X,\mu_X) \quad (2)$$

sowie

$$\left(\int_{Y}f_n(x,y)\,\mathrm{d}\mu_Y(y)\right)_{n\in\mathbb{N}} \quad \text{eine } \|\cdot\|_1\text{-Cauchyfolge in } \mathcal{L}^1(X,\mu_X). \quad (3)$$

Es gibt eine μ_X-Nullmenge N_2 so, daß die Folge in (2) für $x \in X \setminus N_2$ konvergiert; also ist

$$\bigl(f_n(x,\cdot)\bigr) \quad \text{eine } \|\cdot\|_1\text{-Cauchyfolge in } \mathcal{L}^1(Y,\mu_Y) \text{ für } x \in X \setminus N_2. \quad (4)$$

Aus (1) und (4) folgt, daß $f(x,\cdot) \in \mathcal{L}^1(Y,\mu_Y)$ gilt und

$$\int_{Y}f_n(x,y)\,\mathrm{d}\mu_Y(y) \to \int_{Y}f(x,y)\,\mathrm{d}\mu_Y(y) \text{ für } x \in X \setminus (N_1\cup N_2). \quad (5)$$

Aus (3) und (5) folgt

$$\int\left\{\int f(x,y)\,\mathrm{d}\mu_Y(y)\right\}\mathrm{d}\mu_X(x) = \lim_{n\to\infty}\int\left\{\int f_n(x,y)\,\mathrm{d}\mu_Y(y)\right\}\mathrm{d}\mu_X(x)$$
$$= \lim_{n\to\infty}\int f_n\,\mathrm{d}(\mu_X\times\mu_Y) = \int f\,\mathrm{d}(\mu_X\times\mu_Y) = \int f(x,y)\,\mathrm{d}\mu(x,y).$$

Wenn wir dieses Resultat auf $|f|$ anwenden, erhalten wir die Behauptung für F.

$\Leftarrow$ (**Tonelli**): Sei $A_n \in \mathcal{R}_X$, $B_n \in \mathcal{R}_Y$ mit $A_n \subset A_{n+1}$, $B_n \subset B_{n+1}$, $X = \cup_n A_n$, $Y = \cup_n B_n$,

$$f_n(x,y) = \begin{cases} f(x,y) & \text{falls } |f(x,y)| \leq n \text{ und } (x,y) \in A_n \times B_n, \\ 0 & \text{sonst.} \end{cases}$$

Dann ist $f_n \in \mathcal{L}^1(X\times Y, \mu_X\times\mu_Y)$, und die Folge $(|f_n|)$ ist nichtfallend mit $f_n(x,y) \to f(x,y)$. Aus der $\Rightarrow$-Richtung dieses Satzes folgt

$$\int|f_n|\,\mathrm{d}(\mu_X\times\mu_Y) = \int\left\{\int|f_n|\,\mathrm{d}\mu_Y\right\}\mathrm{d}\mu_X \leq \int\left\{\int|f|\,\mathrm{d}\mu_Y\right\}\mathrm{d}\mu_X < \infty$$

und somit mit dem Satz von B. Levi A.10

$$|f| \in \mathcal{L}^1(X \times Y, \mu_X \times \mu_Y).$$

Da f μ-meßbar ist, folgt $f \in \mathcal{L}^1(X \times Y, \mu_X \times \mu_Y)$. ∎

Im Fall des Lebesguemaßes auf $\mathbb{R}^m$ schreiben wir das Integral in der Form

$$\int f(x)\,dx \quad \text{bzw.}$$
$$\int f(x_1,\ldots,x_n)\,d(x_1,\ldots,x_n) = \int \ldots \int f(x_1,\ldots,x_n)\,dx_1 \ldots dx_n.$$

A.7 Der Satz von Radon–Nikodym

Sind μ und ν Maße auf X (mit entsprechenden σ-Algebren $\mathcal{A}_\mu$ und $\mathcal{A}_\nu$ von μ- bzw. ν-meßbaren Mengen), so heißt ν *absolut stetig* bezüglich μ (oder: μ-*absolut stetig*; kurz $\nu \ll \mu$), falls jede μ-meßbare Menge auch ν-meßbar ist (d.h. $\mathcal{A}_\mu \subset \mathcal{A}_\nu$) und jede μ-Nullmenge auch eine ν-Nullmenge ist.

Satz A.22 (Radon–Nikodym) *Seien μ und ν Maße auf X, (X,μ) sei σ-endlich. Ist ν absolut stetig bezüglich μ und $\nu(X) < \infty$, so existiert ein $h \in L^1(X,\mu)$ mit*

$$\nu(A) = \int \chi_A h\,d\mu \quad \text{für jede } \mu\text{-meßbare Menge } A, \tag{A.1}$$

$$\int f\,d\nu = \int fh\,d\mu \quad \text{für jedes } f \in L^1(X,\nu); \tag{A.2}$$

h heißt die μ-*Dichte von* ν, *oder die* Radon–Nikodym-Ableitung *von ν bezüglich μ.*

Beweis. Es genügt, den Fall $\mu(X) < \infty$ zu betrachten; der allgemeine Fall folgt leicht mit Hilfe der σ-Endlichkeit von μ durch Zusammenstückeln. Sei $\tau := \mu + \nu$ mit $\mathcal{A}_\tau := \mathcal{A}_\mu$. Dann ist die Abbildung

$$L^2(X,\tau) \to \mathbb{K}, \quad f \mapsto \int f\,d\nu$$

A.7 Der Satz von Radon–Nikodym

ein stetiges lineares Funktional, denn aus der Schwarzschen Ungleichung folgt für alle $f \in L^2(X,\tau)$

$$\left|\int f \, d\nu\right| \leq \int |f| \, d\tau = \int 1|f| \, d\tau \leq \tau(X)^{1/2} \|f\|_2.$$

Nach dem Rieszschen Darstellungssatz (Satz 2.15) gibt es also ein $g \in L^2(X,\tau)$ mit

$$\int f \, d\nu = \int gf \, d\tau \quad \text{für jedes } f \in L^2(X,\tau). \tag{1}$$

Wegen $\chi_A \in L^2(X,\tau)$ für jede μ-meßbare Teilmenge A von X folgt hieraus

$$\nu(A) = \int \chi_A \, d\nu = \int g\chi_A \, d\tau = \int_A g \, d\tau.$$

Aus $0 \leq \nu(A) \leq \tau(A)$ folgt $0 \leq \int_A g \, d\tau \leq \tau(A)$ für jede μ-meßbare Teilmenge A von X, also

$$0 \leq g(x) \leq 1 \quad \text{für } \tau\text{-f. a. } x \in X$$

(wäre $g(x) < 0$ oder > 1 auf einer Teilmenge M mit $\tau(M) > 0$, dann würde $\int_M g \, d\tau < 0$ bzw. $\int_M g \, d\tau > \tau(M)$ folgen).

Aus (1) folgt

$$\begin{aligned}\int (1-g)f \, d\nu &= \int gf \, d\tau - \int gf \, d\nu \\ &= \int gf \, d\mu \quad \text{für jedes } f \in L^2(X,\tau).\end{aligned} \tag{2}$$

Sei nun

$$N := \{x \in X : g(x) = 1\}, \quad L := X \setminus N.$$

Aus (2) folgt dann

$$\mu(N) = \int \chi_N \, d\mu = \int g\chi_N \, d\mu = \int (1-g)\chi_N \, d\nu = 0$$

also $\nu(N) = 0$, da ν absolut stetig bezüglich μ ist. Wählen wir $f = (1 + g + g^2 + \ldots + g^n)\chi_A$ in (2), so folgt

$$\int_A (1 - g^{n+1})\,d\nu = \int_A (1 - g)(1 + g + g^2 + \ldots + g^n)\,d\nu$$
$$= \int_A g(1 + g + g^2 + \ldots + g^n)\,d\mu.$$

Die Funktionenfolgen unter den Integralen sind nicht-fallend, die Folgen der Integrale sind beschränkt durch $\int_A 1\,d\nu = \nu(A)$. Die Folge unter dem linken Integral konvergiert punktweise gegen χ_L; nach dem Satz von B. Levi A.10 konvergiert also das Integral auf der rechten Seite gegen $\nu(L \cap A)$. Wiederum aus dem Satz von B. Levi A.10 folgt also die Existenz einer Funktion $h \in L^1(X, \mu)$ mit

$$g(1 + g + g^2 + \ldots + g^n) \to h \quad \mu\text{-f. ü.,}$$

und

$$\int_A g(1 + g + g^2 + \ldots + g^n)\,d\mu \to \int_A h\,d\mu$$

für jede μ-meßbare Teilmenge $A \subset X$. Da N eine ν-Nullmenge ist, folgt daraus

$$\nu(A) = \nu(L \cap A) + \nu(N \cap A) = \nu(L \cap A) = \int_A h\,d\mu.$$

Die zweite Behauptung ist offensichtlich für Elementarfunktionen und folgt für den allgemeinen Fall durch Grenzübergang. ∎

Bemerkung A.23 Die Voraussetzung der σ-Endlichkeit von μ im Satz von Radon-Nikodym A.22 ist wesentlich: Sei $X = [0,1]$ und μ das Zählmaß eingeschränkt auf die σ-Algebra der Lebesgue-meßbaren Teilmengen von $[0,1]$. Da nur die leere Menge eine μ-Nullmenge ist, ist es offensichtlich, daß das Lebesgue-Maß λ absolut stetig bezüglich μ ist. Wir zeigen, daß λ keine Dichte bezüglich μ hat: Für eine solche Dichte h müßte gelten, entweder

(a) $h \equiv 0$, also $\lambda(A) = 0$ für jede Lebesgue-meßbare Menge $A \subset [0,1]$, oder

(b) es gibt ein $x_0 \in [0,1]$ mit $h(x_0) \neq 0$, also $\lambda(\{x_0\}) = h(x_0) \neq 0$.

Beide Möglichkeiten führen also zu einem Widerspruch.

A.8 Absolut stetige Funktionen und partielle Integration

Eine Funktion $F : \mathbb{R} \to \mathbb{C}$ heißt *absolut stetig* in Bezug auf das Maß μ auf $\mathbb{R}$, wenn eine *lokal integrierbare* (d. h. über jedes beschränkte Intervall μ-integrierbare) Funktion $f : \mathbb{R} \to \mathbb{C}$ existiert mit

$$F(x) - F(c) = \int_{(c,x]} f(t) \, d\mu(t) := \begin{cases} \int_{(c,x]} f(t) \, d\mu(t) & \text{für } x \geq c, \\ -\int_{(x,c]} f(t) \, d\mu(t) & \text{für } x < c. \end{cases}$$

f heißt die μ-*Ableitung* von F. Offenbar ist jede stetig differenzierbare Funktion absolut stetig bezüglich des Lebesguemaßes λ, und die gewöhnliche Ableitung ist gleich der λ-Ableitung. Eine bezüglich des Lebesguemaßes absolut stetige Funktion nennen wir *absolut stetig* (ohne Zusatz). Ein Maß auf $\mathbb{R}$ heißt *stetig*, wenn jeder Punkt das Maß 0 hat; in diesem Fall ist es in den obigen Integralen gleichgültig, ob über $(c, x]$ oder (c, x) integriert wird, wir schreiben deshalb einfach $\int_c^x$.

Satz A.24 (Partielle Integration) *Sei μ ein stetiges Maß auf $\mathbb{R}$, die Funktionen $F, G : \mathbb{R} \to \mathbb{C}$ seien μ-absolut stetig, f und g seien die μ-Ableitungen von F bzw. G. Dann gilt für $c, x \in \mathbb{R}$*

$$\int_c^x F(t)g(t) \, d\mu(t) = F(x)G(x) - F(c)G(c) - \int_c^x f(t)G(t) \, d\mu(t)$$

Beweis. Mit dem Satz von Fubini folgt (zunächst für $x > c$)

$$\int_c^x F(t)g(t) \, d\mu(t) = \int_c^x g(t)\Big\{F(c) + \int_c^t f(s)\mu(s)\Big\} \, d\mu(t)$$

$$= G(x)F(c) - G(c)F(c) + \int_{(c,x) \times (c,x)} g(t)\chi_{(c,t)}(s)f(s) \, d(\mu \times \mu)(s,t)$$

$$= G(x)F(c) - G(c)F(c) + \int_{(c,x) \times (c,x)} \chi_{(s,x)}(t)g(t)f(s) \, d(\mu \times \mu)(s,t)$$

$$= G(x)F(c) - G(c)F(c) + \int_c^x f(s) \int_s^x g(t) \, d\mu(t) \, d\mu(s)$$

$$= G(x)F(c) - G(c)F(c) + \int_c^x f(s)\Big(G(x) - G(s)\Big) \, d\mu(s)$$

$$= G(x)F(x) - G(c)F(c) - \int_c^x f(s)G(s) \, d\mu(s)$$

Das ist die behauptete Formel für $x > c$; entsprechend folgt sie für $x < c$. ∎

Bemerkung A.25 Für Maße μ, die nicht stetig sind, gilt Satz A.24 in dieser Form i. allg. nicht: Sei z. B. $\mu(A) = 1$ falls $1 \in A$ ist, $= 0$ falls $1 \notin A$ ist. Weiter sei $f(x) = g(x) = 1$ für alle $X \in \mathbb{R}$, also (für $c = 0$)

$$F(x) = G(x) = \begin{cases} 0 & \text{für } x < 1, \\ 1 & \text{für } x \geq 1 \end{cases}.$$

Dann ist

$$\int_{(0,x]} \Big(F(t)g(t) + f(t)G(t)\Big)\, d\mu(t) = \begin{cases} 0 & \text{für } x < 1, \\ 2 & \text{für } x \geq 1, \end{cases}$$

während

$$F(x)G(x) - F(0)G(0) = \begin{cases} 0 & \text{für } x < 1, \\ 1 & \text{für } x \geq 1 \end{cases}$$

gilt. – Der Satz bleibt andererseits richtig, wenn man eine Funktion F als absolut stetig mit μ–Ableitung f bezeichnet, wenn gilt

$$F(x) = \begin{cases} F(a) + \int \frac{1}{2}\Big(\chi_{(a,x]}(t) + \chi_{[a,x)}(t)\Big) f(t)\, d\mu(t) & \text{für } x \geq a, \\ F(a) + \int \frac{1}{2}\Big(\chi_{(x,a]}(t) + \chi_{[x,a)}(t)\Big) f(t)\, d\mu(t) & \text{für } x \leq a \end{cases}$$

gilt, und die Integrale in der Formel entsprechend modifiziert werden.

A.9 Komplexe Maße

Sei $\mathcal{A}$ eine σ–Algebra in X. Eine Abbildung $\nu : \mathcal{A} \to \mathbb{C}$ heißt ein *komplexes Maß*, wenn gilt:

sind $A_n \in \mathcal{A}$ ($n \in \mathbb{N}$) disjunkt, so gilt $\nu\Big(\bigcup_n A_n\Big) = \sum_n \nu(A_n)$.

A.9 Komplexe Maße

Es sei darauf hingewiesen, daß nur Werte aus $\mathbb{C}$ zugelassen sind; das Maß ∞ gibt es hier nicht. In diesem Sinn sind also die bisher betrachteten (positiven) Maße i. allg. keine komplexen Maße. Da die Anordnung der A_n in der Vereinigung $\cup_n A_n$ offenbar keine Rolle spielt, darf sie auch in der Summe $\sum_n \nu(A_n)$ keine Rolle spielen; die Summe ist also absolut konvergent. Mit ν sind natürlich auch Re ν und Im ν mit

$$(\text{Re } \nu)(A) := \text{Re}\,(\nu(A)), \qquad (\text{Im } \nu)(A) := \text{Im}\,(\nu(A))$$

(reellwertige) komplexe Maße.

Sei ν ein komplexes Maß auf $\mathcal{A}$. Die *totale Variation* $|\nu|$ von ν ist für $A \in \mathcal{A}$ definiert durch

$$|\nu|(A) := \sup\Big\{ \sum_{j=1}^{\infty} |\nu(B_j)| : B_j \in \mathcal{A} \text{ disjunkt}, A = \bigcup_{j=1}^{\infty} B_j \Big\}.$$

Satz A.26 *Ist ν ein komplexes Maß auf der σ-Algebra $\mathcal{A}$, so ist $|\nu|$ ein (positives) Maß auf $\mathcal{A}$.*

Beweis. Sei $A = \cup_n A_n$ mit disjunkten Mengen $A_n \in \mathcal{A}$; es ist $|\nu|(A) = \sum |\nu|(A_n)$ zu beweisen.

Für jedes $t_n < |\nu|(A_n)$ gibt es nach Definition von $|\nu|$ eine Darstellung $A_n = \cup_j B_{n,j}$ mit disjunkten Mengen $B_{n,j}$ aus $\mathcal{A}$ so, daß

$$t_n < \sum_j |\nu(B_{n,j})|$$

gilt. Da die $B_{n,j}$ in der Darstellung $A = \cup_{n,j} B_{n,j}$ disjunkt sind, folgt (wiederum aus der Definition von $|\nu|$)

$$\sum_n t_n < \sum_{n,j} |\nu(B_{n,j})| \leq |\nu|(A).$$

Da dies für jede Wahl der $t_n < |\nu|(A_n)$ gilt, folgt

$$\sum_n |\nu|(A_n) \leq |\nu|(A).$$

Sei $A = \cup_j C_j$ mit disjunkten $C_j \in \mathcal{A}$. Dann sind auch $A_n = \cup_j (C_j \cap A_n)$ und $C_j = \cup_n (C_j \cap A_n)$ Darstellungen mit disjunkten Mengen, also

$$\sum_j |\nu(C_j)| = \sum_j \left|\sum_n \nu(C_j \cap A_n)\right| \leq \sum_j \sum_n \left|\nu(C_j \cap A_n)\right|$$
$$= \sum_n \sum_j \left|\nu(C_j \cap A_n)\right| \leq \sum_n |\nu|(A_n).$$

Geht man auf der linken Seite zum Supremum über, so folgt

$$|\nu|(A) \leq \sum_n |\nu|(A_n).$$

Insgesamt ist damit die Gleichheit gezeigt. ∎

Satz A.27 *Für jedes komplexe Maß ν gilt $|\nu|(X) < \infty$.*

Beweis. (i) Ist $E \in \mathcal{A}$ mit $|\nu|(E) = \infty$, so gibt es $A, B \in \mathcal{A}$ mit

$$E = A \cup B, \quad A \cap B = \emptyset, \quad |\nu(A)| > 1 \quad \text{und} \quad |\nu|(B) = \infty.$$

Beweis von (i): Nach Definition von $|\nu|$ existiert für jedes $t < \infty$ eine Darstellung $E = \cup_j E_j$ mit disjunkten E_j so, daß $\sum_j |\nu(E_j)| > t$ gilt. Wir wählen $t > 6(1 + |\nu(E)|)$ und $n \in \mathbb{N}$ so, daß

$$\sum_{j=1}^{n} |\nu(E_j)| > t.$$

Es ist leicht einzusehen (vgl. Aufgabe A.15), daß es dann eine Teilmenge $S \subset \{1, 2, \ldots, n\}$ gibt mit

$$\left|\sum_{j \in S} \nu(E_j)\right| > \frac{t}{6}.$$

Sei $A := \cup_{j \in S} E_j$. Dann gilt $A \subset E$ und $|\nu(A)| > t/6 \geq 1$. Mit $B := E \setminus A$ gilt

$$|\nu(B)| = \left|\nu(E) - \nu(A)\right| \geq |\nu(A)| - |\nu(E)| > \frac{t}{6} - |\nu(E)| > 1.$$

Aus $|\nu|(E) = |\nu|(A)+|\nu|(B)$ und $|\nu|(E) = \infty$ folgt $|\nu|(A) = \infty$ oder $|\nu|(B) = \infty$. Damit folgt (i), eventuell durch Vertauschen von A und B.

(ii) Nehmen wir jetzt an, daß $|\nu|(X) = \infty$ gilt. Nach (i) lassen sich induktiv A_n und B_n definieren mit $B_n = A_{n+1} \cup B_{n+1}$ (disjunkt), $|\nu|(A_{n+1}) \geq 1$ und $|\nu|(B_{n+1}) = \infty$. Wir erhalten so eine disjunkte Folge (A_j) mit $|\nu(A_j)| > 1$. Für $C := \cup_j A_j$ ist also die Reihe

$$\nu(C) = \sum_j \nu(A_j)$$

nicht absolut konvergent, ein Widerspruch zu obiger Anmerkung zur Definition komplexer Maße. ∎

Satz A.28 *Sei ν ein komplexes Maß auf X, μ ein positives Maß. Ist ν absolut stetig bezüglich μ, so ist auch $|\nu|$ absolut stetig bezüglich μ. (Dabei ist die absolute Stetigkeit eines komplexen Maßes ebenso definiert, wie für positive Maße: Aus $\mu(A) = 0$ folgt $\nu(A) = 0$.)*

Beweis. Jede μ–meßbare Menge ist ν–meßbar und somit auch $|\nu|$–meßbar. Gilt $\mu(N) = 0$, so gilt $\mu(M) = 0$ für jede (notwendig μ–meßbare) Teilmenge M von N, also auch $\nu(M) = 0$. Damit folgt $|\nu|(N) = 0$ aus der Definition von $|\nu|$. ∎

Satz A.29 (Radon–Nikodym für komplexe Maße) *Sei μ ein positives Maß auf X mit $\mu(X) < \infty$, ν ein bezüglich μ absolut stetiges komplexes Maß. Dann existiert ein $h \in L^1(X,\mu)$ mit*

$$\nu(A) = \int_A h(x)\,\mathrm{d}\mu(x) \quad \text{für jede } \mu\text{--meßbare Menge } A \subset X.$$

Beweis. Wir zerlegen ν in Real- und Imaginärteil $\nu = \sigma + i\tau$; σ und τ sind dann μ-absolut stetig. Dann sind offenbar auch

$$\sigma_\pm := \frac{1}{2}(|\sigma| \pm \sigma) \quad \text{und} \quad \tau_\pm := \frac{1}{2}(|\tau| \pm \tau)$$

μ-absolut stetige positive Maße, $\sigma = \sigma_+ - \sigma_-$, $\tau = \tau_+ - \tau_-$. Nach dem Satz von Radon–Nikodym A.22 gibt es also $s_\pm, t_\pm \in L^1(X, \mu)$ mit

$$\sigma_\pm(A) = \int_A s_\pm(x)\, d\mu(x), \quad \tau_\pm(A) = \int_A t_\pm(x)\, d\mu(x),$$

also

$$\nu(A) = \int h(x)\, d\mu(x) \quad \text{mit} \quad h := s_+ - s_- + i(t_+ - t_-) \in L^1(X; \mu).$$

Das ist die gewünschte Darstellung von ν. ∎

Bemerkung A.30 Satz A.29 gilt insbesondere für $\mu = |\nu|$. In diesem Fall gilt $|h| = 1$ f. ü.

A.10 Übungen

A.1 Sei μ das gemäß Beispiel A.2 durch eine nichtfallende rechtsstetige Funktion φ erzeugte Lebesgue–Stieltjessche Prämaß auf $\mathbb{R}$.

a) Zu jedem Intervall I und jedem $\varepsilon > 0$ gibt es ein offenes Intervall J mit $I \subset J$ und $\mu(J) < \mu(I) + \varepsilon$.

b) Ist I ein abgeschlossenes Intervall und (I_n) eine disjunkte Folge von Intervallen mit $I = \cup_n I_n$, so gilt $\mu(I) = \sum_n \mu(I_n)$.

c) μ ist σ-additiv.

A.2 a) Man beweise die Substitutionsregel für das Lebesgueintegral mit Hilfe der Substitutionsregel für das Riemannintegral.

b) Mit Hilfe von Teil a beweise man die Translationsinvarianz des Lebesgue–Maßes ($\lambda(A) = \lambda(A+x)$ für jede Lebesgue-meßbare Menge $A \subset \mathbb{R}$ und jedes $x \in \mathbb{R}$).

A.10 Übungen

A.3 Sei $\mathcal{R}$ der Mengenring in $\mathbb{R}$, der aus den endlichen Vereinigungen von Intervallen besteht, $\varrho : \mathcal{R} \to [0,\infty)$ sei definiert durch

$$\varrho(A) := \begin{cases} 1 & \text{falls ein } \varepsilon > 0 \text{ existiert mit } (0,\varepsilon) \subset A, \\ 0 & \text{sonst.} \end{cases}$$

Dann gilt: aus $A_1, A_2, \ldots, A_m \in \mathcal{R}$ und $A_n \cap A_\ell = \emptyset$ für $n \neq \ell$ folgt

$$\varrho\Big(\bigcup_{n=1}^m A_n\Big) = \sum_{n=1}^m \varrho(A_n) \quad \text{(endlich additiv)}.$$

ϱ ist aber nicht σ-additiv.

A.4 a) Für ein Kompaktum $K \subset \mathbb{R}^m$ sei $f : K \to \mathbb{R}$ Riemann–integrierbar. Dann ist f Lebesgue–integrierbar.

b) Für eine Funktion $f : \mathbb{R}^m \to \mathbb{R}$ seien f und $|f|$ uneigentlich Riemann–integrierbar. Dann ist f Lebesgue–integrierbar.

A.5 Die *Cantor-Menge* C entsteht aus dem Intervall $[0,1]$, indem zunächst das offene mittlere Drittel herausgenommen wird, aus den zwei verbleibenden Intervallen wieder jeweils das offene mittlere Drittel usw., also

$$C = [0,1] \setminus \Big\{ \Big(\frac{1}{3}, \frac{2}{3}\Big) \cup \Big(\frac{1}{9}, \frac{2}{9}\Big) \cup \Big(\frac{7}{9}, \frac{8}{9}\Big) \cup \cdots \Big\}.$$

a) C ist eine Lebesgue–Nullmenge.

b) C besteht genau aus den Punkten $a \in \mathbb{R}$ mit $a = \sum\limits_{j=1}^\infty a_j 3^{-j}$ mit $a_j \in \{0,2\}$.

c) C hat die Mächtigkeit von $[0,1]$ (ist also insbesondere nicht abzählbar).

A.6 Eine *verallgemeinerte Cantor-Menge* C' erhält man, indem man zunächst aus $[0,1]$ ein offenes Intervall herausnimmt, aus den zwei verbleibenden abgeschlossenen Intervallen jeweils wieder ein offenes Intervall etc.

a) $D := (0,1) \setminus C'$ ist offen und C' der Rand von D.

b) Sei $\varepsilon > 0$. Bei geeigneter Wahl der offenen Intervalle, die man herausnimmt, erhält man eine verallgemeinerte Cantor-Menge C' mit Lebesguemaß $> 1 - \varepsilon$.

A.7 Sei $f : \mathbb{R}^m \to \mathbb{R}$ beschränkt, $f(x) = 0$ für $|x| \geq R$,

$$\overline{f}(x) := \inf_Q \left\{ \sup\{f(y) : y \in Q\} : x \in \overset{\circ}{Q} \right\},$$

$$\underline{f}(x) := \sup_Q \left\{ \inf\{f(y) : y \in Q\} : x \in \overset{\circ}{Q} \right\},$$

wobei Q Quader in $\mathbb{R}^m$ sind und $\overset{\circ}{A}$ das Innere der Menge A bezeichnet.

a) Es gilt $\underline{f}(x) \leq \overline{f}(x)$ für alle x, und $\overline{f}(x) = \underline{f}(x) = f(x)$ genau dann, wenn f im Punkt x stetig ist.

b) Für jedes $n \in \mathbb{N}$ sei $\{Q_{n,j} : j \in \mathbb{N}\}$ eine disjunkte Überdeckung von $\mathbb{R}^m$ mit Quadern, deren maximale Kantenlänge für $n \to \infty$ gegen 0 konvergiert,

$$\underline{f}_n(x) = \inf\{f(y) : y \in Q_{n,j}\}$$
$$\overline{f}_n(x) = \inf\{f(y) : y \in Q_{n,j}\} \quad \text{für } x \in Q_{n,j}.$$

Dann gilt für alle x, die nicht auf einer Kante der $Q_{n,j}$ liegen

$$\underline{f}_n(x) \to \underline{f}(x), \quad \overline{f}_n(x) \to \overline{f}(x).$$

c) $\overline{f}$ und $\underline{f}$ sind Lebesgue–integrierbar und es gilt

$$\overline{\int} f(x)dx = \int \overline{f}(x)dx, \quad \underline{\int} f(x)dx = \int \underline{f}(x)dx,$$

wobei $\overline{\int}$ bzw. $\underline{\int}$ das Ober– bzw. Unterintegral, $\int$ das Lebesgueintegral bedeuten.

d) f ist genau dann Riemann–integrierbar, wenn f fast überall (bzgl. des Lebesgue–Maßes) stetig ist.

A.8 Jedes $f \in \mathcal{L}_1(X,\mu)$ läßt sich schreiben in der Form $f = f_1 - f_2 + i(f_3 - f_4)$, wobei für jedes f_j eine nicht fallende $\|\cdot\|_1$–Cauchyfolge $(g_{j,n})_n$ aus $E(X, \mathcal{R}_X)$ existiert mit $g_{j,n}(x) \to f_j(x)$ μ–f.ü.

A.9 Sei $f : [a,b] \mapsto \mathbb{R}$ Lebesgue–integrierbar. Ist $\int_I f dx = 0$ für jedes Intervall $I \subset [a,b]$, so gilt $f(x) = 0$ fast überall. (Es genügt auch, offene oder abgeschlossene Intervalle zu benutzen). *Anleitung:* Man benutze z.B. die folgenden Beweisschritte:

A.10 Übungen

a) $\int gf dx = 0$ für jede Treppenfunktion g,

b) $\int_A f dx = 0$ für jede Lebesgue–meßbare Teilmenge A von $[a,b]$,

c) ist $h : [a,b] \to \mathbb{R}$ Lebesgue–integrierbar mit $h(x) \geq 0$ f. ü. und $\int_{[a,b]} h d\mu = 0$,

so gilt $h(x) = 0$ f. ü.

A.10 a) Zu jeder Familie von Teilmengen einer Menge X gibt es eine kleinste σ-Algebra, die diese Mengen enthält. Die auf diese Weise aus den offenen Mengen (oder den abgeschlossenen Mengen) des $\mathbb{R}^m$ erzeugte Familie ist die *Borelsche σ-Algebra $\mathcal{B}$*, ihre Elemente heißen *Borel–Mengen*.

b) Ist ϱ ein Maß auf $\mathbb{R}^m$, das im Sinne dieses Kapitels aus einem Prämaß auf den Figuren im $\mathbb{R}^m$ erzeugt wird (z. B. das Lebesgue–Maß), so ist jede Borel–Menge eine ϱ-meßbare Menge.

c) Eine Funktion auf $\mathbb{R}^m$ heißt *Borel-meßbar*, wenn das Urbild jeder offenen Menge eine Borel–Menge ist. Ist ϱ wie in Teil b, so gilt: Jede Borel-meßbare Funktion ist ϱ-meßbar.

A.11 Sei (X,μ) ein Maßraum. Eine Funktion $f : X \to \mathbb{R}$ ist genau dann meßbar, wenn für jede Borel–Menge $A \subset \mathbb{R}$ das Urbild $\{x \in X : f(x) \in A\}$ μ-meßbar ist.

A.12 Es gilt auch die Umkehrung von Lemma A.20: Ist N eine $\mu_X \times \mu_Y$-meßbare Teilmenge von $X \times Y$ mit der Eigenschaft, daß für μ_X-f. a. $x \in X$ die Menge $N(x) = \{y \in Y : (x,y) \in N\}$ eine μ_Y-Nullmenge ist, so ist N eine $\mu_X \times \mu_Y$-Nullmenge. *Anleitung:* Satz von Tonelli A.21.

A.13 Die Funktion $f : [a,b] \mapsto \mathbb{R}$ sei *Lipschitz-stetig*, d. h. es gibt ein L mit $|f(x) - f(y)| \leq L|x-y|$ für alle $x, y \in [a,b]$. Man zeige: f ist absolut stetig, d. h. es gibt ein $g \in \mathcal{L}^1(a,b) = \mathcal{L}^1((a,b),\lambda)$ mit $f(x) = f(a) + \int_a^x g(t)\,dt$. *Anleitung:* a) $\varphi(x) := f(x) + Lx$ ist nicht-fallend und Lipschitz-stetig.
b) Das durch φ gemäß Beispiel A.2 erzeugte Lebesgue–Stieltjes–Maß ist absolut stetig bezüglich des Lebesgue–Maßes.

A.14 a) Eine Funktion $f : [a,b] \to \mathbb{C}$ ist genau dann absolut stetig, wenn zu jedem $\varepsilon > 0$ ein $\delta > 0$ existiert so, daß aus $a_1 < b_1 \leq a_2 < b_2 \leq \ldots \leq a_n < b_n$ mit $\sum(b_j - a_j) < \delta$ folgt $\sum |f(b_j) - f(a_j)| < \varepsilon$.

b) Zu jedem $\alpha < 1$ gibt es eine Funktion $f : [a,b] \to \mathbb{R}$, die höldersteig mit Exponenz α ist, aber nicht absolut stetig. *Anleitung:* $c_j > 0$, $(c_j) \searrow$ mit $\sum c_j = 1$, $\sum c_j^\alpha = \infty$, $d_n := \sum_{j=0}^n c_j$, $n(x)$ die größte natürliche Zahl mit $d_{n(x)} \leq x$, $f : [0,1] \to \mathbb{R}$ definiert durch $f(x) := \sum_{j=1}^{n(x)} (-1)^j c_j^\alpha + (-1)^{n(x)+1} (x - c_{n(x)})^\alpha$.

A.15 Sei $\sum_{n \in M} |z_n| = C$ mit $z_n \in \mathbb{C}$ und $M \subset \mathbb{N}$ (endlich oder unendlich). Dann gibt es eine Teilmenge S von M mit $|\sum_{n \in S} z_n| \geq C/(4\sqrt{2}) > C/6$. *Anleitung:* Man zerlege $\mathbb{C}$ in vier Quadranten $Q_1, \ldots, Q_4$. dann gibt es mindestens ein $m \in \{1, \ldots, 4\}$ mit $\sum_{\{n : z_n \in Q_m\}} |z_n| \geq C/4$. Für Zahlen w_n aus einem Quadranten gilt aber stets $|\sum w_n| \geq \sum |w_n|/\sqrt{2}$.

B Die Stieltjessche Umkehrformel und ein Satz von G. Herglotz

Die folgenden beiden Sätze werden beim Beweis des Spektralsatzes 8.11 benutzt.

Eine Funktion $w : \mathbb{R} \to \mathbb{C}$ heißt von *beschränkter Variation*, wenn es vier beschränkte nicht-fallende Funktionen $w_j : \mathbb{R} \to \mathbb{R}$ gibt mit

$$w = w_1 - w_2 + iw_3 - iw_4.$$

(Die Bezeichnung kommt daher, daß w genau dann so darstellbar ist, wenn es ein $C \geq 0$ gibt mit $\sum_n |w(b_n) - w(a_n)| \leq C$ für jede Folge von disjunkten Intervallen $(a_n, b_n]$; das kleinste C mit dieser Eigenschaft heißt die *Varation von w*.) Für solche w betrachten wir *Stieltjes-Integrale* der Form

$$f(z) := \int_{-\infty}^{\infty} \frac{1}{t-z} \, dw(t) \quad \text{für } z \in \mathbb{C} \setminus \mathbb{R}. \qquad (*)$$

Diese können als *uneigentliche Rieman-Stieltjes-Integrale* aufgefaßt werden, oder als Linearkombination von *Lebesgue-Stieltjes-Integralen*, d. h.

$$f(z) = \int_{-\infty}^{\infty} \frac{1}{t-z} \, dw_1(t) - \int_{-\infty}^{\infty} \ldots dw_2(t) + i \int_{-\infty}^{\infty} \ldots dw_3(t) - i \int_{-\infty}^{\infty} \ldots dw_4(t)$$

(man beachte, daß der Integrand $\varphi(t) = (t-z)^{-1}$ auf $\mathbb{R}$ stetig und beschränkt ist und die Maße $w_j(\mathbb{R})$ endlich sind.)

Satz B.1 (Stieltjes–Umkehrformel) *Sei $w : \mathbb{R} \to \mathbb{C}$ eine Funktion von beschränkter Variation; außerdem sei w rechtsstetig mit $w(t) \to 0$ für $t \to -\infty$. Die Funktion $f : \mathbb{C} \setminus \mathbb{R} \to \mathbb{C}$ sei durch $(*)$ definiert.*

a) *Für alle $t \in \mathbb{R}$ gilt*

$$w(t) = \lim_{\delta \to 0+} \lim_{\varepsilon \to 0+} \frac{1}{2\pi i} \int\limits_{-\infty}^{t+\delta} \left(f(s+i\varepsilon) - f(s-i\varepsilon) \right) ds,$$

insbesondere ist w durch f eindeutig bestimmt.

b) *Ist w reellwertig, so gilt für alle $t \in \mathbb{R}$*

$$w(t) = \lim_{\delta \to 0+} \lim_{\varepsilon \to 0+} \frac{1}{\pi} \int\limits_{-\infty}^{t+\delta} \operatorname{Im} f(s+i\varepsilon) \, ds.$$

Beweis. a) Ist $w = u + iv$ mit reellwertigen u und v, und sind f_u und f_v entsprechend definiert, so folgt Teil a aus Teil b wegen $f_u(s-i\varepsilon) = \overline{f_u(s+i\varepsilon)}$, und $f_v(s-i\varepsilon) = \overline{f_v(s+i\varepsilon)}$.

b) Da w reellwertig ist, gilt für jedes $\varepsilon > 0$

$$\operatorname{Im} f(s+i\varepsilon) = \int\limits_{-\infty}^{\infty} \operatorname{Im} \left(\frac{1}{\tau - s - i\varepsilon} \right) dw(\tau) = \int\limits_{-\infty}^{\infty} \frac{\varepsilon}{(s-\tau)^2 + \varepsilon^2} \, dw(\tau),$$

mit dem Satz von Fubini A.21 folgt für jedes $r \in \mathbb{R}$

$$\int\limits_{-\infty}^{r} \operatorname{Im} f(s+i\varepsilon) \, ds = \int\limits_{-\infty}^{\infty} \int\limits_{-\infty}^{r} \frac{\varepsilon}{(s-\tau)^2 + \varepsilon^2} \, ds \, dw(\tau)$$

$$= \int\limits_{-\infty}^{\infty} \left(\arctan \frac{r-\tau}{\varepsilon} + \frac{\pi}{2} \right) dw(\tau).$$

Wegen

$$\left| \arctan \frac{r-\tau}{\varepsilon} + \frac{\pi}{2} \right| \leq \pi \quad \text{für alle } r \in \mathbb{R},$$

$$\arctan \frac{r-\tau}{\varepsilon} + \frac{\pi}{2} \to \begin{cases} \pi & \text{für } r > \tau, \\ \pi/2 & \text{für } r = \tau, \\ 0 & \text{für } r < \tau, \end{cases} \quad \text{für } \varepsilon \to 0+$$

B Die Stieltjessche Umkehrformel und ein Satz von G. Herglotz 453

folgt aus dem Satz von Lebesgue A.12, angewandt auf die einzelnen Integrale $\int \ldots \mathrm{d}\, w_j(\tau)$,

$$\lim_{\varepsilon \to 0+} \int_{-\infty}^{r} \operatorname{Im} f(s + i\varepsilon)\,\mathrm{d}s = \int_{(-\infty,r)} \pi\,\mathrm{d}w(\tau) + \int_{\{r\}} \frac{\pi}{2}\,\mathrm{d}w(\tau) + \int_{(r,\infty)} 0\,\mathrm{d}w(\tau)$$

$$= \pi w(r-) + \frac{\pi}{2}\bigl(w(r) - w(r-)\bigr) = \frac{\pi}{2}\bigl(w(r) + w(r-)\bigr).$$

Ersetzt man hier r durch $t + \delta$, so folgt für $\delta \to 0+$ die gewünschte Behauptung, da w rechtsstetig ist. ∎

Satz B.2 (G. Herglotz) *Sei* $\mathbb{C}_+ := \{z \in \mathbb{C} : \operatorname{Im} z > 0\}$, $M \geq 0$ *und* $f : \mathbb{C}_+ \to \mathbb{C}$ *holomorph mit*

$$\operatorname{Im} f(z) \geq 0 \quad \text{und} \quad |f(z)\operatorname{Im} z| \leq M \quad \text{für} \quad z \in \mathbb{C}_+;$$

eine solche Funktion wird als Herglotz-Funktion bezeichnet. Dann gibt es genau eine rechtsstetige nicht-fallende Funktion $w : \mathbb{R} \to \mathbb{R}$ *mit* $w(t) \to 0$ *für* $t \to -\infty$ *und*

$$f(z) = \int_{-\infty}^{\infty} \frac{1}{t - z}\,\mathrm{d}w(t) \quad \text{für } z \in \mathbb{C}_+.$$

Für alle $t \in \mathbb{R}$ *gilt* $w(t) \leq M$ *und*

$$w(t) = \lim_{\delta \to 0+} \lim_{\varepsilon \to 0+} \frac{1}{\pi} \int_{-\infty}^{t+\delta} \operatorname{Im} f(s + i\varepsilon)\,\mathrm{d}s.$$

Beweis. Die Darstellung und Eindeutigkeit von $w(\cdot)$ folgt aus Satz B.1, wenn wir die Existenz gezeigt haben. Wir benutzen die folgenden Integrationswege:
$\Gamma_{\varepsilon,r}$: von $-r + i\varepsilon$ geradlinig nach $r + i\varepsilon$ und auf dem oben liegenden
  Halbkreis mit Radius r zurück nach $-r + i\varepsilon$,
$\Gamma'_{\varepsilon,r}$: nur der Kreisbogen aus $\Gamma_{\varepsilon,r}$ von $r + i\varepsilon$ nach $-r + i\varepsilon$,
Γ_ε: die Parallele zur x-Achse von $-\infty + i\varepsilon$ nach $\infty + i\varepsilon$.

454   B Die Stieltjessche Umkehrformel und ein Satz von G. Herglotz

Dabei sei $z = x+iy \in \mathbb{C}_+$ und $0 < \varepsilon < y$ (also liegt z innerhalb von $\Gamma_{\varepsilon,r}$ und $\bar{z}+2i\varepsilon$ außerhalb von $\Gamma_{\varepsilon,r}$ für hinreichend große r). Nach der Cauchy'schen Integralformel und dem Cauchy'schen Integralsatz gilt also

$$f(z) = \frac{1}{2\pi i} \int_{\Gamma_{\varepsilon,r}} \frac{1}{\zeta - z} f(\zeta)\, d\zeta = \frac{1}{2\pi i} \int_{\Gamma_{\varepsilon,r}} \left\{ \frac{1}{\zeta - z} - \frac{1}{\zeta - (\bar{z}+2i\varepsilon)} \right\} f(\zeta)\, d\zeta$$

$$= \frac{1}{2\pi i} \int_{\Gamma_{\varepsilon,r}} \frac{(z - \bar{z} - 2i\varepsilon)}{(\zeta - z)(\zeta - \bar{z} - 2i\varepsilon)} f(\zeta)\, d\zeta$$

$$= \frac{1}{\pi} \int_{\Gamma_{\varepsilon,r}} \frac{y - \varepsilon}{(\zeta - z)(\zeta - \bar{z} - 2i\varepsilon)} f(\zeta)\, d\zeta.$$

Wegen

$$|f(\zeta)| \leq \varepsilon^{-1} M \quad \text{und} \quad \left| \frac{y - \varepsilon}{(\zeta - z)(\zeta - \bar{z} - 2i\varepsilon)} \right| < C r^{-2} \quad \text{für } \zeta \in \Gamma'_{\varepsilon,r}$$

strebt das Integral über $\Gamma'_{\varepsilon,r}$ gegen 0 für $r \to \infty$, d. h. es gilt

$$f(z) = \frac{1}{\pi} \int_{\Gamma_\varepsilon} \frac{y - \varepsilon}{(\zeta - z)(\zeta - \bar{z} - 2i\varepsilon)} f(\zeta)\, d\zeta$$

$$= \frac{1}{\pi} \int_{-\infty}^{\infty} \frac{y - \varepsilon}{(t + i\varepsilon - z)(t - i\varepsilon - \bar{z})} f(t + i\varepsilon)\, dt$$

$$= \frac{1}{\pi} \int_{-\infty}^{\infty} \frac{y - \varepsilon}{(x - t)^2 + (y - \varepsilon)^2} f(t + i\varepsilon)\, dt.$$

Mit $v(z) = \operatorname{Im} f(z)$ gilt also

$$v(z) = \frac{1}{\pi} \int_{-\infty}^{\infty} \frac{y - \varepsilon}{(x - t)^2 + (y - \varepsilon)^2} v(t + i\varepsilon)\, dt.$$

Aus $|v(z)y| \leq |f(z) \operatorname{Im} z| \leq M$ folgt

$$\left| \frac{1}{\pi} \int_{-\infty}^{\infty} \frac{(y - \varepsilon)^2}{(x - t)^2 + (y - \varepsilon)^2} v(t + i\varepsilon)\, dt \right| = \left| (y - \varepsilon) v(z) \right| \leq M.$$

B Die Stieltjessche Umkehrformel und ein Satz von G. Herglotz 455

Für $y \to \infty$ folgt hieraus mit dem Lemma von Fatou A.13 die Integrierbarkeit von $v(\cdot + i\varepsilon)$ und

$$0 \leq \frac{1}{\pi} \int_{-\infty}^{\infty} v(t + i\varepsilon)\,dt \leq M \quad \text{für alle} \quad \varepsilon > 0.$$

Da für $\varepsilon < y/2$ gilt (elementare Rechnung, Beweis!)

$$\left| \frac{y - \varepsilon}{(x-t)^2 + (y-\varepsilon)^2} - \frac{y}{(x-t)^2 + y^2} \right| \leq \frac{\varepsilon}{y}\left\{\frac{1}{y} + \frac{1}{y-\varepsilon}\right\} \leq 3\varepsilon y^{-2},$$

folgt

$$\int_{-\infty}^{\infty} \left\{ \frac{y - \varepsilon}{(x-t)^2 + (y-\varepsilon)^2} - \frac{y}{(x-t)^2 + y^2} \right\} v(t + i\varepsilon)\,dt \to 0 \quad \text{für } \varepsilon \to 0+,$$

also

$$v(z) = \lim_{\varepsilon \to 0+} \frac{1}{\pi} \int_{-\infty}^{\infty} \frac{y}{(x-t)^2 + y^2} v(t + i\varepsilon)\,dt.$$

Definieren wir nun für $\varepsilon > 0$ die Funktion $w_\varepsilon : \mathbb{R} \to \mathbb{R}$ durch

$$w_\varepsilon(t) := \frac{1}{\pi} \int_{-\infty}^{t} v(s + i\varepsilon)\,ds \quad \text{für } t \in \mathbb{R},$$

so ist w_ε stetig differenzierbar, nicht-fallend, und es gilt $0 \leq w_\varepsilon(t) \leq M$. Mit dem Diagonalverfahren findet man eine positive Nullfolge (ε_n) so, daß (z. B.) gilt [1]

$$\widetilde{w}(t) := \lim_{n \to \infty} w_{\varepsilon_n}(t) \text{ existiert für rationale } t.$$

---

[1] Nach einem Satz von E. HELLY (vgl. W. RUDIN[29] Seite 162) kann die Folge (ε_n) sogar so gewählt werden, daß $(w_{\varepsilon_n}(t))$ für alle $t \in \mathbb{R}$ konvergiert; dies würde die folgenden Schlüsse geringfügig vereinfachen.

456   B Die Stieltjessche Umkehrformel und ein Satz von G. Herglotz

Offenbar gilt $\widetilde{w}(s) \leq \widetilde{w}(t)$ für $s \leq t$ (rational). Für irrationale t definieren wir

$$\widetilde{w}(t) := \inf\left\{\widetilde{w}(s) : s > t, s \text{ rational}\right\}.$$

Dann gilt

$$v(z) = \lim_{n\to\infty} \frac{1}{\pi} \int_{-\infty}^{\infty} \frac{y}{(x-t)^2 + y^2} v(t + i\varepsilon_n)\, dt = \lim_{n\to\infty} \int_{-\infty}^{\infty} \frac{y}{(x-t)^2 + y^2} w'_{\varepsilon_n}(t)\, dt$$

$$= \lim_{n\to\infty} \int_{-\infty}^{\infty} \frac{y}{(x-t)^2 + y^2}\, dw_{\varepsilon_n}(t) = \int_{-\infty}^{\infty} \frac{y}{(x-t)^2 + y^2}\, d\widetilde{w}(t),$$

denn für die Berechnung der Stieltjes–Integrale kann man sich auf Näherungssummen mit rationalen Teilungspunkten beschränken. Definieren wir

$$\widehat{w}(t) := \inf\left\{\widetilde{w}(s) : s > t\right\} \quad \text{und} \quad w(t) := \widehat{w}(t) - \lim_{s \to -\infty} \widehat{w}(s),$$

so ist offensichtlich w rechtsstetig und nicht-fallend mit $w(t) \to 0$ für $t \to -\infty$, und es gilt

$$v(z) = \int_{-\infty}^{\infty} \frac{y}{(x-t)^2 + y^2}\, d\widehat{w}(t) = \int_{-\infty}^{\infty} \frac{y}{(x-t)^2 + y^2}\, dw(t),$$

denn $\widehat{w}$ unterscheidet sich von $\widetilde{w}$ höchstens in den abzählbar vielen Unstetigkeitspunkten von $\widetilde{w}$, w und $\widehat{w}$ unterscheiden sich nur um eine additive Konstante; beides hat keinen Einfluß auf das Integral, da der Integrand stetig ist.

Die Funktion $F(z) := \int_{-\infty}^{\infty} \frac{1}{t-z}\, dw(t)$ ist holomorph in $\mathbb{C}_+$ mit $\operatorname{Im} F(z) = v(z) = \operatorname{Im} f(z)$. Also gilt $\operatorname{Re} f(z) = \operatorname{Re} F(z) + C$, d.h.

$$f(z) = \int_{-\infty}^{\infty} \frac{1}{t-z}\, dw(t) + C.$$

B Die Stieltjessche Umkehrformel und ein Satz von G. Herglotz

Wegen $|f(z) \operatorname{Im} z| \leq M$ und

$$\left|(\operatorname{Im} z) \int_{-\infty}^{\infty} \frac{1}{t-z} \, dw(t)\right| \leq \left|\int_{-\infty}^{\infty} 1 \, dw(t)\right| \leq M$$

folgt $C = 0$, d. h. w hat alle gewünschten Eigenschaften. ∎

C   Der Satz von Stone–Weierstraß

Satz C.1 (Stone–Weierstraß) *Sei X ein kompakter Hausdorffscher Raum, $C(X)$ der Raum der stetigen reellen oder komplexwertigen Funktionen auf X ausgestattet mit der Supremumsnorm $\|\cdot\|_\infty$, F eine Teilmenge von $C(X)$ mit den Eigenschaften*

(i) *F enthält eine konstante Funktion ungleich 0 (z. B. die Funktion $\mathbf{1}$),*

(ii) *F trennt die Punkte von X, d. h. zu $x_1, x_2 \in X$ mit $x_1 \neq x_2$ gibt es ein $f \in F$ mit $f(x_1) \neq f(x_2)$,*

(iii) *mit jedem $f \in F$ liegt auch $\overline{f}$ ($\overline{f}(x) := \overline{f(x)}$) in F (diese Eigenschaft ist natürlich stets erfüllt, wenn F nur reellwertige Funktionen enthält).*

Dann ist die von F erzeugte Algebra dicht in $C(X)$.

Beweis. Sei $A = \mathcal{A}(F)$ die durch F erzeugte Algebra. Es ist $\overline{A} = C(X)$ zu beweisen. Wir betrachten zunächst den *reellen Fall*.

$f \in \overline{A} \Rightarrow |f| \in \overline{A}$: Nach dem klassischen Approximationssatz von Weierstraß gibt es zu jedem $n \in \mathbb{N}$ ein Polynom P_n mit

$$\left||t| - P_n(t)\right| \leq \frac{1}{n} \text{ für } -n \leq t \leq n.$$

(Tatsächlich braucht man hierfür den Weierstraß'schen Approximationssatz, der natürlich als Spezialfall aus dem Satz von Stone–Weierstraß folgt, nicht zu verwenden: Man kann elementar zeigen, daß für $|s| \leq 1$ die Folge $\bigl(p_k(s)\bigr)$ mit

$$p_1(s) := 0, \quad p_{k+1}(s) := p_k(s) + \frac{1}{2}\left(s^2 - p_k(s)^2\right)$$

gleichmäßig gegen $|s| = \sqrt{s^2}$ konvergiert; dies folgt aus der monotonen und punktweisen Konvergenz $p_k(s) \nearrow |s|$ mit Hilfe des Satzes von Dini [vgl. z. B.

C Der Satz von Stone–Weierstraß 459

H. SCHUBERT [31], II.4.3 Satz 1]. Also konvergiert $np_k\!\left(t/n\right)$ für $|t| \leq n$ gleichmäßig gegen $|t|$.)

Damit folgt für $n \geq \|f\|_\infty$

$$\Big||f(x)| - P_n(f)(x)\Big| = \Big||f(x)| - P_n(f(x))\Big| \leq \frac{1}{n} \text{ für alle } x \in X.$$

Wegen $P_n(f(\cdot)) = P_n \circ f \in \mathcal{A}(\overline{A}) = \overline{A}$ folgt hieraus diese Behauptung.

$f, g \in \overline{A} \Rightarrow \max\{f, g\}, \min\{f, g\} \in \overline{A}$: Dies folgt sofort aus

$$\max\{f, g\}(x) = \max\{f(x), g(x)\}$$
$$= \frac{1}{2}\Big(f(x) + g(x)\Big) + \frac{1}{2}|f(x) - g(x)|$$
$$= \frac{1}{2}(f + g)(x) + \frac{1}{2}|f - g|(x),$$
$$\min\{f, g\}(x) = \frac{1}{2}(f + g)(x) - \frac{1}{2}|f - g|(x).$$

Es bleibt zu zeigen: *Zu jedem $f \in C(X)$ und jedem $\varepsilon > 0$ gibt es ein $f_\varepsilon \in \overline{A}$ mit $\|f - f_\varepsilon\|_\infty < \varepsilon$.*

Wir zeigen zunächst: Zu beliebigen $y, z \in X$ gibt es ein $f_{y,z} \in A$ mit

$$f_{y,z}(y) = f(y), \quad f_{y,z}(z) = f(z).$$

Für $y = z$ folgt dies sofort aus Voraussetzung (i). Für $y \neq z$ wählt man ein $g \in F$ mit $g(y) \neq g(z)$ (Voraussetzung (ii)). Dann gibt es reelle Zahlen α, β mit

$$\alpha g(y) + \beta = f(y), \quad \alpha g(z) + \beta = f(z).$$

Mit $f_{y,z} := \alpha g + \beta$ gilt also die Behauptung.

Sei $z \in X$. Dann gibt es zu jedem $y \in X$ eine Umgebung U_y von y mit

$$f_{y,z}(x) > f(x) - \varepsilon \text{ für alle } x \in U_y.$$

Sei $\{U_{y_1}, \ldots, U_{y_p}\}$ eine endliche Überdeckung von X durch solche Umgebungen,

$$f_z := \max\{f_{y_1,z}, \ldots, f_{y_p,z}\}.$$

Dann ist

$$f_z \in \overline{A} \text{ und } f_z(x) > f(x) - \varepsilon \text{ für alle } x \in X.$$

Wegen $f_{y_j,z}(z) = f(z)$ für alle j gilt $f_z(z) = f(z)$. Also gibt es zu jedem z eine Umgebung V_z von z mit

$$f_z(x) < f(x) + \varepsilon \quad \text{für alle } x \in V_z.$$

Sei $\{V_{z_1}, \ldots, V_{z_q}\}$ eine endliche Überdeckung von X und

$$f_\varepsilon := \min\{f_{z_1}, \ldots, f_{z_q}\}.$$

Wegen $f_{z_i} > f - \varepsilon$ für $i = 1, \ldots, q$ gilt dann

$$f_\varepsilon(x) > f(x) - \varepsilon \text{ für alle } x \in X.$$

Andererseits gibt es zu jedem $x \in X$ ein i mit $x \in V_{z_i}$, und somit

$$f_\varepsilon(x) \leq f_{z_i}(x) < f(x) + \varepsilon.$$

Insgesamt haben wir also

$$|f(x) - f_\varepsilon(x)| < \varepsilon \quad \text{für alle } x \in X.$$

Betrachten wir nun den *komplexen Fall*: Offenbar hat die Menge der reellen Funktionen

$$\widetilde{F} := \left\{ \operatorname{Re} f, \operatorname{Im} f : f \in F \right\} \subset A$$

die Eigenschaften (i) und (ii), d.h. jede stetige reelle Funktion (also der Real- und der Imaginärteil jeder stetigen Funktion) auf X liegt im Abschluß der durch A erzeugten Algebra. Dies gilt dann auch für jede stetige komplexwertige Funktion. ∎

Korollar C.2 a) *Sei $C^*(\mathbb{R})$ der Raum der stetigen Funktionen auf $\mathbb{R}$ mit $\lim_{x \to -\infty} f(x) = \lim_{x \to \infty} f(x)$ (endlich), $z \in \mathbb{C} \backslash \mathbb{R}$. Dann ist die Menge der Polynome in $(x-z)^{-1}$ und $(x-\overline{z})^{-1}$ dicht in $C^*(\mathbb{R})$; das gleiche gilt für $(x-z)^{-2}$ und $(x-\overline{z})^{-2}$, aber nicht für $(x-z)^{-n}$ und $(x-\overline{z})^{-n}$ mit $n \geq 3$.*

b) *Ist $C^*([\mu, \infty))$ der Raum der auf $[\mu, \infty)$ stetigen Funktionen für die $\lim_{x \to \infty} f(x)$ existiert und $z \in (-\infty, \mu)$, so ist die Menge der Polynome in $(x-z)^{-n}$ dicht in $C^*([\mu, \infty))$ für jedes $n \in \mathbb{N}$.*

c) *Ist $C^*((-\infty, \alpha] \cup [\beta, \infty))$ der Raum der auf $(-\infty, \alpha] \cup [\beta, \infty)$ stetigen Funktionen, für die die Grenzwerte $\lim_{x \to \pm\infty} f(x)$ existieren und gleich sind, so ist für jedes $z \in (\alpha, \beta)$ und jedes ungerade $n \in \mathbb{N}$ die Menge der Polynome in $(x-z)^{-n}$ dicht in $C^*((-\infty, \alpha] \cup [\beta, \infty))$.*

Zum *Beweis* betrachte man die Ein-Punkt-Kompaktifizierung $\mathbb{R}^*$ von $\mathbb{R}$; dann ist $C^*(\mathbb{R}) = C(\mathbb{R}^*)$. Die in den drei Teilen genannte Menge F von Funktionen hat offenbar jeweils die in Satz C.1 geforderten Eigenschaften bezüglich der zu Grunde liegenden Menge $\mathbb{R}^*$ bzw. $[\mu, \infty) \cup \{\infty\}$ bzw. $(-\infty, \alpha] \cup [\beta, \infty) \cup \{\pm\infty\}$. Im Fall a ist dies für $t \mapsto (t-z)^{-n}$, $t \mapsto (t-\bar{z})^{-n}$ mit $n \geq 3$ nicht erfüllt; das gleiche gilt im Fall c für gerade n (Beweis?).

Korollar C.3 *Sei $z \in \mathbb{C} \setminus \mathbb{R}$, $C_\infty(\mathbb{R})$ der Raum der stetigen Funktionen $f : \mathbb{R} \to \mathbb{C}$ mit $f(x) \to 0$ für $|x| \to \infty$. Dann ist die durch $(x-z)^{-1}$ und $(x-\bar{z})^{-1}$ erzeugte Algebrea (ohne Eins) dicht in $C_\infty(\mathbb{R})$.*

Korollar C.4 *Sei $\widetilde{C}[0,1]$ der Raum der stetigen Funktionen auf $[0,1]$ mit $f(0) = f(1)$, $e_n(x) := \exp(2\pi i n x)$ für $x \in [0,1]$ und $n \in \mathbb{Z}$. Dann ist $\{e_n : n \in \mathbb{Z}\}$ total in $\left(\widetilde{C}[0,1], \|\cdot\|_\infty\right)$ (und somit in $L_2(0,1)$, vgl. Beispiel 1.53).*

Beweis. Sei $S^1 = \{z \in \mathbb{C} : |z| = 1\}$. Durch $Tf(x) = f(e^{2\pi i x})$ für $x \in [0,1]$ und $f \in C(S^1)$ wird eine Isometrie von $\left(C(S^1), \|\cdot\|_\infty\right)$ auf $\left(\widetilde{C}[0,1], \|\cdot\|_\infty\right)$ definiert. Die Polynome in z und $\bar{z}$ sind nach dem Satz von Stone-Weierstraß dicht in $\left(C(S^1), \|\cdot\|_\infty\right)$. Bei Anwendung der Transformation T gehen diese Polynome in z und $\bar{z}$ über in Polynome in $e^{2\pi i x}$ und $e^{-2\pi i x}$, d.h. in Linearkombinationen der $e_n(\cdot), n \in \mathbb{Z}$. Also ist $L\{e_n : n \in \mathbb{Z}\}$ dicht in $\left(\widetilde{C}[0,1], \|\cdot\|_\infty\right)$. ∎

Literaturverzeichnis

[1] Achieser, N. I., Glasmann, I. M.: Theorie der linearen Operatoren im Hilbert-Raum. Mathematische Lehrbücher, Band 4, Berlin 1981

[2] Bohr, H.: Fastperiodische Funktionen (Reprint der ersten Auflage von 1932). Springer-Verlag, Berlin/Heidelberg/New York 1974

[3] Bourbaki, N:: Eléments mathematique, Livre V; Espaces vectoriels topologiques. Herman, Paris 1967

[4] Diendonné, J.: History of Functional Analysis. North Holland Mathematics Studies 49, Notades Mathemática (77). North Holland Publishing Company, Amsterdam/New York/Oxford 1981

[5] Dunford, N., Schwartz, J. T.: Linear Operators I–III, Pure and Applied Mathematics. Interscience Publishers, New York/London 1958/1963/1971

[6] Faris, W. G.: Self-Adjoint Operators. Lecture Notes in Mathematics, Vol.433. Springer-Verlag, Berlin/Heidelberg/New York 1975

[7] Friedrichs, K. O.: Spectral Theory of Operators in Hilbert Space. Applied Mathematical Sciences. Vol.9 Springer-Verlag, New York/Heidelberg/Berlin 1973

[8] Gohberg, I. C., Krein, M. G.: Introduction to the Theory of Linear Nonselfadjoint Operators. Translation of Mathematical Monographs, Vol. 18 American Mathematical Society, Providence, R. I. 1969

[9] Goldberg, S.: Unbounded Linear Operators, Theory and Applications. McGraw-Hill Series in Higher Mathematics. McGraw-Hill Book Company, New York/St. Louis/San Francisco/Toronto/London/Sydnex 1966

[10] Halmos, P. R.: A Hilbert Space Problem Book. Graduate Texts in Mathematics, Vol. 19. Springer-Verlag New York/Heidelberg/Berlin 1982

[11] Hellinger, E., Toeplitz, O.: Integralgleichungen und Gleichungen mit unendlich vielen Unbekannten. Sonderausgabe aus der Enzyklopädie der mathematischen Wissenschaften 1927 (Nachdruck Chelsea Publishing Company, New York 1953)

[12] Helmberg, G.: Introduction to Spectral Theory in Hilbert Space. Applied Mathematics and Mechanics, Vol. 6. North–Holland Publishing Company, Amsterdam/London 1969

[13] Heuser, H.: Funktionalanalysis. Mathematische Leitfäden. Teubner-Verlag, Stuttgart 1986

[14] Hilbert, D.: Grundzüge einer allgemeinen Theorie der linearen Integralgleichungen. Fortschritte der mathematischen Wissenschaften in Monographie. Heft 3, B. G. Teubner, Leipzig/Berlin 1924

[15] Hille, E., Philipps, R.: Functional Analysis and Semi Groups. American Mathematical Society, Providence, R. I. 1957

[16] Hörmander, L.: The Analysis of Linear Parial Differential Operators I. Grundlehren der mathematischen Wissenschaften in Einzeldarstellungen, Band 256. Springer–Verlag, Berlin/Heidelberg/New York/Tokyo 1983

[17] Jantscher, L.: Hilberträume. Studientexte Mathematik. Akademische Verlagsgesellschaft, Wiesbaden 1977

[18] Jelitto, R.: Theoretische Physik 4: Quantenmechanik I. Aula–Verlag, Wiesbaden 1984

[19] Jörgens, K.: Lineare Integraloperatoren. Mathematische Leitfäden, Teubner–Verlag, Stuttgart 1970

[20] Kamke, E.: Mengenlehre. Sammlung Göscher Band 999/999a, Walter de Gruyter, Berlin 1969

[21] Kato, T.: Perturbation Theory for Linear Operators. Grundlehren der mathematischen Wissenschaften in Einzeldarstellungen, Band 132, Secon edition. Springer–Verlag, Berlin/New York/Heidelberg 1976

[22] Ljusternik, L. A., Sobolev, W. I.: Elemente der Funktionalanalysis. Harri Deutsch, Zürich/Frankfurt/Thun 1976

[23] Maurin, K.: Mehtods of Hilbert Spaces. Monografie Matematyszne. PWN – Polish Scientific Publisher, Warschau 1967

[24] Messiah, A.: Quantum Mechanics I. Wiley, London/Sydney 1961

[25] Neuman, J.: Mathematische Grundlagen der Quantenmechanik. Grundlehren der mathematischen Wissenschaften in Einzeldarstellungen, Band 38. Springer-Verlag, Berlin/Heidelberg/New York 1968

[26] Reed, M., Simon, B.: Methods of Modern Mathematical Physics. I Functional Analysis, II Fourier Analysis, Self-Adjointness, III Seattering Theory, IV Analysis of Operators. Academic Press, New York/San Francisco/London 1972/1975/1979/1978

[27] Retherford, J. R.: Hilbert space: Compact Operators and the Trace Theorem. London Mathematical Society, Student Texts **27**, Cambridge University Press, Cambridge 1993

[28] Riesz, R., Sz.-Nagy, B.: Vorlesungen über Funktionalanalysis. Hochschulbücher für Mathematik, Band 27, VEB Deutscher Verlag der Wissenschaften, Berlin 1956

[29] Rudin, W.: Analysis. Physik-Verlag, Weinheim 1980

[30] Rudin, W.: Functional Analysis. McGraw-Hill Book Company, New York 1973

[31] Schubert, H.: Topologie. Mathematische Leitfäden. Teubner-Verlag, Stuttgart 19..

[32] Trace ideals and their applications. London Mathematical Society Lecture Note Series **35**. Cambridge University Press, Cambridge/London/New York/Melbourne 1979

[33] Stein, E. M., Weiss, G: Introduction to Fourier Analysis on Eucledean Spaces. Princeton University Press, Princeton, N. J. 1971

[34] Stone, M.: Linear Transformations in Hilbert space and their Application to Analysis. American Mathematical Society Colloquium Publication 15. New York 1932

[35] Sz.-Nagy, B.: Spektraldarstellung linearer Transformationen im Hilbertschen Raum. Ergebnisse der Mathematik und ihrer Grenzgebiete, Band 39. Springer-Verlag, Berlin/Heidelberg/New York 1967

[36] Titchmarsh, E. C.: Eigenfunction Expansions Associated with Second-order Differential Equations, Part I and II. At The Clarendon Press 1962/1970

[37] Triebel, H.: Höhgere Analysis. Hochschulbücher für Mathematik, Band 76. VEB Deutscher Verlag der Wissenschaften, Berlin 1972

[38] Weidmann, J.: Lineare Operatoren in Hilberträumen. Mathematische Leitfäden, Teubner-Verlag, Stuttgart 1976

[39] Weidmann, J.: Linear Operators in Hilbert-Spaces. Graduate Texts in Mathematics 68, Springer-Verlag New York/Heidelberg/Berlin 1980

[40] Wintner, A.: Spektraltheorie der unendlichen Matrizen. Einführung in den analytischen Apparat der Quantenmechanik. S. Hirzel, Leipzig 1929

[41] Yoshida, K.: Functional Analysis. Die Grundlehren der Mathematischen Wissenschaften in Einzeldarstellungen, Band 123. Springer-Verlag, Berlin, Heidelberg, New York 1965

Namen- und Sachverzeichnis

abgeschlossen, schwach 126
abgeschlossene Menge 16
 - Sesquilinearform 172
abgeschlossener Operator 160
Abgeschlossenheit,
  Stabilität der 166
Ableitung bezüglich eines
  Maßes 441
abschließbare Sesquilinearform 172
abschließbarer Operator 160
Abschluß einer Menge 16
 - eines Operators 160
absolut stetige Funktion 441
 - stetiges Maß 438
adjungierter Operator 93
 - -, beschränkt 95
 - -, unbeschränkt 97
äquivalent 36
äquivalente Normen 33
algebraische Basis 67
 - Dimension 67
Algebra, normierte 70
Alternative, Fredholmsche 211
Amrein, W. O. 395
Anfangsmenge einer partiellen
  Isometrie 116
Anfangswertproblem der
  Schrödingergleichung 272
antilineares Funktional 128
Approximationssatz 48

Baire, R. L. 30
Banach, S. 29, 79, 84, 163
Banachraum 27

Basis, algebraische 67
  orthonormale 67
Berthier, A. M. 395
beschränkt, gleichmäßig 84
  punktweise 84
  wesentlich 38
beschränkter Operator 69
beschränkte Sesquilinearform 170
 - Variation 451
Bessel, F. W. 53
Besselsche Ungleichung 53
Borel, E. 449
Borel-Menge 449
  -meßbare Funktion 449
Borelsche σ-algebra 449
Bourbaki, N. 56, 67

Cantor-Menge 447
  verallgemeinerte 447
Carleman, T. 242
Carlemanoperator 234
  maximaler 235
Casteren, J. van 158
Cauchyfolge 26
Cayley-Transformierte 362
  verallgemeinerte 363
core 160

Defekt, Defektraum 359
Defektzahl 359
  obere und untere 361
Definitionsbereich 68
Demuth, M. 158
determinierender Bereich 160

dicht 34
dichte Teilräume von $L^p(X,\mu)$ 44
Differentialausdruck,
　　elliptischer 400
　　Laplacescher 409
　– mit konstanten
　　Koeffizienten 397
Differentialoperator,
　　elliptisch 401, 408
　　halbbeschränkt 408
Dilatationsgruppe 275
Dimension, algebraische 67
　– eines Operators 67
　　Hilbertraum– 57
direkte Summe 50
Dirichletfunktion 426
diskrete Metrik 12
diskreter unterer Teil des
　　Spektrums 309
diskretes Spektrum 305
Distributionsableitung 417
dualer Operator 93
Dualraum 74

Ehrenfest, P. 274
Ehrenfestsches Theorem 274
Eigenelement 188
Eigenelemente hermitescher und
　　normaler Operatoren 197
Eigenwert 188
einfache Funktionen 120
Einheitsoperator 68
Einheitsvektoren 51
einparametrige Gruppe 265
einparametrige Gruppe unitärer
　　Operatoren 266
Einschränkung eines Operators 82
　　endlichdimensionale 368
Elementarfunktion 421

elliptischer Differentialausdruck 400
　– Differentialoperator 401, 408
endlich additives Maß 447
endlichdimensionale
　　Fortsetzung 368
　– Einschränkung 368
Endmenge einer partiellen
　　Isometrie 116
Entwicklungssatz 53
　– für kompakte normale
　　Operatoren 201
　– für kompakte Operatoren
　　140
　– für kompakte selbstadjungierte Operatoren 138
Erwartungswert 259
euklidische Norm 14
euklidischer Abstand 12
Evolutionsoperator 265
Existenz von Orthonormalbasen 56

Faltung in $L^1(\mathbb{R}^m)$ 415
　– in $L^2(\mathbb{R}^m)$ 391
Faltungssatz in $L^2(\mathbb{R}^m)$ 392
fast alle, f. a. 421
fast gleichmäßig konvergent 422
fast überall, f. ü. 421
　– – bezüglich einer
　　Spektralschar 319
Fatou, P. 429
Figuren in $\mathbb{R}^m$ 419
Fixpunktsatz von Banach 29
Flach, M. 223
folgenkompakt 31
formal adjungiert 96
Formsumme 175
Fortsetzung eines Operators 82

subitem endlichdimensionale 368
    selbstadjungierte 124
Fortsetzungssatz von
    Hahn-Banach 79
Fortsetzungstheorie von
    v. Neumann 357
Fouriertransformation auf
    $L^1(\mathbb{R}^m)$ 380
    – auf dem Schwartzschen
        Raum 383
    – auf $L^2(\mathbb{R}^m)$ 389
Fredholmsche Alternative 211
Friedrichs, K. O. 174
Friedrichsfortsetzung 174, 252
Fubini, G. 436
Funktion, einfache 120
    Herglotzsche 453
    integrierbare 426
    – von beschränkter
        Variation 451
Funktional, lineares 74
    antilineares 128
Funktionen selbstadjungierter
    Operatoren 301

Generator, infinitesimaler 266
geordnete Spektraldarstellung
    289, 298
gerade Funktionen 51
gewichtete L^2-Räume 402
Glättung in L_p 87
gleichmäßig beschränkt 84
Gleichung, Parsevalsche 53
Gram, J. P. 55
Gram-Schmidtsche-
    Orthonormalisierung 55
Graph eines linearen
    Operators 102

Graphenkonvergenz 344
Graphennorm 160
Grenzwertsätze 428

Hadamard, J. 119
Hadamards Drei-Linien-
    Theorem 119
Hahn, H. 79
halbbeschränkter
    Differentialoperator 408
    Operator 171, 329
halbbeschränkte
    Sesquilinearform 172
Halbmetrik 12
Halbnorm 14
Halbordnung 111
    – für selbstadjungierte Operatoren 108, 313, 314
Halmos, P. 184
Hamel, G. 67
Hamelbasis 67
Hamiltonfunktion 257
Hamiltonsche Differential-
    gleichungen 256, 257
Hardy, G. H. 64
Hardy-Klasse 64
Hauptteil eines Differential-
    ausdrucks 401
Hausdorff, F. 395
Hausdorff-Young-Ungleichung 395
Heinz, E. 330
Heinzsche Ungleichung 330
Heisenberg, W. 260, 274, 395, 418
Heisenbergsche Unbestimmtheits-
    relation 260, 274, 395, 418
Hellinger, E. 184
Helly, E. 455
Herglotz, G. 453
Herglotz-Funktion 453

hermitesche Operatoren 197
- Sesquilinearform 21
hermitescher Operator 105, 265
Hilbert, D. 73
Hilbertraum 27
  -dimension 57
Hilbert-Schmidt-Integraloperator
  73, 146, 234
  -Norm 73, 145
  -Operator 144, 230
    Charakterisierung 231
  - und Carleman-
    operatoren 231
Hille, E. 230, 266
Hille-Tamarkin-Kern 230
  -Norm 230
Hölder, O.
Höldersche Ungleichung 40

idempotent 109
Impulsoperator 259
induzierte Metrik 34
infinitesimaler Generator 266, 301
inneres Produkt 17
Integral bezüglich einer Spektralschar 276, 283,
Integraloperator 72, 226
integrierbare Funktion 426
Interpolation 120
invarianter Teilraum 115
Isometrie 116
  partielle 116
isometrisch isomorph 117
isometrischer Operator 266
isomorph 36

Jordan, P. 23
Jörgens, K. 226

Kakutani, S. 83

Kamke, B. E. 57
Kato, T. 323, 325
Kilpi, Y. 124
klassische Mechanik 256
kompakter metrischer Raum 31
kompakter Operator 130
komplexes Maß 442
Komplexifizierung eines
  (Prä-)Hilbertraumes 179
Komplexifizierung eines
  Operators 179
Konjugation 181, 369
konjugiert lineare Abbildung 181
  - lineares Funktional 128
konjugiertes Polynom 397
Kontraktion 29
konvergent 26
  fast gleichmäßig 422
  stark 85
koordinierte Normen 185
Korotkov, V. B. 236
K-reelle selbstadjungierte Fortsetzungen 371
K-reeller Operator 369, 373

Laplaceoperator 409
  -, Resolvente
  -, unitäre Gruppe 411
Laplacescher Differential-
  ausdruck 409
Lebesgue, H. 428
Lebesgue-Stieltjessches
  Prämaß 420
Lebesguesches Prämaß 419
Lemma von Fatou 429
  - von Riemann-Lebesgue 381
  - von Riesz 59
  - von Sobolev 403
  - von Zorn 56

Levi, B. 428
Lidskij, V. B. 156
Limes im Mittel, l.i.m. 390
linearer Operator 68
lineares Funktional 74
Lipschitz-stetig 449
lokal kompakt, spektral 336
L^p-Räume 38
    gewichtete 402
Lücke im wesentlichen Spektrum
    310, 339

Maß 432
    endlich additives
    komplexes 442
    vollständiges 432
Maßraum 432
Matrixoperatoren 217
maximal normaler Operator 176
maximal symmetrischer
    Operator 377
maximaler Differentialoperator 247
maximaler Multiplikations-
    operator 215
maximaler Differential-
    operator 397
maximales Element bezüglich
    einer Spektralschar 290
Mengenring 419
Metrik 11
metrisch gleich 176
metrischer Raum 12
meßbar, schwach 234
    – bezüglich einer Spektral-
        schar 280, 285, 318
meßbare Funktion 430
    – Menge 431
Meßgrößen 259
Min-Max-Prinzip 142, 310

minimaler Differentialoperator
    247, 397
monotone Folge orthogonaler
    Projektionen 112
Monotonieprinzip 108
Multiindex 382
Multiplikationsoperator 302
    maximaler 215

Neumann, C. 193
Neumannsche Reihe 193
Neumann, J. v. 23, 148, 276, 292,
    357, 366
Neumannsche Formel, Erste 366
    Zweite 366
    – Fortsetzungstheorie 357
Nikodym, O. 438, 445
Norm 13
Norm einer Sesquilinearform
    106, 170
Norm eines Operators 70
Norm, Hilbert-Schmidt- 145
normaler Operator 176, 197
normierte Algebra 70
normierter Raum 14
Normresolventenkonvergenz 341
Nullmenge 420
    – bezüglich Spektralschar 319
Nulloperator 68
Nullraum 76

Observable 259
offene Abbildung
    – Kugel 15
    – Menge 15
    – Überdeckung 31
Operator, abgeschlossener 160
    abschließbarer 160
    beschränkter 69

kompakter 130
normaler 176
positiver 140
orthogonal 47
orthogonale Projektion 109
- Summe 50, 65
- - von Operatoren 115
orthogonales Komplement 50
Orthogonalraum 47
Orthonormalbasis (ONB) 51
Orthonormalisierung 55
Orthonormalsystem (ONS) 51
Ortsoperator 259

Parallelogrammidentität 21
Parsevalsche Gleichung 53
partielle Integration 441
- Isometrie 116
Phillips, R. 266
Plancksches Wirkungsquantum 259
polare Zerlegung 304
Polarisierungsidentität 21
positive k-te Wurzel eines kompakten selbstadjungierten Operatoren 140
- quadratische Form 23
- Sesquilinearform 23
positiver Operator 140, 313, 314
Potenzreihenentwicklung der Resolvente 192
$p-q$-Kern 226
absoluter 227
Prämaß 419
Lebesguesches 419
Lebesgue-Stieltjessches 420
Prähilbertraum 18
Produktmaß 435
Projektion 48
orthogonale 109

Projektionssatz 48
Punktspektrum, reines 202
punktweise beschränkt 84

quadratische Form 20
Quadratwurzel 303
Quantenmechanik 256, 257, 262
Quantisierungsvorschriften 259, 262
Quasiinverse 315

Radon, J. 438, 445
Radon-Nikodym-Ableitung 438
reduzierender Teilraum 115, 196, 298, 304
Regularitätsbereich 358
Reed, M. 120
reeller Teil eines komplexen Hilbertraumes 182
- - eines Operators 182
relativ beschränkt 165
- beschränkte Form 175
- kompakt 333
- kompakt bezüglich dem Quadrat eines Operators 339
relative Schranke, Berechnung 166, 324
Rellich, F. 323, 325, 349
Resolvente 188
- des Laplace-Operators 410
Potenzreihentwicklung der 192
Resolventendifferenz, kompakt 335
Resolventenfunktion 188
Resolventengleichungen 190
Resolventenkonvergenz, Kriterien
Norm- 341
starke 341
- und Spektralschar 349
- und Spektrum 347
verallgemeinerte 351

Resolventenmenge 188
Retherford, J. R. 156
Riemann-integrierbar, Charakterisierung 448
Riemann-Lebesgue-Lemma 381
Riesz, F. 59, 75, 77, 206
Riesz, M. 121
Rieszsches Lemma 59
Rieszscher Darstellungssatz 76
- - für L^p-Räume 77
Rudin, W. 455

Satz, Entwicklung kompakter normaler Operatoren 201
    Entwicklung kompakter selbstadjungierter Operatoren 138
    Spektraldarstellung 298
Satz über die Stabilität der Defektzahlen 361
- - die Stabilität der Halbbeschränktheit 329
- - die Stabilität der stetigen Invertierbarkeit 190
Satz vom abgeschlossenen Graphen 163
    von B. Levi 411
    von Banach-Steinhaus 84
    von der dominierten Konvergenz 428
    von der gleichmäßigen Beschränktheit 84
    von der offenen Abbildung 161
    von der stetigen Inversen 163
    von Fubini-Tonelli 436
    von Hahn-Banach 79
    von Hellinger-Toeplitz 167
    von Herglotz 453

    von Jordan und v. Neumann 23
    von Lebesgue 428
    von Radon-Nikodym 438
    von Radon-Nikodym, komplex 445
    von Rellich-Kato 325
von M. Riesz-Thorin 121
    von Stone 267
    von Stone-Weierstraß 458
    von Wiener 415
    von Wüst 327
Schatten, R. 148
Schatten-Klassen 148
-Norm 148
Schauder, P. J. 206
Schmidt, E. 55, 73
schnell fallende Funktionen 383
Schreiber, M. 241
Schrödinger-Bild 257
-Darstellung 257
-gleichung 261, 264, 272
-operator 262, 264
schwach abgeschlossen 126
- folgenvollständig 89, 92
- konvergent 88, 91
- meßbar 234
schwache Cauchyfolge 88, 91
schwächere Norm 33
Schwartz, L. 383
Schwartzscher Raum 383
Schwarz, H. A. 18
Schwarzsche Ungleichung 18, 63
Schubert, H. 459
Schur, I. 214, 221
Schur-Kriterium 230
- für Integraloperatoren 225
- für Matrixoperatoren 221

selbstadjungierte Fortsetzung 124, 357
  Charakterisierung 358
  Konstruktion 366
selbstadjungierter Operator 105
  – mit kompakter Resolvente 204
Selbstadjungiertheit, Charakterisierung 198
  Kriterien für 109
Semi–Carlemanoperator 241
Semiskalarprodukt 18
separabel 34, 157
  nicht – 66, 126
separiert 16
Sesquilinearform 20
  abgeschlossene 172
  abschließbare 172
  beschränkte 170
  halbbeschränkte 172
σ–additiv 419, 432
σ–Algebra 432
σ–endlich 430
Simon, B. 120, 152
singuläre Folge 306
  – Werte 140
Skalarprodukt 15, 17
Sobolev, S. L. 402, 403
Sobolev–norm 402
  –raum 402
Sobolevsches Lemma 403
spektral lokal kompakt 336
Spektraldarstellung 298
  geordnete 298
Spektraldarstellungssatz 298
spektrale Vielfachheit 299
Spektralkalkül 284
Spektralmaß 279

Spektralsatz von
  J. v. Neumann 292
Spektralschar 276
Spektralschar eines Multiplikationsoperators 297
Spektralschar eines Operators mit reinem Punktspektrum 296
Spektren selbstadjungierter Fortsetzungen symmetrischer Operatoren 373
Spektrum 188
  – des adjungierten Operators 189
  – kompakter Operatoren 209
  – selbstadjungierter und normaler Operatoren 199
Sprungstelle einer Spektralschar 306
Spur eines Operators 153
Spurklasse 153
Stabilität der Abgeschlossenheit 166
  – der Defektzahlen 361
  – der Halbbeschränktheit 329
  – der stetigen Invertierbarkeit 190
  – des wesentlichen Spektrums 333
stärkere Norm 33
stark konvergent 85
  – stetig 266
starke Cauchyfolge 85
  – Resolventenkonvergenz 341
Stein, E. M. 120
Steinhaus, H. 84
stetige Abbildung 17
stetige Abhängigkeit des Spektrums 347

stetiges Maß 441
Stieltjes, T.-J. 451
Stieltjes-Umkehrformel 451
Stollmann, P. 158
Stolz, G. 158
Stone, M. 267, 458
Störungstheorie 323
strikt positiver Operator 313, 314
Summe, orthogonale 65
Supremum, wesentliches 38
symmetrische Sesquilinearform 21
symmetrischer Operator 105

Tamarkin, J. D. 230
Teilraum, durch ein Element erzeugter 280
    reduzierender 298, 304
    translationsinvarianter 417
Titchmarch, E. C. 410
Toeplitz, O. 184
Tonelli, L. 436
Topologie 16
topologischer Raum 16
– Dualraum 74
– Vektorraum 17
Thorin, G. O. 121
total beschränkt 31
totale Teilmenge 34
– Variation 443
Translationsgruppe 275
translationsinvarianter Teilraum
    von $L^2(\mathbb{R}^m)$ 417
Treppenfunktion 421
Trotter, H. 331
Trottersche Produktformel 331

Unbestimmtheitsrelation 260, 274, 395, 418
Umgebung 16

ungerade Funktion 51
Ungleichung, Besselsche 53
    Hausdorff-Youngsche 395
    Höldersche 40
    Schwarzsche 63
    Youngsche 393
unitär äquivalent 117, 278
– äquivalente Operatoren 297
unitäre Gruppe 301, 343
    – des Laplace-Operators 411
    – eines selbstadjungierten
        Operators 302
unitärer Operator 116
Unschärferelation, Heisenbergsche 260, 274, 395, 418

Variation, totale 443
Vektorraum mit Skalarprodukt 18
Vielfachheit des Spektrums 299
verallgemeinerte Resolventenkonvergenz 351
– –, Kriterien 352
Vervollständigung 36
vollständig 27
vollständiges Maß 432
von Neumannsche Formeln 366
– – Fortsetzungstheorie 357

Wahrscheinlichkeitsdichte 258
Wachstumsstelle einer
    Spektralschar 306
Wellenfunktion 258
Weiss, G. 120
Wertebereich 68
wesentlich beschränkt 38
wesentlich selbstadjungierter
    Operator 105
–, Charakterisierung 198
wesentliches Spektrum 305

– –, Stabilität 333
wesentliches Supremum 38
Wüst, R. 327
Wurzel, k-te eines kompakten selbst-
    adjungierten Operators 139

Yoshida, K. 266

Young, W. H. 393
Youngsche Ungleichung 393, 395

Zorn, M. 56
Zornsches Lemma 56
Zustands-funktion 257
  –raum 258

I. N. Bronstein und
K. A. Semendjajew
**TEUBNER-TASCHEN-
BUCH der Mathematik**
1996. XXV, 1298 S.
Geb. DM 64,00
ISBN 3-8154-2001-6

Aus dem Inhalt: Formeln und Tabellen - Elementarmathematik - Mathematik auf dem Computer - Differential- und Integralrechnung - Vektoranalysis - Gewöhnliche Differentialgleichungen - Partielle Differentialgleichungen - Integraltransformationen - Komplexe Funktionentheorie - Algebra und Zahlentheorie - Analytische und algebraische Geometrie - Differentialgeometrie - Mathematische Logik und Mengentheorie - Variationsrechnung und Optimierung - Wahrscheinlichkeitsrechnung und Statistik - Numerik und und Wissenschaftliches Rechnen - Geschichte der Mathematik

„ ... Die enorme Datenmenge ist fachgerecht gegliedert, übersichtlich dargestellt durch sorgfältige Verwendung verschiedener Schriftarten, durch Umrandungen wichtiger Aussagen, durch zahlreiche Abbildungen. Der Zugriff auf bestimmte Inhalte kann auch erfolgen über ein 18 Seiten langes Register. Der inhaltliche Bogen reicht von elementaren Kenntnissen bis zu schwierigen mathematischen Begriffen und Zusammenhängen ..."
"Es ist schon beeindruckend, mit dem Buch 'eine Fülle von Mathematik' in Händen zu halten ..." Heft 45/Februar 1997, junge wissenschaft, Seelze

Stand 1.4.2000
Änderungen vorbehalten
Erhältlich im Buchhandel
oder beim Verlag.

B. G. Teubner
Abraham-Lincoln-Straße 46
65189 Wiesbaden
Fax 0611.7878-400
www.teubner.de

Printed in Germany
by Amazon Distribution
GmbH, Leipzig